Christoph Bernoulli E.Th. Böttcher

Bernoullis Dampfmaschinenlehre

5. Auflage 1865

Christoph Bernoulli E.Th. Böttcher

Bernoullis Dampfmaschinenlehre

5. Auflage 1865

ISBN/EAN: 9783954270187
Erscheinungsjahr: 2012
Erscheinungsort: Bremen, Deutschland

www.maritimepress.de | office@maritimepress.de

Christoph Bernoulli E.Th. Böttcher

Bernoullis Dampfmaschinenlehre

5. Auflage 1865

Bernoulli's

Dampfmaschinenlehre.

Fünfte Auflage

gänzlich umgearbeitet und stark vermehrt

durch

E. Th. Böttcher,

Professor an der königl. höhern Gewerbschule zu Chemnitz.

Mit 265 in den Text gedruckten Holzschnitten und 2 Kupfertafeln.

Stuttgart.

Verlag der J. G. Cotta'schen Buchhandlung.

1865.

Inhaltsverzeichniß.

Einleitung.[1]

Wichtigkeit der Dampfmaschinen für die menschliche Gesellschaft und allmälige Verbreitung derselben.

Was die Erfindung der Buchdruckerkunst für unsere geistige Kultur, für die Beförderung der Wissenschaften und der Aufklärung geworden ist, das mag, und vielleicht in Kurzem schon, die der Dampfmaschine für die menschliche Gewerbsthätigkeit, für die Vermehrung und Verbreitung des Wohlstandes und der materiellen Güter werden.

Die Erfindung der Dampfmaschine bezeichnet eine neue Epoche in der Geschichte der Mechanik; mit der Einführung dieser Maschinen beginnt eine neue Zeitrechnung in der Geschichte der Industrie, und die unabsehbaren Folgen, welche diese Erfindung für die menschliche Gesellschaft und die allgemeine Civilisation haben muß, sichern ihr eine bedeutende Stelle in der Geschichte der Menschheit.

Einen wichtigen Fortschritt machte ohne Zweifel der Mensch, als er die beiden Naturkräfte, das fließende Wasser und den Wind, benutzen und zu seinen Zwecken dienstbar machen lernte. Unermeßlich wären die Wirkungen, wenn er von der Fülle dieser Kräfte auch nur den größern Theil anzuwenden vermöchte. Wie sehr Vieles erreicht er nicht schon durch dieselben, gedenken wir nur, wie die beschwerlichsten Arbeiten ihm dadurch abgenommen oder erleichtert werden, was durch sie Handel und Gewerbe gewonnen haben, wie mit ihrer Hülfe vornehmlich der große Weltverkehr entstanden, wie durch sie erst die fernsten Gegenden verbunden werden und alle

[1] Obgleich so manches sich auch seitdem anders gestaltet hat, so glauben wir doch die Einleitung, die der ersten Auflage dieses Handbuchs, oder vielmehr schon den „Anfangsgründen der Dampfmaschinenlehre" (1824) vorausgeschickt wurde, fast unverändert wieder aufnehmen zu dürfen. Wir haben bloß in Anmerkungen auf einige neuere Daten hingewiesen.

Nationen zum wechselseitigen Austausch ihrer Einsichten wie ihrer Erzeugnisse in Berührung kommen? Ein eben so neuer und vielleicht nicht minder großer Schritt vorwärts wurde gethan durch die Erfindung der Dampfmaschine; denn nun vermag auch der Mensch die Kraft sich selbst zu schaffen, wie und wo er sie zu seinen Zwecken bedarf.

In der That, wie groß und nützlich auch jene ist, die dem laufenden Wasser und Winde innewohnt, wie freigebig auch die Natur sie spendet, der Mensch fühlt tief seine Abhängigkeit von der Geberin. Wohl treibt der Wind seine Mühlen und schwellt die Segel seiner Schiffe; aber beständig ändern sich Richtung und Stärke desselben, auf lange Zeit verliert sich die Kraft oft ganz und dann erreicht sie plötzlich wieder eine zerstörende Gewalt, deren er nicht Meister wird. Eben so bietet das fließende Wasser uns eine gegebene Kraft dar. Nur selten und mit großer Mühe läßt es sich hinleiten, wo wir es zu gebrauchen wünschen; noch weniger läßt sich die Geschwindigkeit oder die Masse ändern. Wir müssen die Kraft aufsuchen und nach ihr das Werk richten und beschränken, das wir dadurch fördern sollen.

In der Dampfmaschine hingegen haben wir die Mittel gefunden, aller Orten, wo immer nur einiges Wasser und Brennstoff vorhanden sind, uns jede erforderliche Kraft selbst zu erzeugen, die wir verlangen mögen. Wohl hat auch die Erfindung des Schießpulvers uns eine recht mächtige Gewalt hervorzurufen gelehrt; allein nur zu augenblicklichen Wirkungen, und darum hat sie bis jetzt dem Gewerbfleiße noch geringe Dienste geleistet. Die Dampfmaschine hat uns erst in den Stand gesetzt, eine anhaltende, fortdauernde Kraft selbst zu schaffen, wie sie die Industrie, und zwar im weitesten Sinne des Worts, bedarf.[1] Sie ersteigt mit dieser

[1] Die Dampfmaschine hindert uns nicht, jede andere Kraft zu benutzen, so oft sie uns dienen kann; aber in unzähligen Fällen leistet sie Hülfe, wo andere Kräfte uns nicht zu Gebote stehen.

Ein Wasserfall ist in der Regel allerdings weit wohlfeiler; allein die wenigsten finden sich in Städten, wo die Industrie ihrer hauptsächlich bedarf; die wenigsten haben eine Kraft von nur 20 bis 30 Pferden. Monate lang versagen sie und oft ganz oder größtentheils ihre Hülfe. Dazu kommt, daß jeder Besitzer meist von andern mehr oder weniger abhängig ist. Noch wohlfeiler ist die Kraft des Windes, allein einen so launenhaften Diener kann die Industrie selten gebrauchen. Lebende Thiere endlich sind ihr gar oft zu theuer und zu schwach.

Erfindung daher eine neue Stufe, und die Civilisation macht einen neuen Fortschritt, der dem eines Jägervolkes nicht unähnlich ist, das sich zu einem ackerbauenden erhebt.

Bevor wir indessen einige Betrachtungen über die vielseitige Wichtigkeit dieser Erfindung für die menschliche Gesellschaft anstellen, laßt uns einen flüchtigen Blick auf ihre Geschichte und die allmälige Verbreitung derselben werfen.

In mehreren Ländern hatten die Fortschritte der Physik gegen das Ende des siebzehnten Jahrhunderts die Möglichkeit einer vortheilhaften Anwendung des Dampfes einsehen gelehrt und die Erfindung einer Maschine, welche auf der Elasticität desselben beruhte, nahe gebracht. Dem praktischen Sinne der Engländer gelang es auch hier, zuerst eine solche anzugeben und auszuführen. Diese merkwürdige Erfindung hat indessen, wiewohl schon vor länger als anderthalb Jahrhunderten gemacht, seit etwa 70 Jahren erst allgemeine Aufmerksamkeit erregt, und ihre Anwendung hat in den neuern Zeiten erst, selbst in dem Mutterlande, die verdiente Ausdehnung erlangt.

Wie die Entdeckung moralischer Wahrheiten, so gehen auch gewöhnlich die wichtigsten technischen Erfindungen dem Zeitalter voran, das ihren Werth zu erkennen und sie zu benutzen und anzuwenden vermag. Eine gewisse Empfänglichkeit muß erst erwachen, das Bedürfniß erst rege werden. Wie lange schon war das Schießpulver erfunden, bis es das ganze Kriegssystem der Völker umschuf! wie lange die Kartoffel bekannt, bevor sie als ein unschätzbares Nahrungsmittel überall Eingang fand!

Die Dampfmaschine arbeitet, wo und wie wir wollen, unabhängig und anhaltend. Keine Kraft, selbst die des Wassers nicht, gibt eine so regelmäßige Bewegung; keine läßt sich so leicht und unbedingt mindern und steigern. Auch die Dampfmaschine kostet Unterhalt, aber nur wenn sie arbeitet. Sie läßt sich fast überall hinstellen und erfordert verhältnißmäßig nur wenig Raum. Wie wäre denkbar, durch Thiere verrichten zu lassen, was eine Maschine von 50 Pferdekraft wirkt, die bei anhaltender Thätigkeit leistet, was 150 starke Pferde kaum könnten? Wie wäre ohne sie denkbar gewesen, eine Wassermasse von 20,000 Millionen Cubikfuß, wie die des Harlemermeeres in zwei Jahren auszupumpen zu können? — Allerdings hat diese Erfindung nicht wenig beigetragen, daß hie und da der Industrie eine zu rasche oder übermäßige Ausdehnung gegeben wurde, und auch das ist wahr, daß ohne sie jene Agglomeration der Fabriken an einzelnen Orten, aus der wohl die meisten Uebelstände des neuen Fabrikwesens hervorgehen, unmöglich gewesen wäre; allein daß von einem Gute auch ein schädlicher Gebrauch gemacht werden kann, verringert sicherlich nicht dessen Werth.

Dann steht einer schnellen Verbreitung der Erfindungen gewöhnlich die anfängliche Unvollkommenheit derselben entgegen; sie gewähren in ihrem ersten mangelhaften Zustande nur zweifelhafte Vortheile und lassen kaum ahnen, was sie später leisten könnten. So machen die meisten Erfindungen von selbst nur langsame Fortschritte, und ohne daß das Vorurtheil sich ihnen gewaltsam noch entgegensetzte, werden dadurch schon gewisse Nachtheile gehindert, die jede allzurasche Ausbreitung, auch des Bessern, für Einzelne wohl haben muß.

Dasselbe lehrt die Geschichte der Dampfmaschine. Die erste dieser Maschinen, die Savery ums Jahr 1700 zu Stande brachte, fand lange fast gar keine technische Anwendung: sie diente beinahe nur in Gärten zu künstlichen Wasserwerken, zu welchem Behufe eine solche sogar Peter I. nach Petersburg kommen ließ. Weit bedeutender und vortheilhafter waren die Leistungen der Newkomen'schen Maschine; doch auch sie fand fast ausschließlich in Bergwerken Eingang, und nur in den Kohlengruben verbreitete sie sich ziemlich allgemein, wo die Unterhaltungskosten weniger in Anschlag kamen. An 70 Jahre verflossen, bis Watt diesen Maschinen, die lange fast auf derselben Stufe geblieben waren, eine ungleich vollkommenere Einrichtung gab und sie zum Betreiben der mannigfaltigsten technischen Operationen brauchbar machte. Allein so unverkennbar sich von nun an die Dampfmaschine für alle Zweige der Industrie als kräftige Gehülfin darbot, so fand sie doch nur allmälig ausgebreitete Anwendung. Denn nicht nur verzögerten diese die Watt'schen Patente, sondern die Organisation der Arbeit oder der Fabrikbetrieb mußte auch erst manche Umgestaltung erleiden, damit die neue Hülfskraft in ihrer hohen Nützlichkeit erscheinen konnte. Bald setzten indeß die Dienste, welche die Dampfmaschine zu leisten vermochte, in Erstaunen.

In Colebrookdale sah man eine Maschine, die so viel Wasser beständig an 100 Fuß hoch hob, daß dieser künstliche, stets circulirende Wasserstrom nachher in drei hohen Fällen eben so viele große Räder trieb. Eine Mühle (die Albionmill), die an Größe alle frühern weit übertraf, wurde durch eine einzige Dampfmaschine in Bewegung gesetzt. Eine andere trieb acht Münzwerke, die in einer einzigen Stunde 30,000 Metallstücke ausprägten und zugleich die Zaine streckten, ausstückelten u. s. w. Viele ersäufte Bergwerke wurden durch diese Maschinen in kurzer Zeit wieder hergestellt; mehrere Dutzend riesenmäßige Maschinen fand man nur in Cornwallis; bei einer einzigen Grube sieht man vier solcher Maschinen vereint wirken, die zusammen eine Kraft von 810 Pferden haben und also, da sie Tag und Nacht arbeiten, während ein lebendes Pferd nur acht Stunden des Tags dienen kann, das Werk von 2400 Pferden verrichten. In einer andern Grube wurden drei eben so kolossale Maschinen nach Woolf erbaut, die zusammen an 900 Pferdekraft haben.

Dasselbe Erstaunen erregen die Gebläse und Walzwerke, die durch Dampfmaschinen getrieben werden. Wo anfangs diese Maschinen nur Wasserpumpen zogen, verrichten sie jetzt in einer Menge von Brauereien, Brennereien, Zuckersiedereien u. dgl. ähnliche Dienste. Die verschiedenartigsten Dreh- und Bohrmaschinen gehen durch ihre Hülfe. Unzählige Webstühle, viele hundert Spinnereien werden durch sie getrieben. Wo eine rotirende Bewegung statt finden soll, die viele Kraft erheischt, wird eine Dampfmaschine angewendet, und immer mehr sucht man bei allen Verrichtungen die rotirende Bewegung zur vorwaltenden zu machen, um sie diesen Maschinen anvertrauen zu können. So werden nun durch Dampf und Walzen Kattune und selbst Bücher gedruckt, so Papierbogen geformt u. s. w. Transportable Dampfmaschinen versehen bereits die Dienste lebender Pferde bei allerlei Construktionen; andere beim Straßenbau zerschlagen Steine; manche dienen beim Landbau, indem sie Dresch- und andere Maschinen in Bewegung setzen.

Je größere und mannigfaltigere Vortheile indessen die Industrie immermehr den Dampfmaschinen verdankte, desto eifersüchtiger betrachtete sie die handelnde Welt, und desto lebhafter wünschte sie diese wunderbare Kraft auch sich dienstbar zu machen und mit ihrer Hülfe den Verkehr der Menschen und den Transport der Güter zu befördern. Denn wie weit es auch die Schifffahrtskunst gebracht, um den Wind bestens zu benutzen und aus allen seinen Launen noch Vortheil zu ziehen, gegen Stürme vermag man wenig, gegen Windstille und Gegenwind nichts. Und eben so abhängig ist der Flußschifffahrer von der natürlichen Bewegung des Wassers; je mehr sie die Fahrt nach der einen Seite begünstigt, desto mehr erschwert sie dieselbe nach der andern. Wie sehr ferner der Landtransport in neuern Zeiten, namentlich durch die Einführung von

Eisenbahnen, erleichtert wurde, immerhin ist die Kraft des Pferdes eine sehr kostbare, und überdieß ist dieselbe sehr beschränkt, so wie seine Geschwindigkeit.

Auch diese Anwendungen, und mit wie großen Anstrengungen auch zumal die letztere verbunden war, sind nun gelungen. Das erste Schiff, das mittelst einer Dampfmaschine unabhängig von den Launen des Windes und stromauf- wie stromabwärts sich bewegte, brachte der Amerikaner Fulton 1807 zu Stande. Das erste Dampfboot sah England im Jahr 1811. Jetzt aber beläuft sich die Zahl der Dampfschiffe schon auf viele tausend. Tausende tragen nur die Flüsse der Vereinigten Staaten, tausende die Gewässer von England. Auf den meisten Flüssen des Continents, auf vielen Binnenseen schwimmen Dampfschiffe. Regelmäßige Dampfschifffahrt verbindet bereits die größten Seestädte von Europa, und unzählige solcher Schiffe befahren den Ocean und gehen bis nach Indien und Australien.

Auch in der Geschichte der Schifffahrt beginnt mit der Erfindung der Dampfmaschine eine neue Epoche. Seit der Erfindung des Segels, die sich in die graueste Vorzeit verliert, sind alle Fortschritte im Grunde bloße Verbesserungen gewesen; die des Compasses kann sogar als eine solche angesehen werden. Durch die Dampfmaschine hat sie ein neues und ihr eigen angehörendes Agens erhalten; dadurch ist sie gleichsam emancipirt worden. Wie früher benutzt sie die Kraft des Windes; aber versagt dieser seine Hülfe, so kann sie sich der eigenen bedienen. Das Dampfschiff wird nicht Wochen und Monate lang das Spiel widriger Winde; es wird nicht durch Windstille zur Verzweiflung gebracht; es sieht nicht Tage lang den Hafen, in den es einlaufen soll, vor Augen, ohne ihn erreichen zu können: es ist beinahe gewiß, in wie viel Zeit es seine Fahrt vollenden wird. Und wenn es auch wahr ist, daß das Schiff durch die Maschine, der es seine Unabhängigkeit verdankt, einer neuen Gefahr ausgesetzt ist, so kann doch auch diese Betrachtung nicht abschrecken, denn andrerseits wird jede andere Gefahr einer Seereise durch die beträchtliche Abkürzung derselben in weit größerem Verhältniß vermindert.[1] Unstreitig ist

[1] So beklagenswerth die vielen Unfälle sind, die sich jährlich ereignen, so ist doch außer Zweifel, daß verhältnißmäßig weit weniger Menschen auf Dampfschiffen verunglücken, als auf andern, und überdieß, was von letztern nicht gilt, daß die meisten Unglücksfälle durch größere Vorsicht verhütet werden könnten.

also die Dampfschifffahrt eine der wichtigsten Erfindungen der neuen Zeit, und sehen wir, welche Ausdehnung sie schon in so wenig Jahren erhalten, welchen Einfluß sie bereits auf den Verkehr ausübt, so ist schwer die Bedeutsamkeit vorauszusagen, die sie einst bei fortschreitenden Vervollkommnungen erlangen mag.

Noch jünger ist die Erfindung der Dampffuhrwerke. Schon am Ende des letzten Jahrhunderts hatte man in Frankreich Versuche gemacht, und vor einem halben Jahrhundert sah man in Leeds mobile Dampfmaschinen eine ganze Reihe von Kohlenwagen auf eigens dazu eingerichteten Eisenbahnen ziehen. Allein fast unübersteigliche Schwierigkeiten machten lange zweifelhaft, ob eine vortheilhafte Anwendung der Dampfkraft zum Transport von Reisenden und Gütern möglich sey. Auf einmal jedoch wurde die Aufgabe und mit überraschendem Erfolg gelöst: und wir brauchen nicht zu erinnern, wie bald sich die Erfindung, Eisenbahnen mit Locomotiven zu befahren, seitdem sie sich auf so glänzende Weise durch die Liverpool Manchesterbahn bewährt, in England wie in den Vereinigten Staaten und später auch in Deutschland, Belgien, Frankreich u. s. w. ausgebreitet.[1]

Es ist merkwürdig, wie wenig bedeutende Veränderungen diese Maschine während voller 70 Jahre erlitt, obschon sich mehrere ausgezeichnete Mechaniker damit beschäftigten. Die Construktion wurde wohl verbessert, aber das Princip blieb dasselbe, und die Maschine immer nur zu einem Geschäfte, zum Treiben von Pumpenstangen, tauglich. Da kam Watt und gab ihr eine gänzliche Umgestaltung und in allen Theilen einen solchen Grad der Vollendung, daß kaum ein höherer erreichbar schien. Doch eben diese Vortrefflichkeit spornte von allen Seiten den Erfindungsgeist an. Je vollkommener die Maschine war, desto mehr wetteiferte man, neue Verbesserungen und neue Systeme zu ersinnen. Bis am Schlusse des vorigen Jahrhunderts waren kaum 30 Patente auf

[1] Am 1. Januar 1856 betrugen die eröffneten Längen: in Großbritannien 13,330, in Deutschland 7013, in Frankreich 5552, in Oesterreich 1922, in Belgien 1209, in Rußland 1148, in Sardinien 585, in Holland 206, in Dänemark 155 und in den übrigen europäischen Staaten zusammen 1980 Kilometer. Dieß gibt eine Gesammtlänge aller europäischen Eisenbahnen von 33,100 Kilometern oder 4460 geographischen Meilen. Zu derselben Zeit betrug die Gesammtlänge aller amerikanischen Bahnen 31,115 Kilometer oder 4195 geographische Meilen.

Erfindungen in diesem Fache ertheilt worden; in den 30 ersten Jahren des gegenwärtigen wurden über 200 ertheilt.[1]

Sehr viele dieser Patente sind allerdings beinahe werthlos. Daß aber durch dieses Streben nach Vervollkommnung sehr bedeutende Fortschritte gemacht worden, ergibt sich schon aus der allmäligen Erhöhung des ökonomischen Effektes dieser Maschine. Die Maschine von Savery hob mit einem Bushel Steinkohlen (etwa 90 Pf.) nur 2—3 Millionen Pf. Wasser (1 Fuß hoch); die von Newkomen hob 8—9 Mill. Pf. Die besten Maschinen von Watt und Boulton hoben 24—30 Mill., die Woolf'schen an 50 Mill. und dermalen steigt die Wirkung mancher Cornwall'schen Maschinen über 90, selbst 100 Mill. Pf.

Wie die Erfindung, so verdankt man auch die meisten Vervollkommnungen den Engländern. Der Gebrauch der Dampfmaschine war bis zum Ende des vorigen Jahrhunderts fast ausschließlich auf England beschränkt und überdieß die Ausfuhr derselben verboten. Auch dort haben sich indessen diese Maschinen erst seit 40 Jahren außerordentlich vermehrt, aber auch in solchem Maße, daß England verhältnißmäßig weit mehr derselben besitzt, als alle andern Länder. Schon vor mehr als 20 Jahren berechnete man die Anzahl auf 10,000.[2]

Außer England war ihr Gebrauch noch im Anfange dieses Jahrhunderts sehr unbedeutend, und die wenigen, die man hie und da sah, waren atmosphärische. Die erste Watt'sche Maschine kam in den 90ger Jahren nach Nantes und Perier construirte eine solche zuerst 1790. — Selbst bis zum Frieden 1814 verbreiteten sich diese Maschinen nur sehr langsam. Seitdem erst haben sie sich auch auf dem Continente, sowie in den Vereinigten Staaten von Jahr zu Jahr vermehrt. Eine Menge Maschinen bezog man aus dem Mutterlande, bald wurden aber auch in Amerika, wie in

[1] Alle diese Patente sind in Partington's Account of the Steam engine, London 1822, und in Galloway's History etc. L. 1826 aufgezählt. Watt's Patent von 1769 war das sechste.

[2] Glasgow erhielt die erste Dampfmaschine im Jahr 1792. 1825 zählte man daselbst schon 310 Maschinen von 21 Pferdekraft im Durchschnitt, 176 arbeiteten in Fabriken, 58 in Kohlenwerken und 68 auf Dampfschiffen. Gegenwärtig hat die Stadt Manchester allein, mit Inbegriff eines Umkreises von 10 englischen Meilen Radius, 50,000 Dampfkessel mit 1,250,000 Pferdekräften.

Frankreich, den Niederlanden, Oesterreich, Schlesien u. a. Fabriken angelegt. In Frankreich rechnete man vor 30 Jahren etwa 300 Dampfmaschinen; 1839 betrug die Zahl 2547, 1842 schon 2807 nebst 170 Locomotiven und 300 Dampfschiffen und 1852 belief sich ihre Zahl auf 7779 mit 216,456 Pferdekräften.

Früh schon kamen Dampfmaschinen nach den Niederlanden. Acht Maschinen arbeiteten 1803 in der großen Kanonengießerei in Lüttich. Auch da vermehrten sie sich ausnehmend in der neuesten Zeit. Ostflandern z. B. hatte 1819 erst eine Maschine und 10 Jahre später schon 60, wovon 54 einzig in Gent, und die meisten derselben waren im Lande selbst verfertigt worden.

Weniger ist uns zwar die allmälige Verbreitung der Dampfmaschinen in andern Ländern Europas bekannt. Gewiß ist indessen, daß die Zahl derselben in den österreichischen [1] und preußischen [2] Staaten, so wie in Rußland dermalen schon sehr beträchtlich ist. Auch hier werden sie von der Industrie auf immer mannichfaltigere Weise benutzt. Nirgends haben sich aber die Dampfmaschinen außer England schneller verbreitet, als in den Vereinigten Staaten. Die Wohlfeilheit des Holzes zur Erzeugung des Dampfes, die Menge großer Ströme ohne Uferwege, der Mangel an andern Fahrstraßen und der hohe Preis der Handarbeit beförderten in diesem schnell aufblühenden Lande noch insbesondere die rasche Vermehrung dieser Maschinen. Auch dort ist die allgemeine Verbreitung derselben ein Ergebniß der neuesten Zeit. Eine atmosphärische Maschine kam schon 1760 nach Nordamerika, allein noch im Anfange dieses Jahrhunderts waren daselbst nur 4 Maschinen: 2 in Newyork und 2 in Philadelphia. 1838 wurde die Zahl der vorhandenen stationären Maschinen zu 1860 angegeben, die der Dampfschiffe zu 800 und die der Locomotiven zu 350; und deren Gesammtkraft wenigstens von 100,000 Pfk., wovon an 57,000 auf die Schiffsmaschinen zu rechnen [3].

[1] Die österreichischen Staaten zählten 1837 erst 145 und 1840 schon 253 Dampfmaschinen. Im Jahre 1852 waren allein beim Berg- und Hüttenwesen Oesterreichs 182 Maschinen mit 3715 Pferdekräften im Gange.

[2] Die Borsig'sche Maschinenfabrik in Berlin hat bis zum Jahre 1858 1000 Locomotiven geliefert.

[3] 1842 zählte man in den Vereinigten Staaten 3184 Dampfmaschinen, wovon 1860 in Werkstätten, 800 Schiffsmaschinen und 524 Locomotiven. Die Maschinenfabrik von Norris in Philadelphia lieferte von 1833—1853 über 800 Locomotiven.

Nach Westindien (nach Trinidad) kam die erste Dampfmaschine im Jahr 1804. Jetzt sind ihrer schon viele, zumal in den Zuckerplantagen. Viele kräftige Maschinen wurden ferner in den Bergwerken von Peru und Mexiko aufgestellt, um ersäufte Silbergruben zu retten. Nicht wenige endlich sind nun auch nach Asien und namentlich nach Ostindien gebracht worden.

Aus diesen wenigen historischen Andeutungen geht zur Genüge hervor, daß die Dampfmaschine, obwohl vor 160 Jahren schon erfunden, seit kaum 70 Jahren in England selbst und seit kaum 50 Jahren in andern Ländern sich allgemein zu verbreiten anfing. Watt hob den Herkules aus der Wiege. Durch ihn wurde diese Maschine zum zweitenmal geboren. Durch ihn erhielt sie jene wunderbare Kraft und Gelenkigkeit, die sie zu den mannichfaltigsten Verrichtungen geschickt machte. Mit Recht erstaunen wir über die Fortschritte, die sie in wenigen Jahren gemacht, über die Ausdehnung, die sie in so kurzer Zeit erlangt hat. Welche Rolle muß sie erst in der menschlichen Gesellschaft am Schlusse dieses Jahrhunderts spielen, wenn dieses Fortschreiten in gleichem Maße anhält! Und dieß läßt sich kaum bezweifeln, betrachtet man, welche Vollkommenheit diese Maschine bereits erlangt hat und welche Verbesserungen sich doch noch denken und voraussehen lassen.

In der That, wird die Construktion derselben, wie sich mit allem Grund erwarten läßt, noch einfacher; wird ihre Behandlung noch leichter und sicherer; lernt man hochpressende Maschinen immer vortheilhafter und gefahrloser anwenden; gelingt es an Raum und Feuermaterial immer mehr zu sparen: so muß sich ihre Nützlichkeit in dem Grade erhöhen, daß ihrer allgemeinen Einführung kein Hinderniß mehr im Wege stehen kann.

Lernt man sie mit Vortheil auch in ganz kleinen Dimensionen ausführen, so wird sie bis in die kleinsten Werkstätten Eingang finden, zu manchen häuslichen Verrichtungen sogar, die eine regelmäßige Bewegung erfordern, sich eignen, und dasselbe Feuer mag vielleicht zum Kochen der Speisen, zum Heizen und Beleuchten des Hauses und zur Erzeugung der Dampfkraft und zum Betriebe des Berufs dienen können.

Ihre Brauchbarkeit muß offenbar um vieles sich erhöhen, wenn es ein Leichtes wird, den Effekt jeder Maschine nach Belieben und ohne Gefahr oder ökonomischen Nachtheil zu steigern und zu vermindern.

Lernt man kräftige Dampfmaschinen weit einfacher und mobiler construiren, so wird der Gebrauch der verschiedenartigsten Dampffuhrwerke wenig Hindernisse mehr finden; sie werden nicht nur dem Handel, sondern auch dem Landwirthe unzählige Dienste leisten und das Urbarmachen und Pflügen der Felder, das Bewässern der Wiesen und das Austrocknen der Sümpfe verrichten können. Nicht minder nützlich werden sie bei allen Construktionen und namentlich beim Schiffsbau seyn. Millionen Pferde werden dann entbehrlich und Millionen Morgen Landes, die jetzt Heu und Hafer liefern, können dann Nahrungsstoffe für den Menschen hervorbringen.

Allerdings bedarf auch die Dampfmaschine einer Nahrung. Die Erzeugung erfordert noch einen bedeutenden Aufwand an Brennstoff. Fernere Vervollkommnungen werden ihn aber noch beträchtlich vermindern, da bei allen bisherigen Heizanstalten noch ein großer Theil der Hitze verloren geht, und man mit demselben Wärmequantum eine größere Kraft als bisher zu erzeugen lernen wird.

Wie viele Gegenden übrigens besitzen unermeßliche Schätze an Steinkohlen, die bis auf diese Stunde noch uneröffnet sind! Wie viele bedecken noch ausgedehnte, bis jetzt werthlose Waldungen! Der Einführung der Dampfmaschine wird es vorbehalten bleiben, in jenen einen jetzt kaum zu ahnenden Reichthum zu verbreiten und diese wie durch eine Verzauberung in bewohnte und fruchtbare Ebenen umzuwandeln. Denn wie sie einmal dahin gelangen, werden dieselben Maschinen, die einen Theil des Holzüberflusses verzehren, einen andern in Balken und Bretter umschaffen und dann den Ansiedler überall unterstützen, sowohl in der Urbarmachung des Bodens, wie im Bau seiner Wohnungen und in der Verfertigung und Herbeischaffung aller Bedürfnisse und Bequemlichkeiten des Lebens.

Unberechenbar ist endlich insbesondere der Einfluß, den eine fernere Vervollkommnung und Ausbreitung der Dampfschifffahrt und der Dampffuhrwerke auf den ganzen Zustand der menschlichen Gesellschaft ausüben wird. Ist England einmal von Dampffahrbahnen durchschnitten, so muß das ganze Land einer einzigen großen Marktstadt gleichen. Befahren Dampfschiffe mit Leichtigkeit einst die stille Südsee, so werden jene zahllosen Inselgruppen zu einem Continente verbunden. Dampfschiffe werden, wenn auch die ersten

Versuche gescheitert sind, unfehlbar einst das Innere Afrikas, wie die äußersten Polargegenden zugänglich machen.

Diese wenigen Andeutungen mögen genügen, um die vielartigen Folgen zu bezeichnen, welche die Erfindung der Dampfmaschine bereits hatte, und die bei ihrer fortschreitenden Ausbreitung und Vervollkommnung für den Culturzustand der Menschheit noch zu erwarten sind. Mit vollem Rechte ist dieselbe also als eine der wichtigsten und einflußreichsten Erfindungen anzusehen.

Ein näheres Studium dieser Maschine erweckt aber noch von noch einer andern Seite ein hohes Interesse. Wie sehr dieselbe auch von ihrer Vollendung entfernt seyn mag, so verdient sie in ihrem jetzigen Zustande schon unsere Bewunderung. Schon jetzt bietet sie uns eine Vereinigung der sinnreichsten Einrichtungen dar. Keine Maschine gleicht in diesem Grade wohl einem wahren Organismus, dessen Funktionen sich wechselseitig bedingen und unterstützen, gegenseitig Mittel und Zweck, Ursache und Wirkung sind. Die Dampfmaschine möchte ein künstliches Thier, alle lebenden an Stärke weit übertreffend, zu nennen seyn, wenn sie ihre Nahrung selbst ergreifen und aufsuchen könnte. Diese Maschinen beruhen endlich auf den Wirkungen einiger der merkwürdigsten Naturkräfte, und ihr Studium muß daher auch für Physiker einen hohen Reiz haben.

Erster Abschnitt.

Historische Mittheilungen.

I.

Erfindung der ersten Dampfmaschine durch Savery.

In England wird insgemein die Erfindung der Dampfmaschine einem Marquis von Worcester zugeschrieben, während die Franzosen diese Ehre einem ihrer Landsleute, und namentlich dem bekannten Physiker Dionysius Papin, oder einem gewissen Sal. de Caus zuzuwenden suchen. Uns scheint jedoch aus allen Angaben fast unbestreitbar hervorzugehen, daß der englische Capitän Savery der erste war, der eine Vorrichtung nicht nur angab, sondern auch ausführte, durch die ein nützlicher mechanischer Effekt vermittelst des Dampfes erlangt wurde, die sich als brauchbar bewährte und hiemit auf den Namen einer Dampfmaschine (im weitern Sinne wenigstens) Anspruch machen kann.

Savery nahm, nachdem er viele Versuche schon früher angestellt, auf seine Erfindung im Jahr 1698 ein Patent und machte sie in einer kleinen Schrift „the Miners friend" bekannt, die zuerst 1699 und mit Zusätzen 1702 erschien.

Durch diese Maschine konnte fortdauernd Wasser auf eine nicht unbeträchtliche Höhe gehoben werden, und der Dampf bewirkte dieß auf eine doppelte Weise; vorerst nämlich, indem durch Erkältung und Condensirung von Dampf eine Art Vacuum erzeugt wurde, so daß eine Aspiration von Wasser erfolgte, und dann indem frischer Dampf vermöge seiner Elasticität jenes Wasser noch mehr in die Höhe hob. Seine Maschine ist hiemit eine neue

Art Saug= und Druckpumpe, bei der nicht ein Kolben, sondern abwechselnd frischer Dampf das Drücken und Condensirung des Dampfes das Saugen bewirkt.

Savery's Maschine hatte die in Fig. 1 dargestellte Einrichtung. Im Kessel A wird fortdauernd stark gespannter Dampf erzeugt, und dieser tritt wechselsweise durch die Röhre a in einen der Behälter B oder C. Ist der Hahn b zu und c offen, so öffnen

Fig. 1.

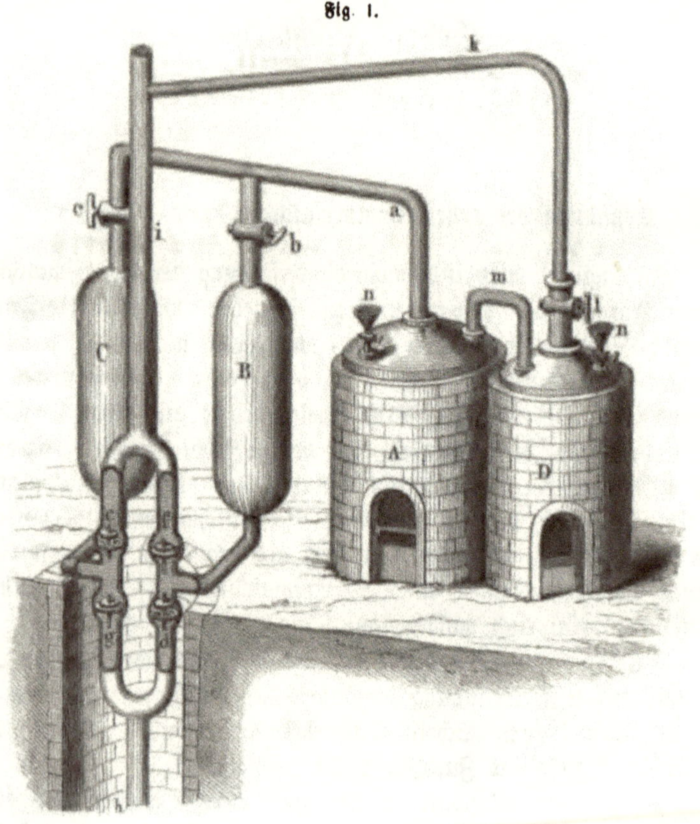

sich die Ventile d und e und schließen sich die beiden andern f und g. In B wird der abgesperrte Dampf also erkältet und läßt das Wasser aus dem untern Rohre h in diesen Behälter steigen; in C hingegen wird zu gleicher Zeit der einströmende frische Dampf auf das darin enthaltene Wasser drücken und dieses durch e und i in die Höhe heben. Wird darauf der Hahn b geöffnet und c abgeschlossen, so hat das Umgekehrte statt; C füllt sich wieder mit Wasser und aus B wird es hinausgetrieben.

Da aber der Kessel A stets wieder mit Wasser, und zwar mit kochendem, gespeist werden muß, wenn die Dampfbildung ungestört bleiben soll, so ist ein zweiter Kessel D vorhanden. Dieser erhält durch die mit einem Hahn l versehene Röhre k neues Wasser, und siedend gelangt dasselbe dann durch die Heberröhre m in den Kessel A. Durch die Trichter n werden die Kessel gefüllt, wenn die Operation ihren Anfang nimmt.

Es ist leicht zu ersehen, daß diese Maschine auf unbestimmte Zeit fortarbeiten und die Funktionen einer Wasserhebungsmaschine mittelst Dampf erfüllen kann. Immerhin sieht man, daß 1) der Dampf eine sehr bedeutende und die der Luft beträchtlich übersteigende Elasticität erlangen muß, wenn das Wasser auch nur zu einer mäßigen Höhe über das Niveau der Maschine gehoben werden soll, und 2) daß nicht wenige Hitze ganz nutzlos verloren geht, indem auch der auf das Wasser drückende Dampf bei der Berührung desselben mehr oder weniger condensirt wird. Man sieht ferner, daß diese Maschine für Unvorsichtige leicht gefährlich werden konnte, so wie, daß das Wasser, das gehoben wird, eine beträchtliche Wärme erhalten muß.[2] Auch ist diese Vorrichtung ziemlich bald außer Gebrauch gekommen und durch die Kolbenmaschinen verdrängt worden. Klar ist endlich, daß sie nur einem speziellen Zwecke, dem Heben von Wasser, dient und nicht eine Kraftmaschine oder einen Motor bildet, der wie ein Wasserrad zu den mannichfaltigsten Verrichtungen die erforderliche Bewegungskraft liefert; daher sie mit Recht nicht einmal als eine wahre Dampfmaschine angesehen wird.

Bei ihrer Einfachheit mag sie immerhin in gewissen Fällen

[1] Eine ausführliche Beschreibung siehe in Stuart's Hist. de la Mach. à Vapeur p. 60—80. Savery gab die Kraft seiner Maschinen bereits nach der Anzahl Pferde, die sie ersetzen können, an.

[2] Obschon Savery meinte, daß seine Maschinen bei gehöriger Stärke der Kessel das Wasser viele 100' hoch heben würden, und solches ohne Gefahr wenigstens 60' hoch zu heben versprach, so scheinen sie es nie über 40' hoch getrieben zu haben und blieben daher zur Förderung des Grubenwassers ungenügend. Savery's Maschinen waren offenbar Hochdruckmaschinen, und um so gefährlicher, da er lange keine Sicherheitsklappen anwandte. Ferner ging ein Theil des gehobenen Wassers verloren, weil er zur schnellern Abkühlung der Recipienten diese abwechselnd von außen mit Wasser begoß.

noch brauchbar seyn, und auch später sind wieder dergleichen Maschinen (für Badehäuser z. B.) empfohlen, und namentlich von Manoury in Paris und Pontifex in England construirt worden. [1]

II.

Von früheren Versuchen, die Kraft des Dampfes anzuwenden.

Die Frage, wem eine so überaus wichtig gewordene Erfindung, wie die der Dampfmaschine, zuzuschreiben sey, hat wie billig ein nicht geringes historisches Interesse. Vielfach ist sie auch in neuern Zeiten, und zumal in England und Frankreich, behandelt worden. Keine dieser Forschungen hat aber darzuthun vermocht, daß irgend Jemand vor dem Ende des 17. Jahrhunderts oder vor Savery eine nur einigermaßen brauchbare Vorrichtung zu Hervorbringung von Bewegungen vermittelst des Dampfes oder eine Art Dampfmaschine nur angegeben, geschweige zu Stande gebracht.

Ohne Zweifel wurde man in den ältesten Zeiten schon gewahr, daß der Dampf eine außerordentliche Kraft erlangen kann. Es konnte nicht unbekannt bleiben, daß, wenn Wasser in einem verschlossenen Gefäße einem starken Feuer ausgesetzt und zum Kochen gebracht wird, auch der festeste Deckel endlich weggeschleudert oder das Gefäß selbst zersprengt werde, so wie daß aus einer kleinen Oeffnung der Dampf mit Gewalt ausströme. Es ist daher begreiflich, daß im Alterthum Philosophen, wie Aristoteles und Seneca, die Entstehung der Erdbeben sogar der Wirkung unterirdischer Dämpfe zuschrieben. Allein so wenig man behaupten wird, daß die ersten Menschen, die schon die Gewalt des Windes und des Wassers kennen mußten, an der Erfindung des Segels, der Windmühle und des Wasserrades Theil haben, eben so unstatthaft ist es, die der Dampfmaschine durch jene Beobachtungen schon angebahnt zu sehen. Gesetzt ferner, man habe längst verstanden, durch Erhitzung von eingeschlossenem Wasser Explosionen hervorzubringen oder feste Körper zu sprengen, so verriethe auch dieß noch nicht den mindesten Begriff von einer Dampfmaschine. Auf ungleich künstlichere

[1] S. Pol. J. 57; 409 und Partingtons Account 1822, pl. 1.

Weise wenden wir schon Jahrhunderte lang die explodirende Kraft des Schießpulvers an, und doch ist die Herstellung einer Maschine, die eine stetige Bewegung mittelst jener Kraft hervorzubringen im Stande wäre, eine bis auf diesen Tag noch ganz ungelöste Aufgabe.

Gelehrte, die Spuren von Dampfmaschinen schon im Alterthum entdecken wollen, berufen sich hauptsächlich auf einen Apparat, den Hero von Alexandrien (120 Jahr vor Chr.) angab, und Arago sogar will darin eine erste Dampfmaschine erblicken.[1] Allein die Vorrichtung, die Hero in seinem Buche Spiritualia (eine Sammlung meist unbedeutender Experimente) nebst dem noch jetzt nach ihm benannten Heronsball unter Nr. 45 beschreibt, ist nichts als eine Modifikation der Aeolipila und bestand aus einem Gefäße a (Fig. 2), das mit einem Arme b versehen und in den Lagern c drehbar aufgestellt war. Wurde in diesem Gefäße Wasser in Dampf verwandelt, und konnte dieser aus einer an jenem Arme seitwärts angebrachten kleinen Oeffnung entweichen, so bewirkte der ausströmende Dampf durch Reaktion ein Umdrehen des Gefäßes in entgegengesetzter Richtung.[2] So sinnreich indessen diese Vorrichtung war, und obschon in neuerer Zeit nach diesem Reaktionsprincip wirklich Maschinen construirt worden sind, so scheint Hero selbst an keinerlei nutzbare Anwendung gedacht zu haben, und es kann ihm schon deßhalb kein Antheil an der Erfindung zuzukommen.[3]

Fig. 2.

[1] Niemand hat eifriger als Montgéry Embryonen von Dampfmaschinen schon bei den Alten auffinden wollen. Allein alle seine Citate beweisen wohl nichts, als daß die Egypter in mystischen Ausdrücken von den wunderbaren Eigenschaften des Feuers und des Dampfes sprachen, und daß sie etwa vermittelst desselben Explosionen oder Töne hervorzubringen wußten. Von einer mechanischen Anwendung der Dampfkraft enthalten sie keine Spur. (S. Ann. de l'industrie 1823.) Eben so wenig sagend ist das Citat im Pol. J. 78; 77.

[2] Der Dampf wirkt hier gerade so, wie das Wasser beim Segnerschen Wasserrade, oder das Schießpulver bei Feuerrädern.

[3] Eben dasselbe gilt von Physikern, die etwa kleine Schiffchen oder Wägelchen durch die Reaktion des aus einer Aeolipila ausströmenden Dampfes in Bewegung zu bringen suchten. Wer wird in diesen Spielereien die Anfänge der Dampfschifffahrt und Dampffuhrwerke erblicken?

Im ganzen Mittelalter und bis zum 17. Jahrhundert ist überhaupt keine Spur zu finden, daß eine mechanische Anwendung der Dampfkraft auch nur versucht worden sey. Die etwa beigebrachten Belege sind theils nur durch die willkürlichste Deutung auf eine Dampfmaschine zu beziehen, oder als untergeschoben zu verwerfen. So mag wohl die oft citirte Stelle aus der Bergpostille des Predigers Mathesius vom Jahr 1562, „daß man jetzt auch Wasser mit Feuer heben könne," räthselhaft erscheinen; unmöglich wird ihr aber Jemand nur das mindeste historische Gewicht beilegen wollen. Und kaum mehreres kommt einer angeblichen Nachricht von einem Dampfschiffe zu, das Spanien im Jahr 1543 gesehen haben soll.[1] Der spanische Archivar Gonzalez wollte nämlich in einem Manuscripte gefunden haben, daß ein Seekapitän Blasco de Garay Karl V. eine Maschine vorgeschlagen, um Schiffe ohne Segel und Ruder zu treiben, und daß in Barcelona der Versuch mit Erfolg gemacht worden sey; man habe zwar von der Einrichtung nichts erfahren, doch gesehen, daß auf dem Schiffe ein Kessel mit kochendem Wasser war, und auf beiden Seiten ein Schaufelrad. Nicht nur hat aber die Kritik gar vieles gegen dieses ungedruckte apokryphe Dokument einzuwenden, sondern es geht aus jener Beschreibung noch durchaus kein Grund hervor, jenen Kessel für eine Dampfmaschine zu halten. Ueberhaupt darf man wohl von jeder Angabe, die in der Geschichte dieser Maschine Beachtung verdienen soll, verlangen, daß man sich wenigstens von der Beschaffenheit der bezeichneten Maschine einen Begriff zu machen im Stande sey. Wie kann man übrigens nur an die Möglichkeit einer solchen Erfindung bei dem damaligen Zustande der Physik denken, wo man noch, wie im Alterthum, den Dampf für in Luft verwandeltes Wasser hielt und nichts von der Erzeugung eines Vacuums durch Erkältung desselben wußte!

Anders verhält es sich mit zwei Vorrichtungen, die der Franzose Sal. de Caus im Jahr 1615 und der Italiener Branca 1629 angaben. Beide versuchten unstreitig durch die Kraft des Dampfes Bewegungen zu bewirken. Unbegreiflich ist jedoch, wie man diese Apparate für Ebauchen von Dampfmaschinen ausgeben kann.

Der von de Caus beschriebene ist nämlich offenbar nichts

[1] S. v. Zachs astronom. Correspondenz von 1826.

als eine Art von Heronsball, in welchem Dampf statt Luft wirkt. Er brachte Wasser in einer Kugel a (Fig. 3), bis auf deren Boden eine Röhre b reichte, zum Kochen, und da der sich bildende Dampf mit großer Gewalt gar bald das siedende Wasser zu der Röhre, auch wenn diese ziemlich hoch war, hinaustreiben mußte, so brachte er noch eine Oeffnung d an, um das Gefäß wieder füllen zu können.[1]

Fig. 3.

J. Branca hingegen ließ den Dampfstrahl einer Aeolipile gegen die Schaufeln eines kleinen Rades strömen, so daß sich dieses durch den Anstoß umdrehte. Gesetzt indeß, er habe auch an den Axen dieses Rädchens einen Bindfaden aufwickeln lassen, oder mit derselben eine kleine Kurbelstange verbunden, so ist die Vorrichtung doch wohl immer nur ein mechanisches Spielwerk geblieben und höchstens etwa zum Drehen eines Bratspießes anwendbar.

In England gilt seit langem und noch immer (s. auch Maccaulay S. 3.) ein Marquis von Worcester, der ein Liebling Carls II. war und 1667 starb, für den wahrhaften Erfinder der ersten Dampfmaschine. Dieser erfinderische Mann beschreibt nämlich

[1] Auf diesen, mit seinem Buche Raisons de forces mouvantes (1615) längst vergessenen S. de Caus wurde auf einmal mit großem Ruhm von Baillet 1813 und dann von Arago im Annuaire du bureau des longitudes für 1828 und 1837 aufmerksam gemacht und zwar ausdrücklich, um einem Franzosen die Erfindung der Dampfmaschinen zu vindiciren. Ein noch allgemeineres Interesse für den verkannten Mann erweckte ein angeblich vorgefundener Brief der berühmten Marion Delorme von 1641, nach welchem sie bei einem Besuche des Irrenhauses Bicêtre in Begleitung des Marquis v. Worcester den unglücklichen de Caus gesehen haben will. Allein so allgemein auch in Frankreich jetzt dieser de Caus für den Erfinder der Dampfmaschine von Gelehrten und Ungelehrten gehalten wird, so haben doch selbst Franzosen, wie Figuier in seiner nüchternen und gründlichen Hist. des découvertes modernes, P. 1852, T. 3. nachgewiesen, daß Arago hier seine Autorität mißbraucht, daß sich diese Erfindung auf die oben bemerkte Anwendung des Heronsballs reducirt und die rührende Anekdote um so unzweifelhafter eine Mystifikation seyn muß, da de Caus (geboren 1576 und gestorben 1630) 1641 längst todt, Bicêtre aber damals noch keine Irrenanstalt war. Uebrigens war der Mann Architekt und längere Zeit auch im Schlosse zu Heidelberg angestellt.

in einer 1663 unter dem Titel „a century of inventions“ abgefaßten Schrift, worin er alle seine angeblichen Erfindungen und deren ausgezeichnete Wirkungen anpreist, auch einen Apparat, der mit Hülfe des Dampfes Wasser in einem anhaltenden Strahle auf eine bedeutende Höhe erheben soll.[1] Die Zeichnungen indessen, die man von dieser angeblichen ersten Dampfmaschine in neueren Zeiten entworfen hat, denn er selbst hat keine beigefügt, beruhen zum Theil auf ganz willkürlichen Deutungen,[2] und die Beschreibung, die sich in obiger Schrift findet, ist eben so kurz als unklar. Ohne Zweifel kannte Worcester den obigen Versuch von de Caus und kam dadurch auf die Idee, durch die Verbindung von mehreren solcher Gefäße, in denen abwechselnd Wasser zum Sieden gebracht und wieder nachgefüllt würde, ein continuirliches Heben von Wasser zu erhalten. Dann unterscheidet sich sein Apparat schon dadurch wesentlich von dem des Savery, daß er den Dampf nicht in einem besondern Gefäß und aus anderm Wasser erzeugte. Es ist endlich wohl außer Zweifel, daß weder Worcester, noch irgend Jemand nach ihm, eine ähnliche Maschine je ausgeführt hat.[3]

Zwanzig Jahre später schlug der Mechaniker James Moreland, nachdem er in England kein Gehör gefunden, Ludwig XIV. die Erbauung einer Maschine vor, wodurch Wasser mit Hülfe des Dampfes gehoben werden sollte. Daß Moreland eigenthümliche Versuche über die Wirkungen des Dampfes gemacht hat, erhellt

[1] Die Beschreibung, die Worcester unter Nr. 68 seiner Schrift von jener Maschine macht, ist wörtlich übersetzt in Désaguliers Physique II. p. 585, in Bibl. brit. T. X. p. 129 in Tredgold u. A. m. Worcester schrieb jenes Buch als Staatsgefangener und starb 1667. Sie wurde erst 20 Jahr später zuerst gedruckt. Worcester war übrigens offenbar ein excentrischer Kopf und Projektenmacher, der eine Idee, die ihm einleuchtete, sofort als ausgeführt ausgab und Wunderwirkungen davon verhieß.

[2] Selbst vorhandene Zeichnungen sind übrigens noch keine Belege, daß eine Idee verwirklicht worden. Wer wird wohl glauben, daß des Jesuiten Fr. Lana's Luftschiff, das durch vier luftleer gemachte Blechkugeln getragen werden sollte, so oft es abgebildet worden, irgendwo außer des Jesuiten Gehirn existirt hat?

[3] Vor kurzem fand man zwar in einer alten Reisebeschreibung, daß Lord Sommerset, Marquis von Worcester, eine Dampfmaschine wirklich ausgeführt habe; diese Angabe scheint uns aber mehr als zweifelhaft. Gewiß ist, daß Savery's Maschine sogleich Eingang fand; warum sollte, wäre eine ähnliche Maschine schon 30 Jahre früher zu Stande gekommen, dieselbe gar keine Beachtung gefunden haben?

schon aus seiner beachtenswerthen Angabe, daß das Wasser, wenn es zu Dampf wird, sich in einen etwa 2000mal größern Raum ausdehne. Es ist jedoch nichts Näheres über jenen Vorschlag bekannt, dessen überhaupt nur in ziemlich allgemeinen Ausdrücken in einem später aufgefundenen Manuscripte gedacht ist.

Ungleich mehr Beachtung als alle vorhin genannten verdient aber ohne Zweifel in einer Geschichte der Dampfmaschine und der Physik der Luft und des Dampfes der Franzose Denis Papin. Geboren zu Blois 1647 und Sohn eines angesehenen protestantischen Arztes, widmete er sich auch der Arzneikunde, bald aber, sowie er in Paris mit Huygens in nahe Verbindung gekommen, ausschließlich physikalischen Studien und insbesondere Versuchen mit der unlängst erfundenen Luftpumpe. Und dieselbe Beschäftigung setzte er in England, wohin er sich 1674 begeben, gemeinschaftlich mit dem berühmten Rob. Boyle fort. Mehrere Abhandlungen, sowie die 1681 beschriebene Erfindung des nach ihm benannten Digestors und der so unentbehrlich gewordenen Sicherheitsklappe bezeugen, daß nicht leicht einer seiner Zeitgenossen so gründliche Kenntnisse von der Natur des Dampfes und der Luft gehabt haben mag. Der damals schon immer lauter sich kund gebende Wunsch, daß für die Industrie eine neue bewegende Kraft und Kraftmaschine aufgefunden werden möge, wurde bald auch Gegenstand seiner Bemühungen, und bald ward ihm klar, daß die Aufgabe dadurch zu lösen sey, daß man auf der Rückseite eines in einer cylindrischen Röhre verschiebbaren Kolbens abwechselnd ein Vacuum erzeuge, weil dann der mächtige Druck der Atmosphäre auf der andern Seite wirksam würde. Sein erster Vorschlag ging dahin, die Luftverdünnung geradezu mittelst einer kräftigen Luftpumpe zu bewirken, und ein späterer, durch wiederholte Verpuffung von etwas Schießpulver im Boden eines unten geschlossenen Pumpstiefels das Kolbenspiel zu Stande zu bringen. Allein alle Vorrichtungen, die nach diesen Ideen versucht wurden, zeigten sich durchaus unbrauchbar; Papin wurde durch diesen schlechten Erfolg auch so verstimmt und entmuthigt, daß er England (1687) verließ und, da er seine Religion nicht abschwören wollte und daher sein Vaterland meiden mußte, die Stelle eines Professors in Marburg annahm. — Hier versuchte er noch ein drittes Princip, das später so erfolgreich angewandt wurde. Es sollte eine dünne Schicht Wasser in obigem Cylinder abwechselnd durch Kochen in Dampf verwandelt, und dieser durch Erkältung wieder condensirt werden;[1] da er jedoch diese Umwandlung nur durch Feuer und kaltes Wasser von außen zu bewerkstelligen wußte, so mußte auch dieser Vorschlag als unpraktisch verworfen werden. Von da an scheint Papin dieses Ziel aufgegeben zu haben. Wir hören nur, daß, als Leibnitz 1705 ihn von Savery's Maschine und deren beifälligen Aufnahme in Kenntniß gesetzt, er sich durch Nachahmung und Abänderung derselben die Priorität der Erfindung anzueignen gesucht, und ferner, daß er ein kleines Schiff mit Ruderrädern, die durch Dampf umgetrieben würden, construirt haben will. Sicherer ist, daß der geniale Mann die letzte Lebenszeit wieder in England und zwar in dürftiger Lage zugebracht haben, und um 1613 gestorben seyn muß; denn zuverlässig weiß man nicht, wo und wann er starb.

Jene offenbar nach Savery's Princip von Papin angegebene und von seinen Verehrern als seine Erfindung betrachtete Maschine soll ungefähr folgende Einrichtung gehabt haben: Ein Cylinder b (Fig. 4), in dem sich eine bewegliche runde Scheibe c befindet, steht einerseits mit einem Kessel a durch die Röhre d, andrerseits durch die Röhre h mit einem Wasserbehälter e und einer Art Windkessel f in Verbindung. In a wird Dampf und zwar von bedeutender Spannung erzeugt. Ist der Hahn d geschlossen, so daß kein Dampf nach b und über die Scheibe c gelangen kann, so wird durch die Klappe o kaltes Wasser aus e in h und in den Cylinder b fließen und die Scheibe c zum Steigen bringen. Wird darauf aber der Hahn d geöffnet, so wird der eindringende starke Dampf die Scheibe c herabdrücken, das Wasser, weil o sich schließt, durch i in den

Fig. 4.

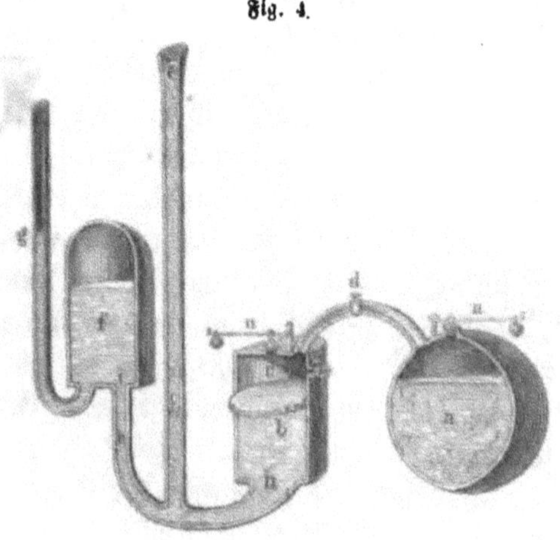

[1] S. die Leipz. Acta eruditorum.

Windkessel f getrieben werden und aus diesem durch g zu einer gewissen Höhe aufsteigen, wenn abwechselnd d geschlossen und geöffnet wird und der Dampf die erforderliche Spannkraft hat.

Daß Papin eine rühmliche Stelle in der Geschichte der Physik und der der Dampfmaschinen insbesondere einzunehmen verdient, wird Niemand bezweifeln; auch darf man glauben, daß ihm unter glücklicheren Umständen wahrscheinlich eine Lösung der so richtig aufgefaßten Aufgabe gelungen wäre; immerhin kann auch ihm keineswegs die Erfindung oder gar die Herstellung irgend einer Art von Dampfmaschine zugeschrieben werden. [1]

III.

Erfindung der ersten Kolbenmaschine durch Newkomen.

Während Papin sich mit der Vervollkommnung der Savery'schen Maschine beschäftigte, indem er namentlich die Condensation des Dampfes nutzbar zu machen suchte und, um eine kreisförmige Bewegung zu erlangen, das gehobene Wasser auf ein Rad leitete, erfand der Engländer Thomas Newkomen (in Verbindung mit J. Cawley) [2] die erste mit Kolben wirkende Dampfmaschine. Diese Maschine, die man in der Folge auch die atmosphärische nannte, wurde im Jahr 1705 patentirt. Offenbar liegen Papins Versuche dieser Einrichtung zum Grunde, doch nichts desto weniger gebührt die Ehre der Erfindung jenen Engländern, was um so werthvoller ist, als diese Maschine auffallende Vorzüge vor der Savery'schen hatte. Sie verbrauchte weit weniger Kohlen, war

[1] Papins Verdiensten lassen übrigens auch viele Engländer (wie Galloway, Stuart, Farey und andere) alle Gerechtigkeit widerfahren. Sie selbst weisen auf seine schon in den Philos. Transact. 1. 1697 enthaltenen Versuche. Befremdet hingegen, daß auch Lardner (nach der Uebersetzung seiner Lectures on the Steam-engine von Schmidt) die Ehre der Erfindung den Franzosen de Caus und Papin zuzuwenden scheint, so bemerken wir, daß der Uebersetzer in jenem Abschnitte die Ansichten von Arago, die er für eben so unparteiisch (?) als gründlich hält statt deren von Lardner aufgenommen hat.

[2] Th. Newkomen war ein Eisenschmied und John Cawley ein Glaser aus Dortmouth; beide Wiedertäufer und Freunde.

ungleich wirksamer, ließ sich in weit größeren Dimensionen construiren und war überdieß eine wirkliche Kraftmaschine. Es ist sehr zu bezweifeln, daß Savery's Maschine je zu einem häufigen Gebrauch gelangt wäre, die Nützlichkeit der Newkomen'schen wurde hingegen sehr bald allgemein anerkannt und fand zumal in den Bergwerken überall rasch Eingang. Auch sind fast alle bis auf den heutigen Tag erfundenen Dampfmaschinen Kolbenmaschinen, und gewissermaßen aus dieser erst hervorgegangen.

Die Einrichtung einer atmosphärischen oder Newkomenschen Maschine ist wesentlich folgende:

In dem Kessel a (Fig. 5) wird der Dampf erzeugt, und dieser

Fig. 5.

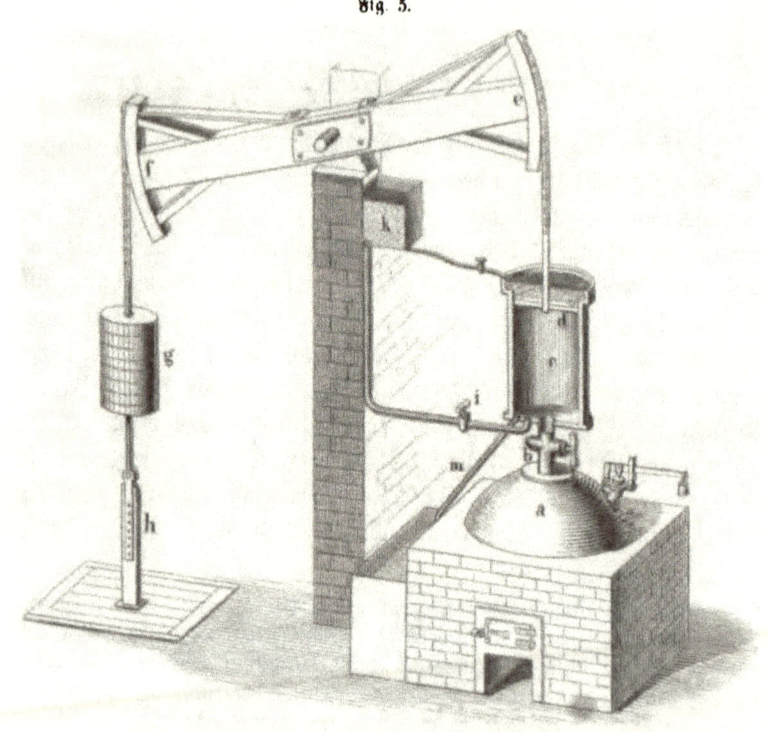

dringt, wenn der Hahn b aufgedreht wird, in den Cylinder c unter einen Kolben d. Dieser Kolben ist durch eine Kette mit einem großen Hebel oder Waagbalken e f verbunden, an dessen Arm f ein Gegengewicht g und die Pumpenstange h angehängt ist.[1] So wie der Dampf unter den Kolben dringt, steigt dieser, da das Gewicht g die Reibung und wohl auch einen Theil des Luftdrucks überwindet, und die Pumpenstange h sinkt. So wie aber der Kolben den obern Rand des Cylinders erreicht hat, wird nicht nur der Dampfhahn b geschlossen, sondern zugleich der Wasserhahn i geöffnet, was zur Folge hat, daß etwas kaltes Wasser aus dem Behälter k bei l in den Cylinder eingespritzt wird. Diese Einspritzung bewirkt die Erkältung und Verdichtung des Dampfes und der Luftdruck wird bald stark genug, um den Niedergang des Kolbens, sowie das Steigen der Pumpenstange h und des Gegengewichts zu veranlassen. Das eingespritzte, sowie das condensirte Dampfwasser wird sodann durch die Röhre m abgezogen und der Dampfhahn darauf von neuem geöffnet. An dem Waagbalken f ist noch eine zweite, in der Zeichnung nicht angegebene Pumpenstange befestigt, die kaltes Wasser in den Behälter k hebt; aus diesem läßt man von Zeit zu Zeit etwas Wasser auf die obere Fläche des Kolbens ausfließen, um denselben dichter zu machen und das Durchdringen des Dampfes zu verhindern.

Natürlich erlitt auch diese Maschine allmälig mancherlei Veränderungen. Bei der ersten Maschine wurde z. B. das Wasser nicht injicirt, sondern der Cylinder von außen erkältet.[2] Später wurde der Cylinder nicht über, sondern neben dem Kessel aufgestellt. Man erfand ferner Vorrichtungen, um die Hähne durch die Maschine selbst drehen zu lassen.[3]

Wir übergehen indessen die fernere Vervollkommnung der sogenannten atmosphärischen Maschine.

[1] Diese Maschine hieß daher anfangs auch Hebelmaschine und Feuerpumpe (pompe à feu).

[2] Ein zufälliges Loch im Kolben, das etwas Wasser durchließ, veranlaßte das Einspritzen.

[3] Ein junger Wärter, Namens Humphrey Potter, kam zuerst (1713) auf den Einfall, die Hähne vermittelst einer am Waagbalken befestigten Stange zu dirigiren. Verbessert wurde dieser Mechanismus durch H. Beighton (1718). Eine nähere Beschreibung der Maschine von Beighton S. in Stuart 2c. S. 11.

IV.

Fortschritte bis auf Watt.

Die Brauchbarkeit der Newkomen'schen Dampfmaschine war, zumal wo das Brennmaterial wenig kostete, so einleuchtend, daß der Gebrauch derselben sich immer mehr und besonders in Kohlengruben verbreitete. Eine große Maschine wurde 1719 an der Themse zum Wasserschöpfen errichtet. In Deutschland wurde die erste Maschine 1722 zu Kassel durch Emil Fischer, Baron v. Erlach erbaut; eine andere im folgenden Jahr in Ungarn. Auch nach Spanien kam um diese Zeit schon eine solche Maschine; mehrere erhielten bald darauf die Niederlande. Ja noch jetzt finden sich in vielen Kohlengruben ganz alte oder nach diesem alten System construirte Maschinen, indem sie einfacher und minder kostbar zu erbauen sind als andere.

Die Savery'sche Maschine kam daher bald in Vergessenheit. Nur wenige, wie z. B. der Portugiese de Moura (1750), suchten durch Vervollkommnung sie etwas brauchbarer zu machen.[1] Daß Papins Bemühungen wenig Erfolg haben konnten, leuchtet von selbst ein. Auch die Empfehlungen des damals berühmten Physikers Désaguliers, der einmal der Newkomen'schen Erfindung abgeneigt war, blieben fruchtlos.[2] Fast ausschließlich beschäftigte man sich mit der Vervollkommnung der atmosphärischen Maschine und die ausgezeichnetsten Mechaniker, wie H. Beighton (gestorben 1743) und Smeaton (geboren 1724) widmeten ihr ihre Aufmerksamkeit. Und allmälig wurden auch in der Herstellung der einzelnen Theile, des Kessels, Cylinders, Kolbens rc. Fortschritte gemacht.

So manche Verbesserungen indessen dadurch zu Stande kamen, so blieb doch bis auf Watt die Dampfmaschine lediglich zum Heben von Wasser anwendbar und das Grundprincip ihrer Einrichtung durchaus dasselbe. Immerhin verdienen einige Bemühungen, die

[1] Ueber de Moura's Veränderung siehe Bibl. brit. T. X. pl. 3.

[2] Cours de Physique p. 573. Désaguliers ließ von 1717 an 7 dergleichen Maschinen erbauen. Die erste erhielt Peter I. Sie hob das Wasser aus der Erde 29' (engl.) hoch und trieb es dann noch 11' höher.

in diese frühere Periode fallen, auch in einem ganz kurzen Abriß ihrer Geschichte eine Stelle.

Der berühmte deutsche Mechaniker Leupold gab nämlich in seinem Theatrum mach. hydr. im Jahr 1724 schon eine wahre Hochdruckmaschine an. Diese, wie Einige wollen, nach Papins Ideen ausgedachte Maschine hatte folgende Einrichtung. Der in einem Kessel gebildete, hochgespannte Dampf strömte abwechselnd in zwei Cylinder und trat dann, nachdem er die Kolben in denselben zum Steigen gebracht hatte, in die freie Luft aus. Niederwärts wurden die Kolben durch Gewichte gezogen, die auf ihnen lasteten. Zur Umsteuerung diente der von Papin erfundene, zweifach durchbohrte Hahn, der nachher der Vierweghahn genannt wurde. Von diesen Leupold'schen Maschinen scheint man indessen nie Gebrauch gemacht zu haben, vielleicht weil die Anwendung eines hochdrückenden Dampfes damals noch zu schwierig war und zu gefährlich schien.

Nicht minder bemerkenswerth ist das Bestreben des Jon. Hulls, eine Dampfmaschine auf einem Schiffe dergestalt anzubringen, daß damit ein Ruderrad umgetrieben wurde und jenes Schiff (als Bugsirboot) zum Ziehen anderer dienen könnte. Hulls erhielt 1737 ein Patent, und es scheint ihm wirklich gelungen zu seyn, die Möglichkeit einer solchen Anwendung darzuthun. Die Verwandlung der senkrechten Bewegung der Kolbenstange in eine rotirende, wie Hulls sie veranstaltete, war jedoch so unbehülflich, und die Ausführung mochte so manche Schwierigkeiten gefunden haben, daß seine Unternehmung bald in gänzliche Vergessenheit gerieth. Und in der That erhielt man erst in neuerer Zeit durch Entdeckung einer kleinen Druckschrift, worin Hulls' Versuche beschrieben waren, Kenntniß von derselben.

V.

Umgestaltung der Dampfmaschine durch J. Watt.

Beinahe siebenzig Jahre lang blieb die Einrichtung der Dampfmaschine wesentlich dieselbe. Aller Bemühungen ungeachtet hatte Niemand vermocht, ihre Grundfehler zu heben, ein neues System der Construktion zu erfinden und ihr eine vielartige Brauchbarkeit zu geben. Da erschien James Watt, und sein Genie allein reichte hin, diese Maschine gänzlich umzugestalten und sie auf einen Grad der Vollkommenheit zu bringen, der auch die kühnste Erwartung übertraf. Mit allem Recht wird der hochgefeierte Mann daher als der zweite Erfinder, ja als der eigentliche Schöpfer der (heutigen) Dampfmaschine betrachtet.[1]

Die Ausbesserung eines kleinen Modells, die ihm als Mechanikus der Universität Glasgow 1763 aufgetragen wurde, die Entdeckung, die eben der gelehrte Black im Gebiete der Wärmelehre gemacht, und der Umgang mit seinem Freunde D. Robinson veranlaßten ihn, alle seine Aufmerksamkeit auf die Vervollkommnung dieser Maschine zu verwenden, und nachdem er durch mehrjähriges Nachdenken und zahlreiche Versuche seine Ideen gereift, hatte der Mittellose das seltene Glück, in Boulton einen Mann zu finden, der seine Entwürfe zu würdigen verstand und ein hinreichendes Vermögen zu ihrer Ausführung hingeben mochte.

Das erste Patent nahm Watt im Jahr 1769.[2] Spätere wurden ihm in den Jahren 1780, 82 und 84 ertheilt.

Die wichtigsten Erfindungen und Verbesserungen, welche die Dampfmaschine diesem Mann verdankt, dürften folgende seyn:

1. Die Erfindung des Condensators (1769). Vor ihm wurde der Dampf stets durch die Einspritzung von Wasser in den Cylinder selbst condensirt. Die Condensirung war bei diesem Verfahren unvollkommen und verzögert, und viele Wärme wurde verloren. Diese Uebelstände wurden längst als sehr wesentliche anerkannt; erst Watt aber wußte denselben abzuhelfen. Schon 1765 stellte er den Satz auf, daß der Cylinder durchaus nicht erkältet werden dürfe und ein getrenntes Verdichtungsgefäß unentbehrlich

[1] J. Watt ward 1736 zu Greenok geboren und starb im 84sten Jahr auf seinem Landsitze bei Soho 1819. 1824 bewilligte das Parlament mehrere tausend Pfund zur Errichtung eines National-Denkmals. Mehreres über sein Leben s. im Morgenblatt, April 1824 und Mech. Magaz. 1823, Nr. 1; doch vornehmlich in Arago's Unterhaltungen (deutsch von Grieb) Bd. 4.

Wie unvollkommen die Dampfmaschine zu Watts Zeiten war, erhellt schon daraus, daß der berühmte Mechaniker Smeaton 1781 noch meinte, diese Maschine lasse sich zum Treiben einer Mahlmühle nicht anders benützen, als indem man durch sie Wasser auf ein Wasserrad hebe!

[2] Schon 1768 baute er eine Maschine nach seiner Erfindung in den Kohlenminen zu Kinjeil.

sey. Anfangs war auch sein Condensator mangelhaft, indem er ihn bloß in kaltes Wasser stellte und von außen erkältete. Später erst wendete er Einspritzung an.

2. Die Umgebung des Cylinders mit einer Bekleidung, um die Erkältung noch vollkommener zu verhüten, und die Zugabe der Luftpumpe, um das Abkühlungswasser und den rückständigen Dampf beständig wieder wegzuschaffen.

3. Die Einführung eines oben geschlossenen Cylinders. Bei der atmosphärischen Maschine war er offen und das Kolbenspiel bewirkte abwechselnd der Luftdruck und ein Gegengewicht. Watt behielt anfangs das letztere bei, schloß aber den Luftdruck aus und dieß machte nicht nur eine Stopfbüchse, durch welche die Kolbenstange ging, nöthig (die er einführte), sondern auch eine vollkommenere Liderung des Kolbens. Er sollte nicht mehr durch eine Wasserschicht, die ihn erkältete, luftdicht gemacht werden.

4. Die Erfindung der doppeltwirkenden Maschine (1782). Bis dahin wirkte die Kraft bei jedem Kolbenspiele nur einmal: in dieser Maschine wirkte der Dampfdruck beim Auf- wie beim Niedergange des Kolbens. Der Effekt war in derselben Zeit verdoppelt und die Bewegung weit gleichförmiger. Die Gegengewichte fielen weg.

5. Die Anwendung der Expansion. Eigentliche Expansionsmaschinen scheint Watt zwar wohl angegeben, doch nicht ausgeführt zu haben; allein er lehrte, was für jede Maschine sehr wichtig war, den Dampf absperren, bevor der Kolbenhub ganz vollendet war, und gab die dazu nöthige Steuerung an, so wie er überhaupt auch diesen Theil wesentlich verbesserte.[2] Watt scheint übrigens zuerst erkannt zu haben, daß sich der Nutzeffekt durch die Expandirung erhöhen lasse, scheute aber besonders die dann nöthige Vergrößerung des Cylinders.

6. Die Umwandlung der hin- und hergehenden Bewegung der Maschine in eine rotirende. Er erfand zu diesem Behufe verschiedene Mittel. Zwar erhielten Washbourough und Steed vor ihm Patente auf die Anwendung der Kurbel; allein Watt hatte

[1] Watt legte schon 1774 dem Unterhause die Zeichnung einer solchen Maschine vor.

[2] Seine Steuerschieber waren entlastet. Auf die Entlastung der Schieber vom Dampfdruck hat man lange Zeit gar keinen Werth gelegt, bis man erst in der neuesten Periode die damit verbundenen Vortheile wieder schätzen gelernt hat.

sie früher schon gebraucht, und jedenfalls war diese nur in Folge seiner Vervollkommnung brauchbar geworden.[1]

7. Die Erfindung des Parallelogramms oder einer sinnreichen Stangenverbindung, wodurch die Bewegung der Kolbenstange in ihrer bei verschlossenen Cylindern nothwendig gewordenen senkrechten Stellung erhalten werden konnte.

8. Die Einführung des konischen Pendels, um vermittelst einer Klappe den Zufluß des Dampfes zu reguliren, und die des Manometers und anderer Indikatoren, um im Kessel, wie im Cylinder und im Condensator die Spannung des Dampfes zu messen.

9. Bedeutende Verbesserungen in der Construktion des Kessels und des Ofens zur Ersparung von Brennstoff.

Watt schrieb wenig oder fast gar nichts. Theoretische Untersuchungen waren nicht seine Sache. Seine Arbeiten waren praktisch, seine Erfindungen wurden in der Regel sofort verkörpert. Indessen ließ er in seinen Patenten auch wohl Ideen aufnehmen, die er noch nicht ausgeführt, ja die er niemals ausführte. So wie auf Expansionsmaschinen, so ließ er sich auf Hochdruck- und auf sogenannte Radmaschinen patentiren, obschon er keine Maschinen nach diesen Systemen je construirt zu haben scheint. Mögen daher diese und ähnliche Ideen auch manche spätere Erfindung angebahnt haben, so ist doch nicht in Abrede zu stellen, daß seine vielumfassenden Patente bis zu ihrem Erlöschen manchem erfinderischen Kopf die Hände banden. Wirklich gehört denn auch Watt zu den Glücklichen, denen nicht nur die volle Anerkennung ihrer Verdienste zu Theil ward, sondern die überdieß in reichem Maße die Früchte ihrer Erfindungen einernteten.[2]

[1] Siehe Robinson Mech. II. 134. Watt gab auch eine Vorrichtung an, um direkt eine rotirende Bewegung zu erzeugen — hiemit eine Radmaschine; und als Mittel ohne Schwungrad eine Welle umzutreiben, die Anwendung zweier Cylinder und zweier Kurbeln, hiemit eine Zwillingsmaschine. Er scheint beides aber nie ausgeführt zu haben.

[2] Diesen glänzenden Erfolg verdankt er vornehmlich seiner Verbindung mit Boulton, einem Mann, der ihn gewissermaßen vollständig ergänzte. Watt, ein erfinderisches Genie, wie es noch wenige gab, voll Ideen, die er mit richtigem Blick verfolgte und an denen er unablässig studirte, von tiefer praktischer Einsicht, hatte jedoch wenig Talent, seine Erfindungen zu verwerthen. Er war nicht

VI.

Classifikation der bis jetzt erfundenen Arten von Dampfmaschinen.

Durch die zahllosen Bemühungen, die Dampfmaschine überhaupt oder zum Behuf besonderer Anwendungen zu vervollkommnen, sind allmälig Maschinen von überaus mannichfaltiger Einrichtung zu Stande gebracht worden. Und fast auf eben so vielfache Weise hat man den Apparat zur Erzeugung des Dampfes verändert.

Die meisten der frühern Erfindungen sind zwar, durch bessere verdrängt, jetzt außer Gebrauch und gar manche neuere noch wenig in Anwendung gekommen; wenn aber auch nur die wirklich gebräuchlichen unsere besondere Aufmerksamkeit verdienen mögen, so wollen wir doch eine Uebersicht der verschiedenen Arten oder Systeme von Dampfmaschinen, die bis dahin erfunden wurden, zu geben und sie zu classificiren versuchen.

Gehen wir, um zu einer möglichst umfassenden und systematischen Eintheilung zu gelangen, von der Verschiedenheit des Princips aus, nach welchem der Dampf als Ursache der Bewegung in Wirksamkeit tritt, so sehen wir: 1) daß bei den zuerst erfundenen Apparaten nicht wie bei allen spätern eine Bewegungsmaschine oder ein Motor hergestellt, sondern eine unmittelbare nützliche Bewegung und namentlich die Hebung von Wasser mit Hülfe des Dampfes bezweckt wird, und 2) daß, um eine eigentliche Bewegungsmaschine oder Triebkraft zu erlangen, durch den Dampf entweder einer Welle eine umlaufende, oder zunächst einer Kolbenstange eine geradlinig hin- und hergehende Bewegung ertheilt wird.

Von dieser Verschiedenheit ausgehend haben wir also drei Hauptclassen von Dampfmaschinen aufzustellen: hydraulische, rotirende und Kolbenmaschinen. Wir werden indeß sehen,

nur mittellos, sondern rein ein Gelehrter und Künstler, der selten nur die Werkstätte besuchte. Boulton hingegen war reich, wußte Watts Ideen zu würdigen, hatte großen Einfluß, viele commercielle Einsichten und eine große industrielle Thätigkeit. Mit Boulton verband sich Watt aber erst 1774, nachdem Dr. Roebuk, mit dem er zuerst in Verbindung getreten, in ökonomische Verlegenheiten gerathen war. 1775 wurde die große Dampfmaschinenfabrik zu Soho bei Birmingham errichtet, die noch jetzt (unter der Firma James Watt) als eine der ausgezeichnetsten blüht.

daß alle nach dieser Eintheilung zu den beiden ersten Classen zu rechnenden Maschinen beinahe gar nicht in Gebrauch gekommen sind.

Zur ersten, die wir hydraulische nennen, gehören nämlich bloß die Savery'sche, deren Princip wir (s. Fig. 1) erläutert, und einige Modifikationen derselben.

Die der zweiten hingegen, die rotirenden Maschinen, zerfallen in zwei verschiedene Gattungen, insofern die rotirende Bewegung einer Welle bei den einen durch die impulsive Kraft des Dampfes, bei den andern durch die reagirende Wirkung ausströmenden Dampfes bewerkstelligt werden soll. Der zweiten Gattung liegt das in Fig. 2 angedeutete Princip zu Grunde. Als Beispiel für das erste Princip kann die von Watt vorgeschlagene Radmaschine dienen, die in Fig. 6 skizzirt ist. An der Welle a ist ein Flügel b befestigt, welcher dampfdicht an der Innenwand des Cylinders c schließt; die um e drehbare Klappe d schließt ebenfalls an beiden Enden dampfdicht. Dringt nun durch das Rohr f Dampf in den von b und d eingeschlossenen Sector, so erhält b und zugleich die Welle a eine Drehung in der Richtung des Pfeils, wenn der auf der Rückseite von b befindliche Dampf durch h in die freie Luft oder in einen Condensator abströmen kann. Wenn der Flügel b die Klappe d trifft, so legt er sie in die Vertiefung g so lange zurück, bis er wieder die in der Zeichnung angedeutete Stellung angenommen hat. Um diese letzte Wirkung zu ermöglichen, ist ein Schwungrad nothwendig.

Fig. 6.

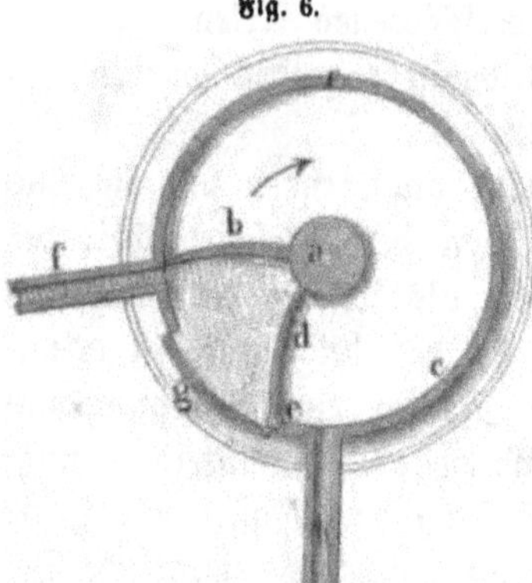

Die Maschinen der dritten Classe, die Kolben- oder Cylindermaschinen, lassen, so viele Arten dazu gehören, drei Hauptgattungen unterscheiden. Bei den einen wird nämlich der Kolben theilweise durch den direkten Druck der äußeren Luft bewegt (atmosphärische Maschinen), während dieser bei den anderen ausgeschlossen ist; hier findet eine direkte Dampfwirkung statt, welche den Kolben entweder nur nach einer Richtung (einfachwirkende Maschinen), oder nach beiden Richtungen (doppeltwirkende Maschinen) in Bewegung setzt.

Die Einrichtung einer atmosphärischen Maschine, wie sie von Newkomen construirt wurde, ist bereits auf S. 24 beschrieben und durch Fig. 5 erläutert.

Bei Anwendung von stärker gespanntem Dampf kann das Gegengewicht wegfallen. Wäre der Druck des Dampfes gegen den Kolben 160, der des entweichenden oder condensirten 40, und der Luftdruck 100, so würde ein Mehrdruck von 60 den Kolben steigen und ein gleicher ihn sinken machen.

Bei noch stärker gespanntem Dampfe und größerer Belastung des Kolbens wird der Condensator entbehrlich; übt nämlich der unter den Kolben tretende Dampf einen Druck 220 aus, und beträgt der Druck der Luft und eines auf dem Kolben lastenden Gewichtes 160, so wird wie vorhin eine Differenz von 60 den Kolben auf- und abwärts treiben, da der in die Luft entweichende Dampf nur mit 100 drückt. Dieses Princip ist auch das der auf S. 27 beschriebenen Maschine von Leupold.

Ferner kann man auch bei atmosphärischen Maschinen den Eintritt des Dampfes vor Vollendung des Kolbenhubes absperren und den Dampf noch durch Expansion wirken lassen, zumal wenn man ein Gegengewicht zu Hülfe nimmt. Nach diesem Princip sind Faivre's atmosphärische Maschinen construirt. S. Pol. J. 82; 161.

Fig. 7.

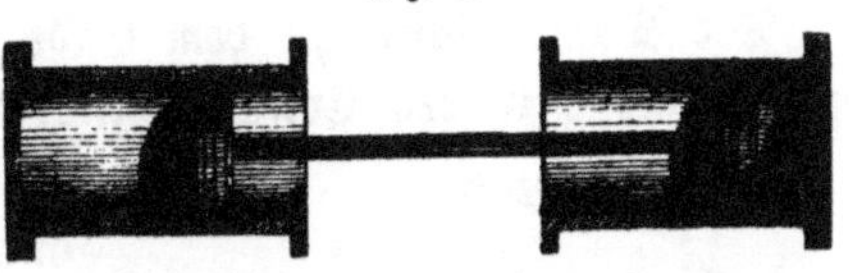

Man hat auch wohl (Fig. 7) zwei Cylinder gegen einander gestellt, deren Kolben eine gemeinsame Stange hin- und herschiebt, und so eine Maschine gebaut, die den Uebergang zu der doppeltwirkenden bildet.

Nicht weniger Abänderungen gestattet das System der einfachwirkenden Kolbenmaschinen (machines à simple effet) mit geschlossenem Cylinder.

Bei den ersten Maschinen dieser Gattung, die Watt construirte, wurde das Kolbenspiel also hervorgebracht (Fig. 8 a. f. S.): Durch d kann der Dampf in den Cylinder und über den Kolben sich ergießen, durch e der Dampf aus dem Cylinder in den Condensator abfließen und durch die Röhre a eine Verbindung des obern und untern Cylinderraums, wenn c geöffnet wird, vermittelt werden. Ist d und e offen, der Verbindungs- oder Gleichgewichtshahn c aber geschlossen,

Fig. 8.

so bewirkt der aus d einströmende Dampf den Niedergang des Kolbens und zugleich wird das Gewicht b gehoben. Wird nach Vollendung des Laufes c geöffnet, d und e aber geschlossen, so stellt sich ein Gleichgewicht des Drucks auf beiden Seiten des Kolbens her, weil der Dampf aus dem untern Theile durch a in den obern sich verbreiten kann, und b zieht den Kolben aufwärts.

Wie leicht zu erachten, kann man eben so gut den Kolben durch den Dampfdruck steigen machen — es muß dann nur der Kolben selbst belastet werden.

Ebenso kann man sich eines stärker gespannten Dampfes bedienen und diesen dann, nachdem er gewirkt, auch wohl in die Luft entweichen lassen; und endlich läßt sich noch von dem Expansionsprincip Gebrauch machen — wie dieß denn wirklich bei vielen der wegen ihrer Leistungen so berühmten Cornwall'schen Maschinen statt hat.

Die dritte Gattung von Cylinder-Maschinen, oder die der doppeltwirkenden (machines à double effet) begreift alle, in welchen der Dampf wechselsweise auf jeder Seite des Kolbens thätig wird.

Der Dampf kann zu dem Ende aus a (Fig. 9) durch zwei Wege b und c in den Cylinder einströmen und durch zwei andere d und e aus demselben in den Condensator oder die freie Luft abziehen; der Kolben sinkt, wenn die Hähne oder Klappen b und e offen, c und d aber geschlossen sind (wie in A), und steigt, wenn umgekehrt c und d offen, b und e geschlossen sind (wie in B).

Fig. 9.

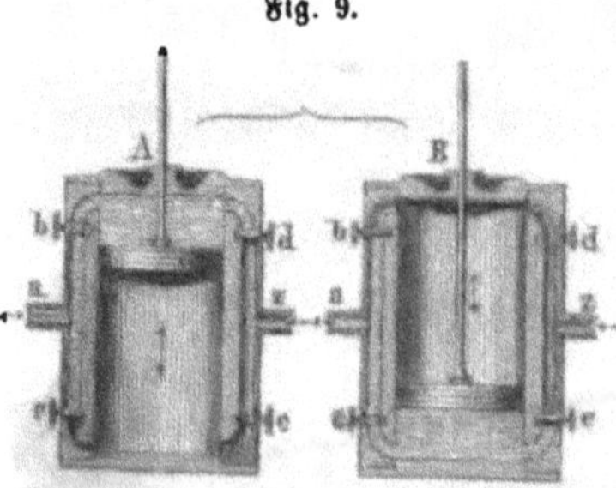

Es ist klar, daß sich das Princip, das dieser Gattung zum Grunde liegt, eben so wie das vorige modificiren läßt; und es sind allmälig um so mehr Abänderungen desselben ersonnen worden, als seit der Erfindung dieses Systems (durch Watt) fast ausschließlich doppeltwirkende Maschinen construirt werden.

Es dürfte schwer seyn, alle auch nur namhaft verschiedenen Arten von Dampfmaschinen, die dieser, sowie der zweiten Gattung angehören, aufzuzählen oder sie systematisch zu ordnen. Wir bemerken daher nur, daß man

1) nach der Spannung des Dampfes, mit der sie arbeiten, dreierlei Arten unterscheidet und

Niederdruckmaschinen (machines à basse pression) solche nennt, bei welchen der Dampf noch nicht eine Spannung von 2 Atmosphären erlangt,

Mitteldruckmaschinen (machines à moyenne pression) die, in denen er einen Druck von 2—4 Atmosphären besitzt;

und Hochdruckmaschinen (machines à haute pression) die, welche mit vier=, fünf= und mehrfachem Dampf arbeiten.

2) Volldruck= und Expansionsmaschinen, je nachdem der Dampf mit constantem Druck arbeitet, oder, indem der Zutritt früher oder später abgesperrt wird, einen Theil des Hubs durch seine expandirende Kraft vollzieht.

3) Daß bei manchen Maschinen die Expansion nicht in demselben Cylinder, sondern in einem zweiten, größeren veranstaltet wird, so daß keine Absperrung (détente) nöthig wird; und daß bei einigen eine veränderliche Absperrung eingerichtet ist. [1]

[1] Wie Expansionsmaschinen mit 2 Cylindern sich herstellen lassen, ist aus Fig. 10 zu ersehen. A und B sind 2 Cylinder von ungleicher Capacität. Durch a und d tritt der frische Dampf aus dem Kessel in den kleineren Cylinder; durch c und f aus dem größern in den Condensator oder die freie Luft. Beide Cylinder sind durch zwei Röhren b und e mit einander verbunden, und zwar der obere Theil von A mit dem untern von B und der untere Theil von A mit dem obern von B. Nehmen wir an, beide Kolben haben den höchsten Punkt ihres Laufs erreicht, und es werden dann die Hähne a, e und c geöffnet und b, d und f geschlossen, so strömt der Dampf über den Kolben A, und dieser muß weichen, weil der unter ihm befindliche Dampf zugleich durch e in den großen Cylinder B abfließen und sich darin expandiren kann. Es wird aber auch der Kolben B sinken müssen, weil der Dampf unter demselben durch c entweichen kann. Und wie leicht zu erkennen, muß das umgekehrte Kolbenspiel sich ergeben, wenn darauf die Hähne a, e und c geschlossen, die drei andern aber geöffnet werden. Beide Kolben steigen und sinken also zugleich und können daher an demselben Arm des Balanciers wirken.

Fig. 10.

4) Daß zuweilen bei Mitteldruck- und zumal bei Hochdruckmaschinen keine Condensation veranstaltet wird.

Mehr oder weniger wesentlich unterscheiden sich ferner diese Maschinen dadurch von einander, daß bei den einen und zwar den meisten die primitive alternirende Bewegung in eine rotirende umgewandelt wird, bei den andern nicht; daß entweder die Bewegung des Kolbens vermittelst eines Balanciers übertragen wird, oder die Kolbenstange unmittelbar auf die Kurbelstange und die mit ihr verbundene Kurbel wirkt; daß zuweilen, und nicht bloß bei Locomotiv- und Schiffsmaschinen, zwei selbstständige Cylinder gemeinsam eine Welle umtreiben; dann gibt es Maschinen mit horizontalen statt senkrechten, mit oscillirenden statt feststehenden Cylindern u. s. w.

Man pflegt endlich stationäre und locomotive Dampfmaschinen zu unterscheiden. Die stationären heißen auch fixe oder Landmaschinen und dienen fast insgesammt als Betriebskräfte zu industriellen Zwecken. Der locomotiven gibt es zweierlei: Schiffsmaschinen und Wagen- oder eigentliche Locomotivmaschinen.

So mannigfach indeß die Construktion und Bestimmung dieser Maschinen ist, so sind doch ihrer wesentlichsten Verschiedenheit nach alle unter folgende 4 Klassen zu bringen:

A. Maschinen ohne Expansion und ohne Condensation.
B. Maschinen ohne Expansion und mit Condensation.
C. Maschinen mit Expansion und ohne Condensation.
D. Maschinen mit Expansion und mit Condensation.

VII.

Erfordernisse einer Dampfmaschine.

Obschon der Dampfcylinder mit seinem Kolben oder Stempel als erster oder wesentlichster Theil der Dampfmaschine betrachtet werden kann, so ist doch klar, daß eine Menge anderer Theile oder Organe hinzukommen müssen, um eine wirkliche Maschine zu constituiren. Die einen dieser Theile beziehen sich auf die Erzeugung, die andern auf die Verwendung des Dampfes. Letztere machen die Dampfmaschine im engern Sinne aus.

Der Dampferzeugungs-Apparat, der gewöhnlich einen besondern Raum einnimmt, besteht aus zwei Haupttheilen, dem

Kessel und dem Ofen. Der erstere muß eine hinlängliche Größe und Festigkeit haben, gefüllt und geleert, fortdauernd mit Wasser gespeist und zuweilen gereinigt und ausgebessert werden können. Man muß beobachten können, wie hoch das Wasser im Kessel steht, wie heiß es ist, wie stark der Dampfdruck. Der Dampf muß in den Cylinder strömen, nöthigenfalls aber auch in die Luft entweichen können. Der Ofen muß feuerfest und vor allem so construirt seyn, daß mit demselben Quantum Kohlen oder Holz die größtmögliche Menge Dampf erzeugt werde. Der Heizstoff muß vollkommen verbrennen, die Hitze aufs beste benutzt werden; es müssen Züge und ein Rauchfang in angemessenen Dimensionen vorhanden seyn. Zugleich aber muß die Stärke des Feuers beständig so geregelt werden, daß die Erzeugung des Dampfes stets dem wechselnden Dampfbedarfe angemessen sey. Es muß wünschenswerth seyn, daß diese Verrichtungen, so wie alle übrigen, so viel immer möglich durch die Maschine selbst vollzogen werden, oder daß sie sich selbst besorge.

Die eigentliche Dampfmaschine erheischt außer dem Cylinder vorerst einen Apparat, durch welchen der Dampf in dem Cylinder gehörig vertheilt wird; der Dampf muß nicht nur gehörig einströmen und wieder entweichen, sondern es muß auch die Menge desselben, um einen gleichförmigen Gang zu erhalten, genau regulirt werden können. Auch dieses künstliche Spiel von Hähnen, Klappen oder Schiebern muß die Maschine selbst und aufs Pünktlichste verrichten.

Der Dampfcylinder erfordert große Festigkeit. Er muß oben und unten wohl verschlossen seyn. Die Liderung des Kolbens muß dauerhaft und dampfdicht seyn und dabei wenig Reibung verursachen. Die Kolbenstange muß durch eine dampfdichtschließende Stopfbüchse aus dem Cylinder austreten.

Zur Verwandlung der geradlinigen Hin- und Herbewegung der Kolbenstange in eine kreisförmige sind bisweilen ein großer Hebel oder Balancier und eine Treibstange nebst Kurbel und Welle erforderlich. Eine eigene Vorrichtung muß dann der Kolbenstange die Verticalität erhalten. Ein großes Schwungrad an der Welle muß die Unregelmäßigkeiten der Kurbelbewegung ausgleichen.

Soll endlich der entweichende Dampf condensirt werden, so muß er zu dem Ende nicht nur in einen eignen Apparat gelangen, sondern eine Pumpe muß beständig kaltes Wasser schöpfen und dem Condensator zuführen; und eine zweite, eine Art Luftpumpe, muß das Condensationswasser wieder wegschaffen. So muß die Maschine drei Pumpenstangen in Bewegung setzen; außer den oben genannten nämlich noch die, welche fortdauernd den Kessel speist.

Dieß sind im Allgemeinen die wesentlichsten Theile, die beinahe zu jeder Dampfmaschine gehören. Bevor wir indessen die verschiedenen Theile und ihre Verrichtungen einzeln betrachten und ausführlich die Eigenschaften des Dampfes untersuchen, welche der Einrichtung der Maschine zu Grunde liegen, wollen wir den Zusammenhang, in welchem die einzelnen Theile unter einander stehen, an zwei Beispielen erläutern. Wir wählen hierzu eine mit Condensation arbeitende Maschine mit stehendem Cylinder und Balancier und eine Maschine mit liegendem Cylinder ohne Condensation. Die Zeichnungen dieser beiden, erst in den letzten Jahren ausgeführten Maschinen verdanken wir der Güte ihrer Erbauer, der Herren Rudolph und Beck in Chemnitz.

VIII.

Darstellung einer Balancier-Dampfmaschine mit Condensation in ihrem Zusammenhange.

Der durch das Dampfrohr A (Tafel 1) aus dem Kessel zuströmende Dampf gelangt durch den Schieberkasten B in den Dampfcylinder C und nach seiner Wirkung aus diesem, ebenfalls durch Vermittelung des Schieberkastens, in ein Rohr D, das ihn nach dem Condensator E leitet.

Die Bewegung, welche der einströmende Dampf dem in dem Cylinder befindlichen und dampfdicht in demselben schließenden Kolben ertheilt, wird vermittelst einer am Kolben befestigten Stange F, der sog. Kolbenstange, auf den zweiarmigen Hebel oder Balancier G, welcher in den Lagern H über den Gestellböcken I in verticaler Ebene schwingen kann, übertragen. Zur Erzeugung einer geradlinigen Stangenbewegung wird die Verbindung zwischen der Kolbenstange und dem Balancier durch das Parallelogramm KK und die Führung LL zwischen den Säulen MM vermittelt. Das zweite Ende des Balanciers überträgt die Bewegung vermittelst der Kurbelstange oder Bleuelstange N und der Kurbel oder dem Krummzapfen O auf die Hauptwelle P, an welcher zur Erlangung eines gleichförmigen Ganges das Schwungrad Q befestigt ist. Durch die Verbindung von Kurbel und Kurbelstange wird die schwingende Bewegung des Balanciers in die ununterbrochen drehende der Hauptwelle umgesetzt.

Damit der frische Dampf abwechselnd über und unter den Kolben treten und zugleich derjenige Dampf, welcher bei dem vorhergehenden Kolbenhube wirksam gewesen ist, von der entgegengesetzt liegenden Kolbenfläche ungehindert entweichen kann, bewegt sich über den Dampfwegen des Cylinders ein Schieber, welcher seinen Betrieb durch die Stangenverbindung $a^1 a^2 a^3$ von einer mit der Schwungradwelle drehbaren excentrischen Scheibe empfängt. Ein zweites auf der Schwungradwelle sitzendes Excentric treibt vermittelst der Stangenverbindung $b^1 b^2 b^3$ einen zweiten Schieber, welcher sich unmittelbar über dem Rücken des ersten Schiebers auf und nieder bewegt und lediglich die Bestimmung hat, die Eintrittsöffnungen im ersten Schieber früher zu verschließen, als der Kolben das Ende seines Wegs erreicht hat. Dieser Schieber bewirkt also die Expansion des Dampfes und heißt deßhalb der Expansionsschieber, zum Unterschiede von dem ersten oder dem Vertheilungsschieber, durch welchen die regelmäßige Vertheilung des Dampfes in dem Cylinder hervorgebracht wird. Eine durch eine Stopfbüchse aus dem Schieberkasten herausragende Spindel mit einem Handgriff gestattet die Verstellung des Expansionsschiebers und somit die Veränderung des Expansionsgrades.

Bei veränderter Last der Maschine würde auch die Geschwindigkeit derselben sich ändern, wenn nicht eine Vorrichtung angebracht wäre, durch welche die Menge des einströmenden Dampfes von der Geschwindigkeit der Maschine abhängig gemacht und so regulirt wird, daß immer gerade so viel Dampf einströmt, als zur Erzeugung der normalen Geschwindigkeit nothwendig ist. Hierzu dient der Watt'sche Centrifugal- oder Schwungkugelregulator Z, zwei durch Kugelgewichte beschwerte Stangen, welche gelenkig mit einer durch konische Räder von der Schwungradwelle aus getriebenen, verticalen Welle verbunden sind. An diese Regulatorstangen schließt sich eine Hülse R an, welche an der verticalen Regulatorwelle frei auf und nieder spielen kann und durch die

Zugstangen und Winkelhebel $c^1\ c^2\ c^3\ c^4\ c^5$ auf eine Klappe im Dampfrohr, die sog. Drosselklappe, wirkt. Wenn die Geschwindigkeit der Maschine wächst, so entfernen sich in Folge der vergrößerten Centrifugalkraft die Kugeln von einander, die Hülse wird gehoben, die Drosselklappe dreht sich und der Querschnitt der Durchgangsöffnung für den Dampf wird so weit vermindert, daß die Maschine in ihre Normalgeschwindigkeit zurückkehrt. Sinkt dagegen die Geschwindigkeit unter die normale herab, so nähern sich die Kugeln einander, senken die Hülse und drehen die Drosselklappe so, daß ein vermehrter Dampfzufluß stattfinden kann.

Zum völligen Abschließen der Dampfleitung dient ein Absperrventil, welches durch den Handgriff S in Thätigkeit gesetzt werden kann.

Das zur Condensation des Dampfes dienende Wasser wird, nachdem es seine Wirkung ausgeübt hat, in Verbindung mit der in ihm enthaltenen Luft und dem durch die Condensation des Dampfes selbst gebildeten Wasser durch die Luftpumpe T aus dem Condensator E entfernt. Die Luftpumpe ist eine einfachwirkende Pumpe und dient bei unserer Maschine, wo das kalte Wasser nur wenige Fuß hoch anzusaugen ist, zugleich zum Heben des kalten Wassers in den Condensator. Wenn freilich das kalte Wasser auf eine größere Höhe zu heben ist, so muß noch eine besondere Kaltwasserpumpe aufgestellt werden, die dann ebenso, wie die Luftpumpe, mit dem Balancier verbunden wird.

An die Flantsche U wird das Ausgußrohr für das Condensationswasser angeschraubt. Die Flantsche V am Condensatorrohr ist für gewöhnlich durch einen Deckel geschlossen; soll aber die Maschine zeitweise ohne Condensation arbeiten, so wird das in die freie Luft ausmündende Ausblaserohr an dieselbe angeschraubt.

W ist die Speisepumpe, eine gewöhnliche Druckpumpe mit dem Saugventil W^1 und dem Druckventil W^2. Sie entnimmt ihr Wasser dem Condensator E und hebt es durch das Steigrohr X in den Dampfkessel. Dadurch, daß man das Saugrohr der Speisepumpe in den Condensator münden läßt, gewinnt man zugleich den Vortheil, daß das Speisewasser in schon angewärmtem Zustande dem Kessel zugeführt wird. Auch die Speisepumpe erhält ihre Bewegung vom Balancier aus.

IX.

Darstellung einer liegenden Dampfmaschine ohne Condensation in ihrem Zusammenhange.

Das früher herrschende Vorurtheil, daß bei liegenden Dampfmaschinen die Cylinder und Stopfbüchsen wegen des einseitig wirkenden Gewichts des Kolbens und der Kolbenstange ungleichförmig abgenutzt würden und in Folge hiervon der dampfdichte Schluß verloren ginge, ist durch die Erfahrung längst beseitigt, und man hat dagegen die Vortheile der bequemeren Ueberwachung, der leichteren Fundamentirung, des billigeren Preises, sowie den aus diesen unmittelbaren Vortheilen überdieß noch hervorgehenden mittelbaren Gewinn mehr und mehr schätzen gelernt, so daß gegenwärtig für gewisse Zwecke, namentlich für Fabrikanlagen, andere Dampfmaschinen, als solche mit liegenden Cylindern kaum noch gebaut werden.

Tafel 2 zeigt eine solche Maschine im Aufriß (Fig. 1) und Grundriß (Fig. 2) und zwar ohne Condensation. Der Dampf tritt aus dem Kessel durch das Dampfrohr A und den Schieberkasten B in den Cylinder C und aus diesem, nachdem er seine Wirkung vollbracht hat, durch das Ausblaserohr D in die freie Luft.

Es ist von praktischer Wichtigkeit, daß der Schieberkasten B nicht über, sondern neben dem Dampfcylinder liegt. Der Dampf führt nämlich immer Wassertheile mit sich, und außerdem bildet sich durch die Abkühlung von außen aus einem Theile des Dampfes etwas Condensationswasser, welches, wenn es sich bis zu einem gewissen Grade ansammelt, das sogenannte Schlagen des Kolbens herbeiführt und selbst das Durchdrücken des Cylinderbodens oder Deckels veranlassen kann. Liegt nun der Schieberkasten zur Seite des Cylinders, so fließt dieses Wasser beständig mit dem ausblasenden Dampfe durch den tief liegenden Dampfweg nach dem Ausblaserohr aus, ohne sich je ansammeln zu können. Ist aber der Schieberkasten über dem Cylinder angebracht, so muß das Wasser durch einen in den untern Theil des Cylinders eingeschraubten Hahn von Zeit zu Zeit abgelassen werden; man ist also in diesem Falle nur von der Zuverlässigkeit des Maschinenwärters abhängig.

Die Bewegung des Kolbens wird vermittelst der Kolbenstange E auf das Querhaupt oder den Kreuzkopf F, der zwischen den Geleisen GG seine Geradführung erhält, übertragen und von da durch die Kurbelstange H und die Kurbel I auf die Schwungradwelle K fortgepflanzt. Das Schwungrad L dient zugleich zur weiteren Fortpflanzung der Bewegung und ist zu diesem Zwecke verzahnt.

Die Steuerung ist dieselbe, wie bei der ersten Maschine; nur werden die verticalen Schieberbewegungen jener Maschine hier durch Horizontalbewegungen ersetzt. Der Handgriff M, welcher zur Verstellung des Expansionsschiebers dient, bewegt sich über einer Scala, welche den Expansionsgrad angibt.

N ist der Regulator, der durch die Stangen- und Hebelverbindung c^1 c^2 c^3 c^4 c^5 wieder auf die Drosselklappe in der Dampfleitung wirkt.

Die Speisepumpe O mit ihren Ventilen, dem Saugventil O^1 und den Druckventil O^2, liegt neben dem Dampfcylinder, dem Schieberkasten entgegengesetzt. Sie erhält ihren Betrieb von der Schwungradwelle vermittelst der Schleppkurbel P, der Kurbelscheibe Q und der Kurbelstange R, an welche durch den Rahmen S die Pumpenkolbenstange T angeschlossen ist. Mit dem Rahmen S ist noch ein zweiter Rahmen S^1 verbunden, der durch die Stange U eine zweite Pumpe treibt. Diese zweite Pumpe hebt das Speisewasser aus einem Brunnen in einen Behälter, aus dem es wieder das Saugrohr V der Speisepumpe entnimmt, um es durch das Druckrohr W in den Dampfkessel zu befördern. Durch die leicht lösbaren Keile XX können beide Pumpen während des Ganges sowohl einzeln, als zusammen in und außer Betrieb gesetzt werden.

Zweiter Abschnitt.

Physik des Dampfes.

I.

Von den Gesetzen der Dampfbildung und den Eigenschaften des Dampfes überhaupt.

Ist Wasser der freien Luft ausgesetzt, so verdunstet bekanntlich dasselbe allmälig, und zwar bei jeder auch noch so niedrigen Temperatur; wird es erwärmt, so hat eine immer raschere Verdunstung statt.

Die Erwärmung kann jedoch nur bis auf einen gewissen Grad erhöht werden; ist das Wasser bis auf diesen Punkt erhitzt, so tritt plötzlich eine ganz andere Erscheinung ein, das Wasser kocht oder siedet. Von nun an verbindet sich alle hinzukommende Wärme mit Wassertheilen zu einer elastischen Flüssigkeit, zu Dampf, der in zahllosen Blasen aus dem Wasser sich erhebt, so daß ein lebhaftes Aufwallen entsteht. Die Temperatur des Wassers steigt nicht weiter.

Alle Flüssigkeiten zeigen ähnliche Erscheinungen, das Sieden tritt aber nicht bei demselben Temperaturgrade ein. Der Siedepunkt des reinen und gemeinen Wassers findet sich bei etwa 80° R. (der Reaumur'schen Scala) oder 100° C. (der hunderttheiligen) oder 212° F. (der Fahrenheit'schen Scala).

Offenbar besteht das Sieden in einer ungehinderten Dampfbildung. Tritt es also nicht früher ein, so muß derselben irgend ein Hinderniß im Wege stehen, das bei niedriger Temperatur nicht überwunden werden kann, und dieses Hinderniß kann kein anderes seyn, als der Druck der Luft.

Und in der That kommt Wasser unter einer Luftpumpe bei

einem ungleich schwächern Hitzgrade schon zum Sieden, so wie unter einer Compressionspumpe erst bei einem höhern. Eben daher ist der Siedepunkt keineswegs ein ganz unveränderlicher. Er tritt nur dann genau bei 80° R. oder 100° C. ein, wenn der Barometer auf 76 Centim. oder 28″ (par.) steht. Bei einem tiefern oder höhern Stande hat auch der Siedepunkt etwas früher oder später statt. Auffallend niedriger ist er auf Gebirgen, wo der Luftdruck kleiner ist. Auf dem 14700′ hohen Montblanc, wo der Barometer auf 43½ Centim. oder 16″ steht, kocht das Wasser schon bei 86½° C.

Leicht ist auch einzusehen, warum der Luftdruck die Bildung des Dampfes erschwert. Da der Dampf eine elastische Flüssigkeit ist, zu der das Wasser ausgedehnt wird, so wird derselbe sich nur dann frei bilden können, wenn seine Elasticität oder Spannkraft dem Luftdrucke gleich kommt, und dieß kann nur bei einem gewissen Grade von Wärme und Dichtigkeit statt finden.

Da nun das Wasser bei 100° C. siedet, so ergibt sich daraus, daß die Elasticität des Dampfes bei dieser Temperatur eben jener der Luft gleich kommt, und daß also auch dieser Dampf eine Quecksilbersäule von 28″ (par.) oder 76 Centim. zu tragen vermag. Auch dieser Dampf muß also auf 1 □″ (rhein.) einen Druck von 14,14 Pfund (Zollgewicht)[1] und auf 1 □′ einen von 2036 Pfund ausüben, auf 1 □ cm. einen Druck von 1,033 Kil. und auf 1 □ Met. einen Druck von 10334 Kil.

Die Ausdehnung aber beträgt ungefähr das 1700fache (genauer das 1696fache), oder 1 Cub. Zoll kaltes Wasser gibt beinahe 1 Cub.′ und 1 Cub. Dec. M. oder Liter 1,7 Cub. M. Dampf von 100° Wärme und von der Spannkraft der Atmosphäre. Es verhält sich daher die Dichtigkeit (und das spez. Gewicht) des kalten Wassers zu der des Dampfes von 100° wie 1696 : 1 oder = 1 : 0,000589 und die der Luft bei 0° zu solchem Dampf = 1 : 0,4552, da die Luft bei 0° 772mal so leicht ist als Wasser.

Da ferner das Wasser um $^1/_{22}$ und die Luft um $^{100}/_{273}$ sich ausdehnt, wenn sie bis 100° erwärmt werden, so verhält sich bei dieser Temperatur:

[1] In Preußen ist neuerdings durch eine Verordnung der mittlere Atmosphärendruck zu 14 Pf. auf den preußischen Quadratzoll festgesetzt worden. Eine ähnliche Verfügung normirt in Württemberg den mittleren Atmosphärendruck zu 17 Pf. auf den württembergischen Quadratzoll.

die Dichte des Wassers zu der des Dampfes = 1 : 0,000616
und die der Luft zu der des Dampfes = 1 : 0,6219,
also nahe wie 8 : 5, d. h. 8 Cub. M. Luft und 5 Cub. M. Dampf, beide von 100° haben gleiches Gewicht.

Und da 1 Cub. kaltes Wasser 61¾ Pf. und 1 Cub. Meter 1000 Kilogr. wiegt, so wiegt 1 Cub.' Dampf (von 100°) $^5/_{137}$ (0,0364) Pfund und 1 Cub. Met. Dampf $^{10}/_{17}$ (0,589) Kilogr.

Verdampft 1 Pf. Wasser vollständig, so erzeugt sich daraus 1 Pf. Dampf; bei lebhaftem Sieden nimmt der Dampf aber oft etwas adhärirendes Wasser mit sich, und in diesem Falle entsteht kein ganzes Pfund wirklicher Dampf.

Bringt man Wasser in einer Retorte oder in einem Gefäße mit einer ziemlich engen Röhre zum Kochen, so wird der Dampf, da sich das Wasser so sehr ausdehnt, schnell die Luft verdrängen und dann mit beträchtlicher Geschwindigkeit ausströmen.

Da während des Siedens die Temperatur des Wassers unverändert bleibt und der Dampf selbst die nämliche Temperatur hat, so mochte es lange unbegreiflich seyn, was aus der Wärme wird, die fortdauernd dem Wasser zugeführt wird; und um so mehr, da es ungleich mehr Zeit braucht, um 1 Pf. Wasser zu verdampfen, als um dasselbe bis zum Siedepunkte zu erhitzen.

Es kann jedoch leicht gezeigt werden, daß in der That 1 Pf. Dampf etwa 6⅖mal so viel Wärme enthält, als 1 Pf. kochendes Wasser, obschon der Dampf wie das Wasser die gleiche Temperatur von 100° zeigt.

Leitet man nämlich, während 1 Pf. Wasser verdampft, allen Dampf in kaltes Wasser, z. B. in 20 Pf. Wasser von 15°, so wird der Dampf darin erkältet und zu Wasser verdichtet, und die ganze Wassermasse (wenn aller Wärmeverlust sorgfältig verhütet wird) auf 45° oder um 30° erwärmt. Mischt man hingegen 1 Pf. siedend heißes Wasser mit 20 Pf. kaltem von 15°, so wird die Temperatur nur auf 19° oder um 4° erhöht.

Die Erklärung ist ohne Zweifel folgende: Nennen wir Wärmeeinheit (Calorie) die erforderliche Menge Wärme, um 1 Pf. Wasser um 1° C. wärmer zu machen, und bezeichnen wir diese mit w, so enthält 1 Pf. siedendes 100 w; und die 20 Pf. kaltes von 15° enthalten 300 w. Diese 400 w vertheilten sich auf die nun vorhandenen 21 Pf. gleichmäßig, und die Temperatur wird also $^{400}/_{21}$ oder 19° seyn. Ebenso werden im ersten Falle die 21 Pf. nach der Vermischung 21 × 45 oder 945 w enthalten; da nun das kalte Wasser vorher nur 300 w enthielt, so muß der Wärmegehalt des Dampfes unstreitig 645 w betragen; und da seine Temperatur nur = 100 ist, so muß er die übrigen 545 w in einem besondern Zustande, oder als latente Wärme enthalten.

Rechnen wir nach Kilogr., so bedeutet die Wärmeeinheit w die Menge Wärme, welche nöthig ist, um die Temperatur von 1 Kilogr. Wasser um 1° C. zu erhöhen.

Die neuesten Untersuchungen ergeben 637 w und das Mittel aus vielen frühern 640 w für den Wärmegehalt des Dampfes. Ein Pf. Dampf hat hiemit $6^1/_5$mal so viel Wärme als 1 Pf. siedend heißes Wasser und kann also, indem er sich darin condensirt oder zu Wasser von 100° verdichtet, noch $5^2/_5$ Pf. kaltes Wasser von 0° bis 100° erhitzen. Während 1 Pf. Wasser von 0° zum Kochen gebracht wird, nimmt es 100 w und zwar als sensible oder freie Wärme auf; soll aber dasselbe dann in Dampf verwandelt werden, so müssen ihm noch weitere 540 w zugeführt werden; alle diese Wärme wird indeß in latente oder gebundene verwandelt.

Die eben betrachteten Erscheinungen gelten für Dampf, der unter dem gewöhnlichen Luftdrucke erzeugt ist; noch merkwürdigere ergeben sich, wenn er in verschlossenen Gefäßen erzeugt und behandelt wird.

Wird etwas Wasser in einer verschlossenen und vorher luftleer gemachten Kugel erwärmt, so erfüllt sich sofort der ganze Raum mit Dampf, da nichts die Dampfbildung hindert. Dieser Dampf wird anfangs ganz dünn seyn und eine sehr geringe Elasticität haben. Wie die Erwärmung jedoch zunimmt, wird beides, Dichtigkeit und Spannung, auch steigen, und jedem Temperaturgrade wird ein bestimmter Grad von Dichtigkeit und Elasticität entsprechen. Bei 100° werden beide genau die des unter dem gewöhnlichen Luftdrucke erzeugten Dampfes seyn.[1]

Setzt man nun die Erwärmung weiter fort, so wird der Dampf immer dichter und gespannter. Bei $121^1/_2$° wird er schon den doppelten, bei $145^1/_2$° den vierfachen Druck ausüben, und

[1] Wenn die Temperaturgrade nicht benannt sind, so sind immer Centesimalgrade zu verstehen.

beinahe in demselben Verhältniß dichter seyn. Diese Steigerung der Dampfkraft scheint keine Grenzen zu haben und der Dampf wird endlich stark genug, das stärkste Gefäß zu zersprengen. Der vierfache Druck beträgt schon 56 Pf. auf den Quadratzoll und der zehnfache 140 Pf., während die Luft auf das Gefäß von außen nur mit 14 Pf. pr. □″ entgegendrückt.

Auch in diesem Falle haben Wasser und Dampf dieselbe erhöhte Temperatur; auch hier hat der Dampf bei jedem Temperaturgrade einen bestimmten Grad von Elasticität und Dichtigkeit; in allen diesen Fällen endlich ist der Dampf ein gesättigter oder saturirter, weil er so viel Wassertheile aufnehmen kann, als er zu der seiner Temperatur angemessenen Dichtigkeit bedarf.

Man sieht übrigens, daß unter diesen Umständen kein eigentliches Sieden stattfinden wird, da bei dem stetig steigenden Druck alle freie Dampfbildung gehindert ist, und daß die aufgenommene Wärme großentheils vom Wasser zurückgehalten wird und eben deßhalb dessen Temperatur erhöht werden muß.

Wird nun aber der Hahn eines Gefäßes, in dem solcher Dampf von höherm Druck erzeugt ist, geöffnet, so wird nicht nur dieser Dampf mit Schnelligkeit ausströmen, bis das Gleichgewicht mit dem atmosphärischen Drucke hergestellt ist, sondern auch die Temperatur des überhitzten Wassers bis auf 100° C. fallen müssen und daher noch eine durch die Ueberschußwärme des Wassers, hiemit gleichsam von selbst sich ergebende oder spontane Dampfentwickelung stattfinden.

Ist nämlich in einem verschlossenen Gefäß von 1 Cub.′ außer dem Dampf noch 1 Pf. Wasser vorhanden, und Wasser und Dampf auf $121\frac{1}{2}$° erhitzt, so daß dieser die Elasticität von 2 Atm. erlangt hat, so wird bei Oeffnung des Hahns 1) $\frac{1}{2}$ Cub.′ dieses zweifachen Dampfes ausströmen, bis der übrige zur Dichtigkeit des einfachen Dampfes sich ausgedehnt hat; 2) aber wird die Temperatur des Wassers auf 100° sinken und also ein Wärmequantum von $21\frac{1}{2}$ w abgeben müssen. Da nun 1 Pf. bereits siedendes Wasser 540 w bedarf, um sich in Dampf zu verwandeln, so werden jene $21\frac{1}{2}$ w eine spontane Verdampfung von $\frac{43}{1074}$ oder etwa $\frac{1}{25}$ Pf. Wasser veranlassen oder etwa $\frac{5}{4}$ Cub.′ Dampf von einfacher Pression erzeugen, der ebenfalls noch durch jenen Hahn entweichen muß.

So wie ferner eingeschlossener Dampf, wenn er mit Wasser in Berührung ist, immer dichter und elastischer wird, je mehr man ihn erhitzt, so verliert er umgekehrt durch Erkältung wieder in eben dem Grade an Elasticität und Dichtigkeit, indem sich ein

Theil des Dampfes wieder zu Wasser condensirt.[1] Füllt man daher ein Gefäß mit Dampf und erkältet dasselbe, nachdem es dicht verschlossen worden, so werden mehr und mehr Wassertheile niedergeschlagen und der Dampf wird immer dünner. Erkältet man das Gefäß bis 25°, so beträgt die Expansivkraft des Dampfes nur 10‴ und bei 0° nur noch 2‴, so daß im innern Raume beinahe ein Vacuum entsteht. Der Dampf bleibt aber immer ein saturirter, d. h. Dampf, dessen Elasticität und Dichtigkeit stets seiner Temperatur angemessen bleiben.

Anders verhält es sich, wenn ein bloß Dampf enthaltendes Gefäß noch mehr erhitzt wird. Der Dampf wird dann heißer, ohne daß er mehr Wasser aufnimmt. Seine Dichtigkeit bleibt unverändert und er ist nicht mehr saturirt. Solcher Dampf, der eine seiner Temperatur nicht entsprechende Dichtigkeit hat, heißt überhitzt. Auch hier steigt mit der Zunahme der Temperatur die Elasticität oder Expansivkraft, doch nur wie bei allen Gasarten, nämlich um $^1/_{273}$ für 1° C. von 0° an gerechnet.

Wenn ferner ein mit einem Kolben versehener Cylinder zum Theil mit Dampf gefüllt ist, so wird, wenn der Kolben tiefer hinein gestoßen oder weiter heraus gezogen wird, der Dampf entweder dichter oder dünner. Zugleich aber muß im ersten Falle seine Temperatur steigen und im zweiten sinken, und im ersten also latente Wärme frei, im zweiten freie latent werden.

Gesetzt z. B., der Raum, in dem 1 Pf. Dampf von 100° sich befindet, werde auf die Hälfte verkleinert, so wird der Dampf doppelt so dicht. Bei doppelter Dichtigkeit muß er aber fast 122° heiß seyn. Es werden 22 w frei werden müssen, und dieser Dampf wird nun 122 w sensible und nur 518 w latente Wärme enthalten. Wird dagegen umgekehrt jener Raum auf das Doppelte erweitert, so wird der Dampf nur die halbe Dichtigkeit haben, und da er bei dieser nur 80° heiß seyn kann, so müßten 20 w latent werden und derselbe nur 80 w sensible und dagegen an 560 w latente Wärme in sich fassen. In allen diesen Fällen wird natürlich angenommen, daß durchaus keine Wärme verloren gehe oder hinzukomme.

Die Erfahrung lehrt endlich, daß, wenn Luft mit Dampf sich mischt, die Luft ein gleiches Volum Dampf aufnimmt, von derjenigen Dichtigkeit nämlich, die der Dampf bei der Temperatur

[1] Diese sich aussondernden Wassertheilchen machen ihn trübe und undurchsichtig wie Nebel; der gesättigte Dampf ist vollkommen durchsichtig.

der Luft hat, und daß die Elasticität der Luft dadurch um die des Dampfes vermehrt wird.

Bringt man etwas Wasser in 1 Cub.′ trockene Luft von 30° Temperatur und 28″ Druck, so wird das Wasser verdunsten, bis die Luft 1 Cub.′ Dampf von $^1/_{20}$ Dichtigkeit aufgenommen hat, und der Druck auf $29^1/_8$″ steigen, weil Dampf von 30° 20mal so dünn als gemeiner Dampf von 100° ist und demselben eine Expansivkraft von $1^1/_8$″ zukommt.

Da 1 Cub. Meter gemeiner Dampf etwa 600 (589) Gramm wiegt, so kann mithin 1 Cub. Meter Luft bei 30° Wärme, wenn sie mit Wässerigkeit saturirt ist, höchstens $^{600}/_{20}$ oder 30 Gr. Wasser enthalten. Und wird solche Luft auf 20° erkältet, so müssen an 15 Gr. Wasser wieder ausscheiden, weil Dampf von 20° Temp. 40mal so dünn als der von 100° ist.

Wir glauben in dem Vorigen alle wesentlichen Eigenschaften des Dampfes und die merkwürdigsten Erscheinungen der Dampfbildung angegeben zu haben. Zu einer gründlichen Einsicht in die Wirkung der Dampfmaschinen ist aber nöthig, daß wir die meisten noch einer genauern Untersuchung unterwerfen. Es soll dieß durch die folgenden Betrachtungen geschehen.

II.

Spezielle Physik des Dampfes.

1.

Wie die Elasticität des Dampfes gemessen wird.

Die Spannkraft oder Pression des Dampfes pflegt man auf dreierlei Weise zu bestimmen oder zu messen:

1) in Atmosphären, oder indem man den gewöhnlichen Druck der atmosphärischen Luft als Maßeinheit annimmt;

2) barometrisch oder nach der Höhe einer Quecksilbersäule, die er zu tragen vermag;

3) in Gewichten oder nach dem Druck, den er auf eine gegebene Fläche, 1 □″ oder 1 □cm. (Centim.) ausübt.

Da der Druck der Atmosphäre variirt, so nimmt man als

Maßeinheit den bei 28 par." oder 30 engl." oder 0,76 Met. Barometerstand an, obschon der wirkliche Druck der Luft gewöhnlich etwas geringer ist. Jene 3 Werthe sind zwar nicht ganz gleich; denn

76 cm. = 28,075" par. und 30" engl. = 28,146" par.

Der Unterschied ist jedoch für die Praxis unerheblich. Dampf von 7 Atm. zu 30" engl. ist nur um $1/_{28}$ Atm. stärker, als solcher zu 28" par. bestimmt.

Dampf von 1 Atm. Druck, atmosphärischer oder einfacher, wie man solchen auch nennt, übt auf 1 □cm. einen Druck von 1,0334 Kil. aus; auf 1 Kreiscentimeter einen Druck von 0,812 Kil. Dampf von 2 oder 3 Atm. (2 oder 3facher) ist, barometrisch angegeben, Dampf von 1,52 und 2,28 Met. oder 60 und 90" (engl.) Quecksilberhöhe, und von 2,067 und 3,1 Kil. Druck per □cm.

Zuweilen gibt man bloß den Ueberdruck an, und nennt wohl vierfachen Dampf den, der um 4 Atm. den äußern Luftdruck übersteigt; solcher Dampf ist in der That aber fünffacher, oder Dampf von 5 Atm. Druck.

2.

Relation des Drucks und der Temperatur bei höhern Wärmegraden.

Daß, wenn Wasser in verschlossenen Gefäßen gekocht wird, der Dampf allmälig nicht nur dichter und elastischer, sondern auch heißer wird, mußte schon längst beobachtet worden seyn. Erst in neuerer Zeit fand man aber, daß jedem Temperaturgrade des (gesättigten) Dampfes und des siedenden Wassers ein bestimmter Grad der Spannung oder Elasticität entspreche, und suchte diesen durch vielfache Versuche für alle Temperaturen zu erforschen.[1] Besonders verdienstlich sind die von Betancourt, von Christian in Paris, von Arzberger in Wien und die des Franklininstitus in den Vereinigten Staaten. Vor allen zeichnen sich indeß durch Umfang und Genauigkeit diejenigen aus, die von Dulong und andern Mitgliedern des französischen Instituts unternommen wurden, indem der Apparat mittelst einer Röhre von beinahe 70' Höhe den barometrischen Druck der Dämpfe bis zu einer Stärke von mehr als

[1] Die ersten Versuche, die mit der Hitze wachsende Spannkraft des Dampfes zu messen, machte Dr. Ziegler von Winterthur in seiner Abhandlung de digestore Papini. Basil. 1769. 4. bekannt.

25 Atmosphären direkt beobachten ließ,[1] so wie die, die in neuester Zeit Regnault anstellte.

Wir halten für überflüssig, einzelne Reihen von Beobachtungen anzuführen und begnügen uns in folgender Tabelle anzugeben, wie als Resultat der genauesten Versuche nach Arago und Dulong die Temperatur des saturirten Dampfes mit der Spannung zunimmt.

Tabelle I.[2]

Druck		Temp. in C°.	Druck		Temp. in C°.
in Atm.	Barometr. Centim.		in Atm.	Barometr. Centim.	
1	76	100	8	608	172,1
1¼	95	106,6	9	684	177,1
1½	114	112,2	10	760	181,6
1¾	133	117,1	11	836	186,0
2	152	121,4	12	912	190,0
2¼	171	125,5	13	988	193,7
2½	190	128,8	14	1064	197,2
2¾	209	132,1	15	1140	200,5
3	228	135,1	16	1216	203,6
3½	266	140,6	18	1368	209,4
4	304	145,4	20	1520	214,7
4½	342	149,1	24	1824	224,2
5	380	153,1	30	2280	236,2
5½	418	156,8	35	2660	244,8
6	456	160,2	40	3040	252,5
7	532	166,5	50	3800	265,9

Die vorstehenden Bestimmungen können allerdings nicht in gleichem Grade für richtig gelten. Da bei sehr hoher Spannung des Dampfes die Versuche immer schwieriger werden, so besitzt man über solche nur wenige Beobachtungen, und da die Temperatur-

Andere Physiker ermittelten bei höheren Temperaturen die Spannkraft des Dampfes mit Hülfe eines Manometers oder nach der Belastung einer Sicherheitsklappe, die der Dampf zu heben vermochte.

[2] Wir haben den Barometer-Druck in Centim. und die Temperatur in Centesimalgraden angegeben. Der Druck in par. Zollen findet sich, wenn man die Atm. mit 28, und der in rhein., wenn man sie mit 28,8 multiplicirt; die Temperatur in R. (nach Reaumur), wenn man die angegebenen mit $\frac{4}{5}$, und in F. (nach Fahrenheit), wenn sie mit $\frac{9}{5}$ multiplicirt und für letztere noch 32 addirt. Der Druck per □ Centim. Fläche findet sich, wenn man den in Atmosph. mit 1,03345 multiplicirt. S. Tabelle II.

unterschiede immer geringer werden, so werden dann ganz genaue Resultate kaum möglich.

Es ist indeß sehr wahrscheinlich, daß auch zukünftige Versuche die obigen Angaben bis zum Druck von 8 Atmosphären so viel als gar nicht, und bis zu dem von 20 Atmosphären nicht wesentlich ändern werden, und die vorstehende Tabelle kann also bereits den Praktiker befriedigen.

Es dürfte auffallen, daß die Spannkraft bei so geringer Erhöhung der Temperatur doch so sehr zunimmt, daß sie z. B. auf das Doppelte steigt, wenn Dampf von 100° um kaum 22° heißer wird. Man könnte vermuthen, daß demnach eine ganz geringe Zugabe von Wärme dieß bewirken müsse. Allein es ist von saturirtem Dampf die Rede, und es muß mithin nicht nur auch das Erzeugungswasser um 22° heißer, sondern der Dampf überdieß fast doppelt so dicht und also noch fast eben so viel neuer Dampf oder überhaupt fast ein doppeltes Quantum (dem Gewicht nach) erzeugt werden.

Enthält ein Kessel 2000 Pf. Wasser und $1^1/_2$ Pf. Dampf von 105° und producirt er per Minute 10 Pf. Dampf, so muß er (wird das verdampfende durch Wasser von 0° ersetzt) durch das Feuer per Minute 10 · 640 w oder 6400 w erhalten; und hat auf einmal kein Dampfverbrauch statt, während er fortdauernd gleich viel Wärme erhält, so muß unstreitig die Hitze steigen. Damit jedoch der Kesseldampf die Spannung und Dichte von 2 Atmosphären erreiche, muß nicht nur noch an $^5/_4$ Pf. Wasser zu Dampf werden, was über 800 w kostet, sondern überdieß alles Kesselwasser um 17° heißer werden, wozu 34,000 w erforderlich sind. Der Dampf wird also nur langsam, erst nach etwa $5^1/_2$ Minuten, jene Spannung erreichen, und daraus erhellt, daß die Spannung um so rascher zunehmen wird, je weniger Wasser im Kessel vorhanden ist. Sodann sieht man, daß mehr Wärme und Zeit erforderlich sind, um 2fachen Dampf zu 3fachem, als um 6fachen zu 7fachem oder 9fachen zu 10fachem zu erhöhen.

Ist der Druck eines Dampfes in Atmosphären bekannt, so läßt sich natürlich leicht der Flächendruck berechnen. Wie dieser zunimmt, zeigt

Tabelle II.

Druck in Atm.	Flächendruck auf			
	1 □ cm.	1 ○ cm.	1 □" (rhein.)	1 ○" (rhein.)
	Kilogr.	Kilogr.	Zollpf.	Zollpf.
1	1,033	0,812	14,0	11,00
1¼	1,292	1,015	17,5	13,74
1½	1,550	1,218	21,0	16,49
2	2,067	1,623	28,0	21,99
2½	2,584	2,029	35,0	27,49
3	3,100	2,435	42,0	32,99
3½	3,617	2,841	49,0	38,48
4	4,134	3,247	56,0	43,98
4½	4,651	3,653	63,0	49,48
5	5,167	4,058	70,0	54,98
5½	5,684	4,464	77,0	60,48
6	6,201	4,870	84,0	65,97
6½	6,717	5,276	91,0	71,47
7	7,234	5,682	98,0	76,97
7½	7,751	6,088	105,0	82,47
8	8,268	6,493	112,0	87,96

3.

Von der Dichtigkeit des Dampfes bei höhern Temperaturgraden.

Die genaue Ausmittlung der Dichtigkeit des Dampfes ist mit großen Schwierigkeiten verbunden; man darf sich daher nicht verwundern, daß frühere Physiker sie sehr unrichtig angaben. Mushenbroek und Desaguliers glaubten noch, der heiße Wasserdampf sey wenigstens 14,000mal so dünn als das Wasser.[1] Watt bestimmte diese Dichtigkeit zuerst beinahe so, wie sie auch die neuesten und sorgfältigsten Versuche finden lassen, indem er annahm, daß 1 Cub.'' kaltes Wasser sich in 1 Cub.' (also 1728 C.'') Dampf verwandle.

Aus den genauesten Versuchen ergiebt sich, daß 1 Liter Wasser von 0° 1696 Liter einfachen Dampf (von 100° und 76 Centim. Druck) liefert, oder 1 Liter Wasser von 100° C. (da dieses um 1/24 leichter als kaltes ist) 1625 Liter Dampf.

Der Dampf von 1 Atm. Druck ist also 1696mal so dünn und leicht als kaltes Wasser, und sein specifisches Gewicht 0,0005895 (wenn das des kalten Wassers = 1 gesetzt wird).

[1] Obschon Moreland (S. 21) schon gefunden, daß 1 Cub.'' Wasser nur 2000 Cub.'' Dampf gebe.

Nimmt man den Atmosphärendruck zu 14 Pf. auf den preuß. Quadratzoll an, so findet man das specifische Gewicht des einfachen Dampfes 0,00058457 und seine Dichtigkeit $^1/_{1708}$ der des kalten Wassers.

Demnach wiegt:

1 Cubikmeter Dampf von 100° bei 76 Centimeter Druck $\frac{1000}{1696} = 0{,}5895$ Kilogr. und

1 Cubikfuß (preuß.) Dampf von 100° bei 14 Pf. auf den preuß. Quadratzoll $\frac{61{,}74}{1708} = 0{,}03615$ Pfund (Zollpf.).

Oder es gehen:

auf 1 Kilogr. 1,696 Cubikmeter und

„ 1 Pfund 27,66 Cubikfuß einfacher Dampf.

Es fragt sich nun aber, welches die Dichtigkeit des Dampfes bei höheren Temperaturgraden und für jeden Grad der Spannung seyn wird, und diese muß, da sie sich kaum durch Versuche genau ermitteln läßt, durch Berechnung bestimmt werden.

Wie diese Berechnungen angestellt werden können, ist aus Folgendem ersichtlich.

Da man 1) weiß, daß die Luft für jeden Centes. Grad, um den sie erwärmt wird, um $^1/_{272}$ ihres primitiven Volums (bei 0°) sich ausdehnt, so werden 272 Cub.′ Luft, von 0° auf 100° erwärmt, zu 372 Cub.′ und 1 Cub.′ Luft, von 100° um weiter t° erwärmt, zu $\frac{372 + t}{372}$ Cub.′

Da man 2) weiß, daß der Dampf sich genau nach dem gleichen Gesetze ausdehnt, so muß 1 Cub.′ Dampf von 100°, wenn seine Temperatur um 22° steigt, ein Volum von

$$\frac{372 + 22}{372} \text{ oder } \frac{394}{372} \text{ Cub.′ erlangen,}$$

und folglich der Dampf aus 1 Cub.′ Wasser oder 1708 Cub.′ zum Volum von $\frac{394}{372} \times 1708$ oder 1809 Cub.′ sich ausdehnen.

Da man endlich 3) weiß, daß bei gleichen Temperaturen die Pressionen der elastischen Flüssigkeiten sich wie ihre Dichtigkeiten verhalten, und saturirter Dampf bei 122° C. gerade die doppelte Pression oder die von 2 Atmosphären hat, so werden jene 1809

Cub.' eine doppelte Dichtigkeit und daher ein Volum von nur 904 Cub.' haben müssen.

Oder wenn ein Cub.' Wasser von 0° 1708 Cub.' Dampf von 100° und einfacher Pression liefert, so gibt ein solcher 904 Cub.' (oder dem Volum nach etwas mehr als halb so viel) Dampf von 122° und zweifacher Pression.

Es muß mithin 1 Cub. Meter Dampf von 2 Atmosph. (bei 28 Pf. Druck) $\frac{1000}{904}$ = 1,105 Kil. wiegen (nicht 2 . 0,588 = 1,176 Kil.) und das spez. Gewicht 0,0011 betragen, und dieses, sowie die reelle Dichte, nicht ganz im Verhältniß der Spannung wachsen.

Zur Berechnung der Dichtigkeit d (oder des Gewichts von 1 Cub. Meter Dampf) kann folgende Formel dienen, wenn der Druck p in Atmosphären und die Temperatur t in Graden C. gegeben sind:

$$d = \frac{0,8058\ p}{1 + 0,00367\ t}\ \text{Kilogr.}$$

Hierbei ist der Atmosphärendruck zu 76 Centimeter Quecksilbersäule angenommen worden.

Setzt man den Atmosphärendruck 14 Pfund auf den Quadratzoll, so ist nach preuß. Maß und Zollgewicht

$$d = \frac{0,0494\ p}{1 + 0,00367\ t}\ \text{Pfund.}$$

Beispiele. Welches Gewicht hat ein Cubikmeter gesättigter Dampf von $3^1/_2$ Atm.?

Da dem Drucke von $3^1/_2$ Atm. nach Tabelle I die Temperatur von 140,6° C. entspricht, so ist in die erste Formel p = 3,5 und t = 140,6 einzusetzen; daher

$$d = \frac{0,8058.\ 3,5}{1 + 0,00367.\ 140,6} = 1,86\ \text{Kilogr.}$$

Welche Dichtigkeit (nach preuß. Maß und Zollgewicht) hat gesättigter Dampf von 2 Atmosphären?

Gesättigter Dampf von 2 Atm. Spannung hat eine Temperatur von 121,4°; daher ist

$$d = \frac{0,0494.\ 2}{1 + 0,00367.\ 121,4} = 0,0683\ \text{Pfund.}$$

Sehr bemerkenswerth ist, obschon aus der obigen Erklärung der Dichtigkeitsberechnung leicht begreiflich, daß die Expansivkraft in stärkerem Verhältnisse als die derselben Temperatur zugehörige Dichtigkeit wächst.

Bei 122° ist die Elasticität bereits die doppelte, die Dichtigkeit aber nur wie 589 : 1115 gestiegen. Bei 161° ist die Dichtigkeit auf's fünffache gestiegen, die Expansivkraft aber bereits fast die von 6 Atmosphären Druck.

Wir werden sehen, daß dieser Umstand bei Anwendung eines hochdrückenden Dampfs besondere Beachtung verdient.

Die folgende Tabelle gibt an:

in Columne 1 die Dampfspannung in Atmosphären,

in Columne 2 die der voranstehenden Spannung entsprechende Menge gesättigten Dampfes, die auf 1 Kilogr. geht, in Litern,

in Columne 3 dieselbe Dampfmenge, die auf ein Zollpfund geht, in preuß. Cubikfußen,

in Columne 4 das Gewicht eines Cubikmeters gesättigten Dampfes in Kilogr.,

in Columne 5 das Gewicht eines preuß. Cubikfußes gesättigten Dampfes in Zollpfunden und

in Columne 6 das specifische Gewicht des gesättigten Dampfes, das des Dampfes von atmosphärischer Spannung = 1 gesetzt.

Die Zahlen in der zweiten Columne zeigen zugleich das Verhältniß des Dampfvolumens zum Wasservolumen bei gleichem Gewichte, oder das sog. specifische Dampfvolumen an, sowie die Zahlen in der vierten Columne zugleich das specifische Gewicht des Dampfes (das des Wassers = 1000 gesetzt) repräsentiren.

Tabelle III.

Druck in Atm.	Liter auf 1 Kilogr.	Cubikf. auf 1 Pf.	Gew. eines Cubikm. in Kilogr.	Gew. eines Cubikf. in Pf.	Spec. Gew. des Dampfes
1	1696	27,66	0,589	0,036	1,00
$1^1/_4$	1381	22,52	0,724	0,044	1,23
$1^1/_2$	1168	19,05	0,856	0,053	1,45
$1^3/_4$	1014	16,53	0,986	0,060	1,67
2	897	14,62	1,115	0,068	1,89
$2^1/_4$	805	13,14	1,241	0,076	2,11
$2^1/_2$	731	11,92	1,368	0,084	2,32
$2^3/_4$	670	10,92	1,492	0,091	2,53
3	619	10,09	1,616	0,099	2,73
$3^1/_4$	575	9,38	1,739	0,106	2,95

Druck in Atm.	Liter auf 1 Kilogr.	Cubikf. auf 1 Pf.	Gew. eines Cubikm. in Kilogr.	Gew. eines Cubikf. in Pf.	Spec. Gew. des Dampfes
3 1/2	538	8,76	1,860	0,114	3,16
3 3/4	505	8,23	1,981	0,122	3,36
4	476	7,76	2,102	0,129	3,57
4 1/4	450	7,33	2,223	0,136	3,77
4 1/2	427	6,96	2,344	0,144	3,97
4 3/4	406	6,62	2,462	0,151	4,17
5	387	6,32	2,580	0,158	4,37
5 1/4	371	6,05	2,696	0,165	4,57
5 1/2	355	5,80	2,813	0,172	4,77
5 3/4	341	5,57	2,930	0,180	4,97
6	328	5,35	3,045	0,187	5,16
6 1/4	316	5,16	3,160	0,194	5,36
6 1/2	305	4,98	3,274	0,201	5,55
6 3/4	295	4,81	3,388	0,208	5,74
7	286	4,66	3,501	0,215	5,94
8	253	4,13	3,951	0,242	6,70
9	227	3,71	4,396	0,270	7,46
10	207	3,37	4,836	0,296	8,20

Compression und Dilatation.

Könnte man ein Volum Dampf ohne die mindeste Aenderung seines Wärmegehalts comprimiren, so würde die Spannkraft 1) im umgekehrten Verhältniß des Volums vermehrt, und 2) noch durch die Erhöhung der Temperatur, da die Zusammendrückung nothwendig eine Verminderung der latenten und daher eine Vermehrung der sensilben Wärme zu Folge hat.

Beispiel. Würde 1 Cub. Met. einf. Dampf auf 1/4 Cub. Met. comprimirt, so würde dadurch allein p 4mal so groß; da aber 4mal so dichter Dampf eine Temperatur von 150° hat, so wird $p = \frac{4\ .\ 422}{372}$ oder 4,54mal so groß.

Das Umgekehrte muß bei der Dilatation oder Expandirung einer eingeschlossenen Dampfmasse statt finden.

Würde 3facher Dampf zum doppelten Volum expandirt (und zwar ohne daß ein Atom Wärme hinzukäme oder verloren ginge), so vermindert sich in Folge der Ausdehnung die Temperatur, und daher die Elasticität aus zwei Ursachen: 1) im Verhältniß des Volums und 2) wegen Abnahme von t.

Beispiel. Dampf von 3 Atm. hat eine Temp. von 135° und 1 Liter wiegt 1/619 Kil. Bei doppeltem Volum wiegt 1 Liter nur 1/1238 Kil. Da aber die Temperatur auf 110° sinkt, so ist die Pression nicht = 1,5, sondern $^{3}/_{2} \cdot {}^{382}/_{407} = 1,41$.

Ist der totale Wärmegehalt bei jeder Dichte des Dampfes eine constante Größe, so muß der Dampf ein saturirter bleiben, ob er dilatirt oder comprimirt wird. Bei der Dilatation sinkt die Temperatur, weil Wärme gebunden, und bei der Compression steigt sie, weil Wärme frei werden muß.

Wir erwähnen hier die paradox scheinende Thatsache, daß, hält man die Hand in ausströmenden Dampf, man sich dieselbe verbrüht, wenn dieser einfacher Dampf ist, nicht aber, wenn er Hochdruckdampf ist, und also heißer noch. Ohne Zweifel liegt die Ursache darin, daß Dampf von ungefähr derselben Spannung wie die Luft, in die er ausströmt, an jedem kälteren Körper sich condensiren und diesem also Wärme mittheilen wird, daß Dampf von viel stärkerer Spannung hingegen sich vor allem zu dilatiren strebt, dazu noch mehr Wärme bedarf und also an die Hand keine abtreten kann.

4.

Elasticität und Dichtigkeit des Dampfes unter 100°.

Schon Cavendish zeigte, daß Wasser auch in einem luftleeren Raume und bei ganz niederer Temperatur einen Dampf bildet, der, so dünn er ist, den ganzen Raum erfüllt. Er fand, daß dieser Dampf bei 72° F. (22° C.) eine Quecksilbersäule von etwa ¾″ Höhe zu tragen vermöge. Später stellten Bétancourt u. A. Untersuchungen darüber an, noch glaubten sie aber, diese Dampfbildung habe nur bei einer Wärme über 0° statt. Genau sind die Dichtigkeits- und Elastitätsverhältnisse des Dampfes bei allen tieferen Temperaturgraden erst durch Dalton's und einige neuere Versuche bestimmt worden.

Es geht aus diesen Untersuchungen hervor:

1) daß sich aus Wasser bei jeder Temperatur und auch weit unter dem Eispunkt Dampf entbindet, und zwar unter dem gewöhnlichen Luftdrucke so wie im luftleeren Raume; und

2) daß auch diesem Dampf, als gesättigtem, bei jeder Temperatur ein bestimmter Grad von Dichtigkeit und Elasticität zukomme.

Ist Wasser in einem geschlossenen Gefäße voll Luft, so entsteht nichtsdestoweniger ein gleiches Volum Dampf von der seiner Temperatur entsprechenden Dichtigkeit; die Luft wird um das Gewicht dieses dünnen Dampfes schwerer und die Elasticität derselben um die Elasticität des Dampfes vermehrt. Hat dieser Dampf z. B. bei

25⁰ eine Elasticität von 2,31 Centim., so wird die Luft, wenn sie trocken bei dieser Temperatur eine Elasticität von 76 Centim. hat, durch Aufnahme des Dampfes eine Elasticität von 78,31 Centim. erlangen, wofern sich nämlich das Volum nicht ändern kann.

Rein oder ohne Vermischung mit Luft kann solcher Dampf auf verschiedene Weise gebildet werden:

1) Unter Recipienten, aus denen man sorgfältig die Luft ausgepumpt hat.

2) In Gefäßen, in denen Wasser zum Sieden gebracht wird und die man verschließt, nachdem der Dampf alle Luft ausgetrieben hat. Wird das Gefäß sodann erkältet, so condensirt sich der vorige Dampf, und den Raum erfüllt bloß Dampf von einer der erniedrigten Temperatur angemessenen Dichtigkeit und Spannung.

3) In Röhren, welche mit Quecksilber gefüllt sind, über dem etwas Wasser schwimmt und verdunstet.

Das letzte Verfahren, das Dalton zuerst anwendete, ist besonders geeignet, die Elasticität solcher Dämpfe zu messen.

Füllt man nämlich eine etwa 80 Centim. lange Glasröhre mit wohlausgekochtem Quecksilber und stürzt diese Röhre in einem Gefäße mit Quecksilber um, so wird sich das Quecksilber in der Röhre so hoch halten, als in einem Barometer. Steht dieser auf 76 Centim., so wird auch jene Säule so hoch seyn, und der obere Raum ein völlig leerer von 4 Centim. Läßt man nun in die Röhre ein Stückchen luftleeres Eis oder einige Tropfen Wasser steigen, so wird das Quecksilber, so wie sie über dasselbe kommen, etwas sinken; und zwar um so mehr, je mehr das Wasser erwärmt wird. Umgekehrt steigt es, wenn letzteres wieder erkältet wird. War das Wasser ganz luftleer, so rührt dieses Sinken einzig von der Entstehung von Dampf her, und dessen Druck muß unstreitig aus der Differenz des Quecksilberstandes abzunehmen seyn. Steht der Barometer auf 74 Centim. und hat die Quecksilbersäule, wenn der obere Theil auf 40⁰ C. erwärmt ist, nur 68,7 Centim., so muß dem Dampf bei dieser Temperatur eine Elasticität von 5,3 Centim. zukommen.

Durch ähnliche Versuche hat man die Expansivkraft der Dämpfe bei niedriger Temperatur nach folgender Tabelle bestimmt und daraus die ihr zukommende Dichtigkeit berechnet.

Tabelle IV.

Elasticität und Dichtigkeit der Dämpfe unter 100°.

Temperatur	Druck in Centim.	Druck in Atm.	Spec. Gew., das des Wassers = 1000 gesetzt
0° C.	0,47	0,006	0,004
10	1,00	0,013	0,008
15	1,45	0,019	0,011
20	1,94	0,025	0,015
25	2,65	0,035	0,021
30	3,55	0,047	0,029
35	4,69	0,062	0,038
40	6,13	0,081	0,050
45	7,91	0,104	0,064
50	10,11	0,133	0,082
55	12,74	0,168	0,104
60	16,05	0,211	0,130
65	19,96	0,263	0,162
70	24,63	0,324	0,199
75	30,20	0,397	0,243
80	36,77	0,484	0,294
85	44,67	0,588	0,353
90	53,50	0,704	0,422
95	64,00	0,842	0,500
100	76,00	1,000	0,589

Mit Hülfe dieser Tabelle lassen sich die Wirkungen der Erkältung und Condensation der Dämpfe leicht finden.

Wird z. B. 1 Pfund Dampf von 100° bis 50° erkältet, so hat er nur noch eine Pression von 10,11 Centim. und ein Gewicht von $^{82}/_{589}$ oder kaum $^{1}/_{7}$ Pf. Ueber $^{6}/_{7}$ Pfund Wasser werden daraus niedergeschlagen. Ein eigentliches Vacuum kann dabei nicht entstehen.

Diese Verdampfung des Wassers unter 100° in freier Luft nennen wir gewöhnlich Verdunstung. Sie hat langsam und meist kaum bemerklich statt. Das Wasser entwickelt weniger und einen dünnern Dampf, als die Luft, zumal wenn sie wechselt, aufnehmen kann. Anders verhält es sich, ist das Wasser bedeutend wärmer als die Luft, oder diese ruhig. Dann steigt mehr und ein dichterer Dampf auf, als diese fassen kann; ein Theil condensirt sich sofort und die Luft wird neblig. Daher sehen wir bei sehr strenger Kälte sogar Flüsse rauchen, weil die Luft dann kälter als das Wasser ist.

5.

Wärmegehalt der Dämpfe bei verschiedenen Temperaturen.

Wir haben bemerkt, daß man etwa 6²⁄₅mal so viel Wärme brauche, um 1 Pf. Wasser von 0⁰ in Dampf zu verwandeln, als um es bloß bis zum Siedepunkte zu erhitzen, und daß mithin, abstrahirt man von der Wärme, die das Wasser bei 0⁰ enthält, der Wärmegehalt des Dampfes 6²⁄₅mal so groß gesetzt werden kann, als der des Wassers bei 100⁰.

Oder setzen wir das in 1 Pf. Wasser von 100⁰ enthaltene Wärmequantum = 100 w, so ist das in 1 Pf. Dampf enthaltene = 640 w, und da der Dampf auch die Temperatur von 100⁰ hat, so müssen davon 540 w im Zustande der latenten Wärme und nur 100 w in dem von sensibler vorhanden seyn.

Eine genaue Kenntniß von dem absoluten Wärmegehalte des Dampfes ist ohne Zweifel bei der Anwendung desselben von großer Wichtigkeit, denn wir werden dadurch in den Stand gesetzt zu berechnen:

Wie viel Wärme ein gegebenes Quantum Wasser von jeder Temperatur aufnehmen muß, um sich in Dampf zu verwandeln;

Wie viel Dampf durch eine gegebene Menge Wärme erzeugt werden kann;

Wie viel Wärme ein gegebenes Quantum Dampf abtritt, wenn es zu Wasser wieder verdichtet wird;

Wie viel Wärme endlich einem Quantum Dampf entzogen werden muß, um es ganz oder zum Theil zu condensiren.

Wir haben bereits gezeigt (S. 45), wie jener Wärmegehalt ausgemittelt werden kann; leicht ist aber zu erkennen, wie schwierig es ist, jeden Verlust oder jeden Zufluß von etwas Wärme bei diesen Versuchen zu verhüten, und es kann daher nicht befremden, daß auch hier die Ergebnisse ziemlich abweichend sind. Die meisten Versuche schwanken indessen zwischen 630 und 650, so daß man bis auf die letzten Jahre den Wärmegehalt des Dampfes zu 640 w annahm.

Regnault hat durch sehr genaue Untersuchungen 637 w gefunden, was der Wahrheit am nächsten zu kommen scheint.

Ebenso hat Regnault die Frage entschieden, ob die latente Wärme für allen Dampf, von welcher Temperatur und Dichtigkeit er ist, dieselbe sey.

Bei der Entstehung der Dampfmaschinen bildeten sich über den Wärmegehalt des Dampfes zwei Ansichten aus. Nach der einen ist die Summe der sensibeln und latenten Wärme eine constante Größe, so daß, wenn die sensible wächst, die latente um gleich viel abnehmen muß. Nach Andern ist die latente Wärme constant und nur die sensible veränderlich.

Nach den Ersten enthält jede Art von Dampf z. B. 640 w; und Dampf von 130⁰ C. also 130 w an freier und nur 510 w an latenter Wärme. Nach der zweiten Ansicht hingegen enthält aller Dampf 540 w an latenter Wärme, und Dampf von 130⁰ enthielte im Ganzen (540 + 130) w oder 670 w.

Durch Regnaults Untersuchungen ist keine dieser beiden Annahmen bestätigt. Nach ihm ändert sich sowohl die latente Wärme, als auch die totale mit der Temperatur; jedoch ist die Zunahme der totalen und die Abnahme der latenten nicht so rasch, wie nach der einen oder andern der obigen Ansichten.

Die Summe s der sensibeln und latenten Wärme in jedem Pfund Dampf von der Temperatur t ist nach ihm:

$$s = 606{,}5 + 0{,}305\ t.$$

Die Zahl 606,5 gibt diejenige Wärmemenge, welche 1 Pfund Wasser von 0 Grad bedarf, um in Dampf von 0 Grad überzugehen. Man erhält sie, wenn man in der Formel t = o setzt.

Diese Formel liefert folgende Tabelle:

Tabelle V.

Druck in Atm.	Temper. t	Tot. W. für 1 ℔	Lat. W. für 1 ℔	Druck in Atm.	Temper. t	Tot. W. für 1 ℔	Lat. W. für 1 ℔
0,0066	0,0	606,5	606,5	3,5	140,6	649,4	508,8
0 0228	20,0	612,6	592,6	4	145,4	650,8	505,4
0,0698	40,0	618,7	578,7	5	153,1	653,2	500,1
0,1905	60,0	624,8	564,8	6	160,2	655,4	495,2
0,4633	80,0	630,9	550,9	7	166,5	657,3	490,8
1,0	100,0	637,0	537,0	8	172,1	659,0	486,9
1,5	112,2	640,7	528.5	9	177,1	660,5	483,4
2,0	121,4	643,5	522,1	10	181,6	661,9	480,3
2,5	128,8	645,8	517,0	20	214,7	672,0	457,3
3,0	135,1	647,7	512,6	50	265,9	687,6	421,7

Nach dieser Tabelle enthält 1 Pfund Dampf von 100⁰ im Ganzen 637 w; ferner 1 Pfund 2facher Dampf 6,5 w mehr als

1facher. Der Unterschied im Wärmegehalt zwischen Dampf von 3 und 4 Atm. beträgt 3,1 w, u. s. w.

Man denke sich zwei gleiche Kessel mit gleich viel Wasser, z. B. 3000 Pfund, gefüllt. Wird in dem einen Dampf von 3, im andern von 4 Atm. producirt, so sind zur Erwärmung des Wassers im letztern 10,3 . 3000 w mehr erforderlich, als im erstern. Sobald aber die Dampfbildung in beiden in Beharrungszustand getreten ist, so muß der zweite Kessel nur wegen des Dampfes mehr Wärme aufnehmen, nämlich auf je 1 Pfund 3,1 w mehr. Dieser Unterschied in der Wärmeconsumtion ist so klein, daß es als vortheilhaft erscheinen muß, dem Dampf eine hohe Spannung zu geben.

Ein Umstand ist jedoch nicht zu übersehen, wenn daraus auf den Vortheil, dichtern Dampf zu produciren, geschlossen werden soll. Je dichter der Dampf ist, desto höher ist auch seine Temperatur, so wie die des siedenden Wassers; und je höher diese Temperatur ist, desto schwieriger nimmt es Wärme aus dem gleichen Feuer auf. Das Einströmen der Wärme richtet sich nämlich nach dem Temperaturunterschied des Feuers und des Wassers. Hat das Feuer z. B. eine Temperatur von 800° und das Wasser eine von 100°, so beträgt der Unterschied 700°; nur 650° hingegen, wenn das Wasser 150° heiß ist. Wir werden auf diesen Umstand, den wir hier nur andeuten, in der Folge noch zurückkommen.

6.

Ob die Temperatur des Dampfes mit der des ihn erzeugenden Wassers stets übereinstimme.

Es ist Thatsache, daß eine Flüssigkeit nicht eher sieden kann, als bis der austretende Dampf den auf ihr lastenden Druck zu überwinden vermag oder diesem an Elasticität gleich kommt; daß unter dem gewöhnlichen Luftdruck das Sieden erst bei einer Temperatur von 100° eintritt, weil bei dieser erst die Elasticität des Wasserdampfs dem Luftdrucke gleich ist; daß endlich in einem verschlossenen Gefäße, so wie der Dampfdruck und mit demselben die Temperatur des Dampfs steigt, ganz gleichmäßig auch der Siedepunkt des Wassers steigen muß und demnach nicht einmal ein wirkliches Kochen eintreten kann. Man sieht daher als Gesetz an, daß der aus einer siedenden Flüssigkeit sich entbindende Dampf stets und genau dieselbe Temperatur haben muß, welche die Flüssigkeit besitzt, und umgekehrt.

Auch stehen damit keineswegs die Phänomene der spontanen Dampfbildung in Widerspruch; und noch weniger, daß z. B. reiner Weingeist schon bei 79° siedet, denn aus diesem bildet sich Weingeistdampf, dessen Elasticität schon bei 79° der der Atmosphäre gleich ist.

Inzwischen kann das obige Gesetz so, wie wir es ausgedrückt, nicht als völlig richtig gelten.

Schon die Beschaffenheit des Gefäßes scheint den Siedepunkt etwas modificiren zu können, denn man fand z. B., daß, während siedendes Wasser in einem metallenen Gefäße genau 100° zeigte, solches in einem gläsernen nahe an 102° heiß wurde, und die Temperatur auf 100° sank, wenn man gepulvertes Glas oder Metall hineinbrachte [1], obschon der Dampf ohne Zweifel in allen diesen Fällen dieselbe Temperatur und Elasticität hatte. [2]

Weit auffallender aber ergibt sich eine Abweichung bei siedenden Salzauflösungen; solche müssen nämlich, bevor sie sieden, oft weit heißer werden, als reines Wasser. Da nun der entstehende Dampf unmöglich elastischer als die Luft, in die er aufsteigt, seyn kann, so nahm man an, daß in diesem Fall sich überhitzter Dampf bilde, obschon man besonders seit den Untersuchungen von Rudberg bestimmt weiß, daß auch siedendes Salzwasser, trotz seiner höheren Temperatur, Dampf von 100° erzeuge; und daß also, sowie dieser Dampf reiner Wasserdampf ist, er auch genau die seiner Druckkraft entsprechende Temperatur behauptet. [3]

Ohne Zweifel besteht auch eine ähnliche Temperaturverschiedenheit, wenn Dampf von höherem Druck erzeugt wird, obschon bis jetzt Beobachtungen darüber zu fehlen scheinen. Erzeugen wir in

[1] S. Munke in Gehlers Wörterbuch, X. 1012 und Marcet im Pol. J. 84; 313.

[2] Auch soll sich Wasser, wenn es völlig luftleer gemacht worden und mit einer dünnen Fettschicht bedeckt ist, bedeutend über 100° erhitzen lassen, bevor es zu sieden anfängt.

[3] Diese eigenthümlichen Verhältnisse salziger Flüssigkeiten möchten also zu erklären seyn. Durch den Salzgehalt wird die freie Entweichung des Dampfes erschwert, weil das Wasser dichter wird und das Salz die Wassertheile zurückzuhalten strebt. Um die Wirkung zu neutralisiren, muß die Flüssigkeit heißer werden. Durch die Erhöhung der Temperatur wird aber die Spannung des Dampfes im Wasser nicht vermehrt, und der Druck auf die im Innern sich bildenden Dampfblasen ist nicht größer, als der des über dem Wasser stehenden Dampfes. Diese Blasen haben also dieselbe Spannung, nur mögen sie die Temperatur der Flüssigkeit annehmen und also aus etwas überhitztem Dampf bestehen.

einem Gefäße solchen Dampf aus starkem Salzwasser, so wird, wenn der Druck z. B. auf 3 Atmosphären gestiegen ist, dieser 135^0 Wärme, die Flüssigkeit hingegen 140^0 oder mehr zeigen.

Es liegt am Tage, daß dieser Umstand bei Maschinen, die Seewasser verwenden, nicht unbeachtet bleiben darf, denn, so gering auch der Salzgehalt des Meeres ist, so wird das Kesselwasser allmälig doch zu einer gesättigten Salzsolution, deren Siedepunkt wohl um 7^0 und mehr von dem des süßen Wassers differiren mag. Klar ist jedoch, daß diese abnorme Temperaturerhöhung nie eine plötzliche spontane Dampfbildung veranlassen und dadurch gefährlich werden kann, da nicht einzusehen ist, wie sich der Salzgehalt während des Siedens je vermindern sollte.

Zu bemerken ist ferner, daß der Dampf bei seiner Bildung am Boden eines, zumal tiefen, Kessels eine etwas höhere Spannung haben und die unterste Wasserschicht etwas wärmer seyn muß, als der aus der Flüssigkeit entweichende Dampf, weil jener außer dem Dampfdruck noch den der Wassersäule erleidet.

7.

Spontane Dampfentwicklung.

Da das Wasser unter einem gegebenen Luft- oder Dampfdruck nur bis zu einem bestimmten Temperaturgrade erwärmt werden kann, so muß sich aus Wasser, das diese Maximaltemperatur erreicht, Wärme ausscheiden, so wie jener Druck vermindert wird, und dieser Austritt von Wärme die Entstehung von Dampf, an sich oder ohne daß das Wasser Wärme von außen erhält, veranlassen.

Eine solche spontane Dampfentwickelung findet statt, wenn warmes Wasser unter den Recipienten einer Luftpumpe gebracht und die Luft verdünnt wird. Denn da z. B. Dampf von 60^0 eine Elasticität von $5^1/_2''$ hat, so wird, wenn heißeres Wasser unter einem Recipienten steht und die Luft bis unter $5^1/_2''$ Druck verdünnt wird, sofort eine ungehinderte Dampfentbindung eintreten oder das Wasser zu sieden anfangen; und dieses Sieden muß so lange dauern, bis die Temperatur des Wassers die dem Drucke der Luft und des Dampfes angemessene ist.

Unter spontaner Dampfentwickelung verstehen wir hier aber

vornehmlich diejenige, die statt findet, wenn Wasser unter einem höheren Drucke über 100° erhitzt wird, und dieser Druck nachläßt und wieder auf den gewöhnlichen von 1 Atmosphäre sich vermindert. Wie bedeutend oft die Menge dieses wie von selbst sich bildenden Dampfes seyn kann und wie wichtig also die Beachtung dieser Erscheinung bei Dampfmaschinen ist, wird aus Folgendem ersichtlich.

Enthält der Kessel einer Maschine von 20 Pfk., die per Minute 20 Pf. Dampf und also etwa $1/_3$ Cub.′ Wasser verbraucht, 100 Cub.′ Wasser und eben so viel Dampf von 2 Atmosphären Druck, so wird dieser, so wie das Wasser, 122° heiß seyn und der totale Wärmegehalt des Wassers, dessen Gewicht (den Cubikfuß zu 60 Pfund gerechnet) 6000 Pfund beträgt, sich auf 6000 . 122 w = 732000 w belaufen.

Gesetzt nun, beim Abstellen der Maschine werde nicht nur das Dampfrohr, das den Dampf in den Cylinder führt, verschlossen und das Feuer gelöscht, sondern zugleich die Sicherheitsklappe geöffnet, so wird, bleibt diese offen, so lange Dampf ausströmen, bis der Druck im Kessel dem der Luft gleich kommt, überdieß aber die Temperatur des gesammten Kesselwassers bis auf 100° sich erniedrigen und daher, obgleich es keine neue Wärme erhält, fortsieden müssen.

Da alle Wärme, die es verlieren muß, Dampf bildet und 1 Pf. Dampf stets 640 w enthält, so wird das Gewicht Dampf, das sich erzeugen muß, bis das übrige Wasser nur noch 100° heiß ist, also zu finden seyn:

Ist dieses Gewicht = x, so entzieht es an Wärme 640 x, und das übrig bleibende Wasser (6000 — x Pf.) behält noch 600000 — 100 x; die Summe dieser beiden Quantitäten muß = 732000 w seyn, oder 540 x = 132000 und x = $244^4/_9$ Pf.

Durch spontanes Sieden werden also nicht weniger als $244^4/_9$ Pf. Dampf entstehen, die 156450 w enthalten, während $5755^5/_9$ Pf. Wasser mit 575550 w im Kessel zurückbleiben und folglich fast $1/_5$ der Wärme entweicht oder verloren geht.

In der Regel ist allerdings kein Grund vorhanden, beim Abstellen jene Klappe zu öffnen und offen zu halten, bis die Temperatur auf 100° zurückgegangen ist; auch wird dieß leicht zu erzielen seyn, ohne ein solches spontanes Sieden und einen solchen Wärmeverlust zu veranlassen, wenn man einige Zeit vor dem Abstellen den Zufluß des Speisewassers hemmt und das Feuer mäßigt, und nach dem Abstellen kaltes Wasser einströmen läßt.

Die Dampfproduktion wird nämlich auch bei etwas schwächerer Heizung dieselbe seyn, weil, fließt kein kaltes Wasser zu, 1 Pf. Dampf nur wenig über 500 w kostet. Nur wird das Kesselwasser abnehmen. Würde man z. B. in obigem Kessel 30 Minuten vor dem Abstellen die Speisung unterbrechen, so verminderte sich das Wasser um 10 Cub.' oder 600 Pf. und das noch vorhandene enthielte 5400 . 122 w oder 658800 w. Es fragt sich also bloß, wie viel kaltes Wasser von gegebener Temperatur (z. B. 20°) man nun einströmen lassen muß, damit das gesammte die von 100° erlange, und dieses Quantum oder q wird, abstrahirt man von allem sonstigen Wärmeverlust, also zu finden seyn:

Das Wasser enthält an Wärmetheilen 658800 + 20 q und soll (5400 + q) 100 enthalten; setzt man beide gleich, so finden wir 80 q = 118800 und q = 1435 Pf. Der Kessel würde also freilich etwas überfüllt, und statt 6000 Pf. 5400 + 1485 oder 6885 Pf. Wasser enthalten.

Gesetzt indeß, die Klappe werde geöffnet und die spontane Dampfbildung nicht gehindert, so würde, verwandelte sich alles Wasser, das verdampfen muß, in lauter einfachen Dampf, das Volum nicht weniger als 27½ . 245 oder 6730 Cub.' betragen; und es müßten also auch diese und nicht bloß jene 50 Cub.' doppelter Dampf durch die Klappe entweichen, und alles dieß in dem Falle sogar, daß der Kessel keine Wärme mehr empfängt.

Wie leicht zu sehen, wird das Volum dieses Dampfes zwar minder groß seyn, denn, so wie die Klappe sich öffnet und der Dampfdruck etwas nachläßt, wird sogleich die spontane Dampfbildung beginnen, und auch dieser Dampf anfangs ein dichterer seyn; immerhin wird das Gewicht desselben und der daraus hervorgehende Wärmeverlust der angegebene seyn.

Offenbar hängt die Menge des auf diese Weise sich erzeugenden Dampfes von der Menge des Kesselwassers und dessen Temperatur über 100° ab, und sie wird um so kleiner seyn, je weniger Wasser der Kessel enthält und je weniger heiß dieses ist. Hochdruckkessel enthalten in der Regel weit weniger Wasser, dieses ist aber bedeutend heißer, und es ergäbe sich immerhin durch die spontane Dampfbildung eine verhältnißmäßig um so größere Abnahme des Kesselwassers, bis dessen Temperatur auf 100° reducirt wäre.

So groß übrigens oft die Dampfmasse ist, die sich unter solchen Umständen erzeugen muß, so ist doch nicht abzusehen, daß dadurch, wie Viele meinten, eine Explosion des Kessels verursacht werden könne. Das spontane Sieden tritt zwar plötzlich ein, dauert aber lange; und die Spannkraft des Dampfes muß allmälig und stufenweise abnehmen, ohne je der des normalen Dampfes, mit dem die Maschine arbeitet, gleich zu kommen.[1] Nicht zu bezweifeln ist hingegen, daß bei Oeffnung der Klappe, zumal wenn diese groß ist, ein sehr tumultuarisches Aufwallen eintreten und das Wasser an die Wände gespritzt werden muß, und daß, sind diese etwa wegen allzu tiefen Wasserstandes stark überhitzt oder gar glühend, dann eine gefährliche Dampferzeugung statt haben kann. Diese abnorme Dampfbildung ist offenbar aber nicht den spontanen beizuzählen.[2]

Aus den Gesetzen der spontanen Dampfbildung ergibt sich ferner, welchen hochwichtigen Einfluß die Hitze des Kesselwassers auf die Erhaltung der Spannkraft des Kesseldampfes ausüben muß, obschon wir uns vorbehalten, diesen erst später näher zu betrachten.

Hingegen wollen wir schließlich noch auf die Dampferzeugung aufmerksam machen, die oft und in reichlichem Maße beim Erkalten des Kesseldampfes statt finden muß.

Es ist klar, daß, wenn die Feuerung und Dampferzeugung in einem Kessel unterbrochen werden, die Decke desselben sehr bald eine Erkältung von außen erleidet und dadurch auch der im obern Raume eingeschlossene Dampf an Wärme und Spannkraft verlieren muß; daß zuletzt der äußere Luftdruck weit stärker als der Gegendruck des Dampfes werden, und dieß eine Verbiegung oder gar

[1] Allerdings muß aber ein Springen des Kessels die Erzeugung einer ungeheuern Dampfmasse zur Folge haben, da nun plötzlich alles Wasser einem stark verminderten Luftdruck ausgesetzt ist. Auch werden Explosionen oft besonders dadurch verheerend. Allein das Springen des Kessels muß offenbar dieser spontan sich erzeugenden Dampfmasse vorangegangen, und diese die Wirkung und nicht die Ursache der Explosion seyn.

[2] Uebrigens entsteht bei plötzlicher Oeffnung einer, zumal großen, Klappe, wegen Aufhebung des Drucks an dieser Stelle, eine momentane Reaction und demzufolge eine Erschütterung, welche ebenfalls eine nachtheilige Wirkung auf die Kesselwände äußern kann.

eine Zerdrückung des Kessels zur Folge haben kann. Auch hat man die Berstung eines Kessels öfter schon dieser Ursache zugeschrieben und empfiehlt daher, zumal an großen und schwächern Kesseln mit flachen Wandstücken, sogenannte Luftventile anzubringen, oder Klappen, die sich einwärts öffnen, sowie der Luftdruck überwiegend wird.

So wenig wir nun die Möglichkeit einer solchen Zusammendrückung bezweifeln, so scheint uns doch, daß man sich von dem Hergange meist eine unrichtige Vorstellung macht und eine solche Luftklappe noch mehr aus andern Gründen nützlich ist. Offenbar muß nämlich, so wie der eingesperrte Dampf durch Erkältung nur um weniges dünner wird, sofort das heißere Kesselwasser Dampf erzeugen, und dieß so lange fortdauern, bis alles Wasser auch die Temperatur der Kesseldecke und des Dampfes erlangt hat. Kann diese also auch bis 50° z. B. sinken, wobei der Druck des Dampfes allerdings 7½mal schwächer als der der Atmosphäre ist, so kann Letzteres doch nur statt haben, wenn auch das Wasser bis 50° sich abgekühlt hat. Daraus folgt, daß sich jene Condensirung des Dampfes nur äußerst langsam und allmälig und nicht fast plötzlich, wie man oft meint, ergeben kann, zugleich aber, daß sie einen sehr bedeutenden Wärmeverlust nach sich zieht, weil, obgleich die Decke unmittelbar nur den Dampf erkältet, doch auch alles Wasser allmälig kälter werden muß. Diese andauernde spontane Dampfbildung und daher auch diese Abkühlung unter 100° wird hingegen verhindert, wenn die äußere Luft in den Kessel Zutritt hat.

Anders verhält es sich freilich, wenn der Kessel Hochdruckdampf enthält, und doppelt wichtig ist demnach durch äußere Bedeckung die Abkühlung zu verzögern.

8.

Temperatur und Elasticität des Dampfes, wenn er durch eine kleine Oeffnung entweichen kann.

In einem offenen Gefäße kann das Wasser nicht über 100° erwärmt werden. In einem dicht verschlossenen kann die Temperatur so lange steigen, als dem Kessel noch Wärme zugeführt wird. Anders wird es sich verhalten, wenn in dem Deckel eine kleine Oeffnung vorhanden ist, durch welche Dampf entweichen kann. Eine solche Oeffnung wird die Anhäufung des Dampfes verzögern und überdieß die Elasticität limitiren.

Ist sie so klein, daß weniger Dampf entweicht als producirt wird, so muß fortdauernd die Elasticität und die Temperatur des Dampfes wachsen. Da aber bei zunehmender Spannung auch die Geschwindigkeit zunimmt, mit der der Dampf ausströmt, so muß endlich die Menge des ausströmenden Dampfes der des gleichzeitig erzeugten gleich kommen, und somit für die Temperatur wie für die Elasticität eine Grenze oder ein Maximum eintreten, das bei einer vorhandenen Oeffnung nicht überstiegen werden kann.

Dieses Maximum wird um so früher eintreten, je größer die Oeffnung ist, wenn die Dampfproduktion dieselbe bleibt; oder je weniger Dampf erzeugt wird, wenn der Oeffnungsquerschnitt unverändert bleibt. Auch ist klar, daß, wenn bei fortdauernder Dampfproduktion Temperatur und Spannung desselben unverändert bleiben sollen, die Menge des entweichenden Dampfes der des stetig producirten gleich seyn muß und daß, wenn man diese kennt, sich daraus die Geschwindigkeit, mit der der Dampf ausströmt, ausmitteln lassen muß.

Es ist zu bedauern, daß bis jetzt noch wenige Versuche über diesen merkwürdigen Einfluß einer Oeffnung auf die Spannung und Temperatur, die der Dampf erlangen kann, angestellt worden sind, und um so schätzbarer sind daher die von Christian in Paris unternommenen.[1]

Dieser Physiker bediente sich zu dem Ende eines Kessels, der 1) mit einem eingesenkten Thermometer versehen war, um die Temperatur des Dampfes zu erkennen, 2) mit einem Schwimmer, um an dem Sinken desselben die Menge des verdampften Wassers wahrzunehmen, 3) mit einer dünnen Röhre, um den Kessel mittelst einer Druckpumpe nachzufüllen, und 4) mit einer kurzen Röhre, an deren Mündung Platten mit Oeffnungen von verschiedener Weise dampfdicht befestigt werden konnten.

Die innere Fläche des Kessels betrug 364,000 □ Mill. (487 □″) und wurde gewöhnlich mit 10 Kil. (10 Liter) Wasser gefüllt, die eine Fläche von 190,000 □ Mill. (254 □″) bedeckten.

[1] S. dessen Mécanique industrielle ch. 41.

Dieser Kessel wurde bei den **ersten** Versuchen einem sehr heftigen Feuer ausgesetzt.

Die Versuche ergaben, je nachdem die Oeffnung verändert wurde, folgende Temperaturgrenzen:

bei	einer	Oeffnung	von	36	□ Mill.	$105\frac{1}{2}^0$	Temp.
„	„	„	„	18	„	115	„
„	„	„	„	9	„	138	„
„	„	„	„	$30\frac{1}{2}$	„	112	„
„	„	„	„	122	„	101	„
„	„	„	„	490	„	100	„

In allen Versuchen wurde in 3 Minuten 1 Kil. Wasser verdampft.[1]

Demnach kann auch beim heftigsten Feuer das Wasser nicht über 101^0 heiß werden, wenn die Oeffnung, durch welche Dampf entweicht, $\frac{1}{1560}$ der Feuerfläche beträgt; nicht über 112^0 heiß, wenn sie $\frac{1}{6240}$ derselben groß ist, und nicht über 138^0, wenn sie $\frac{1}{21000}$ derselben ist, und eine so kleine Oeffnung limitirt also auch beim heftigsten Feuer die Spannung auf etwa $3\frac{1}{2}$ Atmosphären Druck.

Bei einer **zweiten** Reihe von Versuchen wurde das Feuer so gemäßigt, daß die Wärme stets auf 101^0 blieb, wenn gleich die Oeffnung verändert wurde. Die Elasticität des Dampfes blieb sich also gleich (= 1,03 Atmosphären) und mithin auch die Geschwindigkeit, mit der der Dampf ausströmte. Je kleiner also die Oeffnung war, desto weniger Dampf oder desto langsamer mußte er producirt werden, weil desto weniger entweichen konnte.

Die Versuche ergaben, daß 1 Kil. Dampf

bei	36	□ Mill.	Oeffnung	$8\frac{1}{2}$	Min.	Zeit brauchte.
„	18	„	„	18	„	„ „
„	9	„	„	34	„	„ „

Durch eine **dritte** Reihe von Versuchen wurde endlich ausgemittelt, wie viel Zeit 1 Kil. Dampf bei höherer Temperatur und stärkerer Elasticität braucht, um durch eine Oeffnung von gleicher Weite zu entweichen; und diese fand sich bei einer Oeffnung von 9 □ Mill. also:

[1] Daß 254 □'' Feuerfläche in 1 Min. $\frac{1}{3}$ Kil. verdampften, mithin 762 □'' oder 5,3 □' 1 Kil., möchte auffallen, da bei gewöhnlichen Dampfkesseln meist nur 16—20 □' 1 Kil. Dampf geben; allein es ist dieß begreiflich, da dort der **ganze** Kessel einer überaus heftigen Hitze ausgesetzt war.

Für Dampf von 105°	13 Min.	Für Dampf von 125°	4½ Min.
" " " 110°	8½ "	" " " 130°	3⅞ "
" " " 115°	6⅙ "	" " " 135°	3 "
" " " 120°	5⅓ "		

Mit welcher ausnehmenden Geschwindigkeit der Dampf ausströmen muß, läßt sich aus folgender Berechnung einsehen.

Zum Ausströmen von 1 Kil. Dampf von 110° bedarf es nach Obigem 8½ Min. oder 510 Sek. Zeit. Da nun 1 Cub. Met. dieses Dampfes 0,805 Kil. wiegt, so muß ein Kil. Dampf ein Volum von $^{1000}/_{805}$ oder etwa $^{5}/_{4}$ Cub. Met. bilden. Und da in 1 Sek. $\frac{1}{510}$ dieser Masse, oder $\frac{5}{2040} = \frac{1}{408}$ Cub. Meter, ausströmt, und zwar durch eine Oeffnung, die nur $\frac{9}{1,000,000}$ oder $\frac{1}{111,111}$ □ Met. groß ist, so muß der Dampfstrahl eine Geschwindigkeit von 272 Met. per Sek. haben.

In der That wird aber diese Geschwindigkeit noch um ein Bedeutendes größer seyn müssen, da, so oft eine Flüssigkeit durch eine kleine Oeffnung ausströmt, der ausfließende Strahl beträchtlich sich contrahirt oder dünner wird.

Wir werden sogleich sehen, wie diese Geschwindigkeit theoretisch berechnet wird, und daß obige Versuche mit diesen Berechnungen übereinkommen.

9.

Geschwindigkeit, mit welcher Dampf aus einer Oeffnung strömt.

Die Theorie geht von der Ansicht aus, daß der Dampf mit derselben Geschwindigkeit aus einer Oeffnung in einen leeren Raum strömen muß, welche ein fallender Körper erhalten würde, wenn er von einer Höhe (H) herabfällt, die der Höhe einer Dampfsäule von gleichbleibender Dichtigkeit gleich käme, deren Gewicht der Elasticität oder Pression des Dampfes gleich wäre.

Einfacher Dampf von 1 Atmosphäre oder 0,76 Met. Druck ist 1696mal so leicht als Wasser und mithin 1696 . 13,6 oder 23060mal so leicht als Quecksilber. Eine Säule von solchem Dampf, die einen Druck von 0,76 Met. ausübt, würde also 0,76 . 23060 oder 17527 Met. hoch seyn.

Ein Körper, der von solcher Höhe frei herunter fiele, erlangte eine Geschwindigkeit in der Sek. von

$$V = \sqrt{2 g . 17527} \text{ oder da } 2 g = 19,62 \text{ M.,}$$[1]

$$V = \sqrt{19,6 . 17527} = \sqrt{343843} = 586 \text{ M.}$$

Der Theorie nach würde also einfacher Dampf in einen leeren Raum mit einer Geschwindigkeit von 586 Met. in 1 Sekunde ausströmen.

Jene Höhe H, welche die Geschwindigkeit erzeugt, findet sich auch, wenn man die Quecksilberhöhe h (die den Dampfdruck angibt) mit dem Dichtigkeitsverhältniß des Quecksilbers zum Dampf multiplicirt. Da nun 1 Cub. M. Quecksilber 13598 Kil. und 1 Cub. M. Dampf 0,5895 Kil. wiegt, so ist das Dichtigkeits- oder Pressions-Verhältniß $\frac{P}{p} = \frac{13598}{0,5895}$ und

$$H = 0,76 . \frac{13598}{0,5895} = 17527$$

$$\text{und } V = \sqrt{2 g h \frac{P}{p}}$$

Wollen wir berechnen, mit welcher Geschwindigkeit Dampf von stärkerem Druck in die Atmosphäre (oder überhaupt in ein Medium von minderem Druck) ausströmt, so müssen wir in die Formel statt h (die Quecksilberhöhe der Atmosphäre) $h_1 - h$ oder den barometrischen Unterschied des Dampfdrucks aufnehmen, und wir erhalten nun

$$V = \sqrt{2 g (h_1 - h) \frac{P}{p}} \text{ oder}$$

$$V = \sqrt{19,62 (h_1 - 0,76) \frac{13598.}{p}}$$

$$\text{oder } V = \sqrt{\frac{266760 H}{p}}, \text{ wenn } H = h_1 - h.$$[2]

Es ist demnach nur nachzusehen, wie stark der gegebene Dampfdruck ist und wie viel 1 Cub. M. dieses Dampfes wiegt.

Beispiel. Bei 105° C. ist der barometrische Druck = 0,898 Met. und die Dichtigkeit des Dampfes = 0,687 Kil. Wir haben daher

[1] Wenn g den doppelten Fallraum in der 1. Sek. bezeichnet.

[2] Streng genommen sind diese Formeln freilich nur anwendbar, wenn die Differenz von h_1 und h klein ist.

$$V = \sqrt{19{,}62\ (0{,}898 - 0{,}760)\ \frac{13598}{0{,}687}}$$

$$\text{oder } V = \sqrt{19{,}62\ .\ 0{,}138\ .\ 19793}$$

$$\text{oder } V = \sqrt{53590} = 230 \text{ Met.}$$

Dieser Dampf strömt also mit der Geschwindigkeit von 230 Met. per Sek. in die Luft aus.

Auf diese Weise ist folgende Tabelle berechnet.

Tabelle VI.

Temperatur	h_1	H oder h_1—h	p	$\frac{P}{p}$	V.
Grad	Meter	Meter	Kilogr.		Meter
100	0,760	—	0,589	23060	—
105	0,898	0,138	0,687	19793	230
110	1,059	0,299	0,800	16998	316
115	1,237	0,477	0,923	14734	371
120	1,433	0,673	1,055	12885	412
125	1,672	0,912	1,215	11189	447
130	1,958	1,198	1,405	9675	477
135	2,280	1,520	1,617	8411	501

Ist die Geschwindigkeit des ausströmenden Dampfes ermittelt, so ist leicht zu finden, wie viel Dampf in einer gegebenen Zeit oder per Sek. durch eine Sicherheitsklappe entweichen kann.

Ist für Dampf von 105° V = 230 Met. und beträgt die Oeffnung der Klappe 15 □ C.M., so werden in 12 Sek. $12\ .\ \frac{15}{10000}\ .\ 230$ oder 4,14 Cub.M. ausströmen, vorausgesetzt nämlich, daß der Dampf stets dieselbe Temperatur behauptet.

Die folgende Zusammenstellung zeigt, mit welcher Geschwindigkeit (V) Dampf von verschiedener Spannung in ein Vacuum oder in ein dichteres Medium ausströmt.

A. Entweicht Dampf in ein **Vacuum**, so beträgt V bei Dampf

von 1	Atm.	586	Met. per Sek.
„ 2	„	603	„
„ 3	„	613	„
„ 4	„	621	„

B. Entweicht Dampf in ein **dichteres Medium** als Luft, so ist V:

Für Dampf von	In ein Medium von						
	3	$2^3/_4$	$2^1/_2$	2	$1^3/_4$	$1^1/_2$	$1^1/_4$
	Atmosphären						
5 Atm	396	420	442	484	504	523	541
4 "	311	347	380	439	466	491	515
3 "	—	177	250	354	396	434	468

Aus dem Vorstehenden ergeben sich noch andere zum richtigen Verständniß der Dampfmaschine nicht unerhebliche Folgerungen.

Da nämlich kein Dampf aus einem Raum in einen andern ausströmen kann, wenn die Pression in beiden völlig dieselbe ist, sondern dieß stets einen kleinen Unterschied voraussetzt, der um so größer seyn wird, je geschwinder das Ueberströmen statt haben muß, so erhellt, daß der Dampfdruck im Kessel einer Dampfmaschine stets etwas größer als der im Cylinder sey, und der Dampf also beim Ueberströmen etwas dünner werden muß, und um so mehr ohne Zweifel, je enger im Verhältniß zum Cylinder das Dampfrohr ist; ferner daß, wenn man jene Differenz nicht kennt, man aus der Capacität des Cylinders nicht richtig das Quantum des verbrauchten Dampfes berechnen kann und den theoretischen Effekt zu groß findet, wenn man, wie gewöhnlich, den Raum, den der Kolben zurücklegt, mit der Pression des Kesseldampfs multiplicirt; daß jedoch aus jenem Umstand an sich nichts an mechanischer Arbeit verloren geht, denn würde der Dampf z. B. um $^1/_{10}$ dilatirt, und der Druck auf den Kolben um so viel kleiner, so würde dieser dagegen einen in demselben Verhältniß größern Raum durchlaufen.

10.

Mechanische Arbeit des Dampfes, und zwar bei constant bleibender Dichtigkeit.

Wir haben bisher nur den Druck im Auge gehabt, den eingeschlossener Dampf bei verschiedenen Graden der Spannung auf die Wände des Gefäßes ausübt. Betrachten wir nun, mit welcher Kraft er gegen eine Fläche wirkt, wenn diese weichen kann, oder welches Gewicht er bei einer gegebenen Höhe zu heben vermag. Es ist diese Untersuchung der mechanischen Arbeit oder Leistung des Dampfes um so wichtiger, da eben diese bei der Dampfmaschine benutzt werden soll.

Aus den früheren Erläuterungen geht hervor, daß der Dampf vermöge seiner Elasticität auf vierfache Weise eine Bewegung bewirken kann:

1) durch seinen permanenten oder vollen Druck auf eine bewegliche Fläche, deren Gegendruck geringer ist;

2) durch seine Expansivkraft, indem er sich so lange expandiren kann, als eine bewegliche Fläche ihm einen schwächern Widerstand entgegensetzt;

3) gleichsam negativ, wenn seine Spannkraft durch Erkältung (Condensirung) vermindert und dadurch dem Gegendruck, den eine bewegliche Fläche ausübt, ein Uebergewicht verschafft wird;

4) endlich durch Reaction, oder wenn in einem beweglichen Behälter eingeschlossener Dampf an einer Stelle ausströmen kann und dadurch das Gleichgewicht des Druckes auf alle Wandungen gestört wird.

Hier wollen wir indessen bloß untersuchen, wie groß die mechanische Arbeit ist, die Volldruckdampf bei verschiedenen Graden der Spannung auszuüben vermag. Eine ganz einfache Vorrichtung wird dieß einsehen lassen.

Fig. 11.

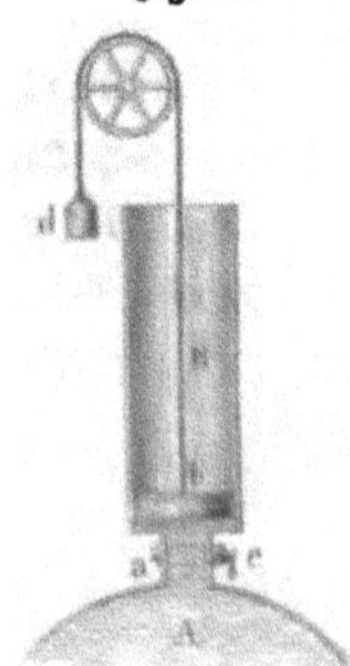

In dem Gefäße A (Fig. 11) werde Dampf erzeugt, der durch die Röhre a unter den Kolben b in dem oben offenen Cylinder B treten kann. Denkt man sich das Gewicht und die Reibung dieses Kolbens durch ein Gegengewicht d ins Gleichgewicht gesetzt, so drückt gegen die obere Fläche des Kolbens bloß die Luft, und dieser Druck beträgt bekanntlich 14 Pfund auf den □″ oder 1,03 Kil. auf den □ Centim.

Es ist klar, daß, so lange die Elasticität des Dampfes nicht die der Luft erreicht hat, der Dampf den auf dem Boden des Cylinders ruhenden Kolben nicht verrücken wird; übersteigt sie aber die Elasticität der Luft, so muß der Kolben sich heben und der Dampf den Cylinder füllen.

Hätte der Dampf eine Spannung von $1^1/_2$ Atmosphären, so müßte der Kolben mit wenigstens 7 Pf. per □″ belastet werden, um nicht zu weichen; und mit 14 Pf., wenn die Spannung 2 Atmosphären betrüge. Und da, wenn die Belastung nur um das Geringste kleiner wäre, schon Bewegung statt hätte, so kann man sagen, daß Dampf von 2 Atmosphären in obigem Falle so vielmal 14 Pf. zu heben vermag, als der Kolben □″ Fläche hat. Bei 10 □″ höbe er 140 Pf.

Nehmen wir an, der Cylinder sey oben geschlossen und über dem Kolben sey ein Fluidum von geringerem Druck als dem der atmosphärischen Luft, so würde schon Dampf von weniger als 1 Atm. Spannung den Kolben heben, und zweifacher mehr als 14 Pf. per □″.

Wäre über dem Kolben ein ganz luftleerer Raum, so müßte der allerschwächste Dampf ihn bewegen, und ein zweifacher 28 Pf. per □″ heben; die mechanische Arbeit des Dampfes würde dann die absolut größte seyn.

Nehmen wir endlich an, nachdem der Dampf den Cylinder gefüllt, werde der Hahn e geschlossen und der Dampf erkältet, also seine Dichtigkeit und Spannung vermindert, so würde die Luft, wenn der Cylinder oben offen ist, den Kolben mit Gewalt herabdrücken, und auch dann, wenn dem Gewicht d noch ein zweites angehängt würde. Hätte der verdünnte Dampf nur noch die Spannung von $\frac{1}{2}$ Atmosphäre, so könnten (abgesehen von der Reibung) 7 Pf. per □″ angehängt werden, und 14 Pf., wenn es möglich wäre, die Spannung des Dampfes ganz aufzuheben.

Nach diesen Erläuterungen ist die mechanische Arbeit eines gegebenen Quantum Dampf in allen Fällen leicht zu finden, wenn von dem Gewichte und der Reibung des Kolbens einstweilen abstrahirt wird.

Berechnen wir vorerst die *absolute Leistung* von 1 Pf. oder 1 Kil. *einfachen* oder *gemeinen Dampfes*, d. h. von Dampf, dessen Spannung = 1 Atmosphäre ist, wenn gar kein Gegendruck statt fände.

1 Pf. Wasser gibt von solchem Dampfe 27,66 Cub.′ Hätte also der Kolben eine Fläche von 1 □′, so würde er 27,66′ hoch gehoben werden, wenn der Dampf von 1 Pf. Wasser in den Cylinder übergeht, da kein Gegendruck vorhanden ist, und der Kolben könnte, weil dieß der Druck der Atmosphäre ist, mit 14 Pf. per □″, also mit 144 . 14 Pf. = 2016 Pf. belastet seyn. 1 Pf. Dampf höbe also 2016 Pf. 27,66 hoch und könnte eben so gut 2016 × 27,66 oder 55763 Pf. 1′ hoch heben.

Die totale Wirkung oder die absolute mechanische Arbeit von

1 Pf. Wasser (und also 640 w), in gemeinen Dampf verwandelt, ist daher (nach preuß. Maß und Gewicht) = 55763 Pfund 1 Fuß hoch gehoben oder 55763 Fußpfund.

Auf gleiche Weise findet sich diese Arbeit in metrischem Maß und Gewicht

= 17531 Kil. 1 Met. hoch gehoben oder 17531 Kilogrammeter.

Nähme die Dichtigkeit des Dampfs in demselben Verhältnisse zu wie die Expansivkraft, so würde die mechanische Arbeit für 1 Pf. Dampf bei allen Graden der Elasticität die gleiche seyn. Allein so wie wir gesehen, daß der relative Druck bei höherer Spannung etwas größer wird (S. 55), weil die Expansivkraft schneller wächst als die Dichtigkeit, so muß auch die mechanische Arbeit bei dichterem Dampfe größer und bei dünnerem kleiner seyn.

Wäre nämlich Dampf von 2 Atmosphären auch doppelt so dicht als Dampf von 1 Atmosphäre, so müßte 1 Pf. Wasser die Hälfte von 27,66 Cub.' oder 13,83 Cub.' liefern; und obschon dieser also mit 2 . 2016 oder 4032 Pf. auf 1 □' drückte, so wäre die mechanische Arbeit = 13,83 . 4032 doch die gleiche oder 55763 Fußpfund. Da aber die Dichtigkeit des doppelten Dampfes sich zu der des einfachen verhält wie 1115 : 589, so gibt 1 Pf. Wasser $^{589}/_{1115}$. 27,66 oder 14,6 Cub.' doppelten Dampf, und die mechanische Arbeit ist also

$$14{,}6 \times 4032 \text{ oder } 58867 \text{ Fußpfund.}$$

Man findet die mechanische Arbeit, welche ein Kilogr. Dampf von einer gewissen Spannung verrichten kann, dadurch, daß man den Druck desselben auf 1 Quadratmeter, in Kilogrammen ausgedrückt (1 Atm. = 10334 Kilogr. pro Quadratmeter), durch das Gewicht eines Cubikmeters, ebenfalls in Kilogr., dividirt.

Mit Benutzung der Dichtigkeitsformeln auf S. 55 erhält man, wenn E die mechanische Arbeit bezeichnet,

$$E = \frac{10334\ p}{d} = \frac{10334\ (1 + 0{,}00367\ t)}{0{,}8058}$$

$$= 12824\ (1 + 0{,}00367\ t) \text{ Kilogrammeter.}$$

Für preuß. Maß und Gewicht wird

$$E = 40800\ (1 + 0{,}00367\ t) \text{ Fußpfund.}$$

Die mechanischen Arbeiten, welche 1 Kilogr. Dampf von verschiedenen Spannungen verrichten kann, wenn derselbe keinen Gegendruck erleidet, sind in der folgenden Tabelle zusammengestellt.

Tabelle VII.

Druck in Atm.	Mechanische Arbeit in Kilogrammetern	Druck in Atm.	Mechanische Arbeit in Kilogrammetern
1	17531	4	19668
1¼	17842	4½	19842
1½	18105	5	20030
1¾	18336	6	20364
2	18538	7	20660
2½	18886	8	20924
3	19183	9	21160
3½	19442	10	21371

Hat ein Gegendruck auf den Kolben statt, so wird die relative mechanische Arbeit gefunden, wenn man diesen bei der Berechnung abzieht. Gesetzt also, man habe Dampf von 22½ Cub.′ auf 1 Pf. (1¼ Atmosphäre) und der Gegendruck betrage 3 Pf. per □″ oder 432 Pf. per □′, so wäre der absolute Effekt von 1 Pf. =

$$2016 \,.\, 1\tfrac{1}{4} \,.\, 22\tfrac{1}{2} = 56700 \text{ Fußpfund}$$

und der relative = $(1\tfrac{1}{4} \,.\, 2016 - 432)\, 22\tfrac{1}{2} = 46980$ Fußpfund.

Bei Dampfmaschinen mit einem Condensator ist indessen der relative Effekt nicht nur deßhalb geringer, weil die Condensation kein vollkommenes Vacuum erzeugt, sondern noch, weil der Dampf durch eine engere Röhre in den Dampfcylinder einströmt. (S. 75.)

11.

Mechanische Arbeit des Dampfes, wenn er sich noch expandirt.

Wir haben gesehen, welche Last der Dampf zu heben vermag, wenn er unter einen Kolben tritt und kein anderer Gegendruck vorhanden ist. Hat er eine Spannung von 1 oder 2 Atm., so hebt er so viel mal 14 oder 28 Pf., als der Kolben □″ hat.

Würde nur so viel Dampf in den Cylinder gelassen, bis der Kolben die Hälfte des Laufs vollendet, so würde der Kolben sich mit dieser Last nicht weiter bewegen. Er bliebe stehen, und jenes wäre mithin das erreichbare Maximum der mechanischen Arbeit.

Es ist indessen klar, daß, wenn man nun die Last verminderte, der Kolben noch mehr sich heben könnte; denn der Dampf als expansible Flüssigkeit wird sich sofort weiter expandiren, und zwar so lange, bis seine Expansivkraft mit der Last im Gleichgewicht ist. Würde die Last allmälig um die Hälfte vermindert, so würde sich der Dampf ungefähr zu dem doppelten Volum expandiren, weil er dann noch halb so viel Expansivkraft hätte, und mithin noch halb so viel Gewicht eben so hoch heben. Der Dampf leistete in diesem Falle also eine um mehr als die Hälfte größere Wirkung.

Wie sehr sich die Wirkung einer gegebenen Menge Dampf erhöhen läßt, wenn er sich noch expandiren kann, ist aus Folgendem leicht zu erkennen.

Theilt man einen Cylinder in 20 Theile oder den Kolbenlauf in 20 Stationen ab und sperrt man den Dampf ab, wenn der Kolben den vierten Theil seines Laufs vollendet hat, so wird der Dampf während der 5 ersten Stationen mit seiner vollen Kraft, die wir = 1 setzen, auf den Kolben drücken. Bei der 6ten aber nur mit $^5/_6$ oder 0,83, weil der Raum ohne Dampfzufluß sich um $^1/_5$ vergrößert hat. Bei der 7ten wird der Dampf nur mit $^5/_7$ seiner ersten Kraft oder 0,71, bei der 8ten mit $^5/_8$ oder 0,63 und endlich bei der 20sten nur mit $^5/_{20}$ oder 0,25 auf den Kolben drücken.[1]

Die einzelnen Wirkungen werden folgende seyn:

bei der	1sten	Station	ist der	Effekt =	1
"	2ten	"	"	"	1
"	3ten	"	"	"	1
"	4ten	"	"	"	1
"	5ten	"	"	"	1
"	6ten	"	"	"	0,83
"	7ten	"	"	"	0,71
"	8ten	"	"	"	0,63
"	9ten	"	"	"	0,55
"	10ten	"	"	"	0,50
"	11ten	"	"	"	0,45
"	12ten	"	"	"	0,42
"	13ten	"	"	"	0,39
"	14ten	"	"	"	0,36
					9,84

[1] Angenommen nämlich, daß Druck und Dichtigkeit sich proportional verminderten.

			Uebertrag:	9,84
bei der 15ten Station	ist der	Effekt	=	0,33
„ 16ten	„	„	„	0,31
„ 17ten	„	„	„	0,29
„ 18ten	„	„	„	0,28
„ 19ten	„	„	„	0,26
„ 20sten	„	„	„	0,25
und die Summe aller Wirkungen			=	11,56

Wäre der Dampf fortdauernd eingeströmt, so hätte man allerdings eine Wirkung = 20 erhalten; allein es wäre viermal so viel Dampf verbraucht worden.

Mit dem 4ten Theile des Dampfes hat man also durch dieses Absperrungsverfahren mehr als die Hälfte des gleichen Effekts erhalten; oder dasselbe Dampfquantum leistet mehr als das Doppelte, als wenn keine Expansion gestattet worden.

Und wie der Gewinn an Dampf sich mit dem Expansionsverhältniß ändert, ist aus folgendem zu ersehen:

Theilen wir den Hub in 20 gleiche Theile, nennen das Dampfquantum für $^1/_{20}$ 1 Maß und setzen die mechanische Arbeit, die 1 Maß Volldruckdampf entwickelt, = 4, so ist:

1) Wenn keine Absperrung statt hat,
der Consum = 20 Maß; der Effekt = 20 × 4 oder 80.

2) Wenn bei $^3/_4$ des Hubs abgesperrt wird, so ist der Consum 15 Maß und der Effekt . . . bis zur Absperrung . . . 15 × 4 = 60.

und für die 16te Station	3,75		
„ 17te „	3,52		
„ 18te „	3,34		
„ 19te „	3,17		
„ 20ste „	3,00	Zus.	16,78
		im Ganzen also	76,78
		und per Maß	5,12.

3) Wenn bei der Hälfte abgesperrt wird, so ist der Consum 10 Maß,
der Effekt für die 10 ersten Stationen 40
und für die 10 folgenden „ 26,70
66,70
oder per Maß 6,67.

4) Wenn bei $^1/_4$ abgesperrt wird, ist der Consum 5 Maß,
der Effekt aber . . . . 20 + 26,28 oder 46,28,
und per Maß 9,25.

Die wirkliche Vermehrung der Dampfkraft in Folge der Expansion ist freilich nicht genau die oben berechnete; denn, vorausgesetzt auch, daß keine Wärme verloren geht, so wird doch die Temperatur des Dampfes abnehmen und derselbe bei halber Dichtigkeit also weniger als halb so viel Spannung haben. Dehnt sich doppelter Dampf (von 122°) in einfachen aus, so sinkt die Temperatur auf 100°, indem Wärme latent wird, und auf 82°, wenn er sich bis zum vierfachen Raum ausdehnt. So wie die Expansivkraft mehr als die Dichtigkeit wächst, weil die Temperatur zugleich steigen muß, so wird sie umgekehrt auch in stärkerem Verhältnisse abnehmen.

Andrerseits ist aber bei obigen Berechnungen die Kraft des Dampfs am Ende jeder Station angesetzt worden, während die mittlere Kraft etwas größer seyn muß. Im Ganzen also kann das Resultat von der Wahrheit wenig abweichen.

Wenn man den Dampf während seiner Expansion auf gleicher Temperaturstufe zu erhalten sucht, indem man den Dampfcylinder mit einem Dampfmantel oder einem zweiten Cylinder, der mit frischem Kesseldampf gefüllt ist, umgiebt, so erfolgt die Abnahme der Spannung nach dem Mariotte'schen Gesetz. Es verhalten sich also in diesem Falle die Volumina des Dampfes den Spannungen desselben proportional. Ist beim Beginn der Expansion das Volumen des Dampfes V und seine Spannung p, dagegen in irgend einem Momente während der Expansion des Volumen V_x und die Spannung p_x, so gilt nach diesem Gesetze die Gleichung

$$\frac{V_x}{V} = \frac{p}{p_x} \text{ oder } p_x = \frac{V}{V_x} \cdot p.$$

Bei einer unendlich kleinen Vermehrung des Dampfvolumens V_x um dV_x, während welcher die Spannung p_x sich nicht verändert, gewinnt man die Leistung

$$dL_1 = p_x dV_x \quad . \; . \; . \; . \; . \quad (1)$$

$$= \frac{V}{V_x} p\, dV_x,$$

und wenn das Volumen V bis zu der Grenze V_1 ausgedehnt wird, so ist die gesammte Arbeit während der Expansion:

$$L_1 = \int_V^{V_1} \frac{V}{V_x} p\, dV_x$$

$$= V p \int_V^{V_1} \frac{dV_x}{V_x}.$$

$$= Vp \ln\left(\frac{V_1}{V}\right) = Vp \ln\left(\frac{p}{p_1}\right).$$

Rechnet man hierzu die Arbeit, die das Volumen V mit der Spannung p schon vor der Expansion verrichtet hat, oder $L_2 = Vp$, und zieht man endlich noch die Leistung ab, welche zur Ueberwindung des Gegendrucks q erforderlich ist, also $L_3 = V_1 q$, so ist die gesammte Arbeit des Dampfvolumens V, welches bei constanter Temperatur von der Spannung p bis zur Spannung p_1 sich expandirt und überdieß noch den Gegendruck q überwindet,

$$L = L + L_2 - L_3$$

$$= Vp \ln\left(\frac{p}{p_1}\right) + Vp - V_1 q$$

$$= Vp\left[1 + \ln\left(\frac{p}{p_1}\right) - \frac{q}{p_1}\right]$$

Das Mariotte'sche Gesetz verliert seine Gültigkeit, wenn die Temperatur des Dampfes während seiner Expansion abnimmt, dem Dampfcylinder also, in welchem die Expansion vor sich geht, keine Wärme von außen zugeführt wird. Um die Expansionsleistung für diesen Fall zu berechnen, hat man noch die veränderliche Temperatur einzuführen, oder wenn man annimmt, daß der Dampf während seiner Expansion im gesättigten Zustande bleibt, eine Gleichung zuzuziehen, welche die Beziehung zwischen der Spannung und der Temperatur des gesättigten Dampfes ausdrückt. Solche Gleichungen sind nun zwar in großer Anzahl aufgestellt worden, allein es ist keine unter ihnen, welche sich für die Rechnung eignet. Navier hat diese Schwierigkeit durch Aufstellung der empirischen Formel

$$\frac{V_x}{V} = \frac{\beta + p}{\beta + p_x} \text{ oder } V_x = V\left(\frac{\beta + p}{\beta + p_x}\right),$$

in welcher β einen constanten Werth bedeutet, umgangen und dadurch den Weg zu der Theorie angebahnt, welche gegenwärtig fast allgemein angenommen ist. Der Werth β kann nicht für alle Dampfspannungen gleich groß genommen werden, sondern er ist für kleinere Spannungen kleiner und für größere größer zu nehmen. Man erhält hinreichend genaue Resultate, wenn man nach Pambour

für Spannungen bis 3 Atmosphären $\beta = 1200$

und „ „ von mehr als 3 „ $\beta = 3020$

setzt, wobei die Spannungen p und p_x in Kilogrammen pro Quadratmeter auszudrücken sind.

Analog der Gleichung (1) wird hier

$$dL_1 = p_x \, dV_x,$$

und da $p_x = \frac{V}{V_x}(\beta + p) - \beta$ ist,

$$dL_1 = \frac{V}{V_x}(\beta + p)\, dV_x - \beta \, dV_x.$$

Für die Grenzvolumina V und V_1 ist

$$L_1 = \int_V^{V_1} \frac{V}{V_x}(\beta + p)\, dV_x - \int_V^{V_1} \beta \, dV_x$$

$$= V(\beta + p)\int_V^{V_1} \frac{dV_x}{V_x} - \beta \int_V^{V_1} dV_x$$

$$= V(\beta + p)\ln\left(\frac{V_1}{V}\right) - \beta(V_1 - V)$$

$$= V(\beta + p)\ln\left(\frac{\beta + p}{\beta + p_1}\right) - \beta V\left(\frac{\beta + p}{\beta + p_1}\right) + \beta V.$$

Die Leistung vor der Expansion ist wieder $L_2 = Vp$ und die Gegendruckleistung $L_3 = V_1 q$; daher die gesammte Arbeit des Dampfvolumens V unter der Voraussetzung, daß der Dampf während seiner Expansion im gesättigten Zustande bleibt:

$$L = Vp + V(\beta + p)\ln\left(\frac{\beta + p}{\beta + p_1}\right) - \beta V\left(\frac{\beta + q}{\beta + p_1}\right) + \beta V - V_1 q$$

$$= V(\beta + p)\left[1 + \ln\left(\frac{\beta + p}{\beta + p_1}\right) - \left(\frac{\beta + q}{\beta + p_1}\right)\right].$$

Für ein Volumen V = 1 Cubikmeter wird hiernach

bei constanter Temperatur:

$$L = p\left[1 + \ln\left(\frac{p}{p_1}\right) - \frac{q}{p_1}\right],$$

bei abnehmender Temperatur:

$$L = (\beta + p)\left[1 + \ln\left(\frac{\beta + p}{\beta + p_1}\right) - \frac{\beta + q}{\beta + p_1}\right],$$

Für Maschinen ohne Expansion (Volldruckmaschinen) gehen beide Gleichungen über in:

$$L = p - q.$$

Es soll nun durch die folgenden tabellarischen Zusammenstellungen gezeigt werden, welche Vortheile mit der Anwendung der Expansion verbunden sind und unter welchen Umständen dieselben am größten werden.

Tabelle VIII enthält

in Columne 1 die Dampfspannung, in Atmosphären ausgedrückt,
" " 2 die Leistung eines Cubikmeters Dampf ohne Expansion, in Kilogrammetern,
" " 3 die Leistung eines Cubikmeters Dampf unter der Voraussetzung, daß derselbe nach Verrichtung der seiner Spannung entsprechenden Arbeit sich noch (mit abnehmender Temperatur) bis 1½ Atmosphären expandirt,
" " 4 die Differenz dieser beiden Leistungen und
" " 5 den procentalen Gewinn an Leistung durch die Expansion.

Der Gegendruck ist zu 1 Atmosphäre angenommen worden; die Tabelle bezieht sich also auf Maschinen ohne Condensation.

Tabelle VIII.

Dampfspannung in Atmosph.	Leistung eines Cubikmeters Dampf bei 1 Atmosphäre Gegendruck		Differenz der nebenstehenden Leistungen	Procentaler Gewinn durch die Expansion
	ohne Expansion	mit Expansion		
1½	5167	5167	—	—
2	10334	12661	2327	22,5
2½	15501	21386	5885	38,0
3	20668	30176	9508	46,0
3½	25835	40325	14490	56,1
4	31002	51097	20095	64,8
4½	36169	62585	26415	73,3
5	41336	74624	32288	78,1
6	51670	99811	48241	93,3

Der Gewinn durch die Expansion ist hiernach bei niedrigen Spannungen klein, wächst aber bei höheren Spannungen sehr bedeutend. Bei sehr niedrigen Spannungen von 1½ Atmosphären und weniger ist, wenn die Maschine ohne Condensation arbeitet, die Expansion gar nicht mehr möglich, weil der Dampf auf der arbeitenden Seite, um eine nützliche Arbeit zu verrichten, am Ende der Expansion immer noch mehr Spannung haben muß, als der Dampf auf der Gegenseite. Dieser letztere hat nun zwar unter der gemachten Voraussetzung nur 1 Atmosphäre Spannung, allein dem arbeitenden Dampfe wirken auch die Widerstände des Kolbens, des austretenden Dampfes ꝛc. entgegen, so daß eine stärkere Expansion, als bis zu $1\frac{1}{2}$ Atmosphären bei Maschinen ohne Condensation nicht wohl angewendet werden kann. Von vorzüglicher Wirkung aber ist die Expansion, wie aus der Tabelle hervorgeht, bei Anwendung hochdrückenden Dampfes.

Die folgende Tabelle IX lehrt die Vortheile der Expansion bei Maschinen mit Condensation. Hierbei ist angenommen worden, daß der Dampf bis zu 0,5 Atmosphäre expandirt und nach seiner Wirkung bis zu 0,1 Atmosphäre condensirt werde. Die Columnen sind in gleicher Weise geordnet, wie in Tabelle VIII, und die Expansionsleistung ist wieder nach der Pambour'schen Formel (mit abnehmender Temperatur des Dampfes) berechnet.

Tabelle IX.

Dampfspannung in Atmosph.	Leistung eines Cubikmeters Dampf bei 0.1 Atmosphäre Gegendruck		Differenz der nebenstehenden Leistungen	Procentaler Gewinn durch die Expansion
	ohne Expansion	mit Expansion		
$1\frac{1}{2}$	14468	26951	12483	86,3
2	19635	41182	21547	109,7
$2\frac{1}{2}$	24802	56647	31845	128,4
3	29969	73106	43137	143,9

Auch aus dieser Tabelle ergibt sich, daß das Expansionsprincip um so vortheilhafter ist, je höher der arbeitende Dampf gespannt ist. Noch wichtiger ist aber das Resultat dieser Tabelle, daß der Leistungsgewinn der Expansionsmaschine bei Anwendung von Condensation weit größer ist, als wenn der Dampf nach Verrichtung seiner Arbeit nicht condensirt wird. Durch die Condensation des Gegendampfes bis zu einer sehr niedrigen Spannung wird es erst möglich, die Expansivkraft des Dampfes gehörig auszunutzen, weil mit der Verminderung des Gegendrucks auch die Spannung des arbeitenden Dampfes viel weiter herabgezogen werden kann.

Im Anschluß hieran wollen wir untersuchen, welcher Vortheil daraus erwächst, daß man durch Umhüllung des Dampfcylinders mit einem Dampfmantel dem arbeitenden Dampfe Wärme genug zuführt, um ihn während seiner Expansion auf constanter Temperatur zu erhalten. Die Leistung für diesen Fall gibt die oben aufgestellte Formel (1) an, welche sich auf das Mariotte'sche Gesetz gründet. Nach derselben sind die Zahlenwerthe der zweiten Columnen in den Tabellen X und XI berechnet; dieselben geben wieder die Leistungen eines Cubikmeters Dampf an, und zwar in Tabelle X unter der Voraussetzung, daß der Dampf noch bis zu 1½ Atmosphären expandirt und nicht condensirt werde, und in Tabelle XI unter der Voraussetzung, daß der Dampf noch bis zu 0,5 Atmosphäre expandirt und nach seiner Wirkung bis zu 0,1 Atmosphäre condensirt werde. Für dieselben Voraussetzungen sind die Leistungen nach Pambour berechnet und in den dritten Columnen verzeichnet. Die vierten Columnen enthalten die Differenzen dieser beiden Leistungen und die fünften den Gewinn in Procenten, der mit der Erhaltung des expandirenden Dampfes auf unveränderter Temperaturstufe verbunden ist.

Tabelle X.

Dampfspannung in Atmosph.	Leistung eines Cubikmeters Dampf bei 1 Atmosphäre Gegendruck, mit Expansion		Differenz der nebenstehenden Leistungen	Procentaler Gewinn bei constanter Temp.
	bei constanter Temperatur	bei abnehmender Temperatur		
3	31811	30176	1635	5,4
3½	42701	40325	2376	5,9
4	54320	51097	3223	6,3
4½	66588	62585	4003	6,4
5	79434	74624	4810	6,5
6	106624	99811	6813	6,8

Tabelle XI.

Dampfspannung in Atmosph.	Leistung eines Cubikmeters Dampf bei 0,1 Atmosphäre Gegendruck mit Expansion		Differenz der nebenstehenden Leistungen	Procentaler Gewinn bei constanter Temp.
	bei constanter Temperatur	bei abnehmender Temperatur		
1½	29431	26951	2480	9,2
2	45187	41182	4005	9,7
2½	62248	56647	5601	9,9
3	80349	73106	7243	9,9

Das Warmhalten des expandirenden Dampfes durch Umhüllung des Cylinders mit frischem Dampfe gewährt also auch noch einen

Vortheil, der ebenfalls mit der Spannung des frischen Dampfes wächst, besonders aber dann von Wichtigkeit ist, wenn die Maschine mit Condensation arbeitet.

12.

Ueber Dampf von abnormem Wärme- und Wassergehalt.

Unter normalem Dampf verstehen wir immer gesättigten oder saturirten, dem, wie wir vielfach bemerkt, bei jedem Grade der Elasticität eine bestimmte Dichtigkeit und eine bestimmte Temperatur zukommt und dessen Wärme- und Wassergehalt ein gegebener ist.

1 Cubikmeter saturirter Dampf von 1 Atmosphäre Druck wiegt stets 589 Gramm und ist aus demselben Gewicht Wasser gebildet; seine Temperatur ist 100^0 und er enthält (wofern der Totalgehalt 640 w) 540 w an latenter und 100 w an freier Wärme. Führen wir dem Wasser, aus dem sich solcher Dampf erzeugt, noch mehr Wärme zu, so wird, ist das Gefäß verschlossen, das Wasser sowohl als der Dampf wärmer, dieser aber zugleich dichter und elastischer. Wird der Dampf wieder erkältet, so wird er wieder dünner und seine Spannung vermindert. Gewicht und Wassergehalt werden reducirt, und dasselbe hat statt, wenn wir in einem Gefässe abgeschlossenen Dampf erkälten. Die Temperatur des Dampfes kann nie unter die seiner Dichtigkeit normal zukommende erniedrigt werden.

Anders verhält es sich, wenn wir ein bloß Dampf enthaltendes und verschlossenes Gefäß noch mehr erhitzen. Die Temperatur des Dampfes steigt, und zugleich der Gehalt an freier Wärme; die Dichtigkeit und sein specifisches Gewicht aber bleiben nothwendig unverändert, weil kein Wasser vorhanden ist, das verdampfen kann. Die Erwärmung steigert die Elasticität, aber nur wie sie die von eingeschlossener Luft steigern würde, d. h. für jeden Grad um $\frac{1}{273}$. Bei 122^0 wird die Spannung kaum um $\frac{1}{13}$ größer, lange also nicht die doppelte, wie die des saturirten bei dieser Temperatur; und weil die Dichtigkeit sich nicht verändert, so ist anzunehmen, daß auch der Gehalt an latenter Wärme unverändert geblieben, der an sensibler, so wie der Totalgehalt aber um 22 w vermehrt sey. Man nennt solchen Dampf überhitzten.

Und ähnliches findet statt, erhitzt man vorzugsweise den Theil eines Kessels, der nicht mit dem Wasser, sondern bloß mit Dampf in Berührung ist. Die mitgetheilte Wärme wird wenig oder keinen Dampf erzeugen und lediglich die Temperatur des bereits vorhandenen erhöhen. Auch in diesem Falle, und obschon der Dampf mit Wasser in Berührung ist, entsteht überhitzter Dampf oder Dampf von abnormem Wärmegehalt; und so wie dieser Dampf eine ungleich höhere Temperatur als das im Kessel siedende Wasser zeigen mag, so wird auch der Druck desselben durchaus nicht der dieser Temperatur sonst angemessene seyn. Es ist also klar, daß, will man mittelst eines in den Dampfraum gesenkten Thermometers aus dem Wärmegrade des Dampfes auf seine Spannung schließen, man sich sorgfältig versichern muß, daß der Dampf ein gesättigter ist und keineswegs überhitzter.

Obschon es nun aber dem überhitzten Dampfe zunächst nur an Wasser zu fehlen scheint, um gesättigter zu seyn, so darf man nicht vermeinen, daß solcher sofort, durch Einspritzung von Wasser etwa, in Dampf von weit höherer Spannung zu verwandeln sey.

Denn würde 1 Kil. Dampf z. B. um 50^0 überhitzt, so besitzt es nur 50 w überschüssige Wärme, und diese kann bloß etwa $^1/_{13}$ Kil. Wasser in Dampf verwandeln, so daß jener Dampf, während er durch die Einspritzung alle Ueberhitzung verlöre, doch nur um $^1/_{13}$ dichter würde. Man sieht also, daß auch sehr stark überhitzter Dampf durch Sättigung nicht plötzlich eine weit höhere Spannkraft erlangen kann.

Uebrigens hat man in neuerer Zeit angefangen, überhitzten Wasserdampf zum Betrieb von Dampfmaschinen anzuwenden, indem man den im Kessel gebildeten, gesättigten Dampf vor seiner Wirkung in der Maschine durch ein stark erhitztes Röhrensystem gehen läßt. Dadurch wird nicht nur das mit dem Dampfe mechanisch fortgerissene Wasser in Dampf verwandelt, also die Dampfproduktion erhöht, sondern es wird auch durch die Temperaturerhöhung das Dampfvolumen vergrößert. Nun ist aber, wie wir gesehen haben, die Leistung der Dampfmaschinen proportional dem denselben zugeführten Dampfvolumen und man erhält daher die doppelte Leistung, wenn man das Dampfvolumen durch die Ueberhitzung verdoppelt, die $1^1/_2$fache, wenn der überhitzte Dampf das $1^1/_2$fache Volumen des gesättigten einnimmt u. s. w. Hierzu kommt noch ein anderer Vortheil, den der überhitzte Dampf mit dem Dampfmantel gemein hat. Wenn sich nämlich Dampf expandirt, ohne von den umgebenden Gefäßwänden neue Wärme aufzunehmen, so wandelt er sich in Folge der mit der Expansion verbundenen Abkühlung zum Theil in Wasser um. Diese Condensation kann aber nicht stattfinden, wenn man dem Dampfe im Voraus durch Ueberhitzen einen Ueberschuß an Wärme mittheilt.

Betrachten wir nun noch, ob und auf welche Art der Wassergehalt der Dämpfe abnorm vermehrt seyn kann.

Unstreitig ist der constitutive Gehalt auf jeder Dichtigkeitsstufe eine bestimmte unveränderliche Größe, wie der an latenter Wärme. Wie aller Dampf aber ohne Veränderung der Dichtigkeit doch einen Zuwachs an sensibler Wärme erlangen kann, so kann derselbe mehr oder weniger Wassertheile aufnehmen oder mit Wässrigkeit mechanisch verbunden seyn.

Solcher überfeuchteter Dampf kann auf zweierlei Weise entstehen.

1) Durch Erkältung. Reiner Dampf, wie dicht er auch seyn mag, erscheint ganz durchsichtig und trocken, denn nur mit der Erkältung verliert ein Theil des Substrats die Dampfform. Da dieses Wasser, zumal bei stufenweiser Abkühlung, in unzähligen und unendlich kleinen Theilen sich niederschlägt und daher lange im übrigen Dampfe schwebend erhalten wird, so wird dieser trübe und feucht, und das Gewicht dieses unreinen Dampfes bleibt fast unverändert.

Wird 1 Pf. doppelter Dampf von 122° auf 100° erkältet, so verliert fast die Hälfte desselben die Dampfform, die Dichte vermindert sich fast auf die Hälfte und die Spannung ist die von einfachem Dampf. Er mag jedoch wohl noch 1 Pfund wiegen, nur bildet die Hälfte mechanisch verbundne Wässrigkeit.

2) entsteht, und zwar sehr oft, eine solche Ueberfeuchtung, weil der aus siedendem Wasser aufsteigende Dampf mehr oder weniger adhärirende Wassertheile mit sich fortreißen kann; und dieser Umstand, der lange fast ganz übersehen wurde, verdient bei der Bereitung und Verwendung des Dampfes im Großen gar sehr unsere Beachtung. Das Quantum nicht dampfförmigen Wassers, das auf diese Weise mit dem Dampfe sich verbindet und in den Cylinder übergeht, muß unstreitig nach mancherlei Umständen sehr ungleich seyn. Es wird um so unbedeutender seyn, je ruhiger die

Flüssigkeit siedet, je reiner sie ist, je größer und höher zumal der Dampfraum im Kessel ist, je länger der Dampf darin weilt u. s. w., ungleich größer aber bei entgegengesetzten Verhältnissen, und sehr bedeutend namentlich bei Locomotivkesseln.

In der That glaubt Pambour aus vielen Versuchen schließen zu dürfen, daß bei solchen Kesseln das mechanisch mit dem Dampf fortgerissene und in die Cylinder übergehende Wasser meist an 30 und nicht selten nahe an 40% betrage; und so wenig man auch diese Resultate, die übrigens keineswegs direkt aus seinen Versuchen hervorgehen, für richtig und nachgewiesen anerkennen mag, so scheint doch außer Zweifel, daß in manchen Fällen dem Dampf $^1/_5$ oder $^1/_4$ seines Gewichts an Wässrigkeit beigemengt seyn kann. Schon ein minderer Wassergehalt muß aber bei manchen Berechnungen nothwendig in Anschlag kommen.[1]

Offenbar wird man nämlich nicht, wie gewöhnlich geschieht, nach der Menge des consumirten Wassers die des wirklich erzeugten Dampfes festsetzen dürfen, da aus 100 Pf. Wasser oft kaum 90 und zuweilen kaum 80 Pf. wirksamer Dampf producirt wird. Dieß ist bei der Berechnung der Speisewassermenge zu berücksichtigen.

Es ergibt sich daraus ferner, daß, obschon zuweilen zur Bildung von 1 Pf. Dampf aus Wasser von 30°, 610 w erforderlich sind, die Verdampfung von 10 Pf. Wasser oft lange nicht 6100 w kosten wird; denn enthält der producirte Dampf auch nur $^1/_{10}$ Wasser, so erheischt die Verdampfung nur $9 \times 610 + 80$ oder 5570 w, wenn Dampf von 110° erzeugt wird.

Fig. 12.

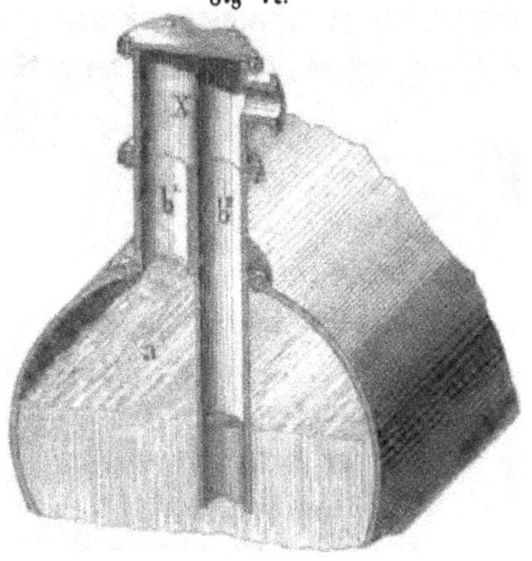

Um den Dampf von den mechanisch fortgerissenen Wassertheilen zu befreien, kann man sich der in Fig. 12 abgebildeten Vorrichtung bedienen. Ueber dem Kessel a befindet sich ein kleiner Dom X mit zwei Röhren b^1 und b^2, von denen die erstere bis an die Kesseldecke reicht,

[1] Vgl. Pambour über das in den Cylinder übergehende Wasser im Pol. J. 69; 241

während die letztere erst unter dem tiefsten Wasserspiegel im Kessel ausmündet. Der Dampf strömt durch das Rohr b^1 in den erweiterten Raum X, nimmt hier eine kleinere Geschwindigkeit an und gestattet somit den schwereren Wassertheilen, durch das Rohr b^2, in welchem nur eine sehr geringe Dampfströmung stattfindet, zurückzufallen.

Fig. 13.

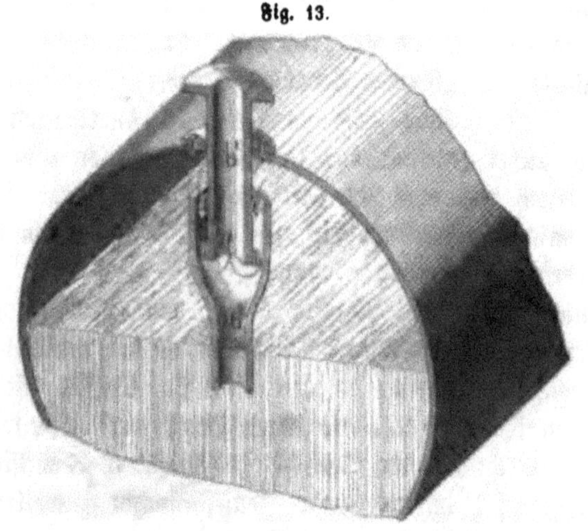

Denselben Zweck erreicht man auch durch die Vorrichtung in Fig. 13. Der Dampf strömt hier in der Richtung der Pfeile aus dem Kessel in das Dampfrohr b^1 und läßt bei seinem Niedergang durch den ringförmigen Raum zwischen den Röhren b^1 und b^2 die Wassertheile durch das Rohr b^2 in den Kessel zurückfallen.

Dritter Abschnitt.

Von der Erzeugung des Dampfes.

Jede Dampfmaschine besteht aus zwei, fast immer getrennten und in verschiedenen Räumen enthaltenen Apparaten. Der eine, der Dampfkessel, dient zur Erzeugung des Dampfes, der andere, die eigentliche Dampfmaschine, zur Verwendung desselben, um dadurch eine mechanische, zweckmäßig wirkende Kraft hervorzubringen.

Der erstere hat zwei Haupttheile: 1) den Ofen zur Entwicklung der erforderlichen Hitze aus dem Brennmaterial, 2) den Dampfkessel zur Verwandlung des Wassers in Dampf.

Wir reden zuerst von der Einrichtung des Ofens oder der Erzeugung der Hitze, und dann von den Kesseln oder den eigentlichen Dampferzeugern; haben zunächst jedoch bloß die Vorrichtungen bei feststehenden oder stationären Maschinen im Auge.

I.

Von dem Ofen und der Feuerung.

Bei Erbauung einer jeden Maschine wird auf Erzielung einer bestimmten Kraft gerechnet. Von der Construktion der eigentlichen Dampfmaschine hängt es ab, daß diese Kraft mit möglichst wenigem Dampf erlangt wird; von der Construktion des Kessels und namentlich des Ofens aber, daß das erforderliche Dampfquantum mit möglichst wenigem Brennstoff erzeugt wird.

Da der Preis der Dampfkraft hauptsächlich aus dem Aufwande an Brennmaterial hervorgeht und die Auslage dafür oft ⅔ der

Gesammtkosten beträgt, so sieht man leicht, wie hochwichtig es ist, daß der Heizapparat die zweckmäßigste Einrichtung habe.

Bei Watt'schen Maschinen rechnet man, daß etwa 60 Pf. Wasser (circa 1 engl. Cub.') oder 30 Liter für 1 Pferdekraft in einer Stunde verdampfen müssen. Eine 20pferdige Maschine verbraucht demnach in 1 Tage bei 16 Arbeitsstunden 19,200 Pf. Wasser. Verdampft nun bei einer guten Einrichtung 1 Pf. Steinkohle 6 Pf. Wasser (also 10 Pf. Kohle per Pferdekraft), so werden täglich 3200 Pf. oder 32 Ctr. und jährlich (in 300 Tagen) 9600 Ctr. erfordert; und mithin um $1/_6$ oder 1600 Ctr. mehr oder weniger, je nachdem man nur 5 oder 7 Pf. Dampf mit 1 Pf. Kohle erzeugte.

An jedem Ofen sind in der Regel drei Theile zu unterscheiden: der Herd (foyer), in dem der Heizstoff verbrennt; die Feuerkanäle (carneaux), in welchen die Feuerluft mit dem Kessel in Berührung kommt, und der Schornstein (cheminée), der dazu dient, den Rauch wegzuführen und einen natürlichen Luftzug zu bewirken.

Da indeß die Verbrennung insgemein auf einem Roste veranstaltet wird, so findet sich ein geschiedener Feuer- und Aschenraum, wovon jeder eine eigene Oeffnung hat, deren eine zum Einbringen des Brennstoffs und zum Schüren des Feuers dient, die andere zum Einströmen der frischen Luft, die durch die Zwischenräume des Rosts in das Feuer dringt.

Wir reden demnach:

1. Vom Brennmaterial und der Verbrennung im Allgemeinen.
2. Vom Feuerherd (Rost, Aschenfall u. s. w.).
3. Von den Feuerkanälen.
4. Vom Schornstein.

Hieran schließt sich:

5. Die Rauchverhütung und Rauchverbrennung.
6. Die Benutzung fremder Feuerungen.

1.

Vom Brennmaterial und der Verbrennung überhaupt.

Die Heizung der feststehenden Dampfmaschinen geschieht fast ausschließlich mit Steinkohlen, seltener mit Holz, Braunkohle, Anthracit oder Torf, mit Holzkohlen oder Cokes fast nie.

Alle diese Substanzen dienen als Heizmittel, weil sie brennbar sind und bei der Verbrennung sich Hitze entbindet. Allein obschon bei diesem Processe die ganze Substanz beinahe verzehrt wird, so erleiden doch nicht alle Bestandtheile derselben eine wirkliche Verbrennung, wodurch sich Hitze erzeugt. Gewöhnlich ist fast einzig der darin enthaltene Kohlenstoff der eigentlich verbrennende Bestandtheil; und die Hitze entsteht, indem dieser Stoff sich mit dem Sauerstoff der atmosphärischen Luft zu kohlensaurem Gas verbindet, wobei Wärme frei wird. Nur wenn der Brennstoff überschüssigen Wasserstoff enthält, kommt auch dieser in Betracht. Die übrigen Bestandtheile hingegen, die sich während des Verbrennens verflüchtigen, so wie die als Asche zurückbleibenden Theile tragen wenig oder nichts zur Wärmeerzeugung bei, sondern absorbiren dabei vielmehr einige Wärmetheile.

Die absolute Heizkraft eines Brennstoffs hängt daher von seinem Gehalt an brennbaren Theilen und namentlich an Kohlenstoff, sowie von der Menge Wärme ab, die dieser bei der Verbrennung entwickelt. Um sie zu berechnen, muß man ermitteln, wie viel reine Kohle ein Brennmaterial enthält und wie viel w 1 Kil. reine Kohle entbindet, indem sie vollkommen in kohlensaures Gas sich umwandelt; denn wird die Kohle nur zu Kohlenoxydgas, so entbindet sie nur den fünften Theil derjenigen Wärmemenge, welchen sie ausgeben würde, wenn sie sich in Kohlensäure umwandelte.

Früher wurde dieses Quantum oder die absolute Heizkraft von 1 Kil. reiner Kohle zu 7050 w angenommen, d. h. 1 Kil. Kohle wäre im Stande, bei vollständiger Verbrennung die Temperatur von 70½ Kil. Wasser um 100° C. zu erhöhen oder 11 Kil. Wasser von 0° zu verdampfen — und die Heizkraft eines Brennstoffs, dessen Gehalt an reiner Kohle 0,7 betrüge, wäre also 0,7 . 7050 oder = 4935 w und 1 Kil. davon müßte 0,7 . 11 oder 7,7 Kil. Dampf erzeugen können.

Aus den neuesten Untersuchungen von Favre und Silbermann geht indeß hervor, daß 1 Kil. Kohlenstoff 8080 w entwickelt und also wenigstens 12 Kil. Wasser von 0° verdampfen kann.

Demnach würde eine Steinkohle, die 70 % Kohlenstoff enthielte, 0,7 . 8080 oder 5656 w entwickeln. Da aber ferner der Wasserstoff bei seiner Verbrennung 34462 w erzeugt, so würde diese Steinkohle, wenn sie überdieß 2 % freien Wasserstoff enthielte, 0,7 . 8080 + 0,02 . 34462 oder 6345 w ergeben.

Holz enthält nach vielfachen Erfahrungen, wenn es nicht ausgedörrt worden, noch viel Feuchtigkeit, und zwar frischgefälltes meist über 40% und an der Luft getrocknetes noch 15—20%. Da nun der Gehalt des Holzes an Kohlenstoff durchschnittlich 48% und an freiem Wasserstoff durchschnittlich 0,5% beträgt, so ergiebt sich nach Obigem als Maß der theoretischen Heizkraft

für 1 Kil. gedörrtes H.	8080 · 0,48 + 34462 · 0,5	oder	4051 w.
„ 1 „ lufttrocknes	4051 · 0,8	„	3241 w.
„ 1 „ grünes	4051 · 0,6	„	2430 w.

Berthier findet die Heizkraft des gedörrten Holzes 2990 w. Für lufttrockenes nimmt man gewöhnlich 2700 bis 3000 w an.

Wie es scheint, ist bei gleicher Austrocknung die Heizkraft von 1 Ctr. Holz für alle Holzarten dieselbe und steht also, auf das Volum bezogen, im umgekehrten Verhältniß zu diesem. 1 Cub.′ Eichenholz oder Eschenholz muß 2, und Buchenholz über 1½mal soviel Heizkraft haben als Pappelholz. Zu beachten ist aber nicht nur, daß alles Holz weit mehr Raum einnimmt als Steinkohle, und eine Holzart weit mehr als eine andere, sondern daß die eine auch mehr oder eine längere Flamme gibt.

Sehr ungleich ist die Heizkraft der Steinkohlen, da es viele Arten gibt und der Gehalt an Kohlen- und Wasserstoff, so wie an unverbrennlichen Theilen, die als Asche zurückbleiben, sehr verschieden ist. Zudem sind auch Steinkohlen oft mehr oder weniger feucht.

Gewöhnlich nimmt man für mittelgute Steinkohle 6500 w an. Für die besten aber mag sie wohl zu 7000 bis 7500 w anzuschlagen seyn.

Die vorzüglichsten sind diejenigen, welche nicht allzu fett und völlig trocken sind, wenig Asche geben und keine Kiestheile enthalten.[1]

Nicht weniger differirt die Qualität des Torfs, besonders weil manche Sorten ungemein viel Asche (an 25%) zurücklassen. Immerhin ist recht guter und trockner Torf auch für diese Feuerung brauchbar; die Heizkraft kommt der des Holzes nahe, und Torf gibt eine nachhaltige und starke Hitze, obgleich wenig Flamme. In

[1] Die Steinkohlen enthalten auch Wasser- und Sauerstoff. Beträgt der Gehalt an Wasserstoff mehr als der Sauerstoff sättigen kann, so trägt dieser Ueberschuß sehr zur Erhöhung der Heizkraft bei, da 1 Kil. Wasserstoff in der Luft verbrennend gegen 34000 w entbindet (S. 95).

neuerer Zeit sucht man den Torf besonders durch Comprimiren nutzbar zu machen.[1]

Nach Grouvelle mögen in zweckmäßig construirten Oefen ungefähr $3^1/_4$ Pf. Lohkuchen, $2^1/_2$ Pf. trockenes Holz oder Torf erster Qualität und $1^1/_2$ Pf. gute Braunkohle soviel leisten als 1 Pf. gute Steinkohle. Brix gibt die theoretische Heizkraft für gedörrtes Holz zu 4000—4400, für Torf zu 4000—4700, für Braunkohle zu 5100—6400, für Torfkohle zu 7100, für Coke 7350—7500 und für Steinkohle zu 6700—8800 an.

Beim Ankauf einer Maschine wird insgemein stipulirt, wie viel Steinkohlen sie per Pfkr. und Stunde erfordern soll, und der ökonomische Werth derselben darnach beurtheilt. Es ist dieß aber sehr unsicher. Der Consum hängt von vielen Umständen ab, nicht allein von der Qualität der Kohle und dem System, nach dem die Maschine construirt ist, sondern auch von ihrer Größe, der Behandlung, dem Alter, den Leistungen, die wirklich ihrer nominellen Kraft nach verlangt werden u. a. Watt nahm nur 8 Pf. oder $3^1/_2$ Kil. an, und nach allen Bemühungen, Kohle zu sparen, sollte der Bedarf jetzt noch weit geringer seyn. Meist ist er aber bedeutend stärker, was hauptsächlich daher rührt, daß man jetzt von den Dampfmaschinen weit mehr Leistung fordert, als ihr Nennwerth angibt, und sie häufig überlastet. Grouvelle nimmt bei industriellen Maschinen von mittlerer Größe den Bedarf also an: für Woolfsche zu 3 Kil., für Hochdruckmaschinen zu 4 Kil., für Niederdruckmaschinen zu 5—$5^1/_2$ Kil.

Bei größern (über 20 Pfkr.) ist er etwas geringer und bei kleinen (unter 10 Pfkr.) ist er merklich größer. Sodann ist er geringer bei anhaltender Arbeit; etwas kleiner im Sommer als im Winter; größer, wenn die Maschine nicht mehr neu ist und nicht sorgfältig gewartet wird.

1 Hectoliter Stk. wiegt 78—82 Kil., 1 H. Coke 50—55 Kil., 1 engl. Bushel Stk. etwa 90 Pf. und 1 Chaldron $^3/_4$ Tonne.

Da ein Brennmaterial nur dann Wärme entbindet, wenn es verbrennt, und das vollständige Verbrennen darin besteht, daß sich der Kohlenstoff (wo dieser der eigentliche Brennstoff ist) mit dem Sauerstoff der Luft zu kohlensaurem Gas und nicht bloß zu Kohlenoxydgas verbindet, so muß es nothwendig mit dem zur Verbrennung erforderlichen Quantum Luft in Berührung kommen.

Geht man nun, auf vielfache Erfahrung gestützt, davon aus, daß 1 Kil. reiner Kohle nahe an $2^2/_3$ (2,65) Kil. Sauerstoff zur vollständigen Verbrennung bedarf, daß

[1] Vhdlgn. d. V. z. Bfdrg. d. Gewerbefl. in Preußen 1858 S. 48 u. f.

1 Kil. atmosph. Luft nur 0,23 Kil. (oder 1 Cub.M. nur 0,21 C.M.) enthält, daß endlich

beim Verbrennen gewöhnlich nur etwa die Hälfte der Luft zersetzt wird, schon weil das entstehende kohlensaure Gas hinderlich ist;

so erhellt, daß 1 Kil. Kohle, Holzkohle oder Cokes, wenn sie ganz verbrennen soll, an $2 \cdot \frac{0,65}{0,23} = 23$ Kil. oder nahe an 18 Cub.M. atm. Luft erfordert, und gute Steinkohle wenigstens 15, lufttrocknes Holz 6—7 Cub.M. p. Kil.

Armengaud (publ. ind. III. 448) setzt den Luftbedarf für 1 Kil. trockenes Holz zu 5,2, für Torf zu 9, für Cokes zu 15, für Steinkohle zu 18 Cub.M. an, Redtenbacher für 1 Kil. lufttrockenes Holz 10,8 Kil. Luft, für Steinkohle 22,3 und für Cokes 25,3.

Rechnen wir den Bedarf zu 15 C.M., so würden, wenn in 1 Stunde 100 Kil. Steinkohle verbrennen sollen, 1500 C.M. frische Luft in derselben Zeit durch den Rost einströmen, und, ist das Volum der Rauchluft $2^2/_3$mal so groß, 4000 C.M. durch den Schornstein wegziehen müssen, und pr. Sek. durch den Rost $^5/_{12}$, durch den Schornstein $^{10}/_9$ C.M. Betrüge die Rostfugenfläche $^1/_4$ □ M. und der Querschnitt des Schornsteins $^1/_3$ □ M., so müßte die Geschwindigkeit

der einströmenden Luft $1^2/_3$ M. pr. Sek. seyn,

die der abziehenden $3^1/_3$ M.,

noch weit größer aber die der Feuerluft in den Kanälen, weil diese ungleich heißer und ausgedehnter ist.

Eine Vergrößerung des Rostes muß die Geschwindigkeit mindern, und umgekehrt. Ebenso aber würde sie geringer seyn, wenn die Luft vollständiger zersetzt, und daher pr. Kil. nur 12 oder 10 C.M. verzehrt würden.

Klar ist ferner, daß die Temperatur der Luft oder die Intensität des Feuers um so mehr erhöht werden muß, je geringer das Quantum ist, das zur vollständigen Verbrennung der Kohle erforderlich ist, und auch sie läßt sich einigermaßen berechnen. Denn da 15 C.M. Luft etwa 20 Kil. wiegen und 1 w die Luft um 4° wärmer macht,[1] so müssen 6000 w, wofern nämlich alle Wärme mit der Luft sich verbände, die Temperatur von 20 Kil.

[1] Weil die Wärmecapacität der Luft viermal so klein als die des Wassers ist.

Luft auf 1200° bringen; wenn hingegen nur halb so viel Luft verbraucht würde, auf 2400°.

Oder rechnen wir (wie Peclet I. 183), daß 1 Kil. Steinkohle 7500 w entwickle und 18 C.M. oder 24 Kil. Luft verbrauche, so muß diese Luft im Feuerherd auf $\frac{7500}{6}$ oder 1250° erhitzt werden; und zöge die Luft durch den Rauchfang 200° heiß ab, so würden $\frac{200}{1250}$ oder 16% verloren, und wofern kein sonstiger Verlust in Anschlag zu bringen, 84% nutzbar, die demnach $\frac{0{,}84 . 7500}{640}$ = $10\frac{1}{3}$ Kil. Wasser verdampfen können. Wäre die abziehende Luft 300° heiß, so wäre der Verlust 24%, für 500° 40%.

Bedeutend abweichende Resultate fänden sich, wäre eine verschiedene Heizkraft oder ein viel geringeres Luftquantum anzunehmen, und daraus begreiflich, daß Peclet die Intensität des Feuers für dürres Holz auf 1400° (ja oft auf 1500°), für Coke zu 1230°, für Holzkohle zu 1313° und für Torf zu 1160° finden konnte; Ueberhaupt können alle diese Berechnungen nicht als vollständig zuverlässig gelten, so lange man nicht ein Mittel gefunden hat, hohe Temperaturgrade leicht und sicher zu messen.

Endlich sieht man, daß bei weitem nicht alle entwickelte Wärme nutzbar gemacht oder an den Kessel abgesetzt wird. Denn wenn die Luft 460° warm abzieht, so müssen 20 Kil. Luft 20 115 oder 2300 w entführen, und diese, abgesehen von sonstigem Verlust, verloren gehen. Man kann daher die nutzbare Wärme meist nur zu $\frac{3}{5}$ oder $\frac{2}{3}$ der entwickelten anschlagen, zumal da, wie der Rauch darthut, fast nie eine ganz vollständige Verbrennung alles Kohlenstoffs stattfindet.

Man darf übrigens nicht glauben, je weniger heiß die Rauchluft abziehe, desto geringer sey der Verlust an Wärme, denn oft zieht dann mehr Luft durch oder ist die Verbrennung unvollkommener. Und dann mag allerdings bei langsamer Verbrennung die Hitze am besten nutzbar zu machen seyn; sie erfordert aber in der Regel eine viel zu große Verdampfungsfläche.

2.

Vom Feuerherd.

Der Feuerherd nimmt den vorderen Theil des Ofens ein und wird durch den Rost (grille) der Höhe nach in zwei Abtheilungen getheilt. In der oberen derselben findet die Verbrennung des auf den Rost aufgegebenen Brennmaterials statt, und die untere oder der Aschenfall (cendrier) dient zur Aufnahme der unverbrannten Rückstände, sowie zur Zuführung der die Verbrennung bewirkenden atmosphärischen Luft.

Der Rost selbst besteht aus lose neben einander gelegten, gußeisernen Stäben von der beistehenden Form (Fig. 14). Zwischen den einzelnen Stäben sind Spalten oder Fugen ausgespart, welche die Verbindung des Feuerraums mit dem Aschenfall vermitteln. Die Roststäbe sind unten schmäler als oben, und dieß ist deßhalb von Wichtigkeit, weil dadurch einerseits das Eindringen der zur Verbrennung nöthigen Luft, andrerseits das Reinigen des Rostes erleichtert wird. Ist der Rost sehr lang, so bringt man zwei Reihen Roststäbe hinter einander an, wie Fig. 15

Fig. 14.

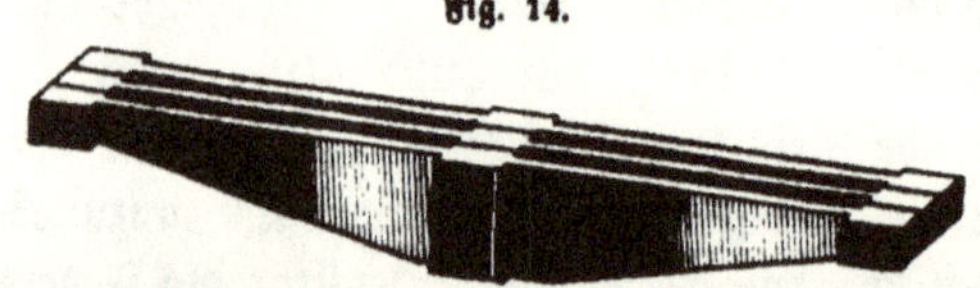

Fig. 15.

zeigt; doch darf die Länge des Rostes 6 bis 7 Fuß nicht übersteigen, damit das Aufgeben des Brennmaterials nicht zu sehr erschwert wird. Die Verstärkung in der Mitte jedes einzelnen Stabes (Fig. 14) kann dann in der Regel in Wegfall kommen, weil der Rost durch die Auflagerung in der Mitte schon Festigkeit genug erhält.

Eine Einmauerung der Roststäbe in der Ofenwand ist nicht thunlich, weil sich dieselben nicht würden ausdehnen können, vielmehr muß zwischen den Enden der Roststäbe und den verticalen Ofenwänden noch ein kleiner Zwischenraum bleiben. Damit aber die Stäbe beim Reinigen nicht in den Aschenfall niederfallen können, müssen ihre Enden auf dem horizontalen Absatz der Ofenwand weit genug aufliegen; in der Regel genügt hierzu $^1/_{20}$ der Rostlänge.

Das Herabfallen der Roststäbe kann man übrigens auch dadurch verhüten, daß man dieselben unten in der Mitte ihrer Länge mit hakenförmigen Vorsprüngen a, wie Fig. 16 zeigt, versieht und durch die Einbiegungen der Haken über die ganze Breite des Rostes eine Stange b schiebt. Dadurch wird zugleich dem Einbiegen und Werfen der Stäbe vorgebeugt.

Fig. 16.

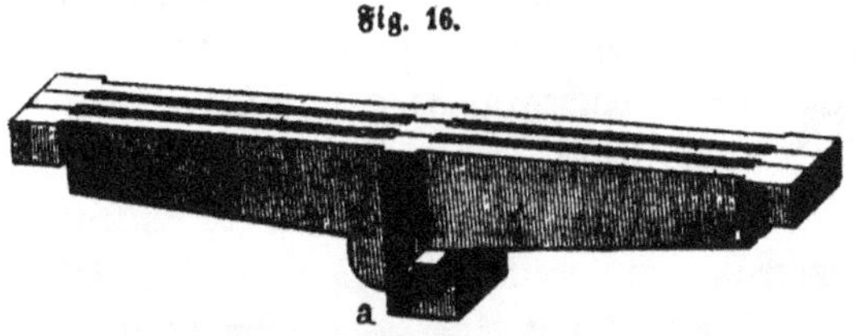

Die Breite der Rostfugen hängt hauptsächlich von der Beschaffenheit des angewendeten Brennmaterials ab. Bei fetten, stark backenden Steinkohlen kann man das Verhältniß der Rostfugenfläche zur gesammten Rostfläche $^1/_4$ nehmen, ohne befürchten zu müssen, daß die Kohlen unverbrannt durch den Rost fallen. Bei Anwendung magerer, leicht zerfallender Kohle darf man aber dieses Verhältniß nicht über $^1/_5$ setzen. Auf den Zug hat diese Verminderung der Durchgangsquerschnitte für die Luft wenig Einfluß; freilich muß der Rost mit besonderer Sorgfalt rein gehalten werden. Bei Torf und Holz reicht es aus, $^1/_7$ bis $^1/_5$ der gesammten Rostfläche für die Fugenfläche zu belassen. Die Breite der Stäbe selbst macht man möglichst klein (20—30 Millimeter), damit die Verbrennungsluft an möglichst vielen Punkten mit dem Brennmaterial in Berührung komme. Die Höhe der Roststäbe in der Mitte ist $^1/_8$ bis $^1/_7$ ihrer Länge.

Um die Roststäbe gegen das Verbrennen zu schützen, kann man sich folgender Mittel bedienen. Man gibt ihnen oben eine Hohlkehle; die in derselben sich ansammelnde Asche verhindert als schlechter Wärmeleiter die Mittheilung der Hitze in den glühenden Kohlen an das Material der Roststäbe. Oder man schleift die obere Fläche ab und vermindert so durch die Beseitigung der Unebenheiten die Aufnahmequellen der Wärme. Bei der in Fig. 17 dargestellten Form fängt

Fig. 17.

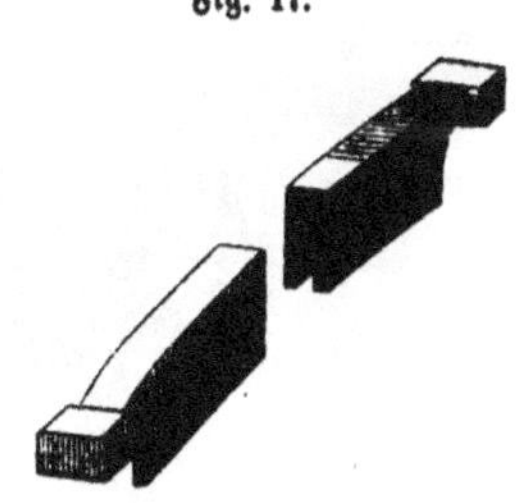

sich ein Theil der durch den Aschenfall zuströmenden Luft in der unten angebrachten Höhlung, kühlt dadurch den Stab von unten ab und tritt dann, selbst angewärmt, durch Seitenschlitze an den Enden des Stabes über den Rost. Denselben Zweck erreicht man auch dadurch, daß man den Roststab hohl formt und in die Höhlung ein schmiedeeisernes Rohr (Fig. 18) eingießt, welches die im Aschenraume aufgefangene kalte Luft nach dem Feuerraum leitet. Man hat sogar dergleichen hohlen Stäbe benutzt, um die Abkühlung vermittelst Wasser zu bewirken, das man dann weiter zur Speisung des Kessels verwendet hat.

Fig. 18.

Man legt den Rost gewöhnlich horizontal. Eine schwach nach hinten geneigte Lage desselben, die auch bisweilen vorkommt, erleichtert zwar die Beaufsichtigung, es liegt aber die Befürchtung nahe, daß die Verbrennung auf demselben weniger vollkommen von statten geht, als auf horizontalen Rosten.

Fig. 19 zeigt einen Treppenrost. Derselbe besteht aus einem stufenartig nach hinten abfallenden Roste mit flachen breiten Roststäben und horizontalen Spalten, dem am hintersten Ende noch ein kleiner, aus wenigen Stäben zusammengesetzter horizontaler Rost folgt. Die Treppenroste werden häufig bei Torf- und Braunkohlen-

Fig. 19.

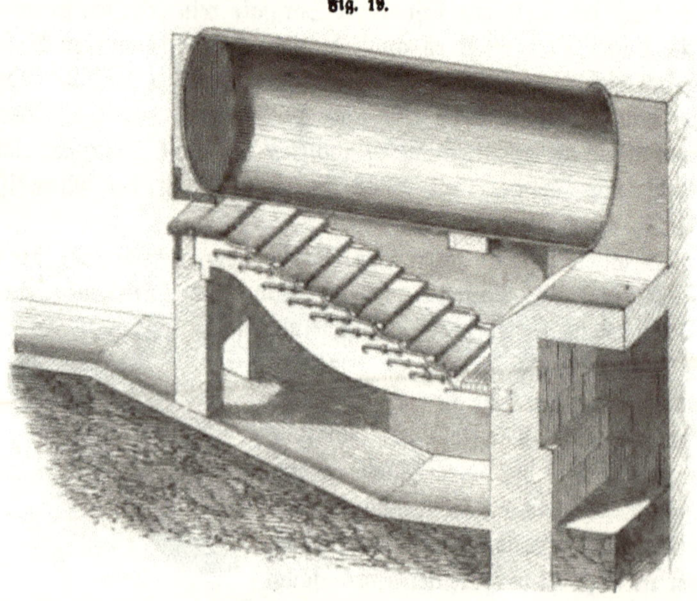

feuerung angewendet, in neuerer Zeit aber auch bei Steinkohlenfeuerung.

Die sog. Schüttelroste, welche jedoch nur bei kleineren Feuerungen angewendet werden können, lassen sich bequem und sicher reinigen, ohne daß man genöthigt ist, die Feuerthüre zu öffnen. Fig. 20 zeigt die Skizze eines solchen nach einem englischen Modelle. Die Roststäbe a und b, von denen der erste in gehobener und der zweite in gesenkter Lage dargestellt ist, ruhen paarweise

Fig. 20.

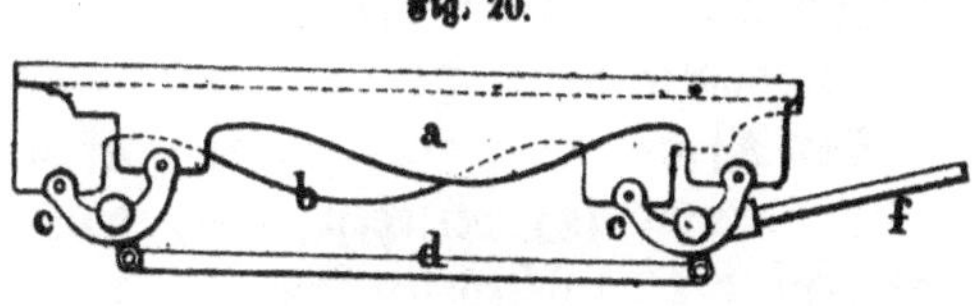

zu beiden Seiten auf Winkelhebeln c, und diese sind auf schwingenden Wellen befestigt, welche durch eine der ganzen Länge des Rostes nach unter demselben liegenden Stange d so mit einander verbunden sind, daß, wenn die eine von ihnen in schwingende Bewegung versetzt wird, der 1., 3., 5. u. s. w. Roststab sich hebt und der 2., 4., 6. u. s. w. sich senkt, und umgekehrt. Zur Erzeugung dieser Bewegung dient ein in verticaler Richtung beweglicher Hebel f, dessen Ende außerhalb des Ofens liegt.

Den Schluß des Rostes bildet die sog. Feuerbrücke (autel), eine aus feuerfesten Steinen aufgemauerte, verticale Wand, welche den Zweck hat, die Kohlen auf dem Roste zurückzuhalten und sie zu verhindern, daß sie die Züge verunreinigen. Sie braucht daher nicht erheblich höher als die Brennmaterialschicht auf dem Roste zu seyn, und es ist sogar zweckmäßig, sie niedrig zu machen, damit der Querschnitt nicht zu sehr verengt und, was hiermit in unmittelbarem Zusammenhange steht, die Geschwindigkeit der abziehenden Gase nicht zu groß werde. Aus demselben Grunde dürfte es auch angemessen seyn, die obere Fläche der Feuerbrücke eben zu machen, statt sie, wie gewöhnlich, concentrisch mit der Kesselwand zu formen.

Dem Kessel wird um so mehr Wärme mitgetheilt, je größer die Temperaturdifferenz im Feuerraume und im Kessel ist; daher muß die Verbrennung auf dem Roste eine möglichst lebhafte seyn. Um dieß zu erreichen, muß man die Verbrennungsluft mit möglichst großer Geschwindigkeit dem Brennmaterial zuführen, also die Rostfugenfläche und die in directem Verhältniß zu ihr stehende Rostfläche möglichst klein machen. Diese Verminderung der Rostfläche findet aber wieder ihre Grenze in dem Umstande, daß die gasförmigen Verbrennungsproducte um so weniger Wärme an die Kesselwände absetzen können, je rascher sie an denselben vorüberziehen, je kleiner also die Rostfläche ist. Man erhält ein lebhaftes Feuer, wenn man auf 65—75 Kil. stündlich zu verbrennende Steinkohlen 1 Quadratmeter Rostfläche rechnet, oder nach preuß. Maß und Gewicht auf 12—14 Pfund Steinkohlen stündlich 1 Quadratfuß Rostfläche. Bei Holz- und Torffeuerung nimmt man auf 75—90 Kil. stündlichen Aufwand 1 Quadratmeter Rostfläche, oder auf 15—18 Pfund 1 Quadratfuß.

Der Aschenfall muß gehörig tief und breit, auch mit einer weiten Einmündung versehen seyn, damit die Luft ungehindert durch denselben durchströmen kann. Die in denselben niederfallenden Rückstände der Verbrennung müssen möglichst häufig entfernt werden, damit sie die durchziehende Luft nicht zu stark erwärmen; denn wenn man der Luft vor ihrem Eintritt in die Rostfugen Gelegenheit gibt, sich zu erhitzen, so entsteht der doppelte Nachtheil, erstens daß durch die Volumvermehrung in Folge der Erwärmung der Sauerstoffgehalt, folglich auch die Intensität des Feuers vermindert wird, und zweitens daß die Roststäbe leiden und rasch verbrennen. Bei großen Dampfkesselfeuerungen wird bisweilen der Zug durch Minderung oder Mehrung der einströmenden Luft regulirt und zu diesem Zwecke die Einmündung des Aschenfalls mit einem Schieber versehen, oder man verschließt dieselbe ganz durch eine Thüre und bringt seitwärts einen besonderen Luftzug an, in welchem man die Regulirung vermittelst eines Registers bewirkt.

Der Feuerraum oder eigentliche Herd über dem Rost wird aus feuerfesten Steinen hergestellt und muß groß genug seyn, um die starke Ausdehnung der erhitzten Luftmasse nicht zu hindern. Da nun die Größe dieses Raums hauptsächlich von der Entfernung des Rostes vom Kessel abhängt, so ist besonders darauf zu sehen, daß diese richtig bestimmt werde; auch rathsam, daß die Höhe des Rostes leicht verändert werden könne. Viele stellen den Rost so nahe als es nur das Schüren des Feuers gestattet; Erfahrungen zeigen aber, daß zu große Erhöhung des Rostes die Kraft einer Maschine sehr bedeutend schwächen kann. Eine Distanz von 12—15″ dürfte für Steinkohlenfeuerung meist die angemessenste seyn. Holz macht einen viel geräumigern Herd nöthig; denn 1) nimmt das Holz 4—5mal so viel Raum ein, um gleiche Hitze zu geben, weil es im Vergleich zu Steinkohlen nur das halbe specifische Gewicht und kaum die halbe Heizkraft hat; 2) entbindet das Holz viel Dampf und 3) ist der Rost weit kleiner. Alle Wände werden daher sehr stark einwärts gewölbt.

Die Ofenthüre, von welcher Fig. 21 ein Bild gibt, soll einzig dazu dienen, um das Feuer zu schüren, den Rost zu reinigen

Fig 21.

und neuen Brennstoff einzutragen. Sie soll so viel möglich geschlossen seyn; denn so oft sie geöffnet wird, strömt frische Luft über die Kohlen ein und erkältet das Feuer, was um so schädlicher ist, da sie weit freier und geschwinder als unter dem Rost einzieht. So oft geöffnet wird, erzeugt sich auch ein ungleich stärkerer Rauch, weil diese Erkältung eine unvollkommene Verbrennung zur Folge hat. Das Aufschütten darf daher nicht zu oft geschehen, und jedesmal ist die möglichste Beschleunigung zu empfehlen. Zuweilen versieht man die Thür mit einer kleinen Oeffnung, um, ohne sie zu öffnen, schüren zu können.

Ferner ist darauf zu sehen, daß die Thüre keine Luft und möglichst wenig Hitze durchlasse. Thüren von Blech sind daher verwerflich, weil sie zu dünn sind und schlecht schließen. Besser sind in Kloben hängende, gußeiserne Thüren. Einige bringen Fallschieber an, die in Fugen laufen und mittelst eines Gegengewichts leicht gehoben und herabgelassen werden können. Damit die Thüre weniger Wärme durchlasse, ist es gut, die innere Seite mit Backsteinen zu bekleiden oder, wie der Durchschnitt in Fig. 21 zeigt, doppelte Wandungen anzubringen, deren Zwischenraum mit Asche ausgefüllt werden kann. Auch muß die Thüre von dem Rost mindestens 12 Zoll entfernt seyn.

Zweckmäßig ist es, das Gegengewicht für das Register des Schornsteins mit der Feuerthüre zu verbinden oder wenigstens so vor derselben aufzuhängen, daß der Feuermann die Thüre nicht öffnen kann, ohne vorher das Gegengewicht gehoben und dadurch das Register geschlossen zu haben. Auf diese Weise wird der Zug so lange, als die Thüre offen steht, unterbrochen und der kalte Luftstrom abgehalten, welcher nicht nur auf die Verbrennung einen schädlichen Einfluß ausübt, sondern auch die Haltbarkeit des Kessels beeinträchtigt.

3.

Von den Feuerkanälen.

Gewöhnlich läßt man die Feuerluft nicht bloß den Boden des Kessels bestreichen, sondern man leitet sie noch durch Kanäle um den Kessel herum, so daß sie auch mit den Seitenwänden desselben in Berührung kommt.

Diese Kanäle oder Feuerzüge bezwecken eine bessere Benutzung der Hitze. Liegt der Herd unmittelbar unter dem Kessel, so nimmt dieser hier schon einen beträchtlichen Theil der eben entwickelten Wärme auf, außerdem gibt aber die Feuerluft noch viel Wärme an denselben ab, indem sie unter dem übrigen Boden durchzieht. Immerhin würde sie noch zu schnell und zu heiß abströmen, wenn sie von da schon in den Schornstein entwiche. Führt man sie noch durch solche Kanäle, so wird sie um so mehr abgekühlt, je größer die Fläche ist, mit welcher sie in Berührung kommt, und je länger die Berührung dauert. So zweckmäßig indessen in der Regel ähnliche Kanäle sind, so ist nicht zu übersehen, daß die Luft eine um so stärkere Reibung darin erleidet, als die Züge fast horizontal liegen; daß sie von drei Seiten mit dem Gemäuer in Berührung sind und diesem also auch einige Wärme abgeben; daß endlich die Lage dieser Kanäle, da die Luft den Kessel seitwärts bestreicht, zur Mittheilung der Hitze wenig vortheilhaft ist. Lange Kanäle sind demnach nur bei ohnehin sehr starkem Zuge zuläßig und machen an und für sich schon einen etwas stärkeren Zug nöthig. Ueberdieß muß dafür gesorgt seyn, daß sich die Züge leicht reinigen lassen, da sich in denselben viel Ruß absetzt.

Den Querschnitt der Züge macht man gewöhnlich ebenso groß, als den oberen Querschnitt des Schornsteins; ja es dürfte sogar, wenn die übrigen Umstände es gestatten, zweckmäßig seyn, den Querschnitt noch größer zu nehmen, um die Geschwindigkeit der durchströmenden Gase möglichst herabzuziehen und denselben mehr Gelegenheit zur Mittheilung ihrer Wärme an die Kesselwand zu geben. Man hat um so mehr Ursache, einen möglichst großen Querschnitt der Züge anzuwenden, als die Feuerluft in der Nähe des Feuerherds eine höhere Temperatur hat und folglich ein größeres Volumen einnimmt, als im Schornstein. Nimmt man die Temperatur der abziehenden Gase im ersten Zuge zu 1200° und beim Austreten aus dem Schornstein zu 300° an, so ist das Volumen eines gleichen Gewichts im Zuge 2,6mal so groß, als im Schornstein, und es muß daher bei gleichen Querschnitten auch die Geschwindigkeit im Zuge 2,6mal so groß, als im Schornstein seyn. Und selbst wenn man dem Zuge den $1\frac{1}{2}$fachen Querschnitt des Schornsteins gibt, so ist immer noch die Geschwindigkeit im Zuge $\frac{2{,}6}{1{,}5} = 1{,}7$mal so groß als beim Austritt aus dem Schornstein.

4.

Vom Schornstein.

Das Verbrennen erheischt einen Luftwechsel. Beständig muß die verbrannte Luft von dem Feuerherde wegziehen und durch neue ersetzt werden, und je rascher dieser Luftzug stattfindet, desto lebhafter ist die Verbrennung. Zur Erregung dieses Luftzuges dient nun in der Regel der Rauchfang oder Schornstein.

Wie derselbe jenen Luftwechsel anhaltend hervorbringen kann, ergibt sich aus Folgendem: Steht ein auf zwei Seiten offener Feuerherd von der einen mit einem etwas aufsteigenden Kanale in Verbindung und füllt sich dieser mit erhitzter und daher specifisch leichterer Luft, so wird das aerostatische Gleichgewicht aufgehoben. Gegen die hintere mit diesem Kanal versehene Oeffnung ist der Luftdruck geringer als gegen die vordere; aus jener wird die Luft daher von dem Herde entweichen und steigen und durch diese frische eindringen, und dieses Zu- und Abströmen der Luft wird anhalten, weil die zuströmende beständig wieder erwärmt wird.

Die Stärke des Luftzugs rührt also von dem Unterschiede des Luftdruckes her, und dieser findet sich, wenn man das

Gewicht der erwärmten Luftsäule von dem Gewichte einer gleich großen Säule frischer Luft abzieht. Wöge bei gleicher Weite und senkrechter Höhe die warme 4, die kalte 5 Kil., so würde die Luft mit derjenigen Geschwindigkeit sich bewegen, die ein beständiger einseitiger Druck von 1 Kil. auf den Querschnitt jenes Kanals hervorbringen muß. Offenbar wird dieser Druck um so größer, je höher die leichtere Luftsäule und je dünner die Luft in derselben ist, und da die Verdünnung eine Folge der Erwärmung ist, so hängt die Geschwindigkeit der abziehenden Luft von der Höhe des Kamins und ihrer mittlern Temperatur ab.

Die Ausdehnung oder Verdünnung der erwärmten Luft läßt sich genau berechnen, sobald man ihre Temperatur kennt. Die Physik lehrt nämlich, daß sich alle Luftarten für 1° C. gleichförmig um $^1/_{273}$ des primitiven Volums bei 0° ausdehnen, oder daß 273 Cub. M. Luft von 0° um 30 oder 40 Cub. M. sich ausdehnen, wenn die Temperatur um 30 oder 40° C. erhöht wird. Da nun die Dichtigkeit oder das Gewicht in demselben Verhältnisse abnimmt, so wird mithin Luft, um 273° erwärmt, gerade halb so dicht oder schwer seyn als bei 0°.

Nennt man das Volum einer gegebenen Masse Luft bei 0° V, und das Volum, das sie bei einer Temperatur t erlangt, V_1, so findet sich

$$V_1 = V \left(\frac{273 + t}{273}\right)$$

und das specifische Gewicht $= \gamma \left(\frac{273}{273 + t}\right)$, wenn γ das specifische Gewicht bei 0° bezeichnet.

Ebenso lehrt die Physik die Geschwindigkeit, mit der die Luft in einem senkrechten Kanale aufsteigt, berechnen, wenn die Höhe desselben (h) und das specifische Gewicht der innern Luftsäule (γ), das der frischen Luft = 1 gesetzt, gegeben sind. Es ist nämlich (bei metrischen Maßen) diese Geschwindigkeit

$$\text{oder } v = \sqrt{19{,}6\, h \cdot (1 - \gamma)}$$

Gesetzt also, ein Schornstein sey 20 Met. hoch oder h = 20; die Luft in demselben sey 420° heiß und bestände aus 0,8 Stickstoff, 0,1 Sauerstoff und 0,1 Kohlensäure,

so ist das specif. Gew. derselben bei 0° = 1,043

$$\text{und bei } 420°\text{: } \gamma = \frac{273}{693} \cdot 1{,}043 = 0{,}411$$

und also die theoretische Geschwindigkeit oder

$$v = \sqrt{19{,}6 \cdot 20 \cdot 0{,}589} = 15{,}2 \text{ Met. p. Sek.}$$

Betrüge die Temp. 480° und der Gehalt an kohlens. Gas $^{3}/_{20}$, so wäre das specif. Gewicht bei 0° = 1,064 und bei 480° = 0,387 und v = 15,7 Met.[1] Und wäre der Schornstein 40 Met. hoch, so fänden wir v = 21,4 Met. (oder nicht ganz um die Hälfte größer).

Bei vollständiger Verbrennung der Luft wäre ihr specif. Gew. = 1,088.

Die wirkliche Geschwindigkeit ist jedoch um Vieles geringer, als die auf obige Weise theoretisch berechnete, weil die Luftsäule an den Wandungen des Schornsteins eine sehr bedeutende Reibung erleidet. Dadurch wird nach den Untersuchungen Peclet's die wahre Geschwindigkeit auf wenig über $^{1}/_{4}$ der theoretischen herabgezogen.

Je mehr nun aber die Geschwindigkeit, die der Luftzug erlangen sollte, vermindert wird, desto nothwendiger wird offenbar, daß die abziehende Luft noch eine hohe Temperatur behaupte. Sie muß nicht nur, bis sie entweicht, stets heißer als der Kessel seyn, weil sie diesem sonst Wärme entzöge, sondern weit heißer noch, um den erforderlichen Zug zu bewirken, und zumal da das kohlensaure Gas ihr specifisches Gewicht vermehrt.

Da endlich die Geschwindigkeit mit der Höhe (wenn gleich selbst theoretisch lange nicht verhältnißmäßig, sondern nur wie die Wurzeln der Höhen), wächst, so ist ersichtlich, daß hohe Kamine den Luftzug beschleunigen müssen; so daß, nicht bloß um den lästigen Rauch zu entfernen, häufig Schornsteine von 100, 150 und mehr Fuß Höhe aufgeführt werden.

Wichtiger noch als die Höhe ist eine zureichende Größe des Querschnitts. Vor allem handelt es sich darum, daß die ganze Masse Luft, die in den Herd gelangen muß, durch den Schornstein abziehen kann. Hängt also auch die Geschwindigkeit einzig von der Höhe und Temperatur der entweichenden Luftsäule ab, und bliebe die theoretische unverändert, so könnte immer nur bei einer gewissen Weite der nöthige Abzug statt haben.

Muß p. Sek. 1 C.M. Luft wegziehen, so muß bei einer Geschwindigkeit von 15 M. die Weite $^{1}/_{15}$; bei einer von 5 Met. $^{1}/_{5}$ □ M. groß seyn.

[1] Weisbach setzt die gewöhnliche Temperatur im Kamin auf 300°, Schinz auf 330°. Brix hatte seinen Versuchsapparat so eingerichtet, daß sie nicht über 250°, meistens viel weniger betrug.

Und da unstreitig bei einer 2mal so großen Weite 2mal so viel Luft durchgehen wird (abgesehen davon, daß bei solcher die Reibung nicht die doppelte ist), ein Schornstein hingegen 4mal so hoch gemacht werden muß, um 2mal so viel Luft wegzuführen, weil dann nur die Geschwindigkeit (und zwar die theoretische) doppelt so groß wird, so entsteht die Frage, ob nicht und mit großer Ersparniß eine große Höhe durch eine mäßige Erweiterung ersetzt werden könnte? Denn ein 2mal so weiter kostet lange nicht das doppelte, ein 4mal so hoher aber wohl das 10fache.

Dieser Ansicht sind auch die meisten neueren Constructeurs. Sie sehen die riesenhaften Kamine, die in England gebräuchlich und von da auch auf den Continent übergeführt sind, wofern sie nicht einen andern Zweck haben, als nutzlose Verschwendung an und erklären die vermeinte Nothwendigkeit für ein bloßes Vorurtheil. Sie behaupten, daß bei angemessener Weite eine Höhe von 12—15 Met. fast immer genüge, um den nöthigen Zug zu bewirken; daß, wenn der Rost derselbe bleibe, die Verbrennung gleich rasch vor sich geht; daß eine etwas zu große Weite keine Nachtheile habe, da durch Register sie leicht ermäßigt werden kann, und rathen sogar zu einer solchen, um, was oft zu wünschen, den normalen Dampf- oder Wärmebedarf namhaft überschreiten zu können. Sie halten daher auch Formeln zur Berechnung der Dimensionen, wie die von Peclet, für ziemlich entbehrlich, da sich leicht eine nicht genügende Weite verhüten lasse.

Wir nehmen Anstand, dieser Meinung unbedingt beizustimmen, obschon wir glauben, daß man in der Regel die Schornsteine und Feuerzüge zu eng angelegt, und die meisten, wenn sie weiter wären, viel weniger hoch seyn könnten. Immerhin scheint auch die Geschwindigkeit, mit der der Rauch aufsteigt, nicht gleichgültig für den Zweck zu seyn, und namentlich von Einfluß auf die der zuströmenden Luft. Sodann scheint es nicht rathsam, daß der Heizer fast nach Belieben durch größern Aufwand von Brennstoff die Kraft ganz abnorm steigern, oder trotz vorhandener Uebelstände stets die benöthigte erzeugen könne; gut vielmehr, wenn er sich, so wie z. B. ein starker Kesselstein oder Verminderung des Kesselwassers ꝛc. die Dampferzeugung erschwert, genöthigt sieht, diesen Fehlern abzuhelfen. Zu weite Rauchfänge müssen ferner leicht schädliche Luftströmungen in denselben veranlassen, und es kann daher nicht jedes Verhältniß der Weite zur Höhe zulässig seyn. Sehr oft endlich kommt die mögliche Entfernung des Rauchausflusses in Anschlag. Es ist demnach zu wünschen, daß durch mehrere Beobachtungen noch entschieden werde, innerhalb welchen Grenzen die Höhe der Schornsteine sich reduciren und durch eine größere Weite ersetzen lasse.

Nach des Bearbeiters Artikel „Dampfkessel" in den Supplementen zu Prechtl's technologischer Encyklopädie sind die Schornsteindimensionen nach folgender Tabelle zu bestimmen.

Stündlich verbrannt		Höhe des Schornsteins	Obere Weite des		Untere Weite des	
Steinkohlen	Holz		Quadrat-	runden	Quadrat-	runden
			Schornsteins		Schornsteins	
Kilogr.	Kilogr.	Meter	Meter	Meter	Meter	Meter
10	20	10	0,24	0,27	0,36	0,40
20	40	13	0,32	0,36	0,48	0,54
30	60	15	0,38	0,43	0,57	0,63
40	80	17	0,43	0,48	0,64	0,72
50	100	18	0,47	0,53	0,70	0,80
75	150	20	0,55	0,62	0,82	0,91
100	200	22	0,62	0,70	0,93	1,05
150	300	26	0,73	0,83	1,00	1,24
200	400	28	0,83	0,93	1,25	1,39
250	500	30	0,91	1,03	1,36	1,54
300	600	31	0,98	1,11	1,47	1,67
350	700	32	1,05	1,19	1,57	1,78
400	800	33	1,11	1,26	1,66	1,89
450	900	34	1,17	1,33	1,75	2,00
500	1000	34	1,23	1,39	1,84	2,09
550	1100	35	1,29	1,45	1,93	2,18
600	1200	35	1,34	1,51	2,01	2,27

Wenn, was ökonomisch vortheilhaft ist, der Rauch mehrerer Oefen in einen gemeinschaftlichen Schornstein geleitet wird, so muß natürlich der Querschnitt desselben dem erforderlichen Gesammt-Querschnitt aller einzelnen Kamine gleich kommen und ihre Mündungen müssen so angebracht seyn, daß sich der Rauch nicht stößt und der Kanal jedes einzelnen vollkommen abgeschlossen werden kann.

Ein Register (oder Schieber) zwischen den Zügen und dem Schornstein, im sogenannten Fuchse, ist das geeignetste Mittel, den Zug zu reguliren, so wie ganz zu hemmen. Indeß vermindert er sich nicht im Verhältniß der Verengerung. Bei nicht zu hohen Schornsteinen bringt man oft am Ende eine bewegliche Klappe an, wodurch auch beim Stillstehen der Eingang kalter Luft verhindert werden kann.

Als Material zu den Schornsteinen feststehender Dampfkesselfeuerungen wendet man gewöhnlich Ziegelsteine an, in einzelnen Fällen wohl auch Bruchsteine; seltener kommen metallene Schornsteine vor.

Fig. 22.

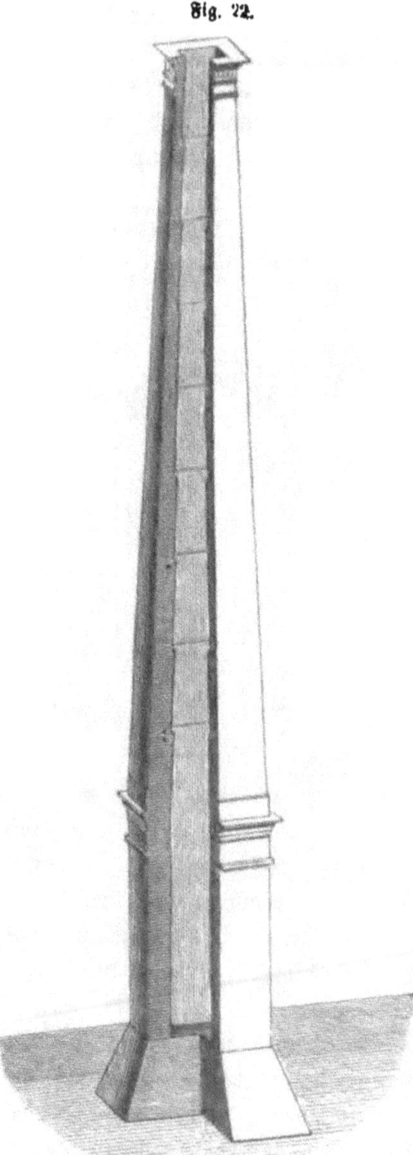

Ein aus Ziegelsteinen aufgemauerter Schornstein hat die Form einer abgestumpften Pyramide oder eines abgestumpften Kegels und ist auf einen prismatischen oder cylindrischen Sockel aufgesetzt, in welchen der Feuerkanal einmündet.

Die Wandstärke des Schornsteins beträgt an der oberen Mündung die Breite eines Ziegelsteins oder 6 Zoll und nimmt nach unten zu durchschnittlich um 1½ bis 3 Procent der Höhe zu. Macht man nun die untere lichte Weite des Schornsteins in einem gewissen Verhältniß größer, z. B. 1½mal so groß, als die obere, so ergibt sich hieraus die Neigung, welche die äußere Schornsteinwand erhalten muß, auf folgende Weise.

Der in Fig. 22 abgebildete Schornstein der Chemnitzer Actienspinnerei, welcher in der Stunde 3000 Pfund Feuerluft abführt, hat eine

Höhe von 170 Fuß (sächs.), wovon 40 Fuß auf den prismatischen Sockel und 130 Fuß auf den pyramidalen Theil kommen. Seine Weite beträgt oben 7 Fuß, unten $10\frac{1}{2}$ Fuß; die Mauerstärke oben 6 Zoll, unten 4 Fuß. Hieraus ergibt sich für die äußere Seitenlänge

oben $7' + 2 \cdot \frac{1}{2}' = 8'$,

unten $10\frac{1}{2}' + 2 \cdot 4' = 18\frac{1}{2}'$,

daher auf 130 Fuß Höhe $10\frac{1}{2}$ Fuß Neigung oder 8 Procent.

Bei kleineren Schornsteinen begnügt man sich gewöhnlich mit einer viel geringeren Neigung. Hat z. B. ein Schornstein oben 2 Fuß, unten 3 Fuß lichte Weite und nimmt die obere Mauerstärke von 6 Zoll nach unten zu um $1\frac{1}{2}$ Procent, also etwa auf 70 Fuß Höhe um 1 Fuß zu, so wird die äußere Seitenlänae

oben $2' + 2 \cdot \frac{1}{2}' = 3'$,

unten $3' + 2 \cdot \frac{1}{2}' = 6'$,

und die Neigung auf 70 Fuß Höhe 3 Fuß oder 4,3 Procent.

Eine möglichst gute und leichte Benutzung des Materials erfordert, daß die Breite eines Ziegelsteins in der unteren Mauerstärke durch eine ganze Zahl von Ziegelbreiten ausgedrückt wird. Man kann dann die Höhe des Schornsteins in so viel gleiche Theile theilen, als die untere Mauerstärke Ziegelbreiten hat, und jedem nächst höher liegenden Theile eine um eine Ziegelbreite geringere Wandstärke geben. Der abgebildete Schornstein hat unten 8 Ziegelbreiten und ist daher der Höhe nach in 8 gleiche Theile getheilt, von denen der erste 8 Ziegelbreiten, der zweite 7, der dritte 6, u. s. f. Wandstärke hat.

Die Ziegel zu runden Schornsteinen muß man entweder nach besonderen Schablonen fertigen lassen, oder man zertheilt, wie dieß namentlich in Frankeich üblich ist, die gewöhnlichen parallelepipedischen Steine in zwei keilförmige Stücke (Fig. 23), deren Stellung man beim Einmauern umkehrt (Fig. 24). Die runden Schornsteine haben ein besseres Aussehen, als die quadratischen, gewähren aber sonst keinen erheblichen Vortheil, der im Verhältniß zu ihrem höheren Preise steht.

Fig. 23.

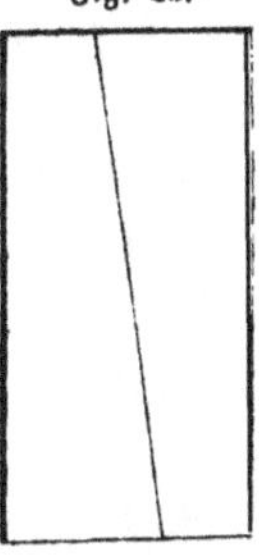

Fig. 24.

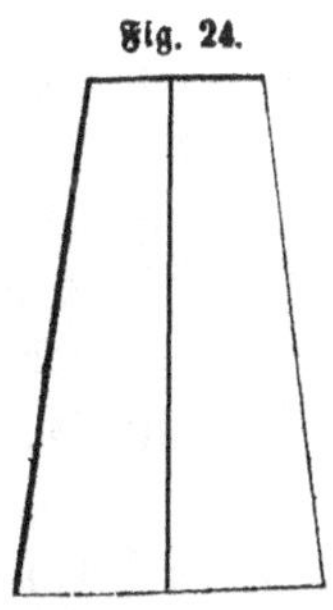

Es ist zweckmäßig, die Ausmündung des Schornsteins mit

einem blechernen oder gußeisernen Hute zu versehen, der jedoch den austretenden Gasen mindestens eben so viel Querschnitt darbieten muß, als der Ausmündungsquerschnitt des Schornsteins beträgt. Derselbe gewährt nicht nur Schutz gegen den Regen, sondern beseitigt auch den Einfluß des Windes auf den Zug im Schornstein.

Eisenblecherne Schornsteine haben zwar vor den steinernen die Vortheile geringeren Gewichts und geringeren Raumbedarfs; allein sie sollten trotzdem nur da angewendet werden, wo der Betrieb voraussichtlich höchstens einige Jahre dauert. Denn sie haben eine sehr beschränkte Dauer und müssen überdieß zum Schutze gegen den Regen und zur Verminderung der Abkühlung mit einem Anstriche versehen werden, der jährlich zu erneuern ist. Die Abkühlung ist bei diesen Schornsteinen sehr bedeutend, weil das Eisen ein guter Wärmeleiter ist, und dieß macht sich namentlich im Winter und an Regentagen durch eine schädliche Verminderung des Zuges bemerklich.

Es ist einleuchtend, daß jede Feuerung ökonomisch um so vortheilhafter ist, je vollständiger die durch die Verbrennung erzeugte Wärme an die Kesselwand abgesetzt wird und je kälter die Verbrennungsproducte vom Kessel sich entfernen. Das Maximum würde man erreichen, wenn die Verbrennungsproducte an der Stelle, wo sie den Kessel verlassen, die Temperatur der Kesselwand also etwas weniges mehr als die Temperatur des im Kessel befindlichen Dampfes, 150—180°, angenommen hätten. Sie müssen aber mit einer viel höheren Temperatur in den Schornstein strömen, um einen lebhaften Zug in demselben zu erzeugen, und diese bedeutende Temperaturdifferenz geht für die Wärmebenutzung selbst vollständig verloren. Man hat sich deßhalb vielfach bemüht, den natürlichen Luftzug im Schornstein durch mechanische Zugbeförderungsmittel zu ersetzen. Als solche sind besonders zu nennen: das Ausblasen des verbrauchten Dampfes mit den Verbrennungsproducten und die Ventilatoren.

Wenn man den verbrauchten Dampf durch einen kleinen Querschnitt in den Schornstein austreten läßt, so entweicht er mit einer sehr großen Geschwindigkeit und reißt in Folge davon die Verbrennungsproducte mit sich fort. So einfach dieses Mittel ist, so kostspielig ist es auch, und es ist daher nur da anzuwenden, wo die Schornsteine nicht die gehörige Höhe und Weite erhalten können, um die Verbrennungsproducte abzuführen, also namentlich bei den Locomotiven. Durch die Verengung des Ausblaserohrs entsteht aber ein so bedeutender Gegendruck im Cylinder, daß der hieraus erwachsende Arbeits- und Brennmaterialverlust den Wärmeverlust durch den Schornstein noch übersteigt. Durch die Einführung des verbrauchten Dampfstrahls unter den Rost wollen Einzelne einen ökonomischen Vortheil gewonnen haben.

Die Ventilatoren wirken entweder dadurch, daß sie comprimirte Luft unter den Rost treiben, oder dadurch, daß sie die Verbrennungsproducte aus den Zügen ansaugen, und ihre Wirkung wird dann eine vortheilhafte seyn, wenn die Verbrennungsproducte mit der oben bezeichneten, möglichst niedrigen Temperatur den Kessel verlassen, und wenn die auf ihren Betrieb zu verwendende Arbeit kleiner ist als der Arbeitsverlust, welcher mit der mangelhaften Benutzung der Wärme im Schornstein verbunden ist. Die erste Bedingung wird dadurch erfüllt, daß man die Heizfläche des Kessels größer als gewöhnlich macht; dann bleiben die Verbrennungsproducte länger mit dem Kessel in Berührung, kühlen sich mehr ab und geben also auch einen Theil der Wärme, den sie sonst durch den Schornstein fortgeführt hätten, an den Kessel ab. Wenn man, statt wie gewöhnlich auf 100 Kilogr. Dampf stündlich 4 Quadratmeter Heizfläche zu rechnen, 6 oder noch besser 8 Quadratmeter annimmt, so wird, wie Zeuner[1] durch Rechnung nachweist, auch der zweiten Bedingung genügt, und es ist, selbst wenn man die Betriebskraft des Ventilators in Anrechnung bringt, sogar noch ein ansehnlicher Gewinn an Brennstoff zu erwarten, ganz abgesehen davon, daß die Anlage eines kostspieligen Schornsteins entbehrlich wird.

5.

Die rauchverzehrenden Feuerungen.

Das Rauchen eines Feuerherdes ist aus mehreren Gründen ein bedeutender Fehler. Zunächst muß man häufig, damit der Rauch der Umgebung nicht lästig werde, sehr hohe, kostspielige Schornsteine aufführen; ferner macht sich, da der Rauch den Ruß

[1] Civilingenieur N. F. 1858. Heft 4 und 5.

erzeugt und dieser dem Luftzuge hinderlich ist, ein öfteres Reinigen der Canäle nöthig, und der hauptsächlichste Nachtheil endlich liegt darin, daß der Rauch, weil er aus feinen, unverbrannt entweichenden Kohlentheilen besteht, einen Verlust an Wärme mit sich führt.

Wenn ein im Betriebe befindlicher Feuerherd mit frischen Steinkohlen beschickt wird, so unterliegen dieselben im ersten Stadium ihrer Veränderung der sogenannten trocknen Destillation. Die dabei entstehenden verschiedenen Gase sind sämmtlich brennbar und verwandeln sich durch die Verbrennung in die unbrennbaren Substanzen Wasser und Kohlensäure, vorausgesetzt

1) daß eine hinreichende Menge Sauerstoff in angemessener Vertheilung zugeführt wird und

2) daß in dem Verbrennungsraume die Temperatur hoch genug ist.

Wird eine dieser Bedingungen nicht erfüllt, so erleiden die gasförmigen Destillationsprodukte bei ihrem Durchgange durch die Züge und den Schornstein eine Zersetzung, in Folge deren Kohlentheile in feinem Zustande sich ausscheiden und theils als Ruß an die Wandungen der Züge und des Schornsteins sich absetzen, theils als sichtbarer Rauch in die Atmosphäre entweichen.

Um zunächst dem Mangel an Sauerstoff vorzubeugen, bringt man sehr häufig in der Feuerbrücke oder hinter derselben Canäle an, durch welche kalte oder bereits angewärmte Luft in den Verbrennungsraum geleitet wird. Findet an dieser Stelle der Luftstrom die vom Feuerherd abziehenden, unvollständig verbrannten Gase noch heiß genug, so entsteht eine vollständige Verbrennung, welche sich auch durch eine erhebliche Verlängerung der Flamme kenntlich macht. Doch hat man darauf Bedacht zu nehmen, daß hierbei nicht eine auf die Kesselwand schädlich einwirkende Stichflamme entsteht.

Unter die vorzüglichsten Einrichtungen dieser Art gehört die in England sehr verbreitete Feuerung von Williams, welche auf dem Princip des Argand'schen Brenners beruht. Der wesentlichste Theil derselben besteht, wie der Längendurchschnitt Fig. 25 zeigt, in einer Luftkammer b hinter dem Aschenfall, durch eine verticale Wand von derselben geschieden. In diese Kammer strömt die Luft durch ein gußeisernes Rohr c ein, dessen äußere mit der Atmosphäre in Verbindung stehende Mündung nach Bedarf vermittelst eines Schiebers oder einer Klappe regulirt werden kann. Die

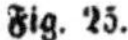

Fig. 25.

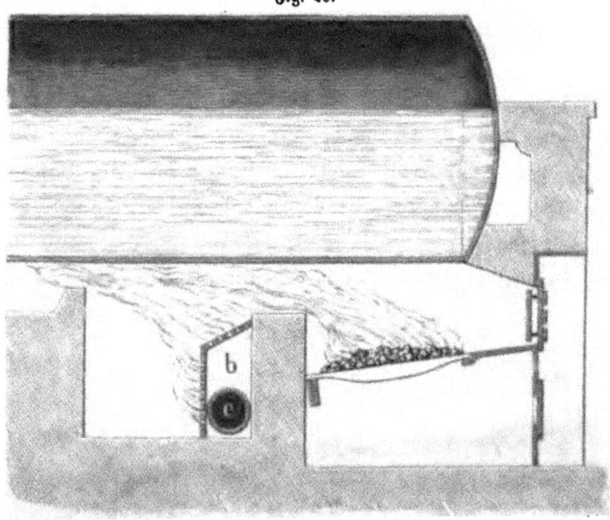

vordere Wand der Kammer besteht aus vielfach durchbohrten gußeisernen Platten, und durch diese wird die aus dem Rohre c angesaugte Luft in vielen einzelnen Strahlen an die über die Kammer wegziehende Flamme abgegeben. Williams legt übrigens ein besonderes Gewicht darauf, daß die Luft in kaltem Zustande zugeführt wird und bringt deßhalb das Rohr c in keinerlei Verbindung mit dem Feuerraume selbst.

Galls Ofen[1] besteht aus einem freistehenden, senkrechten Cylinder oder Prisma mit 3—8 um einen Luftcanal herumgruppirten Feuerstätten, über welche ein Gewölbe gespannt ist. In der Mitte dieses Gewölbes steigt ein kreisrunder oder viereckiger Feuerschlot aufwärts, in welchen durch viele düsenförmige Mündungen atmosphärische Luft eingeführt wird, die sich in dem Ofengemäuer bereits angewärmt hat. Gall bezweckt durch diese Einrichtung die vollständige Verbrennung des Brennmaterials vor der Berührung mit der Kesselfläche und gibt deßhalb dem Feuerraume vom Roste bis zum Kesselboden eine Höhe von 10 Fuß und mehr. Der Schornstein wird entbehrlich. Daß auf diese Weise eine sehr hohe Temperatur erzeugt wird, ist kaum zu bezweifeln; doch ist man

[1] Beschreibung meiner rauchverzehrenden Dampfkesselöfen ꝛc., von Dr. L. Gall. Trier 1855.

jedenfalls genöthigt, dem Kessel eine größere Heizfläche als gewöhnlich zu geben, weil die strahlende Wärme nicht zur Wirksamkeit gelangt.

Von besonderem Einfluß ist die Luftzuführung bei der Baker-Amory'schen Feuerung, welche in Fig. 26 abgebildet ist. Hier sind hinter der Feuerbrücke zwei oder mehrere, im Längendurchschnitt parabolische Kammern A,A angebracht, welche die im Feuerraume gebildeten Gase möglichst lange zurückhalten und sie zwingen, ihre Wärme möglichst vollständig an die Kesselwand abzugeben.

Fig. 26.

Der Vortheil dieser Einrichtung liegt darin, daß man nur einen einzigen Zug braucht, aus dem man die Verbrennungsprodukte in den Schornstein entweichen läßt. Um nun aber die in den einzelnen Kammern noch vorhandenen unverbrannten Gase vollständig zu verbrennen, ist jede derselben am Boden mit einer weiten Oeffnung versehen, durch welche Luft zugeführt wird. Diese Luft wird von Baker unmittelbar aus der Atmosphäre entnommen; Amory dagegen wendet warme Luft an, indem er die Räume C unter den parabolischen Kammern mit Ausnahme der Ein- und Austrittsöffnungen ringsum verschließt und dadurch warm erhält. Die atmosphärische Luft für die Verbrennung auf dem Roste wird durch ein eisernes Rohr zugeführt, das in den Räumen C liegt, und wird daher ebenfalls angewärmt. Die Aschenfallthüren werden geschlossen gehalten.

In etwas veränderter Form ist diese Feuerung in der Kanonengießerei zu Lüttich, auch mit gutem Erfolge, angewendet worden. Statt der gemauerten Kammern sind hier die einzelnen Verbrennungsräume durch hohle, gußeiserne Scheidewände getrennt, aus denen die angewärmte Luft sowohl in der Richtung des Zugs, als dieser entgegengesetzt ausströmt.

Prideaux führt die Luft durch die Feuerthüre zu und gibt ihr zu diesem Zwecke die Construktion in Fig. 27. Der vordere Theil derselben besteht aus einer Reihe Klappen b, welche um

Fig. 27.

Zapfen beweglich sind, so daß man dieselben wie Jalousiegitter öffnen und schließen kann. Hinter diesen beweglichen Klappen liegt etwas geneigt gegen die Achse des Ofens eine Reihe paralleler Platten l; dann folgt mit entgegengesetzter Neigung eine zweite Reihe m und hierauf endlich eine dritte längere Reihe o, welche parallel zur Achse liegt. n und p sind freie Räume zwischen diesen Reihen. Die geringe Neigung der ersten und zweiten Plattenreihe l und m nach entgegengesetzten Richtungen hat den Vortheil, daß der einziehende Luftstrom die Oberflächen derselben besser bestreichen und ihnen die Wärme, die sie durch Ausstrahlung vom Feuerherde aufnehmen, entziehen kann. Die Ausstrahlung der Wärme nach außen wird dadurch so vollständig verhindert, daß die vordere Thürfläche nicht heißer als die umgebende Luft wird, selbst wenn die innersten Platten rothglühend sind. Die Klappen b dienen zur Regulirung der einzuführenden Luftmenge.

Bei allen diesen Vorrichtungen, durch welche Luft im Ueberschuß in den Feuerraum eingeführt wird, täuscht man sich leicht in dem Erfolge, wenn man mit der Erlangung einer rauchfreien Feuerung auch einen Gewinn an Brennmaterial zu erreichen hofft. Eine Verminderung des Brennstoffaufwands ist in der Regel hierbei nicht zu erwarten, weil die durch die Verbrennung erzeugte Wärme nicht an den Kessel abgegeben, sondern auf die nutzlose Erwärmung der im Ueberschuß zugeführten Luftmenge verwendet wird.

Wirksamer sind im Allgemeinen die Vorrichtungen, bei welchen der Rauch des frisch aufgegebenen Brennmaterials über das im vollen Brande befindliche geleitet wird; doch darf auch bei diesen nicht versäumt werden, die Luft in reichlichem Maße zutreten zu lassen.

Man kann schon auf einem gewöhnlichen Roste eine ziemlich rauchfreie Verbrennung dadurch einleiten, daß man die frischen Kohlen auf den vordern Theil des Herdes aufgibt, nachdem man zuvor die im vollen Brande befindlichen nach hinten gekrückt hat. Die durch die Destillation aus den frischen Kohlen sich entwickelnden Gase finden dann bei ihrem Uebergange über die brennenden Kohlen eine hohe Temperatur und unterliegen hier einer ziemlich befriedigenden Verbrennung. Für die gewöhnliche Praxis ist dieses Verfahren freilich nicht zu empfehlen. Denn wenn man den Rost in dünnen Lagen gleichmäßig beschüttet, so ist man sicher, daß kein Theil des Rostes unbedeckt bleibt, und erhält eine zwar nicht rauchfreie, aber doch noch ökonomisch vortheilhaftere Heizung, als wenn man den Heizer beauftragt, das angegebene Verfahren zu beobachten, bei welchem es nur der geringsten Unaufmerksamkeit bedarf, um der Luft im Uebermaße bis zur schädlichen Wirkung Zutritt zu verschaffen. Diesem Uebelstande kann man zwar zum Theil begegnen, indem man dem Roste eine schwache Neigung nach hinten gibt, so daß die Kohlen durch ihr eigenes Gewicht nach hinten zu fallen suchen, aber dann kommt es wieder leicht vor, daß sie eine zu dicke, den Durchgang der Luft erschwerende Schicht bilden.

Besser erreicht man jedenfalls den Zweck durch Treppenroste (S. 102), weil hier die verticalen Abstände zwischen den einzelnen Stäben gerade so groß gemacht werden können, um die zur vollständigen Verbrennung nothwendige Menge Sauerstoff einzuführen.

Watt wandte, um den Rauch zu verbrennen, zwei Roste hinter einander an, von denen er den vorderen mit Steinkohlen und den hinteren mit Cokes beschickte. Durch die bedeutende Hitze, welche die Cokesfeuerung des hinteren Rostes entwickelte, wurde der Rauch der vorderen Feuerstätte vollständig verbrannt; der damit verbundene Brennmaterialgewinn war aber nicht ausreichend, die höheren Kosten des Cokes zu decken. In der neueren Zeit hat man dasselbe Mittel wieder versucht, ist aber auch an demselben Uebelstande gescheitert.

Zwei Roste hinter einander, beide mit Steinkohlen beschickt, können unter Umständen, namentlich bei starkem Zuge, zweckmäßig seyn; nur muß man die den beiden Feuerungen zuzuführende Luftmengen unabhängig von einander reguliren können.

Chanter legt den hinteren Rost etwas tiefer als den vorderen. Das Brennmaterial wird auf den vorderen Rost aufgegeben und, nachdem es die gasförmigen Destillationsprodukte abgegeben und sich selbst in Cokes umgewandelt hat, auf den hinteren Rost zurück gekrückt. Hier bildet es nur eine dünne Schicht, und daher kann durch die Rostspalten die Luft in gehöriger Menge eintreten, um nicht nur die Cokesschicht selbst, sondern auch die über dieselbe wegziehenden unverbrannten Gase des vorderen Rostes zu verbrennen. Rauchfrei wird diese Feuerung jedenfalls seyn, aber ökonomisch vortheilhaft nicht; denn man kann die Kohlen auf dem hinteren, tiefer liegenden Rost nicht so gleichförmig vertheilen, daß der Rost überall hinreichend bedeckt ist, und treibt also wieder die Luft in schädlicher Menge durch den Ofen.

Die neueren Doppelroste werden in der Regel in der Weise angelegt, daß die beiden Roststätten neben einander zu liegen kommen und durch eine Mauer von einander getrennt werden, am Ende der Mauer aber in einen gemeinschaftlichen Zug einmünden. Beschickt man nun diese beiden Roste, von denen jeder seine besondere Feuerthüre hat, abwechselnd, so befindet sich stets der eine im vollen Brande, während auf dem andern eine unvollkommene Verbrennung vor sich geht. Die von dem letzteren abziehenden unverbrannten Gase mischen sich mit den heißen Verbrennungsprodukten des ersteren und werden dadurch mehr oder weniger vollständig verbrannt.

Um diese Verbrennung zu reguliren, wendet Buzonnière, indem er einer bereits im Jahre 1815 in einer englischen Patentbeschreibung von Losh ausgesprochenen Idee folgte, den beistehenden Mechanismus an. Fig. 28 zeigt den Horizontaldurchschnitt und Fig. 29 den Verticaldurchschnitt nach der Linie XY in Fig. 28. Die beiden Roste BB′ sind durch eine Mauer von einander getrennt,

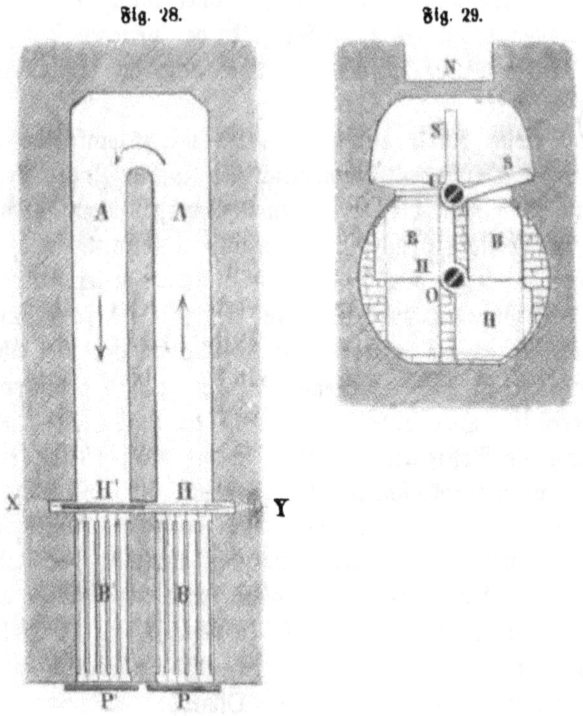

Fig. 28. Fig. 29.

die bis beinahe an das Ende des Zuges A fortgesetzt ist. Hinter den Rosten liegen die Registerpaare SS′ und HH′, die vermittelst der Wellen O und U von außen durch einen einzigen Handgriff um einen rechten Winkel gedreht werden können. Die Feuerthüren PP′ werden so viel als möglich geschlossen gehalten. Bei der in der Zeichnung angegebenen Stellung ist der Rost B frisch beschickt. Die auf demselben sich entwickelnden gasförmigen Destillationsprodukte ziehen in der Richtung der Pfeile von rechts nach links, bis sie gegen das Register H′ treffen; hier werden sie genöthigt, von unten durch den Rost B′ aufzusteigen, wobei sie von den heißen Verbrennungsprodukten auf demselben die zu ihrer Verbrennung nothwendige Wärme erhalten, und steigen endlich in verbranntem Zustande mit den Verbrennungsgasen des Rostes B′ gemeinsam aufwärts nach dem Zuge, durch welchen der Kessel seine Wärme erhält. Das zweite Registerpaar S S′, bei der gezeichneten Stellung der Arm S desselben, verhindert das unmittelbare Aufsteigen der Gase von dem Roste B.

Auf demselben Prinzipe beruht die in neuerer Zeit von Stenger, Riemann und Comp. in Straßburg ausgeführte Rauchverbrennung.

Auch Grar hat eine ähnliche Umsteuerung angegeben. Seine Anordnung unterscheidet sich aber von den vorigen dadurch, daß er der Länge des Kessels nach mehrere Doppelroste hinter einander anbringt, die durch breite Feuerbrücken von einander getrennt sind.

Alle diese Regulirungen haben den Ruf, dessen sie sich zeitweise zu erfreuen hatten, nicht vollständig rechtfertigen können. Sie geben zwar eine ziemlich rauchfreie Verbrennung; aber ein ökonomischer Nutzen, der ihre hohen Anlagekosten deckt, kann auch bei ihnen wegen des im Uebermaße zuzuführenden Luftquantums nicht gewonnen werden.

Je mehr man sich von der Unzulänglichkeit dieser complicirten Vorrichtungen überzeugte, desto mehr wandte man sich den einfacheren Vorrichtungen zu und zog es vor, die Regulirung des Feuers einem geschickten Heizer zu überlassen. In dieser Hinsicht läßt die in Fig. 30 dargestellte Anordnung kaum etwas zu wünschen übrig. A und B sind die beiden Roststätten und C ist eine gußeiserne Platte, welche bis an den Kesselboden reicht und die beiden Roste vollständig von einander abscheidet. Hinter der Platte C vereinigen sich die beiden Roste zu einem einzigen D, der dann wieder mit dem gemeinschaftlichen Zuge in unmittelbarer Verbindung steht. Jeder Rost hat seine besondere Thüre, damit die Beschüttung abwechselnd erfolgen kann. Der aus dem frisch aufgegebenen Brennmaterial aufsteigende Rauch zieht über das im vollen Brande befindliche Brennmaterial auf dem hinteren Roste und mischt sich hier zugleich mit den heißen Verbrennungsgasen des zweiten

Fig. 30.

vorderen Rostes. Diese heißen Gase, über welche hier der Rauch geleitet wird, enthalten nicht nur selbst keinen Rauch, sondern sie führen auch noch so viel Luft mit sich, um die vollkommene Verbrennung des aus der frischen Beschüttung sich entwickelnden Rauches zu bewirken. Natürlich muß der Heizer vor dem jedesmaligen Aufgeben die auf dem betreffenden Roste liegenden Kohlen auf den hinteren Rost zurückkrücken.

Eine sehr große Verbreitung hat die noch etwas einfachere Fairbairn-Stephan'sche Einrichtung gefunden. Hier ist der Feuerraum der ganzen Länge nach durch eine gemauerte Zunge in zwei Theile geschieden, welche ebenfalls besondere Feuerthüren haben und abwechselnd beschickt werden, an der Feuerbrücke aber sich so vereinigen, daß durch schräg gesetzte Steine die Flamme jeder Abtheilung nach der Richtung der anderen hinübergeleitet wird, in der Weise, daß die Richtungen der Flammen in einiger Entfernung von der Feuerbrücke sich schneiden.

Die im Vorstehenden beschriebenen Feuerungen beruhen auf dem Princip, daß der Rauch und die gasförmigen Destillationsprodukte des frischen Brennmaterials genöthigt werden, durch die heißen Gase des im vollen Brande befindlichen hindurchzuziehen, und bei der hohen Temperatur der letzteren Gelegenheit finden, sich an ihnen zu entzünden und mit ihnen zu verbrennen. Hierbei zieht ein Theil der Verbrennungsluft durch das frische Brennmaterial, ein anderer durch das im Brande befindliche. Man kann aber noch weiter gehen, indem man die gesammte Verbrennungsluft zuerst durch das frische und dann durch das im Brande stehende Brennmaterial leitet. Auf diesem Princip beruht die Feuerung von Duméry, welche in Fig. 31 abgebildet ist.

Der Rost D, welcher von den Seiten nach der Mitte zu in einer schwachen Krümmung ansteigt, erhält sein Brennmaterial von den Kohlenbehältern EE, welche die Gestalt von schmalen, nach unten sich etwas erweiternden Kästen haben und unten fast rechtwinklig nach dem Roste hin sich wenden. Ihre Länge ist

Fig. 31.

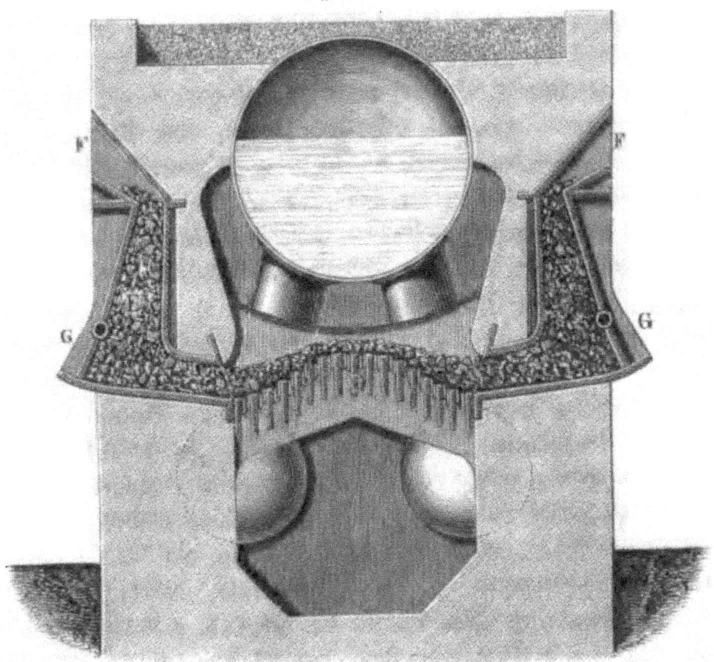

nahezu so groß, als die Länge des Rostes, und ihre Füllung erfolgt durch zwei seitliche Oeffnungen FF oder durch besondere, an der Stirnseite angebrachte Füllkästen. GG sind zwei Klappen, welche durch die ganze Länge der Kohlenbehälter fortlaufen und periodisch in Bewegung gesetzt werden, wobei sie kleine Schwingungen von 1—4 Zoll Weite machen. Denkt man sich nun die Kästen E mit Kohle gefüllt und die Klappen G in schwingende Bewegung gesetzt, so ist leicht zu begreifen, wie durch die Niederbewegung der Klappen die in der horizontalen Kastenabtheilung befindliche Kohle dem Roste zugeschoben wird, zwischen dem Roste und den brennenden Kohlen sich einkeilt und immer weiter aufwärts steigt. Wird hingegen die Klappe nach außen bewegt, so wird ein Nachrutschen des in der oberen Kastenabtheilung befindlichen Brennstoffs herbeigeführt. Die Bewegung der Klappen G erfolgt nicht continuirlich, sondern nur zu dem Zeitpunkte, wo der Feuermann durch ein in der Stirnseite angebrachtes Fenster ein Schwarzwerden der höheren Rostpartie bemerkt.

Das Brennmaterial wird hierbei gleichmäßig von unten zugeführt, so daß die von unten durch den Rost tretende Luft gezwungen ist, zuerst durch das frische und dann durch das glühende Brennmaterial zu streichen. Der Erfolg hiervon ist — bei hinreichendem Luftzutritt — eine rauchfreie Verbrennung, bei welcher die Brennmaterialersparniß nicht größer und nicht kleiner ist, als bei allen Feuerungen, denen die Luft in großen Quantitäten zugeführt wird. Das Gute hat übrigens der Apparat, daß man die Quantität der eingeführten Kohlen zeitweise weit über die normale steigern kann, ohne daß eine Störung im Verbrennungsproceß vor sich geht. Dadurch wird man in den Stand gesetzt, rasch viel Dampf zu bilden; aber ein Mittel, die Dampferzeugung rasch zu unterbrechen, hat man nicht.

Bekanntlich wendet man bei metallurgischen Operationen nicht selten die sogenannten Gasgeneratoren an, um aus Brennmaterialien von geringem Werthe brennbare Gase zu erzeugen, die man dann unter Zuführung von Luft zu Kohlensäure verbrennt. Dieses Princip hat Beaufumé in folgender Weise auf die Dampfkesselfeuerungen übertragen. Sein Gasgenerator besteht aus einem tiefen, prismatischen Feuerraume, der ringsum geschlossen und auf allen Seiten von einer doppelten, mit Wasser gefüllten Blechwand nach Art der Lokomotivkessel umgeben ist. Das Brennmaterial wird von oben durch verschließbare Trichter — damit keine Luft in den Feuerraum eintreten kann — aufgegeben und in einer dieser Lagen auf den im unteren Theile des Feuerraums liegenden Rost aufgeschüttet. Der in dem Blechmantel sich erzeugende Dampf wird, wenn nicht eine bequemer zu benutzende Triebkraft vorhanden ist, zum Betriebe eines kleinen Ventilators angewendet, der unter den übrigens dicht verschlossenen Aschenfall Luft einbläst. Die in dem Gasgenerator sich erzeugenden Gase werden durch ein gußeisernes Rohr nach dem Kessel geleitet und strömen hier durch einen breiten, aus rectangulären Mündungen bestehenden Brenner aus; an derselben Stelle befindet sich aber noch ein zweiter, in gleicher Weise ausgeführter Brenner, durch welchen von dem oben erwähnten Ventilator atmosphärische Luft zugeführt wird, die mit den heißen brennbaren Gasen sich mischt und zu Kohlensäure verbrennt. Die Verbrennungsgase circuliren um den Kessel und entweichen, bis zu 180° abgekühlt, durch ein kurzes Rohr in die freie Luft.

Endlich sind zu den Rauchverbrennungsapparaten noch die sich selbst beschüttenden Feuerungsanlagen zu zählen. Man bezweckt mit denselben, eine ununterbrochene Speisung des Rostes und eine gleichförmige Vertheilung der Kohlen auf demselben hervorzubringen. Da hierbei das auf einmal auf den Rost gelangende Kohlenquantum ein sehr kleines ist, so erfährt der Feuerraum durch die frische Beschüttung keine erhebliche Abkühlung, und die glühenden Kohlen sind immer im Stande, die frisch hinzukommenden rasch zu entzünden und die Rauchentwicklung auf ein Minimum herabzuziehen. Man hat zweierlei Feuerungen dieser Art, entweder feste Roste mit beweglichen Speiseapparaten, oder bewegliche Roste mit festen Speiseapparaten.

Die ersteren wurden von Stanley angegeben und später von Collier, Dean u. A. verbessert, werden aber gegenwärtig kaum noch angewendet. Die Steinkohlen werden bei denselben durch Walzenpaare zerkleinert und durch Flügelräder mit gleichförmiger Bewegung in den Feuerraum geworfen. Den Vorrichtungen dieser Art macht man den Vorwurf, daß sie leicht der Zerstörung ausgesetzt sind und daß sie das Brennmaterial nicht gleichförmig vertheilen, namentlich dasselbe zu den beiden Seiten des Rostes zu sehr anhäufen.

Unter die beweglichen Roste gehört zunächst der kreisförmige Drehrost von Brunton. Er besteht aus einem horizontalen, kreisförmigen Roste, der eine langsam drehende Bewegung empfängt und von oben durch einen festen Trichter continuirlich beschickt wird. Derselbe hat sich keine Verbreitung verschaffen können.

Zweckmäßiger ist jedenfalls der Juckes=Tailfer'sche Kettenrost. Derselbe besteht, wie Fig. 32 zeigt, aus einer endlosen Kette

Fig. 32.

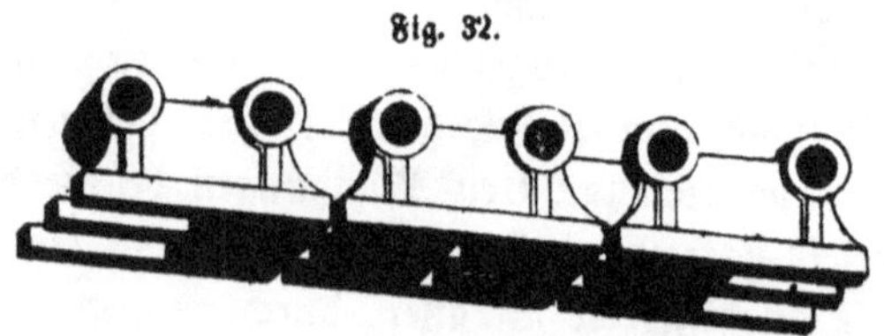

kleiner, mit Gelenken versehener Roststäbe, welche durch eine Kettenscheibe eine fortschreitende Bewegung empfangen, indem die Zähne derselben zwischen die Gelenke der Roststäbe eingreifen. Die Kettenscheibe R (Fig. 33, wobei der Rost weggenommen gedacht ist) erhält durch Räderwerk eine sehr langsame Umdrehungsbewegung, etwa so, daß der Kettenrost um 10—30 Millimeter in der

Fig. 33.

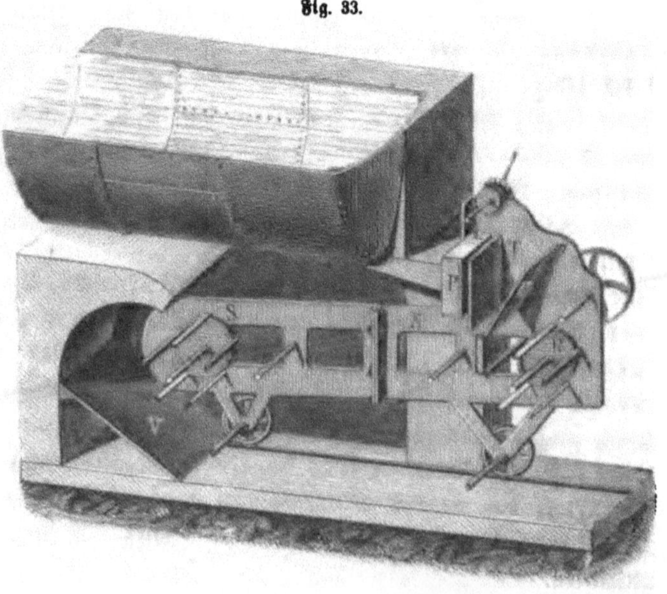

Minute fortrückt. Das Gestelle S, auf welchem dieser Rost aufgelagert ist, geht auf Rädern und besteht aus zwei gußeisernen Wangen, die durch Spannstangen unter einander abgesteift sind. Die Steinkohlen werden in kleinen Stücken durch den Trichter T aufgegeben, der zu beiden Seiten von den Gestellwänden, hinten durch eine bewegliche Blechplatte U und vorn durch die gußeiserne, mit feuerfesten Steinen ausgefütterte Thüre P. begrenzt wird. Die Thüre P, welche an Ketten aufgehängt ist, läßt man so weit nieder, als es das Bedürfniß verlangt, und hält sie dann durch Einlegen eines Sperrkegels in ein mit den Rollen der Thürketten verbundenes Sperrrad fest. Die Kohlen werden durch den Rost langsam mitgenommen und finden beim Eintritt in den Feuerraum nicht nur die gehörige Luftmenge, sondern auch eine hinreichend hohe Temperatur, um vollkommen zu verbrennen; am Ende der Feuerstätte, wo sie vollständig ausgebrannt sind, werden ihre festen Rückstände auf die geneigte Platte V abgeworfen, von der sie in einen unter den Rost gestellten Kasten niederfallen. Die Reinigung des Rostes ist eine selbstthätige, indem die kurzen Stäbe beim Uebergange über die Kettenscheiben ihre Fugen selbst aufbrechen. Die Spannung der Kette kann man vermittelst einer Stellschraube nach Belieben verändern.

Die Resultate, die man mit dieser Feuerung gewonnen hat, sind verschieden und zum Theil widersprechend. Es liegen allerdings Zeugnisse vor, nach denen man gegen gewöhnliche Feuerung bis zu 18 % an Brennmaterial gewonnen hat, oder auch in den Stand gesetzt worden ist, schlechtere Brennstoffe zu verwenden; dagegen ist es auch vorgekommen, daß nach dem Einbaue eines solchen Kettenrostes der Brennmaterialaufwand sich gesteigert hat oder das vorher erzeugte Dampfquantum nicht mehr producirt worden ist. Ein Mangel liegt jedenfalls darin, daß an den Seitenwänden, sowie an der Feuerbrücke sich Cinder anlegen, dadurch wird einestheils die Rostfläche verkleinert, anderntheils ist der Heizer dann genöthigt, die Thüre zu öffnen und die Cinder zurückzuziehen, was unter Umständen mehrmals des Tages vorkommen kann. Außerdem hat der Juckes'sche Kettenrost mit allen ähnlichen Vorrichtungen noch den Nachtheil gemein, daß er aus vielen beweglichen Theilen besteht, die einer hohen Temperatur ausgesetzt sind; doch ist dieser Nachtheil nach den Erfahrungen, die man in England gemacht hat, nicht von Belang.

6.

Die Benutzung fremder Feuerungen.

Bei den meisten Schmelzöfen der Hüttenanlagen geht ein großer, ja der größte Theil der erzeugten Wärme nutzlos verloren. Diese Verschwendung des immer theurer werdenden Brennmaterials ist besonders bei großen Schmelzöfen, wie bei den Eisenhohöfen, in die Augen fallend. Der Schmelzproceß erheischt eine äußerst intensive Hitze, die geschmolzenen Substanzen consumiren aber nur einen sehr mäßigen Theil derselben. Der größte Theil der enormen Wärmemenge entweicht durch die Gichtöffnung in die Luft. Man ist daher schon seit längerer Zeit darauf bedacht gewesen, die verloren gehende Hitze solcher Oefen auf irgend eine Weise zu benutzen, und hat dieß erreicht, ohne den Gang des Ofens zu beeinträchtigen. So hat man die Gichtflamme zum Brennen von Kalk, zum Rösten von Erz, zum Verkohlen von Holz, zur Heizung der Gebläseluft und zu anderen Zwecken verwendet. Von besonderer Wichtigkeit aber ist die Benutzung der abgehenden Wärme zur Heizung von Dampfkesseln, wovon im Folgenden die Rede seyn wird.

Die Ableitung der Gase aus dem Hohofen kann für diesen Zweck zunächst dadurch bewirkt werden, daß man einen Theil der Gase durch verschiedene, in der Ofenwand angebrachte Oeffnungen entweichen läßt; wobei die Gicht wie gewöhnlich offen bleibt. Dieses Verfahren ist zuerst von Faber du Faur eingeführt und seitdem auf verschiedenen Hütten, nur mit der Modification, daß man die Ausströmungsöffnungen höher legte, angewendet worden. Faber brachte dieselben bei etwa 0,3 der Ofenhöhe, von oben gerechnet, an. Dieß war aber offenbar zu tief; denn hier ist die Beschickung schon in voller Gluth, und die Ableitung der Gase hat daher für den Ofen einen beträchtlichen Wärmeverlust zur Folge, welcher nur durch vergrößerten Brennstoffaufwand ausgeglichen werden kann. Zudem darf auch in den weiter oben gelegenen Partien die reducirende Wirkung der Gase nicht fehlen. Dieses Verfahren, welches in Fig. 34 veranschaulicht ist, hat den Vortheil, daß die Gichtöffnung nicht verengt zu werden braucht, dagegen den Nachtheil, daß nur ein kleiner Theil der Gase aus dem Ofen abgeleitet wird.

Einen größeren Theil gewinnt man, wenn man die Gase bei

geschlossener Gichtmündung ableitet und die Mündung nur bei dem jedesmaligen Aufgeben öffnet. In dieser Weise sind u. a. die Hohöfen in Le Pouzin eingerichtet. Dieselben sind 57′ hoch, und ihre Gichtöffnung hat einen Durchmesser von 6′ 4″. Die Gase entweichen durch sechs Abzugsöffnungen in den Seiten des Ofens und sammeln sich in einem ringförmigen, im Schachtgemäuer angebrachten Raum, aus dem sie durch einen Canal abwärts geleitet werden. Die Gichtöffnung ist mit einer ringförmigen, gußeisernen Rinne von 4″ Weite und 8″ Höhe eingefaßt, welche mit Wasser gefüllt ist. In diese Rinne wird ein von starkem Eisenblech gearbeiteter Deckel mit einem cylindrischen Aufsatz eingesetzt, so daß die Gase durch hydraulische Absperrung am Entweichen aus der Gichtmündung gehindert sind. Der Deckel hängt an dem einen Arme eines Hebels, mittelst dessen er leicht abgehoben und zur Seite gedreht werden kann.

Fig. 34

Am häufigsten findet man das folgende Verfahren angewendet. In die Gichtmündung wird ein an beiden Enden offener, 6—7′ in den Schacht hineinreichender, eiserner Cylinder oder nach unten sich erweiternder Kegel gehängt, dessen Durchmesser um so viel kleiner als der der Gichtmündung ist, daß zwischen ihm und der Ofenwand ein ringförmiger Raum von 9—12″ Breite bleibt. Die Gase strömen dann in diesen (oben geschlossenen) Raum ein und gelangen von hier aus in die Abzugscanäle, die von diesem Raume ausgehen. Die Mündung des eingehängten Cylinders kann entweder beständig offen bleiben oder durch einen Deckel geschlossen werden, der beim jedesmaligen Aufgeben abgehoben wird. Eine Vorrichtung dieser Art zeigt Fig. 35.

Fig. 35.

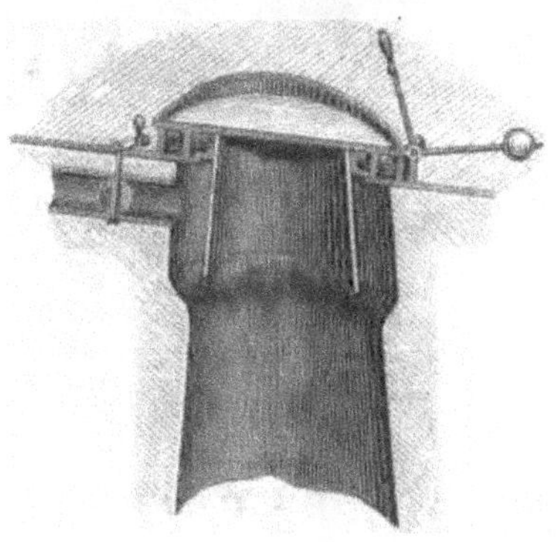

An den eingehängten Kegel ist oben ringsum ein Winkeleisen angenietet, welches auf dem nach innen vorspringenden Kranze der Gichtmündung befestigt ist. Der Deckel, der wieder hydraulischen Schluß hat, dreht sich um ein Scharnier und ist zur Erleichterung des Oeffnens und Schließens mit einem Gegengewicht versehen.

Eine ähnliche Einrichtung hat man auch bei der Hohofenanlage auf der Quint bei Trier getroffen. Der eingehängte Cylinder ist von Eisenblech, 6′ hoch und 5′ weit und steht ringsum von dem Schachtmauerwerk um 9″ ab. Die in dem ringförmigen Raume sich ansammelnden Gase werden durch ein viereckiges Rohr von 27″ Breite und 18″ Höhe in einen gußeisernen Sammelkasten und aus diesem durch zwei 18″ weite Blechröhren und zwei daran stoßende, gemauerte Kanäle von 18″ im Quadrat den beiden zu heizenden Dampfkesseln zugeführt. Aus dem gemauerten Kanale A gelangen, wie Fig. 36 zeigt, die Gase in einen zweiten gußeisernen Sammelkasten b, dessen nach dem Kessel gerichtete Platte mit 30 Stück in drei Reihen stehenden, 6″ langen Düsen versehen ist. Diese Düsen münden in einer anderen Platte c aus, die diesem Zwecke entsprechende Oeffnungen hat; doch sind außerdem diese

Fig. 36.

Oeffnungen an mehreren Stellen des Umfangs etwas erweitert, so daß die durch die Düsen eintretenden Gase von einem Strome atmosphärischer Luft umgeben werden, der ihre Verbrennung in dem Flammenrohre d des Kessels befördert. Zwei auf diese Weise geheizte Kessel und ein dritter, gleich großer mit unmittelbarer Feuerung dienen zusammen zum Betriebe der Gebläsemaschine von 60 Pferdekräften.

Endlich hat man noch ein viertes, von den beschriebenen wesentlich abweichendes Mittel, die Hohofengase abzuleiten. Die Gase werden nämlich in einem Aufsatze über der Gichtmündung aufgefangen und der ringförmige Raum zwischen dem Aufsatze und der Ofenwand zum Aufgeben der Gichten benutzt, in der Zwischenzeit aber sorgfältig geschlossen gehalten. Die Ableitung der Gase auf diese Weise ist unbestritten die vollkommenste.

Einen Apparat dieser Art, wie er von Coingt in Aubin angewendet worden ist, zeigt Fig. 37. Ueber der Gicht befindet

Fig. 37.

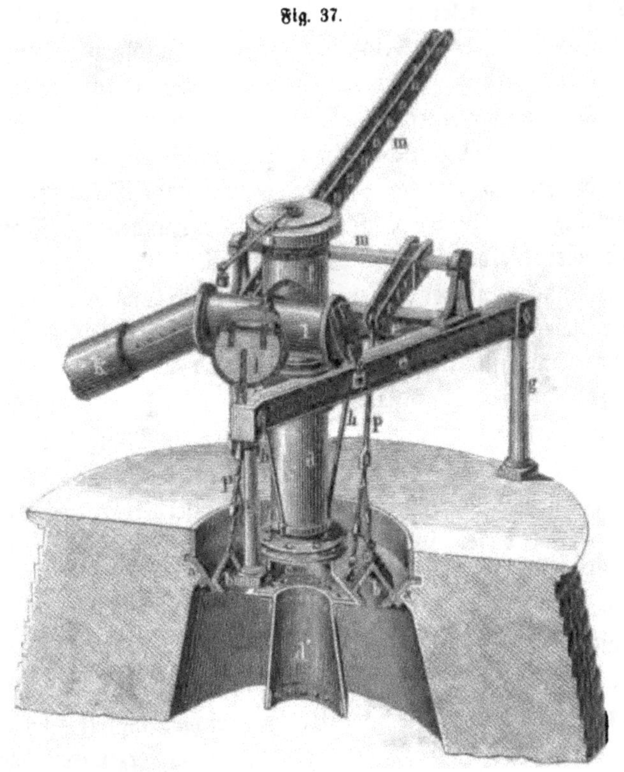

sich ein Gestell aus drei gußeisernen Säulen g und den blechernen Balken e, welche den zum Auffangen der Gase bestimmten Aufsatz tragen. Dieser Aufsatz besteht aus den Blechrohren f und d, dem theils cylindrischen, theils nach unten sich erweiternden, gußeisernen Rohr c und dem konischen Rohr d′ aus Eisenblech. Die Ofenwand der Gichtmündung ist mit einem gußeisernen Kranze a ausgefüttert, und zwischen diesen und die konische Erweiterung des Rohrs c paßt der ringförmige Trichter b, welcher vor dem Aufgeben der Beschickung mittelst der Stangen p und des Balanciers m in die Höhe gehoben wird. Um einen möglichst dichten Abschluß zu bewirken, dreht man die Berührungsflächen der Trichter a, b, c ab. Durch die Stangen h kann der Trichter c nach Bedürfniß etwas gehoben werden, und zu diesem Zwecke ist das Rohr d in dem Rohre f teleskopartig verschiebbar. Aus dem Rohre f werden die Gase durch das Blechrohr k zunächst nach einem Staubkasten, in welchem sie die Flugasche absetzen, und von da nach dem Orte ihrer Bestimmung geleitet. Zur Untersuchung der Rohrleitung im Aufsatze dienen die durch belastete Klappen geschlossenen Knierohre l.

Aus der Leitung treten die Gase entweder durch rectanguläre, in der Mauerung ausgesparte Oeffnungen unter gleichzeitiger Einführung von atmosphärischer Luft oder durch Düsen, wie sie auf S. 132 beschrieben wurden, unter den Dampfkessel. Eine kleine Rostfeuerung, welche die Gase immer in entzündetem Zustande erhält, ist aber hierbei beinahe unentbehrlich.

Die Anordnung der Kessel und die Einrichtung der Züge bleibt bei allen diesen Feuerungen dieselbe, wie bei den directen Feuerungen; aber ihre Dimensionen müssen andere werden. Man entzieht die Dampferzeuger dem Einflusse der strahlenden Wärme, die gewiß von großer Bedeutung ist, und muß daher diesen Mangel durch Vergrößerung der Heizfläche ersetzen. Einem Kessel, dem man bei directer Feuerung 15 Quadratfuß Heizfläche pro Pferdekraft geben würde, muß man bei dieser indirecten 25 Quadratfuß geben. Dadurch werden die Kessel freilich groß und theuer; doch steht dieser Aufwand nicht im Verhältniß zu dem dadurch erzielten Gewinn. Auch die Züge und der Schornstein sind etwas weiter zu machen, etwa so, daß die Querschnitte derselben $1\frac{1}{2}$mal so groß werden, als bei directer Feuerung, damit die Gase eine kleinere Geschwindigkeit erhalten und ihre Wärme möglichst vollständig an die Dampferzeuger abgeben.

Schließlich ist noch einer Vorsichtsmaßregel zu gedenken, welche sich dadurch nothwendig macht, daß während des Abstichs der Wind abgestellt, die Gasfeuerung folglich unterbrochen wird. Bei diesem Stillstand kann leicht atmosphärische Luft in die Gasleitung eintreten und zu Explosionen Anlaß geben. Deshalb wird vor dem Abstich die Gasleitung durch zwei Schieber abgeschlossen, von denen der eine an der Gicht und der andere nahe an den Kesseln angebracht ist. Ist nach vollendetem Abstich wieder angeblasen, so öffnet man den oberen Schieber und zugleich einen anderen, in der Nähe des Kessels befindlichen, durch welchen auf kurze Zeit die Gase und die möglicherweise mit ihnen vermischte, atmosphärische Luft direct in den Schornstein abgeleitet werden.

Bei Puddel- und Schweißöfen läßt sich die Ableitung der abgehenden Wärme nach einem Dampfkessel noch leichter bewerkstelligen, als bei den Hohöfen. Fig. 38 stellt eine solche Anlage

Fig. 38.

dar, wie sie Grouvelle bei einem Puddelofen ausgeführt hat, auf dessen Rost stündlich 90 Kilogr. Steinkohlen verbrannt werden. Die gasförmigen Verbrennungsproducte gelangen, nachdem sie im Puddelofen B gewirkt haben und durch den Glühofen B′ hindurchgegangen sind, in den Zug E, dessen Decke von 330 Millimeter Höhe bis zu 280 Millimeter sich senkt, damit auf die Siederohre C (das vordere ist weggeschnitten gedacht) keine Stichflamme wirken könne. Die Siederohre liegen 0,28 Meter über der Sohle des

Zuges, der hier eine Breite von 1,2 Meter hat; der Querschnitt des Zuges ist also 0,336 Quadratmeter. Am Ende der Siederohre steigen die Gase durch zwei Kanäle, von denen jeder 0,2 Quadratmeter Querschnitt hat, nach dem Hauptkessel aufwärts und ziehen dann wieder unter dem Hauptkessel rückwärts nach dem Schornstein. Der letzte Zug hat 0,42 Quadratmeter Querschnitt. Durch Schließen des Schiebers Q und Oeffnen des Schiebers P kann die Kesselfeuerung abgestellt werden; die Gase entweichen dann unmittelbar in den Schornstein. Diese Feuerung gibt nach Grouvelle den Dampf für 25 Pferdekräfte.

Die abgehende Hitze der Schweißöfen gibt einen noch etwas höheren Effect als die der Puddelöfen. Dieß hat seinen Grund in mehreren Umständen. Zunächst ist der durchschnittliche Kohlenverbrauch größer als der des Puddelofens; dann findet im Puddelofen eine chemische Zersetzung und Wiederverbindung statt, welche Wärme absorbirt, während im Schweißofen das Material nur erhitzt wird, und endlich verbindet man mit dem Puddelofen fast immer einen Glühofen, wodurch sich ein häufigeres Oeffnen der Arbeitsöffnungen nothwendig macht. Während sich bei einem Puddelofen auf 90 Kilogr. Kohlenverbrauch nur eine Dampferzeugung von 300 Kilogr. annehmen läßt, kann man bei einem Schweißofen mit 110 Kilogr. Kohlenverbrauch auf eine Dampferzeugung von mindestens 500 Kilogr. rechnen.

Am allgemeinsten ist die Benutzung der Cokesofengase. Zwar ist dieselbe immer mit dem Uebelstande verknüpft, daß die Qualität und Quantität des ausgebrachten Cokes mehr oder weniger verringert wird; auch ist sie in der Anlage theuer und im Gebrauche mit mancherlei Unbequemlichkeiten verbunden, doch werden bei zweckmäßiger Ausführung diese Uebelstände durch den erzielten Gewinn reichlich aufgewogen.

Die Heizfläche der durch Cokesöfen geheizten Dampfkessel muß sehr groß gemacht werden; einestheils wieder aus dem Grunde, weil die strahlende Wärme nicht, oder nur in geringem Grade, zur Wirkung kommt, anderntheils aber deßhalb, weil die Temperatur der abziehenden Gase in den verschiedenen Perioden des Vercokungsprocesses sehr verschieden ist und bisweilen bis zu einer ziemlich tief liegenden Grenze herabsinkt. Man kann auf die Pferdekraft ungefähr 3 Quadratmeter Heizfläche rechnen, und je 100 Kilogr. des Einsatzes liefern den Dampf für 1/4 Pferdekraft.

Bei der in Fig. 39 dargestellten Anordnung liegt der Dampfkessel mit seinen Siederohren über zwei Cokesöfen, welche abwechselnd beschickt werden, damit die Temperatur möglichst constant

Fig. 39.

bleibt. Solcher Dampfkessel werden mehrere neben einander aufgestellt. Nimmt man z. B. drei an, so erfordern diese zu ihrer Erwärmung 6 Oefen. Diesen sind 2 Oefen zur Reserve, und wenn man die Sohlen erhitzt, wie in der Zeichnung angegeben, noch zu diesem Zwecke 2 Oefen beizugeben, so daß im Ganzen zu 3 Kesseln 10 Oefen erforderlich sind, von denen jedoch nur 6 direct zur Heizung der Kessel dienen. Die aus den Oefen A^1 und A^2 abziehenden Gase strömen durch die Kanäle L L in den die Sieder und den untern Theil des Hauptkessels umgebenden Zug, treten seitwärts nach dem Vorwärmerohr G über, das sie der Länge nach bestreichen, und entweichen endlich durch den Kanal H unter den Ofensohlen in den Schornstein. Die Gase aus dem Ofen A ziehen direct durch den Kanal H in den Schornstein und dienen lediglich zum Warmhalten der Ofensohlen.

Fig. 40 zeigt eine Cokesofenanlage, bei welcher die Kessel neben die Oefen zu liegen kommen. Die Gase gehen durch die Oeffnungen A in die Kanäle E, aus diesen durch die vermittelst Schieber regulirbaren Oeffnungen J, welche zugleich für den Eintritt der atmosphärischen Luft bestimmt sind, in die Kanäle E', dann durch rechtwinklig umgebogene Verbindungsstücke in die Sohlkanäle G, H und endlich aus den letzteren durch F und D nach den

Fig. 40.

Dampfkesseln, unter denen ein gelindes Feuer erhalten wird, um die auf dem langen Wege sich abkühlenden Gase wieder zu entzünden.

Zum Heizen durch die Cokesofengase eignen sich die Henschel-schen Kessel (S. 177) recht gut. Man legt dann die einzelnen Sieder zwischen je 2 Oefen, indem man die Gase durch Seiten-öffnungen ausströmen, um die Sieder circuliren und durch die Sohlkanäle nach dem Schornstein entweichen läßt, oder man legt die Sieder in die Sohlkanäle selbst und läßt die Gase durch Oeff-nungen in den Seitenwänden nach den Sohlkanälen niedertreten.

II.

Von den Dampfkesseln.

1.

Material.

Als Material zu den Dampfkesseln dient beinahe ausschließlich Eisenblech. Für gewisse specielle Zwecke, wie zu den Feuer-büchsen der Locomotiven verwendet man auch Kupferblech. In

Beziehung auf die Festigkeit kommt das Kupfer dem Eisen gleich, und hinsichtlich des Wärmeleitungsvermögens ist es diesem vorzuziehen; seiner allgemeineren Anwendung aber steht seine Kostspieligkeit entgegen, die durch das höhere specifische Gewicht des Kupfers noch vermehrt wird. Die Anwendung des Messingblechs ist unzulässig und in den meisten Ländern geradezu verboten, oder nur ausnahmsweise für enge, gezogene Röhren gestattet. Auch das Gußeisen ist durch die meisten Dampfkesselgesetze verpönt, oder es ist wenigstens seine Anwendung nur unter Beschränkungen erlaubt, die die praktische Ausführung der Gußeisenkessel unthunlich machen. In neuerer Zeit ist auf die Vorzüglichkeit der gußstählernen Kessel aufmerksam gemacht worden. Der Gußstahl gestattet wegen seiner großen Festigkeit eine bedeutende Verminderung der Wanddicke — durchschnittlich um die Hälfte gegen Eisenblech —, wodurch nicht nur das Gewicht erheblich herabgezogen, sondern auch der Fortpflanzung der Wärme durch die Kesselwände Vorschub geleistet wird. Andrerseits muß man zu bedenken geben, daß der Stahl bei wiederholter Erwärmung einen Theil seines Kohlenstoffes verliert und sich dann in seinen Eigenschaften dem Schmiedeeisen immer mehr nähert, daß daher die ursprünglichen Dimensionen nach längerer Benutzung nicht mehr genügend sein dürften.

Fig. 41.

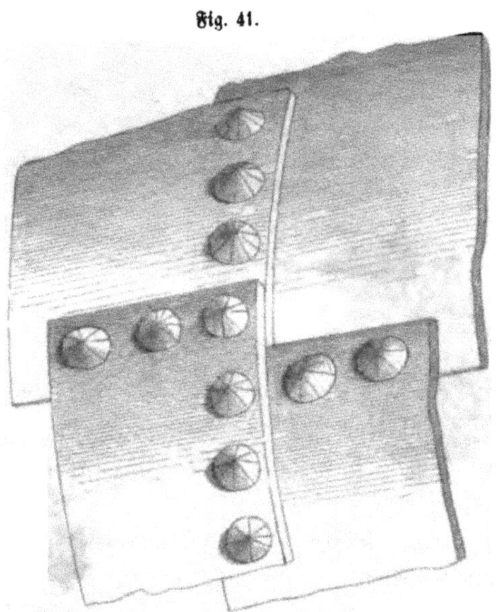

Die einzelnen Blechplatten sind sowohl der Länge, als der Breite nach durch Nietreihen verbunden, wie Fig. 41 zeigt. Man hat hierbei darauf zu achten, daß die Festigkeit der Nietverbindungen nahezu ebenso groß wird, als die Festigkeit des Bleches selbst, und muß diesem Grundsatze entsprechend die Dimensionen der Nieten und ihre Lage gegen einander, sowie gegen den

Blechrand, auswählen. Durch die in Fig. 41 dargestellte, einfache Vernietung mit überplatteten Rändern kann man diesen Bedingungen nicht vollständig genügen; näher kommt man dem Ziele durch die doppelten Nietreihen, wie sie in Fig. 42 gezeichnet sind.

Fig. 42.

Immerhin beträgt aber die Festigkeit der doppelten Vernietung nur 70 ÷ 80 und die der einfachen Vernietung nur 50 ÷ 60 Proc. der Festigkeit des Blechs. Die Festigkeit des Blechs selbst kann nur durch eine doppelte Vernietung mittelst einer Lasche erreicht werden, welche über die stumpf an einander gestoßenen Blechenden weggelegt ist. Eine solche Laschenvernietung zeigt Fig. 43. In

Fig. 43.

neuerer Zeit hat man denselben Zweck dadurch zu erreichen gesucht, daß man die Bleche an den Rändern etwas dicker walzt, diese dickeren Ränder rechtwinklig aufbiegt und mit den nebenliegenden, in gleicher Weise ausgeführten und aufgebogenen Rändern vernietet.

Die Blechplatten haben parallel zur Längenaxe des Kessels einen größeren Widerstand auszuhalten, als rechtwinklig gegen dieselben. Man muß daher die Bleche mit der Walzrichtung in die Peripherie und nicht parallel zur Axe des Kessels legen, weil sie in dieser Richtung eine größere Festigkeit zu besitzen pflegen, als rechtwinklig gegen dieselbe, und dadurch der gefährlicheren Bildung der Längenrisse ein größerer Widerstand entgegengesetzt wird. In gleicher Weise unterliegen auch die Längenverbindungen parallel zur Kesselaxe einer größeren Gefahr, als die Querverbindungen rechtwinklig zu derselben. Um diese Ungleichheit auszugleichen, hat man vorgeschlagen, die Nietreihen in Schraubenlinien, die sich rechtwinklig kreuzen, um den Kessel herumzulegen. Daelen[1] will sogar die Kessel aus blechernen, ungeschweißten Hohlcylindern, die aus dem Ganzen gewalzt sind, zusammensetzen und dadurch alle Längenverbindungen vermeiden.

Die Dimensionen der Vernietungen für gegebene Blechdicken sind nach Redtenbacher folgendermaßen zu bestimmen: bezeichnet e die Blechdicke, so wird

der Durchmesser des Nietbolzens	2 e
„ „ „ Nietkopfes	3 e
„ „ „ aufgestauchten Schließkopfes	4 e
die Höhe der beiden Köpfe	1,5 e
die Entfernung des Blechrands vom Nietmittel .	3 e
die Entfernung der Nietmittel von einander	
bei einfacher Vernietung . . .	5 e
bei doppelter Vernietung . . .	7 e
die Entfernung der Nietreihen von einander	
bei doppelter Vernietung . . .	(4 ÷ 5) e

2.

Verdampfungsvermögen.

Jede Kesselanlage muß vor Allem den vollen Dampfbedarf der Maschine, für die sie bestimmt ist, zu produciren im Stande sein, oder das von ihr verlangte Verdampfungsvermögen besitzen.

Verbraucht z. B. eine Maschine von 20 Pferdekräften pro Stunde und Pferdekraft 30 Kilogr. Dampf, so muß der Kessel andauernd und ohne übermäßige Anstrengung in der Stunde 600 Kilogr. Dampf erzeugen können. Wenn man nun annimmt,

[1] Polyt. Centralbl. 1860. S. 669.

daß zur Bildung von 1 Kilogr. Dampf von 5 Atmosphären Spannung aus Wasser von 10° (nach S. 62)

$$653 - 10 = 643 \text{ Wärmeeinheiten}$$

erforderlich sind, so muß das Wasser in diesem Kessel in der Stunde

$$600 \,.\, 643 = 385800 \text{ Wärmeeinheiten}$$

dem Ofen entziehen und in sich aufnehmen.

Untersuchen wir, durch welche Umstände das Wärmequantum, das ein Kessel in gegebener Zeit aufzunehmen vermag, oder die Verdampfungskraft des Kessels bedingt ist, so finden wir folgende:

1) Die Größe der Heiz- oder Feuerfläche, d. h. die Summe der Oberflächeninhalte aller von den gasförmigen Verbrennungsproducten bestrichenen Kesseltheile. Unter übrigens gleichen Umständen ist das Verdampfungsvermögen proportional der Heizfläche, d. h. die zweifache Heizfläche giebt die zweifache Dampfmenge, die dreifache Heizfläche die dreifache Dampfmenge u. s. w.

Hiernach muß jeder Dampfkessel bei gegebenem Fassungsraume eine möglichst große vom Feuer bestrichene Oberfläche erhalten.

Ein einfacher cylindrischer Kessel, der bis zu $^3/_5$ seiner Höhe mit Wasser gefüllt ist, kann nahezu auf dieselbe Höhe von den Verbrennungsgasen getroffen werden. Ist nun der gegebene Fassungsraum des Kessels Q und die Länge desselben L, so wird der Durchmesser

$$D = \sqrt{\frac{4}{\pi} \cdot \frac{Q}{L}}$$

und daher die Heizfläche (abgesehen von den Endflächen)

$$^3/_5\, D \pi L = {}^3/_5 \sqrt{4 \pi Q \,.\, L} = 2{,}13 \sqrt{Q L}$$

Nimmt man statt des einfachen cylindrischen Kessels eine aus zwei Cylindern bestehende Kesselanlage an, z. B. einen bis auf $^3/_5$ seiner Höhe gefüllten Hauptkessel mit einem $^2/_5$mal so großen Siederohr oder Rauchrohr, welches um seinen ganzen Umfang herum vom Feuer getroffen wird, so ergiebt sich unter Voraussetzung eines gleichen Fassungsraumes Q und einer gleichen Länge L der Durchmesser D des Hauptkessels aus

$$Q = \frac{D^2 \pi}{4} L + \frac{(^2/_5\, D)^2 \pi}{4} L$$

$$D = \sqrt{\frac{1{,}16\, \pi}{4} \cdot \frac{Q}{L}},$$

daher die Heizfläche des Hauptkessels

$$\tfrac{3}{5}\, D\, \pi\, L = \tfrac{3}{5} \sqrt{\frac{4\, \pi}{1{,}16} \,.\, Q\, L},$$

die Heizfläche des Siederohrs oder Rauchrohrs

$$\tfrac{2}{5}\, D\, \pi\, L = \tfrac{2}{5} \sqrt{\frac{4\, \pi}{1{,}16} \,.\, Q\, L}$$

und die gesammte Heizfläche der Kesselanlage

$$\tfrac{3}{5}\, D\, \pi\, L + \tfrac{2}{5}\, D\, \pi\, L = \sqrt{\frac{4\, \pi}{1{,}16} \,.\, Q\, L} = 3{,}29 \sqrt{Q\, L}.$$

Noch günstiger gestaltet sich das Verhältniß, wenn man die Zahl der Siederohre oder Rauchrohre vergrößert. Z. B. für eine Kesselanlage, die aus einem Hauptkessel vom Durchmesser D und vier Siederohren von den Durchmessern $\tfrac{1}{2}$ D besteht, wird unter der Voraussetzung, daß der Hauptkessel zur Hälfte und die Siederohre auf ihren ganzen Umfang vom Feuer bestrichen werden,

$$Q = \frac{D^2\, \pi}{4}\, L + 4\, \frac{(\tfrac{1}{2}\, D)^2\, \pi}{4}\, L,$$

$$D = \sqrt{\frac{2}{\pi} \,.\, \frac{Q}{L}},$$

daher die Heizfläche des Hauptkessels

$$\tfrac{1}{2}\, D\, \pi\, L = \tfrac{1}{2} \sqrt{2\, \pi \,.\, Q\, L},$$

die Heizfläche der Siederohre

$$4 \,.\, \tfrac{1}{2}\, D\, \pi\, L = 2 \sqrt{2\, \pi \,.\, Q\, L}$$

und die gesammte Heizfläche der Kesselanlage

$$\tfrac{1}{2} \sqrt{2\, \pi \,.\, Q\, L} + 2 \sqrt{2\, \pi \,.\, Q\, L} = 6\,27 \sqrt{Q\, L}$$

Bei weitem die größte Heizfläche haben die Röhrenkessel, d. h. Kessel mit einem parallelepipedischen oder cylindrischen Feuerraum und einer großen Anzahl Rauchröhren, durch welche die gasförmigen Verbrennungsproducte nach der Rauchkammer und von da in den Schornstein abgeführt werden. Der in Fig. 61 auf S. 182 skizzirte Röhrenkessel einer Locomotive hat 129 Rauchröhren von 12′ 10″ Länge und 2″ Durchmesser und der cylindrische Theil desselben hat bei gleicher Länge einen Durchmesser von 3′ $3\tfrac{3}{4}$″.

Hiernach kommt allein auf die Rauchröhren eine Heizfläche von

$$129 \,.\, \tfrac{1}{6}\, \pi \,.\, 12\tfrac{5}{6} = 867 \text{ Quadratfuß},$$

der Fassungsraum des cylindrischen Kesseltheils ist

$$(3\tfrac{5}{16})^2 \,.\, \frac{\pi}{4} \,.\, 12\tfrac{5}{6} - 129 \,.\, \tfrac{1}{144} \,.\, \pi \,.\, 12\tfrac{5}{6} = 74{,}5 \text{ Kubikfuß}.$$

Es wird also hier die Heizfläche der Röhren allein

$$28{,}04 \sqrt{Q\,L}$$

Dadurch, daß man die vom Feuer getroffene Kesselfläche wellenförmig macht, oder sie mit warzenförmigen Erhöhungen versieht, kann man die Heizfläche allerdings vergrößern, doch darf man sich von solchen Kesseln keine lange Dauer versprechen; auch sind sie schwer herzustellen und schwer zu reinigen.

2) Die Temperatur der Verbrennungsgase. Die von den Verbrennungsgasen an die Kesselwände abgegebene Wärme ist proportional der Differenz zwischen den Temperaturen der Gase und der Kesselwände, und es theilen daher Gase von hoher Temperatur den Kesselwänden ein weit größeres Wärmequantum mit, als solche, die bereits abgekühlt sind.

Auf S. 99 ist gezeigt worden, daß die Verbrennungsluft bis zu 1250° erwärmt wird, wenn man annimmt, daß die Steinkohlen 7500 Wärmeeinheiten entwickeln und pro Kilogr. Steinkohle 24 Kilogr. Luft zugeführt werden. Dabei ist auf den Theil der entwickelten Wärme, welcher als strahlende Wärme an den Kessel übergeht, nicht Rücksicht genommen worden. Dieser Theil ist bei verschiedenen Feueranlagen sehr verschieden. Nimmt man ihn zu $^1/_5$ sämmtlicher Wärme an, so bleiben für die leitende Wärme $^4/_5 \,.\, 7500 = 6000$ Wärmeeinheiten übrig, welche die Verbrennungsluft an der Stelle, wo sie den Feuerherd verläßt, bis zu $4 \,.\, \frac{6000}{24} = 1000^0$ erwärmen. Die mittlere Temperatur der Kesselwand sei 160°.

Nach diesen Annahmen ist die Temperaturdifferenz unmittelbar über dem Feuer $1250 - 160 = 1090^0$.

Die Temperaturdifferenz wird um so kleiner, je weiter die Verbrennungsgase von dem Feuerherd sich entfernen. Setzen wir die Temperatur der Feuerluft am Fuchse des Schornsteins 300°, und nehmen wir an, daß die Temperatur vom Feuerraume bis zum Fuchse gleichmäßig abnimmt, so werden bei einer Kesselanlage, die mit drei Feuerzügen umgeben ist, die Temperaturen folgende sein:

am Ende des ersten Zugs $1000 - {}^1/_3\,(1000 - 300) = 766^2/_3{}^0$,

" " " zweiten " $766^2/_3 - {}^1/_3\,(1000 - 300) = 533^1/_3{}^0$.

Hiernach werden die durchschnittlichen Temperaturen

$$\text{im ersten Zuge } \frac{1000 + 766^2/_3}{2} = 383^1/_3{}^0,$$

$$\text{im zweiten Zuge } \frac{766^2/_3 + 533^1/_3}{2} = 650^0,$$

$$\text{„ dritten „ } \frac{533^1/_3 + 300}{2} = 416^2/_3{}^0$$

und die durchschnittlichen Temperaturdifferenzen

im ersten Zuge $883^1/_3 - 160 = 723^1/_3{}^0$,

„ zweiten „ $650 - 160 = 490^0$,

„ dritten „ $416^2/_3 - 160 = 256^2/_3{}^0$.

Und es verhalten sich also in dem vorstehenden Beispiele die vom directen Feuer an den Kessel abgegebenen Wärmequantitäten zu den in den auf einander folgenden Zügen gewonnenen Wärmemengen, wie

$$1090 : 723^1/_3 : 490 : 256^2/_3,$$

oder wie

$$1 : 0{,}66 : 0{,}45 : 0{,}23.$$

In welcher Weise die Wärmeabgabe in den Röhren der Röhrenkessel sich vertheilt, hat Williams[1] durch directe Versuche nachgewiesen, indem er die Verbrennungsproducte einer Gasflamme durch eine schmiedeeiserne Röhre von 75 Millimeter Durchmesser und 1,35 Meter Länge leitete. Die Röhre war auf ihre ganze Länge mit Wasser umgeben und der Wasserraum in 5 Abtheilungen getheilt, von denen die der Feuerung zunächst liegende 150 Millimeter und die übrigen je 300 Millimeter Länge hatten. Mit dieser Versuchsröhre verdampfte er im Laufe von 4 Stunden in den auf einander folgenden Abtheilungen:

Nr. 1.	Nr. 2.	Nr. 3.	Nr. 4.	Nr. 5.	
2,719	1,161	0,679	0,538	0,438	Kilogr. Wasser,

oder in Verhältnißzahlen ausgedrückt

$$1 : 0{,}43 : 0{,}25 : 0{,}20 : 0{,}16.$$

Hieraus ergiebt sich der wichtige Schluß, daß man nicht nur die Heizfläche im Allgemeinen, sondern vor Allem die directe, d. h. die der strahlenden Wärme ausgesetzte Heizfläche möglichst groß machen muß.

Auch erklärt sich hierdurch der auf S. 115 aufgestellte Satz, daß man bei Anwendung von Ventilatoren als Zugbeförderungsmittel die Heizfläche viel größer machen müsse, als bei Anwendung der gewöhnlichen Schornsteine. Denn da man hier die entweichenden

[1] Polyt. Centralbl. 1858. S. 1482.

Verbrennungsproducte bis auf das Minimum der wirksamen Temperatur abkühlt, so ist die Temperaturdifferenz und also auch die Wirksamkeit der Heizfläche noch viel kleiner, als in dem obigen Beispiele, und man muß daher das, was man an Intensität der Heizfläche verliert, durch ihre Ausdehnung zu ersetzen suchen, und zwar in um so größerem Maße, je höher die Spannung und Temperatur des Dampfes im Kessel ist.

3) Die Geschwindigkeit der Verbrennung. Da die entwickelte Wärmemenge der aufgewendeten Brennmaterialmenge und unter übrigens gleichen Umständen die Dampfproduction der dem Kessel mitgetheilten Wärmemenge proportional ist, so muß auch die Dampfproduction in geradem Verhältniß zu der in gleicher Zeit consumirten Brennmaterialmenge stehen. Dabei ist natürlich vorausgesetzt, daß die Feuerungsanlage immer die dem Brennmaterial entsprechende Einrichtung hat.

4) Die Lage der Heizfläche gegen die Richtung der Feuerluft. Bei gleicher Temperatur haben die Verbrennungsgase eine um so größere Wirkung, je mehr die Richtung derselben der Senkrechten gegen die Heizfläche sich nähert. Da nun die Gase bei ihrer Bewegung in den Zügen zugleich zu steigen suchen, so müssen sie die meiste Wärme dann abgeben, wenn die Kesselfläche über ihnen liegt, also in den Bodencanälen. Eine bei weitem geringere Wirkung haben die Seitenzüge, weil in ihnen ein großer Theil der Gase ohne alle Einwirkung auf den Kessel an demselben vorbeistreicht.

5) Die Dicke und Beschaffenheit der Kesselwände. Dem Kessel wird um so mehr Wärme mitgetheilt, je dünner die Wand ist und je besser das Material derselben die Wärme leitet. Die Wand kann um so dünner gemacht werden, je größer die Festigkeit des Materials ist und umgekehrt; es sind daher in dieser Beziehung gußstählerne Kessel zu empfehlen und gußeiserne — die auch aus andern Gründen nicht im Gebrauche sind — zu verwerfen. Der größeren Wärmeleitungsfähigkeit wegen wäre das Kupfer dem Eisen vorzuziehen, wenn es nicht so hoch im Preise stände.

Ganz besonders wird die Wärmemittheilung durch Kesselsteinablagerung beeinträchtigt; nicht nur deshalb, weil die Schicht, welche die Feuerluft vom Wasser trennt, dadurch verdickt wird, sondern auch, weil die Kesselwand, über welcher der Kesselstein abgelagert ist, bis zu einem solchen Grade heiß wird, daß sie von den vorbeistreichenden Gasen keine Wärme oder wenigstens nur einen sehr geringen Theil derselben aufnehmen kann.

In den Rauchröhren wirken die festen Verbrennungsrückstände, welche sich an die Kesselwände anlegen, wie Asche, Ruß rc., der Fortpflanzung der Wärme durch die Kesselbleche entgegen. Man darf daher bei der Berechnung der Verdampfungskraft eines Kessels nicht die ganze Heizfläche der Rauchröhren, sondern nur einen Theil derselben, etwa die Hälfte, zu Grunde legen.

Nach Peclet beträgt bei gut construirten Dampfkesseln, welche mit 1 Kilogr. Steinkohlen 6 bis 7 Kilogr. Dampf liefern und die Verbrennungsproducte mit einer durchschnittlichen Temperatur von 300° abgeben, die durchschnittliche Dampferzeugung in der Stunde auf ein Quadratmeter 15 bis 20 Kilogr., Cavé hat unter gleichen Umständen 19 Kilogr. gefunden, Redtenbacher giebt 24 Kilogr. an, Morin 30 Kilogr.

Reducirt man diese Angaben auf preußisches Maß und Gewicht, so erhält man eine stündliche Dampferzeugung pro Quadratfuß von

3 bis 4 Pfund nach Peclet,
3,74 „ „ Cavé,
4,73 „ „ Redtenbacher,
5,91 „ „ Morin.

Wenn nun bei einer Dampfmaschine ohne Expansion nach S. 84

$$L = V\,(p - q)$$

ist, wobei L die theoretische Arbeit, V das in der Sekunde verbrauchte Dampfvolumen, p die Dampfspannung im Kessel, q die Spannung im Condensator bedeutet, und die effective Arbeit 50 % der theoretischen gesetzt wird, so ergiebt sich für L in Pferdekräften

$$75\,L = \tfrac{1}{2}\,V\,(p - q)$$

und für L = 1 Pferdekraft das in der Sekunde verbrauchte Dampfquantum

$$V = \frac{150}{p - q}$$

Werden p und q in Atmosphären ausgedrückt, so wird

$$V = \frac{150}{10334\,(p - q)}$$

und das stündlich pro Pferdekraft verbrauchte Dampfgewicht $G = 3600\,d\,.\,V$, wenn d die Dichtigkeit des Dampfes bedeutet.

Nun ist nach S. 55

$$d = \frac{0{,}8058\ p}{1 + 0{,}00367\ t}\ \text{Kilogr.};$$

daher

$$G = 3600 \cdot \frac{0{,}8058\ p}{1 + 0{,}00367\ t} \cdot \frac{150}{10334\ (p - q)}\ \text{Kilogr.}$$

$$= \frac{44\ p}{(1 + 0{,}00367\ t)\ (p - q)}\ \text{Kilogr.}$$

Nimmt man endlich die durchschnittliche, stündliche Dampferzeugung zu 22 Kilogr. auf 1 Quadratmeter Heizfläche an, so erhält man die in Quadratmetern ausgedrückte Heizfläche pro Pferdekraft:

$$F = \frac{G}{22}$$

$$= \frac{2\ p}{(1 + 0{,}00367\ t)\ (p - q)}\ \text{Quadratmeter.}$$

Die Heizfläche, welche man hiernach den Dampfkesseln der Volldruckmaschinen bei verschiedenen Dampfspannungen pro Pferdekraft zu geben hat, sind in der folgenden Tabelle zusammengestellt.

Dampfspannung im Kessel.	Heizfläche pro Pferdekraft bei Maschinen mit Condensation ($q = 0{,}1$).	bei Maschinen ohne Condensation
Atm.	Quadratm.	Quadratm.
$1\frac{1}{2}$	1,52	—
2	1,46	—
3	1,39	2,00
4	1,34	1,74
5	1,30	1,60

Aus dieser Tabelle geht hervor, daß Condensationsdampfmaschinen eine weit kleinere Heizfläche der Kessel brauchen, als Maschinen gleicher Stärke, die ohne Condensation arbeiten, und in unmittelbarem Zusammenhange hiermit steht die Schlußfolgerung, daß bei Condensationsmaschinen die Heizfläche um so kleiner gemacht werden kann, je vollkommener die Condensation ist, und daß sie umgekehrt bei unvollkommener Condensation größer gemacht werden muß. Dieser Unterschied ist nicht unbedeutend; denn wenn z. B. die Spannung im Condensator $\frac{1}{4}$ Atmosphäre statt $\frac{1}{10}$ Atmosphäre wäre, so müßte unter gleichen Voraussetzungen die Heizfläche

bei 3 Atm. Kesselspannung 1,46 Quadratmeter statt 1,39,
bei 4 „ „ 1,39 „ „ 1,33,

u. s. w. werden.

Die Abstellung der Condensation an einer Maschine, die für Condensation bestimmt ist, würde nach vorstehender Tabelle die Vergrößerung der Kesselheizfläche bedingen; allein es ist zu berücksichtigen, daß durch die Aufhebung der Condensation auch die Leistung verkleinert wird. Bei 3 Atmosphären Spannung ist die Leistung

proportional 3 — 0,1 = 2,9, wenn condensirt wird,
„ 3 — 1,0 = 2,0, „ nicht condensirt wird.

Es ist hierbei also die Heizfläche nicht 2,00 Quadratmeter, wie die Tabelle angiebt, sondern $2{,}00 \cdot \frac{2{,}0}{2{,}9} = 1{,}39$ Quadratmeter zu rechnen. Für 4 Atmosphären würde sie $1{,}74 \cdot \frac{3}{3{,}9} = 1{,}34$ Quadratmeter, für 5 Atmosphären $1{,}60 \cdot \frac{4}{4{,}9} = 1{,}30$, in allen Fällen also dieselbe, welche die Maschine für ihren normalen Zustand erhalten hat.

Die Tabelle zeigt ferner noch, daß die Heizfläche des Kessels um so größer gemacht werden muß, je niedriger die Dampfspannung ist, und zwar ist dieß am auffälligsten bei solchen Maschinen, welche ohne Condensation arbeiten. Um daher nicht zu große Kessel zu erhalten, muß man solche Maschinen, welche ohne Condensation und Expansion arbeiten, mit möglichst hoher Dampfspannung betreiben. Dies ist namentlich bei Fördermaschinen zu berücksichtigen, wenn denselben die für die Condensation nothwendige Wassermenge nicht zu Gebote steht.

Bei Expansionsmaschinen ist nach S. 83

$$L = V p \left[1 + \ln\left(\frac{p}{p_1}\right) - \frac{q}{p_1}\right],$$

worin p_1 die Spannung des Dampfes am Ende des Hubes bedeutet, alle übrigen Bezeichnungen aber dieselben bleiben.

Für L in Pferdekräften und einen Wirkungsgrad von 50% wird

$$75\,L = \tfrac{1}{2}\,V p \left[1 + \ln\left(\frac{p}{p_1}\right) - \frac{q}{p_1}\right],$$

und für L = 1 Pferdekraft das in der Sekunde verbrauchte Dampfquantum

$$V = \frac{150}{p\left[1 + \ln\left(\frac{p}{p_1}\right) - \left(\frac{q}{p_1}\right)\right]}$$

Werden p und q in Atmosphären ausgedrückt, so wird

$$V = \frac{150}{10334\ p \left[1 + \ln\left(\frac{p}{p_1}\right) - \frac{q}{p_1}\right]}$$

und das stündlich pro Pferdekraft verbrauchte Dampfgewicht

$$G = 3600\ d\ V$$

$$= 3600 \cdot \frac{0{,}8058\ p}{1 + 0{,}00367\ t} \cdot \frac{150}{10334\ p \left[1 + \ln\left(\frac{p}{p_1}\right) - \frac{q}{p_1}\right]}$$

$$= \frac{44}{\left[1 + \ln\left(\frac{p}{p_1}\right) - \frac{q}{p_1}\right](1 + 0{,}00367\ t)}$$

Setzt man endlich den Expansionsgrad $\frac{p}{p_1} = \varepsilon$, so erhält man

$$G = \frac{44}{\left(1 + \ln \varepsilon - \frac{q\,\varepsilon}{p}\right)(1 + 0{,}00367\ t)}$$

$$= \frac{44\ p}{[p\,(1 + \ln \varepsilon) - q\,\varepsilon]\,(1 + 0{,}00367\ t)}$$

und die Heizfläche pro Pferdekraft

$$F = \frac{G}{22}$$

$$= \frac{2\ p}{[p\,(1 + \ln \varepsilon) - q\,\varepsilon]\,(1 + 0{,}00367\ t)}$$

Hiernach hat man den Dampfkesseln der Expansionsmaschinen folgende Heizflächen pro Pferdekraft zu geben.

Dampfspannung im Kessel	Heizfläche pro Pferdekraft							
	bei Maschinen mit Condensation, $q = 0{,}1$					bei Maschinen ohne Condensation		
	$\varepsilon = 2$	$\varepsilon = 3$	$\varepsilon = 4$	$\varepsilon = 6$	$\varepsilon = 8$	$\varepsilon = 2$	$\varepsilon = 3$	$\varepsilon = 4$
Atm.	Quadratmeter					Quadratmeter		
1½	0,91	0,74	0,65	—	—	—	—	—
2	0,87	0,71	0,63	0,55	—	—	—	—
3	0,83	0,67	0,60	0,52	0,48	1,22	—	—
4	0,80	0,64	0,57	0,50	0,46	1,09	0,97	—
5	0,77	0,62	0,55	0,48	0,44	1,00	0,85	0,81

Die Expansionsmaschinen verbrauchen bei Ausübung einer gleichen Leistung weniger Dampf, als die Volldruckmaschinen; man kann daher das Dampferzeugungsvermögen ihrer Kessel und die diesem proportionale Heizfläche kleiner machen, als bei den letzteren. Durch Abstellung der Expansion, was sehr häufig, namentlich bei Fabriksdampfmaschinen, vorkommt, erhöht man die Leistung, braucht aber die doppelte, dreifache 2c. Dampfmenge, je nachdem der Expansionsgrad vorher 2, 3 2c. war. Um diesen Dampf bilden zu können, braucht man außer der für den gewöhnlichen Betrieb bestimmten Kesselanlage noch einen Reservekessel, welcher den erforderlichen Betrag an Heizfläche hat.

Eine Condensationsmaschine von 30 Pferdekräften, die mit $1\frac{1}{2}$ Atmosphären und dem Expansionsgrad 3 arbeitet, braucht für die Expansionswirkung einen Dampfkessel mit 30 . 0,74 = 22,2 Quadratmeter Heizfläche. Ist hierbei das verbrauchte Dampfvolumen V, so würde dieselbe Maschine bei Volldruck $V_1 = 3\,V$ an Dampf consumiren, und ihre Leistung wäre

$$L_1 = \tfrac{1}{2} \,.\, V_1 (p - q) = \tfrac{3}{2}\, V\, (p - q),$$

während sie bei der Expansionswirkung

$$L = \tfrac{1}{2}\, V\, p \left[1 + \ln\left(\frac{p}{p_1}\right) - \frac{q}{p_1}\right]$$

war. Durch Division wird

$$\frac{L_1}{L} = \frac{3\,(p - q)}{p\left[1 + \ln\left(\frac{p}{p_1}\right) - \frac{q}{p_1}\right]},$$

und da L = 30 Pferdekräfte ist,

$$L_1 = \frac{90\,(p - q)}{p\left[1 + \ln\left(\frac{p}{p_1}\right) - \frac{q}{p_1}\right]} = 44 \text{ Pferdekräfte.}$$

Der volle Betrag der Heizfläche muß in diesem Falle 44 . 1,52 = 66,88 Quadratmeter sein, und es bedarf daher eines Reservekessels mit 66,88 — 22,2 = 44,68 Quadratmeter Heizfläche.

In der Regel begnügt man sich mit einem Reservekessel, der dieselbe Heizfläche hat, wie der gewöhnlich im Betrieb stehende, und ersetzt die Differenz durch kräftigeres Feuer, welches pro Quadratmeter Heizfläche mehr, als die in unserer Rechnung angenommenen 22 Kilogr. Dampf erzeugt. Bei dem vorstehenden Beispiel würde man auf diese Weise 44,4 Quadratmeter Heizfläche gewinnen, die 66,88 . 22 = 1471 Kilogr. Dampf stündlich erzeugen müssen. Es kommen bei der Volldruckwirkung also auf 1 Quadratmeter $\frac{1471}{44,4}$ = 33 Kilogr. Dampf.

Eine Dampfmaschine von 25 Pferdekräften, welche mit 5 Atmosphären Spannung, zweifacher Expansion und ohne Condensation arbeitet, braucht für diesen Bedarf einen Kessel mit 25 1,00 = 25 Quadratmeter Heizfläche. Bei Volldruck wird die Leistung

$$L_1 = \frac{2\ L\ (p - q)}{p\left[1 + \ln\left(\frac{p}{p_1}\right) - \frac{q}{p_1}\right]}$$

= 31 Pferdekräfte

und die hierfür erforderliche Gesammtheizfläche

31 . 1,6 = 49,6 Quadratmeter.

Durch diese Heizfläche können stündlich

49,6 . 22 = 1091 Kilogr. Dampf erzeugt werden.

Versieht man nun die Maschine mit zwei Kesseln von je 25 Quadratmeter Heizfläche, so beträgt bei Volldruck die stündliche Dampfmenge $\frac{1091}{50}$ = 21,8 Kilogr., also nahezu ebenso viel, wie bei der normalen Expansion.

3.

Dampf- und Wasserraum.

Die Menge des erzeugten Dampfes ist unabhängig von der Menge des im Dampfkessel befindlichen Wassers, so lange die verdampfte Wassermenge stetig durch eine gleich große Menge Speisewasser ersetzt wird. In Wirklichkeit findet aber ein so gleichmäßiger Ersatz nicht statt, und es ist daher nothwendig, daß jeder Kessel einen hinreichenden Wasservorrath habe, um bei unterbrochener Speisung für eine gegebene Zeit seine Maschine noch mit Dampf versehen zu können, und dieser Wasservorrath darf auch nicht zu klein sein, damit bei der abwechselnden Einrückung und Abstellung der Speiseapparate seine Höhe sowohl, als seine Temperatur nicht zu starken Schwankungen ausgesetzt sei. Vor Allem ist aber darauf zu achten, daß alle Kesselwandungen, welche auswendig von den Verbrennungsgasen getroffen werden, innen vom Wasser berührt sind, damit sie nicht zu heiß werden oder sogar zum Glühen kommen.

Andrerseits ist nicht zu verkennen, daß bei Beginn des Betriebs die Dampfbildung um so langsamer vor sich geht, je größer der Wasserraum im Kessel ist. Denn es geht die Wärme der Verbrennungsgase zunächst an das Wasser über, und es muß erst alles Wasser erwärmt sein, ehe die Dampfbildung beginnen kann. Ist das Wasser bis zu der erforderlichen Temperatur erwärmt und wird dem sich erzeugenden Dampfe der gehörige Abfluß verschafft, so dauert die Dampfbildung, wenn der nothwendige Ersatz an Wasser geliefert wird, so lange fort, bis der Dampfabfluß wieder unterbrochen wird. Geschieht dieß, so hört die Dampfbildung auf, und die eindringende Wärme bringt nur ein Steigen der Temperatur hervor, das um so langsamer erfolgt, je größer der Wasservorrath ist. Wenn mit der Unterbrechung des Dampfabflusses zugleich die Feuerung eingestellt wird, so nimmt die Temperatur allmälig ab, aber ebenfalls in um so geringerem Maße, je größer der Wasservorrath ist. Das Kesselwasser ist also gewissermaßen ein Wärmereservoir.

Hiernach ist bei solchen Maschinen, welche mit kurzen Unterbrechungen arbeiten, vor Allem Fabriksdampfmaschinen, die die Nacht und die Feiertage über still stehen, ein großer Wasserraum im Kessel ganz besonders zu empfehlen, während man solchen Maschinen, bei denen es auf rasche Dampfbildung ankommt, wie Locomotiven und transportabeln Dampfmaschinen, einen weniger großen Wasserraum zu geben hat.

Zu kleine Wasserräume führen übrigens noch den Uebelstand mit sich, daß das Wasser im Kessel stark aufwallt und dem abziehenden Dampfe viele mechanisch eingemengte Wassertheile mittheilt.

Diesen letzteren Uebelstand kann man nur dadurch beseitigen oder wenigstens vermindern, daß man auch den Dampfraum nicht zu klein macht. Trotzdem ist man noch häufig genöthigt, außerdem den Kessel mit Vorrichtungen zum Trocknen des Dampfes, wie sie in Fig. 12 und 13 auf S. 91 und 92 abgebildet sind, zu versehen.

Es darf aber auch der Dampfraum aus dem Grunde nicht zu klein gemacht werden, weil die Speisung, sowie die Bedienung des Feuers nicht stetig erfolgen und der Abfluß des Dampfes mithin bei verändertem Zustande desselben eine in weiten Grenzen schwankende Dampfspannung bedingen würde. Die Grenzen dieser Schwankungen hängen auch noch außerdem von den Kolbengeschwindigkeiten, der Größe der Austrittsöffnung und anderen Verhältnissen ab.

Im Allgemeinen ist der Dampfraum um so größer zu machen, je niedriger die Spannung ist, mit welcher der Dampf arbeitet, weil, gleiche Leistung vorausgesetzt, eine Tiefdruckmaschine dem Kessel mehr Dampf entzieht, als eine Hochdruckmaschine.

Im Folgenden soll das Verhältniß des größten Dampfraums — also bei bevorstehendem Wasserbedarf — zum ganzen Inhalt des Kessels zu 0,4 angenommen werden.

4.

Größe.

Fig. 44.

Cylindrischer Kessel. Nennt man den Centriwinkel des Dampfraums α (Fig. 44), so wird für den einfachen Cylinderkessel vom Halbmesser r unter der Voraussetzung, daß der Dampfraum 0,4 des Kesselinhalts beträgt,

$$0{,}4\, r^2 \pi = \frac{r^2}{2} (\alpha - \sin \alpha)$$

$$\frac{\alpha - \sin \alpha}{2} = 0{,}4\, \pi = 1{,}2566.$$

Der hierzu gehörige Winkel α ist 162^0.

Der Umfang des Wasserraums $(2\pi - \alpha)\, r\, l$, wenn l die Länge des Kessels bedeutet, ist gleich der Heizfläche oder der Sicherheit wegen etwas größer, etwa 1,1 F zu nehmen, wobei von den Endflächen des Kessels abgesehen ist, daher

$$(2\pi - \alpha)\, r\, l = 1{,}1\, F,$$

$$(360 - 162)\, \frac{\pi}{180} \,.\, r\, l = 1{,}1\, F,$$

$$4{,}143\, r\, l = F,$$

und wird l durch nr ausgedrückt, wobei n eine Verhältnißzahl, gewöhnlich 8 bis 12, bedeutet,

$$4{,}143\, n r^2 = F,$$

$$r = \sqrt{\frac{F}{4{,}143\, n}}$$

oder der Kesseldurchmesser

$$d = \sqrt{\frac{F}{1{,}036\ n}}$$

und die Länge

$$l = \frac{n}{2} \cdot d.$$

In der folgenden Tabelle sind die Dimensionen zusammengestellt, welche nach vorstehenden Formeln den einfachen Cylinderkesseln bei verschiedenen Heizflächen und Längenverhältnissen zu geben sind.

Heizfläche Quadratmeter	n = 8		n = 10		n = 12	
	Durchmesser Meter	Länge Meter	Durchmesser Meter	Länge Meter	Durchmesser Meter	Länge Meter
10	1,098	4,394	0,982	4,912	0,897	5,381
15	1,345	5,381	1,203	6,017	1,098	6,590
20	1,553	6,214	1,389	6,947	1,268	7,610
25	1,737	6,947	1,553	7,767	1,418	8,509
30	1,903	7,610	1,702	8,509	1,553	9,317
35	2,055	8,220	1,838	9,190	1,678	10,067
40	2,197	8,788	1,965	9,825	1,794	10,762

Der der vorstehenden Rechnung zu Grunde gelegte Dampfraum ist der größte, welcher zulässig ist; er entspricht also dem Zustande des Kessels, in welchem derselbe der Speisung bedarf. Um zu ermitteln, wie hoch hierbei der Wasserspiegel cd (Fig. 45) über der höchsten Stelle ab der Feuerzüge steht, bestimmen wir zunächst die den Bögen cd und ab zukommenden Bogenhöhen und ziehen dann deren Summe vom Durchmesser ab. Dem Bogen cd, dessen Centriwinkel nach dem Vorstehenden 162° ist, entspricht die Bogenhöhe

Fig. 45.

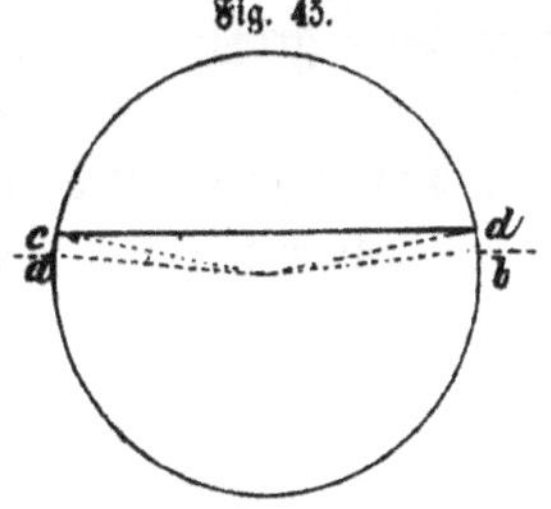

$$0{,}8436\ r.$$

Der Bogen ab läßt sich ausdrücken durch $r\beta = \frac{F}{l}$; hieraus ist

$$\beta = \frac{F}{r\,l} = \frac{F}{n r^2} = 4{,}143.$$

Diesem Bogen entspricht

der Winkel $237\frac{1}{2}^0$

und die Bogenhöhe 1,1232 r,

daher wird die kleinste Höhendifferenz zwischen ab und cd:

$$2\ r - (0{,}8436\ r + 1{,}1232\ r) = 0{,}0322\ r.$$

Diese Höhe beträgt beim größten Kessel in der Tabelle (F = 40, n = 8) $0{,}0332 \cdot \frac{2{,}197}{2} = 0{,}036$ Meter, und beim kleinsten (F = 10, n = 12) $0{,}0332 \cdot \frac{0{,}897}{2} = 0{,}015$ Meter.

Nehmen wir an, daß durch Einführung von Speisewasser die Niveaudifferenz bis zu durchschnittlich 150 Millimeter vergrößert werde, so wird hiernach die größte Bogenhöhe des Wasserraums 1,232 r + 0,150, was für den kleinsten Kessel

0,654 Meter

$$\text{oder } \frac{0{,}654 \cdot 2}{0{,}897}\ r = 1{,}456\ r$$

und für den größten Kessel

1,384 Meter

$$\text{oder } \frac{1{,}384 \cdot 2}{2{,}197}\ r = 1{,}260\ r$$

Bogenhöhe ergiebt. Hiernach wird die Bogenhöhe des Dampfraums beim kleinsten Kessel

$$2\ r - 1{,}456\ r = 0{,}544\ r$$

mit dem Centriwinkel 126^0

und beim größten Kessel

$$2\ r - 1{,}260\ r = 0{,}740\ r$$

mit dem Centriwinkel 150^0.

Nennen wir nun den aliquoten Theil, den der kleinste Dampfraum im ganzen Kessel einnimmt, x, so wird aus

$$x\, r^2 \pi = r^2 \left(\frac{\alpha - \sin \alpha}{2}\right)$$

$$x = \frac{\alpha - \sin \alpha}{2 \pi},$$

also für den kleinsten Kessel ($\alpha = 126^0$)

$$x = \frac{0{,}695}{\pi} = 0{,}22$$

und für den größten Kessel ($\alpha = 150^0$)

$$x = \frac{1,059}{\pi} = 0,34.$$

Es schwankt also unter den vorstehenden Voraussetzungen der Dampfraum zwischen 0,22 und 0,40 des ganzen Kesselinhalts bei dem kleinsten Kessel und zwischen 0,34 und 0,40 bei dem größten Kessel.

Bei kleinen Kesseln ist die Schwankung zu groß, und es ist daher angemessen, denselben nicht zu viel Speisewasser auf einmal zuzuführen, dafür aber sie öfter zu speisen.

Endlich ist noch darauf aufmerksam zu machen, daß, da der Dampfraum mit dem Durchmesser wächst, den Tiefdruckkesseln, die einen größeren Dampfraum brauchen, ein großer Durchmesser mit verhältnißmäßig geringer Länge und den Hochdruckkesseln ein kleiner Durchmesser mit größerer Länge zu geben ist.

Kessel mit Siederohren. Der Berechnung dieser Kessel wollen wir die Annahme zu Grunde legen, daß die Siederohre vollständig und der Hauptkessel zur Hälfte mit Wasser gefüllt sind. Der Dampfraum ist hierbei ein Maximum.

Fig. 46.

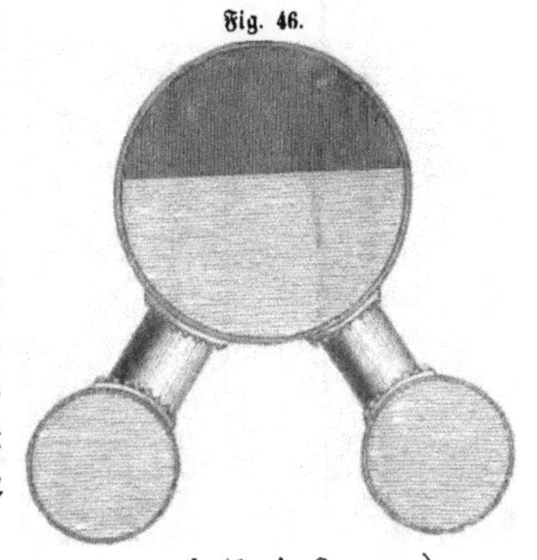

Ist (Fig. 46) der Kesselhalbmesser r, der Siederohrhalbmesser $r_1 = \mu r$, die Länge des Hauptkessels l, die Länge der Siederohre $l_1 = \nu l$ und die Zahl der letzteren z, so ist die Heizfläche, abgesehen von den Endflächen,

$$F = r \pi l + z \,.\, 2 r_1 \pi l_1 = r \pi l (1 + 2 z \mu \nu).$$

Setzt man noch, wie früher, $l = n r$, so erhält man den Halbmesser des Hauptkessels aus

$$F = n r^2 \pi (1 + 2 z \mu \nu),$$

$$r = \sqrt{\frac{F}{n \pi (1 + 2 z \mu \nu)}}$$

Gewöhnlich ist $l_1 = l$ oder $\nu = 1$. Dann wird

$$r = \sqrt{\frac{F}{n \pi (1 + 2 z \mu)}} \text{ oder } d = 2 \sqrt{\frac{F}{n \pi (1 + 2 z \mu)}}$$

und $d_1 = \mu d$.

Nach diesen Formeln sind die nachstehenden Tabellen berechnet.

Tabelle I.

Kessel mit zwei Siederohren (z = 2).

Heizfläche F in Quadratmetern	$n = \frac{l}{r} = 8$									$n = \frac{l}{r} = 10$								
	$\mu = \frac{r_1}{r} = \frac{1}{3}$			$\mu = \frac{r_1}{r} = 0,4$			$\mu = \frac{r_1}{r} = \frac{1}{2}$			$\mu = \frac{r_1}{r} = \frac{1}{3}$			$\mu = \frac{r_1}{r} = 0.4$			$\mu = \frac{r_1}{r} = \frac{1}{2}$		
	d Met.	d_1 Met	l Met.	d Met.	d_1 Met	l Met.	d Met.	d_1 Met.	l Met.	d Met.	d_1 Met.	l Met.	d Met.	d_1 Met.	l Met.	d Met.	d_1 Met.	l Met.
20	1,168	0,389	4,672	1,106	0,443	4,426	1,030	0,515	4,120	1,045	0,348	5,223	0,990	0,396	4,948	0,921	0,461	4,607
25	1,306	0,435	5,223	1,237	0,495	4,948	1,152	0,576	4,607	1,168	0,389	5,840	1,106	0,443	5,532	1,030	0,515	5,150
30	1,431	0,477	5,723	1,355	0,542	5,421	1,262	0,631	5,046	1,279	0,426	6,397	1,212	0,485	6,060	1,128	0,564	5,642
35	1,545	0,515	6,180	1,464	0,586	5,855	1,363	0,681	5,441	1,382	0,461	6,910	1,319	0,528	6,546	1,219	0,609	6,094
40	1,652	0,551	6,607	1,565	0,626	6,259	1,457	0,728	5.827	1,477	0,492	7,387	1,400	0,560	6,998	1,303	0,651	6,515
45	1,752	0,584	7,008	1,660	0,664	6,639	1,545	0,773	6,180	1,567	0,522	7,835	1,484	0,594	7,422	1,382	0,691	6,910
50	1,847	0,616	7,387	1,749	0,700	6,998	1,629	0,814	6,514	1,652	0,551	8,259	1,565	0,626	7,824	1,457	0,728	7,284

Tabelle II.

Kessel mit drei Siederohren (z = 3).

Heizfläche F in Quadratmetern	$n = \frac{l}{r} = 8$									$n = \frac{l}{r} = 10$								
	$\mu = \frac{r_1}{r} = \frac{1}{3}$			$\mu = \frac{r_1}{r} = 0,4$			$\mu = \frac{r_1}{r} = \frac{1}{2}$			$\mu = \frac{r_1}{r} = \frac{1}{3}$			$\mu = \frac{r_1}{r} = 0,4$			$\mu = \frac{r_1}{r} = \frac{1}{2}$		
	d Met.	d_1 Met.	l Met.	d Met.	d_1 Met.	l Met.	d Met.	d_1 Met.	l Met.	d Met.	d_1 Met.	l Met.	d Met.	d_1 Met.	l Met.	d Met.	d_1 Met	l Met
25	1,152	0,384	4,607	1,082	0,433	4,327	0,997	0,499	3,989	1,030	0,343	5.150	0,968	0,387	4,838	0,892	0,446	4,460
30	1,262	0,421	5,046	1,185	0,474	4,740	1,093	0,546	4,370	1,128	0,376	5,642	1,060	0,424	5,300	0,977	0,489	4,486
35	1,363	0,454	5,441	1,280	0,512	5,120	1,180	0,590	4,723	1,219	0,406	6,094	1,145	0,458	5,724	1,055	0,528	5,278
40	1,457	0,486	5,827	1,368	0,547	5,473	1,262	0,631	5,046	1,303	0,434	6,515	1,224	0,490	6,119	1,128	0,564	5,642
45	1,545	0,515	6,180	1,451	0,581	5,805	1,338	0,669	5,352	1,382	0,461	6,910	1,298	0,519	6,491	1,197	0,598	5,984
50	1,629	0,543	6,514	1,530	0,612	6,119	1,410	0,705	5,642	1,457	0,486	7,284	1,368	0,547	6,842	1,262	0,631	6,308
55	1,708	0,569	6,833	1,605	0,642	6,418	1,479	0,740	5,917	1,528	0,509	7,639	1,435	0,574	7,176	1,323	0,662	6,616

Tabelle III.

Kessel mit vier Siederohren (z = 4).

Heizfläche F in Quadratmetern	$n = \frac{l}{r} = 8$									$n = \frac{l}{r} = 10$								
	$\mu = \frac{r_1}{r} = \frac{1}{3}$			$\mu = \frac{r_1}{r} = 0,4$			$\mu = \frac{r_1}{r} = \frac{1}{2}$			$\mu = \frac{r_1}{r} = \frac{1}{3}$			$\mu = \frac{r_1}{r} = 0,4$			$\mu = \frac{r_1}{r} = \frac{1}{2}$		
	d Met.	d_1 Met.	l Met.	d Met.	d_1 Met.	l Met.	d Met.	d_1 Met.	l Met.	d Met.	d_1 Met.	l Met	d Met.	d_1 Met.	l Met.	d. Met.	d_1 Met.	l Met.
30	1,141	0,380	4,564	1,066	0,426	4,265	0,977	0,489	3,909	1,021	0,340	5,103	0,954	0,381	4,768	0,874	0,437	4,370
35	1,233	0,411	4,930	1,152	0,461	4,607	1,055	0,528	4,222	1,102	0,367	5,512	1,030	0,412	5,150	0,944	0,472	4,720
40	1,318	0,439	5,271	1,231	0,492	4,925	1,128	0.564	4,514	1,178	0,393	5,893	1,101	0,440	5,506	1,009	0,505	5,046
45	1,398	0,466	5,590	1,306	0,522	5,223	1,197	0,598	4,787	1,250	0,417	6,250	1,168	0,467	5,840	1,070	0,535	5,352
50	1,473	0,491	5,893	1,376	0,551	5,506	1,262	0,631	5,046	1,318	0,439	6,588	1,231	0,492	6,156	1,128	0,564	5,642
55	1,545	0,515	6,180	1,444	0,577	5,775	1,323	0,662	5,293	1,382	0,461	6,910	1,291	0,517	6,456	1,183	0,592	5,917
60	1,614	0,538	6,455	1,508	0,603	6,031	1,382	0,691	5,528	1,443	0,481	7,217	1,349	0,539	6,743	1,236	0,618	6,180

Durch Einführen einer Speisewassermenge von 150 Millimeter Höhe wird die Höhe des Dampfraums, dessen größter Centriwinkel zu 180° angenommen wurde, beim kleinsten Kessel ($z = 4$, $n = 10$, $\mu = {}^1/_2$) bis auf $\frac{0,874}{2} - 0,150 = 0,287$ Meter $= 0,657\ r$ vermindert. Der diesem Werthe entsprechende Centriwinkel ist 140°. Da nun das Verhältniß des Dampfraums zum gesammten Kesselinhalt bei Sieder̈ohr kesseln durch

$$x = \frac{\left(\frac{\alpha - \sin \alpha}{2}\right) r^2}{r^2 \pi + z\, r_1{}^2 \pi} = \frac{\frac{\alpha - \sin \alpha}{2}}{\pi (1 + z \mu^2)}$$

ausgedrückt wird, so schwankt hiernach dasselbe beim kleinsten Kessel zwischen

$$\frac{0,900}{\pi (1 + 4 \cdot {}^1/_4)} \text{ und } \frac{1,571}{\pi (1 + 4 \cdot {}^1/_4)}$$

oder zwischen

0,15 und 0,25.

Beim größten Kessel ($z = 2$, $n = 8$, $\mu = {}^1/_3$) wird die Höhe des Dampfraums bis auf $\frac{1,874}{2} - 0,150 = 0,773$ Meter $= 0,838\ r$ vermindert, woraus sich der Centriwinkel zu 161° ergiebt. In diesem Falle schwankt x zwischen

$$\frac{1,242}{\pi (1 + 2\ {}^1/_9)} \text{ und } \frac{1,571}{\pi (1 + 2 \cdot {}^1/_9)}$$

oder zwischen 0,32 und 0,41.

Hieraus folgt, daß man, um einen großen Dampfraum zu erhalten, die Zahl und den Durchmesser der Siederohre, sowie die Länge der ganzen Kesselanlage möglichst groß zu machen hat.

Kessel mit Rauchrohren. Den Querschnitt eines Rauchrohrs oder die Summe der Querschnitte mehrerer Rauchrohre muß man mindestens ${}^1/_{100}$ der Heizfläche machen. Es wird daher, wenn F die Heizfläche, d den Kesseldurchmesser, d_1 den Rauchrohrdurchmesser und z die Zahl der Rauchrohre bezeichnet,

$$\frac{z \pi d_1{}^2}{4} = \frac{F}{100}.$$

Die äußere Heizfläche beträgt gewöhnlich den halben Umfang des Kessels; setzt man daher die Länge des Kessels l und nimmt die Wirksamkeit der Rauchrohrheizfläche zur Hälfte an, so ergiebt sich

$$F = \frac{\pi d l}{2} + \frac{z \pi d_1 l}{2}; \text{ daher}$$

$$\frac{z \pi d_1^2}{4} = {}^1/_{100} \frac{\pi}{2} l (d + z d_1), \text{ und hieraus}$$

$$\frac{d_1}{d} = {}^1/_{100} \cdot \frac{l}{d} \left[1 + \sqrt{1 + \frac{200}{z \cdot \frac{l}{d}}}\right]$$

Daher ist mindestens zu nehmen für

$$\frac{l}{d} = 3 \quad 4 \quad 5$$

$$1)\ \frac{d_1}{d} = 0{,}28 \quad 0{,}33 \quad 0{,}37,$$

$$2)\ \frac{d_1}{d} = 0{,}21 \quad 0{,}24 \quad 0{,}28,$$

1) wenn ein Rauchrohr, 2) wenn zwei Rauchrohre angewendet werden.

Die vorstehende Tabelle zeigt, daß die Durchmesser der Rauchrohre um so größer werden, ihre Anwendung also um so nützlicher wird, je länger der Kessel ist.

Um die Dimensionen der Rauchrohrkessel zu berechnen, gehen wir von der oben gefundenen Formel

$$F = \frac{\pi d}{2} l + \frac{z \pi d_1}{2} l$$

aus und setzen in derselben $\frac{l}{r} = n$ oder $\frac{l}{d} = \frac{n}{2}$ und $\frac{d_1}{d} = \mu$; dann wird

$$F = \frac{\pi}{2} \cdot \frac{n}{2} d (d + z \mu d)$$

$$= \frac{\pi}{4} n d^2 (1 + z \mu)$$

und hieraus

$$d = 2 \sqrt{\frac{F}{\pi n (1 + z \mu)}}.$$

Die hiernach berechneten Dimensionen sind in den folgenden Tabellen zusammengestellt, wobei vorausgesetzt ist, daß für ein Rauchrohr ($z = 1$) $\frac{d_1}{d} = \mu = 0{,}4$ und für zwei Rauchrohre ($z = 2$) $\frac{d_1}{d} = \mu = 0{,}3$ gesetzt wird.

Tabelle I.

Kessel mit einem Rauchrohre.

Heizfläche F in Quadratmetern.	$n = \frac{l}{r} = 6$			$n = \frac{l}{r} = 8$			$n = \frac{l}{r} = 10$		
	d Met.	d_1 Met.	l Met.	d Met.	d_1 Met.	l Met.	d Met.	d_1 Met.	l Met.
25	1,947	0,779	5,840	1,686	0,674	6,743	1,508	0,603	7,539
30	2,132	0,853	6,397	1,847	0,739	7,387	1,652	0,661	8,260
35	2,303	0,921	6,910	1,995	0,798	7,979	1,784	0,714	8,921
40	2,462	0,985	7,387	2,132	0,853	8,530	1,907	0,763	9,537
45	2,612	1,045	7,835	2,262	0,905	9,047	2,023	0,809	10,115
50	2,753	1,101	8,259	2,384	0,954	9,537	2,132	0,853	10,662

Tabelle II.

Kessel mit zwei Rauchrohren.

Heizfläche F in Quadratmetern	$n = \frac{l}{r} = 6$			$n = \frac{l}{r} = 8$			$n = \frac{l}{r} = 10$		
	d Met.	d_1 Met.	l Met.	d Met.	d_1 Met.	l Met.	d Met.	d_1 Met.	l Met.
25	1,821	0,546	5,463	1,577	0,473	6,308	1,410	0,423	7,050
30	1,995	0,598	5,984	1,727	0,518	6,910	1,545	0,464	7,725
35	2,155	0,646	6,464	1,866	0,560	7,464	1,669	0,501	8,344
40	2,303	0,691	6,910	1,995	0,598	7,979	1,784	0,535	8,920
45	2,443	0,733	7,329	2,116	0,635	8,463	1,892	0,568	9,461
50	2,575	0,773	7,726	2,230	0,669	8,921	1,995	0,598	9,973
55	2,701	0,810	8,102	2,339	0,702	9,356	2,092	0,628	10,460
60	2,821	0,846	8,463	2,443	0,733	9,772	2,185	0,656	10,925

Diese Tabellen lehren, daß die Kessel mit Rauchrohren immer einen sehr großen Durchmesser erhalten müssen, um die Rauchrohre aufnehmen zu können. Dadurch wird für viele Fälle ihre Anwendung geradezu unmöglich, weil sie aus vorschriftswidrig starken Kesselblechen zusammengesetzt werden müßten.

Der Wasserraum dieser Kessel muß immer mindestens so groß sein, daß das Rauchrohr auch oben vom Wasser bedeckt ist. Man muß daher, um den Dampfraum nicht zu sehr zu verkleinern, das Rauchrohr so tief als möglich legen.

5.

Blechstärke.

Der Bruch eines von innen gedrückten Hohlcylinders erfolgt am leichtesten durch einen Riß parallel zur Röhrenaxe. Ist nun der mittlere Durchmesser des Kessels d, der innere Druck p, der äußere Druck p_0, K der Festigkeitsmodul und e die Blechstärke, so wird

$$K\,e = \frac{d}{2}\,(p - p_0) \text{ und}$$

$$e = \frac{d\,(p - p_0)}{2\,K}$$

Werden d in Metern, p und p_0 ($= 1$) in Atmosphären, K für Eisenblech in Kilogrammen pro Quadratmeter und e in Millimetern ausgedrückt, so geht die Formel über in

$$\frac{e}{1000} = \frac{d\,(p - 1)\,10334}{2\,.\,37{,}000000},$$

$$e = 0{,}14\,d\,(p - 1).$$

Bei dieser Stärke würde der Kessel zerreißen. Giebt man zwölffache Sicherheit, so wird

$$e = 1{,}8\,d\,(p - 1)$$

Von außen gedrückte Rohre, wie die Rauchrohre, haben ebenfalls die Stärke

$$e = \frac{d\,(p - p_0)}{2\,K}$$

zu erhalten, doch ist der Festigkeitsmodul gegen das Zerdrücken nur halb so groß, als der gegen das Zerreißen, und die Stärke wird daher nach dieser Theorie bei Rauchrohren doppelt so groß, als bei den äußeren Kesselwänden, gleiche Durchmesser und gleiche Spannungen vorausgesetzt.

Nach Fairbairn's Versuchen[1] ist die Festigkeit der Rauchrohre dem Durchmesser und der Länge derselben umgekehrt proportional, und es ist nach ihm das Rauchrohr als ein an beiden Enden aufgelagerter Hohlcylinder aufzufassen, auf welchen der Dampfdruck in gleichmäßiger Vertheilung wirkt.

Ebene Endflächen haben eine weit geringere Festigkeit, als die gekrümmten, und müssen daher immer noch durch besondere Winkelsteifen abgestützt werden. Eine solche Anordnung mit radialen Winkelsteifen, deren Zahl um so größer zu machen ist, je höhere Spannung der erzeugte Dampf hat, zeigt Fig. 47 an einem Rauchrohrkessel. Bei Kesseln ohne Rauchrohre sind die Steifen regelmäßig über die ganze Endfläche vertheilt.

Fig. 47.

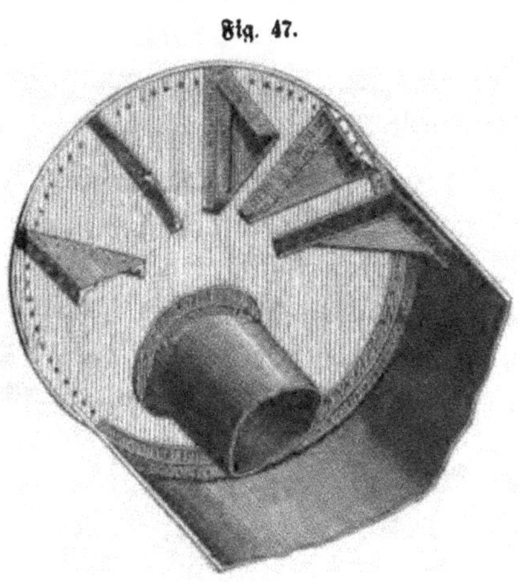

Denjenigen ebenen Kesselflächen, welche durch Stehbolzen verankert sind, ist nach Brix[2] die Stärke

$$e = 0{,}0387\ a \sqrt{p-1}$$

zu geben, wenn e die Blechstärke in Zollen, a die Entfernung der Stehbolzen von einander in Zollen ($4\frac{1}{4}$ bis $5\frac{1}{2}$) und p die Dampfspannung in Atmosphären bedeutet. Nach derselben Formel wird e in Millimetern erhalten, wenn a in Millimetern eingesetzt wird.

Wenn die Flächen der directen Einwirkung des Feuers ausgesetzt sind, so wird die gefundene Stärke um $\frac{1}{4}$ vermehrt.

Die zur Verankerung dienenden kupfernen Stehbolzen haben, mit Beibehaltung derselben Bezeichnungen, die Stärke

$$d = 0{,}069\ a \sqrt{p-1} + 0{,}125 \text{ Zoll preuß.}$$

oder

$$d = 0{,}069\ a \sqrt{p-1} + 3{,}3 \text{ Millimeter}$$

zu erhalten.

[1] Polyt. Centralbl. 1858, S. 31, und 1859, S. 513.

[2] Verhandl. d. Vereins z. Bef. d. Gewerbfl. in Preußen 1849, S. 145.

In den meisten Ländern sind die Blechstärken durch gesetzliche Bestimmungen vorgeschrieben, denen größtentheils die französische Verordnung vom 22. Mai 1843 zu Grunde gelegt ist. Nach dieser Verordnung, sowie nach den Vorschriften in Belgien, Sachsen u. s. w. ist mindestens zu nehmen

$$e = 1{,}8\ d\ (p - 1) + 3 \text{ Millimeter},$$

wenn die obigen Bezeichnungen beibehalten werden.

Dabei ist für alle Kessel unter zwei Atmosphären Spannung ($p = 2$) die für zwei Atmosphären berechnete Stärke gefordert und eine geringere überhaupt unzulässig. Eine etwa vorhandene Differenz zwischen der Wandstärke des obern, dem Feuer nicht ausgesetzten Kesseltheils und derjenigen des untern darf in keinem Falle größer sein, als daß die obere Wandstärke noch mindestens $\frac{7}{8}$ der untern beträgt. Die Stärke von 15 Millimetern ist als die größte zulässige Wandstärke festgestellt.

Nach der österreichischen Verordnung vom 11. Februar 1854 ist die geringste zulässige Blechstärke nach der Formel

$$e = 0{,}0189\ (p - 1) + \alpha$$

zu bestimmen, in welcher p die Dampfspannung im Kessel, in Atmosphären ausgedrückt, d den Kesseldurchmesser in Wiener Zollen und e die Blechstärke in Wiener Linien bezeichnet. Die Größe α hat dabei für

$$p = 2, \quad 3, \quad 4, \quad 5, \quad 6, \quad 7, \quad 8, \quad 9$$

beziehungsweise die Werthe

$$\alpha = 1{,}37,\ 1{,}17,\ 0{,}97,\ 0{,}78,\ 0{,}58,\ 0{,}39,\ 0{,}19,\ 0{,}00$$

in Wiener Linien, indem dieselbe, nach der Formel

$$\alpha = 0{,}195\ (q - p)$$

berechnet, denjenigen Theil der Kesselwandstärke bezeichnet, welcher dem Kessel die nöthige Steifheit gegen den Druck des eigenen Gewichts und des Wassers giebt und bei einer Dampfspannung von mehr als 8 Atmosphären gleich Null zu setzen ist. Als zweckmäßig wird empfohlen, den Siederohren, welche heftigem Feuer ausgesetzt sind, eine etwas größere Blechstärke zu geben. Uebrigens soll man die Kesseldurchmesser möglichst so einzurichten suchen, daß man keine Bleche über 6 Linien (13 Millimeter) anzuwenden genöthigt ist, indem man sich auf die gute Beschaffenheit und Qualität von Blechen, deren Stärke über diese Grenze hinausfällt, (wenigstens bis heute noch) nicht mehr verlassen könne.

Nach Metermaß umgerechnet geht die österreichische Formel über in:

$$d = 0{,}428\ p\ (3{,}669\ D - 1) + 3{,}42 \text{ Millimeter},$$

wenn D in Metern gegeben ist.

Das preußische Regulativ vom 6. September 1848 schreibt für die cylindrischen Dampfkesselwände, welche innerem Drucke ausgesetzt sind, vor:

$$e = \frac{d}{2}\ (1{,}003^{p-1} - 1) + 0{,}1,$$

wenn e die Blechstärke in Zollen, d den Kesseldurchmesser in Zollen und p die Spannung im Kessel in Atmosphären bedeutet. Für Metermaß geht diese Formel über in:

$$e = 500\ d\ (1{,}003^{p-1} - 1) + 2{,}62,$$

was nahezu übereinstimmt mit

$$e = 1{,}5\ d\ (p - 1) + 2{,}62 \text{ Millimeter}.$$

Feuer- und Rauchröhren sind nach der Formel

$$e = 0{,}0067\ d \sqrt[3]{p - 1} + 0{,}05 \text{ Zoll}$$

für preuß. Maß oder

$$e = 6{,}7\ d \sqrt[3]{p - 1} + 1{,}31 \text{ Millimeter}$$

für französisches Maß auszuführen.

Messingene Feuerröhren erhalten die Stärke

$$e = 0{,}01\ d \sqrt[3]{p - 1} + 0{,}07 \text{ Zoll}$$

oder $$e = 10\ d \sqrt[3]{p - 1} + 1{,}83 \text{ Millimeter}.$$

Eine Beschränkung der Stärke über ein gewisses Maß hinaus findet nicht statt. Bei Dampfkesseln von anderer als cylindrischer Form bleibt die Bestimmung der Stärke dem Verfertiger überlassen.

Dieselben Vorschriften, wie in dem preußischen Regulativ gelten auch nach der bayrischen Verordnung vom 9. September 1852.

Nach der württembergischen Verfügung vom 18. Februar 1853 ist die geringste zulässige Wandstärke

$$e = 0{,}15\ (p - 1)\ d + 1,$$

wo e die Dicke des Kesselblechs in württemberg. Linien, d den Durchmesser des Kessels in wüttemberg. Fußen und p die Dampfspannung in Atmosphären bedeutet. Giebt man e in Millimetern und d in Metern, so wird

$$e = 1{,}5\ d\ (p - 1) + 2{,}86$$

Die geringste erlaubte Wandstärke beträgt $1\frac{1}{2}$ Linien (4,3 Millim.). Kessel, für welche die vorstehende Formel mehr als 6 Linien (17,2 Millim.) Wandstärke angiebt, bedürfen der speciellen, obrigkeitlichen Genehmigung, wobei nach Maßgabe der Form die Blechstärke besonders vorzuschreiben ist. Für Röhren, bei denen der Dampfdruck von außen nach innen wirkt, sind die Blechdicken um $\frac{1}{5}$ größer zu machen.

Durch die Aufstellung einer Maximalstärke wird die Anwendung mancher Kessel, namentlich der Rauchrohrkessel, bedeutend beschränkt. Ist z. B. 15 Millimeter als Maximalstärke vorgeschrieben, so wird

$$1{,}8\ d\ (p - 1) + 3 \leq 15$$

und

$$d\ (p - 1) \leq 6{,}667$$

Daher können in Frankreich, Belgien, Sachsen 2c. Kessel von mehr als 2,222 Meter Durchmesser, wenn sie mit 4 Atmosphären Spannung arbeiten, Kessel von mehr als 1,667 Meter Durchmesser, wenn sie mit 5 Atmosphären Spannung arbeiten, u. s. w. nicht angewendet werden.

6.

Gewicht.

Man berechnet das Gewicht eines Kessels, indem man die mittlere Oberfläche desselben mit der Blechstärke und der Dichtigkeit des Blechs multiplicirt und hierzu einen aliquoten Theil für die Ueberplattungen und Vernietungen addirt. Das specifische Gewicht des Eisenblechs ist 7,8; es wiegt daher ein Cubikmeter 7800 Kilogramm oder ein Quadratmeter Oberfläche mit 1 Millimeter Stärke 7,8 Kilogramm. Setzt man statt des letzteren Werthes 10 Kilogramm, so ist hiermit auch den Ueberplattungen und Vernietungen Rechnung getragen. Nennt man die Oberfläche des Kessels, in Quadratmetern, O und die Blechstärke, in Millimetern, e, so erhält man hiernach das Gewicht in Kilogrammen

$$G = 10\ O\ .\ e.$$

Bei einem einfachen Cylinderkessel vom Durchmesser d mit kugelsegmentförmigen Endflächen von der Bogenhöhe h ist die Oberfläche des cylindrischen Theils, wenn die Länge dieses letzteren l gesetzt wird,

$$d\ \pi\ l$$

und die Oberfläche der Kopfenden

$$2\, d\, \pi\, h;$$

daher wird

$$O = d\, \pi\, (l + 2\, h)$$

und
$$G = 10\, d\, e\, \pi\, (l + 2\, h).$$

Bei halbkugelförmigen Endflächen wird

$$h = \frac{d}{2}$$

und
$$G = 10\, d\, e\, \pi\, (l + d);$$

bei ebenen Endflächen geht die Oberfläche $d\, \pi\, h$ in $\frac{d^2\, \pi}{4}$ über; daher wird

$$G = 10\, d\, e\, \pi \left(l + \frac{d}{2}\right).$$

Beispiel. Wie viel beträgt das Gewicht eines cylindrischen Kessels von 1,553 Meter Durchmesser und 7,677 Meter Länge des cylindrischen Theils, wenn derselbe für Dämpfe von 4 Atmosphären Spannung bestimmt ist?

Die Blechstärke ist nach der Formel

$$\begin{aligned} e &= 1{,}8\, d\, (p - 1) + 3 \\ &= 1{,}8\, .\, 1{,}553\, .\, 3 + 3 \\ &= 11{,}4 \text{ Millimeter.} \end{aligned}$$

Bei halbkugelförmigen Endflächen ist

$$\begin{aligned} G &= 10\, .\, 1{,}553\, .\, 11{,}4\, .\, \frac{22}{7}\, (7{,}767 + 1{,}553) \\ &= 5186 \text{ Kilogramm,} \end{aligned}$$

bei ebenen Endflächen

$$\begin{aligned} G &= 10\, .\, 1{,}553\, .\, 11{,}4\, .\, \frac{22}{7}\, (7{,}767 + 0{,}7765) \\ &= 4754 \text{ Kilogramm.} \end{aligned}$$

Für die Siederohrkessel wird die Gewichtsberechnung folgende. Das Gewicht des Hauptkessels ist wie beim Cylinderkessel

$$G_1 = 10\, .\, d\, e\, \pi\, (l + 2\, h).$$

Das Gewicht der Siederohre wird, wenn d_1 den Durchmesser, e_1 ihre Blechstärke, l_1 ihre Länge, z ihre Zahl und h_1 die Bogenhöhe der Endflächen bezeichnet,

$$G_2 = 10\, .\, z_1\, .\, d_1\, e_1\, \pi\, (l_1 + 2\, h_1)$$

daher das Gesammtgewicht

$$G = 10\, \pi\, [d\, e\, (l + 2\, h) + z\, d_1\, e_1\, (l_1 + 2\, h_1)].$$

Beispiel. Wie viel beträgt das Gewicht eines Kessels mit zwei Siederohren, wenn der Durchmesser des Hauptkessels 1,106 Meter, seine Länge, sowie die Länge der Siederohre, einschließlich der halbkugelförmigen Endflächen 6,636 Meter und der Durchmesser der Siederohre 0,443 Meter beträgt? Die Spannung der erzeugten Dämpfe sei 4 Atmosphären.

Nach der Formel

$$e = 1{,}8\ d\ (p - 1) + 3$$

wird die Blechstärke des Hauptkessels

$$e = 9 \text{ Millimeter}$$

und die Blechstärke der Siederohre

$$e_1 = 5{,}4 \text{ Millimeter.}$$

Ferner ist nach der Aufgabe $d = 1{,}106$, $l + 2\ h = l_1 + 2\ h_1 = 6{,}636$ und $d_1 = 0{,}443$.

Daher wird

$$G = 10 \cdot \frac{22}{7} (1{,}106 \cdot 9 \cdot 6{,}636 + 2 \cdot 0{,}443 \cdot 5{,}4 \cdot 6{,}636)$$
$$= 3074 \text{ Kilogramm,}$$

zu welchem Betrage noch das Gewicht der Rohrstutze, welche die Siederohre mit dem Hauptkessel verbinden, hinzuzurechnen ist.

Bei den Rauchrohrkesseln ist das Gewicht der äußern Kesselwandungen

$$G_1 = 10\ \pi\ d\ e\ (l + 2\ h) - 10 \cdot 2\ \pi\ z\ \frac{d_1^{\ 2}\pi}{4}\ e$$
$$= 10\ \pi\ d\ e \left(l + 2\ h - z\ \frac{d_1}{2}\right)$$

und das Gewicht der Rauchrohre

$$G_2 = 10 \cdot \pi\ d_1\ e_1\ l,$$

wenn mit Behaltung der Bezeichnungen für die äußere Kesselwand d_1 den Durchmesser, e_1 die Blechstärke und z die Zahl der Rauchrohre bedeutet.

Das Gesammtgewicht ist hiernach für Kessel mit kugelsegmentförmigen Endflächen:

$$G = 10\ \pi \left[d\ e \left(l + 2\ h - \frac{z\ d_1}{2}\right) + d_1\ e_1\ l\right],$$

und für flachbödige Kessel

$$G = 10\ \pi\ [l\ (d\ e + d_1\ e_1) + \frac{e}{2}\ (d^2 - d_1^{\ 2})]$$

Beispiel. Welches Gewicht hat ein Kessel von 1,410 Meter Durchmesser und 7,050 Meter Länge, wenn derselbe zwei Rauchrohre von 0,423

Meter Weite und ebene Endflächen hat und Dämpfe von 4 Atmosphären Spannung erzeugen soll?

Die Blechstärke des Kessels ist

$$c = 1{,}8 \,.\, 1{,}41 \,.\, 3 + 3$$
$$= 10{,}61 \text{ Millimeter}$$

und der Rauchrohre

$$e_1 = 5{,}28 \text{ Millimeter.}$$

Hieraus ergiebt sich

$$G = 10 \,.\, \frac{22}{7} \,.\, [7{,}05\,(1{,}41 \,.\, 10{,}61 + 0{,}423 \,.\, 5{,}28) + 10{,}61\,(1{,}41^2 - 0{,}423^2)] = 4111 \text{ Kilogramm.}$$

Es liegt nahe, daß Siederohrkessel bei gleicher Heizfläche und Spannung das geringste Gewicht haben, weil ihnen der kleinste Durchmesser und die kleinste Blechstärke zukommen. Durch Rauchrohrkessel wird gegen die Cylinderkessel weniger an Gewicht gewonnen, weil sie sehr große Durchmesser und mithin auch große Wandstärken bekommen müssen. Dies zeigen auch die vorstehenden Beispiele, bei denen durchgängig Kessel von 25 Quadratmeter Heizfläche angenommen wurden.

7.

Form.

Wenn die meisten Kessel, wie bereits mehrfach angedeutet wurde, aus einem oder mehreren Cylindern bestehen, so hat dies seinen Grund darin, daß der Cylinder unter allen für diesen Zweck brauchbaren Körperformen die größte Widerstandsfähigkeit bietet. Mag auch der von Watt angegebene sogenannte Koffer- oder Wagenkessel wegen seines concaven Bodens den Vortheil haben, daß er die Wärme leichter aufnimmt, als die convexe, cylindrische Bodenwand, so läßt er sich doch nur für ganz niedrige Spannungen und unter Zuziehung gewisser Vorsichtsmaßregeln gebrauchen und ist daher gegenwärtig durch die cylindrischen Kessel, die einer viel allgemeineren Anwendung fähig sind, fast vollständig verdrängt.

Der einfache Cylinder- oder Walzenkessel ist in Fig. 48 abgebildet. Die gasförmigen Verbrennungsprodukte, die auf dem Roste gebildet worden sind, ziehen über die Feuerbrücke durch den Bodenzug unterhalb des Kessels, kehren dann durch einen Seitenzug zurück und entweichen endlich, nachdem sie durch

Fig. 48.

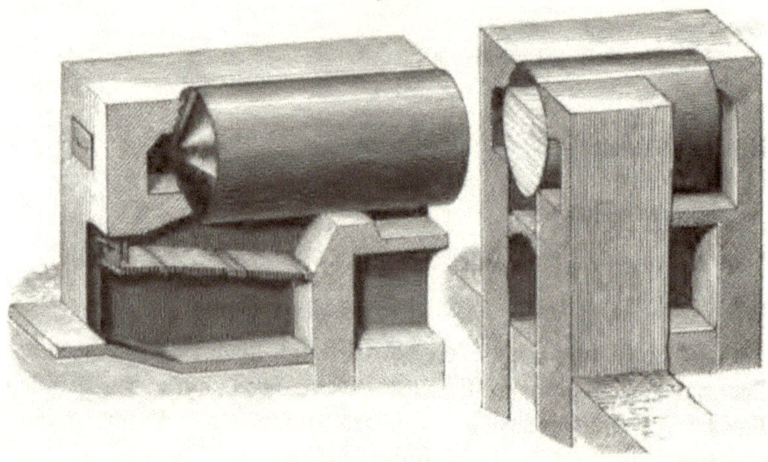

den zweiten Seitenzug wieder nach hinten gelangt sind, in den Schornstein.

Diese Kessel empfehlen sich durch ihre Einfachheit und sind daher bei solchen Anlagen, bei denen es auf Einfachheit ankommt, recht gut zu gebrauchen. Die Materialbenutzung ist aber keine vortheilhafte. Denn da ein Kessel um so mehr Dampf bildet, je größer bei gleichem Fassungsraum seine Heizfläche ist, so muß man darauf Bedacht nehmen, seine Oberfläche so groß als möglich zu machen. Der Fassungsraum eines Cylinders vom Durchmesser d und der Länge l ist $\frac{d^2 \pi l}{4}$; seine Oberfläche $d \pi l$. Wird derselbe Fassungsraum auf zwei — beispielsweise einander gleiche — Kessel vertheilt, so wird der Durchmesser eines jeden derselben $d \sqrt{1/2}$ und die Oberfläche beider $d \pi l \sqrt{2}$. Bei Vertheilung auf drei Kessel wird die Oberfläche $d \pi l \sqrt{3}$ u. s. w. Hieraus folgt, daß bei gleichem Fassungsraum die Oberfläche um so größer wird, je mehr cylindrische Kessel mit einander verbunden werden, und es beruht hierauf die Anwendung der Siederohrkessel.

Der in Fig. 49 abgebildete Kessel hat zwei Siederohre (bouilleurs), welche vorn und hinten durch je zwei Rohrstutze mit dem Hauptkessel verbunden sind. Die Feuerung liegt unter den beiden Siederohren, welche ringsum von den Verbrennungsgasen umgeben sind. Die Gase strömen an den Siederohren nach hinten, steigen dann auf, kehren durch den einen Seitenzug am

Fig. 49.

Hauptkessel zurück und ziehen hierauf durch den zweiten Seitenzug am Hauptkessel wieder nach hinten, um in den Schornstein zu entweichen.

Die beabsichtigte Vergrößerung der Heizfläche ist bei dieser Construction offenbar erreicht; auch ist wohl nicht zu verkennen, daß der Hauptkessel, da er dem Feuer nicht unmittelbar ausgesetzt ist, geschont wird und längere Dauer verspricht. Allein dergleichen Kessel leiden an einer sehr geringen Wassercirculation, die sich an den Siederohren dadurch kundgiebt, daß die Böden derselben, namentlich die dem Feuer unmittelbar ausgesetzten Theile sehr rasch durchbrennen. Es bilden sich nämlich im Innern der Kesselwand Dampfblasen, welche sich an die Wand anlegen und dieselbe vom Wasser entblößen; findet nun keine Circulation im Kessel statt, so können die Dampfblasen nicht rasch genug aufsteigen, die Kesselwand wird nicht mehr gehörig abgekühlt, und die Bleche verbrennen.

Durch die Construction in Fig. 50 wird dieser Uebelstand beseitigt. Die Feuerung liegt hier unter dem Hauptkessel, und die

Fig. 50.

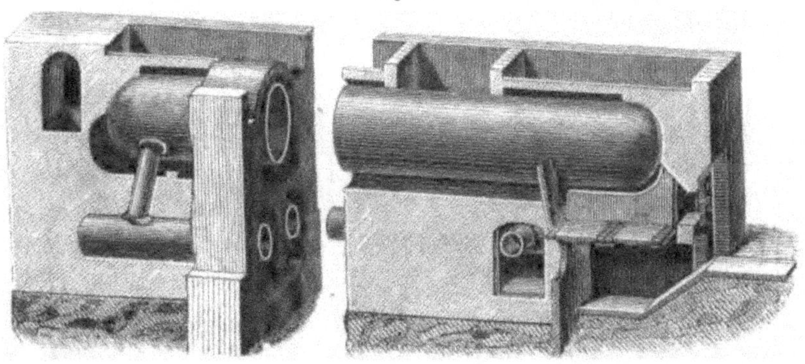

Verbrennungsgase bestreichen daher diesen zuerst. Dann kehren sie an dem einen Siederohr nach dem Schornstein zurück. Die Wassercirculation erfolgt gerade nach der entgegengesetzten Richtung, das Wasser wird nämlich am hintern Ende des im dritten Zuge liegenden Siederohrs eingeführt, strömt in diesem nach vorn, tritt durch ein Verbindungsrohr in das Siederohr des zweiten Zugs, bewegt sich in diesem nach hinten und steigt endlich durch ein am hintern Ende angesetztes Verbindungsrohr in den Hauptkessel. Bei diesem Kessel entspricht die kälteste Stelle des Kessels der kältesten Stelle des Ofens, durch die Gegenströmung zwischen Wasser und Verbrennungsproducten wird das Wasser allmälig erwärmt und im Hauptkessel findet endlich eine rasche Dampfbildung statt. In den Siederohren ist dagegen die Dampfbildung eine sehr mäßige, dieselben dienen vielmehr nur dazu, das in den Hauptkessel eintretende Wasser möglichst vorzuwärmen.

Gewöhnlich giebt man den Siederohren eine schwache Neigung in der Richtung ihrer Axe, und zwar so, daß die kältesten Stellen derselben am tiefsten, die wärmsten am höchsten liegen. Man thut dies theils deßhalb, um sicher zu sein, daß die Rohre sich vollständig mit Wasser füllen, theils aber auch, um das Aufsteigen der — wenn auch in geringem Maße — in den Siederohren sich entwickelnden Dampfblasen zu begünstigen.

Mehrere nach dieser Construction von Richard Hartmann in Chemnitz ausgeführte Kessel mit vier Siederohren sind in der Chemnitzer Actienspinnerei aufgestellt. Wie die Durchschnitte in Fig 51 und 52 zeigen, befindet sich auch hier die Feuerung

Fig. 51. Fig. 52.

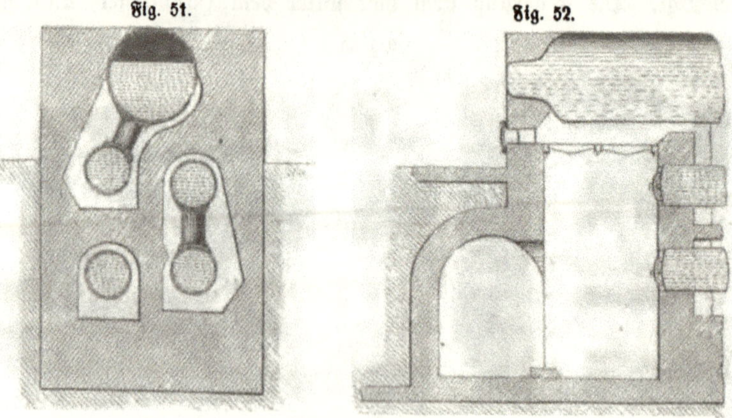

unter dem Hauptkessel, und die Kopfenden der Siederohre liegen hinter der Feuerung. An dem vorderen Ende hat der Hauptkessel ein Horn, mit welchem er auf dem Mauerwerk aufruht und das zugleich zur Anbringung der Wasserstandsgläser u. s. w. dient. Die zur Verbrennung nöthige Luft wird durch einen Kanal eingeführt, welcher vor einer Reihe solcher Kessel vorbeigeführt ist. Die gasförmigen Verbrennungsproducte ziehen durch drei Züge nach dem Schornstein: im ersten liegen der Hauptkessel und das erste Siederohr, im zweiten das zweite und dritte Siederohr, im dritten das vierte Siederohr. Das vierte Siederohr ist mit dem dritten, das dritte mit dem zweiten, das zweite mit dem ersten, das erste mit dem Hauptkessel durch Rohrstutze verbunden; und damit Wasser und Dampf trotz der mehrfachen Ablenkung, welche ihre Bewegungsrichtung in Folge dieser Verbindung erfährt, ungehindert circuliren können, sind das zweite und vierte Siederohr noch außerdem durch enge Kupferrohre mit dem Hauptkessel verbunden. Die Siederohre liegen von allen Seiten frei in den Zügen und der Hauptkessel wird zur Hälfte vom Feuer berührt.

Bei dem **Farcot'schen Kessel** (Fig. 53) liegen die Siederohre neben dem Hauptkessel. Die Flamme bestreicht zuerst den Hauptkessel und dann nach einander die vier Siederohre, während das Wasser den umgekehrten Weg macht. Der Hauptkessel steht mit dem ersten Siederohre C durch die Rohre a b c d in Verbindung; C ist mit D durch einen Rohransatz verbunden, ebenso D mit E und E mit F. Die Siederohre haben eine schwach geneigte Lage.

Fig. 53.

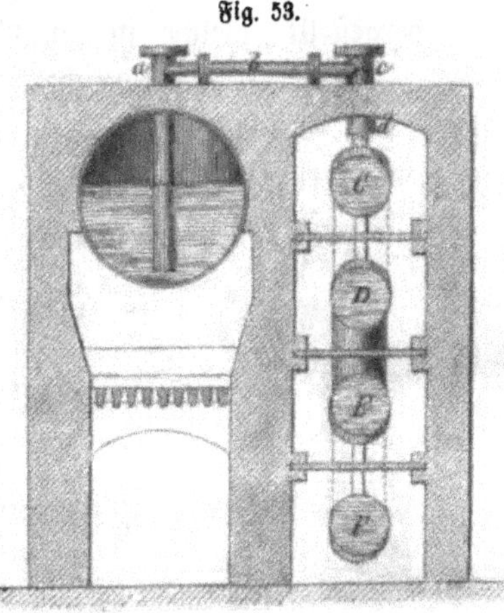

Die Kesselanordnung in Fig. 54 ist von der Société Cockerill in Seraing mehrfach ausgeführt worden. Auch hier ist das Princip der Gegenströmung aufrecht erhalten worden; außerdem sucht man aber auch noch den Hauptkessel gegen die unmittelbare Einwirkung des Feuers zu schützen. Es liegen zu diesem Zwecke über der

Fig. 54.

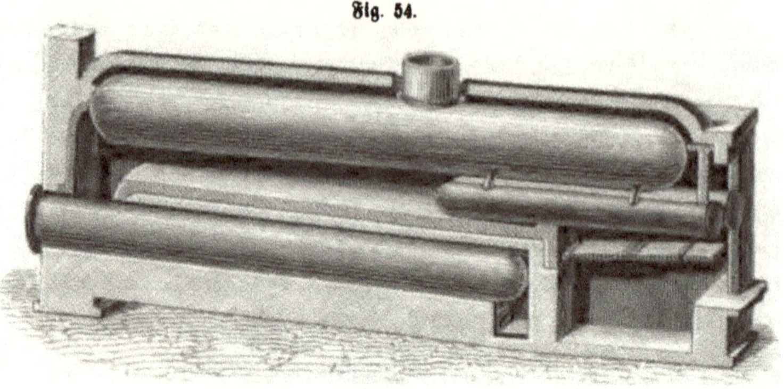

Feuerung unter dem Hauptkessel zwei kurze Siederohre, unter denen die Flamme nach dem hintern Theile des Kessels sich fortbewegt; von da aus gehen die Verbrennungsproducte nach dem untern Siederohr, welches das Speisewasser aufnimmt, bestreichen dasselbe nach einander zu seinen beiden Seiten und strömen endlich durch den tiefer gelegenen Fuchs in den Schornstein. Der Durchmesser des unteren Siederohrs beträgt $^3/_4$ des Kesseldurchmessers. Zur Erleichterung des Demontirens ist die Verbindung zwischen dem Kessel und dem unteren Siederohre durch zwei kurze Ansatzröhren hergestellt, welche in einander geschoben werden, während an jeder Röhre eine Flantsche angenietet ist; diese Flantschen kommen auf einander zu liegen und werden vermittelst verticaler Schrauben gegen einander gepreßt.

Die in Fig. 55 abgebildete Anlage ist aus der Fabrik von

Fig. 55.

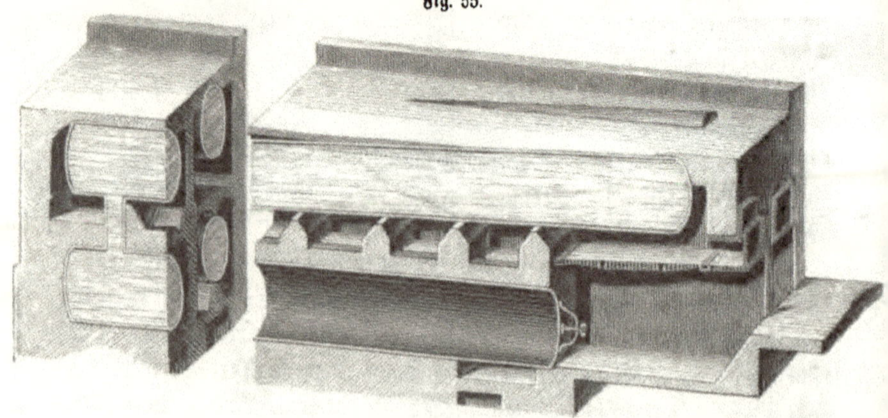

A. Borsig in Berlin hervorgegangen. Es stehen vier solcher Kessel mit je einem Siederohr neben einander. Jeder dieser vier Doppelkessel kann unabhängig von den andern gefeuert werden, doch haben sämmtliche Kessel einen gemeinschaftlichen Schornstein. Die Feuerung liegt unter dem obern Kessel, und die Flamme wird von dem Feuerraum aus in einem eigenthümlich construirten Zuge, in welchem sich das Princip der Feuerbrücke sechs Mal wiederholt findet, den obern Kessel entlang geführt. Die Flamme kehrt sodann an dem untern Kessel nach vorn zurück und geht von da in einem dritten Zuge durch den unterirdischen Fuchs in den Schornstein. Der obere Kessel ist mittels Tragschienen an dem Rauhgemäuer aufgehängt.

Fig. 56 zeigt einen Henschel'schen Kessel. Derselbe besteht aus einer Anzahl neben einander liegender Siederohre mit

Fig. 56.

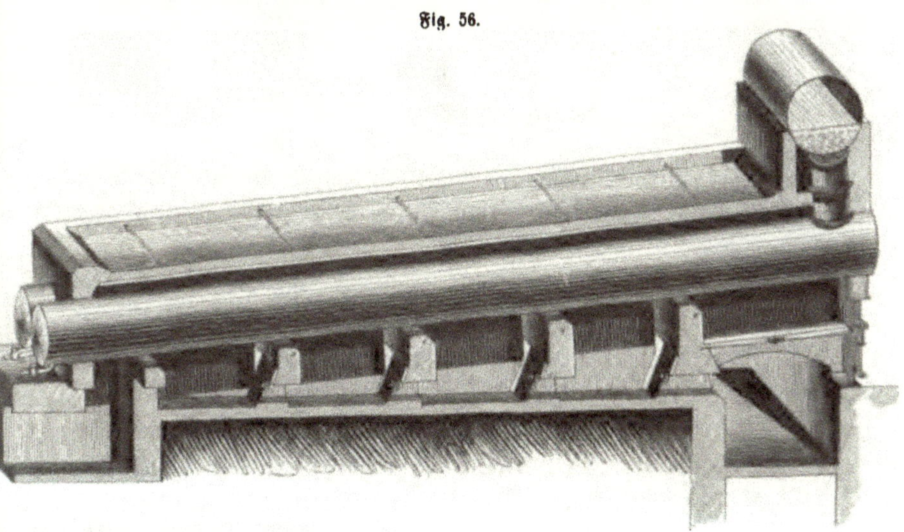

geneigter Lage, unter deren oberen Enden die Feuerung sich befindet. Die Siederohre liegen von allen Seiten frei in dem Kanale, welcher die gasförmigen Verbrennungsproducte von dem Feuerraume unmittelbar nach dem Schornstein leitet. In diesen Kanal sind ebenfalls mehrere Feuerbrücken hinter einander eingebaut, durch welche die Geschwindigkeit der Gase in dem Maße verzögert wird, daß sie ihre Wärme an die Siederohre genügend abgeben können. An den oberen Enden sind die Siederohre durch einzelne Rohrstutze mit einem quer über ihnen liegenden Dampfrohre verbunden, aus dem der Dampf nach der Leitung abgeführt wird. Der abgebildete Kessel ist auf der Barbara-Hütte in Oberschlesien aufgestellt und von A. Borsig in Berlin ausgeführt.

Ein einfacher Kessel mit Rauchrohr ist in Fig. 57 dargestellt. Die gasförmigen Verbrennungsproducte ziehen zuerst unter

Fig. 57.

dem Kessel hinweg, gehen dann rückwärts durch das Rauchrohr und strömen endlich gleichzeitig durch beide Seitenzüge in den Schornstein.

Den Rauchrohrkesseln macht man im Allgemeinen den Vorwurf, daß die Rauchrohre nicht die gehörige Sicherheit bieten, weil sie dem äußeren Drucke ausgesetzt sind. In der That ist auch immer die Sicherheit, welche den äußeren Kesselwänden gegeben wird, eine weit größere, als die, welche die Rauchrohre haben. Fairbairn sucht diesem Uebelstande dadurch abzuhelfen, daß er das Rauchrohr, das wie gewöhnlich aus überplatteten Blechen zusammengesetzt ist, an zwei oder mehreren Stellen seiner Länge mit starken, aufgenieteten Ringen aus Winkeleisen umgiebt. Durch stumpf an einander gestoßene Bleche mit Laschenvernietung kann man die Festigkeit noch weiter erhöhen.

Fig. 58 zeigt einen sogenannten Butterley- oder Fischmaulkessel. Derselbe besteht aus einem cylindrischen Kessel mit Rauchrohr und einem vorspringenden Kopfe, unter welchem sich die Feuerung befindet. Die Verbrennungsgase ziehen hier zuerst durch das Rauchrohr, gehen dann nach einander durch die beiden

Fig. 58.

Seitenzüge und entweichen von da in den Schornstein. Dieser Kessel arbeitet in Beziehung auf den Brennmaterialaufwand gut, ist aber häufigen Reparaturen ausgesetzt.

Die größte Verbreitung unter den Rauchrohrkesseln hat der Kessel mit innerer Feuerung oder der sogen. Cornwallkessel. In Fig. 59 ist ein solcher Kessel mit einem Rauchrohre

Fig. 59.

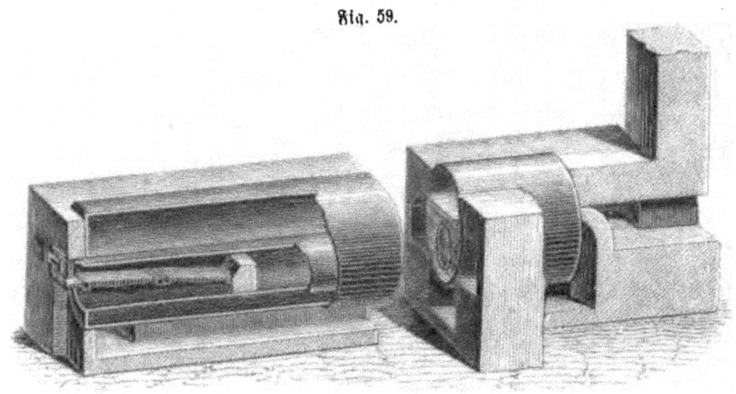

abgebildet; doch hat man auch sehr häufig Kessel mit zwei Rauchrohren, von denen jeder seine besondere Feuerung hat. Die Verbrennungsgase ziehen hier, wie bei dem Butterleykessel, zuerst durch die Rauchrohre und dann nach einander durch die beiden Seitenzüge. Diese Kessel zeichnen sich dadurch aus, daß sie rasch und viel Dampf erzeugen und eine einfache Einmauerung haben. Dagegen haben sie auch ihre Nachtheile. Zunächst müssen sie sehr große Durchmesser erhalten, weil die Rauchrohre weit genug werden müssen, um die Feuerungen aufnehmen zu können; hiermit ist der

Uebelstand verbunden, daß sie große Wandstärken erhalten müssen und daher schwer und theuer werden. In Folge der Temperaturdifferenz zwischen dem oberen und unteren Wasserraume — in dem obern ist die Temperatur sehr hoch, in dem unteren ist sie niedrig — entstehen ungleiche Ausdehnung, Lecken der Nietfugen und also häufige Reparaturen. Endlich springen auch leicht die Winkeleisenringe, mit denen die Feuerrohre verbunden sind.

Man bringt mit den Cornwallkesseln auch häufig Siederohre in Verbindung, die man entweder in die Rauchrohre hinter die Feuerung oder unter den Kessel legt.

Der Galloway'sche Kessel hat zwei innere Feuerungen, hinter denselben eine gemeinschaftliche Feuerbrücke und ein elliptisches Rauchrohr, in welches die Gase beider Feuerungen einmünden. Der obere und der untere Theil des Wasserraums sind zur Beförderung der Circulation durch mehrere Reihen verticaler Siederohre, die durch das elliptische Rauchrohr hindurchgelegt sind, mit einander verbunden. Dieser Kessel ist in Beziehung auf Dauerhaftigkeit dem Cornwallkessel noch vorzuziehen; er verdankt dieß den verticalen Siederohren, durch welche die Temperatur im ganzen Kessel ausgeglichen wird. Zugleich wird durch die verticalen Siederohre die elliptische Form des Rauchrohres gekräftigt, indem dieselben wie Stehbolzen wirken.

Fig. 60 zeigt einen Rauchrohrkessel mit vorgelegter Feuerung, für welche Torf als Brennmaterial bestimmt ist. Dieser Kessel hat zwei Rauchrohre. Die Feuerung liegt vor den Rauchrohren und besteht aus zwei neben einander liegenden Rosten, deren jeder einem besonderen, aus feuerfesten Steinen gebildeten Feuerraum angehört. Die Flamme tritt aus jedem dieser Feuerräume in eins der Rauchrohre, durchströmt den Kessel, kehrt in einem unter dem Kessel liegenden Zuge nach vorn zurück, theilt sich hier in zwei Seitenzüge und gelangt aus diesen am hinteren Ende des Kessel in den Schornstein. Da, wo die Flamme aus dem Feuerraume in das Rauchrohr tritt, sind trichterförmige Mundstücke aus feuerfesten Formsteinen gemauert, welche von ringförmigen Luftkanälen umgeben sind. In diese Luftkanäle tritt die atmosphärische Luft aus den Aschenfällen ein, wird durch die hohe Temperatur des Mauerwerks erhitzt und strömt durch eine Anzahl von Durchbohrungen, welche die Luftkanäle mit den innern

Fig. 60.

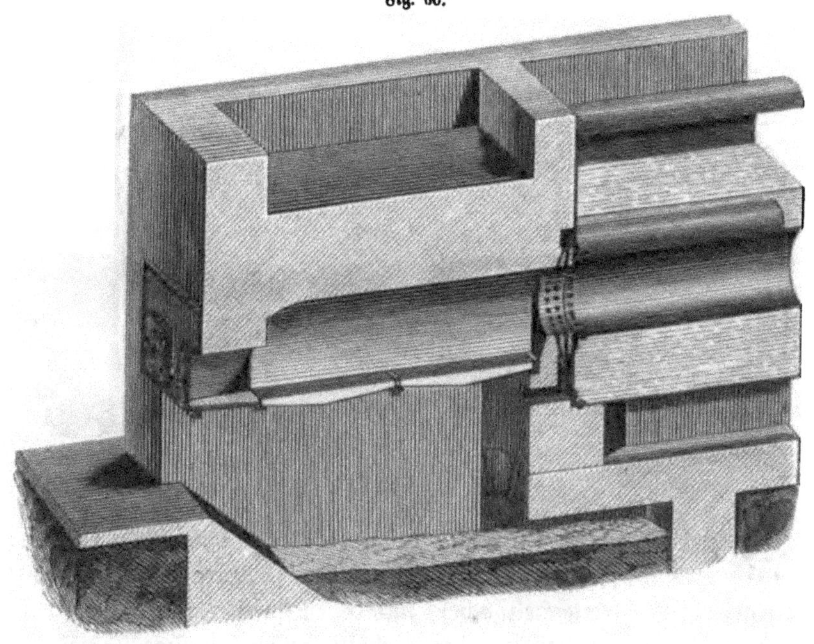

Höhlungen der Trichter verbinden, in die Flamme ein. Die Trichter vertreten die Stelle der Feuerbrücken. Zweckmäßig möchte es sein, die Oeffnungen zwischen den Aschenfällen und den Luftkanälen mit Thüren oder Schiebern zu versehen, um den Luftzutritt reguliren zu können. Die obere Decke der vorgelegten Feuerung kann mit Asche oder einem andern schlechten Wärmeleiter bedeckt werden.

Die Röhrenkessel sind Kessel mit innerer Feuerung und einer großen Zahl Rauchröhren, in welche die nach dem Schornstein abziehende Flamme sich vertheilt. Ihr Grundtypus wird durch den Locomotivkessel repräsentirt. Die Feuerung befindet sich hier in der doppelwandigen, parallelepipedischen Feuerbüchse A (Fig. 61) und die Verbrennungsproducte ziehen durch die im cylindrischen Theile des Kessels liegenden Rauchröhren B nach der Rauchkammer C und von da, durch den verbrauchten Dampf mit fortgerissen, in den Schornstein. Der Zwischenraum zwischen den beiden Wänden der Feuerbüchse ist mit Wasser gefüllt und durch Stehbolzen, d. h. kupferne Bolzen mit Schraubengewinde, die durch beide Wände hindurchgesteckt sind und an beiden Enden Nietköpfe haben, abgesteift. In diesem Zwischenraume, der

Fig. 61.

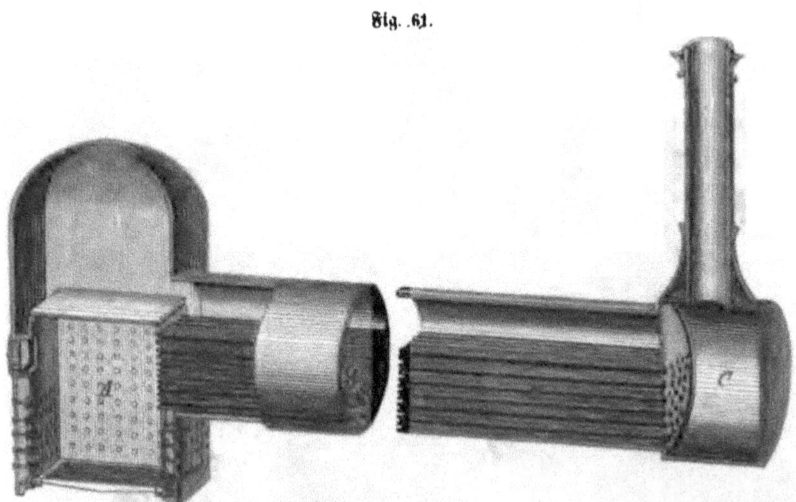

eine ziemlich große Oberfläche hat, geht die Dampfbildung sehr rasch vor sich, weil er der unmittelbaren Wirkung des Feuers ausgesetzt ist (directe Heizfläche), und es entspricht daher diese Einrichtung, trotzdem daß sie eine verhältnißmäßig geringe Festigkeit gewährt und die in kurzen Entfernungen von einander angebrachten Stehbolzen die Reinigung sehr erschweren, gerade den Bedürfnissen der Locomotive. Die Heizfläche der Rauchröhren ist nur eine indirecte und hat, wie schon oben erläutert wurde, eine um so geringere Wirkung, je länger dieselben sind. Hierzu kommt noch, daß viel Asche und Cokesstückchen in die Rauchröhren gerissen werden, wodurch nicht nur die Fortpflanzung der Wärme verhindert, sondern auch das Material bedeutend angegriffen wird. Das Material der Röhren ist Messing oder Eisen (neuerdings auch Stahl). In England will man das Verdampfungsvermögen messingener Röhren um 25 Proc. größer, als das der eisernen beobachtet haben; anderwärts hat man einen Unterschied in dieser Beziehung nicht gefunden. Der Effect der Röhren ist im Allgemeinen um so größer, je kürzer dieselben sind und je stärker der Zug ist. Daher ist auch die Einführung des verbrauchten Dampfes in die Rauchkammer, das gewöhnliche Zugbeförderungsmittel bei Locomotiven und transportabeln Maschinen, wenn auch nicht Erforderniß, so doch mit der Anwendung der Röhrenkessel sehr eng verbunden.

Bei feststehenden Anlagen kommen die Röhrenkessel ihrer Kostspieligkeit wegen selten vor, und nur dann wird ihre Anwendung anzurathen sein, wenn es auf möglichst rasche Dampfbildung ankommt und starker Zug vorhanden ist.

Fig. 62 zeigt einen Fairbairn'schen Röhrenkessel für stehende Maschinen. Dieser Kessel ist auf seine ganze Länge

Fig. 62.

cylindrisch und hat zwei Rauchrohre, die ungefähr $^1/_3$ der Länge einnehmen, mit inneren Feuerungen, eine Verbrennungskammer, in welcher die von den beiden Feuerherden kommenden gasförmigen Verbrennungsproducte mit von außen eingeführter Luft sich mischen, und hinter dieser eine Anzahl kleiner Rauchröhren, welche in eine Rauchkammer ausmünden.

Der Röhrenkessel von Pérignon in Fig. 63 hat ein Rauchrohr, das sich beinahe über die ganze Länge des Kessels

Fig. 63.

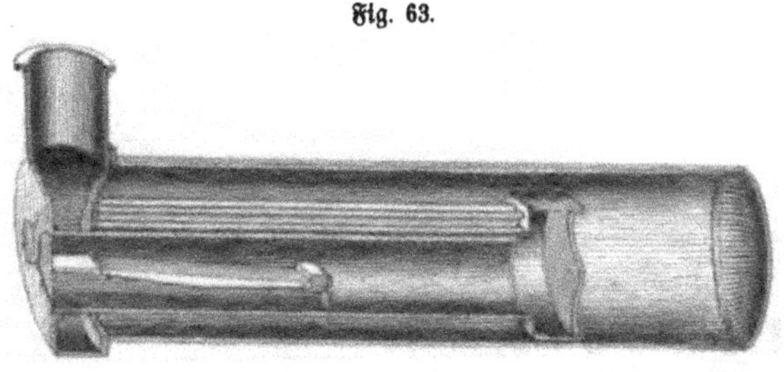

erstreckt. Am vorderen Ende des Rauchrohrs, und zwar innerhalb desselben, liegt die Feuerung. Die von derselben abziehenden gasförmigen Verbrennungsproducte gelangen durch das Rauchrohr in die am hinteren Ende desselben liegende Verbrennungskammer und strömen durch die um den Umfang des Rauchrohrs herumgelegten, engen Rauchröhren zurück nach der am vorderen Ende des Kessels angebrachten Rauchkammer, aus der sie dann unmittelbar in den Schornstein entweichen. Bei der Construction dieses Kessels ist es vorzüglich auf leichtes Demontiren bei vorkommenden Reparaturen abgesehen.

Es sind auch von mehreren Seiten vertical stehende Röhrenkessel angegeben worden. Im Allgemeinen sind dieselben aber für die Dampfbildung nicht günstig, weil die vom Boden aufsteigenden Dampfblasen vielfach Gelegenheit finden, sich an die Kessel- und Röhrenwände anzulegen und dadurch zwischen dem Wasser und den Wänden einen Dampfmantel zu bilden, welcher die directe Uebertragung der Wärme auf das Wasser stört.

Die mit Niederdruck arbeitenden Kessel der Schiffsmaschinen haben, insofern sie nicht Röhrenkessel sind, im Allgemeinen die in Fig. 64 und 65 dargestellte Anordnung. Fig. 64

Fig. 64.

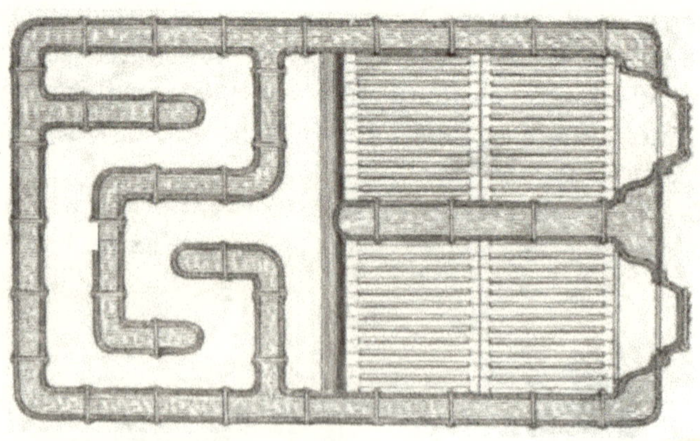

stellt einen Horizontaldurchschnitt und Fig. 65 zwei Verticaldurchschnitte dar; von den letzteren ist der eine durch den Rost, der andere durch den hinteren Theil des Kessels geführt. Diese Kessel bestehen aus schmalen zungenförmigen Wasserräumen, zwischen denen die im Verbrennungsraume entwickelten gasförmigen Verbrennungsproducte hindurchziehen. Auch der Verbrennungsraum ist von allen Seiten mit Wasserräumen umgeben, und selbst die

Fig. 65.

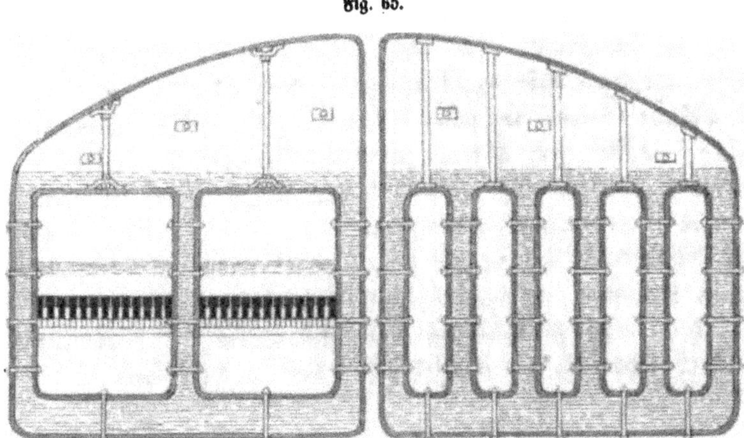

Feuerbrücke besteht aus einer mit Wasser gefüllten Zunge. Ueberdieß sind die einzelnen Zungen so gebogen, daß die Verbrennungsgase gezwungen sind, in Schlangenlinien zwischen denselben hindurch nach dem Schornstein abzuziehen.

8.

Bedeckung.

Der oben aus dem Ofen hervorragende Theil des Kessels giebt, wenn er der freien Luft ausgesetzt ist, Wärme an diese ab, weil er eine höhere Temperatur hat. Da diese Wärme dem Dampfe entzogen wird, so liegt hierin eine Ursache verminderter Dampfproduction.

Ist die Temperatur des Kessels 100^0 C. und die der umgebenden Luft 25^0, so verliert nach Tredgold ein Quadratfuß dieser bloßgelegten Oberfläche in einer Stunde 225 Wärmeeinheiten oder so viel Wärme, als er brauchte, um $^3/_8$ Pfund Wasser von 40^0 in Dampf zu verwandeln.

Gesetzt also, ein Kessel von 12 Fuß Länge und 15 Fuß Umfang wäre zu $^1/_3$ der Luft ausgesetzt, so betrüge die abkühlende Fläche 60 Quadratfuß, und er verlöre dadurch die Wärme von $60 \,.\, ^3/_8 = 22^1/_2$ Pfund Dampf. Wenn nun pro Quadratfuß Heizfläche 7 Pfund Dampf erzeugt werden und der Kessel 100 Quadratfuß Heizfläche hat, so beträgt dieser Verlust $\frac{22^1/_2}{700} \,.\, 100 = 3$ Proc.

Diesen Verlust sucht man dadurch zu beseitigen oder wenigstens zu vermindern, daß man die der freien Luft ausgesetzte Fläche möglichst klein macht und durch zweckmäßige Bedeckung gegen Abkühlung schützt. Als solche Bedeckungsmittel dienen Lehm, Erde, Asche, Häcksel, Filz u. s. w., überhaupt schlechte Wärmeleiter von geringem Werthe. Da bei Anwendung solcher Mittel die Verbindungen immer völlig dicht sein müssen, was bei den Rohransätzen für die Leitung, die Ventile u. s. w. nicht immer zu erreichen ist, so ist es hierbei nothwendig, eine Dampfhaube oder einen Dom auf dem Kessel zu befestigen und mit diesem die Leitung, die Sicherheitsventile, die Speiserohre u. s. w. zu verbinden.

III.

Von der Speisung der Dampfkessel.

Der Kessel muß nicht nur anfangs mit einem gehörigen Vorrath von Wasser versehen, sondern es muß auch das verdampfende fortwährend wieder ersetzt werden; es muß mithin ein continuirlicher, dem Dampfverbrauch entsprechender Zufluß von frischem Wasser stattfinden. Eine solche constante und geregelte Speisung ist nothwendig, weil der Wasserstand so viel als möglich unverändert bleiben soll und überdieß jener Zufluß von mäßig kaltem Wasser auf die Temperatur des Kesselwassers und die Spannung des Dampfes einen um so größeren Einfluß ausübt, je stärker er ist. Denn bei einem zu reichlichen Zufluß wird allmälig im Kessel die Temperatur abnehmen, das Niveau steigen und der Dampfraum beengt werden. Noch nachtheiligere Folgen hat ein zu geringer Zufluß oder gar eine längere Unterbrechung. Die Wärme, sowie die Spannung des Dampfes nehmen zu und der Wasserstand sinkt. Mit dem sinkenden Wasserstand wird die Heizfläche des Kessels mehr und mehr vom Wasser entblößt und einerseits die Dampfproduction geschwächt, weil die Verdampfungsfläche kleiner wird, andererseits die bloß gelegte Zone des Kessels einer höheren Temperatur, die zuletzt ein Glühen derselben veranlaßt, ausgesetzt. In diesem Falle aber wird nicht nur der Dampf überhitzt, sondern auch der Kessel manchen Gefahren ausgesetzt. Er wird leichter bersten, weil das Eisen im glühenden Zustande eine viel geringere Festigkeit hat,[1] und leichter zerstört werden, weil das Eisen verbrennt. Eine zu große Verminderung des Kesselwassers ist endlich, wie wir später sehen werden, die nächste Ursache der meisten Explosionen.

Eine namhafte Veränderung des Niveaus kann indeß bei gewöhnlichen Kesseln nur in Folge eines länger andauernden und starken Mißverhältnisses der Speisung sich ergeben. Denken wir uns z. B. einen einfachen Cylinderkessel von 1,5 Meter Durchmesser und 7,8 Meter Länge mit einer Heizfläche von 25 Quadratmeter, so verdampft derselbe stündlich 25 . 22 = 550 Kilogramm Wasser, was einem Volumen von 0,55 Cubikmeter entspricht. Wenn nun der Dampfraum 0,3 des Kesselinhalts einnimmt, der Centriwinkel desselben also 143° beträgt, so ist die Breite c d (Fig. 45) der Wasseroberfläche

$$2 \cdot \frac{1,5}{2} \cdot \sin\left(\frac{143^0}{2}\right) = 1^m,422$$

und daher der Flächenraum derselben, ebene Endflächen vorausgesetzt,

$$1,422 \cdot 7,8 = 11,0916 \text{ Quadratmeter.}$$

Es beträgt mithin die Senkung des Wasserstandes in der Stunde

$$\frac{0,55}{11,0916} = 0,050 \text{ Meter.}$$ [2]

Wenn es daher von großer Wichtigkeit und sogar unerläßlich ist, für eine mit dem Dampfverbrauch im Allgemeinen correspondirende Speisung zu sorgen und dieselbe von der Thätigkeit der Maschine abhängig zu machen, so ergiebt sich doch hieraus eine ununterbrochene Speisung, die mit der Verdampfung völlig gleichen Schritt hält, als unnöthig.

1.

Speisung der Niederdruckkessel.

Die Speisung von Kesseln, in denen Dampf von 1/5 oder höchstens 1/4 Atmosphäre Ueberdruck erzeugt wird, kann durch einfache Vorrichtungen sehr befriedigend bewerkstelligt werden. Als

[1] Man vergleiche Fairbairn's Versuche im Civilingenieur N. F. Band 4. S. 191.

[2] Hierbei ist auf die Vergrößerung, welche die Oberfläche durch den sinkenden Wasserspiegel erfährt, keine Rücksicht genommen.

Speisewasser wird gewöhnlich das bereits erwärmte Condensationswasser angewendet, welches durch eine einfache Saugpumpe in einem über dem Kessel befindlichen Behälter gehoben wird. Die Höhe des Behälters über dem Niveau des Kesselwassers muß natürlich groß genug sein, um den Gegendruck des Dampfes zu überwinden, also bei $1/5$ Atmosphäre mindestens $1/5 \cdot 10{,}334 = 2{,}067$ Meter, bei $1/4$ Atmosphäre mindestens $1/4 \cdot 10{,}334 = 2{,}584$ Meter betragen.

Eine solche Speisevorrichtung für Niederdruckkessel zeigt Fig. 66. Der Wasserbehälter a über dem Kessel wird von einer mit der Maschine verbundenen Saugpumpe durch das Rohr g stets reichlich mit Wasser versorgt, das, wenn es in zu großer Menge zufließt, durch das Rohr h einen Ausweg findet. An den Boden des Behälters a ist das Speiserohr b angesetzt, das bis nahe an den Boden des Kessels reicht und oben durch ein Ventil i verschließbar ist. Das Ventil i ist an einem zweiarmigen Hebel ef aufgehängt, der um die am Wasserbehälter a befestigte Axe k drehbar ist und an dem Ende e den an einem Kupferdraht befestigten Schwimmer c trägt. Dieser Schwimmer besteht in einer Steinplatte von ungefähr 50 Pfund Gewicht, die zwar durch das Eintauchen in das Kesselwasser einen Theil ihres Gewichts verliert, dennoch aber unter den Wasserspiegel niedersinken würde, wenn nicht am Ende f des Hebels ein Gegengewicht angebracht wäre, durch welches der Schwimmer c in der Höhe des Wasserspiegels erhalten wird. Um nicht zu schwere Gewichte anwenden zu müssen, macht man den Hebelarm kf gewöhnlich länger als den Hebelarm ke. Ist z. B. kf = 3ke und das

Fig. 66.

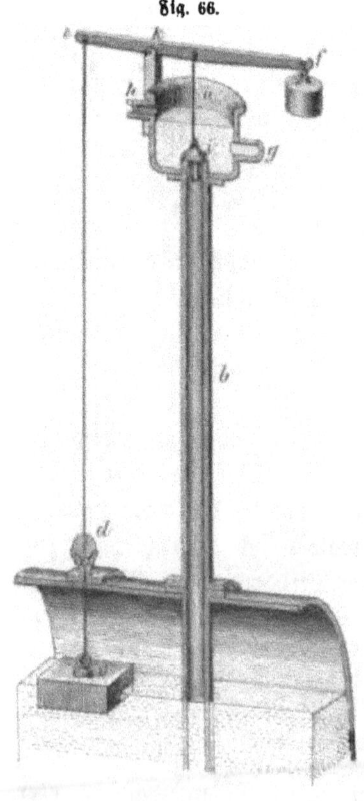

Gewicht des eingetauchten Schwimmers 36 Pfund, so ist ein Gegengewicht von $\frac{36}{3} = 12$ Pfund anzuwenden. Der Kupferdraht tritt durch eine Stopfbüchse d in den Kessel ein.

Es geht aus dieser Anordnung hervor, daß mit dem sinkenden Wasserspiegel der Schwimmer und das Hebelende ke, an dem er befestigt ist, niedergehen, während das entgegengesetzte Hebelende kf mit dem Ventil steigt. Dadurch wird dem Wasser in dem Behälter a der Zufluß in den Kessel eröffnet, und dieser Zufluß wird so lange dauern, bis der Wasserspiegel und der Schwimmer so hoch gestiegen sind, daß das Ventil wieder geschlossen wird.

Die Dimensionen der Saugpumpe sind auf folgende Weise zu bestimmen. Ist der Normalbedarf pro Minute Q und macht die Pumpe in der Minute n Spiele, so sind, den Wirkungsgrad der Pumpe zu $^2/_3$ gesetzt,

$$\frac{3\,Q}{2\,n}$$

pro Minute zu heben. Ist noch die Hubhöhe s, so erhält man hieraus den Querschnitt der Pumpe

$$F = \frac{3\,Q}{2\,ns}$$

und den Durchmesser

$$d = 2\sqrt{\frac{3\,Q}{2\,\pi\,ns}}$$
$$= 1{,}38\sqrt{\frac{Q}{ns}}$$

Ist z. B. Q = 10 Liter = 0,01 Cubikmeter, n = 24, s = $0^m{,}15$, so wird

$$d = 1{,}38\sqrt{\frac{0{,}01}{24\,.\,0{,}15}}$$
$$= 0^m{,}073.$$

2.

Speisung der Hochdruckkessel durch Pumpen.

Die Höhe des Speiserohrs b in Fig. 66 hängt, wie schon erwähnt wurde, von der Dampfspannung ab und wächst proportional derselben. Für jede Atmosphäre Ueberdruck muß dieselbe

10,334 Meter betragen, so daß z. B. für eine Dampfspannung von 5 Atmosphären das Speiserohr 4 . 10,334 = 41,336 Meter hoch werden müßte. Da eine solche Höhe unausführbar ist, so ist man bei hochgespannten Dämpfen genöthigt, den natürlichen Druck des Wassers durch eine Vorrichtung zu ersetzen, welche den Gegendruck des Dampfes zu überwinden im Stande ist. Hierzu dienen meistens die Druckpumpen (Speisepumpen).

Die Einrichtung einer sehr gewöhnlichen Speisepumpe für Maschinen mit liegendem Cylinder zeigt Fig. 67. Von

Fig. 67.

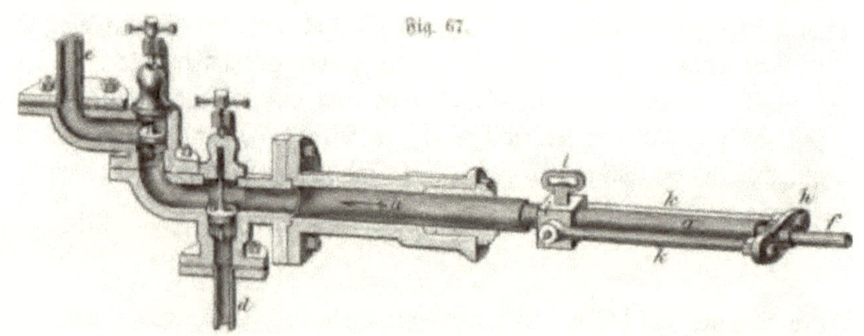

der Schwungradwelle der Maschine aus wird vermittelst eines Excentrics und einer Excentricstange die Kolbenstange des Druckkolbens a und dieser selbst in hin und hergehende Bewegung versetzt. Der Pumpenkolben bewegt sich, mit wasserdichtem Abschluß durch eine Stopfbüchse, in einem Cylinder, an dessen hinterem Ende das Ventilgehäuse befestigt ist. In diesem letzteren befindet sich das Saugventil b und das Steigventil c. Damit diese Ventile leicht zugänglich sind, hat jede Ventilkammer ihren besonderen Deckel, der durch einen Bügel und eine Druckschraube auf dem gußeisernen Gehäuse befestigt ist und zugleich die Führung für den Stiel des Ventils enthält. Aus demselben Grunde ist auch die Rohrleitung, an welche das Steigrohr e angeschraubt ist, seitlich abgezweigt, während das Saugrohr d unmittelbar unter dem Saugventil b befestigt ist. Wenn der Kolben in der Richtung des Pfeils sich bewegt, so ist das Saugventil b geschlossen, das Steigventil c geöffnet, und es wird durch das Steigrohr e Wasser in den Kessel gedrückt. Bei der entgegengesetzten Kolbenbewegung aber ist b geöffnet, c geschlossen und es wird frisches Wasser durch das Saugrohr d angesaugt.

Die Einrückung und Abstellung der Speisepumpe geschieht mit der Hand. Es ist zu diesem Zwecke die Excentricstange f mit der Pumpenkolbenstange g durch einen Rahmen verbunden, der aus den beiden Traversen h i und den beiden Zugstangen k k besteht. Mit der Traverse h ist die Excentricstange durch Schraube und Mutter fest verbunden; dagegen wird die Verbindung zwischen der Traverse i und der Kolbenstange durch einen Keil l vermittelt, der mit einem Handgriff versehen ist und während des Ganges der Maschine durch die Keillöcher der Traverse und der Kolbenstange hindurchgesteckt oder aus denselben herausgezogen werden kann. Im ersteren Falle nimmt die Speisepumpe an der Bewegung der Dampfmaschine Theil, im letzteren nicht.

Eine Anordnung der Speisepumpen für stehende Maschinen ist in Fig. 68 dargestellt. a ist der Pumpenkolben, welcher sich in einem unten geschlossenen Cylinder bewegt, b ist das Saugventil, c das Steigventil, d das Saugrohr, e das Steigrohr. Die beiden Ventilkammern sind durch halbkugelförmige Kapseln geschlossen, welche durch Bügel mit Druckschrauben festgehalten werden. Diese Bügel sind um Charniere drehbar, so daß man sie leicht umlegen kann, wenn man die Ventile untersuchen will. Auch diese Pumpe kann während des Ganges durch Eintreiben oder Herausschlagen eines Keils nach Bedürfniß in oder außer Thätigkeit gesetzt werden.

Fig. 68.

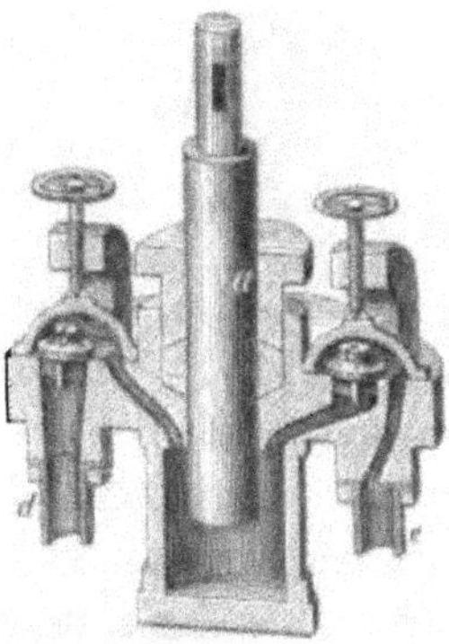

Tapley's Röhrenspeisepumpe in Fig. 69 eignet sich namentlich zum Speisen mit heißem Wasser. Dieselbe besteht aus einem Saugcylinder A und einem Druckcylinder B, in denen sich ein Saugkolben C und ein Druckkolben D dampfdicht auf und ab bewegen. Die beiden Kolben, welche in gemeinschaftlicher Axe liegen, sind röhrenförmig und haben an ihrem einen Ende eine runde Flantsche, welche genau in die an beiden Seiten ausgedrehte Ventilplatte G paßt. Beide Flantschen werden unter sich, so wie mit der Ventilplatte durch Schrauben verbunden. Die Ventilplatte G selbst hat zwei runde Arme, an welchen zwei durch die Maschine getriebene Kurbelstangen H angreifen. In dem Saugcylinder A ist ein Ventil L, im Druckcylinder ein zweites Ventil M und in der

Fig. 69.

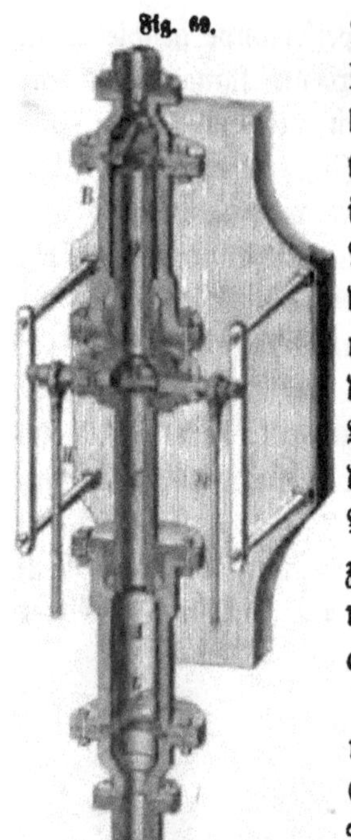

Mitte zwischen den beiden Kolben ein drittes N angebracht. Steigen nun die beiden Kolben C, D aufwärts, so öffnen sich die Ventile L, M, während sich N schließt; das im obern Cylinder und Kolben befindliche Wasser wird in den Kessel gedrückt, und der untere Cylinder und Kolben füllen sich mit neuem Wasser. Gehen dagegen die beiden Kolben abwärts, so schließen sich die Ventile L, M, während N sich öffnet, und das in dem unteren Cylinder A befindliche Wasser steigt in den oberen. Um sich überzeugen zu können, ob alle Ventile in Ordnung sind, bringt man sowohl am oberen, als am unteren Cylinder Probirhähne an.

Die Kessel größerer Maschinen speist man häufig durch Dampfpumpen, d. h. Speisepumpen, welche durch besondere kleine Dampfmaschinen getrieben werden.

Eine sehr gewöhnliche Einrichtung solcher Dampfpumpen zeigt Fig. 70. Vertical über dem Pumpencylinder A steht der Dampfcylinder B, in welchem der Dampfkolben C mit seiner Stange doppeltwirkend arbeitet. Damit die Maschine einen möglichst regelmäßigen Gang erhält, ist ein Schwungrad D mit derselben verbunden; zu diesem Zwecke schließen sich die beiden benachbarten Enden der Dampfkolbenstange und des Pumpenkolbens an einen viereckigen Rahmen an, in dessen Schlitz die Kröpfung der gekröpften Schwungradwelle E sich bewegt. Eine excentrische Warze F an dem dem Schwungrad entgegengesetzten Ende der Welle dient zum Betriebe des Dampfschiebers G.

Die Dampfkolbenstange erhält in der Regel einen großen Durchmesser, wodurch der Druck des Dampfes gegen die untere Kolbenfläche verkleinert wird, weil gewöhnlich die Kraft zum Einpressen des Wassers in den Kessel größer ist, als die Kraft zum Ansaugen desselben. Ist die Saughöhe h_1 (in Metern), F der Querschnitt des Pumpenkolbens und γ die Dichtigkeit des Wassers, so ist die Kraft zum Ansaugen

$$P_1 = F h_1 \gamma.$$

Fig. 70.

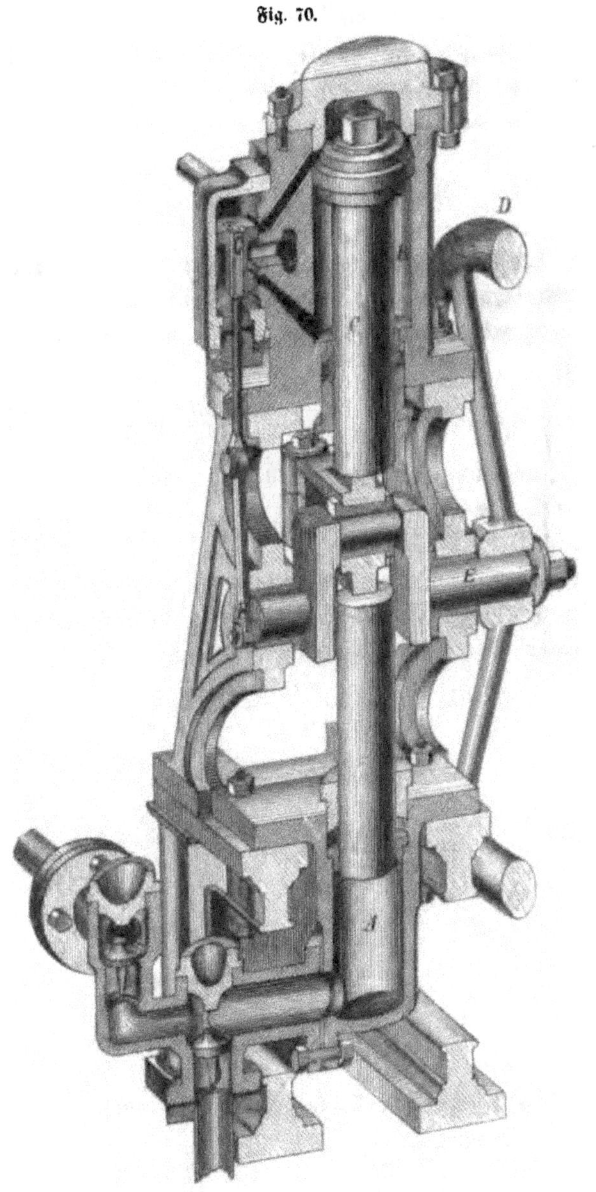

Um aber das Wasser in den Kessel einzupressen, ist außer der Kraft, welche zum Heben des Wassers auf die Steighöhe h_2 (in Metern) nothwendig ist ($= F\, h_2\, \gamma$), auch noch eine Kraft aufzuwenden, um den Ueberdruck des Dampfes im Kessel zu überwinden. Wird die Dampfspannung im Kessel mit p bezeichnet und in Atmosphären ausgedrückt, so wird hiernach die Kraft zum Eindrücken des Wassers in den Kessel

$$P_2 = F h_2 \gamma + F (p - 1) . 10,334 \gamma$$

und daher

$$\frac{P_2}{P_1} = \frac{h_2 + (p - 1) . 10,334}{h_1}$$

Ist ferner der Durchmesser des Dampfkolbens d_1, der Durchmesser der Dampfkolbenstange d_2, die Dampfspannung im Cylinder p_1 und der Gegendruck in demselben q, so ist zum Ansaugen die Dampfkraft

$$P_1 = \left[(d_1^2 - d_2^2)\frac{\pi}{4} . p_1 - d_1^2 \frac{\pi}{4} q + d_2^2 . \frac{\pi}{4}\right] 10334$$

und zum Eindrücken des Wassers in den Kessel die Dampfkraft

$$P_2 = \left[d_1^2 \frac{\pi}{4} p_1 - (d_1^2 - d_2^2) \frac{\pi}{4} q - d_2^2 \frac{\pi}{4}\right] 10334$$

nothwendig, wenn von dem Gewichte der bewegten Theile abgesehen wird. In der Regel ist der Gegendruck q dem Atmosphärendruck gleich. Unter dieser Voraussetzung ergibt sich

$$\frac{P_2}{P_1} = \frac{d_1^2 p_1 - d_1^2 + d_2^2 - d_2^2}{d_1^2 p_1 - d_2^2 p_1 - d_1^2 + d_2^2}$$

$$= \frac{d_1^2 (p_1 - 1)}{(d_1^2 - d_2^2) (p_1 - 1)}$$

$$= \frac{d_1^2}{d_1^2 - d_2^2};$$

also auch

$$\frac{d_1^2}{d_1^2 - d_2^2} = \frac{h_2 + (p-1) 10,334}{h_1},$$

woraus $\frac{d_2}{d_1} = \sqrt{\frac{h_2 - h_1 + (p-1) 10,334}{h_2 + (p-1). 10,334}}$

folgt.

Ist z. B. $h_1 = 4,3$ Meter, $h_2 = 2,0$ Meter und $p = 5$ Atmosphären, so wird

$$\frac{d_2}{d_1} = \sqrt{\frac{2,0 - 4,3 + 10,334 . 4}{2,0 + 10,334 . 4}}$$

$$= 0,95.$$

Es ist hiernach in diesem Falle die Dampfkolbenstange beinahe eben so stark zu machen, als der Dampfkolben selbst.

Der für $\frac{d_2}{d_1}$ gefundene Werth nähert sich der Einheit um so mehr, je kleiner die Saughöhe h_1 ist; daher macht man auch bei kleinen Saughöhen dergleichen Dampfpumpen einfachwirkend und deckt die dadurch entstehende Kraftdifferenz dadurch, daß man das Schwungrad etwas schwerer, als bei den doppeltwirkenden Dampfpumpen macht.

Bei der Dampfpumpe von Luschka (Fig. 71) ist die rotirende Bewegung vermieden, wodurch nicht unwesentlich an Raum und Anlagekosten gespart wird. Der Dampf tritt hier mittelst eines gewöhnlichen Schiebers und zweier Kanäle über oder unter einen feststehenden Kolben a und hebt oder senkt dadurch einen beweglichen Cylinder b, welcher mit dem Pumpenkolben c verbunden ist. An jedem Ende seines Laufs schlägt der Cylinder an einen Hebel d, dessen kürzerer Arm eine kräftige Feder g mitnimmt. Diese Feder ist an ihren Enden mit Nasen h h versehen und gleitet zwischen zwei Führungen auf und ab, deren eine, dem Cylinder näher liegende, zwei schräg geführte Einschnitte besitzt. Der mit dem Schieber verbundene Steuerhebel i hat mit dem Hebel d eine gemeinschaftliche Drehaxe, sitzt aber lose auf derselben und wird lediglich durch den Druck der Feder, deren Enden abwechselnd ober- oder unterhalb der Drehaxe auf ihn einwirken, in Bewegung gesetzt.

Fig. 71.

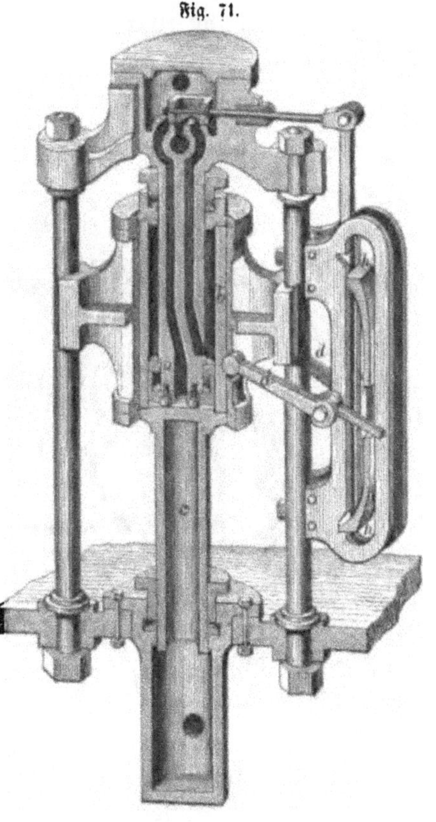

Wird beim Aufgange des Cylinders die Feder von oben nach unten bewegt, so verläßt zuerst die obere Nase den entsprechenden

Einschnitt in der Führung und wird unwirksam gegen den Steuerhebel, der nur durch die Reibung des Dampfschiebers noch in seiner Lage erhalten wird. Der Cylinder fährt fort zu steigen, und es gelangt nun die Nase am unteren Ende der Feder über den entsprechenden Einschnitt. Nun schnappt die Feder mit ihrem Ende daselbst ein und bringt dadurch den Steuerhebel und den Dampfschieber in die entgegengesetzte Lage, worauf der Niedergang beginnt. Derselbe Vorgang wiederholt sich kurz vor vollendetem Niedergang des Cylinders, worauf dieser wieder gehoben wird.

Die Einrichtung einer doppeltwirkenden Speisepumpe zeigt Fig. 72. Dieselbe hat zwei Saugventile a b und zwei Steig-

Fig. 72.

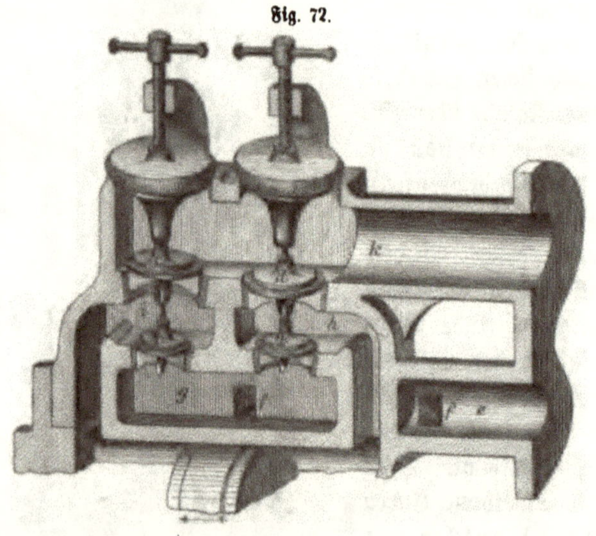

ventile c d. Bewegt sich der Pumpenkolben in der Richtung des Pfeiles, so sind die Ventile b und c geöffnet, a und d dagegen geschlossen. Das Speisewasser tritt aus dem Saugrohr e durch die gebogene Leitung f f in die Kammer g und durch die Oeffnung des Ventils b, sowie den Kanal h in den Pumpencylinder; das auf der entgegengesetzten Seite des Pumpenkolbens befindliche Wasser dagegen wird durch den Kanal i und die Oeffnung des Ventils c in das Steigrohr k gedrückt. Bei der entgegengesetzten Bewegung des Pumpenkolbens sind die Ventile b und c geschlossen und a und d geöffnet. Das gesaugte Wasser tritt aus der Kammer g durch die Oeffnung des Ventils a und den Kanal i in den

Pumpencylinder und das gehobene Wasser aus dem Pumpencylinder durch den Kanal h und die Oeffnung des Ventils d in das Steigrohr.

Man hat wiederholt versucht, die Speisepumpen selbstthätig zu machen, d. h. sie so einzurichten, daß sie ohne Einwirkung von Menschenhänden den Wasserbedarf zur rechten Zeit liefern. Diese Einrichtungen bestehen entweder darin, daß ein mit dem Wasserspiegel im Kessel sinkender und steigender Schwimmer auf einen Hahn oder ein Ventil im Speiserohre wirkt und den Wasserdurchgang dem Bedürfniß entsprechend eröffnet oder abschließt, oder darin, daß der Schwimmer die Dampfklappe einer Dampfpumpe regulirt und die Menge des Betriebsdampfes vom Wasserbedarf abhängig macht. Lärmvorrichtungen geben ein Zeichen, wenn der selbstthätige Mechanismus nicht in Ordnung ist. Trotzdem gewähren dergleichen Apparate nicht die gehörige Sicherheit und überheben den Heizer durchaus nicht der Verpflichtung, auf die Speisung ein wachsames Auge zu haben.

Es ist rathsam, zwischen dem Steigventil und dem in den Kessel einmündenden Speiserohr noch ein zweites Steigventil oder ein sog. Speiseventil anzubringen. Dadurch wird der Gang der Pumpe sicherer, Reparaturen werden leichter möglich, und man kann auch, wenn mehrere Kessel von einer und derselben Pumpe aus gespeist werden, mittelst dieses Ventils die Speisewassermenge für jeden Kessel einzeln reguliren.

Der Durchmesser des Pumpenkolbens ist in derselben Weise abzuleiten, wie für die Saugpumpe auf S. 189 gezeigt wurde. Da aber hierbei die Speisung keine continuirliche ist, sondern nur nach Bedürfniß in Thätigkeit gesetzt wird, so muß die Pumpe ein viel größeres Quantum liefern können, als das in derselben Zeit verdampfte Wasserquantum. In der Regel nimmt man an, daß die Pumpe sechsmal so viel liefere, als in derselben Zeit verdampft wird. Daher ist der Querschnitt unter übrigens gleichen Umständen sechsmal und der Durchmesser $\sqrt{6}$mal so groß zu nehmen, als oben. Hiernach wird letzterer

$$d = 1{,}38 \sqrt{\frac{Q}{ns}} \sqrt{6}$$

$$= 3{,}4 \sqrt{\frac{Q}{ns}}$$

und wenn die Pumpe doppelwirkend ist

$$d = 1{,}38 \sqrt{\frac{Q}{ns}} \sqrt{3}$$

$$= 2{,}4 \sqrt{\frac{Q}{ns}}.$$

Versuche über die Leistungsfähigkeit der Speisepumpen hat die Société industrielle de Mulhouse angestellt.[1] Aus denselben geht hervor, daß der Wirkungsgrad derselben zu 75 Procent angenommen werden kann und daß die auf ihren Betrieb zu verwendende Arbeit um so kleiner wird, je größer die Durchmesser des Steigrohrs und Saugrohrs sind.

3.

Speisung der Hochdruckkessel ohne Pumpen.

Wenn es sich nur darum handelt, das Speisewasser in den Kessel einzudrücken, nicht aber auch dasselbe anzusaugen, so kann man zu diesem Zwecke den Druck des Dampfes selbst anwenden. Dadurch, daß man den Druck des Dampfes auf das Speisewasser wirken läßt, erzeugt man zunächst den Gleichgewichtszustand; fügt man hierzu noch eine andere Kraft (gewöhnlich Schwerkraft), so wird der Druck des Dampfes überwunden und das Speisewasser tritt in den Kessel ein.

Auf diesem Princip beruht unter andern der in Fig. 73 dargestellte Speiseapparat von Auld. Das Speisewasser fließt aus einem höher liegenden Reservoir der Ventilkammer A zu, aus der es nicht wieder zurücktreten kann, weil die in derselben befindliche Ventilklappe sich nach innen öffnet. Von da gelangt es in die Kammer C und aufwärts in den becherförmigen Raum D. Im Boden der Kammer C befinden sich zwei durch Ventile regulirbare, kreisförmige Mündungen, durch welche der Speiseapparat mit dem Dampfrohr E und dem Wasserrohr F in Verbindung gesetzt werden kann. Das Dampfrohr E reicht bis zum Normalwasserspiegel im Kessel und das Wasserrohr F bis nahe an den Boden des Kessels. Der Sitz des Ventils im Wasserrohr F hat oben eine konische Mündung, welche das untere, entsprechend

[1] Polyt. Centralbl. 1860. S. 356.

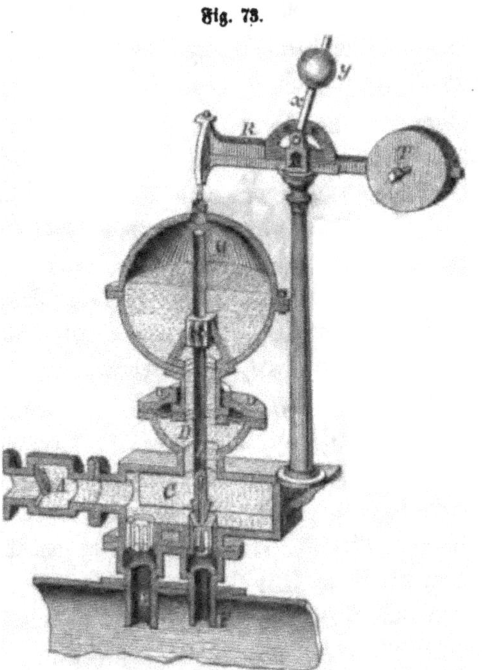

Fig. 73.

gestaltete Ende der Röhre L aufzunehmen bestimmt ist. Die Röhre L steigt durch die Kammern C und D aufwärts und endigt nahe an der Decke der kupfernen Hohlkugel M. An dieser Kugel ist unten ein Rohrstutz befestigt, welcher in dem Deckel der Kammer D frei beweglich ist. Dieser Deckel ist auf die Kammer D aufgeschraubt und durch einen Kautschukring abgedichtet, welcher bis zu den unteren Flantschen des Rohrstutzes reicht und an diesen befestigt ist. Diese Anordnung vertritt somit die Stelle einer Stopfbüchse. Die Kugel M besteht aus zwei mit einander verschraubten Theilen und hat oben ein Oehr, welches durch eine Kette mit dem einen Ende des Hebels R in Verbindung steht. Der Hebel R ruht auf Schneiden und trägt an seinem entgegengesetzten Ende ein Gegengewicht T, in der Mitte aber einen Bügel mit einem Schlitz und zwei in diesem Schlitze verstellbaren Stiften, welche das Ausschwingen der durch ein Gewicht y belasteten Stange x begrenzen. Das Gewicht T wird am Hebel R so eingestellt, daß es, unterstützt durch das Gewicht y, der Kugel M mit Zubehör und Wasserinhalt das Gleichgewicht hält.

Wenn nun das zufließende Wasser in der Kugel M ein gewisses Niveau erreicht hat, so wird die Schwere des Gewichts T überwunden, der Hebel R gedreht und die Stange x des Hebels gegen den Stift an der linken Seite des Schlitzes angelehnt. Die Kugel M geht nieder und der Rohrstutz tritt in die Kammer D ein; gleichzeitig fällt das untere Ende der Röhre L in die konische Mündung des Ventilsitzes im Dampfrohr E ein und drückt das Ventil nieder, wodurch dasselbe geöffnet wird. Der Dampf tritt nun durch die Röhre L in den oberen Theil der Kugel M und stellt das Gleichgewicht her. Das Wasser öffnet durch seine Schwere das Ventil im Wasserrohr F und fällt durch dieses in den Kessel nieder. Dieß dauert so lange, bis das Gegengewicht T wieder das Uebergewicht erlangt und der Hebel in seine ursprüngliche Stellung zurückkehrt, wodurch die Speisung unterbrochen wird.

Der sinnreichste unter den Apparaten, welche die Speisung der Hochdruckkessel ohne Pumpe bewirken, ist der Giffard'sche Injector, welcher auf folgendem Princip beruht. Wenn zwei Flüssigkeiten von verschiedenen Dichtigkeiten unter gleichem Drucke in ein gemeinschaftliches Medium von niedrigerem Drucke ausströmen, so wird die Ausströmungsgeschwindigkeit der weniger dichten Flüssigkeit, also auch ihre lebendige Kraft größer, als die Geschwindigkeit und die lebendige Kraft der dichteren Flüssigkeit. Sind nun die beiden Mündungen, durch welche die beiden Flüssigkeiten austreten, einander entgegengesetzt gerichtet, so drängt die dünnere Flüssigkeit die dichtere zurück und ist sogar im Stande, wenn die Differenz zwischen den Dichtigkeiten groß genug ist, noch einen Zuschuß von außen zugeführter, dichter Flüssigkeit einzupressen.

Der Injector von Giffard ist in Fig. 74 abgebildet. Durch das Rohr A strömt Dampf aus dem Kessel und dringt durch mehrere Oeffnungen in das Innere eines Cylinders B, des sog. Wasserregulators, welcher in einen Konus mit einer kleinen, kreisförmigen Mündung endigt. Durch eine von außen in Bewegung zu setzende Stange, die in eine konische Spitze endigt, kann der Oeffnungsquerschnitt dieser Mündung nach Bedarf vergrößert oder verkleinert werden. Der untere Theil des Regulators ist mit einer Kammer umgeben, und in diese mündet das Saugrohr C ein, welches etwas tiefer in ein Kaltwassergefäß eintaucht. Wenn nun der Dampf durch die konische Mündung des Regulators ausströmt, so stellt er in der die Mündung umgebenden Kammer, sowie in dem Saugrohre einen luftverdünnten Raum her, und durch das Saugrohr wird Wasser aus dem Kaltwassergefäß nachgesaugt. Dieses Wasser mischt sich mit dem Dampfe, condensirt diesen und tritt dann durch die unterhalb des Regulators befindliche Verengung in die mit atmosphärischer Luft gefüllte Kammer D. In die Kammer D mündet von unten ein in der Axe des

Fig. 74.

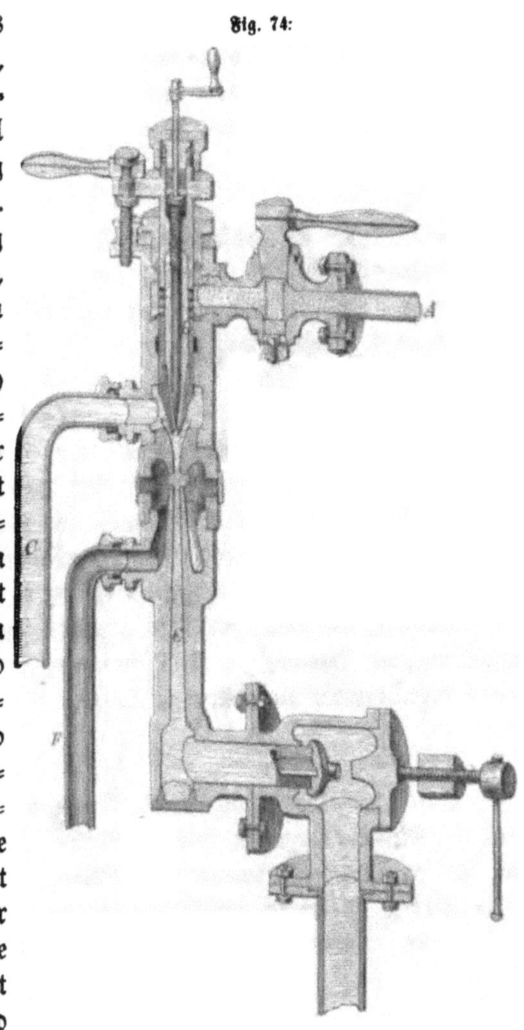

Regulators liegendes konisches Rohr E ein, welches mit dem Wasserraume im Kessel durch eine Rohrleitung in Verbindung steht. In dieser Rohrleitung befindet sich ein Ventil, welches sich nach dem Kessel hin öffnet. Dieses Ventil wird durch den Ueberdruck des Kessels über den Druck der atmosphärischen Luft in der Kammer D geschlossen gehalten, wenn der Speiseapparat nicht in Thätigkeit ist. Wenn er dagegen arbeitet, so tritt der aus dem angesaugten Wasser und dem Condensationswasser bestehende Wasserstrahl, weil er eine größere lebendige Kraft als das Kesselwasser hat, in das konische Rohr E ein, drängt das Ventil zurück und strömt in den Kessel ein. Die Kammer D ist ringsum mit kreisförmigen Oeffnungen versehen, durch die sie mit der atmosphärischen Luft in Verbindung steht. Das Rohr F mündet in die freie Luft über dem Kaltwasserbehälter aus und dient zum Abführen des kalten Wassers, welches vor der Regulirung des Apparates im Ueberschuß angesaugt worden ist, sowie des Condensationswassers, welches sich während der ersten Spiele nach der Ingangsetzung bildet.

Die Bedingungen für die Wirksamkeit dieses Apparates ergeben sich aus folgenden Betrachtungen.

Ist p_1 die Dampfspannung im Kessel, p der Atmosphärendruck und γ die Dichtigkeit des Dampfes, so ist die Geschwindigkeit, mit welcher der Dampf aus dem Regulator ausströmt, unter der Voraussetzung, daß er noch die Temperatur des Kesseldampfes hat,

$$v = \sqrt{2g\left(\frac{p_1 - p}{\gamma}\right)}.$$

Kennen wir nun die ausströmende Dampfmenge Q_1 und die durch die lebendige Kraft des Dampfes aus dem Rohre C nachgesaugte Wassermenge Q_2, so ist wegen der unmittelbar vor der Mündung stattfindenden Stoßwirkung zu setzen:

$$Q_1 \, v = (Q_1 + Q_2) \, w.$$

wenn w die Geschwindigkeit des warmen Wassers nach erfolgter Vereinigung des kalten Wassers mit dem Dampf bezeichnet.

Da aber in den Kessel nur Wasser, das völlig frei von Dampf ist, eingeführt werden soll, so muß so viel Wasser nachgesaugt werden, daß aller Dampf in Wasser umgewandelt wird. Es muß also

$$Q_1 \, (t_1 - t) = Q_2 \, (t - t_2)$$

sein, wenn t_1 die Gesammtwärme (sensible plus latente Wärme) des ausströmenden Dampfes, t_2 die Temperatur des kalten Wassers und t die Temperatur des angewärmten Wassers bezeichnet. Hieraus folgt:

$$Q_2 \geqq Q_1 \left(\frac{t_1 - t}{t - t_2}\right)$$

Durch diese Bedingung ist die Menge des angesaugten Wassers auf ein Minimalquantum beschränkt, welches von der Menge des in den Apparat einströmenden Kesseldampfes abhängig ist. Dasselbe wird z. B., wenn wir $t_2 = 15^0$ und $t = 60^0$ setzen,

für 2 Atmosphären ($t_1 = 643{,}5$) $Q_2 = 12{,}9 \; Q_1$
„ 3 „ ($t_1 = 647{,}7$) $Q_2 = 13{,}0 \; Q_1$
„ 4 „ ($t_1 = 650{,}8$) $Q_2 = 13{,}1 \; Q_1$
u. s. f.

Führen wir nun den für Q_2 gefundenen Minimalwerth in die Rechnung ein, so wird

$$Q_1 \, v = Q_1 \, w \left(1 + \frac{t_1 - t}{t - t_2}\right)$$

und

$$w = v \left(\frac{t - t_2}{t_1 - t_2}\right)$$

$$= \left(\frac{t - t_2}{t_1 - t_2}\right) \sqrt{2g\left(\frac{p_1 - p}{\gamma}\right)}$$

Damit nun das bei der Condensation entstehende Wasser wirklich in den Kessel eintreten kann, muß diese Geschwindigkeit w größer sein, als die, mit welcher das Kesselwasser aus dem Rohre E auszuströmen sucht. Die Geschwindigkeit des Kesselwassers kann man ausdrücken durch

$$\sqrt{2g\left(\frac{p_1 - p}{\gamma_1}\right)},$$

wenn γ_1 die Dichtigkeit desselben bezeichnet. Hiernach muß sein:

$$w > \sqrt{2g\left(\frac{p_1 - p}{\gamma_1}\right)}$$

oder

$$\left(\frac{t - t_2}{t_1 - t_2}\right)\sqrt{\gamma_1} > \sqrt{\gamma}.$$

Diese Formel lehrt zunächst, daß der Apparat um so besser wirkt, je niedriger die Temperatur des angesaugten Wassers ist. Man wird daher im Allgemeinen die Anwendung von Condensationswasser zur Speisung vermeiden müssen, oder kann es höchstens bei Niederdruckmaschinen verwenden, weil bei diesen die Dichtigkeit γ klein ist. Außerdem zeigt die Formel noch, daß der Apparat um so besser arbeitet, je geringer die Dichtigkeit und also auch die Spannung des Wasserdampfes ist.

Aus der Beschreibung geht hervor, daß das Speisewasser vermittelst dieses Apparates auch auf eine gewisse Höhe angesaugt wird; diese Höhe darf aber nicht groß sein und 2 Meter auf keinen Fall überschreiten.

Versuche über den Effect des Giffard'schen Injectors sind in der Ztschr. d. österr. Ing. V. 1860, Heft 4, 5 und 7, und im Civilingenieur 1860 Heft 5 und 6 mitgetheilt.

4.

Vorwärmer.

Da die dem Kessel mitzutheilende Wärmemenge um so kleiner ist, je wärmer das ihm zugeführte Speisewasser ist, so erweist es sich als zweckmäßig, dasselbe in angewärmten Zustande nach dem Kessel zu leiten. Deßhalb benutzt man bei Condensationsmaschinen das Condensationswasser zum Speisen. Bei Maschinen aber, die ohne Condensation arbeiten, läßt man das Speisewasser durch einen

Apparat gehen, in welchem es ohne Benutzung einer besonderen Feuerung angewärmt wird. Als Wärmequelle dient hierbei in der Regel die Wärme des verbrauchten Dampfes, seltner die der abziehenden Verbrennungsproducte.

Fig. 75.

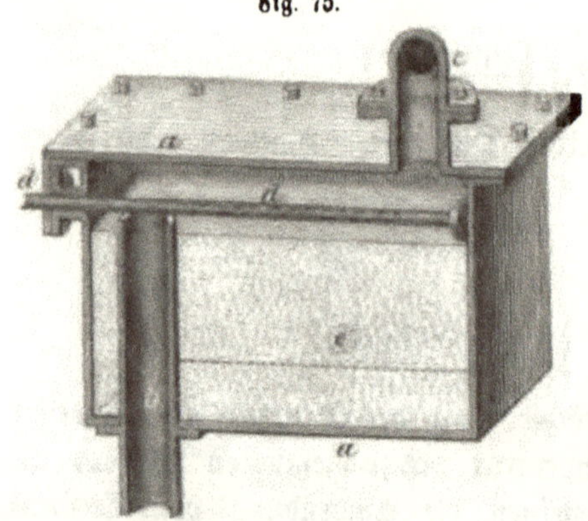

Ein sehr gewöhnlicher **Vorwärmer** ist der in Fig. 75 dargestellte. a ist ein hölzerner oder gußeiserner Kasten von dem 12 bis 14fachen Inhalte des Dampfcylinders. In diesen mündet das Ausblaserohr b ein und reicht bis nahe an den Deckel des Kastens. Das angesaugte Wasser tritt durch das nach innen horizontal verlängerte Rohr d ein, welches an seinem Umfange viele kleine Löcher hat, aus denen das Wasser in feinen Strahlen ausspritzt. Durch das Rohr c fließt das von dem durchströmenden Dampf angewärmte Wasser der Speisepumpe zu. Das Rohr c dient zum Abführen des nicht condensirten Dampfes.

Fig. 76.

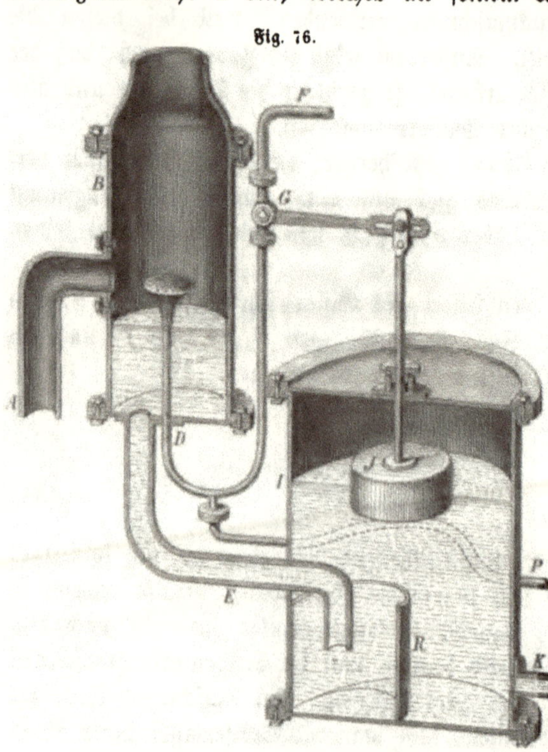

Fig. 76 zeigt den **Vorwärmer** von **Legris** und **Choisy**. Durch das Rohr A tritt der verbrauchte Dampf in das Ausblaserohr B, und in dasselbe wird auch das kalte Wasser durch ein Rohr F D eingeführt, welches in den Boden des Ausblaserohrs einmündet und oben in eine Brause endigt. Das kalte Wasser wird durch die Berührung mit dem Dampfe angewärmt und fließt dann durch das Rohr E in das Reservoir I, in welchem zum Absetzen erdiger Theile die Abtheilung R angebracht ist. Das Rohr P dient zum Ablassen von Luft und Dampf, welche zeitweise in der Leitung D F sich ansammeln. K ist das Saugrohr der Speisepumpe. Der Zufluß des kalten Wassers kann durch einen Schwimmer J regulirt werden, welcher vermittelst eines Hebels auf die Axe eines Hahns G in der Rohrleitung D F wirkt.

Eine ähnliche Einrichtung hat auch der Vorwärmer von Roche[1].

Der Vorwärmer von Belly und Chevalier besteht aus einem verticalen, cylindrischen Blechgefäß G (Fig. 77), welches durch zwei Böden g und h oben und unten geschlossen ist. In demselben liegen eine große Anzahl (bis zu 500, wenn der Durchmesser des Gefäßes 600 bis 650 Millimeter beträgt) Kupferrohre H von geringer Wandstärke und 10 bis 15 Millimeter Weite, welche durch beide Böden hindurch gehen und oben in eine halbkugelförmige Kammer I, unten in ein Reservoir M ausmünden. Der verbrauchte Dampf tritt durch die Röhre A in das Reservoir I, durchströmt die Röhren H, erwärmt dieselben und zieht, insoweit er sich nicht condensirt hat, durch das Rohr B ab; das sich bildende Condensationswasser sammelt sich im Reservoir M an. Das kalte Wasser tritt durch das Rohr C in das Gefäß G, vertheilt sich um die Röhren H, erwärmt sich an denselben und wird durch das Rohr D von der Speisepumpe weggesaugt.

Fig. 77.

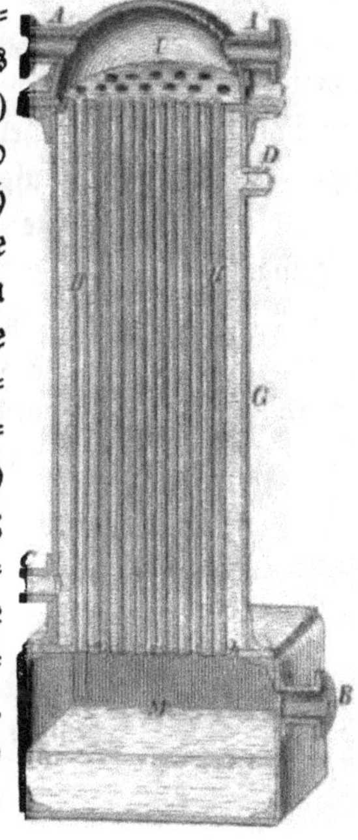

Die Vorwärmer, welche aus einem in den Fuchs des Schorn-

[1] Polyt. Centralbl. 1860. S. 948.

steins gelegten Röhrensysteme bestehen, die also ihre Wärme von den abgehenden Verbrennungsproducten empfangen, haben sich bis jetzt nicht bewährt.

5.

Wasserstandszeiger.

Als Mittel, den Wasserstand am Kessel zu erkennen und hiernach das Bedürfniß der Speisung beurtheilen zu können, wendet man

a. Schwimmer,
b. Probirhähne,
c. Wasserstandsgläser,
d. magnetische Wasserstandszeiger

an.

Der Schwimmer besteht in der Regel aus einem doppelarmigen Hebel, der an dem einen Ende den im Niveau des Wasserspiegels liegenden Schwimmerstein und an dem andern ein Gegengewicht zur Ausgleichung des Steingewichts trägt. Der Schwimmerstein ist vermittelst eines Drahtes, welcher durch eine Stopfbüchse in den Kessel eingeführt ist, wie Fig. 66 auf S. 188 zeigt, an dem Hebel aufgehängt. Der Hebel selbst ist des leichteren Ganges wegen auf eine Schneide, statt auf eine cylindrische Axe, aufgelagert. Statt des doppelarmigen Hebels kann man sich auch einer Leitrolle bedienen und über diese eine Kette legen, welche auf der einen Seite an den Schwimmerdraht angeschlossen ist und auf der andern das Gegengewicht trägt. Die Höhe des Wasserspiegels wird an einer hinter dem Gegengewichte angebrachten, festen Scala abgelesen, oder man versieht das Gestelle der Rolle mit einem vertical nach oben gerichteten, festen Zeiger und den Umfang der Rolle, welcher dem Zeiger zunächst liegt, mit einer Eintheilung.

Es ist zweckmäßig, den Schwimmerstein in ein innerhalb des Kessels befestigtes, durchlöchertes Gefäß einzuhängen, damit die Wallungen des siedenden Wassers möglichst wenig Einfluß auf denselben ausüben.

Häufig versieht man auch die Schwimmer mit Lärmvorrichtungen, welche den Wärter aufmerksam machen, wenn der Wasserspiegel bis zu einer gefährlichen Grenze gefallen ist (Lärmschwimmer, Alarmschwimmer). Eine solche Lärmvorrichtung zeigt Fig. 78. a ist eine mit einem Hahne b versehene Röhre, welche auf dem Dampfkessel befestigt ist. Ueber der Flautsche d an der Röhre erheben sich zwei Säulen e und f. Die kürzere derselben trägt die Drehaxe für einen Hebel g, welcher die scharfe Kante der Pfeife gegen ihren Sitz niederdrückt und auf seiner Verlängerung ein Ausgleichungsgewicht i trägt. An seinem hinteren Ende hat der Hebel eine Gabel, in welcher die flache Stange j frei auf und niederspielen kann; und an dieser Stange ist vermittelst eines Vorsteckers t der Schwimmerdraht befestigt. Die längere Säule f trägt an ihrem oberen Ende einen Drehbolzen k, und um diesen dreht sich der Hebel m, der an dem einen Ende durch eine Gelenkstange n mit dem Hebel g verbunden ist und an dem andern wieder vermittelst einer Gabel die Stange j umfaßt. So lange der Wasserstand im Kessel ein normaler ist, bilden die Hebel m und g und die Stangen n und j ein Parallelogramm. Wenn aber der Wasserspiegel bis in seinen tiefsten zulässigen Stand sinkt, so drückt der am oberen Ende der Stange j angebrachte Aufsatz gegen den Hebel m und hebt dadurch die Zugstange n und den Hebel g. Da dieser nun keinen Druck auf die Pfeife mehr ausübt, so kann der Dampf durch dieselbe ausströmen und sie zum Ertönen bringen. Die Pfeife kommt aber auch in Thätigkeit, wenn der Wasserstand ein zu hoher ist. Dann greift der Vorstecker t am Hebel g an, hebt diesen und entlastet so die Pfeife.

Fig. 78.

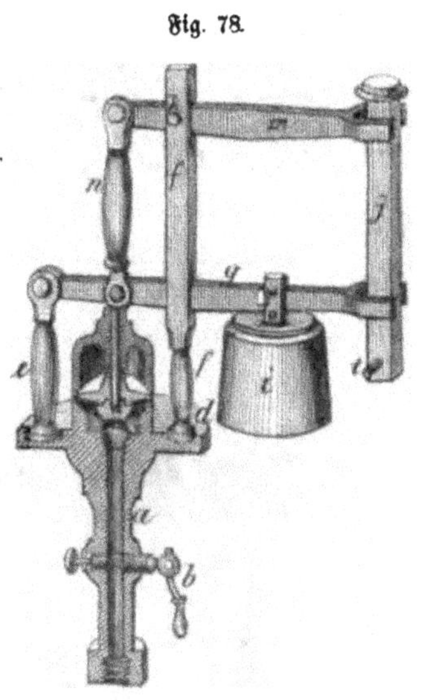

Ein sehr einfaches Mittel, den Wasserstand zu erkennen, sind die Probir- oder Wasserstandshähne. Sie gewähren aber nur dann hinreichende Sicherheit, wenn die Wallungen im Kessel nicht zu groß sind; also vorzüglich bei Kesseln mit großer Heizfläche und großem Wasserraume, und wenn die erzeugten Dämpfe nicht zu hoch (nicht über 5 Atmosphären) gespannt sind, weil das unter hohem Drucke ausgetriebene und sehr heiße Wasser sich augenblicklich vor der Hahnmündung in Dampf verwandelt und daher schwer von diesem zu unterscheiden ist.

Die einfachste Anordnung der Probirhähne besteht darin, daß man an die Kopfplatte des Kessels zwei bis vier, gewöhnlich drei Hähne anschraubt, die über, in und unter dem Normalwasserstande in je ungefähr 50 Millim. Entfernung von einander liegen. Durch Eröffnen der einzelnen Hähne erkennt der Heizer, ob im Niveau derselben sich Wasser oder Dampf befindet. In Fig. 79 sind die Probirhähne a nicht an die Kopfplatte selbst, sondern an ein mit dieser verbundenes Rohr b angeschraubt, welches oben mit dem Dampfraum, unten mit dem Wasserraum des Kessels in Verbindung steht. Durch Einschaltung dieses Rohres werden die Niveauschwankungen, denen der Wasserspiegel im Kessel unterworfen ist, etwas vermindert.

Fig. 79.

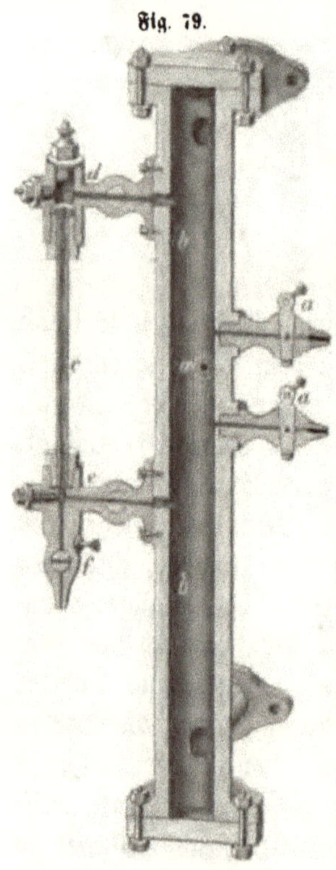

Man kann auch die Probirhähne über dem Kessel anbringen, indem man sie in verticale Rohre einsetzt, welche in den Kessel einmünden. Das eine dieser Rohre reicht bis zum normalen Wasserspiegel, das zweite bis 50 Millim. über denselben und ein drittes 50 Millim. unter ihn. Allenfalls genügen hierzu auch zwei, und zwar das erste und dritte.

Es ist sogar ein einziges verticales Rohr mit einem Hahne ausreichend, wenn das Rohr in einer Stopfbüchse verschiebbar gemacht wird und die Höhenstellung desselben, bei welcher Dampf oder Wasser auszuströmen beginnt, an einer Scala abzulesen ist. Zweckmäßiger noch ist es, das Rohr in die freiliegende Kopfplatte des Kessels horizontal einzulegen und im Innern mit einem nach oben rechtwinklig gebogenen Knie zu versehen. Ein am Rohr angebrachter Zeiger, der sich vor einem festen Zifferblatt bewegt, giebt an, bei welcher Stellung das Rohr Wasser zu schöpfen anfängt.

Probirventile haben vor den Probirhähnen den Vorzug,

daß sie weniger leicht undicht werden. Die an die Kopfplatte des Kessels angeschraubten Rohre sind hier, statt durch Hähne, durch Ventile geschlossen, welche durch Hebel oder Schrauben von ihren Sitzen abgehoben werden können. Auch hier erkennt der Heizer an dem ausfließenden Wasser oder Dampf, ob das Wasser im Kessel hoch genug steht oder nicht.

Das sicherste Mittel zur Beobachtung des Wasserstands im Kessel ist das Wasserstandsglas. Die gewöhnlichste Einrichtung desselben, in Verbindung mit den Probirhähnen, zeigt Fig. 79 auf vorst. S. c ist eine Glasröhre von 6 bis 12 Millim. lichter Weite, 4 bis 6 Millim. Wandstärke und 200 bis 300 Millim. Länge; dieselbe wird in die Hahnstücke d und e geschoben und trifft in denselben gegen feste Ränder. Der ringförmige Raum zwischen den Hahnstücken und der Glasröhre ist mit Hanf, Gummi oder irgend einem andern Liderungsmaterial abgedichtet, welches durch Muttern eingepreßt wird. Durch die Hähne d und e strömt aus dem mit dem Kessel communicirenden Rohre b Dampf und Wasser in die Glasröhre, so daß der Wasserstand in dieser ebenso hoch, als im Kessel ist. Der Hahn f ist für gewöhnlich geschlossen und wird dann geöffnet, wenn das Wasser aus der Glasröhre abgelassen werden soll. a a a sind die oben beschriebenen Probirhähne.

Mangel der Wasserstandsgläser sind, daß sie leicht springen, sich schwer reinigen lassen und bald im Innern einen dunkeln Beschlag ansetzen, der die Durchsichtigkeit des Glases aufhebt. Das Springen hat seine Ursache theils in der Ausdehnung des Glases, theils in dem innern Druck, theils endlich und hauptsächlich in plötzlicher oder ungleichmäßiger Erkaltung durch einen von außen antreffenden, kalten Luftstrom. Der dunkle Beschlag an der innern Wandfläche besteht aus einem erdigen Niederschlage, welcher sich aus unreinem Kesselwasser absetzt und das Glas trübe, nach einiger Zeit sogar ganz unbrauchbar macht.

Um das Zerspringen eines Wasserstandsglases möglichst ungefährlich zu machen, versieht Reuleaux dasselbe mit einem Kugelventil, welches im Falle des Zerspringens den Wasseraustritt selbstthätig absperrt. Die Einrichtung dieses Wasserstandsglases zeigt Fig. 80. Das Glasrohr A ist oben geschlossen und steht nur an seinem unteren Ende mit dem Dampfkessel in Verbindung. Der Dampf tritt durch ein Rohr C, welches mit dem Kessel communicirt

Fig. 80.

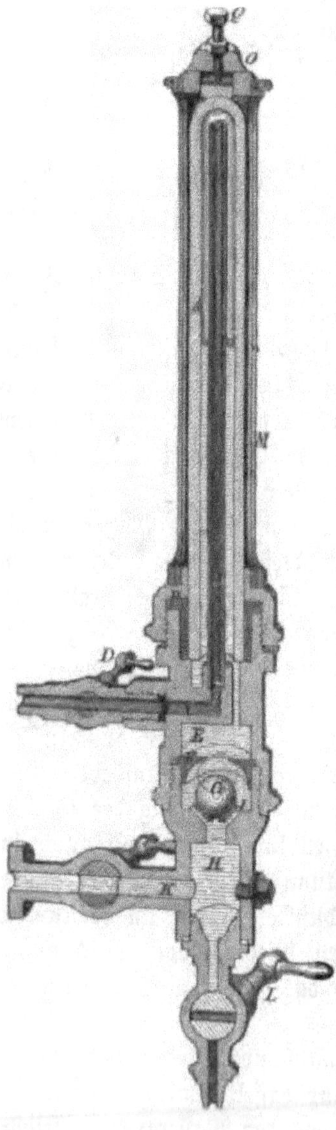

und vermittelst eines Hahnes D abgeschlossen werden kann, in das enge Messingröhrchen B und die Kuppel des Glasrohres A. Durch das Rohr K steht die Kammer H mit dem Wasserraume des Kessels in Verbindung, und zwischen der Kammer H und der darüber liegenden Kammer E befindet sich der Ventilsitz F, dessen Ventil G im normalen Zustande bei I aufruht. Hier sind seitlich neben der Kugel Einschnitte angebracht, durch welche das Wasser ungehindert nach oben und unten sich bewegen kann. Der Hahn L dient zum Entleeren und Ausblasen.

Das Glasrohr A erfährt durch die Spannung des Dampfes stets einen Druck nach oben, der es aus der Stopfbüchse bei P hinaus zu treiben sucht. Dieß wird dadurch verhindert, daß auf die Kapselmutter P eine durchbrochene Messingsäule M aufgesetzt ist, welche oben in einen Aufsatz O endigt; durch diesen Aufsatz ist eine Preßschraube Q gesteckt, welche durch Vermittelung eines Gummipolsters die Kuppel des Glasrohrs niederdrückt. Ueber die durchbrochene Säule M kann man dann noch eine durchbrochene Hülse aufschieben und durch angemessene Drehung der letzteren, welche mit sanfter Reibung auf der Säule beweglich ist, das Glasrohr nach Belieben verdecken oder dem Auge zugänglich machen.

Das Spiel des Apparats ist folgendes: Sind seine beiden Zugänge geöffnet, so tritt das Wasser durch H und E, der Dampf durch B in die Glasröhre, wobei der Wasserspiegel sich so hoch erhebt, wie er im Innern des Kessels steht. Das Ventil G bleibt dabei ruhig liegen, da es von allen Seiten gleich stark gedrückt wird. Tritt aber der Fall ein, daß die Glasröhre zerspringt, so beginnen zunächst Wasser und Dampf auszuströmen; da aber zugleich der Dampfdruck von oben zu wirken aufhört, so wird die Kugel G durch den Wasserstrom in die Höhe geführt und gegen ihren Sitz gepreßt, wodurch zugleich der Austritt des Wassers abgeschnitten wird.

Schol's Wasserstandsglas ist in Fig. 81 abgebildet. B ist ein metallenes Wasserstandsrohr von 60 Millim. lichter Weite, C und D sind die Communicationsröhren für den Kessel, G und H kurze Röhrenstücke mit konischen Bohrungen. Die letzteren sind an ihren innern Enden um einige Millimeter erweitert und bilden dadurch Sitze für hohle Gläser (Uhrgläser), welche, die concave Seite nach außen gerichtet, die inneren Oeffnungen verschließen. Mit dem Wasserspiegel im Rohre B bewegt sich ein Schwimmer Z auf und nieder, an welchem eine gläserne Stange mit numerirter Scala befestigt ist. An der Zahl, welche zwischen den Hohlgläsern sichtbar wird, erkennt der Heizer den Wasserstand im Kessel.

Fig. 81.

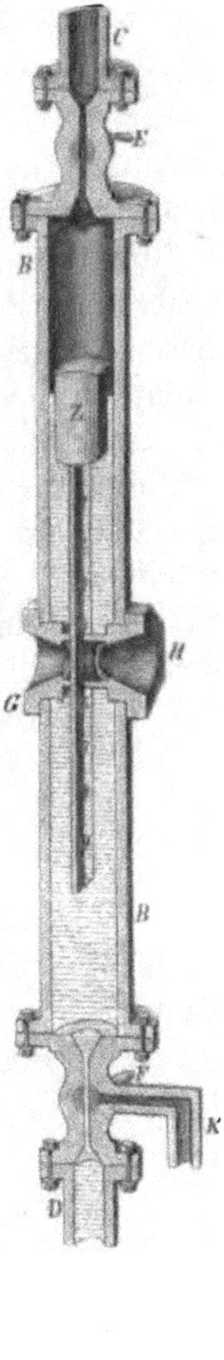

Vorzüge dieses Wasserstandszeigers sind, daß er nicht leicht zerbrechlich ist und daß die Durchsichtigkeit desselben nicht in so hohem Maße, wie bei den gewöhnlichen Wasserstandsgläsern, vermindert werden kann. Sollte ja ein Glas springen oder zu undurchsichtig werden, so kann das Einwechseln eines andern in sehr kurzer Zeit und mit einem geringen Kostenaufwand erfolgen, indem man vermittelst der Hähne E und F die Communication zwischen B, C und D aufhebt und zugleich, da F ein Dreiweghahn ist, dieselbe mit K herstellt, das Röhrenstück mit dem alten Glase abschraubt und ein neues Glas einsetzt.

Die magnetischen Wasserstandszeiger gehören der neueren Zeit an und haben bisher noch nicht genügend Gelegenheit gefunden, den Beweis ihrer Bewährtheit zu liefern.

Lethuillier-Pinel[1] hat dieselben in folgender Weise eingerichtet: Ein Schwimmer ist durch eine verticale Stange mit einem ebenfalls verticalen Hufeisenmagnete verbunden, dessen Polenden nach oben liegen und rechtwinklig umgebogen sind. Der Magnet ist in ein über dem Kessel befestigtes Metallgehäuse eingeschlossen. Gegen die den Polen des Magnetes zunächst liegende Außenfläche des Gehäuses, welche mit einer Scala versehen ist, legt sich ohne alle weitere Verbindung ein eiserner oder stählerner Zeiger an, welcher durch die metallene Gefäßwand hindurch vom Magnete angezogen wird und den Bewegungen desselben folgt. Der Apparat ist überdieß noch mit einer Lärmvorrichtung versehen, welche sich in Thätigkeit setzt, wenn der Wasserspiegel bis zu seinem tiefsten zulässigen Punkte sinkt.

Franklin's magnetischer Wasserstandszeiger[2] hat eine horizontal liegende Schwimmerstange, welche durch die Kopfplatte des Kessels drehbar hindurchgelegt ist. Das innere Ende derselben ist rechtwinklig, aber ebenfalls in horizontaler Ebene, umgebogen und trägt den Schwimmer, das äußere einen in ein Gehäuse eingeschlossenen Magnet, welcher mit der Schwimmerstange sich dreht. Auf einem Zifferblatte vor dem Magnete ist ein stählerner Zeiger frei aufgehängt, welcher den Bewegungen des Magnets folgt und somit die Stellung desselben, sowie der Schwimmerstange und des Schwimmers anschaulich macht.

6.

Verhütung der Kesselsteinbildung.

Jedes Speisewasser enthält mehr oder weniger erdige Beimengungen, welche bei der Verdampfung als sog. Kesselstein (Pfannenstein, Wasserstein) in Form fester Krusten zurückbleiben. Dieser Kesselstein legt sich fest an die Wände und führt dadurch zu mancherlei Uebelständen. Das Durchdringen der Wärme zum

[1] Polyt. Centralbl. 1855. S. 641.

[2] Polyt. Centralbl. 1857. S. 1459 und Mitth. d. Gew.-V. f. Hannover 1859. Heft 1.

Wasser wird in Folge der vergrößerten Wanddicke und der schlechteren Wärmeleitung gehemmt; anderseits aber kann auch das im Innern des Kessels befindliche Wasser die Kesselwand nicht gehörig abkühlen, so daß diese unter Umständen glühend wird. Die Folge hiervon ist, daß die Kesselbleche bauchig werden, durchbrennen, ja im schlimmsten Falle, wenn die Kesselsteinablagerungen über einer glühenden Fläche sich ablösen, Explosionen veranlassen.

Man hat dieser Kesselsteinbildung durch eigenthümliche Constructionen der Kessel entgegen gearbeitet oder wenigstens sie unschädlich zu machen gesucht, indem man den Kesseln doppelte Böden gab, oder einen besondern Hülfskessel anlegte, oder endlich eine Welle mit Schraubenflügeln oder mit Armen, in denen kurze Kettenstücke aufgehängt waren, durch den Kessel hindurch führte. Alle diese Mittel haben sich aber als unzureichend gezeigt. Gleich mangelhaft und sogar nachtheilig ist es, große Massen scharfkantiger Körper, wie Blechschnitzel, zerstoßenes Glas, Steine u. s. w. in den Kessel einzuwerfen, weil diese Körper sich bald mit den Ablagerungen mischen und sich dann noch fester an die Kesselwand anlegen, als es der Kesselstein allein thut, überdieß auch die Kesselwand beschädigen.

Ein häufig angewendetes Mittel sind die Kartoffeln. Aus dem in ihnen enthaltenen Stärkemehl bildet sich ein gummiähnlicher, schleimiger Körper, welcher das Wasser trübe macht und die niederfallenden Ablagerungen mit einer schleimigen Hülle umgiebt, so daß sich dieselben nicht fest an die Kesselwand anlegen können. Aehnlich wirken fettige Substanzen. So sollen nach Kennedy die Innenwände des Kessels mit einer Mischung von 3 Theilen gepulvertem Graphit und 18 Theilen geschmolzenem Talg eingerieben werden. Es soll sich dann kein Kesselstein absetzen, vielmehr nur eine salzartige Ablagerung gebildet werden, welche mit dem Besen ausgekehrt werden kann. Die von Sibbald angegebene sog. Metalline, bestehend aus 8 Theilen Graphit, 8 Theilen Talg und 1 Theil Holzkohle, setzt einen bräunlichen, pulverförmigen Bodensatz ab, welcher sich ebenfalls leicht entfernen läßt. Saegher empfiehlt unter dem Namen „belgisches Kesselsteinpulver" eine Mischung aus 1 Theil Holzasche, 3 Theilen gepulverter Holzkohle, 6 Theilen trockenem Theer und 10 Theilen Stearin.

Gerbstoffhaltige Substanzen sind in den verschiedensten

Zusammensetzungen vorgeschlagen worden, als Abkochungen von gemahlener Eichenrinde, eichene Scheite, Gelbholzscheite, Sägespäne von Mahagony- oder Eichenholz, Katechupräparate, Tormentillwurzel, die antipetrifying mixture von Delfosse aus gerbstoffhaltigen Substanzen mit Soda, Potasche, Kochsalz u. s. w. Aus dem kohlensauren Kalk des Wassers bildet sich unlöslicher gerbsaurer Kalk, welcher sich als Niederschlag ausscheidet, ohne sich an die Wandungen der Gefäße in fester Form anzulegen.

Von den genannten Mitteln ist zu erwähnen, daß sie leicht in die Ventile, Hähne, Röhren u. s. w. eindringen und möglicher Weise dadurch für den Betrieb der Maschine Uebelstände mit sich führen, die wohl in Anschlag zu bringen sind.

Stärkezucker, Dextrinsyrup (Winkelmanns Lithophagon), Cichorienwurzel besitzen ebenfalls die Eigenschaft, das Anlegen festen Kesselsteins zu verhindern, indem sie nur einen schleimartigen, leicht zu entfernenden Niederschlag bilden. Diese Mittel haben noch den großen Vortheil, daß sie weder dem sich entwickelnden Dampfe fremde Bestandtheile zuführen, noch irgend einen schädlichen Einfluß auf die Maschinentheile selbst ausüben. Sie können also besonders auch dann Anwendung finden, wenn der Dampf frei von fremden Beimischungen seyn muß, wie in Färbereien, Bleichereien, Waschanstalten, Kochanstalten u. s. w.

Von der Annahme ausgehend, daß der Kesselstein meistens aus Gyps bestehe, schlug Fresenius die Anwendung von Soda oder Potasche vor. Durch den Zusatz von Soda oder Potasche wird nämlich die Ausscheidung von Gyps verhindert, weil derselbe dadurch in kohlensauren Kalk umgeändert wird, welcher als schlammiger und lockerer Bodensatz während des Kochens sich ausscheidet und in diesem Zustande leicht entfernt werden kann. Es ist jedoch hierbei zu bemerken, daß man die Soda in krystallisirtem Zustande anwenden muß, weil sie in unreinem Zustande bei längerem Gebrauche der Kesselwände angreift. Statt Soda oder Potasche kann man auch Aetzkali oder Aetznatron anwenden, durch welche statt des kohlensauren Kalkes Aetzkalk ausgeschieden wird.

Ritterbrandt wendet Ammoniakverbindungen an, wie Salmiak, essigsaures, salpetersaures, kohlensaures Ammoniak, um theils die Kesselsteinbildung zu verhindern, theils den schon gebildeten Kesselstein wieder aufzulösen. Unter den genannten Salzen ist seiner Wohlfeilheit halber der Salmiak mit einem kleinen Zusatze von Holzessig vorzuziehen. Aus dem im Speisewasser enthaltenen kohlensauren Kalk oder Gyps bilden sich durch den Zusatz von Ammoniakverbindungen in Wasser lösliche Kalksalze, also z. B. bei Anwendung von Salmiak, Chlorcalcium und kohlensaures oder schwefelsaures Ammoniak, kohlensaures Ammoniak, wenn das Speisewasser kohlensauren Kalk, schwefelsaures, wenn es Gyps enthält. In beiden Fällen kann sich kein fester Kesselstein bilden. In Färbereien ist darauf Rücksicht zu nehmen, daß das mit dem Wasserdampf entweichende kohlensaure Ammoniak möglicherweise störend auf aufgelöste Farbstoffe einwirken kann.

Neuerdings hat man eine Lösung von krystallisirtem Chlorbarium, welcher 1/5 Salzsäure zugesetzt ist, vorgeschlagen. Das Chlorbarium zersetzt den im Speisewasser enthaltenen Gyps, wodurch schwefelsaurer Baryt und Chlorcalcium entstehen, und der kohlensaure Kalk wird durch die Salzsäure unter Austreibung der Kohlensäure ebenfalls in Chlorcalcium verwandelt. Es werden auf diese Weise nur schwefelsaurer Baryt, welcher sich nicht fest anlegt, und das leicht lösliche Chlorcalcium gebildet.

Cousté's Mittel, das Speisewasser vor der Einführung in den Kessel in einem besondern Gefäße, dem sogenannten Ueberhitzer, bei 150° zu sieden,[1] gründet sich darauf, daß sowohl der Gyps, als die Kalkerde bei 150° völlig unlöslich sind. Das Wasser wird aus dem Ueberhitzer entweder, bei Hochdruckmaschinen, mit derselben Temperatur von 150° in den Kessel übergeführt, oder, bei Tief- und Mitteldruckmaschinen, vorher filtrirt.

7.

Reinigung des Kessels.

Von Zeit zu Zeit muß das Wasser aus dem Kessel abgelassen werden; entweder theilweise, um denjenigen Theil des Wassers, welcher den meisten Schmutz oder Schlamm enthält, zu entfernen, das sogenannte Abblasen, oder vollständig, um den Kessel befahren und reinigen zu können. Zu diesem Zwecke ist gewöhnlich in die erste über dem Roste liegende Blechplatte von innen ein

[1] Polyt. Centralbl. 1854. S. 1284.

konischer Stahlzapfen eingetrieben, der, wenn die Entleerung vor sich gehen soll, von außen in das Innere des Kessels hereingeschlagen wird. Statt der Zapfen wendet man vielfach Hähne oder Ventile zum Abblasen an. Ein solches Abblaseventil stellt Fig. 82 dar. Das Ventil wird durch einige Umdrehungen der Ventilschraube vermittelst eines auf seinen Zapfen aufgesteckten Schlüssels gehoben, worauf das Kesselwasser in der Richtung des Pfeils durch das Ventilgehäuse ausströmt.

Fig. 82.

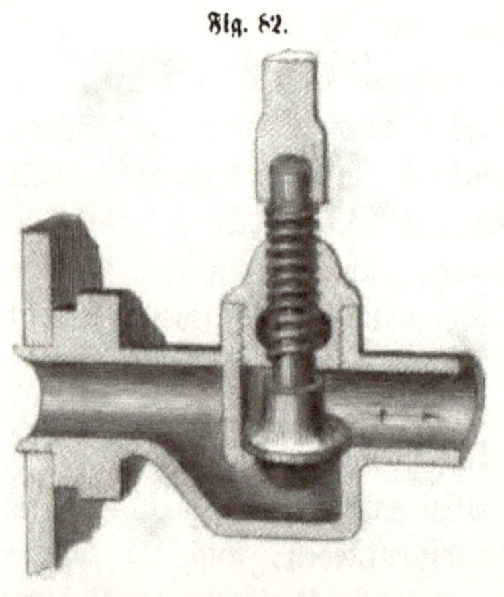

Will man den Kessel vollständig reinigen, so muß alles Wasser abgelassen und hierauf der Kessel befahren werden. Man gibt deßhalb jedem größeren Kessel ein Mannloch, eine kreisrunde oder elliptische Oeffnung von 340—470 Millimeter Weite, welche unmittelbar durch eine leicht zu entfernende schmiedeeiserne Platte verschlossen werden kann. Gewöhnlicher ist es, wie Fig. 83 zeigt, auf den Rand des Mannlochs einen gußeisernen oder blechernen Cylindermantel, den sogenannten Mannhut, zu befestigen, und die obere Oeffnung dieses Mannhutes durch eine schmiede- oder gußeiserne Platte zu verschließen. Es hat zu diesem Zwecke das obere Ende des Mannhutes einen nach innen vorspringenden Kranz a, gegen welchen der äußere Rand des Deckels b von unten angedrückt wird, wenn man die Muttern der beiden Schrauben c anzieht, welche durch die auf den Kranz a sich stützenden Bügel d hindurch gesteckt sind. Zur Erleichterung der Handhabung ist der Deckel b mit einem Griff e versehen. Den cylindrischen Mantel des Hutes benutzt man zum Ansetzen der Sicherheitsventile, der Dampfleitung u. s. w. Es ist nicht unwesentlich, daß der Rand der Deckplatte von unten gegen den Rand der Oeffnung angedrückt wird, weil dieser Befestigungsweise der Dampfdruck zu Hülfe kommt, während bei einer von oben befestigten Platte der Druck des Dampfes die Verbindung lockern würde.

Wenn das Wasser eines Kessels abgelassen und der Kessel fahrbar ist, wird der Kesselstein durch Hämmer mit meiselartigen

Fig. 83.

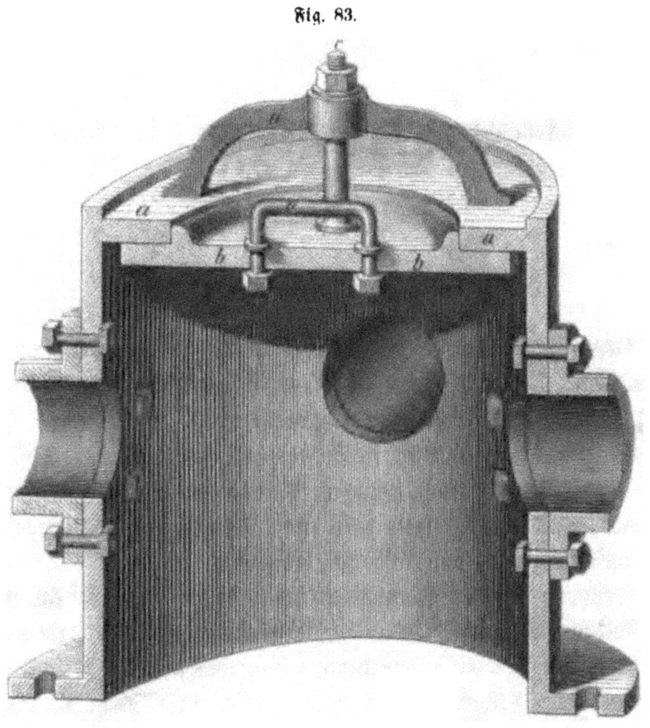

Schneiden abgeschlagen und die entblößte Metallfläche mit Wasser rein abgebürstet. Dann wird der Zapfen wieder eingeschlagen oder das Ventil niedergeschraubt, und der Kessel von neuem mit Wasser gefüllt. Wenn man noch einen zweiten Kessel zur Verfügung hat, so kann man die Entfernung des Kesselsteins auf folgende Weise bedeutend erleichtern. In den entleerten und völlig abgekühlten Kessel läßt man hochgespannten Dampf einströmen, indem man den Strahl gegen den Boden des Kessels richtet, und nach einiger Zeit durch das Mannloch wieder ausblasen. Durch die Wärme des Dampfes wird das Kesselblech stärker ausgedehnt, als der Kesselstein, und es bilden sich in dem letzteren Risse, welche das Entfernen desselben wesentlich erleichtern.

IV.

Von den Schwankungen der Dampfspannung im Kessel und der Messung derselben.

1.

Schwankungen der Dampfspannung im Kessel.

Unstreitig kann die Spannung des Kesseldampfes nur dann unverändert bleiben, wenn in jedem Augenblicke genau ebensoviel Dampf aus dem Kesselwasser erzeugt wird, als in den Cylinder abfließt; und dieß ist nicht wohl anzunehmen, einmal weil schon die Dampfbildung unter heftigem Aufwallen des Kesselwassers vor sich geht, und dann, weil auch der Dampf nicht ununterbrochen und gleichmäßig in den Cylinder abströmt.

Trotzdem hat der Dampfdruck ungleich geringere Veränderungen zu erleiden, als man vermuthen möchte, wenn man bedenkt, daß die Intensität des Feuers und die Menge des abströmenden Dampfes so bedeutenden Schwankungen unterworfen ist. Diese Gleichmäßigkeit der Spannung erklärt sich keineswegs aus der Größe des Dampfraums. Denn denken wir uns z. B. einen Dampfraum, der den 10fachen Inhalt einer Cylinderfüllung hat, und eine Maschine, die bei normalem Gange in der Minute 60 Kolbenhübe macht, deren Dampfconsum aber vorübergehend um $^1/_5$ vermindert wird, so müßte bei unverminderter Dampfproduction nach Ablauf einer Minute eine volle Füllung des Dampfraums übrig bleiben, der Dampf in demselben also bis zur doppelten Spannung verdichtet werden. Würde die Maschine ganz abgestellt, so würde der Dampf schon nach $^1/_6$ Minute die doppelte Spannung annehmen.

Bekanntlich ist dieß durchaus nicht der Fall, vielmehr nimmt bei verändertem Dampfconsum die Spannung im Kessel nur langsam ab und zu. Die Ursache hiervon ist die W ä r m e d e s K e s s e l w a s s e r s, welche der Dampfspannung conform ist und mit dieser die Veränderung theilt. Denn sobald der Abfluß des Dampfes gehemmt wird, hört auch die Dampfproduction auf, und umgekehrt entwickelt (S. 68) das Kesselwasser um so mehr Dampf, je mehr Dampf entweicht. Und nur in dem Maße, als die Wärme des

Wassers zu- oder abnimmt, kann auch die Spannung des Dampfes zu- oder abnehmen. Das Kesselwasser ist hiernach als der Regulator der Dampfspannung zu betrachten, während die Größe des Dampfraums nur auf die momentanen Schwankungen Einfluß ausübt.

Enthält z. B. ein Kessel 5,6 Cubikmeter Dampf von 2 Atmosphären Spannung und 8,4 Cubikmeter Wasser, so kann die dem Dampfe und dem Wasser gemeinschaftliche Temperatur von 122^0, selbst bei gänzlicher Absperrung des Dampfabflusses, nicht eher bis zu der 3 Atmosphären entsprechenden Temperatur von 135^0 übergehen, als bis aller Dampf und alles Wasser $135^0 - 122 =$ 13 Wärmeeinheiten in sich aufgenommen haben. Wenn nun bei normalem Gange die Dampfconsumtion und Production 540 Kilogramm in der Stunde oder 9 Kilogramm in der Minute beträgt, so sind hierbei dem Kessel $9 \,.\, 643{,}5 = 5791{,}5$ Wärmeeinheiten in der Minute mitzutheilen. Um aber auf den Wasserinhalt, dessen Gewicht 8400 Kilogramm, und den Dampfinhalt, dessen Gewicht $5{,}6 \,.\, 1{,}115 = 6$ Kilogramm beträgt, 13 Wärmeeinheiten zu übertragen, sind

$$8406 \,.\, 13 = 109278 \text{ Wärmeeinheiten}$$

nothwendig. Es dauert also

$$\frac{109278}{5791{,}5} = 19 \text{ Minuten,}$$

ehe bei völlig gehemmtem Dampfabfluß und unveränderter Intensität des Feuers die Spannung von 2 auf 3 Atmosphären gesteigert wird. Bei höheren Spannungen geht die Steigerung allerdings rascher vor sich, weil die Temperaturdifferenzen kleiner sind.

Hiermit hängt unmittelbar zusammen, daß durch verstärktes Feuer zwar die Dampfproduction, nicht aber die Dampfspannung rasch gesteigert werden kann, sowie bei vermindertem Feuer die Dampfspannung nur langsam abnimmt, wenn auch die Dampfproduction gering wird.

2.

Messung der Dampfspannung.

Die Instrumente zur Messung der Dampfspannung im Kessel heißen Manometer und lassen sich in vier Klassen bringen:

Fig. 84.

a. offene Quecksilbermanometer,
b. Compressionsmanometer,
c. Kolbenmanometer,
d. Federmanometer.

Die Einrichtung eines offenen Quecksilbermanometers für Niederdruckkessel zeigt Fig. 84. Das Dampfrohr a, welches zur Vermeidung von Verstopfungen mindestens 12 Millimeter weit sein muß, mündet in ein Hahnstück b, an welches auf der entgegengesetzten Seite das eiserne Rohr c angeschraubt ist. Mit dem Rohr c ist ein communicirendes, ebenfalls eisernes Rohr d verbunden, und über diesem liegt in dampfdichtem Abschluß ein an beiden Seiten offenes Glasrohr. Die Rohre c und d sind bis in die Höhe, in welcher das untere Ende des Glasrohrs liegt, mit Quecksilber gefüllt, welches bei der Einwirkung des Dampfdrucks im Rohre c sinkt und aus dem Rohre d in das Glasrohr e steigt. An der Steighöhe des Quecksilbers, die an einer Scala abgelesen wird, erkennt man die Größe der Dampfspannung. Die gesammte Höhe des Steigrohrs d e wird in der Regel so groß gemacht, daß das Quecksilber auszulaufen beginnt, wenn die Dampfspannung ihre höchste zuläßige Grenze um $1/2$ Atmosphäre übersteigt. Um dasselbe aufzufangen, kann man das obere Ende des Glasrohrs mit einem Sammelgefäß umgeben.

Man hat auch dergleichen Manometer mit ganz eisernem Steigrohr; in diesem Falle bewegt sich mit dem Quecksilberspiegel ein Schwimmer, der durch eine über eine Leitrolle gelegte, seidene Schnur mit einem kleinen Gegengewicht verbunden ist. Das letztere zeigt an einer Scala den Stand des Quecksilberspiegels und die diesem entsprechende Dampfspannung an. Man wählt diese Anordnung einestheils wegen der

Zerbrechlichkeit des Glases, anderntheils weil dasselbe nach längerem Gebrauche an Durchsichtigkeit verliert; dagegen ist die erstere einfacher und übersichtlicher.

Die Eintheilung dieses Manometers ergiebt sich durch folgende Betrachtung. Ist die Dampfspannung im Kessel p, der Atmosphärendruck p_0 und die Steighöhe des Quecksilbers x, der Niveauunterschied zwischen beiden Spiegeln also 2 x, so wird der Dampfdruck p durch die Säule $2x + p_0$ im Gleichgewicht erhalten; es ist also

$$p = 2x + p_0$$

Nun füllt sich aber der Schenkel c bis zur horizontalen Abzweigung des Dampfrohrs in Folge der Abkühlung mit Condensationswasser von der Höhe $h + x$, wenn h die Niveaudifferenz zwischen dem Knie des Dampfrohrs und dem Spiegel, welchen das Quecksilber bei abgestelltem Dampfe einnimmt, bezeichnet. Ist noch ε das specifische Gewicht des Quecksilbers, so wird diese Höhe, in Quecksilbersäule ausgedrückt, $\frac{h + x}{\varepsilon}$ und ist zu dem Dampfdruck zu addiren, daher

$$p + \frac{h + x}{\varepsilon} = 2x + p_0$$

$$x = \frac{\varepsilon\,(p - p_0) + h}{2\,\varepsilon - 1}$$

Werden p und p_0 in Atmosphären ausgedrückt und $\varepsilon = 13{,}598$ eingesetzt, so erhält man

$$x = 0{,}394\ (p - 1) + 0{,}0382\ h \text{ Meter}$$
$$= 14{,}96\ (p - 1) + 0{,}0382\ h \text{ Zoll preuß.}$$

Die Eintheilung beginnt hier nach 0,0382 h über dem unteren Ende des Glasrohrs und wird dann in gleichen Abständen so fortgeführt, daß 0,394 Meter oder 14,96 Zoll preuß. je einer Atmosphäre entsprechen.

Die bedeutende Höhe, welche diese Manometer bei Hochdruckkesseln erhalten müßten, sucht man durch sogenannten Differentialmanometer, die ebenfalls zu den offenen Manometern gehören, zu umgehen.

Das in Fig. 85 abgebildete Differentialmanometer von Richard besteht aus mehreren neben einander liegenden und mit einander communicirenden Röhrenschenkeln A B, C D, E F...., die vor dem Gebrauche halb mit Quecksilber und halb mit Wasser

Fig. 85.

gefüllt werden. Bei A mündet das Dampfrohr ein. An diese Röhrenschenkel, welche aus Metall bestehen, schließt sich das Glasrohr G H an, hinter dem die Scala liegt. Das Rohr M und das Sammelgefäß N dienen zum Auffangen des Quecksilbers, wenn dasselbe bei etwaigen Stößen aus der Röhre G H hinausgetrieben wird.

Nennen wir wieder die Steighöhe des Quecksilbers im Glasrohr x und ist ferner die Zahl der Röhrenschenkel n, so ist der Druck n x, welcher in Gemeinschaft mit dem Atmosphärendruck p_0 dem Dampfdruck p und dem Drucke $\frac{n\,x}{\varepsilon}$ der Wassersäulen in den Röhrenschenkeln entgegenwirkt,

$$n\,x + p_0 = p + \frac{n\,x}{\varepsilon},$$

und hieraus

$$x = \frac{(p - p_0)\,\varepsilon}{n\,(\varepsilon - 1)}.$$

Werden p und p_0 in Atmosphären ausgedrückt und $\varepsilon = 13{,}598$ eingeführt, so ist

$$x = 820{,}33 \left(\frac{p-1}{n}\right) \text{ Millimeter}$$

$$= 31{,}104 \left(\frac{p-1}{n}\right) \text{ Zoll preuß.}$$

Hiernach ergiebt sich z. B. für 8 Schenkel

$p - 1 = 0$;	$x = 0$	Millim.	oder	0 Zoll
$p - 1 = 1$;	$x = 102{,}5$	„	„	3,89 „
$p - 1 = 2$;	$x = 205{,}1$	„	„	7,78 „
$p - 1 = 3$;	$x = 307{,}6$	„	„	11,66 „
$p - 1 = 4$;	$x = 410{,}2$	„	„	15,55 „
$p - 1 = 5$;	$x = 512{,}7$	„	„	19,44 „

Bei dem Differentialmanometer von Galy-Cazalat in Fig. 86 sind zwischen das Dampfrohr a und das mit Quecksilber gefüllte, zu beiden Seiten offene Glasrohr b zwei fest mit einander verbundene Kolben von verschiedenen Durchmessern eingeschaltet. Gegen den kleinen Kolben c wirkt der Dampfdruck, gegen den großen d der Druck des Quecksilbers. Beide Kolbenflächen sind durch aufgespannte Gummimembrane gegen die schädliche Einwirkung des Dampfes und des Quecksilbers geschützt. Das Quecksilber befindet sich in der weiten Kammer über dem Kolben d und wird durch ein Röhrchen e eingegossen, das für gewöhnlich durch einen Schraubenpfropf geschlossen ist.

Fig. 86.

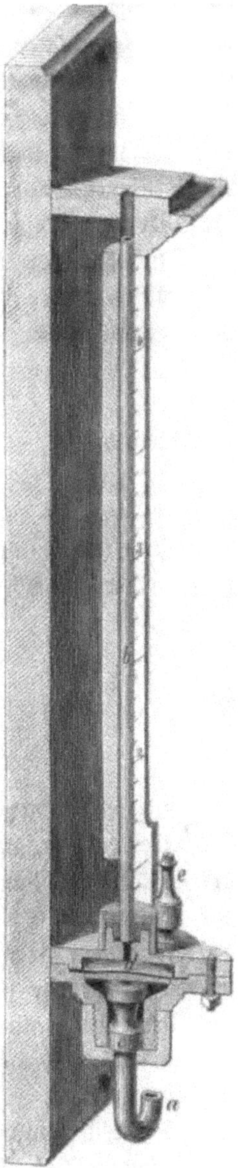

Ist der Inhalt der kleinen Kolbenfläche F, der der großen F_1, so wird der Druck, den die Kolbenverbindung von oben empfängt, $F_1 (x + p_0)$; der Druck von unten ist $F\,p$, daher

$$F_1 (x + p_0) = F\,p,$$

und

$$x = \frac{F}{F_1} (p - p_0).$$

Werden p und p_0 in Atmosphären ausgedrückt, so ist

$$x = 0{,}76\,(p - r)\,\frac{F}{F_1}\ \text{Meter}$$

$$= 28{,}82\,(p - r)\,\frac{F}{F_1}\ \text{Zoll preuß.}$$

Die Differentialmanometer von Desbordes[1] und Thomas[2] haben im Allgemeinen die in Fig. 84 dargestellte Einrichtung; nur ist das Rohr, in welchem das Quecksilber bei Einwirkung des Dampfdruckes aufsteigt, weiter, als die communicirenden Rohre. Es ist daher die Höhe, um welche das Quecksilber steigt, kleiner, als die, um welche es sinkt, und somit muß auch die Scala kleinere Eintheilung erhalten.

[1] Polyt. Centralbl. 1845. V. S. 484.

[2] Polyt. Centralbl. 1843. I. S. 535. Mit dem Manometer von Thomas stimmt im Princip das Manometer von Klindworth überein; letzteres ist beschrieben in den Mitth. d. Gew.-V. f. Hannover 1856, Heft 6.

Das Compressionsmanometer besteht in seiner einfachsten Einrichtung aus einem mit Quecksilber gefüllten Metallgefäß, in welches von oben eine unten offene und oben geschlossene, verticale Glasröhre einmündet. Läßt man auf den Quecksilberspiegel im Gefäß gespannten Dampf einwirken, so steigt das Quecksilber im Gefäß in die Höhe und comprimirt dabei die in der Röhre enthaltene Luft nach dem Mariotte'schen Gesetz (S. 82). Beim Atmosphärendrucke stehen die Quecksilberspiegel im Gefäß und in der Glasröhre auf gleicher Höhe.

Ist die Länge der Röhre l, die Spannung der Luft in der geschlossenen Röhre p_1, der Atmosphärendruck p_0 und die Steighöhe des Quecksilbers x, so wird nach dem Mariotte'schen Gesetz

$$\frac{p_1}{p_0} = \frac{l}{l - x}$$

und hieraus

$$p_1 = \frac{l\, p_0}{l - x}.$$

Diese Spannung wirkt in Gemeinschaft mit der Quecksilbersäule x dem Dampfdruck p entgegen; daher

$$\frac{l\, p_0}{l - x} + x = p$$

oder

$$x = \frac{p + l}{2} - \sqrt{\left(\frac{p - l}{2}\right)^2 + p_0 l}$$

Diese Manometer verlieren im Laufe der Zeit an Genauigkeit, weil das Volumen der eingeschlossenen Luft durch Oxydation des Quecksilbers sich vermindert. Man erkennt dieß daran, daß das Instrument bei Abstellung des Dampfdruckes einen höheren, als den Atmosphärendruck, angiebt und das Quecksilber das Glas benetzt. Uebrigens sind die geschlossenen Manometer leicht zerbrechlich, schwer zu construiren und haben außerdem noch den Nachtheil, daß bei hohen Spannungen die Theilungen viel kürzer sind, als bei niedrigen.

Die beste Construction unter den Compressionsmanometern hat das Hofmann'sche.[1] Dasselbe hat Wasser- oder Spiritusfüllung und ist folgendermaßen eingerichtet. Zwei in einander gesteckte, verticale Glasröhren, deren obere Enden geschlossen sind, münden mit ihren unteren

[1] Vhdlgn. d. V. z. Bef. d. Gewerbfl. in Preußen 1856. S. 167.

Enden in einen Raum ein, auf welchen der Dampfdruck wirkt. Das untere Ende der inneren Glasröhre liegt etwas höher, als das der äußeren. Wird das Instrument dem Atmosphärendrucke ausgesetzt, so steht das Wasser nur in dem unteren Stücke der äußeren Röhre, sowie in dem Ringstücke zwischen der inneren und äußeren Röhre; in der inneren Röhre aber befindet sich Luft von der atmosphärischen Dichtigkeit. Wirkt jedoch ein höherer Druck auf das Instrument, so steigt das Wasser in der inneren Röhre in die Höhe und giebt an einer hinter der äußeren Glasröhre liegenden Scala die Größe des Dampfdrucks an.

Die bestehenden Dampfkesselverordnungen bezeichnen durchgängig die Compressionsmanometer als unzuverlässig und ungenügend zur Messung der Dampfspannung.

Bei den Kolbenmanometern wird der Druck des Dampfes auf einen Kolben, welcher in einem Cylinder unter dampfdichtem Abschluß beweglich ist, fortgepflanzt und der Kolbendruck durch ein Gewicht oder eine Feder gemessen. Auch diese Manometer sind als unzuverlässig zu verwerfen.

Fig. 87.

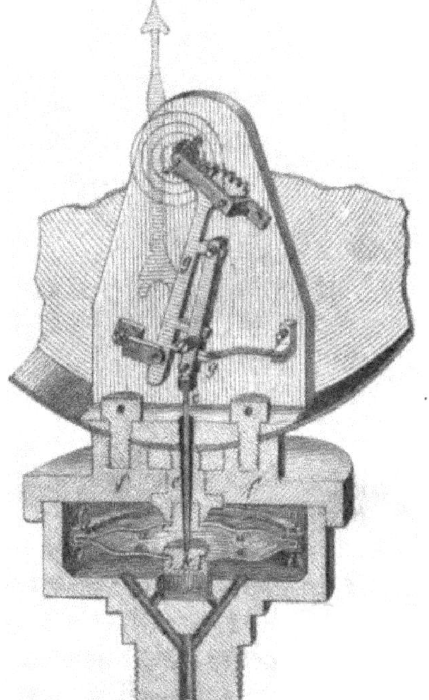

Die Federmanometer hat man vorzüglich in zweierlei Ausführung: 1) mit Stahlplatte und 2) mit elliptischer Röhre.

Fig. 87 zeigt ein Federmanometer mit Stahlplatte nach Gäbler und Veitshans. Durch h tritt der Dampf in einen Raum i, in welchem sich die aus zwei Stahlplatten bestehende Feder a befindet. Die beiden Stahlplatten sind durch den Ring d dampfdicht mit einander verbunden und durch die Hülse e am Gehäuse f befestigt. Wird nun durch den Druck des Dampfes die Feder zusammengedrückt, so wird durch die Hülse k der Stab c gehoben und die verticale Bewegung des Stabes c durch den Winkelhebel g, einen Zahnsector und ein Getriebe in eine drehende Bewegung des mit dem Getriebe an gemeinschaftlicher Axe steckenden Zeigers, hinter dem ein festes Zifferblatt sich befindet, umgesetzt. Die Stahlplatten sind mit Gummiplatten bedeckt, welche das Metall vor der schädlichen Einwirkung des Dampfes schützen und zugleich zur Dichtung in den Verbindungsstücken dienen. Die Anwendung einer doppelten Feder verdient vor der der einfachen den Vorzug, weil die Durchbiegung jeder einzelnen Feder kleiner wird und daher ein Zurückbleiben derselben weniger leicht vorkommen kann. Auch findet in Folge der geringeren Durchbiegung weniger Reibung an der Schutzbedeckung statt, so daß dieselbe weniger leicht undicht wird.

Ein Federmanometer mit elliptischer Röhre nach Bourdon ist in Fig. 88 dargestellt. Der Dampf tritt durch das mit einem Dreiweghahn versehene Rohr a in die im Innern eines Gehäuses befindliche Feder b, welche, wie Fig. 89 in vergrößertem

Fig. 88.

Fig. 89.

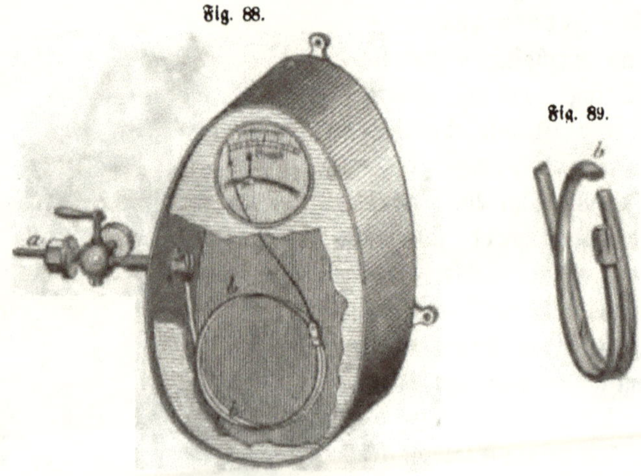

Maßstabe zeigt, aus einer Röhre mit elliptischem Querschnitt besteht. Diese Röhre ist in $1^1/_2$ Schraubenwindungen gebogen und läuft an ihrem äußeren geschlossenen Ende in einen Zeiger aus, der an einer Scala den Dampfdruck anzeigt. Die lange Axe der Ellipse, aus welcher der Querschnitt der Röhre besteht, liegt parallel zur

Axe der Schraubenwindung, die kurze also in der Richtung des Krümmungshalbmessers derselben, und da der Dampfdruck die kurze Axe der Ellipse stärker auszudehnen sucht, als die lange, da ferner die äußere gedrückte Fläche eine größere Ausdehnung hat, als die innere, und da endlich das äußere, geschlossene Ende der Röhre frei beweglich ist, so wird durch die Einwirkung des Dampfdruckes die Schraubenwindung erweitert und der Zeiger von seiner ursprünglichen Stellung abgelenkt.

Das in Fig. 88 abgebildete Manometer (nach einem von Löhdefink in Hannover angefertigten Exemplar) hat noch einen sog. Maximumzeiger, einen kleinen, in einem Schlitz frei beweglichen Zeiger mit einem nach vorn herausragenden Stift, welcher von dem Hauptzeiger in die äußerste, von diesem eingenommene Stellung geschoben wird und dann in dieser Stellung verbleibt. Mittelst desselben erkennt man also die höchste Dampfspannung, welche während des Betriebes vorgekommen ist.

V.

Von den Mitteln, eine Explosion des Kessels zu verhüten.

Die nächste Ursache oder Veranlassung einer Kesselexplosion ist in der Regel eine der folgenden:

1) allmälige Abnutzung und Deformation des Kessels;

2) übermäßige Dampfspannung;

3) plötzliche und übermäßige Dampfentwickelung in Folge einer zu starken Senkung des Wasserspiegels oder in Folge des Losspringens einer Kesselsteinkruste;

4) ungewöhnlicher Druck von außen, wenn sich im Kessel ein Vacuum erzeugt.

Was zunächst den ersten Punkt anlangt, so wird das Blech durch die längere Einwirkung des Feuers angegriffen, durch wiederholte Abkühlung und Wiedererwärmung entstehen sogar Risse, und es kann nun der Kessel nicht mehr die Spannung aushalten, für die er im neuen Zustande berechnet und probirt war. Ganz besonderes Augenmerk ist in dieser Beziehung auf die Rauchrohre zu richten, welche ohnehin schon eine geringere Sicherheit (S. 164), als die von innen gedrückten Kesselwände gewähren. Bisweilen enthält auch, namentlich bei solchen Maschinen, die mit Grubenwässern gespeist werden, das Speisewasser freie Säure, welche den Kessel rasch zerstört.

Uebermäßige Spannung kann nur bei völligem Mangel an Aufsicht die Ursache einer Explosion sein. Denn wenn auch der Heizer die Beachtung des Manometerstandes unterlassen haben sollte, so wird er doch durch die abblasenden Sicherheitsventile auf die Gefahr aufmerksam gemacht. Bemerkt der Heizer, daß der Manometerstand seine höchste zulässige Grenze erreicht hat, so muß er durch Schließung des Registers im Schornstein den Zug hemmen und nöthigenfalls die Heizthüren öffnen, damit kalte Luft in den Feuerraum einströmt. Sollte aber die Spannung so hoch geworden sein, daß das Sicherheitsventil anhaltend abbläst, so muß das Feuer herausgezogen und, wenn der Wasserstand im Kessel nicht zu niedrig ist, kaltes Wasser gespeist werden. Ist auch noch dazu der Wasserstand bis zu seiner gefährlichen Grenze gesunken, so muß nach herausgezogenem Feuer die Abkühlung des Kessels durch Oeffnen des Registers und der Heizthüren so viel als möglich beschleunigt werden.

Bei weitem die meisten Explosionen haben ihren Grund darin, daß der Wasserstand im Kessel zu niedrig ist. Wenn die Flamme einen Kesseltheil bestreicht, der im Innern nicht vom Wasser berührt ist, so kommt dieser Theil bald zum Glühen; und wird dann mit der glühenden Kesselwand Wasser in Berührung gebracht, so entsteht eine Explosion. Die Ursache hiervon ist dieselbe, welche dem Leidenfrost'schen Phänomen zu Grunde liegt. Läßt man in eine bis zum Rothglühen erhitzte Metallschale einige Tropfen Wasser fallen, so rundet sich dasselbe wie Quecksilber in einem Glasgefäß ab und nimmt eine raschdrehende Bewegung an, ohne in's Kochen zu kommen und ohne merklich an Volumen abzunehmen. Bei lebhaftem Glühen kann man nach und nach eine ziemlich beträchtliche Menge Wasser in die Schale gießen, ohne daß es zum Kochen kommt. Wenn aber die Schale erkaltet, so beginnt das Wasser plötzlich mit der größten Heftigkeit zu kochen, so daß es nach allen Richtungen fortgeschleudert wird. Man erklärt sich dieses Phänomen daraus, daß zwischen den Wassertheilchen und dem glühenden Metall eine zu wenig innige Berührung stattfindet, als daß genug

Wärme in das Wasser übergehen kann, um das Kochen hervorzubringen. Bei abnehmender Hitze stellt sich die Berührung wieder her und giebt Anlaß zu der plötzlichen und heftigen Dampfentwickelung. Dieselben Bedingungen sind aber auch bei einem Kessel mit glühenden Wänden gegeben, der mit kaltem Wasser gespeist wird, oder in welchem plötzlich eine Kesselsteinkruste sich ablöst. Einige Zeit lang bleibt das Wasser mit der glühenden Fläche in Berührung, ohne zu kochen; nachdem aber die Kesselwände sich etwas abgekühlt haben, beginnt plötzlich die Dampfbildung mit solcher Heftigkeit, daß die Dämpfe nicht einmal durch die geöffneten Sicherheitsventile schnell genug abziehen können; es erfolgt die Explosion.

Der Heizer hat also vor Allem darauf zu sehen, daß der Wasserstand nicht zu tief sinke, und muß deßhalb ein wachsames Auge auf die Wasserstandszeiger und den Gang der Speisepumpe haben. In der Regel ist ihm der tiefste zulässige Wasserstand (ungefähr 100 Millim. über der höchsten Stelle der Züge) durch eine Marke angegeben. Sollte nun der Wasserstand um 50 oder 70 Millim. unter diese Marke gesunken sein, so rückt die Gefahr schon nahe; er hat dann sogleich das Register im Schornstein zu schließen, den Kessel sofort zu speisen, das Feuer herauszuziehen, das Register wieder zu öffnen und auch die Heizthüren offen zu lassen. Hat sich dann der Wasserstand über die Marke erhoben, so kann er von neuem den Kessel in Betrieb setzen. Ist aber der Wasserstand bis 100 Millim. unter die Marke oder noch tiefer gesunken, so ist die größte Gefahr vorhanden. Der Heizer hat dann sofort das Feuer herauszuziehen, Register und Heizthüren zu öffnen und nicht früher zu speisen, als bis der Kessel gehörig abgekühlt ist. Das Oeffnen der Sicherheitsventile ist jedenfalls zu unterlassen, weil dann eine spontane Dampfentwickelung (S. 66) eintreten würde.

Inwiefern endlich ungewöhnlicher Druck von außen Ursache einer Explosion sein kann, ist bereits auf S. 68 entwickelt worden.

Es geht aus dem Gesagten hervor, daß zur Verhütung von Explosionen vor Allem ein umsichtiger und zuverlässiger Heizer nothwendig ist. Eine sehr nützliche Instruction für Heizer enthält ein kleines, bereits in zwei Auflagen erschienenes Werkchen: „Die nothwendigsten Regeln für die Behandlung der Dampfkessel-Feuerung, nebst einem Katechismus für den practischen Dampfkesselheizer, von Adolf Scheefer, Verlag von Rudolph Gärtner in Berlin.“

Nächstdem aber sucht man noch eine gewisse Sicherheit dadurch zu gewinnen, daß man

1) Sicherheitsvorrichtungen anwendet, und

2) die Kessel vor dem Gebrauche, nach Umständen auch im gebrauchten Zustande, einer Probe unterwirft.

1.

Sicherheitsvorrichtungen.

Unter den Sicherheitsvorrichtungen ist in erster Stelle das Sicherheitsventil zu nennen, ein dem Dampfdrucke ausgesetztes Ventil, welches so belastet ist, daß es der höchsten zulässigen Dampfspannung im Kessel das Gleichgewicht hält. Ein solches Ventil bleibt mithin so lange geschlossen, als die höchste zulässige Dampfspannung noch nicht erreicht ist; sobald dieselbe aber überschritten wird, öffnet sich das Ventil und läßt den Dampf ausblasen, bis seine Spannung so weit sich erniedrigt hat, daß das Gleichgewicht wieder hergestellt ist.

Durch die oben erwähnte französische Verordnung vom Jahre 1843 wurde die seitdem vielfach verbreitete Construction des Sicherheitsventils, welche in Fig. 90 abgebildet ist, empfohlen. Das Ventil A und der Ventilsitz B sind von Bronze, die Verlängerung C

Fig. 90.

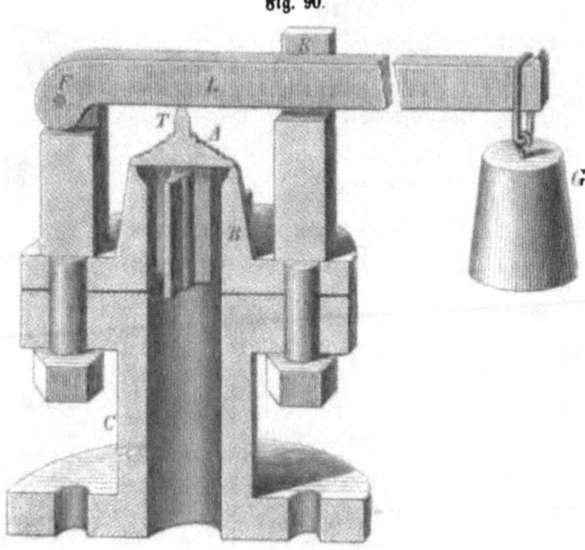

des Ventilsitzes, welche auf den Kessel aufgeschraubt wird, ist von Gußeisen, der Hebel L und alle übrigen Theile sind von Schmiedeeisen. Das Ventil A hat seine Führung entweder durch eine unten an dasselbe angegossene Laterne, welche innerhalb des Ventilsitzes spielt, oder, wie in der Abbildung, durch drei bis vier Leitarme. Die Leitarme sind der Laterne (Fig. 91) vorzuziehen, weil letztere den Durchgang des Dampfes erschwert und sich leicht in dem cylindrischen Theile des Ventilsitzes festsetzt. Das obere Ende des Ventilsitzes ist konisch erweitert und hat rings um die Erweiterung die horizontal abgedrehte Sitzfläche, auf welche das Ventil aufgeschliffen ist. In Folge dieser Construction kann das Ventil in dem Ventilsitze sich nicht festsetzen und bietet im gehobenen Zustande dem Dampfe den größtmöglichen Ausmündungsquerschnitt dar. Die an das Ventil angegossene, abgerundete Spitze T ist mit dem Ventil abgedreht, so daß ihre Axe genau rechtwinklig gegen die Ventilfläche gerichtet ist und in die Mitte derselben fällt. Auf diese Spitze drückt der Hebel L, der um den Bolzen F drehbar ist, durch die schlitzförmige Führung K hindurchgeht und am entgegengesetzten Ende das Belastungsgewicht G trägt.

Fig. 91.

Es ist von großer Wichtigkeit, daß die ringförmige Sitzfläche keine zu große Breite habe, weil außerdem die beiden Berührungsflächen sich nicht genau an einander legen würden. Die Folge davon wäre Unsicherheit in der Messung der gedrückten Fläche und in der Regel zu frühes Ausblasen; auch würde sich leichter Schmutz ablegen können. Meistens ist durch die Dampfkesselverordnungen $^1/_{30}$ des Durchmessers der gedrückten Fläche für die Breite des Ringes vorgeschrieben und zugleich als Maximum 2 Millim. festgestellt.

Der Durchmesser des Ventils ist nach der französischen Verordnung aus der Formel

$$d = 26 \sqrt{\frac{F}{p - 0,421}} \text{ Millim.}$$

zu bestimmen, worin F die Heizfläche in Quadratmetern und p die Dampfspannung im Kessel in Atmosphären bedeutet. Die meisten übrigen Verordnungen haben diese Formel ohne weiteres angenommen, verstehen aber unter d nicht den Durchmesser des Ventils, sondern den Durchmesser des engsten Verbindungsweges zwischen dem Ventil und dem Kessel.

Um die Belastung des Ventils zu berechnen, nennen wir den Durchmesser des Ventils d_1, sein Gewicht G_1, das Gewicht des Hebels G_2, das Belastungsgewicht G, den Hebelarm des Ventils a, den Hebelarm des Gewichts b, den Abstand zwischen dem Schwerpunkte des Hebels und der Drehaxe c, den atmosphärischen Druck p_0 und die Dampfspannung im Kessel p. Dann beträgt der Druck des Dampfes $\frac{\pi d_1^2}{4} p$ und dessen Moment $\frac{\pi d_1^2}{4} p\, a$. Diesem Moment wirkt entgegen:

das Moment des Luftdrucks $= \frac{\pi d_1^2}{4} p_0\, a$

" " " Ventils $= G_1\, a$

" " " Hebels $= G_2\, c$

" " " Belastungsgewichts $= G\, b$;

daher

$$\frac{\pi d_1^2}{4} p\, a = \frac{\pi d_1^2}{4} p_0\, a + G_1\, a + G_2\, c + G\, b$$

und

$$G = \left[\frac{\pi d_1^2}{4} (p - p_0) - G_1 - G_2 \cdot \frac{c}{a}\right] \frac{a}{b}$$

Das reducirte Hebelgewicht $G_2 \frac{c}{a}$ findet man dadurch, daß man den Hebel mit seiner Axe auflagert und vermittelst einer am Hebelarme a angebrachten Federwage das Gewicht beobachtet, welches ihn im Gleichgewicht erhält.

Beispiel. Es sei $d_1 = 50$ Millim., $p = 4$ Atmosphären, $G_1 =$ 1 Kilogr., $G_2 \frac{c}{a} = 3$ Kilogr., $\frac{a}{b} = \frac{1}{10}$; dann wird

$$G = \left[\frac{22}{7} \cdot \frac{0{,}05^2}{4} \cdot 10334\,(4 - 1) - 1 - 3\right] \frac{1}{10}$$
$$= 5{,}69 \text{ Kilogr.}$$

Bei directer Belastung des Ventils ohne Vermittelung eines Hebels würde $\frac{a}{b} = 1$, $G_2 \frac{c}{a} = o$ und

$$G = \frac{\pi d_1^2}{4} (p - p_0) - G_1.$$

Die Ausblaseöffnung eines Sicherheitsventils ist ein Cylindermantel mit dem Inhalt $\pi\, d_1 h$, wenn h die Hubhöhe bezeichnet. Da nun der Querschnitt der Oeffnung im Ventilsitz $\frac{\pi\, d_1^2}{4}$ ist, so muß $\pi\, d_1 h = \frac{\pi\, d_1^2}{4}$ oder $h = \frac{d}{4}$, d. h. die Hubhöhe $^1/_4$ des Ventildurchmessers betragen, wenn das Ventil im Falle der Gefahr hinreichend Dampf abführen soll. Da diese Grenze von dem im Vorstehenden beschriebenen Ventil nicht erreicht wird — denn der Dampf übt beim Ausströmen einen negativen Druck auf die Ventilfläche aus und saugt daher dieselbe um so mehr an sich an, je größer die Ausströmungsgeschwindigkeit und also auch die Dampfspannung ist —, so sind eine große Menge Verbesserungsvorschläge gemacht worden, von denen im Folgenden die hauptsächlichsten genannt werden sollen.

Boley's Sicherheitsventil entlastet sich von selbst, sobald es abzublasen anfängt. Zu diesem Zwecke ist durch das geschlitzte Hebelende (Fig. 92) der Bolzen einer Zange gesteckt, deren untere und kürzere Schenkel das Belastungsgewicht zwischen sich festhalten, so lange die Maximalspannung nicht erreicht ist. Deßhalb werden die oberen Schenkel, die gegen die unteren nicht gekreuzt sind, durch ein am Gestelle des Ventils befestigtes Stelleisen in solcher Entfernung von einander gehalten, daß die unteren Schenkel sich fest gegen einander andrücken und vermittelst dieses Druckes das Gewicht festhalten. Fängt das Ventil an abzublasen, so muß sich auch der Hebel mit der Zange heben, die oberen Schenkel steigen über das Stelleisen hinaus und klappen zusammen, worauf sofort die unteren Schenkel das Gewicht loslassen. Damit das Gewicht nicht auf den Kessel niederfalle, ist es an einer Kette aufgehängt, an welcher es nach der Entlastung hängen bleibt.

Fig. 92.

Hawthorn ersetzt das kreisförmige Ventil durch ein solches mit ringförmigen Durchgangsöffnungen, wie Fig. 93 zeigt. Das Ventil A ist auf den ebenfalls mit ringförmigen Kanälen versehenen Ventilsitz

Fig. 93.

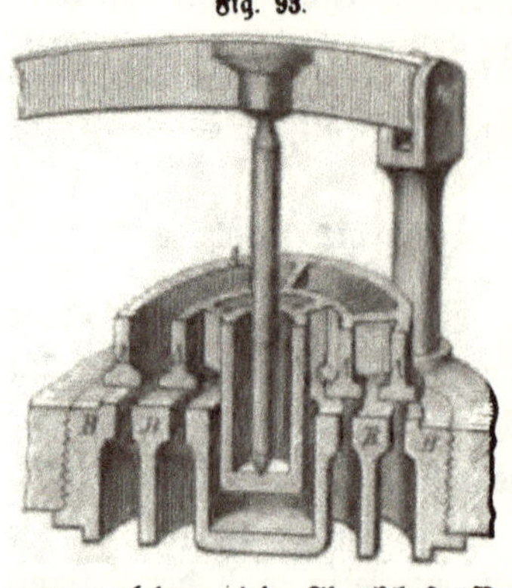

B flach aufgeschliffen. Der mittlere Theil desselben ist hohl und dient zur Aufnahme eines Stiftes, auf dessen oberes Ende der belastete Hebel drückt. Die Summe der ringförmigen Querschnitte wird so bestimmt, daß sie dem Querschnitt eines gewöhnlichen Kreisventils gleich wird, die Belastung also unverändert bleibt. Die ausblasende Dampfmenge wird aber deßhalb größer, weil der Cylindermantel, aus welchem die Ausblaseöffnung besteht, einen größeren Durchmesser hat, als bei dem gewöhnlichen Ventil.

Hartley's Ventil ist in Fig. 94 abgebildet. Auf einer scharfen Kante des Ventilsitzes C, welcher nach oben becherförmig erweitert ist, ruht das Ventil D mit einer Kugeloberfläche, während seine obere, ebene Fläche nach außen zu einer Art Flantsche ausgedehnt ist, ohne die Innenfläche des Bechers zu berühren. Die Stange F, an welcher das Ventil angeschraubt ist, trägt im Innern des Kessels das Belastungsgewicht, entweder direct oder durch Vermittelung eines Hebels. Die durch eine Hülse S mit dem Ventil verbundene Stange R dient dazu, die Empfindlichkeit des Ventils zu prüfen. Der Vortheil der Hartley'schen Anordnung besteht darin, daß der ausströmende Dampf gegen eine größere, als die ursprünglich gedrückte Ventilfläche drückt, und daß der Dampf nicht seitlich, sondern in der Richtung nach oben auszuströmen gezwungen wird.

Fig. 94.

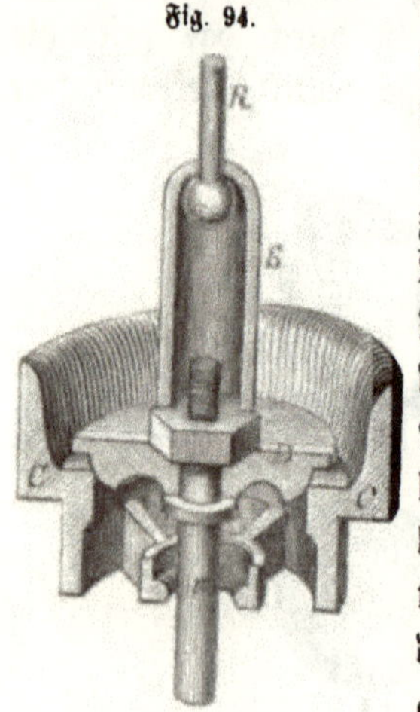

Bodmer benutzt den Druck des Kesselwassers zum Heben des Ventils. Die Flantsche A (Fig. 95) über dem Rohrstutz B hat einen vorspringenden Kranz C, der als Ventilsitz dient, und ist an einen Kolben angegossen, über welchen die ausgebohrte und die Stelle des Ventils vertretende Haube D aufgepaßt ist. Diese Haube D hat oben in der Mitte eine Vertiefung zur Aufnahme des Stiftes E, der die Hebelbelastung auf das Ventil überträgt.

Fig. 95.

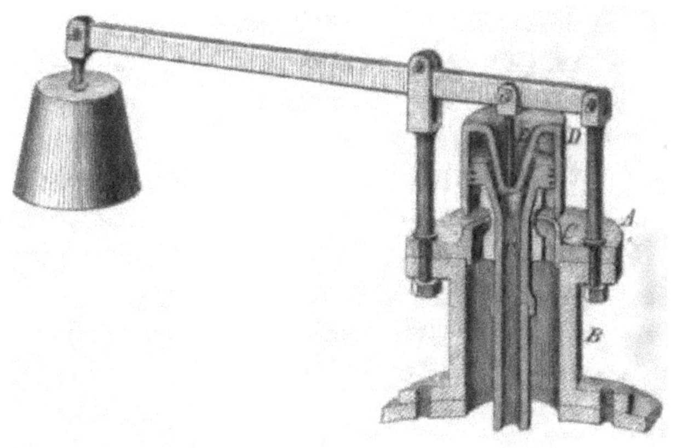

Der Kolben ist konisch ausgebohrt und geht nach unten zu in ein Rohrstück G über, mit welchem noch ein anderes, bis unter den Wasserspiegel im Kessel reichendes Rohr fest verbunden ist. Wenn nun die normale Dampfspannung im Kessel überschritten wird, so steigt das Kesselwasser in dem Rohre G auf, füllt den Raum zwischen dem Kolben und der Haube und hebt endlich die Haube von ihrem Sitze ab. Das Steigen dauert so lange, bis die Ausströmungsöffnung zwischen dem Ventile und seinem Sitze dem Querschnitt des freien Raumes zwischen den radialen Armen des Kolbens gleich ist. Weiter kann es sich dann nicht heben, weil der Hebel durch den Bolzen in der Führungssäule festgehalten wird.

Sicherheitsventile in Verbindung mit Schwimmern, um bei zu tiefem Wasserstande einen selbstthätigen Dampfabfluß zu eröffnen, sind zwar mehrfach vorgeschlagen, aber aus dem oben angeführten Grunde (S. 229) unbedingt zu verwerfen. Dagegen ist es zweckmäßig, eine Pfeife mit dem Sicherheitsventil in Verbindung zu bringen.

Bei Locomotiven und transportabeln Dampfmaschinen wird das Belastungsgewicht in der Regel durch eine Feder ersetzt. Leider haben dergleichen Federn den Nachtheil, daß ihr Druck auf das Sicherheitsventil, während sich dasselbe hebt, nicht, wie dieß bei dem Gewichte der Fall ist, constant bleibt, sondern nicht unbedeutend zunimmt, so zwar, daß der Dampf keineswegs mit der vorausbestimmten Maximalspannung aus der Ventilöffnung ausströmen kann, sondern diese dabei gesteigert wird. Verschiedene

Mittel, durch welche man diesen Uebelstand zu beseitigen gesucht hat, sind im Polyt. Centralbl. 1853, S. 714 u. f. mitgetheilt.

Der Black'sche Sicherheitsapparat dient dazu, bei gefährlich tiefem Wasserstande ein Warnungszeichen zu geben. Durch die Kesseldecke geht dampfdicht ein verticales, ungefähr 40 Millim. weites Kupferrohr, welches unten 50—70 Millim. über der höchsten Stelle der Züge ausmündet und auf 1,6 bis 2,6 Meter Höhe über den Kessel sich erhebt, so daß darin aufsteigendes Kesselwasser bis zu 50—44° C. abgekühlt wird. Dieses Rohr, von welchem Fig. 96 den obern Theil zeigt, ist bei U rechtwinklig umgebogen, weiter aufwärts aber schraubenförmig gewunden und am äußersten Ende V verschlossen. In der Mitte des horizontalen Theils U ist das Rohr durch ein kurzes, oben und unten offenes, verticales Rohrstück W, welches in Fig. 97 besonders gezeichnet ist, unterbrochen. Ein Kolben P, der durch eine Stopfbüchse geht, verschließt das Rohrstück W unterhalb, während der Verschluß oberhalb durch einen Pfropf Q aus einer leichtflüssigen, bei ungefähr 100° C. schmelzbaren Metalllegirung bewirkt wird.

Fig. 96.

Fig. 97.

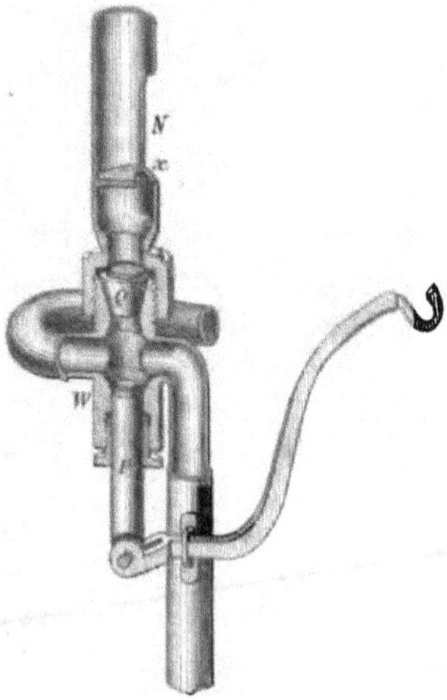

So lange der Wasserstand im Kessel nicht zu niedrig wird, befindet sich die untere Mündung des verticalen Kupferrohrs unter Wasser, welches unter der Einwirkung des Dampfdrucks bis in die Schraubenwindungen aufsteigt, wobei das äußerste geschlossene Ende zur Aufnahme der etwa angesammelten atmosphärischen Luft dient. Das Wasser ist hierbei, wie oben bemerkt, so weit abgekühlt, daß ein Schmelzen des Pfropfes Q nicht eintreten kann. Sinkt dagegen das Wasser bis zu einem gefährlichen Niveau, so fällt plötzlich die Wassersäule nieder, das Kupferrohr füllt sich mit Dampf, der

Pfropf Q kommt zum Schmelzen und der Dampf findet einen Ausweg durch die Oeffnung x und die Pfeife N, welche sofort dem Heizer das Warnungszeichen giebt. Nach Wiederherstellung des gehörigen Wasserstandes wird vermittelst einer Hebelverbindung der Kolben P gehoben, dadurch das Ausströmen des Dampfes unterbrochen und dann ein neuer Pfropf eingesetzt.

Das k. pr. Hüttenamt zu Königshütte hat mit diesem Apparate umfassende Versuche anstellen lassen, deren Resultate in den Vhdlgn. d. V. z. Bef. d. Gewerbfl. in Preußen, 1854, S. 166 u. f. mitgetheilt sind. Nach denselben läßt sich dem Apparate Wirksamkeit nicht absprechen; doch sind mehrere Nebenumstände, namentlich die Wallungen des Kesselwassers, der Eintritt des Speisewassers und plötzliche Verminderung des Dampfverbrauchs von großem Einfluß auf dieselbe. Er ist hiernach nur da brauchbar, wo der Dampfraum des Kessels verhältnißmäßig groß ist und wo nicht viele und verschiedenartige Dampfconsumenten aus mehreren mit einander verbundenen Kesseln arbeiten. Nächstdem besitzt der Apparat noch die beiden Mängel, daß er erst bei gefährlich tiefem Wasserstande in Thätigkeit tritt, und daß nach Abschmelzen des Pfropfes eine große Menge Wasser mit dem Dampf fortgerissen wird, wodurch nicht allein der Wassermangel noch vergrößert, sondern auch das Schließen des Apparates erschwert wird.

Details über die Behandlung des Apparates enthalten die Mitth. d. Gew.-V. f. Hannover 1855 S. 223.

Die Wallungen des Wassers hat Liesegang[1] durch verschiedene Mittel unschädlich zu machen gesucht. Nach der einen Einrichtung reicht das Kupferrohr 150—260 Millimeter unter den tiefsten zulässigen Wasserstand; an seinem untern Ende ist es mit einem oder zwei Kupfermänteln umgeben, die ebenso wie das Rohr selbst unten offen sind, und an seinem Umfange ist es mit einigen Löchern versehen, die bis 65 Millimeter unter den tiefsten zulässigen Wasserstand hinaufreichen. Bei einer zweiten Einrichtung reicht das Rohr 40 Millimeter unter den tiefsten zulässigen Wasserstand und trägt vier Führungsstäbe, auf denen sich ein Schwimmer leicht schiebt. Bei Kesseln mit Rauchrohren endlich hat die Röhre unten eine tellerförmige Erweiterung, die 40 Millimeter unter den gesetzlichen tiefsten Wasserstand hinabreicht.

[1] Monatsschr. d. Gew.-B. zu Köln 1857. S. 117.

2.

Probiren des Kessels.

Die Vorsicht erfordert, daß jeder Kessel vor dem Gebrauche probirt werde. Man will sich dadurch versichern, daß derselbe nirgends Dampf durchläßt und daß er der stärksten Spannung, der er in der Folge auszusetzen ist, widerstehen kann. Natürlich probirt man den Kessel auf einen höheren Druck, als er beim gewöhnlichen Betriebe zu erleiden hat, damit er auch nach längerem Gebrauche oder bei einer außerordentlichen Dampfentbindung den Dampfdruck aushalten kann. Auf einen übermäßig hohen Druck den Kessel zu probiren, ist nicht rathsam, weil er dann durch die Probe selbst schon leiden würde. Uebrigens enthalten darüber verschiedene Dampfkesselverordnungen genaue Vorschriften.

In Frankreich werden die Kessel der stehenden Maschinen auf den dreifachen, Röhrenkessel locomobiler Maschinen auf den zweifachen Druck probirt; in Belgien die ersteren wie in Frankreich, die letzteren auf den anderthalbfachen Druck; in Oesterreich und Bayern durchgängig auf den doppelten Druck; in Preußen auf den anderthalbfachen Druck; in Württemberg die ersteren auf den zweifachen, die letzteren auf den anderthalbfachen Druck. In Sachsen werden die feststehenden Dampfkessel auf $p + 2$ Atmosphären probirt, wenn die Dampfspannung $p \leqq 2$ Atmosphären ist, für $p =$ 2 bis 4 auf $p + 3$, für $p > 4$ auf $p + 4$, Locomotiven stets auf $p + 3$.

Fast allgemein bedient man sich zum Probiren der Kessel der hydrostatischen Probe vermittelst einer Druckpumpe. Der Kessel wird mit Wasser gefüllt, jede Oeffnung und jedes Ventil bis auf die mit der Druckpumpe und die mit dem Manometer communicirenden dicht geschlossen und dann, nachdem man durch Versuche die Ueberzeugung von der gehörigen Dichtigkeit der Verschlüsse und Verbindungen gewonnen hat, rasch Wasser in den Kessel gepumpt, bis das Manometer den probemäßigen Stand erreicht und einige Minuten festhält. Statt den Druck am Manometer zu beobachten, kann man denselben auch, jedoch weniger genau, durch das Sicherheitsventil messen, indem man dasselbe dem Probedrucke entsprechend belastet.[1] Es wird dann so lange Wasser in den Kessel gepumpt, bis das Wasser rings am Umfange des Ventils gleichförmig hervordringt; einzelne dünne Wasserstrahlen entscheiden nichts, da sie von Stößen oder von mangelhaftem Ventilschlusse herrühren können. Man überzeugt sich nun, ob an irgend einer Stelle des Kessels unter diesem Drucke ein Entweichen von Wasser oder eine Gestaltsveränderung zu bemerken ist. Eine Gestaltsveränderung macht den Kessel stets untauglich. Dagegen ist von einem eigentlichen Entweichen des Wassers durch Spalten wohl das Erscheinen einzelner Wassertröpfchen an den Nietverbindungen oder selbst in der Mitte der Blechtafeln zu unterscheiden; letzteres kommt sehr oft vor, läßt sich durch einige Hammerschläge in der Regel beseitigen und ist kein Grund zur Verwerfung des Kessels

Die von Jobard vorgeschlagene Kesselprobe, die auch neuerdings von England aus empfohlen wird, besteht darin, daß der Kessel vollständig mit Wasser gefüllt und erwärmt wird, bis das Manometer einen Druck von 2 bis 3 Atmosphären über die normale Spannung anzeigt. Hierzu genügt eine sehr mäßige Erwärmung, da das Wasser nicht zusammendrückbar ist und daher bei seiner Ausdehnung einen sehr bedeutenden Druck ausübt.

[1] Ueber die Unsicherheit der Druckmessung durch Sicherheitsventile vgl. m. Ztschr. d. österr. Ing.-V. 1860. S. 80.

Vierter Abschnitt.

Von den verschiedenen Theilen der Dampfmaschine.

I.

Dampfcylinder.

Der wesentlichste Theil der Dampfmaschinen ist der Dampfcylinder. Derselbe dient zur Aufnahme des Dampfes und enthält den Kolben, durch den die Wirkung der Dampfkraft auf die bewegten Theile fortgepflanzt wird. Er besteht in einem gußeisernen ausgebohrten Hohlcylinder, welcher an seinen beiden Enden durch Deckel und Boden geschlossen ist und zur Seite die Ein- und Austrittsöffnungen für den Dampf enthält.

Der Cylinder hat entweder eine verticale, oder eine horizontale, oder in einzelnen Fällen eine geneigte Lage. In neuerer Zeit zieht man die horizontale Lage im Allgemeinen vor, weil sie eine leichtere Uebersicht gewährt, raumersparender ist und endlich eine weniger massenhafte Fundamentirung braucht. Dazu kommt noch, daß bei horizontaler Lage des Dampfcylinders meistens die Verbindung der Dampfmaschine mit der Arbeitsmaschine wesentlich vereinfacht wird, wie namentlich bei Walzwerken, Gebläsen, Locomotiven u. s. w. Nur in einzelnen Fällen wird bei verticaler Cylinderstellung der Anschluß bequemer; hierher gehören die Wasserhebungsmaschinen für Bergwerke, weil die Pumpengestänge eine verticale oder der verticalen nahe Bewegungsrichtung haben, die Dampfhämmer mit verticaler Bewegung u. s. w.

Man hat den liegenden Cylindern den Vorwurf gemacht, daß sie unter der Last des Kolbens und der Kolbenstange unten mehr, als an den übrigen Stellen des Umfangs ausgeschliffen würden, wodurch sowohl am Kolben selbst, als an der Stopfbüchse Undichtheiten entständen. Man kann jedoch diesem Uebelstande, der übrigens nur bei den größten Maschinen sich geltend macht, sehr leicht begegnen, indem man die Kolbenstange nach hinten verlängert und ihr hier noch eine Auflagerung entweder auf einer Rolle oder mittels einer Traverse in einer Schlittenführung giebt.

Damit der Cylinder von außen möglichst wenig abgekühlt werde, müssen seine Dimensionsverhältnisse so gewählt sein, daß die Wandfläche, welche mit dem arbeitenden Dampfe in Berührung steht, möglichst klein wird. Bei einem Kolbenhube wächst die Höhe oder Länge dieser Wandfläche von Null bis zum Betrage des Kolbenhubes und ist also durchschnittlich dem halben Kolbenhube gleich. Da nun diejenigen Cylinder, deren Durchmesser der Höhe oder Länge gleich ist, die kleinste Oberfläche haben, so muß man zur Erzielung der geringsten Abkühlung den Durchmesser der Dampfcylinder dem halben Kolbenhube oder den Kolbenhub dem doppelten Durchmesser gleich machen. Berücksichtigt man, daß auch die Dicke des Kolbens einen Raum beansprucht, so findet man hiernach die Regel gerechtfertigt, daß die Höhe oder Länge des Cylinders 2 bis $2\frac{1}{2}$ mal so groß als der Durchmesser desselben sein soll.

Außerdem umgiebt man den Cylinder zum Schutze gegen Wärmeverlust mit einem hölzernen oder blechernen Mantel und füllt den Zwischenraum zwischen diesem und der Cylinderwand mit irgend einem werthlosen, die Wärme schlecht leitenden Material, wie Sägespänen, Asche, Baumwollenabfällen u. s. w. aus. Dieß bezieht sich auch auf die der Luft ausgesetzten Deckelstücke; bei diesen begnügt man sich gewöhnlich mit einer in einiger Entfernung vom gußeisernen Deckel angebrachten Blechdecke. Es dient hier die zwischen beiden Decken befindliche Luftschicht als schlechter Wärmeleiter.

Bei Maschinen, welche mit Expansion arbeiten, wird dieser Schutz gegen Wärmeverlust am besten durch einen Dampfmantel erreicht. Man umgiebt nämlich den Cylinder mit einem angegossenen oder angeschraubten gußeisernen Mantel und läßt den frischen Kesseldampf vor seinem Eintritte in den Cylinder selbst durch diesen Mantel hindurchströmen. Der Werth eines solchen Dampfmantels liegt hauptsächlich in folgendem Umstande: der Dampf bleibt während der Expansion nicht im gesättigten Zustande, sondern seine Temperatur sinkt unter diejenige herab, welche der Maximalspannung des gesättigten Dampfes entspricht, wenn nicht von außen Wärme zugeführt wird. Hieraus geht hervor, daß bei Maschinen ohne Dampfmantel, sobald die Expansion beginnt, Dampf condensirt und die Spannung beträchtlich herabgezogen wird; hat aber der Cylinder einen Dampfmantel, so führt dieser dem sich expandirenden Dampfe neue Wärme zu und verhindert die Condensation des Dampfes und mithin auch die Verminderung der Spannung, welche mit dieser Condensation verbunden wäre. Der Vortheil, welcher hieraus erwächst, überwiegt, wie Hirn [1] durch directe Versuche nachgewiesen hat, bei weitem den Nachtheil, daß die äußere Wand des Dampfmantels um so mehr Wärme an ihre Umgebung abgiebt, je heißer sie selbst ist, einen Nachtheil, den man übrigens durch eine zweite, aus einem schlechten Wärmeleiter bestehende Hülle oder durch einen Rauchmantel erheblich herabziehen kann.

Man hat auch vorgeschlagen, den Mantel mit stillstehendem oder mit dem abgehenden Dampfe zu füllen. Daß auch hiermit, namentlich mit dem letzteren Mittel, ein Vortheil verbunden sein mag, ist wohl nicht zu bezweifeln; der Hauptvortheil des Dampfmantels aber, die Condensation des sich expandirenden Dampfes zu verhindern, geht hierbei natürlich verloren, weil der abgehende Dampf eine niedrigere Temperatur als der sich expandirende hat.

Die Oeffnungen, durch welche die Kolbenstange in den Cylinder eintritt, werden durch Stopfbüchsen dampfdicht abgeschlossen. Die gewöhnlichste Construction derselben zeigt Fig. 98. In der Mitte des Cylinderdeckels ist an diesen eine Büchse a angegossen, in welche der Stopfring b eingeschraubt wird. Der zwischen beiden bleibende ringförmige Zwischenraum wird mit Hanfzöpfen ausgefüllt, die sich im Innern gegen ein in den Boden der Büchse eingelegtes Metallfutter anlegen und durch Nachziehen der Stopfringschrauben scharf gegen dasselbe angedrückt werden.

Fig. 98.

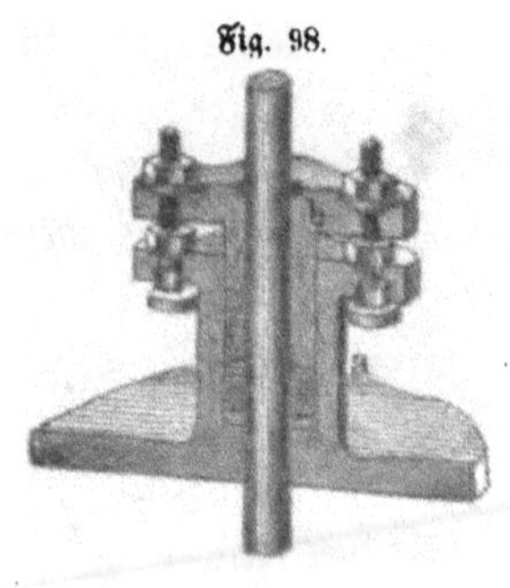

Correns [2] empfiehlt zur Erzielung eines gleichmäßigen Drucks, die Hanfliderung mit einem Kautschukring zu umgeben, dessen Enden

[1] Bull. de la soç. de Mulhouse Nr. 133.

[2] Organ f. d. Fortschr. d. Eisenbahnw. 1856. S. 17.

stumpf an einander gestoßen sind. Die Liderung selbst besteht an beiden Enden aus Hanfzöpfen und in der Mitte aus losem Hanf. Um das Ankleben des Kautschukrings an die umgebenden Metallwände zu verhindern, wird derselbe in doppelt zusammengelegte und mit Talg getränkte Leinwand eingenäht. Dergleichen Stopfbüchsen haben sich sehr gut bewährt.[1]

Nachdem bei den Dampfkolben die Metallliderung eine allgemeine Verbreitung gefunden hat, hat man auch vielfach sich bestrebt, die Stopfbüchsen mit Metall zu lidern; es hat jedoch noch keine der bisherigen Constructionen einer allgemeineren Verbreitung sich zu erfreuen.

Weatherley und Jordan wenden mehrtheilige Zinnringe von trapezförmigem Querschnitt an. Diese Ringe haben nach der Anordnung in Fig. 99 zweierlei Form. Die einen sind mit ihrer breiteren Fläche nach innen, die anderen nach außen gerichtet und liegen, wechselsweise auf einander folgend, um die Kolbenstange herum. Ihren Druck erhalten sie wie gewöhnlich durch den aufgeschraubten Stopfring. Fig. 100 zeigt eine andere Construction nach demselben Princip.

Fig. 99

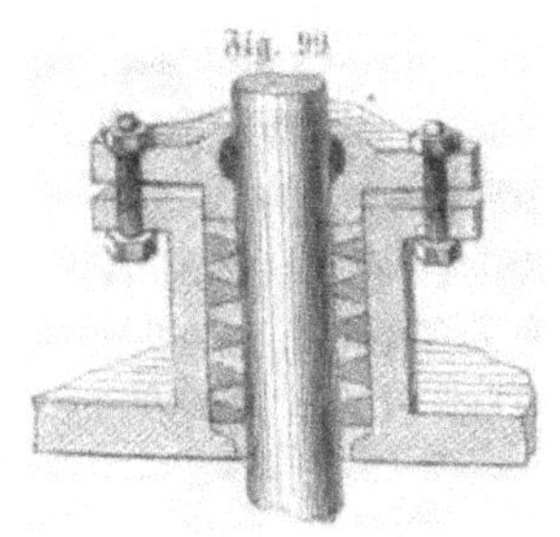

Chaumont's Liderringe (Fig. 101) bestehen aus Metallringen, welche nach einer konischen Schraubenlinie gewunden sind. Zwei solche Ringe werden, mit ihren größeren Endflächen an einander stoßend, in die entsprechend geformte Büchse eingelegt und durch den Stopfring zusammengepreßt.

Fig. 100.

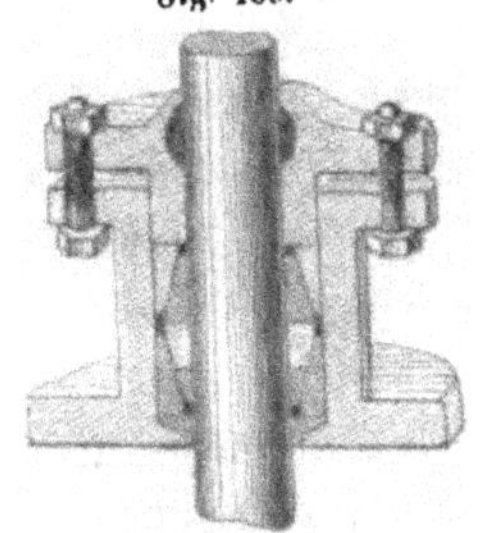

Die Liderung des Amerikaners Clark besteht aus Messingblech, welches mit einer ziemlich starken Schicht Zinn überzogen ist; dasselbe umgiebt die Kolbenstange in concentrischen Lagen und wird durch Kautschuk von außen gegen dieselbe angedrückt. Fig. 102 zeigt diese Liderung fertig zum Einlegen. Die Bleche werden in der Mitte umgebogen, in einander gelegt, an den Enden unter ein-

Fig. 101.

[1] Wochenschr. d. schles. Vereins f. Berg- u. Hüttenw. 1860. S. 20.

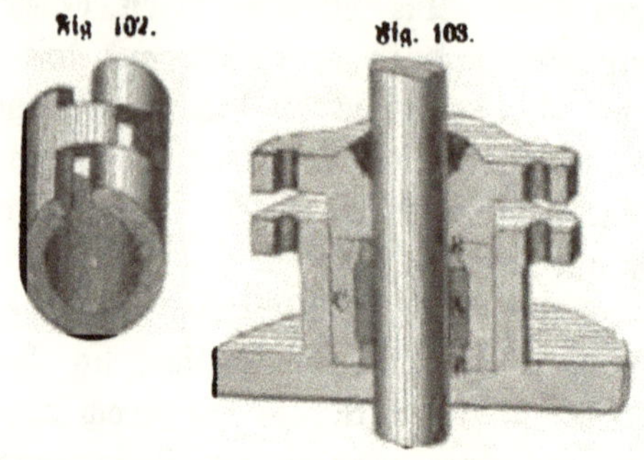
Fig. 102. Fig. 103.

ander befestigt und so geschnitten, daß sie, einem äußeren Drucke ausgesetzt. einen dichten Schluß herstellen. Ihre Länge beträgt, wie Fig. 103 zeigt, die Hälfte der Stopfbüchsenlänge; die Räume BB über und unter den Blechen A sind mit Hanf lose ausgefüttert. Der Kautschukring C, welcher um die Bleche und das Hanffutter herumgelegt wird, erleidet beim Niederschrauben des Stopfrings eine Zusammenpressung, und in Folge hiervon wird auch die Metallliderung A kräftig gegen die Kolbenstange angedrückt.

Liddell[1] wendet Kupferstreifen an, welche, in Schraubenlinien gewunden, in eine konische Aushöhlung der Stopfbüchse eingelegt und durch eingegossenes Blei an Ort und Stelle erhalten werden. Wenn der lidernde Kupferstreifen nach und nach sich abnutzt, wird der Stopfring nachgezogen und durch den auf das Blei ausgeübten Druck der Kupferstreifen wieder dicht an die Kolbenstange angedrückt.

Moat[2] umgiebt die Kolbenstange mit einem hohlen Kautschukring und füllt die Höhlung desselben mit comprimirter Luft, welche den inneren Theil des Ringes scharf gegen die Kolbenstange anpreßt.

Wells[3] drückt die Liderung durch den Dampf selbst von außen an. Die aus Hanfzöpfen bestehende Liderung ist von einem freien Raume umgeben, welcher vom Cylinder durch ein Ventil getrennt ist. Das Ventil öffnet sich vom Cylinder gegen den freien Raum und läßt daher den arbeitenden Dampf in diesen eintreten und gegen die Liderung wirken.

Das S c h m i e r e n d e r S t o p f b ü c h s e n geschieht bei verticalen Cylindern durch einen im Stopfring ausgesparten Kelch, bei horizontalen Cylindern durch ein über der Stopfbüchse aufgeschraubtes Schmiergefäß. Um im letzteren Falle das Oel in der Stopfbüchse zurückzuhalten, wendet Lefort eine doppelte Stopfbüchse (Fig. 104) an. Die erste Liderung A wird wie gewöhnlich vermittelst des

[1] Polyt. Centralbl. 1853. S. 900.
[2] Polyt. Journal Bd. 115. S. 172.
[3] Polyt. Centralbl. 1857. S. 1196.

Stopfrings B, welcher das Schmiergefäß trägt, angezogen. In diesem Stopfring liegt ein messingener Ring und auf diesen folgt die zweite Liderung C, die durch einen zweiten, in den ersten eingeschraubten Stopfring D festgezogen wird. Der erste Stopfring enthält eine Kammer für das Oel, das sich von hier aus um die Kolbenstange herum ausbreitet, wozu durch die erweiterte Oeffnung im ersten Stopfring besonders Gelegenheit gegeben wird. Der zweite Stopfring darf, da er nur das Oel zurückhalten soll, nicht zu scharf angezogen werden und muß deßhalb mit einer Vorrichtung zur Verhinderung der freiwilligen Lösung versehen sein.

Fig. 104.

Am Boden des Cylinders ist gewöhnlich ein Hahn angebracht, durch welchen das im Cylinder sich ansammelnde Condensationswasser von Zeit zu Zeit, namentlich bei der Ingangsetzung, abgelassen wird.

Waddell wendet für diesen Zweck ein selbstthätiges Ventil an, welches in Fig. 105 dargestellt ist. In dem mit dem Cylinder communicirenden Gefässe A befindet sich ein Schwimmer B, an dessen Stange oben und unten Ventile angebracht sind. Das Condensationswasser fließt aus dem Cylinder in dieses Gefäß und sucht den Schwimmer zu heben. Dieses Bestreben wird dadurch noch unterstützt, daß die Fläche des oberen Ventils etwas größer ist, als die des unteren, so daß auch der Dampfdruck den Schwimmer mit seinen Ventilen zu heben sucht. Das obere Ventil hat nach unten zu die Gestalt eines Kolbens, damit es auch im gehobenen Zustande keinen Dampf austreten läßt.

Fig. 105.

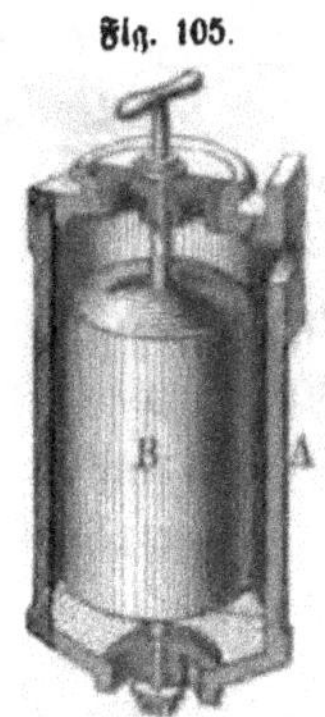

Bei horizontalen Cylindern kann man dergleichen Vorrichtungen ganz umgehen, wenn man den Schieberkasten so tief legt, daß das Condensationswasser in diesen ablaufen kann; von hier aus wird es durch den ausblasenden Dampf mit fortgerissen.

II.

Dampfkolben.

Der Kolben hat die Bestimmung, den Druck des Dampfes aufzunehmen, und muß daher vor allen Dingen dampfdicht schließen, weil die geringste Menge durchgehenden Dampfes den Gegendruck auf die Rückenfläche des Kolbens vermehren würde. Diesen dampfdichten Abschluß bewirkt die Liderung, wozu man theils Hanf, theils und hauptsächlich Metall anwendet. Es ist einleuchtend, daß hiermit immer eine Reibung zwischen der Cylinderwand und der Liderung verbunden ist, und daß diese Reibung um so größer wird, je größer der Druck der Liderung gegen die Cylinderwand ist. Andrerseits wird der dampfdichte Schluß durch einen größeren Druck der Liderung befördert. Es ist daher die Aufgabe des Mechanikers, diesen beiden Bedingungen in soweit Rechnung zu tragen, daß der Kolben bei möglichst geringer Reibung unter allen Umständen dampfdicht schließe. Hiernächst ist noch zu bemerken, daß die Liderung Elasticität besitzen muß, damit bei eintretender Abnutzung nicht sogleich Dampf durchgelassen wird.

Die Breite der Liderung ist nach Tredgold bei Hanf $^1/_6$, bei Metall $^1/_8$ des Cylinderdurchmessers mindestens zu machen; in der Regel ist sie noch größer.

Der Kolbenkörper selbst muß möglichst einfach und leicht sein: einfach, nicht nur der Kostenersparniß wegen, sondern auch weil mit der Zahl der Theile die Gefahr vorkommender Unordnungen und Störungen wächst, welche zudem kaum zu überwachen und schwer zu beseitigen sind; leicht, damit die Maschine möglichst wenig belastet und das Herausnehmen erleichtert wird.

Die Hanfliderung für Dampfkolben, wie sie schon von Watt angewendet wurde, zeigt Fig. 106. Dieselbe besteht aus geflochtenen Hanfzöpfen, die in einer Anzahl Windungen über einander gelegt werden. Durch Anziehen des Deckels A vermittelst der Schrauben b wird die Liderung gegen die Cylinderwand angedrückt, und damit sie nicht nach auswärts ausweichen kann, ist jede Schraube b mit einer Mutter c ver-

Fig. 106.

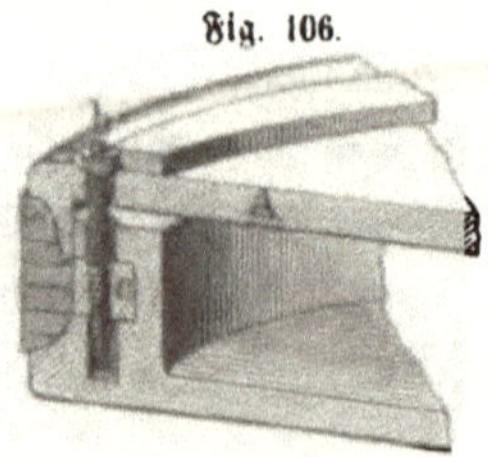

sehen, welche in den Kolbenkörper so eingelassen ist, daß sie ihre Lage in demselben nicht verändern kann.

Hanfliderung läßt sich nur bei Dampfspannungen von höchstens $1\frac{1}{2}$ Atmosphären anwenden; bei höheren Spannungen ist man, um der häufigen Erneuerung zu entgehen, gezwungen, Metalliderung anzuwenden.

Der einfachste Metallkolben ist der von Nillus für Schiffsmaschinen mit Hochdruck. Die beiden gußeisernen Kolbenhälften B und C in Fig. 107 werden, nachdem sie über das doppeltkonische Ende D der Kolbenstange geschoben und die beiden abgedrehten Ringe AA aus weichem Gußeisen eingelegt sind, durch vier Schrauben b mit einander verbunden. Jeder der beiden Ringe ist an einer Stelle des Umfangs aufgespalten, jedoch so, daß die beiden Spalten sich diametral gegenüber liegen, und beide Ringe sind so in einander gesteckt, daß die stärkste Stelle des einen Ringes mit der schwächsten des anderen zusammenfällt. In die Spalten werden nach Fig. 108 Plättchen eingelegt, welche mit dem einen Ende des Ringes vernietet, in dem anderen aber frei beweglich sind.

Fig. 107.

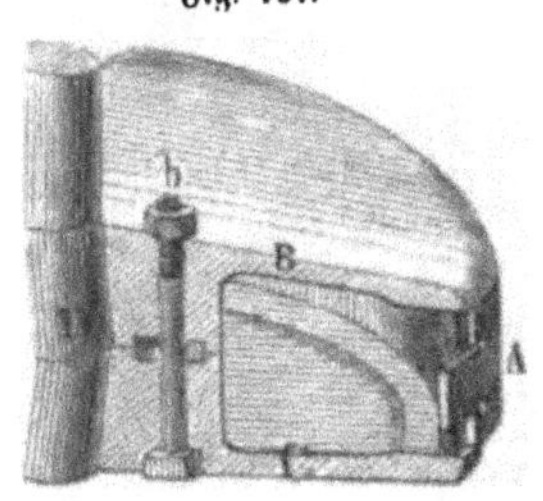

Fig. 108.

North und Peacock bedienen sich einer mehrmals gewundenen Spiralfeder A (Fig. 109); dieselbe umfaßt mit ihrem kleinsten Durchmesser den Kolbenkörper und drückt mit ihrem größten gegen den mittleren oder Hauptliderring B, welcher sich innen flach gegen die Feder A und außen mit seiner vorspringenden Rippe gegen die Cylinderwand anlegt; über und unter der Rippe des Hauptrings liegen die beiden schmäleren und niedrigeren Ringe C und D, welche in Gemeinschaft mit dem Hauptring den dampfdichten Abschluß bewirken. Alle drei Ringe sind gespalten;

Fig. 109.

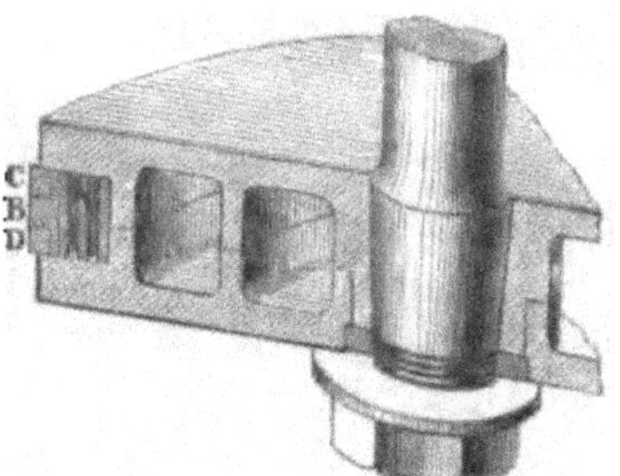

doch sind die Spalten auf den Umfang so vertheilt, daß sie nicht über einander fallen.

Am gewöhnlichsten sind diejenigen Kolben, bei welchen die metallenen Liderringe durch Spannkeile gegen die Cylinderwand angedrückt werden. Die beiden gespaltenen gußeisernen Liderringe A, B in Fig. 110 sind zwischen den Boden C und den Deckel D des Kolbenkörpers so eingelegt, daß die Spalten einander diametral gegenüber zu liegen kommen. Nach innen erweitern sich die Spalten und nehmen hier die Spannkeile E auf, welche durch die Federn F in die Spalten eingedrängt werden. Die Verbindung der Federn F mit den Keilen E vermitteln die Schrauben b, welche zugleich zur Regulirung der Federspannung dienen.

Fig. 110.

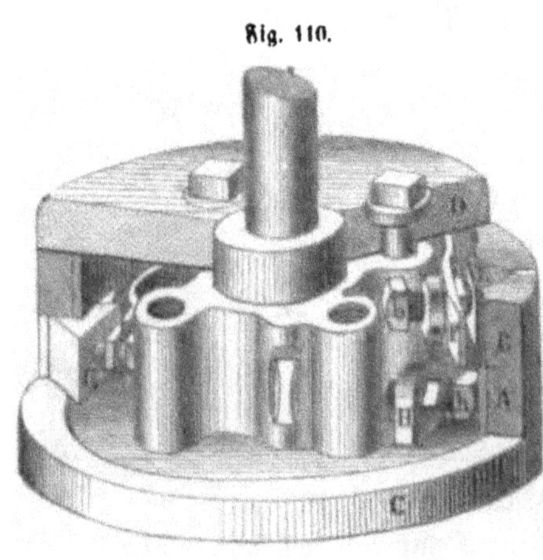

Der Querschnitt der Liderringe nimmt von der Spalte nach der derselben gegenüberliegenden Stelle stetig zu. Der kleine an den Kolbenboden angegossene Bügel H mit der Schraube h dient dazu, die Drehung der Liderringe zu verhindern; der obere Theil des Bügels verhindert die Drehung des oberen und der Kopf der Schraube h die Drehung des unteren Ringes.

Bei Kolben von weniger als 0,6 Meter Durchmesser kann man die Blattfedern F durch Schraubenfedern ersetzen.

Eine andere Klasse von Metallkolben sind die, bei welchen die Keilwirkung gleichmäßig über den ganzen Umfang vertheilt ist. Hierher gehört zunächst der Kolben von Goodfellow in Fig. 111. Der gespaltene Federring A ruht lose auf der Bodenplatte, und über und unter demselben sind die beiden Liderringe B und C angebracht. Der mittlere Ring ist oben und unten nach außen abfallend gedreht, und der obere und untere nach innen abfallend, so daß die Berührungsflächen scharf auf einander passen. Der obere Ring schließt sich mit seiner oberen Fläche an die durch Schrauben b am Kolbenkörper befestigte Deckplatte an und bewirkt dadurch den Abschluß. Der mittlere Ring ist an der einen Seite stärker als an der anderen, und sein Umfang ist mit vielen radialen Schnitten versehen, die um so tiefer werden, je näher sie der schwächeren Stelle des Ringes, an welcher derselbe gespalten ist, liegen.

Fig. 111.

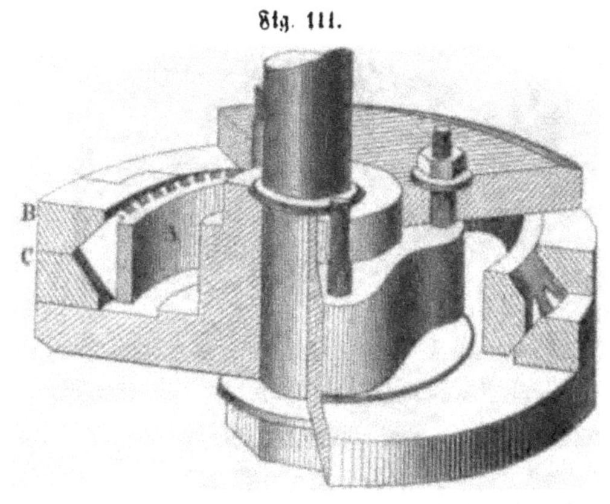

Da in Folge der Abnutzung die äußeren Ringe etwas an Elasticität verlieren, so hat man neuerdings noch einen vierten Ring D (Fig. 112) hinzugefügt, welcher hinter den drei Liderringen im Innern des Kolbens liegt und durch Stellschrauben gegen diese letzteren angezogen wird, wenn sie nicht mehr dicht schließen.

Fig. 112.

Bei Bower's Kolben (Fig. 113) werden die beiden äußeren Ringe A A ebenfalls durch einen abgeschrägten, inneren Ring B nach außen gedrückt. Der Ring B hat an drei Stellen des Umfangs eine Art nach innen gerichteter Bügel, welche sich gegen die keilförmig zugeschärften Enden der Stellschrauben C anlegen. Beim Nachziehen der Stellschrauben drückt der innere Ring B die äußeren Ringe A A schärfer gegen die Cylinderwand an.

Fig. 113.

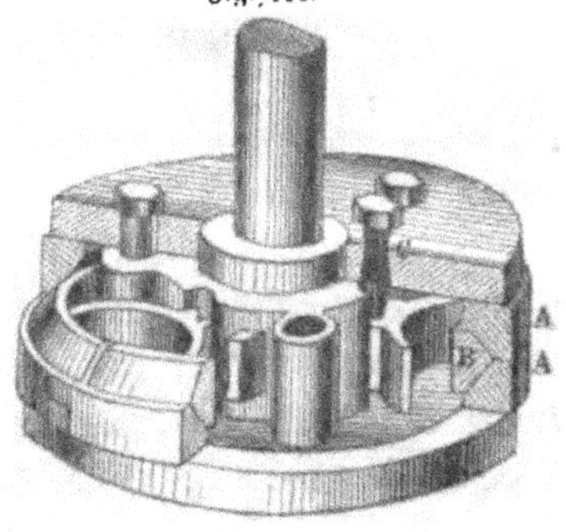

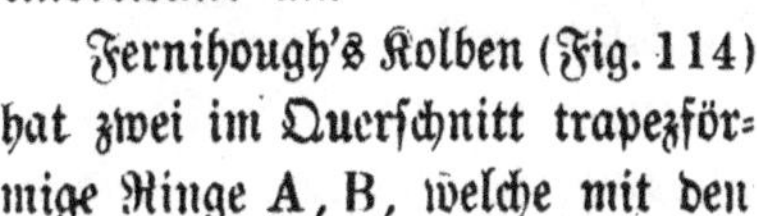

Fernihough's Kolben (Fig. 114) hat zwei im Querschnitt trapezförmige Ringe A, B, welche mit den größeren Grundflächen über einander liegen. In diese Ringe sind verticale Löcher eingebohrt, welche auf einander passen und mit

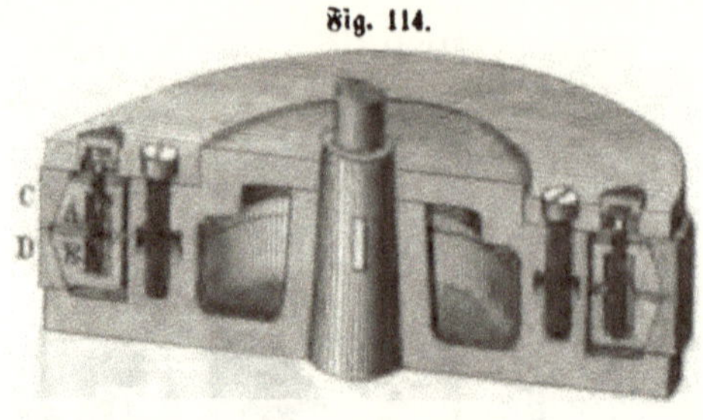

Fig. 114.

Schraubenfedern ausgefüllt werden, die mit gleicher Kraft den einen Ring nach oben und den anderen nach unten drücken. Ringsherum sind diese Ringe, die nicht gespalten zu sein brauchen, aber gespalten sein können, mit gespaltenen, scharf aufpassenden, äußeren Ringen C, D umgeben. Um die Schraubenfedern mehr oder weniger zu spannen und somit den Druck der inneren Ringe gegen die äußeren zu vergrößern oder zu verringern, dienen Stellschrauben, auf welche Deckel aufgelegt sind, damit man durch Oeffnen derselben zu den Schrauben gelangen kann, ohne den Kolbendeckel abnehmen zu müssen.

Auch Schneider's Kolben (Fig. 115) beruht auf der Wirkung des Keils. Der abgestumpfte Kegel A wird durch den Druck des auf seine Grundplatte wirkenden Dampfes in der Richtung des Pfeils bewegt und nimmt dadurch das Bestreben an, die Ringe B, C, D, von denen B und C die Liderung bilden, aus einander zu treiben. Damit dieß mit möglichst wenig Kraftaufwand geschehen kann, ist jeder Ring aus drei Stücken zusammengesetzt. Jeder Theil des Ringes C ist durch eine Schraube an einem Theil von B und durch eine andere an einem Theil von D befestigt, so daß die Fugen vollkommen geschlossen sind. Wirkt der Dampfdruck nach der entgegengesetzten Richtung, so wird die Platte E bewegt, die denselben Erfolg hervorbringt. Diese Anordnung bedingt, daß der Kolbenkörper lose auf der Kolbenstange ist, und damit zwischen diesen beiden Theilen auch keine Undichtheit entstehen kann, ist eine Stopfbüchse, die nach demselben Princip, wie die Kolbenliderung, abgedichtet ist, eingelegt. Die Bewegung der Platten A und E ist auf der einen Seite durch eine Mutter und auf der anderen durch einen Keil begrenzt.

Fig. 115.

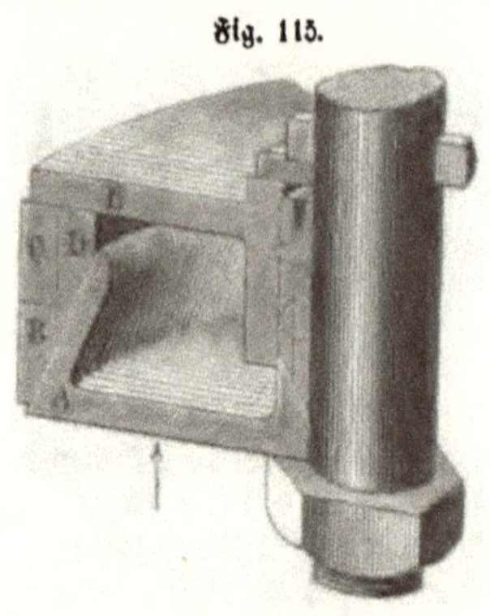

Durch seine große Einfachheit zeichnet sich der Kolben von Ramsbottom (Fig. 116) aus. Der Kolbenkörper ist ein hohler, cylindrischer Kasten, der durch zwei Gußstücke gebildet wird. Dieser Kasten trägt an seiner Außenseite als Liderung mehrere in Nuthen eingelegte Ringe von Stahl oder hart gezogenem Eisendraht. Die Ringe, deren 3 bis 5 mit versetzten Stößen in einem Kolben angewendet werden, drücken mit einer von ihren Dimensionen und ihrer ursprünglichen Form abhängigen Kraft gegen die Cylinderwand und bringen dadurch die Dichtung hervor. Damit die Ringe so viel Druck ausüben, daß sie keinen Dampf durchlassen, biegt man sie vor dem Einlegen nach einem Kreisbogen, dessen Durchmesser um $^1/_{10}$ größer als der Cylinderdurchmesser ist. Bei dem kleinen Querschnitt dieser Ringe tritt der Nachtheil, daß die gespaltenen Liderringe der Spalte gegenüber sich am stärksten abnutzen, besonders auffällig hervor, und zwar um so mehr, je kleiner der Cylinderdurchmesser und also auch der Querschnitt der Ringe ist. Diesem Uebelstand begegnet man dadurch, daß man entweder den Ringen vor dem Einlegen eine ovale Gestalt giebt, oder mit Beibehaltung der Kreisform den Querschnitt der Ringe von der Fuge nach der gegenüberliegenden Seite zunehmen läßt.

Fig. 116.

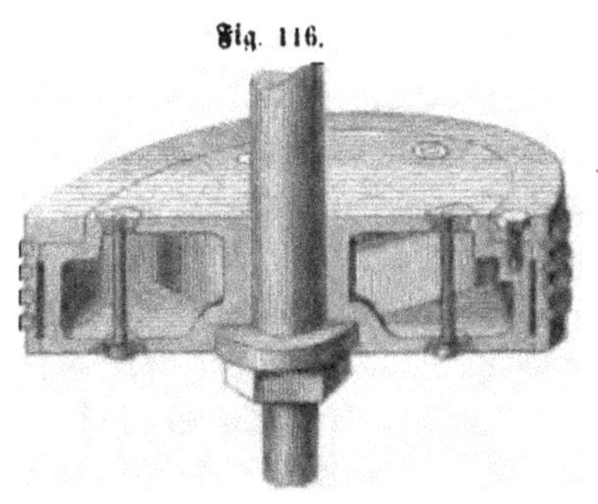

Eine ähnliche Construction hat der Kolben von Forsyth in Fig. 117. Der Kolbenkörper A hat an seinem Rande zwei Vorsprünge BB, auf welche die mit entsprechenden Nuthen versehenen Liderringe CC aufgepaßt werden. An den Stellen, an welche die Spalten der Ringe zu liegen kommen, sind die Vorsprünge BB bis an die Cylinderwand fortgesetzt, und zur Aufnahme derselben in die Ringe zu beiden Seiten der Spalten Nuthen eingeschnitten.

Fig. 117.

Joy [1] hat die Ramsbottom'sche Liderung insoweit modificirt, als er nur einen einzigen Liderring anwendet und denselben nach einer Schraubenlinie in die ebenfalls nach einer Schraubenlinie geschnittene Nuth am Kranze des Kolbenkörpers einlegt.

Chaumont [2] stellt die Liderung gleichfalls aus einem schraubenförmig gewundenen Ringe her, legt denselben aber nicht in Nuthen, sondern preßt ihn zwischen dem Boden und dem Deckel des Kolbens zusammen.

Da nach erfolgter Einstellung der Druck der gegen die Liderringe wirkenden Federn oder der durch ihre eigene Elasticität wirkenden Liderringe constant bleibt, so ist auch unter allen Umständen, mag die Maschine mit der Maximalspannung des Dampfes oder mit einem beliebigen Expansionsgrade arbeiten, die Kolbenreibung eine constante. Ist nun der Druck der Liderung gegen die Cylinderwand so regulirt, daß bei der Maximalspannung des Dampfes der Durchgang von der einen Seite des Kolbens nach der anderen gehemmt wird, so ist dieser Druck während der Expansion im Verhältniß zur ausgeübten Leistung zu groß und verursacht dadurch einen unnöthigen Arbeitsaufwand. Noch auffallender wird das Verhältniß bei Locomotiven, wenn dieselben beim Niedergang auf schiefen Ebenen ohne Dampf laufen; sie üben dann keine Leistung aus und doch besteht die Reibung und Abnutzung der Kolben fort. Der Arbeitsverlust durch die Kolbenreibung wird aber stets in einem constanten Verhältniß zur ausgeübten Leistung stehen, wenn man die Liderung durch den arbeitenden Dampf selbst gegen die Cylinderwand andrückt.

Man hat zu diesem Zwecke in Boden und Deckel des Kolbens Ventile eingelegt, welche nach der Arbeitsseite hin sich öffnen und den arbeitenden Dampf gegen die Rückwand der Liderung strömen lassen. In dieser Weise sind die Kolben von Krauß [3] und von Wells [4] construirt.

Sammann bringt den Dampfdruck gegen die Liderung ohne Ventile hervor. Sein Kolben (Fig. 118) besteht aus Schmiedeeisen und ist mit der Kolbenstange aus einem Stücke geschmiedet. In

[1] Polyt. Centralbl. 1856. S. 903.
[2] Polyt. Centralbl. 1859. S. 358.
[3] Polyt. Journ. Bd. 144. S. 1.
[4] Polyt. Centralbl. 1857. S. 1196.

den Kranz des Kolbenkörpers sind zwei Nuthen eingedreht, welche zur Aufnahme der messingenen Liderringe A A und der hinter diesen liegenden Stahlringe dienen. Die Messingringe bestehen aus je zwei Hälften mit schiefen Stößen, während die Stahlringe nur einmal gespalten sind. Der Dampf tritt durch eine Anzahl Oeffnungen im Kranze des Kolbens gegen die Stahlringe und drückt diese, sowie die Liderringe mit einer Kraft, welche seiner Spannung proportional ist, gegen die Wandfläche des Cylinders. Da ein Anschweißen neuer Stangen nach erfolgter Abnutzung nicht möglich ist, so überzieht Sammann die Kolbenstangen mit eisernen Hülsen oder Schiffskesselröhren von 6 bis 8 Millim. Wandstärke, welche innen etwas ausgefräst, handwarm über die rauh abzudrehenden Kolbenstangen geschoben und dann sauber abgedreht werden.

Fig. 118.

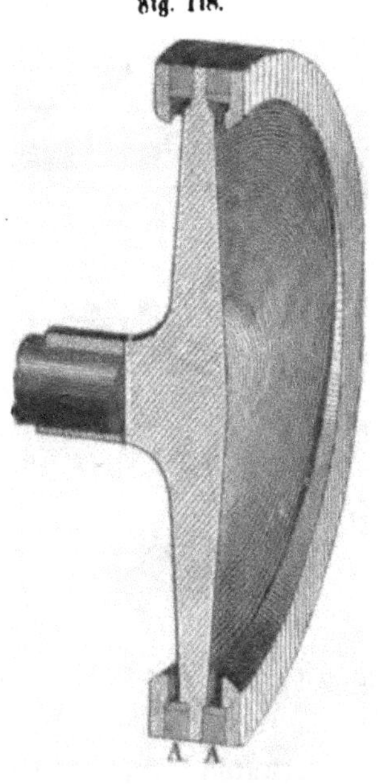

Schmiedeeiserne Dampfkolben sind übrigens noch von Mc Connell [1] angegeben worden; nur bringt derselbe den Druck gegen den Rücken der Liderung durch eine Anzahl gleichmäßig über den Umfang vertheilter Federn hervor.

Endlich hat man verschiedene Kolbeneinrichtungen, welche das Nachziehen der Liderung gestatten, ohne daß man genöthigt ist, den Kolbendeckel, unter Umständen selbst den Cylinderdeckel abzuheben.

Abgesehen von dem oben beschriebenen Fernihough'schen Kolben (Fig. 114) gehört hierher zunächst der Farcot'sche Kolben, von welchem Fig. 119 einen Grundriß mit abgehobenem Deckel zeigt. Die Liderringe A stemmen sich innen gegen den nach Art eines Sperrrades geformten Kranz B, welchem man vermittelst der Mutter C mit zugehöriger Schraube, einem Zahnrade und der kleinen Bewegungsschraube D eine kleine Drehung ertheilen kann.

[1] Polyt. Centralbl. 1855. S. 1345.

Fig. 119.

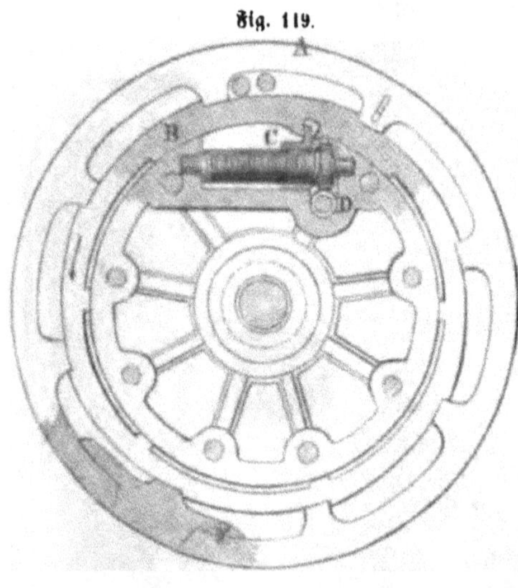

Die Zeichnung zeigt die Liderringe in ihrer geringsten Spannung; wird aber der Kranz B in der Richtung des Pfeils gedreht, so nehmen die nach innen gerichteten Füße der Liderringe A einen größeren Halbmesser an und die Liderringe selbst werden weiter nach außen gedrängt. Die Schraubenspindel D hat einen durch den Kolbendeckel hindurch fortgesetzten, viereckigen Zapfen, auf welchen ein Schlüssel behufs des Nachziehens aufgesteckt werden kann.

Brunton, der die Liderung durch eine Anzahl um den Umfang vertheilter Bogenfedern nach außen drückt, läßt, wie Fig. 120 zeigt, die Enden der Stellschrauben, durch welche die Federn angespannt werden, gegen Einschnitte wirken, welche in dem Umfang einer in die Mitte des Kolbens eingepaßten Mutter angebracht sind. Die Einschnitte sind zwar parallel zur Mutteraxe, nehmen aber allmälig an Tiefe ab. Wird nun die Mutter vermittelst einer durchgesteckten Schraube, welche einen durch den Kolbendeckel hindurch zugänglichen Zapfen hat, verschoben, so werden die Stellschrauben nach außen gedrängt, was zugleich ein schärferes Anziehen der Liderung zur Folge hat.

Fig. 120.

Hoogland's Kolben [1] unterscheidet sich von dem Brunton'schen nur dadurch, daß die in der Mitte des Kolbens angebrachte Stell-

[1] Civiling. 1859. S. 163.

mutter rings um ihren Umfang herum konisch zuläuft und daher bei ihrer Verschiebung auch noch eine drehende Bewegung annehmen kann.

Palmer, dessen Kolben in Fig. 121 abgebildet ist, drückt die Liderung ebenfalls durch Bogenfedern A nach außen; auf die Federn wirken Bolzen B mit Scheiben, welche auf den Umfang des nach Art eines Sperrrades construirten Kranzes C aufliegen. Der Kranz wird vermittelst eines in die Oeffnungen b b eingeführten Gabelschlüssels gedreht und durch ein Sperrrad mit Sperrkegel in der gewünschten Stellung festgehalten. Die Bolzen B gehen durch Führungen D.

Fig. 121.

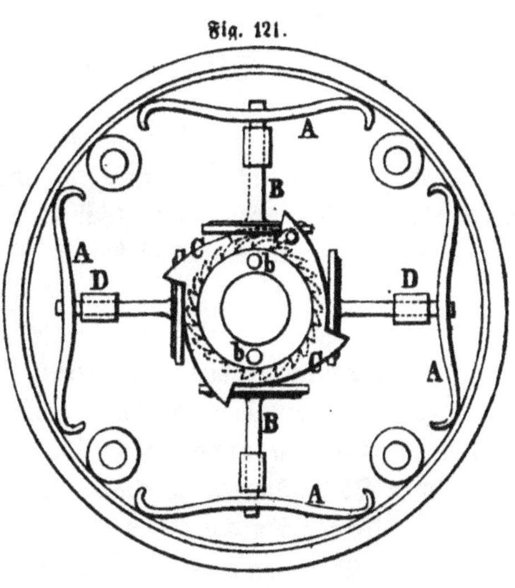

Will man dergleichen Spannvorrichtungen benutzen, ohne den Cylinderdeckel öffnen zu müssen, so bohrt man in diesen, der Stelle entsprechend, an welcher im Kolbendeckel die Oeffnung zum Einsetzen des Schlüssels sich befindet, ein Loch, welches für gewöhnlich durch einen Schraubenpfropf geschlossen wird. Bei der Benutzung rückt man den Kolben bis dicht an den Cylinderdeckel und führt den Schlüssel durch die Oeffnungen beider Deckel ein.

Die Kolbenstangen werden aus Schmiedeeisen, in seltenen Fällen aus Stahl, hergestellt und sauber abgedreht. Ihre Stärke ist verschieden, je nachdem die Maschine eine einfach- oder doppeltwirkende ist.

Die Kolbenstangen einfach wirkender Maschinen werden lediglich auf Zerreißen in Anspruch genommen. Die Kraft, welche die Kolbenstange zu zerreißen sucht, ist der auf den Kolben wirkende Dampfdruck $\frac{\pi D^2}{4} p$, wenn D den Kolbendurchmesser und p den wirksamen Dampfdruck auf die Flächeneinheit bezeichnet. Bei Expansionsmaschinen ist unter p der wirksame Dampfdruck zu Anfang des Kolbenhubes zu verstehen, weil die Kolbenstange auch die stärkste vorkommende Kraft aushalten muß. Soll die Kolbenstange der Kraft $\frac{\pi D^2}{4}$ p gehörigen Widerstand entgegensetzen, so ist $\frac{\pi d^2}{4}$ K, d. h. ihr Widerstand gegen das Zerreißen, wenn d den Durchmesser der Kolbenstange und K den Sicherheitsmodul bezeichnet, jener Kraft gleich zu setzen. Daher wird

$$\frac{\pi D^2}{4} p = \frac{\pi d^2}{4} K \text{ oder}$$

$$D^2 p = d^2 K.$$

Giebt man p in Atmosphären und setzt für Schmiedeeisen K = 6,8 Kilogr. pro Quadratmillimeter, so wird für schmiedeeiserne Kolbenstangen einfachwirkender Maschinen

$$D^2\, 0{,}010334\, p = 6{,}8\, d^2 \text{ oder}$$

$$d = 0{,}04\, D \sqrt{p}.$$

Bei doppeltwirkenden Maschinen werden die Kolbenstangen nicht nur auf Zerreißen, sondern auch auf Zerdrücken oder Zerknicken in Anspruch genommen. Da die letztere Kraft vorzüglich bei solchen Kolbenstangen wirksam wird, die einen im Verhältniß zur Länge kleinen Durchmesser haben, so pflegt man in die Formel für d eine Additionalconstante einzuführen, wodurch die Kolbenstangenstärken für kleine Kräfte verhältnißmäßig größer als für große Kräfte werden.

Weisbach giebt für die Stärke schmiedeeiserner Kolbenstangen bei doppeltwirkenden Maschinen

$$d = 0{,}08\, D (\sqrt{p} + 0{,}25) \text{ Zoll preuß.}$$

an, was zugleich für Metermaß gilt. Der wirksame Dampfdruck p ist auch hier in Atmosphären einzuführen.

Die Befestigung des Kolbens an der Kolbenstange geschieht in der Regel durch Verkeilen oder Verschrauben. Man läßt zu diesem Zwecke das Stangenende konisch zulaufen und schlägt im ersteren Falle einen Keil durch die Nabe des Kolbens und das verstärkte Ende der Kolbenstange oder schneidet im letzteren Falle an das Kolbenstangenende ein Gewinde, dessen Mutter gewöhnlich in den Kolbenboden versenkt ist. Ragt die Mutter über den Kolbenboden hinaus, so muß zum Zwecke ihrer Aufnahme im Cylinderboden ein Raum ausgespart sein. Da das Gewinde, um hinreichende Festigkeit darzubieten, denselben Durchmesser erhalten muß, wie die Kolbenstange, so läßt sich die Schraubenverbindung nur bei kleinen Kolbendurchmessern in Anwendung bringen.

Morris ermöglicht die Befestigung durch Schrauben für größere Kolben dadurch, daß er die Zugkraft, welche die Schraube zu zerreißen sucht, auf eine größere Anzahl von Schrauben vertheilt. Er dreht zu diesem Zwecke, wie Fig. 122 zeigt, in das Kolbenstangenende einen Hals ein und umschließt denselben mit einem zweitheiligen Ring, dessen äußerer Durchmesser größer ist, als der Kolbenstangendurchmesser. Ueber diesen Ring wird eine Deckplatte gelegt und durch eine Anzahl Schrauben am Kolbenkörper befestigt. Bei einer doppeltwirkenden Maschine mit $0^{m},5$ Kolbendurchmesser wird z. B., wenn der wirksame Dampfdruck 4 Atmosphären beträgt, die Stärke der Kolbenstange

Fig. 122.

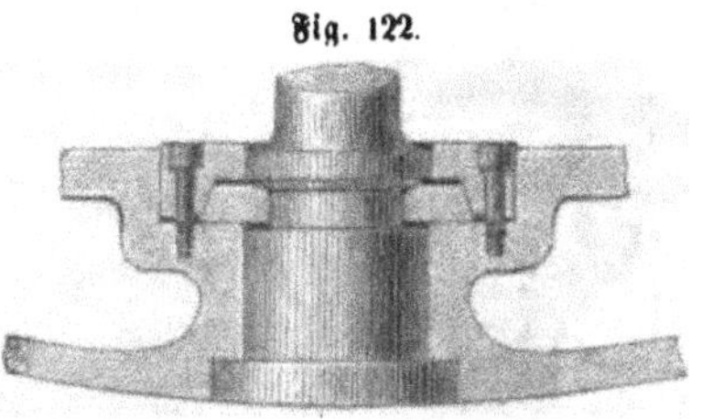

$$d = 0{,}08 \cdot 500\,(\sqrt{4} + 0{,}25)$$
$$= 90 \text{ Millim.}$$

Diesen Durchmesser müßte auch das Schraubengewinde erhalten; will man aber dasselbe durch eine Anzahl Schrauben nach Morris ersetzen, so muß man ihnen den Gesammtquerschnitt $\frac{90^2\,\pi}{4}$ geben. Verwendet man nun Schrauben von 30 Millim., so braucht man hiernach n Schrauben von dem Querschnitt $n \cdot \frac{30^2\,\pi}{4}$, woraus folgt

$$n \cdot \frac{30^2\,\pi}{4} = \frac{90^2\,\pi}{4} \text{ oder}$$
$$n \cdot 30^2 = 90^2,$$
$$n = 9.$$

Paul und Nillus [1] lassen das Kolbenstangenende nach beiden Seiten hin konisch ablaufen, so daß der größte Durchmesser in die Mitte der Kolbendicke fällt, und stellen den Kolben aus zwei Hälften her, welche von je einer Seite über das Kolbenstangenende geschoben und dann an einander festgeschraubt werden.

[1] Polyt. Centralblatt 1848, S. 545.

Fig. 123.

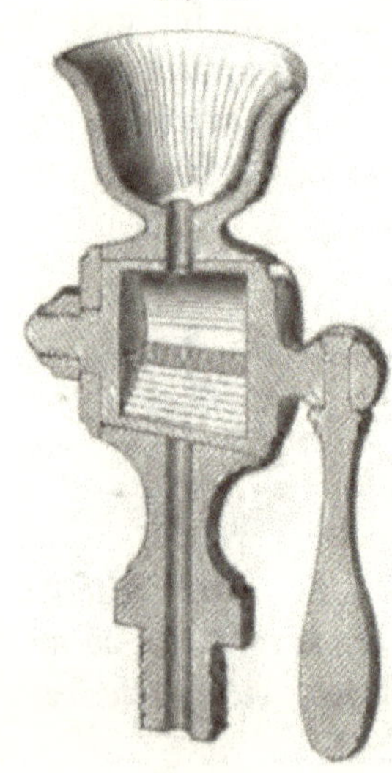

Zum Schmieren des Dampfkolbens dient ein auf den Cylinderdeckel oder, bei liegenden Maschinen, auf den oberen Theil der Cylinderwand aufgeschraubter Schmierapparat, der in der Regel durch einen Hahn regulirt wird. Eine solche Schmiervorrichtung zeigt Fig. 123. Der Hahn ist hohl und hat in seiner Wand eine Bohrung, die so gestellt werden kann, daß die Höhlung des Hahnes, welche als Talgreservoir dient, entweder mit dem darüber stehenden Talgbecher, oder mit dem darunter befindlichen Dampfcylinder in Communication steht. Im ersteren Falle füllt sich das Talgreservoir des Hahns, im zweiten entleert es seinen Inhalt in den Cylinder. Das Letztere geschieht natürlich immer nur beim Rückgange des Kolbens; denn beim Hingange desselben läßt die Spannung des Dampfes den Talg nicht in den Cylinder eintreten.

Fig. 124.

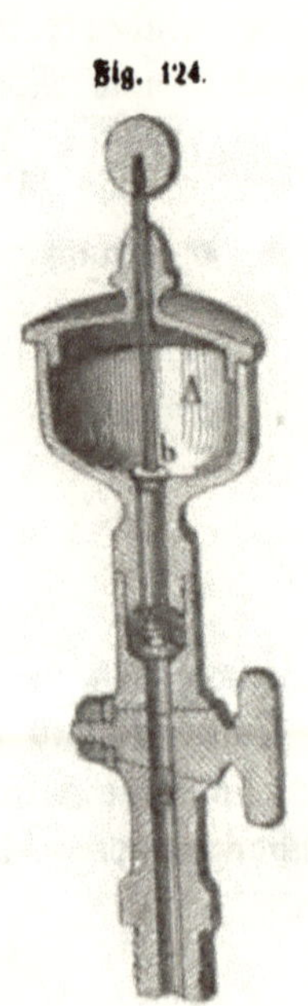

Fig. 124 zeigt eine selbstthätige Kolbenschmierbüchse. A ist das durch einen aufgelegten Deckel geschlossene Talggefäß, B ein mit einem Hahne versehenes Rohr, welches über dem Cylinder festgeschraubt wird. Im oberen Theile dieses Rohres liegt ein Doppelventil b c, welches in seiner gehobenen Stellung dem Talg den Eintritt in den ringförmigen Raum zwischen den beiden Ventilen gestattet. Wird aber umgekehrt c geöffnet und b geschlossen, wie in der Zeichnung, so fließt der in diesem ringförmigen Raume enthaltene Talg durch das Rohr B in den Dampfcylinder ab. Das wechselseitige Oeffnen und Schließen des Doppelventils wird durch die veränderte Spannung des Dampfes beim Hin- und Hergange des Kolbens bewirkt.

Bei der Anordnung in Fig. 125 bezeichnet A das Talggefäß. Soll dasselbe von dem Becher B aus gefüllt werden, so schließt man den Hahn C und hebt sodann das Ventil D. Nach geschehenem Anfüllen schließt man das Ventil D und öffnet umgekehrt den Hahn C. Der arbeitende Dampf wirkt nun auf das Ventil E, welches Fig. 126 in vergrößertem Maßstabe zeigt, hebt es und

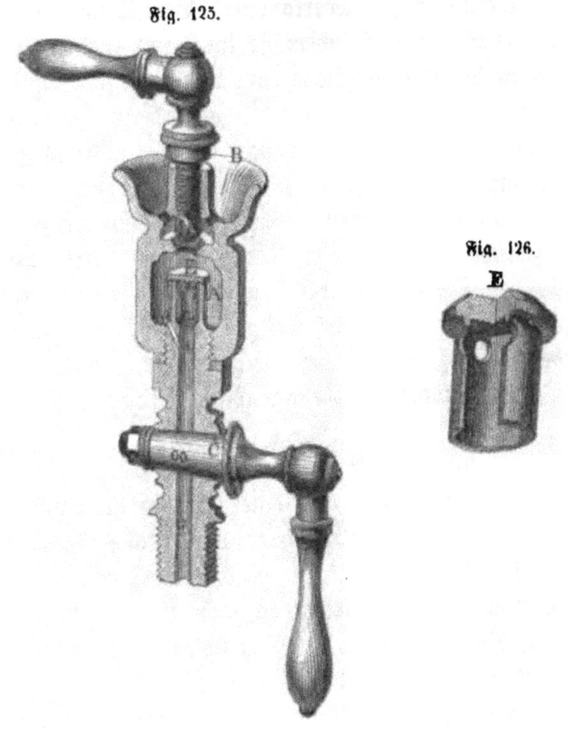

Fig. 125.

Fig. 126.

erhält somit Gelegenheit, durch die Oeffnungen am oberen Rande des Ventils in das Talggefäß auszuströmen. Hierdurch wird der Gleichgewichtszustand hergestellt, und der Talg kann durch den Canal a a in das Rohr F und von da in den Cylinder niederfließen. Der Hahn C hat zwei Bohrungen von sehr kleinem Durchmesser, damit der Talg nur in Gestalt von Tropfen dem Cylinder zugeführt wird.

III.

Dampfleitung.

Aus dem Kessel gelangt der Dampf durch das Dampfrohr nach der Maschine, und zwar zunächst in den Theil derselben, welcher vermittelst der Steuerung den Dampf dem Cylinder zuführt, die sog. Steuerkammer (Schieberkammer, Ventilkammer).

Damit die Bewegungshindernisse im Dampfrohr möglichst klein ausfallen, muß dasselbe möglichst kurz und weit sein und darf keine plötzlichen Querschnitts- und Richtungsveränderungen haben. Was namentlich die Weite betrifft, so hat man dieselbe so zu wählen, daß die Dampfgeschwindigkeit im Rohre 30 Meter nicht überschreitet; da nun die mittleren Kolbengeschwindigkeiten der stehenden Maschinen zwischen 0,8 und 1,2 Meter liegen, so ist die gewöhnliche Regel, den Querschnitt des Dampfrohrs $^1/_{25}$ des Kolbenquerschnitts zu setzen, völlig gerechtfertigt. Bei schnell gehenden Maschinen aber, wie z. B. bei den Locomotiven, genügt dieß nicht; denn hat z. B. der Kolben 3^m Geschwindigkeit, so muß der Querschnitt des Dampfrohrs $\frac{3^m}{30^m} = {}^1/_{10}$ des Kolbenquerschnitts betragen.

Das Dampfrohr besteht aus einer Anzahl an einander stoßender Röhrenstücke von 2—2½ Meter Länge aus Gußeisen, selten aus Eisenblech. Die Wandstärke gußeiserner Dampfrohre ist nicht unter 10 Millim., die der blechernen nicht unter 3 Millim. zu nehmen. Die Verbindung der an einander stoßenden Röhrenstücke erfolgt durch Flantschen, deren Dicke 15—18 Millim. beträgt. Die Anzahl der zur Verbindung der Flantschen dienenden Schrauben läßt sich ausdrücken durch $n = 3 + \frac{d}{80}$, wenn d die Weite des Dampfrohrs in Millimetern bezeichnet. Der Durchmesser dieser Schrauben wird $\delta = 3\,n + 1$ Millim., und hieraus ergibt sich endlich die Breite der Flantsche zu $2\,(\delta + 5)$ Millim.

Zur Verdichtung der Flantschenverbindung wird in der Regel zwischen die Flantschen eine Zwischenlage von Kitt gebracht. Um demselben Halt zu geben, richtet man die Endflächen der Flantschen normal zur Rohraxe ab und dreht in dieselben innerhalb der Schraubenlöcher einige Furchen ein. Der Kitt selbst ist entweder

Eisenkitt oder Oelkitt; beide kommen in den verschiedensten Mischungsverhältnissen vor.

Heusinger[1] empfiehlt folgende Zusammensetzung: 100 Theile rostfreie Eisenfeilspäne, oder in Ermangelung derselben Bohr- oder Drehspäne von Gußeisen, werden möglichst fein zerstoßen, durchgesiebt, mit einem Theil gröblich pulverisirtem Salmiak gut gemengt und mit Urin angefeuchtet. In diesem Zustand wird die Mischung zwischen die Fugen gebracht und mit Hammer und Meisel so fest als möglich eingestemmt. Dabei wird der Kitt wieder feucht, sogar ganz weich. Zuletzt verstreicht man die Fugen ganz platt und läßt die Verkittung wenigstens 2 Tage anziehen und trocknen.

Nach Mittheilung der Direction des hannoverschen Gewerbvereins sind 16 Theile feine Eisenfeilspäne, 2 Theile Salmiak und 1 Theil Schwefelblumen, alles in vollkommen trocknem Zustande, mit einander zu mengen, und das Gemenge in einem gut verschlossenen Gefäß aufzubewahren. Beim Gebrauche vermengt man 1 Theil desselben mit 20 Theilen feinen Eisenfeilspänen und befeuchtet das Ganze mit einer Mischung von $^7/_8$ Wasser und $^1/_8$ Essig, worauf man dieses breiartige Gemisch in die Fugen einstreicht.

Nach einer englischen Vorschrift setzt man den Kitt aus 2 Theilen Kautschuk, 1 Theil Guttapercha, 1 Theil Salmiak, 1 Theil Schwefel und 10 Theilen Eisenfeil- oder Bohrspänen zusammen. Nachdem die Bestandtheile gut unter einander gemengt worden sind, wird der Kitt in dünne Tafeln ausgewalzt, und aus diesen werden dann Ringe von der erforderlichen Größe ausgeschnitten, nachdem die Tafeln einer mehrstündigen Einwirkung von warmem Wasser ausgesetzt worden sind Um das Eindringen des Wassers in die Masse zu befördern, kann man der Mischung ein faseriges Material, wie Baumwolle oder Asbest, zusetzen.

Die Wirkung des Eisenkitts besteht darin, daß die Eisentheilchen durch Vermittelung des Salmiaks sehr bald zu rosten anfangen und nach wenigen Tagen eine steinharte Masse bilden, welche sich an die Eisenflächen ungemein fest ansetzt. Dabei ist es aber durchaus nöthig, daß die zu dichtenden Flächen ganz rein metallisch, also völlig rostfrei sind. Die geringste Spur von Fett verhindert das Angreifen. Als Zeichen einer guten Verkittung erscheinen nach

[1] Organ f. d. Fortschr. d. Eisenbahnw. 1849. S. 128.

einigen Tagen auf der äußeren, zuerst hart gewordenen Rinde hie und da schwärzliche Tropfen.

Der Oelkitt wirkt, indem die mit einem trocknenden Oel (Leinöl) angemachte Masse sich fest an die zu verbindenden Flächen legt, durch Zusammenschrauben dicht zusammengepreßt wird und so eine dichte, nicht bröcklige Kruste bildet. Er wird gewöhnlich aus Mennige mit oder ohne Zusatz von Bleiweiß unter vorsichtigem Zugießen von gekochtem Leinöl (Leinölfirniß) und fortwährendem Klopfen, Reiben und Durcharbeiten mit einem Hammer bereitet.

Eine billigere Zusammensetzung empfiehlt Scholl nach dem Vorgange Grouvelle's, nämlich 1 Theil Mennige, $2^1/_2$ Theile Bleiweiß, 2 Theile Pfeifenthon. Mennige und Bleiweiß werden für sich fein gerieben, ebenso der Thon, der sehr gut getrocknet sein muß. Dann mischt man die Materialien und gießt gekochtes Leinöl hinzu.

Ein vorzüglicher, namentlich sehr schnell erhärtender Oelkitt wird aus Scott's englischem Patentcement, welcher aus 2 Theilen feingemahlener Bleiglätte, 1 Theil Sand und 1 Theil Kalkpulver besteht, und gekochtem Leinöl bereitet. Der Sand muß sehr fein geschlämmter Flußsand sein; das Kalkpulver ist an der Luft zerfallener Staubkalk oder solches, das man durch Besprengen von Stückkalk mit wenig Wasser erhalten hat.

Große Verbreitung hat, namentlich auch seiner Wohlfeilheit wegen, der Kitt von Serbat gefunden. Derselbe besteht aus 72 Theilen calcinirtem, schwefelsaurem Bleioxyd, 24 Theilen pulverisirtem Braunstein und 13 Theilen Leinöl. Man bringt diese Substanzen in einen Blechcylinder, der so aufgehängt wird, daß er sich um seine Axe drehen läßt; das Durchkneten der Masse erfolgt durch mehrere elliptische, eiserne Kugeln von 5 Pfund Gewicht, während der Cylinder sich dreht, und ist in $1^1/_2$—2 Stunden vollendet. Nach dieser Zeit öffnet man den Cylinder, schüttet noch 17 Pfund Braunsteinpulver zu, dreht ihn $^3/_4$ Stunden, bringt noch einmal 17 Pfund Braunstein hinzu und setzt die Bewegung noch $1^1/_2$ Stunden fort. Die auf diese Weise gewonnene bröcklige Masse kommt nun unter die Stampfen eines Pochwerks und wird hier 2 Stunden lang durchgearbeitet, worauf man sie, nachdem sie weich geworden, in weite, mit geölten wollenen Decken bedeckte Tröge einschlägt, in denen sie 14 Tage sich selbst überlassen bleibt.

Dann bringt man die Masse noch einmal in den Cylinder, um noch 14 Pfund Braunstein darunter zu kneten, worauf sie abermals gestampft und mehrere Wochen der Ruhe überlassen wird. Schließlich wird sie noch einmal gestampft, durch Walzen gepreßt und in Fässer geschlagen. Dieser Kitt hält sich überaus lange weich, er erhärtet aber sehr schnell, wenn er einer erhöhten Temperatur ausgesetzt wird. Bei der Anwendung braucht man ihn nur zwischen den Fingern zu kneten, um ihm, ohne allen Zusatz von Oel, die zur Verwendung erforderliche Weichheit zu ertheilen.

Ein ähnlicher Kitt besteht aus 100 Theilen Braunstein, 12 Theilen Graphit, 5 Theilen Bleiweiß, 3 Theilen Mennige und 3 Theilen Thon. Diese Stoffe werden pulverisirt, durchgesiebt und mit einander vermischt. Auf 7 Theile der Mischung fügt man sodann 1 Theil gekochtes Leinöl hinzu, mit welchem man sie zu einem Teig vermengt. Man erwärmt diesen Teig in einer eisenblechernen Pfanne und schlägt ihn heftig, so daß er weich wird, und wiederholt das abwechselnde Erhitzen und Schlagen noch zweimal, worauf der Kitt zur Anwendung bereit ist.

Die Oelkitte werden mit etwas Leinöl auf feines Messingdrahtgewebe oder auf Scheiben aus Zwillich oder aus Tafelblei, die nach der Form der zu dichtenden Flantschen ausgeschnitten sind, aufgestrichen. Die Drahtgewebe verdienen den Vorzug, weil sie der Hitze am besten widerstehen; auch haftet der Kitt in den Maschen sehr gut, und endlich können dieselben mehrmals benutzt werden, da man sie nur auszuglühen braucht, um sie von dem daran haftenden, alten Kitt zu befreien. Können die zu verbindenden Flächen nicht genau abgerichtet werden, wie bei dem mit dem Kessel verbundenen Röhrenstück, so werden am besten 2—4 Millim. dicke Ringe aus Eisenblech oder Tafelblei mit Hanf umwickelt, von beiden Seiten mit Leinöl benetzt und mit Kitt bestrichen, oder es werden solche Ringe aus S förmig gezogenen Bleistangen gebogen, mit den Enden zusammengelöthet und die Hohlkehlen unter- und oberhalb mit Kitt bestrichen.

Bisweilen verbindet man auch die Flantschen ohne Kitt, indem man beide Röhrenenden etwas konisch erweitert ausbohrt, zwischen beide einen Metallring, der äußerlich doppelt konisch gedreht ist, einlegt und die Röhrenenden auf die Kegel fest aufzieht; oder indem man elastische Körper, namentlich vulkanisirten Kautschuk zwischen die Flantschen einlegt; oder indem man zwischen die abgedrehten Endflächen der Flantschen einige Windungen von starkem Kupferdraht legt und dann wie gewöhnlich verschraubt. Die letzte Methode ist von Laforest und Boudeville[1] in der Weise vervollkommnet worden, daß dieselben in die beiden Endflächen der Flantschen mehrere kreisförmige Falze von drei- oder viereckigem Querschnitt eindrehen und in diese Falze Ringe von Kupfer oder einem anderen, weicheren Metalle so einpressen, daß die letzteren die Gestalt der ersteren annehmen.

Zum Schutz gegen die Abkühlung umgiebt man die Röhren mit einem schlechten Wärmeleiter. Hierzu bedient man sich sehr häufig des Strohes, das mit Lehm überstrichen und mit grober Packleinwand umnäht wird. Nach Versuchen, die in Mühlhausen angestellt worden sind,[2] besteht das beste Mittel in Strohschichten, über welche dicht neben einander Strohzöpfe gewunden werden. Für sehr hohe Temperaturen, wie bei der Anwendung von überhitztem Dampfe, werden Thonröhren empfohlen, welche mit Belassung einer ringförmigen Luftschicht um das Dampfrohr herumgelegt werden; über der Thonröhre befindet sich eine Schicht Lehm, der mit gehacktem Stroh gemischt ist, und darüber endlich eine Umwickelung von Strohgeflecht. Andere Schutzmittel sind: Baumwollenabfälle, die in Leinwand eingebunden sind, oder Lehm, der mit Kälberhaaren gemischt ist, oder Filz. Um den Filz gegen Vermoderung zu schützen, tränkt man ihn mit Kautschuk, oder man taucht ihn in eine verdünnte Lösung von Zinkvitriol, läßt ihn vollständig austrocknen und bestreicht ihn mit einer Lösung von Wasserglas. Auch ausgelaugte und feingesiebte Fichtenholzasche soll sich gut bewährt haben. Dieselbe wird in Blechgehäuse eingetragen, die wenigstens 60 Millim. ringsum von dem Dampfrohr abstehen und am besten vierkantig angefertigt werden. Das obere Blech bildet zugleich den Deckel, der sich in einem Scharnier bewegt.

Damit bei Temperaturveränderungen die Röhren sich ungehindert ausdehnen und zusammenziehen können, müssen an langen Rohrleitungen Compensatoren angebracht sein. In der Regel

[1] Polyt. Centralblatt. 1854. S. 274.

[2] Bull. de la soc. ind. de Mulhouse. Nr. 149.

werden dieselben, wie Fig. 127 zeigt, nach Art von Stopfbüchsen construirt, die mit Hanf abgedichtet sind. Das eingeschobene Rohrstück muß aus Messing oder Kupfer bestehen, damit es in dem weiteren Ende des benachbarten Rohrstücks sich leicht verschieben und nicht festrosten kann. Auch kann man die Compensation durch Einsetzen eines hufeisenförmig gebogenen Kupferrohrs in die Rohrleitung bewirken. In Westphalen schaltet man häufig Eisenblechrohre von 250—300 Millim. Länge, die den doppelten Durchmesser des Dampfrohrs haben und an den Flantschen befestigt werden, in die Leitung ein. Place und Evans verbinden nach Fig. 128 zwei große schmiedeeiserne Scheiben B mit den Flantschen der Rohrstücke und dichten dieselben an ihrem Umfange durch Ringe von vulkanisirtem Kautschuk mit einem zwischengelegten Metallring C ab. Die Verbindung der Scheiben mit einander geschieht durch Schrauben oder Nieten.

Fig. 127.

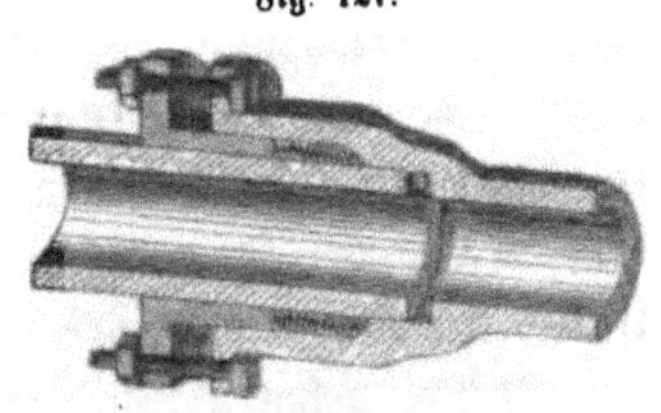

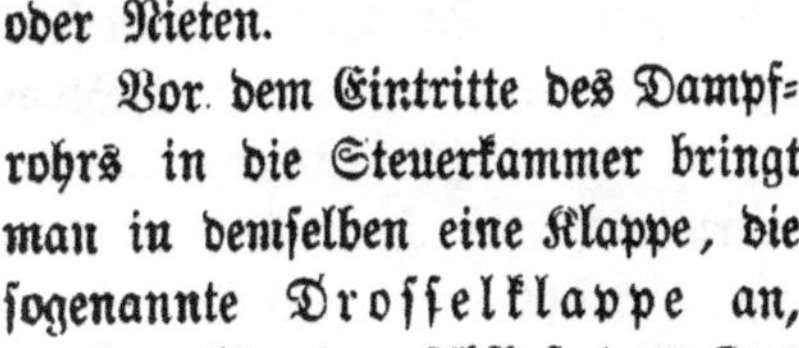

Fig. 128.

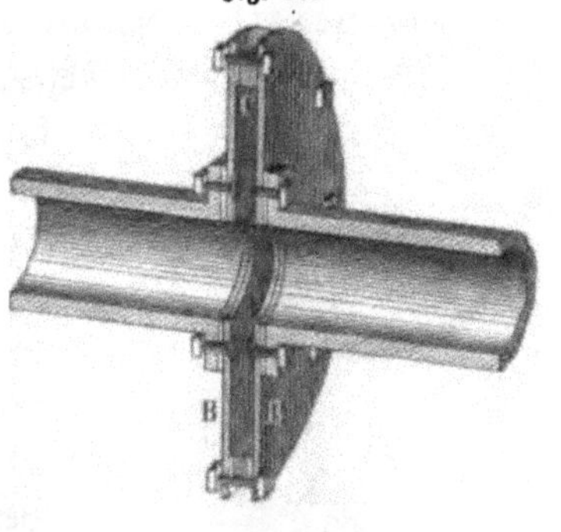

Vor dem Eintritte des Dampfrohrs in die Steuerkammer bringt man in demselben eine Klappe, die sogenannte Drosselklappe an, durch welche der Abfluß des Dampfes in den Cylinder regulirt wird. Dieselbe wird entweder von Hand durch den Maschinenwärter, oder vermittelst eines mit der Maschine verbundenen Regulators nach Bedarf gestellt. Wie Fig. 129 zeigt, liegt sie in einem besonderen Rohrstück, das zwischen den Flantschen der benachbarten Rohrstücke festgeschraubt wird. Sie ist elliptisch und an den Rändern zugeschärft; die Spindel, an welcher sie sitzt, tritt durch eine Stopfbüchse aus dem Rohrstück aus.

Fig. 129.

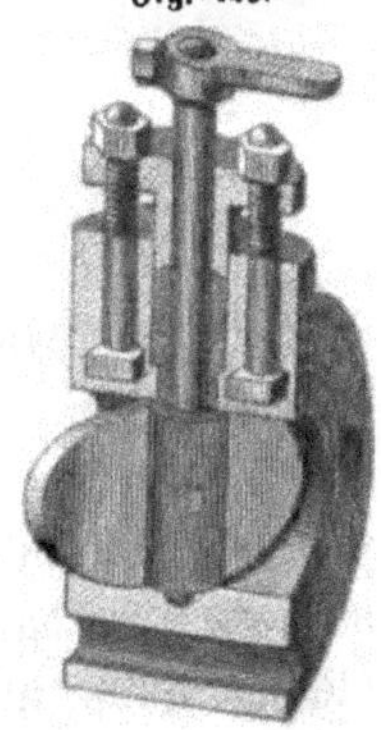

In völlig geöffnetem Zustande läßt die Drosselklappe fast ungehindert den Dampf aus dem Kessel nach der Maschine überströmen. Die Spannung im Cylinder ist — vorausgesetzt, daß die Dampfkraft mit dem Widerstande im Gleichgewicht steht — nahezu dieselbe, wie im Kessel, und die einzige Spannungsdifferenz besteht in dem Antheile, welcher auf die Erzeugung der Dampfbewegung verwendet werden muß. Wird aber die Drosselklappe etwas gedreht, so tritt sofort hinter derselben ein Dünnerziehen, wire drawing, des Dampfes ein, und dem Maße der Drehung entsprechend wird die Spannung im Cylinder kleiner, als im Kessel. Es wird also durch die Drosselklappe ein Mittel geboten, die Spannung des auf den Kolben wirkenden Dampfes dem Widerstande anzupassen. Freilich ist dieses Mittel, wie in der Folge gezeigt werden wird, vom ökonomischen Gesichtspunkte aus, nicht immer das vortheilhafteste.

Vermöge ihrer Construction eignet sich die Drosselklappe nicht zur völligen Abstellung des Dampfzuflusses, weil sie keinen dampfdichten Schluß gewährt. Hierzu bedient man sich in der Regel der *Absperrventile* oder der *Schieber*.

Ein zweckmäßiges Absperrventil zeigt Fig. 130. Das kugelförmige Ventilgehäuse enthält eine der Länge des Rohrs nach schräg abfallende Scheidewand, in deren Mitte der Ventilsitz sich befindet. Das Ventil ist an seine Stange angegossen, die durch eine Stopfbüchse in der Gehäusöffnung austritt und vermittelst des Handrädchens A in Bewegung gesetzt wird. Die Einrichtung der Stopfbüchse ist folgende: In die mit einem Muttergewinde versehene Ventilgehäusöffnung wird die Büchse B, die äußerlich einen sechsseitigen Kopf hat, eingeschraubt; unten ist an diese Büchse ein Kranz angegossen, welcher mit sanfter Reibung die Ventilstange umschließt, und oben ist ein Muttergewinde in dieselbe eingeschnitten, welches zur Aufnahme der Schraube C dient. Nachdem man nun über den Boden der Büchse B eine Lage Kautschuk gebracht hat, schraubt man die Schraube C scharf in das Muttergewinde der Büchse ein, wodurch eine dampfdichte Verbindung hergestellt wird. Der dampfdichte Schluß in der Ventilgehäusöffnung selbst wird durch Kitt

Fig. 130.

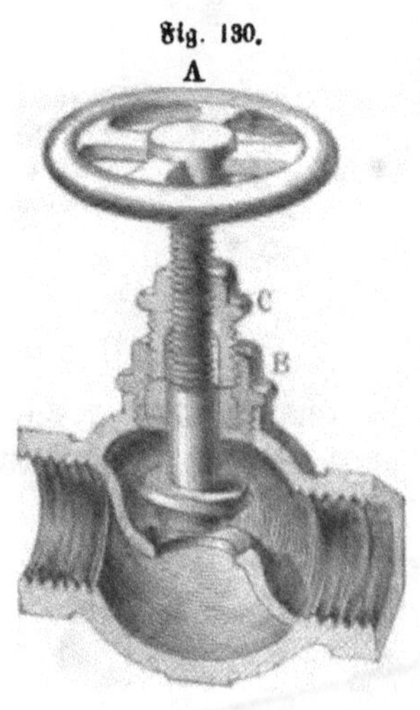

vermittelt. Zur Bewegung des Ventils dient ein in seine Stange eingeschnittenes Schraubengewinde, welches in der Schraube C sein Muttergewinde hat.

Das Ventil in Fig. 131 wird gehoben, ohne sich zugleich mit der Stange zu drehen. Zu diesem Zwecke ist die in einen nabenförmigen Ansatz des Ventils eingeschobene Stange um ihren Umfang herum mit einer Nuth versehen, in welche zwei in den Ventilansatz eingebohrte Stifte hineinreichen, ohne mit der Stange selbst in fester Verbindung zu stehen. Das Ventil selbst ist ein sogenanntes Laternenventil (S. 231).

Fig. 131.

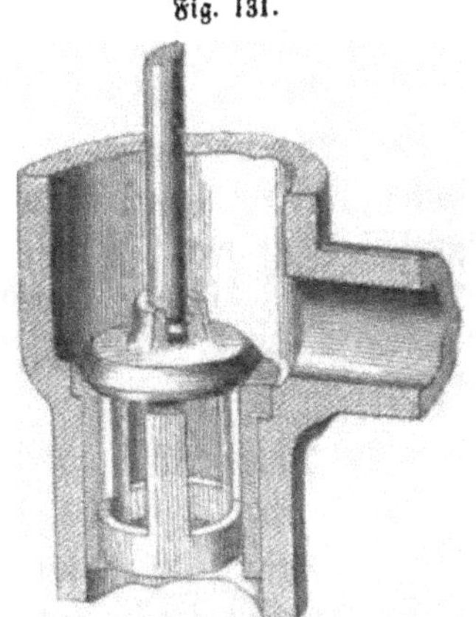

Fig. 132 zeigt einen Absperrschieber. Der kreisrunde Querschnitt des Rohrs geht allmählig in einen rectangulären von gleichem Inhalt über, und hinter diesem liegt der Messingschieber A, welcher in Führungen vertical auf und nieder bewegt werden kann. Der Schieber umfaßt mit einer an seiner Rückwand angegossenen Gabel den Hals einer Stange B, welche vermittelst Schrauben- und Muttergewinde gehoben und gesenkt werden kann und diese Bewegung dem Schieber mittheilt. Dem Dampfdruck, welcher den Schieber von seiner Bahn zu entfernen sucht, wirken Federn entgegen, welche innerhalb der Führungen hinter der Rückwand des Schiebers eingelegt sind.

Fig. 132.

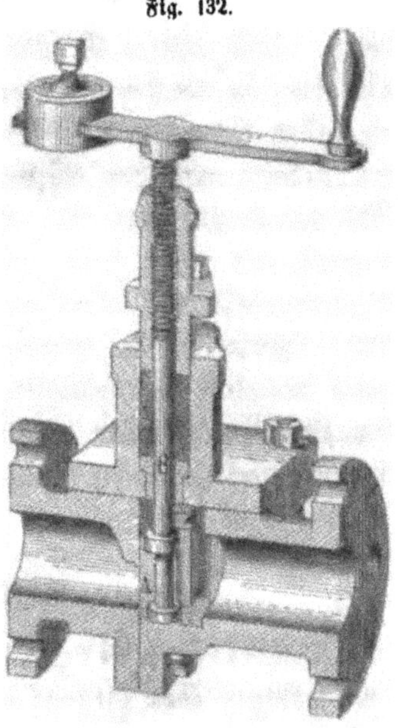

Die Anwendung von Hähnen zum Absperren der Dampfleitungen ist verwerflich, weil sie sich leicht abnutzen, nicht dicht schließen und besonders bei hochgespannten Dämpfen schwer zu schließen und zu öffnen sind.

IV.

Steuerung.

Die Vertheilung des Dampfes, durch welche die Umsteuerung des Dampfkolbens nach beendigtem Hube hervorgebracht wird, findet in der Dampfbüchse oder Dampfkammer statt. In dieselbe mündet auf der einen Seite das Dampfrohr, während sie auf der anderen Seite mit den Dampfwegen des Cylinders in Verbindung steht. Als Vertheilungsmittel und, wenn die Maschine mit Expansion arbeitet, als Absperrungsmittel wirken Schieber oder Ventile.

Die Dampfbüchse, bei Schiebersteuerung meistens Schieberkammer oder Schieberkasten genannt, soll nicht nur einen möglichst kleinen Rauminhalt haben, damit die Widerstände des durchströmenden Dampfes möglichst klein ausfallen, sondern sie muß auch der Abkühlung von außen eine möglichst kleine Oberfläche darbieten. Aus diesem Grunde ist es zweckmäßig, die Schieber möglichst kurz zu machen und ihnen einen kleinen Hub zu geben. Freilich fallen dann die Dampfwege, welche aus der Schieberkammer in den Arbeitsraum des Cylinders führen, lang aus, wodurch der schädliche Raum vergrößert wird; allein dieser Nachtheil ist nicht so groß, als wenn dem Dampfe durch eine ausgedehnte Oberfläche des Schieberkastens Gelegenheit geboten wird, einen großen Theil seiner Wärme an die umgebenden Wände abzugeben. Der dampfdichte Abschluß der Dampfkammer an der Stelle, wo die Schieber- oder Ventilstange durch dieselbe austritt, erfolgt durch Vermittelung von Stopfbüchsen.

1.

Vertheilungsschieber.

Das Princip der Schiebersteuerung ist folgendes: Der mit einer Höhlung oder Muschel versehene Schieber a (Fig. 133 und 134) bewegt sich über die Dampfwege b und c des Cylinders so, daß er dieselben abwechselnd mit der Schieberkammer und mit der Austrittsöffnung d des Cylinders in Verbindung setzt; und zwar ist immer der Dampfweg b mit der Austrittsöffnung in Communication, wenn der Dampfweg c den Dampf aus der Kammer eintreten läßt, und umgekehrt. Dieß bedingt, daß die eine Kolbenseite immer von frischem Dampfe getroffen wird und der Dampf auf der entgegengesetzten Kolbenseite in die atmosphärische Luft oder in den Condensator ausströmen kann. Die Deckflächen des Schiebers und seinen Hub wollen wir vorläufig der Breite der Dampfwege gleich annehmen. Der Schieber erhält seine Bewegung durch ein Kreisexcentric, welches auf der Hauptwelle befestigt ist, und die Hauptwelle wird vom Kolben aus vermittelst Kolben- und Kurbelstange und Kurbel getrieben. Denkt man sich nun das Kreisexcentric auf der Hauptwelle so befestigt, daß seine Excentricitätsrichtung mit der Richtung des Kurbelarmes einen rechten Winkel einschließt, so muß der Schieber immer in seiner mittelsten Stellung sich befinden, wenn der Kolben in seiner höchsten oder tiefsten steht, und umgekehrt. In der höchsten Stellung des Schiebers (Fig. 133) schneidet seine unterste Kante mit der oberen Begrenzung des unteren Dampfwegs ab, so daß der frische Dampf durch den vollen Querschnitt dieses Dampfwegs eintreten kann. Gleichzeitig steht die untere Kante der oberen Deckfläche so gegen den oberen Dampfweg, daß der verbrauchte Dampf durch dessen vollen Querschnitt austreten kann. Dabei befindet sich der Kolben in seiner mittleren Stellung. Während der Kolben von hier aus steigt, geht umgekehrt der Schieber abwärts, und seine Deckflächen verdecken mehr und mehr die Dampfwege. Endlich kommt der Kolben in seine höchste Stellung, der Schieber also in seine mittlere, und jetzt sind die Dampfwege vollständig bedeckt, so daß durch dieselben der Dampf weder ein- noch austreten kann (Fig. 134). Diese Lage, welche durch das Beharrungsvermögen der Maschine überwunden werden muß, dauert nur so lange, als der Kolben Zeit zum Umkehren der Bewegung braucht. Sobald er seinen Niedergang beginnt, öffnen sich auch die Dampfwege wieder etwas und sind endlich vollständig geöffnet, wenn der

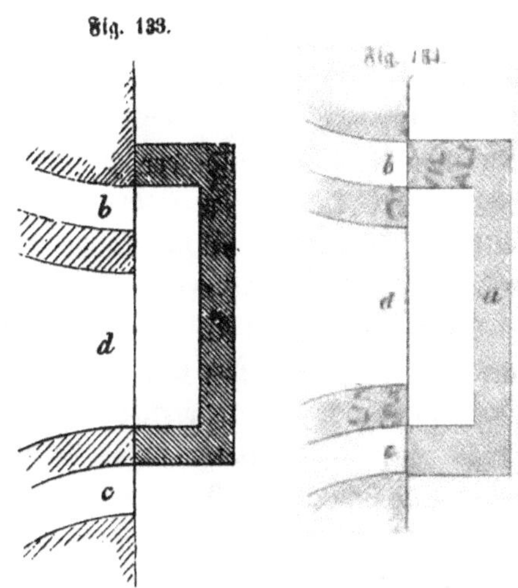

Schieber in seine tiefste und der Kolben in seine mittlere Stellung gelangt ist. Nur steht hier umgekehrt der Dampfweg b mit der Schieberkammer und der Dampfweg c mit der Austrittsöffnung in Verbindung. Während der Kolben seinen Niedergang vollendet, gelangt der Schieber aus der tiefsten Stellung wieder in seine mittlere, bei welcher er die Dampfwege verdeckt, und dann kehren beide in die Stellung, welche Fig. 133 darstellt, zurück.

Um sogleich am Anfange des Kolbenwegs eine größere Dampfmenge eintreten zu lassen und zugleich auch dem entweichenden Dampf einen raschen Abzug zu verschaffen, verstellt man das Excentric um etwas mehr, als einen rechten Winkel gegen die Kurbel. Dann hat der Schieber beide Dampfwege, sowohl den Dampf zuführenden, als den Dampf abführenden, schon um ein Geringes geöffnet, wenn der Kolben sich am Anfange seines Hubes befindet. Die Größe dieser Oeffnung nennt man das Voreilen und den Winkel, um welchen das Excentric aus seiner rechtwinkligen Stellung verstellt wird, den Voreilungswinkel.

Um aber ferner die dadurch gewonnene Absperrung des Dampfes vor Vollendung des Kolbenhubs nach Belieben vergrößern zu können und zugleich das Austreten desselben zu erleichtern, dessenungeachtet aber nicht zu viel Gegendampf zu erhalten, verändert man auch noch den Hub des Schiebers und verlängert die Deckflächen desselben über die Breite der Dampfwege hinaus. Diese Verlängerungen oder Ueberhänge, welche die Schieberflächen bei der mittleren Stellung des Schiebers über die Dampfwege haben, nennt man Deckungen und unterscheidet äußere Deckung oder Deckung auf der Dampfseite und innere Deckung oder Deckung auf der Ausblaseseite. Die Deckung findet hauptsächlich auf der Dampfseite statt; doch giebt man gewöhnlich auch eine geringe Deckung auf der Ausblaseseite, um bei großem Voreilen ein zu frühes Ausströmen zu verhindern. Damit der Schieber bei beiden Bewegungsrichtungen des Kolbens in gleicher Weise die Dampfeinströmung bewirke, müssen bei der mittleren Stellung des Schiebers die äußeren Ueberhänge der Deckflächen, und ebenso auch die inneren, einander gleich sein. Das Excentric entfernt sich hierbei noch mehr aus seiner rechtwinkligen Stellung, als wenn keine Deckung vorhanden wäre; denn es muß für den äußersten Stand schon um den Betrag des Voreilens, vermehrt um die Größe der äußeren Deckung, aus seiner mittleren Stellung fortgerückt sein.

Die Beziehungen zwischen dem Kolbenwege und der Dampfvertheilung durch den von einem Kreisexcentric getriebenen Schieber lassen sich nach Zeuner (die Schiebersteuerungen, Freiberg 1858) folgendermaßen auffinden:

Nach Fig. 135 ist für ein Kreisexcentric von der Excentricität r der Weg, den der Schieber von seiner mittleren Stellung aus zurückgelegt hat, während das Excentric einen Winkel α durchlief, CA $= r \sin \alpha$, vorausgesetzt, daß die Excentricstange so lang ist, daß der Einfluß ihrer Länge auf die Schieberbewegung vernachlässigt werden kann. Wenn der Kolben seine Bewegung beginnt, hat sich das Excentric aus seiner mittleren Stellung bereits um den Voreilungswinkel δ entfernt, und der Schieber hat daher von der mittleren Stellung aus bereits den Weg CB $= r \sin \delta$ durchlaufen. Nehmen wir ferner an, die Kurbel sei von dem todten Punkte an, welcher dem Beginn der Kolbenbewegung entspricht, um den Winkel ω fortgeschritten, so ist hiernach für diese Kurbelstellung der Schieberweg

Fig. 135.

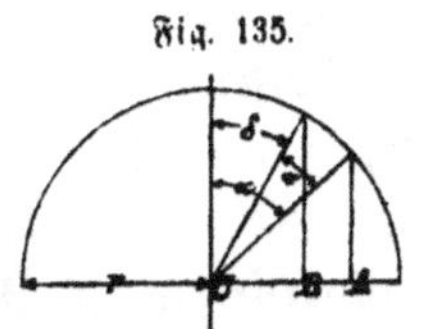

$$\xi = r \sin (\delta + \omega).$$

Verfolgen wir jetzt in Fig. 136 den Weg der Kurbel in der Richtung des Pfeils von OH bis OR und stellen uns unter HOR

Fig 136.

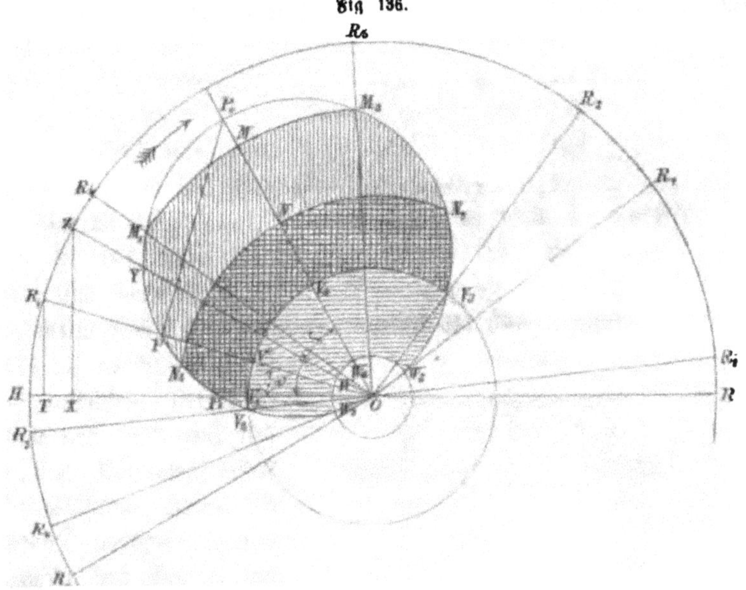

zugleich den Kolbenweg derart vor, daß derselbe in H beginnt und in R vollendet ist, so drückt OR_1 die Kurbelstellung für irgend einen beliebigen Drehungswinkel ω aus, und der dieser Kurbelstellung entsprechende Kolbenstand ist, unter Voraussetzung einer langen Kurbelstange, in der Verticalprojection von R_1, also in T. Um nun aber für diesen Drehungswinkel auch die Schieberstellung zu erhalten, tragen wir gegen HOR an O die Excentricität $OP_0 = r$ unter dem Complement des Voreilungswinkels, also unter $90^0 - \delta$, an und schlagen über dieser Excentricität als Durchmesser einen Kreis. Dann ist der Radiusvector OP dieses Kreises der gesuchte Schieberweg $\xi = r \sin(\delta + \omega)$ für den Drehungswinkel ω; denn in dem rechtwinkligen Dreieck POP_0 ist $OP_0 = r$, $POP_0 = 90 - (\delta + \omega)$, und daher $OP = \xi = r \cos[90 - (\delta + \omega)] = r \sin(\delta + \omega)$. Um daher für einen beliebigen Kolbenstand X die Ablenkung des Schiebers von seiner mittleren Stellung zu finden, errichte man in X ein Perpendikel und ziehe von Z, wo das Perpendikel den Kurbelkreis schneidet, den Radius; dann ist der Abschnitt OY dieses Radius die der angenommenen Kolbenstellung entsprechende Ablenkung des Schiebers von seiner mittleren Stellung. In der mittleren Stellung des Schiebers selbst muß der Radiusvector gleich Null werden; dies ist bei R_0 der Fall und der Winkel R_0OH ist, der Annahme entsprechend, $= -\delta$.

Fig. 137.

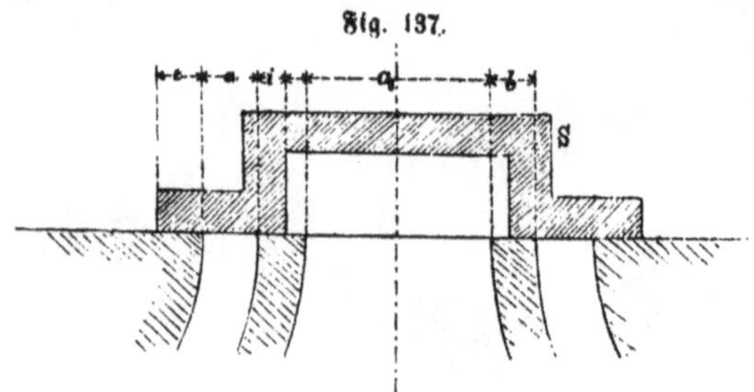

Der größte Schieberweg aber ist $OP_0 = r$, der zugehörige Drehungswinkel $\omega = 90^0 - \delta$.

Es sei nun in Fig. 137 S ein Schieber mit der äußeren Deckung e und der inneren Deckung i in seiner mittleren Stellung, und in Fig. 138 sei derselbe Schieber um den Weg ξ so weit nach rechts fortgerückt, daß er den linken Dampfweg für den eintretenden Dampf um a_1 und den rechten

Fig. 138.

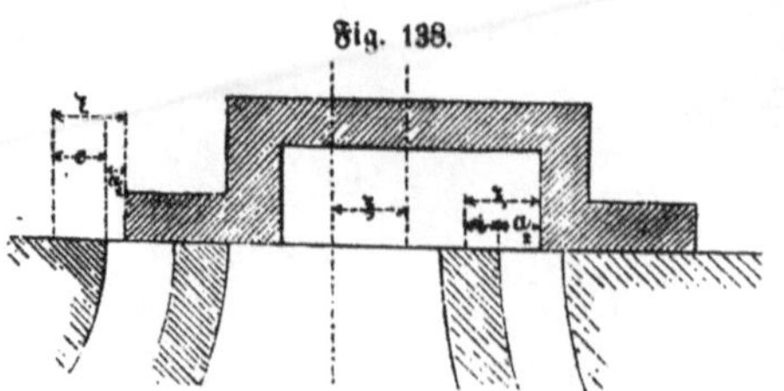

Dampfweg für den austretenden Dampf um a_2 geöffnet hat. Es ergiebt sich ohne Weiteres

$$a_1 = \xi - e,$$
$$a_2 = \xi - i.$$

Daher erhält man in Fig. 136 die Eröffnung des Dampfwegs, wenn man vom Radiusvector die äußere, beziehentlich innere Deckung abzieht, und da dies für alle Schieberstellungen gilt, so braucht man nur von O aus Kreise mit den Halbmessern e und i zu schlagen; die abgeschnittenen Stücke VP und WP geben dann die Eröffnung der Dampfwege für den Dampfeintritt und für den Dampfaustritt an. In V_2 und V_3, wo die Kreise P und V sich schneiden, liegen die Anfangs- und Endpunkte für den Dampfeintritt; und ebenso bezeichnen W_2 und W_3, als Schnittpunkte der Kreise P und W, die Anfangs- und Endpunkte für den Dampfaustritt. V_1P_1 ist die Eröffnung des Dampfwegs beim Beginn des Kolbenhubes, also das lineare Voreilen.

Die Breite der Dampfwege darf natürlich nicht größer sein, als die größte Eröffnung des Dampfwegs; im Gegentheil macht man sie gewöhnlich etwas kleiner, damit der Dampf eine Zeit lang durch den vollen Querschnitt der Dampfwege ein- und ausströmen kann. Trägt man nun endlich die Breite der Dampfwege = a von V_4, beziehentlich W_4, radial auswärts auf und zieht durch die Schnittpunkte M und N die Kreisbögen M_1MM_2 und N_1NN_2, so erhält man in $V_2M_1M_2V_3$ das Diagramm für den Dampfeintritt und in $W_2N_1N_2W_3$ das Diagramm für den Dampfaustritt; jenes ist vertical, dieses horizontal schraffirt.

Beide Diagramme geben über die Wirkung des Dampfes im Cylinder vollständig Aufschluß.

Bei V_2 beginnt der Dampfeintritt; die Kurbel steht in OR_2 und der Kolben hat bis zum Beginn des Hubes noch einen kleinen Weg zurückzulegen. Mit dem beginnenden Kolbenhub ist der Dampfweg um V_1P_1 eröffnet. Derselbe öffnet sich immer weiter, bleibt dann während des Kurbelwegs R_4R_5 vollständig geöffnet und verengt sich hierauf bis zum Punkte V_3 in der Kurbelstellung OR_3. Von hier aus wirkt nun der Dampf nur durch Expansion, bis endlich kurz vor Beendigung des Kolbenhubes der Dampfweg für den Austritt geöffnet wird.

Der Dampfaustritt auf der Gegenseite beginnt bei W_2 und dauert mit immer weit geöffnetem Dampfwege bis W_3 fort. Dem Beginn des Austritts entspricht die Kurbelstellung OR_6, dem Ende desselben OR_7; der Austritt fängt also früher an als der Eintritt und hört auch später auf. Der Grund hiervon liegt darin, daß die innere Deckung kleiner als die äußere ist, und der Zweck ist, den Abzug des Dampfes so viel als möglich zu erleichtern. Hat dann die Kurbel die Stellung OR_7 überschritten, so kann auf der Gegenseite weder Dampf ein- noch austreten; der vorhandene Dampf wird also comprimirt. Und dies dauert so lange, bis die Kurbel in OR_8, d. i. OR_2 diametral gegenüber, steht; dort beginnt der frische Dampf für den Rückgang einzutreten.

Bei Construction einer neuen Steuerung nimmt man gewöhnlich die Excentricität (50 — 80 Millim.), den Voreilungswinkel (10 — 30^0) und das lineare Voreilen (3 — 6 Millim.) im Voraus an und bestimmt hieraus die äußere und innere Deckung. Die äußere Deckung erhält man in OV_1, indem man das gegebene Voreilen P_1V_1 aufträgt; die innere Deckung wird dann willkührlich, jedoch erheblich kleiner als die äußere, gewählt. Die Breite der Dampfwege nimmt man 30 — 50 Millim.; sollte sie nach der Construction kleiner ausfallen, so muß man die Excentricität größer oder den Voreilungswinkel kleiner wählen.

Ist umgekehrt aus dem Voreilen und der äußeren und inneren Deckung die Excentricität und der Voreilungswinkel zu bestimmen, so erhält man nach dem Auftragen der Deckungskreise und des Voreilens V_1P_1 in P_1 und O zwei Punkte des Schieberkreises. Den dritten Punkt zur Bestimmung dieses Kreises kann man durch Wahl eines gewissen Expansionsverhältnisses finden. Soll z. B. die Expansion bei der Kurbelstellung OR_3 beginnen, so liegt dieser dritte Punkt in V_3, als dem Durchschnitt des äußeren Deckungskreises mit der Kurbelstellung OR_3.

Die Breite der Stege zwischen den Dampfwegen (Fig. 137) ist

$$b = 10 + 0{,}5\ a \text{ Millim.}$$

und die Breite der Austrittsöffnung

$$a_1 = r + a + i - b$$

zu nehmen.

2.

Expansionsschieber.

Der im Vorstehenden beschriebene Schieber eignet sich sehr gut zur Vertheilung des Dampfes im Cylinder; der Vortheil der Expansionswirkung läßt sich aber mit demselben nur in einem geringen Grade benutzen. Soll dagegen mit geringer Füllung, also starker Expansion, gearbeitet werden, so muß man diesem Schieber, der dann nur als Vertheilungsschieber wirkt, noch eine zweite Vorrichtung beigeben, durch welche der Dampfzutritt bei einer gegebenen Kolbenstellung abgesperrt wird. Das am häufigsten zu diesem Zwecke angewendete Mittel ist der Meyer'sche Expansionsschieber.

Die Meyer'sche Schiebersteuerung mit variabler Expansion ist in Fig. 139 abgebildet. Der Vertheilungsschieber ist kein eigentlicher Muschelschieber, sondern er besteht aus einer Platte A, durch welche die beiden Canäle b b hindurchgehen und die in der Mitte die Höhlung für den Dampfaustritt besitzt. Die beiden Canäle b b bewegen sich über die Dampfwege a a des Cylinders hin und lassen in diese den Dampf abwechselnd eintreten, insofern sie nicht selbst durch den Expansionsschieber verdeckt werden. Der Expansionsschieber, der seine Bewegung ebenfalls durch ein Kreisexcentric von der Kurbelwelle aus erhält, besteht aus zwei Platten c c, die an zwei Muttern befestigt sind. Diese Muttern sitzen beide auf der

Fig. 139.

Expansionsschieberstange, die, wie die Muttern selbst, einerseits mit rechtsgängigem, andererseits mit linksgängigem Schraubengewinde versehen ist. Durch Drehung der Stange werden die Muttern und also auch die Expansionsplatten von einander entfernt oder einander genähert, und da die Canäle des Vertheilungsschiebers um so eher verdeckt werden, je weiter die Expansionsplatten aus einander gerückt sind, und umgekehrt, so liegt hierin ein sehr einfaches Mittel, um jeden beliebigen Expansionsgrad zu erlangen.

Fig. 140 zeigt die Stellungen der beiden Schieber für den

Fig. 140.

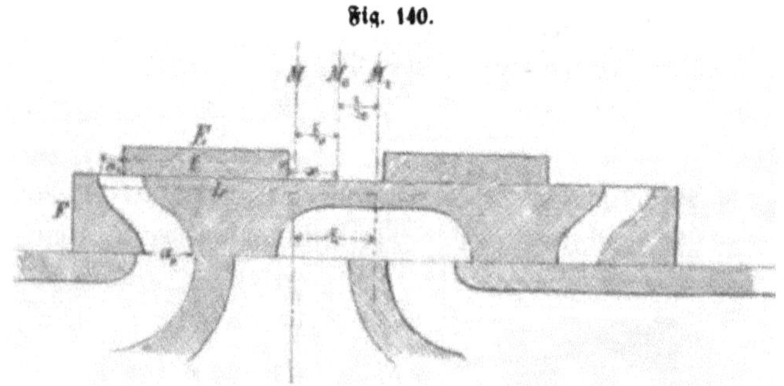

Drehungswinkel ω der Kurbel; die Abweichung des Vertheilungsschiebers von seiner mittleren Stellung ist $MM_1 = \xi$; die des Expansionsschiebers $MM_0 = \xi_0$. Hieraus ergiebt sich die relative Verschiebung beider Schieber gegen einander, $MM_1 = \xi_x = \xi - \xi_0$. Es sei nun die Länge jeder Expansionsschieberplatte l, der Betrag, um welchen diese beiden Platten auseinander gerückt sind, $2x$, folglich der Abstand der inneren Kante der Expansionsschieberplatte von der Mitte M_1 des Vertheilungsschiebers $x + \xi_x$, und der Abstand dieser Mitte M_1 von der äußeren Kante F des Durchlaßcanals L. Wird noch die Eröffnung des Durchlaßcanals, welche der gezeichneten Stellung entspricht, mit a_1 bezeichnet, so ergiebt sich ohne Weiteres aus der Figur:

$$a_1 = L - l - x - \xi_x.$$

Betrachten wir vorläufig den Abstand $2x$ der beiden Expansionsschieberplatten von einander als constant, so wird hiernach die Eröffnung des Durchlaßcanals erhalten, wenn man die relative Verschiebung ξ_x der beiden Schieber von der constanten Größe $L - l - x$ abzieht.

Die relative Verschiebung ξ_x erhält man aus folgender Betrachtung (Fig. 141): Bei seiner größten Ablenkung hat der Vertheilungsschieber den Weg $OD = r$ unter dem Voreilungswinkel δ und der Expansionsschieber den Weg $OD_0 = r_0$ unter dem Voreilungswinkel δ_0 durchlaufen; der größte relative Weg des Expansionsschiebers gegen den Vertheilungsschieber ist also DD_0 oder von O aus gemessen die mit DD_0 gleiche und parallele Linie OD_x. Nach dem früheren Vorgang schlägt man nun über OD_x als Durchmesser einen Kreis und die Radienvectoren dieses Kreises geben jetzt die den Ablenkungswinkeln ω entsprechenden Abweichungen ξ_x der beiden Schieber von einander an. So entspricht z. B. der Kurbelstellung OR_1 die relative Abweichung OZ der beiden Schieber gegen einander; diese relative Abweichung wird mit dem Ablenkungswinkel kleiner, geht in Null über, wenn die Kurbel rechtwinklig gegen den Durchmesser OD_x steht, und nimmt für noch geringere Kurbelabweichungen sogar einen negativen Betrag an, bis sie endlich für die Anfangsstellung der Kurbel — OZ_0 wird.

Fig. 141.

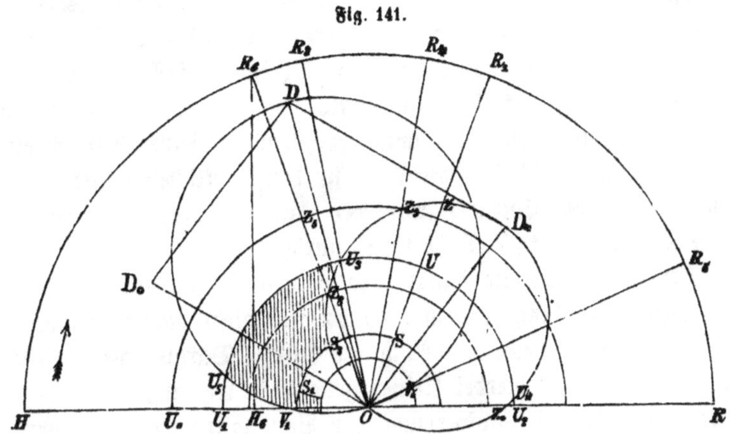

Um nun die Eröffnung des Durchlaßcanals im Vertheilungsschieber sogleich in einem Diagramm ablesen zu können, schlagen wir jetzt mit der vorläufig als constant angesehenen Größe $L - l - x$ als Halbmesser einen Kreisbogen $U_1 U U_2$. Diese Größe vermindert um ξ_x gibt die gesuchte Eröffnung. Die Figur zeigt, daß diese Eröffnung auf die beiden Dreiecke OU_1U_3 und $Z_0U_2U_4$ beschränkt ist.

Der Eintritt des Dampfes in die Dampfwege des Cylinders ist aber auch noch dadurch bedingt, daß der Vertheilungsschieber den Zugang eröffnet habe. Bei dem letzten Dreieck $Z_0 U_2 U_4$ ist dies, richtige Wahl der Verhältnisse und Dimensionen vorausgesetzt, gar nicht der Fall, und bei dem ersten Dreieck $O U_1 U_3$ kommt durch diese Bedingung das Stück $V_1 U_1 U_5$ in Wegfall. Trägt man noch die Breite a_0 des Durchlaßcanals von U nach S auf, da ja unter allen Umständen der Dampf höchstens nur über diese Breite eintreten kann, so bleibt schließlich für den wirklichen Eintritt des Dampfes in den Cylinder nur der durch Schraffirung hervorgehobene Abschnitt $S_1 V_1 P_1 U_5 U_3 S_3$ übrig.

Der Dampfaustritt hängt nur von dem Vertheilungsschieber ab; damit er so lange als möglich dauere, giebt man in der Regel gar keine innere Deckung. Auch die äußere Deckung des Vertheilungsschiebers kann hierbei kleiner genommen werden, weil derselbe seiner Function, die Absperrung vor Beendigung des Kolbenhubs zu bewirken, durch den Expansionsschieber enthoben wird.

Wir wollen jetzt den Einfluß des bisher constant angenommenen Abstandes $2x$ zwischen den inneren Kanten der Expansionsschieberplatten untersuchen. Werden die beiden Platten unmittelbar an einander gerückt, so daß $x = 0$ wird, so muß die Kurbelstellung OR_5, bei welcher der Dampf für den Rückgang einzutreten beginnt, den Vertheilungsschieberkreis in V_5 schneiden, wo der Deckungskreis durch denselben hindurchgeht; denn würde man $L - l$ größer machen, als sich nach dieser Betrachtung ergiebt, so würde die Durchlaßöffnung im Vertheilungsschieber schon für den Rückgang geöffnet, wenn der letztere den Dampfweg noch geöffnet hält, und es würde mithin nach der Absperrung noch einmal eine kleine Quantität Dampf eintreten können, ein Fehler, der allerdings an vielen ausgeführten Maschinen vorkommt, aber recht wohl vermieden werden kann.

Bei der Plattenstellung $x = 0$ erfolgt die Absperrung in Z_3, also in der Kurbelstellung OR_4; dies ist zugleich für die im Diagramm gewählten Dimensionen und Verhältnisse die stärkste Cylinderfüllung, welche gegeben werden kann. Je größer x wird, je weiter die Platten also aus einander gerückt werden, desto früher erfolgt die Absperrung. Soll z. B. bei $1/3$ des Kolbenwegs abgesperrt werden, so findet man x auf folgende Weise: Man trage von H aus $1/3\, HR = HH_6$ auf, errichte das Perpendikel $H_6 R_6$ und ziehe den

Radius OR_6; da dieser Radius den Kreis vom Durchmesser OD_x im Punkte Z_6 schneidet, so ist Z_5Z_6 das gesuchte x oder der halbe Abstand der Platten von einander. Macht man $x = OZ_5 = L - l$, so findet die Absperrung schon bei der Kurbelstellung statt, welche rechtwinklig gegen OD_x gerichtet ist; ja die Platten können sogar noch weiter aus einander gerückt werden, bis endlich $x = U_0Z_0$ wird. Dann kann gar kein Dampf mehr eintreten, und dies ist also ein Mittel, um die Maschine in Stillstand zu setzen.

Ein nach Anleitung des Diagramms in Fig. 141 entworfener Schieber gestattet, die Cylinderfüllungen von 0 bis in die Kurbelstellung OR_4 zu verändern. Man kann aber, wie die folgende Betrachtung lehren wird, durch angemessene Wahl der Verhältnisse und Dimensionen die letzte Grenze bis zu derjenigen Kurbelstellung erweitern, bei welcher auch der Vertheilungsschieber den Dampfzufluß abschließt, also den Füllungsgrad in den Grenzen von 0 bis beinahe 1 veränderlich machen.

Wir nehmen zu diesem Zwecke Excentricität OD (40—80 Millimeter) und Voreilungswinkel δ (10—15°) des Vertheilungsschiebers, sowie dessen lineares Voreilen (3—6 Millim.) an und legen den Durchmesser OD_x (Fig. 142) mit 30—60 Millim. Länge durch

Fig. 142.

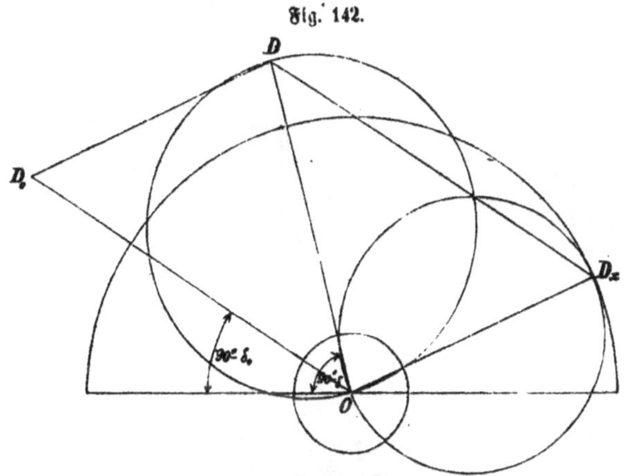

den Schnittpunkt des Vertheilungsschieberkreises mit dem Deckungskreis. Durch Construction des Parallelogramms erhält man dann die Excentricität OD_0 und den Voreilungswinkel δ_0 des Expansionsschiebers. Zugleich lehrt die Figur ohne Weiteres, daß $L - l = OD_x$ zu nehmen ist. Die Breite des Durchlaßcanals a_0' muß natürlich kleiner als L — l — e sein; die Breite der Dampfwege im Cylinder kann etwas größer als a_0 genommen werden.

Fig. 143.

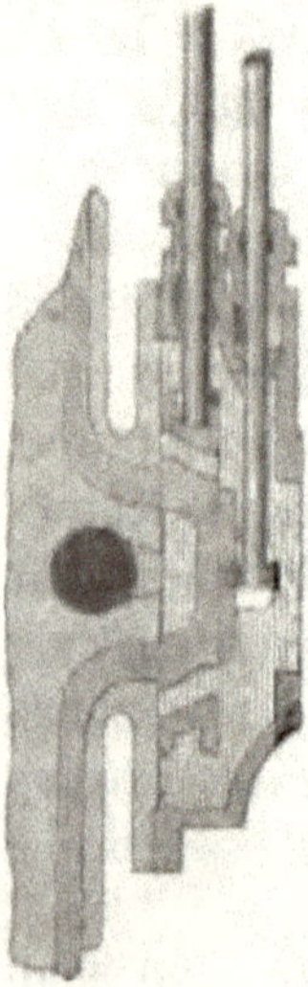

Damit man die Expansion während des Ganges verstellen kann, bringt man entweder an der Expansionsschieberstange selbst oder an einer durch ein paar konische Räder mit dieser verbundenen Welle ein Handrad an. Der Betrag, um welchen man das Handrad zur Erzielung eines gewissen Expansionsgrades zu drehen hat, wird an einer hinter dem Rade angebrachten Scala, deren Theilung sehr leicht aus dem Diagramm abgeleitet werden kann, abgelesen.

Vereinigt man die beiden stellbaren Expansionsplatten der Meyer'schen Steuerung in eine einzige, so erhält man eine Steuerung mit fester Expansion. Eine solche Steuerung zeigt Fig. 143.

Um dieselbe zu construiren, nehmen wir Lage und Excentricität beider Schieber als gegeben an; es sei z. B. in Fig. 144 $OD = OD_0 = 60$ Millim. und $\delta = 24^0$,

Fig. 144.

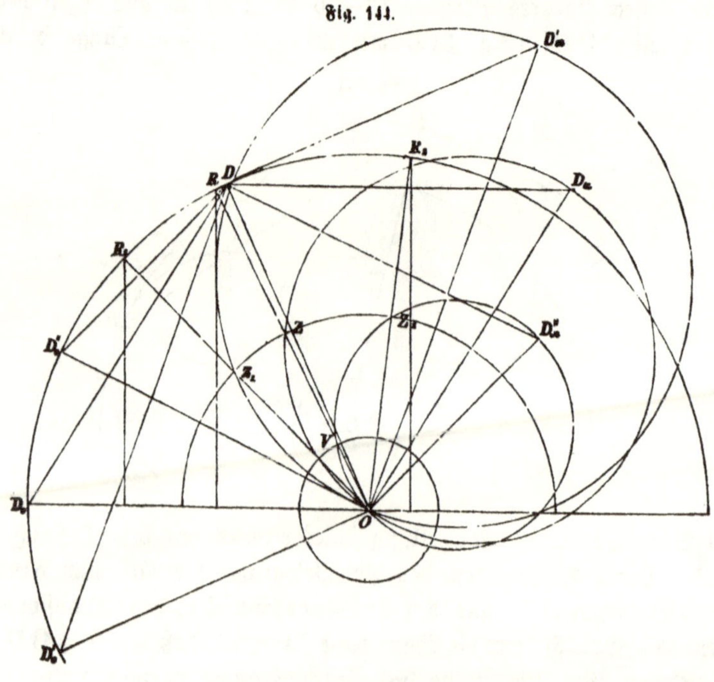

$\delta_0 = 90^0$, der Expansionsschieber also um 180^0 gegen die Kurbel verstellt. Der verlangte Expansionsgrad sei $^{11}/_3$, d. h. der Cylinder werde bis auf $^3/_{11}$ des Kolbenwegs mit frischem Dampf gefüllt. Dann erhält man durch Construction des Parallelogramms aus OD und OD_0 Lage und Größe des Durchmessers OD_x, über welchen ein Kreisbogen zu beschreiben ist. Die Kurbelstellung OR, welche dem Kolbenweg $^3/_{11}$ entspricht, schneidet diesen Kreisbogen in Z, und da in diesem Punkte die Absperrung erfolgen soll, so bedeutet OZ die Dimension $L - l$, mit welcher als Halbmesser ein Kreisbogen um O geschlagen wird. Nun muß $L - l \geqq e + a_0$ sein; nehmen wir Gleichheit an, so ergiebt sich endlich die Deckung OV dadurch, daß man $ZV = a_0$ radial einwärts aufträgt.

Um bei dieser Steuerung den Expansionsgrad, wenigstens in engen Grenzen, veränderlich zu machen, kann man den Excentrics die in Fig. 145 dargestellte Gestalt geben. Das Excentric des Vertheilungsschiebers ist auf der Schwungradwelle festgekeilt und hat eine verlängerte Nabe, auf welcher das Excentric des Expansionsschiebers mittels zweier Schrauben y befestigt ist. Die Schrauben y gehen durch Schlitze im zweiten Excentric und gestatten daher eine Verdrehung desselben gegen das erste Excentric. Wenn wir nun annehmen, daß nach jeder Seite hin eine Verdrehung von 25^0 möglich ist, so sind die Grenzstellungen des Expansionsexcentrics OD_0' und OD_0'' und die des Durchmessers $OD_x : OD_x'$ und OD_x''. Im ersten Fall erfolgt die Absperrung bei Z_1, im zweiten bei Z_2. Die Kurbelstellungen OR_1 und OR_2 entsprechen den beiden äußersten möglichen Cylinderfüllungen, die hierdurch auf die Grenzen von $^3/_{16}$ bis $^5/_9$ ausgedehnt werden. Freilich kann die Verstellung der Expansion in diesem Falle nur während des Stillstandes erfolgen.

Fig. 145.

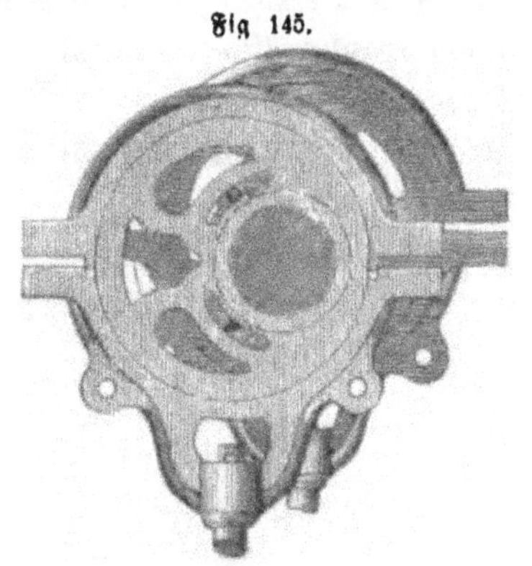

In Fig. 146 ist die Eyth'sche Steuerung mit variabler Expansion dargestellt. Der Vertheilungsschieber hat hier dieselbe Construction, wie bei der Meyer'schen Steuerung; nur sind die Durchlaßcanäle nach dem Rücken hin um so viel erweitert, daß sie in

Fig. 146.

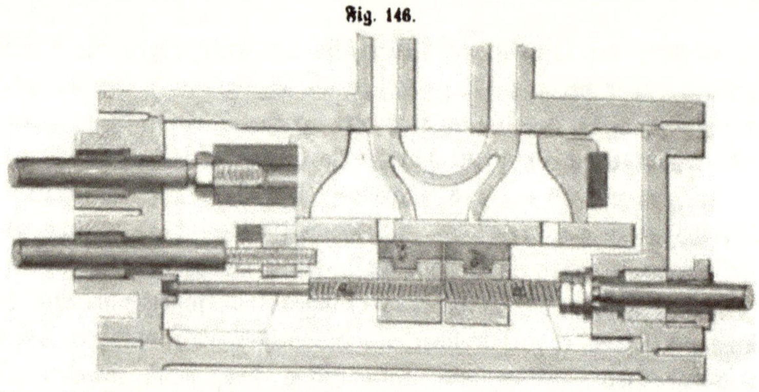

jeder Stellung des Expansionsschiebers den Dampf zutreten lassen. Der Expansionsschieber besteht in einer Platte mit zwei Schlitzen, welche von einem Kreisexcentric getrieben wird und über dem Rücken des Vertheilungsschiebers sich fortbewegt. Die Verstellung der Expansion wird durch die in die Muttern der rechts- und linksgängigen Schraube a eingesetzten Plättchen b bewirkt, welche an der Bewegung des Expansionsschiebers nicht Theil nehmen. Eyth empfiehlt, den Voreilungswinkel des Vertheilungsexcentrics 6^0 zu nehmen und das Excentric des Expansionsschiebers dem des Vertheilungsschiebers um 90^0 nacheilen zu lassen.

Hiernach entsteht folgendes Diagramm (Fig. 147): Die Excentricität $OD = r$ des Vertheilungsschiebers wird unter dem Winkel

Fig. 147.

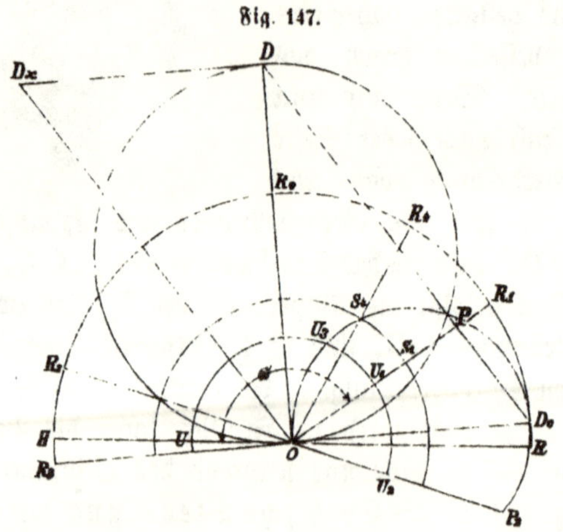

$90 - \delta = 84^0$ gegen HO in O angetragen, und die Excentricität $OD_0 = r_0$ des Expansionsschiebers in demselben Punkte unter

$90 - (-90 + \delta) = 174^0$. Bezeichnet nun L die Entfernung der äußeren Schlitzkante im Expansionsschieber von dessen Mitte, l die Länge einer Regulirungsplatte, $2x$ den Abstand zwischen den inneren Kanten der Regulirungsplatten, so ergiebt sich nach Fig. 148 die Eröffnung a_1 des Schlitzes, wenn die Expansionsplatte um ξ_0 fortgerückt ist, aus:

Fig. 148.

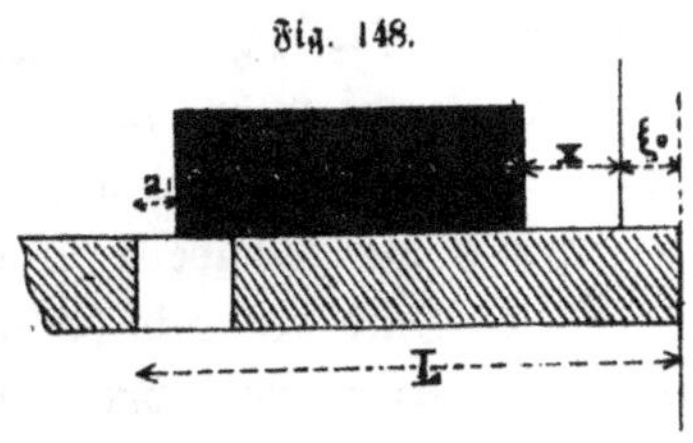

$$a_1 + l + x + \xi_0 = L,$$
$$a_1 = L - l - x - \xi_0.$$

Die Eröffnung des Schlitzes im Expansionsschieber wird also aus dem Diagramm in Fig. 147 erhalten, wenn man den Weg ξ_0 von $L - l - x$ abzieht. Sie ist z. B. für den Drehungswinkel ω und die Kurbelstellung $OR_1 : OR_1 - OP = PR_1$, wenn der Halbmesser $OR_1 = OR = OH$ zugleich den Werth $L - l - x$ bedeutet. Für jeden kleineren Drehungswinkel wird die Eröffnung größer; z. B. für die Kurbelstellung OR_0 ist sie $OR_0 = OH$ und für die Kurbelstellung OR_2 geht sie sogar in R_2P_2 über, bis sie endlich in der Kurbelstellung OR_3, also kurz vor Beginn des Kolbenhubes, am größten, nämlich R_3D_0 wird. Da aber die Schlitzweite nicht so groß ist, um den Dampf in dieser Breite wirklich eintreten zu lassen, so haben wir dieselbe von dem Kreisbogen HR_1R noch radial einwärts aufzutragen und die Dampferöffnung durch den so erhaltenen Kreisbogen UU_1U_2 zu begrenzen. Es findet also jetzt der Dampfeintritt nach Maßgabe der Figur $HUU_3D_0R_0$ statt, vorausgesetzt daß die äußere Deckung des Vertheilungsschiebers nicht so groß ist, um dieß zu hindern.

In diesem Falle wird der Cylinder beinahe vollständig mit Dampf gefüllt; da aber auch alle anderen Expansionsgrade erreichbar sein sollen und die Verminderung der Füllung dadurch hervorgebracht wird, daß die Regulirungsplatten aus einander gerückt werden, so müssen in dem oben betrachteten Falle die Regulirungsplatten unmittelbar aneinander stehen, also $2x = 0$ werden. Hieraus geht zugleich hervor, daß $L - l = r_0$ zu machen ist. Verschiebt man aber jede der beiden Platten um $x = R_1S_1$, so findet, wie das Diagramm ohne Weiteres lehrt, die Absperrung bereits bei S_4, also in der Kurbelstellung OR_4, statt. Wird

$x = L - l$ gemacht, so wird in der Kurbelstellung OR_0 abgesperrt. Man kann aber die Verschiebung noch weiter treiben; so wird z. B. in der Kurbelstellung OR_2 die Cylinderfüllung aufhören, wenn man $x = R_2 P_2$ macht, und endlich für $x = R_3 D_0$ kann gar kein Dampf mehr eintreten. Es wird also auch von der Cyth'schen Steuerung die Bedingung erfüllt, daß sie alle Cylinderfüllungen von 0 bis beinahe 1 gestattet.

Die Weite der Schlitze im Expansionsschieber ist beliebig; sie kann etwa $= r$ angenommen werden. Dagegen muß die Weite der Durchlaßcanäle im Vertheilungsschieber an dessen Rücken so groß gemacht werden, daß sie selbst bei der größten relativen Abweichung der Schieber von einander immer noch geöffnet sind. Die größte relative Abweichung der Schieber wird aber durch Construction des Parallelogramms aus OD und OD_0 erhalten; sie ist OD_x. Hierzu ist dann noch die Weite eines Schlitzes im Expansionsschieber zu addiren. Ist z. B. die letztere $= r$, die Verstellung der beiden Excentrics gegen einander $= 90^0$, und $r_0 = {}^2/_3\, r$, so wird die größte Abweichung $\sqrt{r^2 + r_0^2} = r \sqrt{1{,}44} = 1{,}2\, r$ und die gesuchte Weite $2{,}2\, r$.

Fig. 149.

Die Daumensteuerung unterscheidet sich von den vorbeschriebenen Steuerungen dadurch, daß der Expansionsschieber keine selbstständige Bewegung empfängt, sondern von dem Vertheilungsschieber durch Reibung so lange mitgenommen wird, bis ein fester Daumen ihn an der Fortsetzung seiner Bewegung hindert. Eine solche Steuerung ist die Farcot'sche in Fig. 149.

Die Durchlaßcanäle im Vertheilungsschieber haben auf der Vorderseite gleiche Breite mit den Dampfwegen des Cylinders, verlaufen sich aber nach der Rückseite in je drei Mündungen, deren jede nur ein Drittel der Dampfwegbreite hat. Der Expansionsschieber besteht aus zwei von einander unabhängigen Platten mit je zwei Canälen, welche eben so weit von einander abstehen, wie die Mündungen im Rücken des Vertheilungsschiebers, und auch dieselbe Breite haben; es kann also, wenn die vollen Theile des Vertheilungsschiebers und der Expansionsplatte einander gerade decken, der Dampf ungehindert in den Durchlaßcanal des Vertheilungsschiebers eintreten. In dieser Lage befindet sich die Expansionsplatte zu Anfang des Schieberhubes, und da sie unter der Einwirkung einer Feder durch Reibung vom Vertheilungsschieber mitgenommen wird, so verharrt sie auch in dieser Lage, bis ein fester Widerhalt die Reibung überwindet und die Expansionsplatte an der Fortsetzung ihrer Bewegung hindert. Dann geht der Vertheilungsschieber mit den Canälen in seiner Rückenfläche an den Canälen der Expansionsplatte vorüber, und der Dampfzutritt wird abgesperrt, wenn der Schieber noch um die Breite des Canals fortgegangen ist. Der Vertheilungsschieber bewegt sich nun weiter unter der Expansionsplatte bis an das Ende seines Hubes fort, wobei die Canäle im Rücken beständig geschlossen bleiben; bei der Rückkehr wiederholt sich derselbe Vorgang an der andern Expansionsplatte.

Der Widerhalt besteht in einem Daumen an einer durch eine Stopfbüchse in die Schieberkammer eingeführten Stange, durch deren Drehung den Expansionsplatten ein größerer oder kleinerer Daumendurchmesser dargeboten wird. Je größer derselbe ist, desto früher erfolgt die Absperrung, je kleiner, desto später; da nun aber der Anstoß spätestens mit Beendigung des Schieberhubes erfolgen muß, so ergiebt sich hieraus zugleich, daß eine stärkere Cylinderfüllung als die, für welche die Kurbelstellung der äußersten Schieberstellung entspricht, nicht gegeben werden kann. Für einen Vertheilungsschieber ohne Voreilen wäre daher die stärkste Cylinderfüllung $^1/_2$; durch das Voreilen wird aber dieses Maximum etwas vermindert.

Der Einfachheit wegen geht die Daumenstange mit einem Gewinde durch die Stopfbüchse; dieß hat zwar zur Folge, daß bei der Drehung der Stange der Daumen etwas seitlich verschoben wird; doch schadet dieß durchaus nichts, wenn nur die Neigung des Gewindes sehr schwach und die Nase am Schieber, welche den Anstoß an den Daumen bewirkt, breit genug ist.

Beim Beginn des Schieberhubes wird natürlich nicht bloß diejenige Platte, durch welche die Absperrung hervorgebracht wird, mitgenommen, sondern auch die andere; nur bleibt die letztere, so lange der Schieber seine Bewegungsrichtung nicht ändert, ohne Einfluß auf die Steuerung. Wenn aber der Schieber umkehrt, so soll die Platte so stehen, daß ihre Canäle mit den Canälen im Rücken des Schiebers zusammenfallen, damit der Dampf ungehindert eintreten kann. In diese Stellung wird sie durch einen am äußeren Ende einer jeden Platte angebrachten Bolzen gebracht, welcher noch vor Beendigung des Schieberhubs gegen den Kopf einer in der Schieberkastenwand befestigten Stellschraube anstößt.

Wir wollen uns nun den Dampfeintritt in den Vertheilungsschieber durch das Diagramm in Fig. 150 vergegenwärtigen. Der Kreis vom Durchmesser OD drückt den Weg des Schiebers von seiner mittleren Stellung an aus. Da nicht mehr Dampf in den Schieber eintreten kann, als die Breite der Einmündungscanäle zuläßt, so schlagen wir noch mit dieser Breite OU als Halbmesser einen Kreis, und es bleibt mithin unter allen Umständen der Dampfeintritt auf den Inhalt dieses Kreises beschränkt. Soll nun die Absperrung in der Kurbelstellung Or erfolgen, so drückt der Punkt u, in welchem Or den Kreis vom Halbmesser OU schneidet, im Diagramm die Lage an, bei welcher der Dampfeintritt aufhört. Die vor der absperrenden Kante des Schiebers vorweg gehende andere Kante des Schiebers hatte aber die Zutrittsbreite schon zu verengen angefangen, als die Expansionsplatte zur Ruhe kam, als also der Schieber noch den Weg Ou zu durchlaufen hatte. Wir tragen daher, wenn OP die der Kurbelstellung Or entsprechende Schieberablenkung ausdrückt, von P aus PQ = Ou radial einwärts auf, schlagen mit OQ als Halbmesser einen Kreisbogen, der den Schieberkreis in T schneidet, und ziehen den Radiusvector OT, der die Schieberablenkung für

Fig. 150.

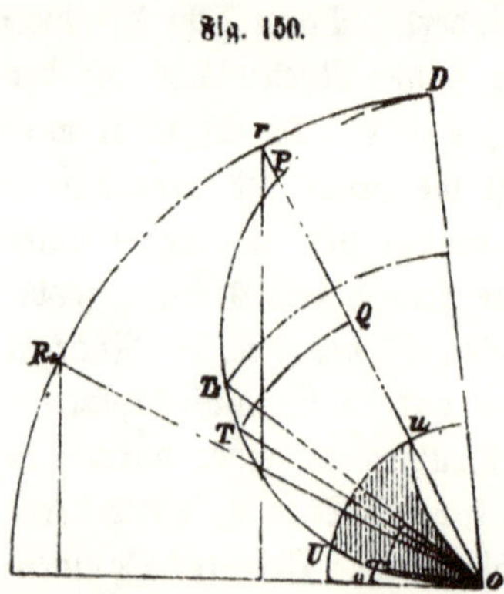

die beginnende Verengung, also die Lage des Schiebers für die Berührung der Schiebernase mit dem Daumen ausdrückt. Die Curve Ou, welche die allmälige Verengung im Diagramm angiebt, ist ein Kreisbogen, der durch die Punkte O und u und die Tangente OT hinlänglich bestimmt ist.

Für den größtmöglichen Füllungsgrad wird die Schieberablenkung, bei welcher die Expansionsplatte in Stillstand gesetzt werden muß, dadurch erhalten, daß wir den Radiusvector OP in den Durchmesser OD verlegen und an diesem die beschriebene Construction vornehmen. OT_5 ist die gesuchte Schieberablenkung.

Als den geringsten Füllungsgrad wollen wir beispielsweise $1/_{20}$ annehmen; die entsprechende Kurbelstellung ist OR_0. In diesem Falle muß die Expansionsplatte zur Ruhe kommen, wenn die Schieberablenkung OT_0 ist.

Die Differenz der beiden Schieberablenkungen OT_5 und OT_0, welche den zulässigen Grenzen der Füllungsgrade entsprechen, drückt nun zugleich die Differenz zwischen dem größten und kleinsten Halbmesser des Daumens aus. Wenn daher der kleinste Halbmesser r_1 den Verhältnissen angemessen gewählt wird, so muß der größte $r_2 = r_1 + OT_5 - OT_0$ sein. Hiernach ist in Fig. 151 ein Daumen construirt.

Fig. 151.

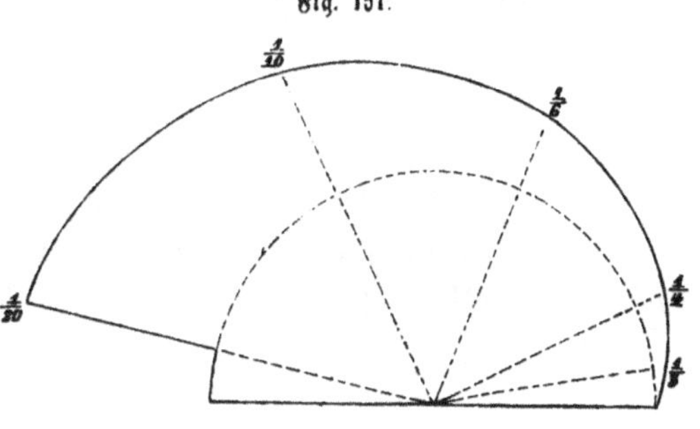

Da nur der kleinste und größte Halbmesser gegeben sind, so kann die Krümmungslinie in einer beliebigen Spirale bestehen. Verbindet man mit der Daumenwelle einen äußerlich sichtbaren Kreis, vor welchem ein fester Zeiger sich befindet, so kann man auf denselben die den verschiedenen Daumenstellungen entsprechenden Füllungsgrade auftragen. Man erhält dieselben sehr leicht aus dem Diagramm, da für jede Kurbelstellung Or der Zuwachs des Halbmessers am Daumen $OT_5 - OT$ betragen muß.

Bei zweicylindrigen Maschinen mit verticalen Cylindern werden nicht selten an Stelle der Kreisexcentrics Herzscheiben oder sog. eckige Excentrics zum Betriebe des Vertheilungsschiebers sowohl, als des Expansionsschiebers angewendet. Eine solche Herzscheibe besteht, wie Fig. 152 zeigt, aus zwei Kreisbögen ab und cd, die von der Drehungsaxe m aus geschlagen sind, und zwei anderen da und bc, die die Excentrics repräsentiren und die gegenüberliegenden Eckpunkte zu Mittelpunkten haben. Die Excentricität dieser letzteren ist hiernach mc = md. Die Herzscheibe ist in einen Rahmen eingeschlossen, vermittelst dessen sie auf die Schieberstange wirkt. Die Figur stellt die Herzscheibe des Vertheilungsschiebers in der Stellung dar, welche der äußersten Kolbenstellung entspricht; dieselbe hat also noch einen Bogen von 90 — δ zu durchlaufen, um den Schieber in seine tiefste Stellung überzuführen, in der er dann während einer weiteren Drehung von 90° verbleibt; dann erhebt er sich kurz vor der Umkehr des Kolbens, steigt während einer Drehung von 90° fort und verbleibt dann endlich während der letzten 90° in seiner höchsten Stellung, um den Turnus von neuem zu beginnen. Die Herzscheibe des Expansionsschiebers hat eine gleiche Construction, eilt aber der des Vertheilungsschiebers um etwa 150° voraus.

Fig. 152.

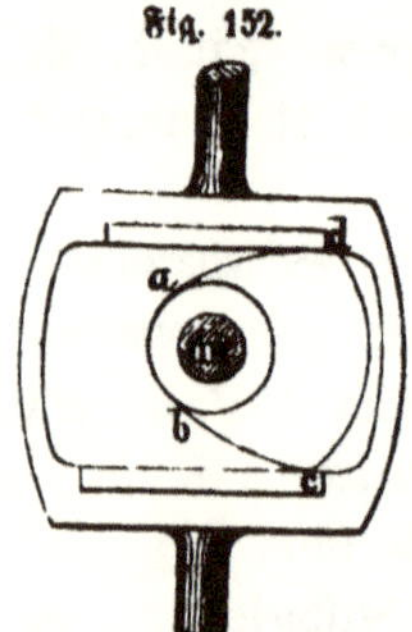

Man bezweckt durch diese Anordnung ein rascheres Eröffnen und Verschließen der Dampfwege.

3.

Entlastungsschieber.

Fig. 153.

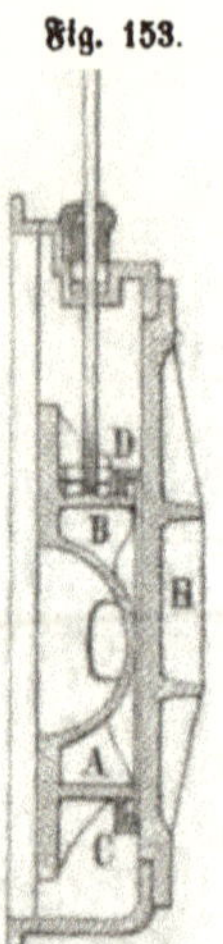

Um die Schiebermechanismen so wenig als möglich anzustrengen und die Reibung und Abnutzung derselben herabzuziehen, sucht man die Schieber zu entlasten; d. h. man construirt sie so, daß der Dampf sie mit einem möglichst geringen Ueberdruck auf ihre Bahn, also auf den Schieberspiegel oder beziehentlich den Rücken des Vertheilungsschiebers, niederpreßt.

Ein solcher Entlastungsschieber ist in Fig. 153 abgebildet. An die Rückenfläche desselben ist ein Ring AB angegossen, und über diesen, der auswendig abgedreht ist, ein inwendig ausgedrehter Messingring CD geschoben. Zwischen beide Ringe AB und CD ist dann noch ein dritter Ring eingelegt, der auf der gehobelten Fläche des Schieberkastendeckels H gleitet und durch eine in den Messingring gelegte Hanfpackung unter dampfdichtem Abschluß an denselben angedrückt wird.

Reuleaux trennt den entlastenden Ring vom Schieber, weil die Berührungsfläche zwischen demselben und dem Schieberkastendeckel schwer dicht zu halten ist. Derselbe befestigt nach Fig. 154 die Entlastungsplatte EE mittelst einer auf ihren Rücken geschraubten Kautschukplatte am Schieberkastendeckel I, und zwar so, daß sie etwas auf und nieder spielen kann. Auf den Rücken gh des Schiebers ist sie dampfdicht aufgeschliffen, während ihre Höhlung durch die Oeffnungen i mit der freien Luft verbunden ist.

Fig. 154.

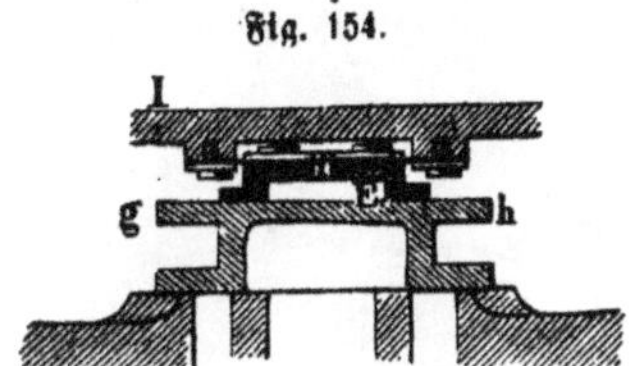

Fig. 155.

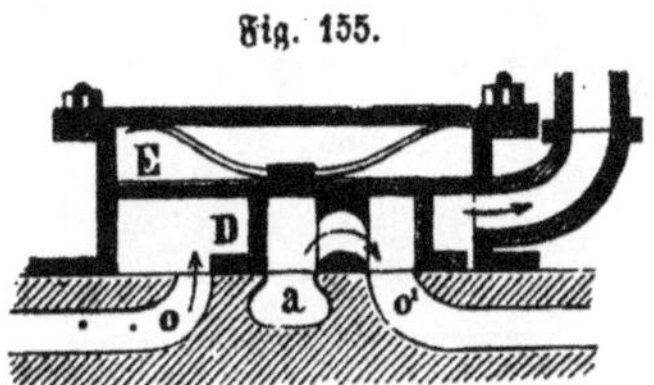

Bei dem Schieber in Fig. 155 erfolgt die Dampfvertheilung dem herrschenden Gebrauche entgegengesetzt; d. h. der Dampf tritt durch die gewöhnliche Austrittsöffnung ein und durch die Schieberkammer aus. Der Schieber besteht in einer Platte D mit einer rectangulären Oeffnung von der Breite der Dampfwege und so viel Länge, daß der Dampf abwechselnd gegen beide Kolbenflächen treten kann, die Schieberöffnung aber dabei immer mit der Eintrittsöffnung a in Verbindung bleibt. Auf der hinteren Seite wird die Schieberöffnung durch eine Platte E geschlossen, welche durch Federn gegen den Rücken des Schiebers angedrückt wird. Der Druck der Federn muß natürlich größer sein, als der Dampfdruck, welcher von innen auf die Platte wirkt. In die Platte E können kleine Vertiefungen eingeschnitten werden, welche den Dampfwegen o o′ unmittelbar gegenüber liegen, so daß der Schieber in jeder Stellung an seiner Rückenfläche denselben Druck erleidet, wie an seiner Vorderfläche.

Die Gebrüder Mazeline in Havre suchen den Druck auf den Schieber dadurch herabzuziehen, daß sie dem letzteren convergirende Seitenflächen geben, mit denen er zwischen zwei nach einem gleichen Winkel convergirenden Bahnen gleitet. Beide Bahnen sind mit je zwei Eintritts- und einer Austrittsöffnung derart versehen, daß die

Eintrittsöffnungen einerseits und die Austrittsöffnungen andererseits einander gegenüber liegen. Dieser Schieber ist neuerdings in etwas modificirter Gestalt und in Verbindung mit einem Meyer'schen Expansionsschieber zur Anwendung gebracht worden.

Die an den Dampfcylinder A (Fig. 156 und 157) angegossenen

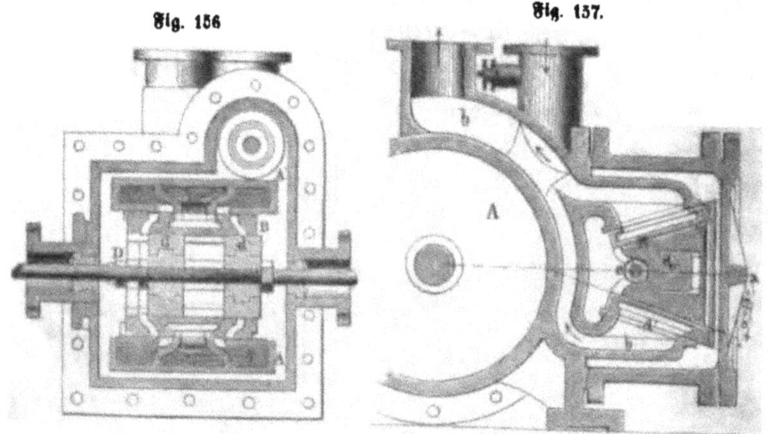

Fig. 156 Fig. 157.

Dampfwege, a für den Eintritt und b für den Austritt, endigen in zwei vorspringende, nach dem Cylinder hin convergirende Leisten A′, welche dem zwischen ihnen sich bewegenden Vertheilungsschieber B als Spiegel dienen. c ist die Schieberstange; das Loch im Schieber, durch welches sie hindurchgesteckt ist, ist etwas weiter, als die Schieberstange selbst, damit Spielraum bleibt, um den Schieber nach erfolgter Abnutzung zwischen seinen keilförmigen Spiegeln nachzuziehen. In gleicher Weise sind auch die beiden Expansionsplatten d und d′ eingerichtet; jede Mutter liegt in einem von der Platte selbst gebildeten Rahmen derart, daß die Platte nach erfolgter Abnutzung nachgezogen werden kann, ohne daß die Mutter und die mit den Schraubengewinden versehene Stange D ihren Ort verändern.

Um mit einem solchen keilförmigen Schieber gute Resultate zu erhalten, muß man den Winkel, welchen die Spiegel mit der durch die Längenaxe des Schiebers gelegten Horizontalebene einschließen, größer als den Reibungswinkel machen, welcher dem Metall auf Metall ohne fette Schmierung entspricht. Da nun dieser letztere Winkel $10^3/_4{}^0$ beträgt, so muß der Convergenzwinkel der Spiegel mindestens $21^1/_2{}^0$ betragen, wofür der Sicherheit wegen 25 oder 26^0 zu nehmen ist. Bei einer solchen Convergenz vermeidet man das

Klemmen des Schiebers, und der Schieber geht jedesmal, wenn er durch einen außergewöhnlichen Druck an die Spiegel angepreßt worden war, nach dem Aufhören dieses Druckes von selbst in seine normale Lage zurück. Der Druck auf die Schieberfläche ist proportional dem Sinus desselben Convergenzwinkels, und es arbeitet daher dieser Schieber nur unter dem $\sin 13^0 = 0{,}225$fachen desjenigen Drucks, unter dem ein gewöhnlicher ebener Schieber arbeitet. Dieser Druck ist gerade ausreichend, um dem Schieber einen dampfdichten Anschluß an seinen Spiegel zu verleihen.

4.

Kreisschieber.

Die erste erfolgreiche Anwendung der Kreisschieber rührt von R. Wilson her, der seine Construction sich im Jahre 1853 in England patentiren ließ und seitdem bei vielen Maschinen, namentlich Dampfhämmern, angebracht hat.

Fig. 158 und 159 zeigen den Wilson'schen Kreisschieber in zwei rechtwinklig gegen einander gelegten Verticaldurchschnitten.

Fig. 158. Fig. 159.

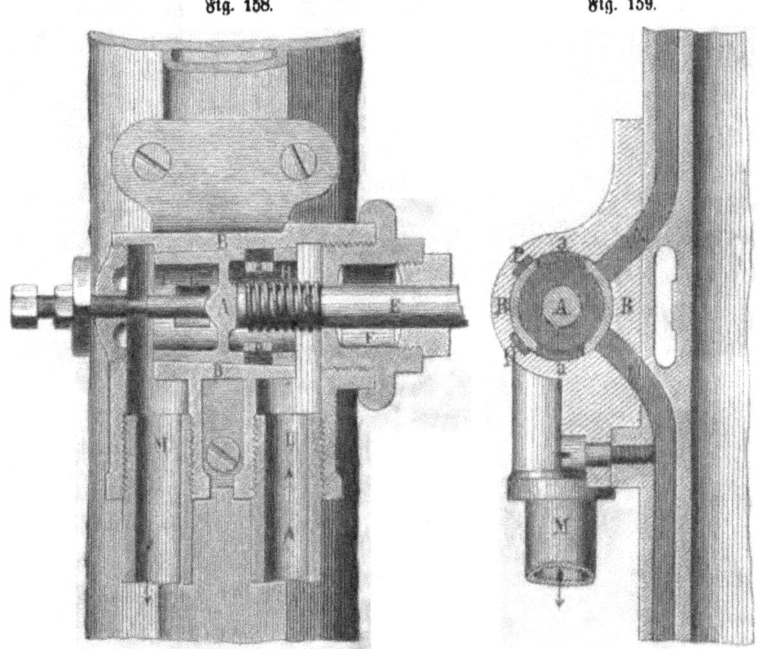

Derselbe hat im Aeußern die Gestalt eines cylindrischen oder schwach konischen Hahns und erhält eine ununterbrochen drehende oder eine oscillirende Bewegung. Er dreht sich dampfdicht in einem Gehäuse B, in welches er gut eingepaßt ist, und wird durch eine Feder C nach dem schmäleren Ende zu gedrückt. Diesem Drucke wirkt eine Stellschraube entgegen, welche von dem schmäleren Ende aus in das Gehäuse eintritt und um deren Spitze sich die Schieberspindel E dreht, die auf der anderen Seite durch die Stopfbüchse F eingeführt ist. Der Schieber wird durch eine Scheibe A, welche zugleich zur Verbindung mit der Spindel dient, in zwei Abtheilungen getheilt. Jede Abtheilung des Schiebers ist mit einem Paar Oeffnungen aa und bb versehen, welche einander in jeder Abtheilung diametral gegenüber stehen, jedoch so angeordnet sind, daß die Oeffnungen der einen Abtheilung gegen die der andern um einen Quadranten verstellt sind. Die Abtheilung H communicirt mit dem Dampfeintrittsrohr L und die Abtheilung I mit dem Austrittsrohr M. Die Dampfwege N und O vom oberen und unteren Theile des Dampfcylinders communiciren mit dem Innern des Schiebergehäuses B durch Oeffnungen, welche in der Axenrichtung des Schiebers so weit verlängert sind, daß sie über beide Oeffnungspaare a und b reichen und daher abwechselnd die Verbindung mit dem weiteren Theile H und dem engeren I herstellen. Da die Dampfwege N und O ebenso, wie die Oeffnungen a und b rechtwinklig gegen einander stehen, so folgt hieraus, daß, wenn der eine Dampfweg mit dem weiteren Hahnstücke communicirt, der andere mit dem engeren in Verbindung steht, und umgekehrt. Die Vertheilung des Dampfes ist also dieselbe, wie bei einem gewöhnlichen ebenen Vertheilungsschieber.

Seinen Erfolg hat der Wilson'sche Kreisschieber den den Dampfwegen N und O diametral gegenüber liegenden Aussparungen Q und P zu verdanken; weil er durch dieselben, wenigstens zum Theil, entlastet wird.

Fig. 160.

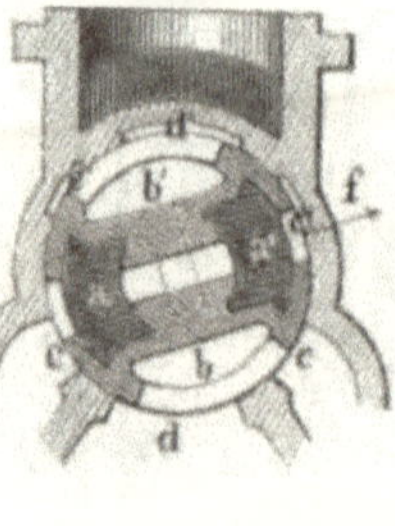

Noch vollkommener ist die Entlastung bei der in Fig. 160 dargestellten Construction von Schwartzkopf in Berlin, welche ebenfalls bereits vielfach für Dampfmaschinen der verschiedensten Art mit Erfolg angewendet worden ist. Der Dampf tritt von der Seite herein durch die Oeffnungen a und a', welche durch einen schlitzförmigen Canal mit einander verbunden sind, in das Innere des Schiebers ein und gelangt von da in einen der Dampfwege c oder e. Zugleich strömt aus dem andern dieser Dampfwege der verbrauchte Dampf aus und tritt durch eine Muschel b im Schieber, welche mit einer ganz gleichen Muschel b' auf der andern Seite des Schiebers durch eine Schlitzöffnung in Verbindung steht, in den Ausblasecanal d. Die Entlastung wird hier durch die den drei Dampfwegen c, d, e gegenüber liegenden Aussparungen c', d', e' des Schiebergehäuses hervorgebracht. Wären diese Aussparungen nicht vorhanden, so würde bei der gezeichneten Stellung ein Ueberdruck des Dampfes in der Richtung des Pfeils f wirken, indem der Dampfdruck auf die die Oeffnung c überragende Schieberdeckfläche, da er auf die äußere und innere Fläche derselben gleich stark wirkt, aufgehoben wird, während der Dampfdruck auf die entgegengesetzten Deckflächen von a' bestehen bleiben würde; die Aussparung c' aber bewirkt, indem der Dampf in dieselbe hineintritt, daß der Druck desselben auch auf diese der Einströmungsöffnung gegenüber liegenden Deckflächen von beiden Seiten gleich stark wirkt, so daß der Ueberdruck nach der Richtung des Pfeils f aufgehoben wird.

Der Kreisschieber erhält von der Schwungradwelle aus eine hin und her drehende Bewegung. Zu diesem Zwecke ist, wie die Skizze in Fig. 161 veranschaulicht, an der Schieberspindel a ein

Fig. 161.

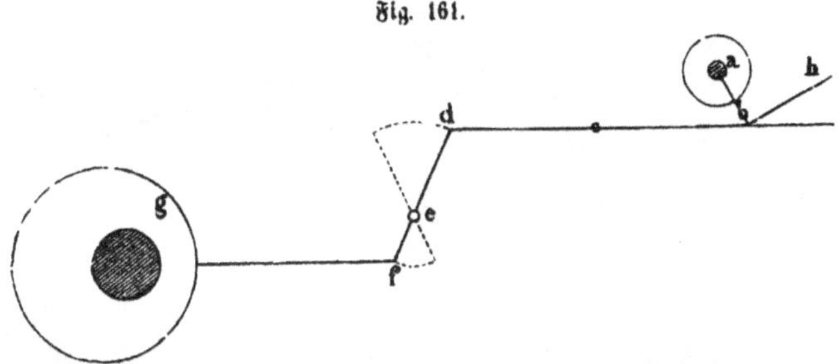

einarmiger Hebel b befestigt, der durch die Zugstange c mit dem um die Axe e drehbaren, zweiarmigen Hebel d f verbunden ist. Das Ende f des letzteren wird von der Stange eines auf der Schwungradwelle steckenden Excentrics g ergriffen. Die continuirlich drehende Bewegung des Excentrics g wird dadurch, daß der Arm d des Hebels d e f länger ist, als der Arm e f desselben, in eine alternirend drehende umgesetzt. Die Zugstange c ruht nur mit halber Pfanne auf dem Zapfen des einarmigen Hebels b auf, der seinerseits mit einem Handgriff h versehen ist, so daß, wenn die Zugstange ausgehoben ist, der Schieber mit der Hand durch den Handgriff gesteuert werden kann.

Chelius (Polyt. Journ. Bd. 158 Heft 2) bringt die Expansion durch zwei in einander gesteckte Kreisschieber hervor, von denen der äußere den Vertheilungsschieber, der innere den Expansionsschieber repräsentirt.

Bei der Maschine von Corliß, von welcher ihrer mehrfachen Eigenthümlichkeiten wegen in nebenstehender Fig. 162 eine Totalansicht dargestellt ist, erfolgt das Abschließen der Kreisschieber behufs der Expansionswirkung nicht wie gewöhnlich allmälig, sondern plötzlich, und es wird deßhalb die Bewegung des auf der Schwungradwelle befindlichen Kreisexcentrics nicht direct, sondern durch Vermittelung der im Folgenden beschriebenen Mechanismen auf die Kreisschieber übertragen.

An jedem Ende des Dampfcylinders befindet sich oben und unten ein Kreisschieber; die beiden oberen dienen für den Eintritt des Dampfes, die beiden unteren für den Austritt desselben. Die Axen der Kreisschieber sind durch Winkelhebel a a′ (Fig. 163) und Zugstangen b mit einer gemeinschaftlichen Scheibe c verbunden,

Fig. 163.

Fig. 162.

die durch die Stange eines auf die Schwungradwelle aufgekeilten Excentrics in eine oscillirende Bewegung versetzt wird. Die Verbindung der Zugstange b mit dem Winkelhebel a a′ ist nicht fest, sondern selbstthätig auslösbar. An der hinteren Fläche des Armes a′ ist nämlich eine Klaue befestigt, welche bei der Bewegung der Zugstange b in der Richtung des Pfeils von dieser mitgenommen wird und den Kreisschieber in diejenige Stellung bringt, bei welcher er für den Dampfeintritt geöffnet ist. Nun befindet sich zwischen der Zugstange b und dem Widerhalt e, den wir uns vorläufig fest stehend denken wollen, eine zwischen verticalen Führungen leicht bewegliche Stange d, die vermöge ihres Gewichtes auf der Zugstange b aufruht. Bei der weiteren Bewegung in der Richtung des Pfeils hebt sich die Stange b, es wird mithin auch die Stange d gehoben, und endlich stößt die letztere mit ihrem oberen Ende an den festen Widerhalt e an. Von jetzt an übt die Stange d auf die Zugstange b, deren Bewegung nach links immer weiter fortgesetzt wird, einen Druck nach unten aus, und dadurch wird die Klaue des Armes a′ frei. Unter dem Einflusse eines an den Arm a des Winkelhebels angehängten Gewichts wird jetzt der Kreisschieber plötzlich nach rechts abgelenkt und in diejenige Stellung übergeführt, bei welcher der Eintritt des Dampfes abgeschlossen ist. Hiermit beginnt die Expansionswirkung im Cylinder. Der Kolben vollendet seinen Hub nach links und wird dann von dem Dampfe, der durch den Kreisschieber auf der linken Seite eintreten kann, wieder nach rechts getrieben, bis kurz vor Beendigung dieses letzteren Hubes die Klaue des Armes a′, die inzwischen immer ausgelöst geblieben ist, von der zurückkehrenden Zugstange wieder gefaßt und der Kreisschieber in die Stellung, die dem Dampfe den Eintritt gewährt, zurückgeführt wird. Die innerhalb eines vollen Spieles der Maschine sich wiederholenden Vorgänge, die hier für den Kreisschieber auf der rechten Seite beschrieben wurden, gelten auch für den auf der linken Seite; nur liegt zwischen Beiden immer das Intervall eines halben Spieles. Die Schieber für den Austritt haben keine Auslösung, sondern folgen lediglich der Bewegung, die ihnen von der Scheibe c ertheilt wird.

Die Gewichte, durch welche die Kreisschieber nach erfolgter Auslösung gedreht werden, bewegen sich dicht in Cylindern, welche bei dem vorhergehenden Steigen der Gewichte durch Bodenventile mit

Luft gefüllt wurden. Sinkt nun das Gewicht, so setzt ihm das Luftkissen einen elastischen Widerstand entgegen, welcher den Fall verzögert, ohne einen schädlichen Stoß hervorzubringen.

Der Widerhalt e, der bei der Erläuterung der Schieberbewegung vorläufig als feststehend angenommen wurde, erhält von dem Regulator eine hin und her gehende Bewegung. Durch die wechselnde Geschwindigkeit der Maschine werden die Regulatorkugeln und die durch Gelenkstangen mit ihnen verbundene Regulatorwelle, welche innerhalb ihres Triebrades verschiebbar ist, bald gehoben, bald gesenkt. Diese Verticalbewegung wird durch einen Winkelhebel auf die Stange f übertragen und in eine Horizontalbewegung umgesetzt. Der Widerhalt e, welcher an die Stange f festgeschraubt ist, hat unten, insoweit er mit der Stange d in Berührung steht, eine schiefe Ebene. Steigen die Kugeln in Folge vergrößerter Geschwindigkeit der Maschine, so werden die Stange f und der Widerhalt e nach rechts abgelenkt, und die Auslösung des Winkelhebels aa', durch welche die Schieberöffnung verschlossen wird, erfolgt um so früher, je größer diese Ablenkung ist. Umgekehrt erfolgt die Auslösung später, wenn die Kugeln bei abnehmender Geschwindigkeit der Maschine sinken und der Widerhalt nach links verschoben wird. Hierdurch ist die Cylinderfüllung von der Geschwindigkeit der Maschine abhängig gemacht und wird um so kleiner, je größer die letztere ist, und umgekehrt. Das untere Ende der Regulatorwelle verläuft in eine Scheibe, die in einem mit Wasser gefüllten Cylinder sich bewegt, ohne am Umfange dicht abzuschließen.

5.

Ventilsteuerung.

Die Ventile werden theils angewendet, um zum Zwecke der Expansionswirkung den Dampf abzusperren, während zugleich ein Schieber die Vertheilung desselben bewirkt, theils sowohl zur Absperrung, als zur Vertheilung.

Der ersten Klasse gehört die lange Zeit hindurch sehr beliebt gewesene Meyer'sche Maschine (Fig. 164) an. Die Expansion wird hier durch ein gewöhnliches Kegelventil hervorgebracht, dessen Spiel von der Wirkung des Regulators derart abhängig gemacht ist, daß bei steigenden Kugeln, also wachsender Geschwindigkeit das Ventil

Fig. 164.

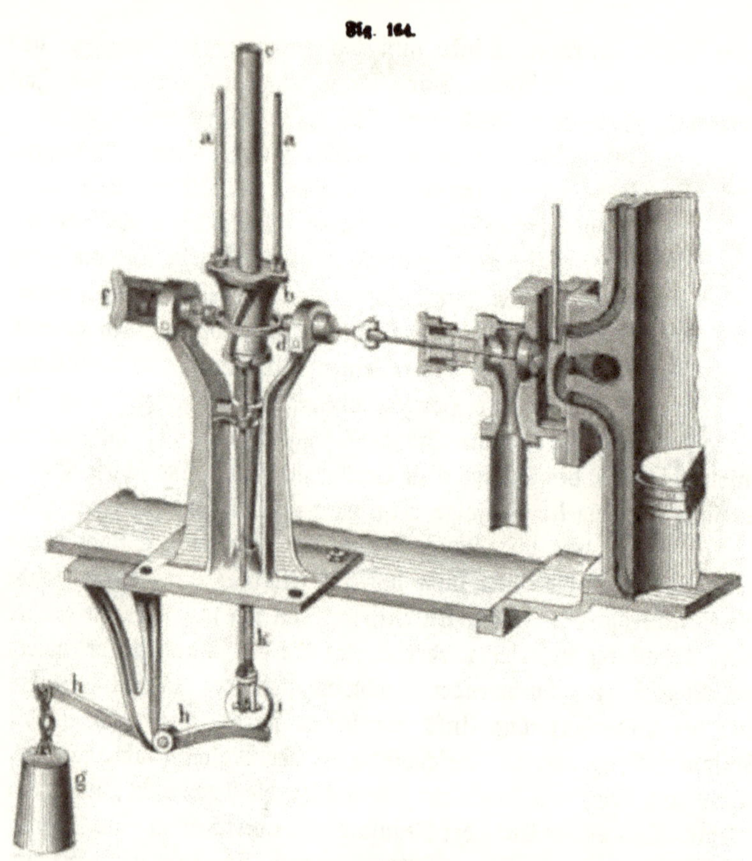

früher, bei sinkenden Kugeln aber, also abnehmender Geschwindigkeit später geschlossen wird. Es ist mithin auch hier die Cylinderfüllung der Geschwindigkeit umgekehrt proportional.

Die Regulatorhülse, welcher die auf und nieder spielenden Kugeln ihre Verticalbewegung mittheilen, ist durch zwei Stangen a a mit der konischen Büchse b verbunden, welche auf die Welle c lose aufgesteckt, aber durch Nuth und Feder zur gemeinschaftlichen Umdrehung mit derselben genöthigt ist. An dieser Büchse befinden sich, einander diametral gegenüber, zwei schraubenförmig gewundene Wulste, welche jedesmal beim Beginne des Kolbenhubes den Ring d nach außen drücken und dadurch das vermittelst einer Gelenkstange mit dem Ringe verbundene Ventil e öffnen. Durch eine Feder f, welche hinter dem Ringe in einer Kammer eingeschlossen liegt, wird das Ventil darauf geschlossen, sobald der Wulst in seiner

Drehung so weit fortgeschritten ist, daß er den Ring d nicht mehr berührt. Die Wulste sind oben breiter, als unten; je höher daher die Büchse b durch die Kugeln gehoben wird, desto früher beginnt die Expansionswirkung, während umgekehrt bei tiefem Stande der Hülse und der Kugeln der Ring d mit einer breiteren Stelle der Wulste in Berührung kommt, das Dampfventil also längere Zeit offen erhalten wird. Den Regulatorkugeln wird durch das Gewicht g, welches an dem Arme h eines zweiarmigen Hebels h h′ aufgehängt ist, ein constanter Widerstand entgegengesetzt. Auf dem Arme h′ ruht vermittelst einer Frictionswalze i die Stange k, welche durch Bügel und Bundring mit der beweglichen Büchse b verbunden ist.

Häufig findet man die Steuerung auch so ausgeführt, daß die Verstellung des Expansionsgrades, unabhängig vom Regulator, während des Ganges mit der Hand bewirkt werden kann.

In ähnlicher Weise regulirt man die Zeit, während welcher der frische Dampf durch das Dampfventil in die Schieberkammer treten kann, durch den sog. Expansionscylinder in Fig. 165, einen Cylinder, an dessen Umfläche zwei Rippen a, a vorspringen, welche auf der einen Seite durch eine zur Axe parallele Kante 1 begrenzt sind, während die gegenüber liegende Kante 2 einen Winkel mit der Axe einschließt. Der Expansionscylinder dreht sich mit der Steuerwelle A, welche mit der Hauptwelle gleiche Winkelgeschwindigkeit hat, in der Richtung des Pfeils. Sobald nun die Kante 1 gegen die am Ende des Steuerhebels D D′ angebrachte schmale Laufrolle trifft, wird der Arm D des Steuerhebels niedergedrückt und der Arm D′ desselben, sowie die mit diesem verbundene Ventilstange E gehoben. In dieser Stellung, bei welcher dem Dampf der Zutritt eröffnet ist, bleiben die Theile so lange, als die Rippe a mit der Laufrolle in Berührung ist. Sobald aber die Kante 2 an der Laufrolle vorüber gegangen ist, hebt sich der Arm D des Steuerhebels wieder, die Ventilstange geht nieder und der Dampfzutritt wird abgesperrt. Da nun der Expansionscylinder auf der Welle A verschiebbar ist, so kann nach Bedarf bald eine breitere, bald eine schmälere Stelle der Rippe a mit der schmalen Laufrolle in Berührung gebracht und daher der Expansionsgrad bald vermindert, bald vermehrt werden.

Fig. 165.

Wenn ein Kegelventil für den Beginn eines neuen Hubes eröffnet werden soll, so wirkt ihm der Druck des frischen Dampfes entgegen, während in der Richtung seiner Bewegung nur der beim vorhergehenden Hube expandirte Dampf, der eine viel geringere Spannung angenommen hat, wirksam ist. Die Kraft zur Eröffnung ist mithin dieser Spannungsdifferenz proportional, und da dieselbe auch noch mit der Projection der gedrückten Ventilfläche wächst, so folgt hieraus, daß die Kraft zur Eröffnung um so größer wird, je größer das Ventil ist, je höher die Spannung des frischen Dampfes ist und je weiter expandirt wird.

Man vermindert diese Kraft durch Anwendung der Doppelsitzventile, welche vermöge ihrer Construction zum großen Theile entlastet sind. Ein solches Ventil, seiner äußeren Gestalt nach Glockenventil genannt, zeigt Fig. 166. Die beiden Ringflächen des Ventils, welche den Schluß bewirken, haben nicht ganz gleiche Durchmesser, sondern der der unteren ist etwas größer, als der der oberen. Es entsteht hierdurch ein kleiner Ueberdruck von oben nach unten, aber nicht mehr, als nöthig ist, um dem Ventile einen dampfdichten Schluß zu verleihen, wozu das Gewicht des Ventils allein nicht ausreichend ist.

Fig. 166.

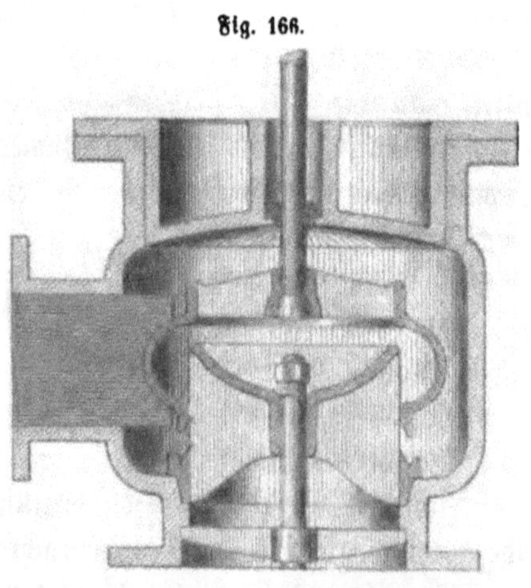

Fig. 167 stellt die Ventilsteuerung einer Fördermaschine von F. L. und E. Jacobi in Meißen dar. Der Dampfcylinder ist auf seinem Obertheil mit einer ebenen Platte begrenzt, wodurch zwei dreieckige Canäle P und P′ entstehen. P′ ist der Dampfzuführungscanal; er entnimmt den Dampf dem Dampfrohre, das in der halben Länge des Cylinders, wo derselbe in der Zeichnung durchschnitten gedacht ist, in ihn einmündet. Der Dampfabführungscanal P dagegen endigt in ein um den Cylinder herumgeführtes, rectanguläres Rohr W, welches auf der Unterseite des Cylinders in das Ausblaserohr mündet. An jedem Ende des Cylinders befindet sich ein Eintritts- und ein Austrittsventil; jene sitzen auf dem Canal P′,

Fig. 167.

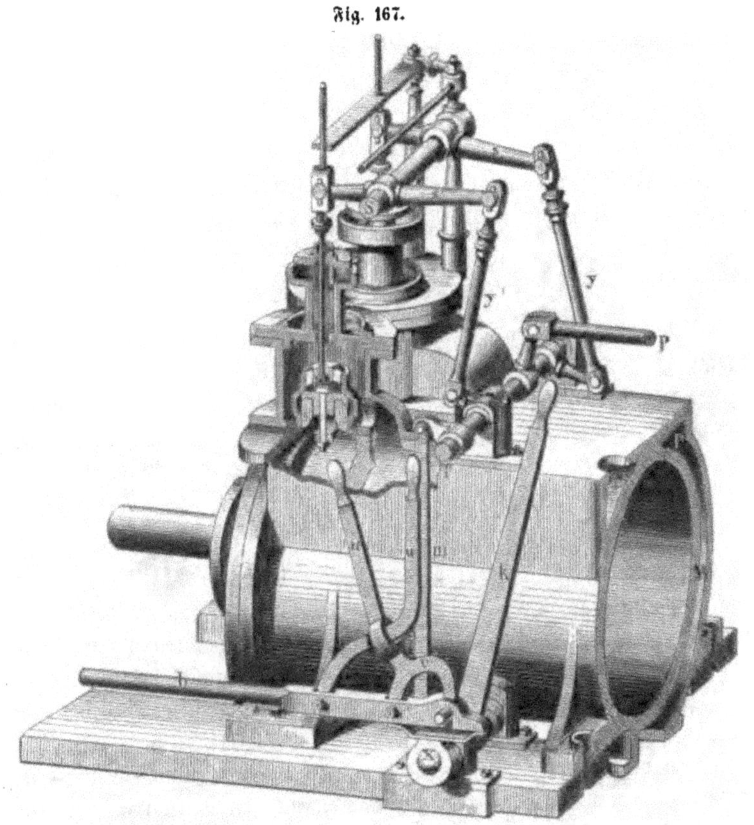

diese auf dem Canal P. Der Eintritt und Austritt des Dampfes in die Ventilkammern und aus denselben erfolgt durch Seitencanäle. Ueber jedem Ventilpaare liegt eine horizontale Welle S, um welche sich zwei ungleicharmige Hebel s' und s drehen. Die kürzeren Arme der letzteren greifen in kleine rahmenförmige Köpfe an den Ventilstangen, während die Enden der längeren Arme von den Zugstangen y', y gefaßt werden. Diese Zugstangen werden von einer horizontalen Welle T aus bewegt, welche auf der Deckplatte des Cylinders ruht und zwei Arme trägt, an denen die unteren Enden der Zugstangen y', y befestigt sind. Die Zugstangen y', y sind nicht nur mit den Hebeln s', s, sondern auch mit den Armen der Welle T durch Schlitzlager verbunden, damit man den Hub der Ventile nach Bedürfniß verändern kann.

Am andern Ende des Cylinders liegen gleiche Mechanismen, wie die beschriebenen. Sie werden von der Welle T aus durch die

Kuppelungsstange p getrieben, und zwar so, daß ihre Thätigkeit mit der der beschriebenen abwechselt. Zu diesem Zwecke sind die Arme an der gleichliegenden Welle T entgegengesetzt befestigt.

Die Bewegung der Steuerwelle T geht von einem Excentric auf der Schwungradwelle aus, welches durch eine Zugstange b die Welle x in eine hin und her gehende Bewegung versetzt. Letztere trägt einen kleinen Arm, welcher durch eine Zugstange m mit einem Arm an der Steuerwelle T verbunden ist.

Bei dieser Maschine, die für eine Leistung von 50 Pferdekräften bestimmt ist, haben die Dampfeintrittsventile 118 Millim. mittleren Durchmesser und 6 bis 12 Millim. Hub, die Austrittsventile 153 Millim. mittleren Durchmesser und 9 bis 15 Millim. Hub; die Breite der Ventilflächen beträgt 7½ Millim. Daher beträgt die gedrückte Fläche der Eintrittsventile

$$\frac{\pi}{4}\left[(118 + 2 \,.\, 7^1/_2)^2 - (118 - 2 \,.\, 7^1/_2)^2\right]$$

$$= 5563 \text{ Quadratmillim.} = \overset{\square^m}{0{,}005563},$$

und wenn man annimmt, daß der Dampf im Ventilgehäuse 4 Atmosphären oder 41338 Kilogr. pro Quadratmeter Ueberdruck gegen den Dampf im Cylinder besitzt, so ermittelt sich die erforderliche Kraft zum Anheben des Ventils zu 41338 . 0,005563 = 230 Kilogr., und bei 12 Millim. Hub hat sonach die Maschine auf das jedesmalige Oeffnen 230 . 0,012 = 2,76 Meterkilogr. Arbeit zu verwenden. Ganz unbedeutend ist die Arbeit zum Oeffnen des Austrittsventils, weil dasselbe durch den Dampfdruck von innen unterstützt wird; bei 10 Kilogr. Gewicht des Ventils und 15 Millim. Hub würde diese Arbeit 10 . 0,015 = 0,15 Meterkilogr. betragen. Die Summe dieser beiden Arbeiten von 2,76 + 0,15 = 2,91 Meterkilogr. wiederholt sich bei jedem Spiel 2mal; die Arbeit bei 25 Spielen in der Minute wird daher 2,91 . 2 . 25 = 145,5 Meterkilogr. und in der Sekunde 2,42 Meterkilogr. oder 0,03 Pferdekräfte.

Hätte man an Stelle der Ventile einen gewöhnlichen Schieber angewendet, so hätte derselbe die achtfache Fläche, also $\overset{\square^m}{0{,}044504}$, und mindestens 95 Millim. Hub erhalten müssen. Rechnet man den Reibungscoëfficient zu 0,16, so hätte die Arbeit zum Betriebe dieses Schiebers, keine Entlastung vorausgesetzt,

$$0{,}16 \,.\, 0{,}044504 \,.\, 41338 \,.\, 0{,}095 \,.\, 2 \,.\, 25 \,.\, \frac{1}{60}$$

$$= 23{,}3 \text{ Meterkilogr. pro Sekunde}$$

oder 0,21 Pferdekräfte betragen.

Die Steuerung einer einfach wirkenden Wasserhebungsmaschine erfordert drei Ventile, von denen zwei an dem einen und eines an dem andern Ende des Cylinders liegen. Wirkt z. B. der Dampf von oben auf den Kolben, so liegen ein Eintrittsventil und ein Gleichgewichtsventil neben dem oberen Ende des Cylinders und das dritte, das Austrittsventil, neben dem unteren Ende. Neben den beiden ersten Ventilen befindet sich gewöhnlich noch ein weiteres zum Reguliren der eintretenden Dampfmenge, das jedoch beim Gange der Steuerung nicht in Betracht kommt. Das Gleichgewichtsventil kann auch weggelassen werden; dann muß aber die Thätigkeit des Austrittsventils so bestimmt werden, daß dasselbe zugleich die Rolle des Gleichgewichtsventils übernimmt.

Die Steuerventile stehen durch zweiarmige Hebel und Zugstangen mit den Wellen e, g und a (Fig. 168) in Verbindung. Die Welle e für das Eintrittsventil trägt an dem Ende eines Hebels e^2 ein Gewicht, welches das Bestreben hat, das Ventil zu öffnen, jedoch hieran verhindert wird, weil eine Sperrklinke e^5 gegen einen Ansatz des auf der Welle e befindlichen Quadranten e^1 stößt. Außerdem befinden sich an der Welle e noch dicht neben einander zwei Hebel e^3. In ähnlicher Weise ist die Welle a des Austrittsventils mit einem belasteten Hebel a^2, einem anderen Hebel a^3, einem Quadranten a^1 und einer Sperrklinke a^5 versehen. Und endlich finden sich analoge Theile an der Welle g, welche durch den Hebel g' mit dem Gleichgewichtsventil in Verbindung steht. Zur Bewegung der Ventile dienen zwei Stangen S, von denen zu diesem Zwecke die eine zwei verticale Schienen und die andere zwei seitwärts vorspringende Anschläge mit Laufrollen trägt.

Fig 168.

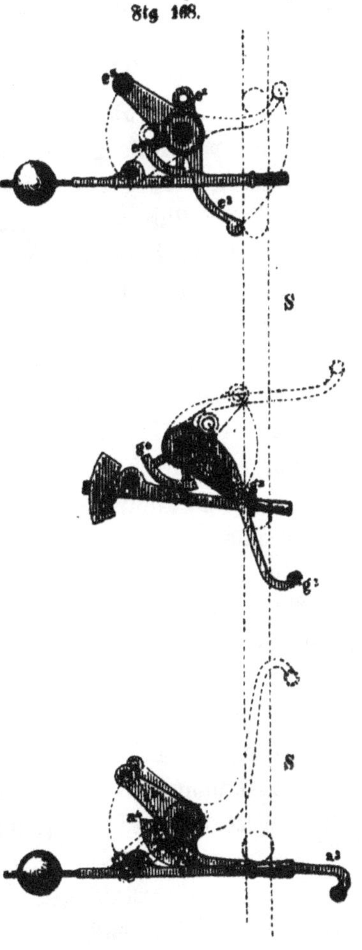

Nehmen wir an, der Kolben beginne seinen Niedergang, so ist das Ein- und das Austrittsventil geschlossen, das Gleichgewichtsventil dagegen geöffnet. Im Laufe des Niedergangs trifft die eine der Steuerstangen, welche beide der Bewegung des Kolbens folgen, mit ihren Schienen gegen die Hebel e^3 der Welle e, drückt diese nieder und schließt durch Drehung der Welle e das Eintrittsventil. Der Dampfzufluß hört auf, und es beginnt die Expansionswirkung. Gleichzeitig ist das Gewicht am Arme e^2 gehoben worden und die Sperrklinke e^5 eingefallen. Gegen Ende des Niederganges schließt ein Anschlag der zweiten Steuerstange durch Niederdrücken des Hebels a^3 auf der Welle a auch das Austrittsventil und hebt das Gewicht am Arme a^2, das durch Einfallen der Sperrklinke a^5 festgehalten wird

Nachdem der Kolben seinen Niedergang vollendet hat, wird durch einen sog. Katarakt, von dem weiter unten die Rede sein wird, die Sperrklinke g^5 für die Welle g ausgerückt. Das Gewicht am Arme g^2 fällt, das Gleichgewichtsventil öffnet sich und der Dampf findet Zutritt gegen die untere Kolbenfläche, wodurch der Dampfdruck auf beiden Seiten des Kolbens sich in das Gleichgewicht setzt. Unter dem Einflusse des Pumpengestänggewichts, welches durch Vermittelung eines Balanciers auf den Dampfkolben wirkt, wird der letztere gehoben. Ist er beinahe oben angekommen, so wird durch die Steuerstange der Hebel g^3 gehoben, die Sperrklinke g^5 eingelegt und das Gleichgewichtsventil geschlossen. Dann werden durch den Katarakt die Hebel e^5 und a^5 ausgelöst und hierdurch das Ein- und das Austrittsventil geöffnet, worauf ein neuer Niedergang beginnt.

Um durch Erzeugung eines elastischen Widerstandes das heftige Aufschlagen der Gewichte zu vermeiden, endigen die letzteren unten in Kolben, welche in mit Luft gefüllten Cylindern sich bewegen.

Die Katarakte haben die Bestimmung, bei jedem Hubwechsel eine beliebig lange Pause hervorzubringen, durch welche die Spielzahl der Maschine in einer gewissen Zeit der Menge des zu hebenden Wassers angemessen regulirt wird.

Bei den Maschinen, deren Steuerung im Vorstehenden beschrieben wurde (Maschinen der Magdeburger Stadtwasserkunst, siehe Wiebe, Skizzenbuch, Heft 14), haben die Katarakte folgende

Einrichtung (Fig. 169): der Plungerkolben einer Pumpe saugt beim Aufgange durch ein Fußventil Wasser an und treibt das angesaugte Wasser beim Niedergange durch ein verstellbares Kegelventil aus. Das Einstellen des Kegelventils geschieht vermittelst eines Schraubengewindes an seiner Spindel. Der Plungerkolben wird durch ein an seiner Stange befestigtes Gewicht, also durch eine constante Kraft niedergedrückt, und es hängt daher die Zeit, welche er zum Niedergange braucht, von der Zeit ab, welche zum Ausflusse des Wassers nöthig ist, also von der Größe der Ventilöffnung. Gehoben werden die Kataraktkolben durch Vermittelung der Steuerstangen, während sie beim Niedergange sich selbst überlassen bleiben. Das Ein- und das Austrittsventil, die kurz vor Vollendung des Aufgangs gemeinschaftlich gehoben werden, haben auch einen gemeinschaftlichen Katarakt, der die obere Hubpause bestimmt; die untere Hubpause dagegen hängt von dem Katarakt des Gleichgewichtsventils ab, das kurz vor Vollendung des Kolbenniederganges geöffnet wird.

Fig. 169.

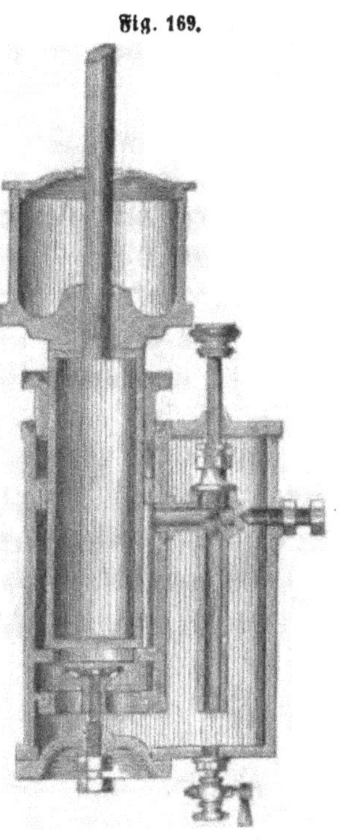

Sind die Maschinen nur zur Wasserhebung bestimmt, wie hier, so wird der Kataraktkolben für das Ein- und Austrittsventil schon zu Ende des Niederganges des Dampfkolbens und der Kataraktkolben für das Gleichgewichtsventil zu Ende des Dampfkolbenaufgangs gehoben. Die Pausen fallen demnach um so kürzer aus, je länger der Hub dauert, und umgekehrt. Bei Maschinen zum Betriebe von Fahrkunstgestängen muß aber unter allen Umständen der Mannschaft zum Uebertreten von einem Gestänge auf das andere die erforderliche Zeit gelassen werden, die Hubpause also mindestens diese Zeit dauern. Aus diesem Grunde muß man hier die Bewegung des Kataraktes von der Dauer des Dampfkolbenhubes möglichst unabhängig machen und erst ganz kurz vorher, ehe das Niedersinken des Kataraktkolbens die Pause hervorbringen soll, den letzteren heben.

Bisweilen haben die Katarakte nur ein einziges, am Boden des Kataraktcylinders liegendes Ventil, welches zugleich als Saug- und Druckventil dient. Beim Aufsteigen des Kataraktkolbens hebt sich dasselbe und läßt das Wasser durch die volle Oeffnung aufsteigen. Beim Niedergange sucht es sich zu schließen; es wird jedoch am gänzlichen Schluß durch einen stellbaren Widerhalt gehindert, der, je nachdem er höher oder tiefer gestellt ist und mithin eine größere oder kleinere Austrittsöffnung herstellt, eine kürzere oder längere Hubpause veranlaßt.

Hofmanns Patentsteuerung (Verhandl. d. Vereins f. Beförd. d. Gewerbfl. in Preußen, 1859 und 1860) hat nur eine einzige Steuerwelle und ein einziges Gewicht. Das letztere hängt an einer Rolle, welche, in einer auf der Steuerwelle festgekeilten Schleife hin und her laufend, die Welle bald in dem einen, bald im entgegengesetzten Sinne dreht und dadurch bald das Eintritts-, bald das zugleich die Stelle des Gleichgewichtsventils vertretende Austrittsventil öffnet. Ein- und derselbe Katarakt bringt die Hubpausen am oberen und am unteren Ende des Dampfkolbenhubes hervor.

6.

Umsteuerungen.

Alle Maschinen, welche zum Transportiren von Lasten in verticaler, horizontaler oder beliebig geneigter Richtung bestimmt sind, also Fördermaschinen für den Bergbau, Dampfkrahne, Locomotiven, Schiffsmaschinen 2c., müssen so eingerichtet werden, daß die Hauptwelle, auf welche die Arbeit der Dampfkraft übertragen wird, nach beiden Richtungen hin sich drehen kann, während die Wellen aller anderen Maschinen, namentlich der Fabriksdampfmaschinen, Locomobilen 2c., nur nach einer Richtung sich zu drehen brauchen. Unter „Umsteuerungen“ werden nun alle diejenigen Steuermechanismen verstanden, welche eine solche Dampfvertheilung ermöglichen, daß die Welle sowohl nach der einen, als nach der andern Richtung umgetrieben werden kann.

Fig. 170.

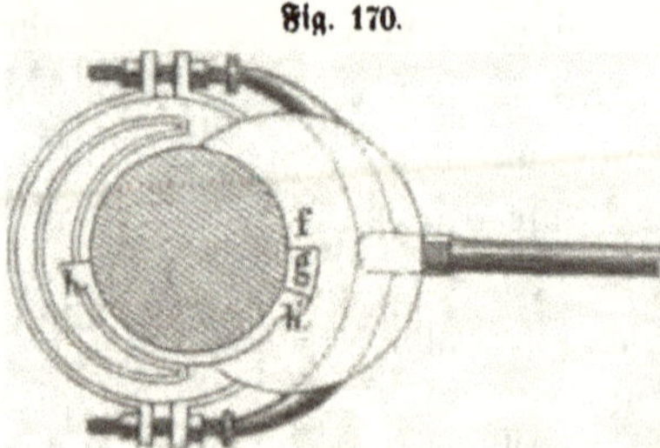

An Fördermaschinen kommt häufig folgende Umsteuerung (Fig. 170 und 167) in Anwendung: Das mit einer Gegengewichtsscheibe f versehene Excentric reitet lose auf der Schwungradwelle und wird nur durch den an der Welle sitzenden Mitnehmer g (Fig. 170) umgetrieben, wenn sich derselbe an eine der beiden Knaggen h, h′ anlegt. Will der Maschinist umsteuern, so löst er erst die Zugstange b (Fig. 167), welche mittels einer Kerbe auf einem Arme der Welle x aufruht, aus, ergreift sodann den an der Welle x sitzenden, langen Hebel k, dreht ihn mit der Hand um seine Axe so weit, daß er um eben so viel nach vorn sich neigt, als er bisher nach hinten geneigt war, und legt dann die Zugstange b wieder ein. Durch die Umstellung des Hebels k ist die Stellung der Ventile umgekehrt worden, und die Maschine geht nun nach der entgegengesetzten Richtung um.

Um das Aus- und Einlegen der Zugstange b zu erleichtern, sind an derselben die Hebel u und w angebracht. Der Hebel u hat einen Bügel v, welcher auf der einen Seite in das geschlitzte Ende der gekerbten Stange b eingreift und auf der andern, wenn der Hebel u nach hinten gezogen wird, gegen den oben erwähnten Arm der Welle x drückt. Hierbei hebt sich zugleich die Stange b aus der Kerbe aus und die Bewegung des Excentrics wird nicht mehr auf die Welle x übertragen. Damit aber der Maschinist den Hebel u nicht in dieser Stellung festzuhalten habe, ist durch denselben ein zweiter Hebel w gesteckt, welcher zwei kleine Nasen und eine Feder trägt. Hat man den Hebel u angezogen, so legt sich derselbe gegen die obere Nase und wird von dieser festgehalten. Damit andrerseits die Zugstange b nicht zu hoch gehoben werde, ist auf der untern Seite ein länglicher Bügel angebracht. Will man die Stange b wieder einlegen, so ergreift man den Hebel w und löst den Hebel u aus, welcher sich nun gegen die untere Nase des Hebels w legt und die Stange b fallen läßt, die sich dann von selbst in ihre Kerbe einlegt.

Bei weitem die meisten Maschinen, die für Vor- und Rückwärtsgang bestimmt sind, werden mit Coulissensteuerungen versehen; bei denen zwischen die Schieber und die Excentrics eine sogenannte Coulisse oder Hängetasche eingeschaltet ist. Die Coulissensteuerung ist von R. Stephenson erfunden und seitdem vielfach modificirt und verbessert worden.

Die Stephenson'sche Coulissensteuerung zeigt Fig. 171. Zwei neben einander auf der Triebwelle O befestigte Excentrics DD' sind

Fig. 171.

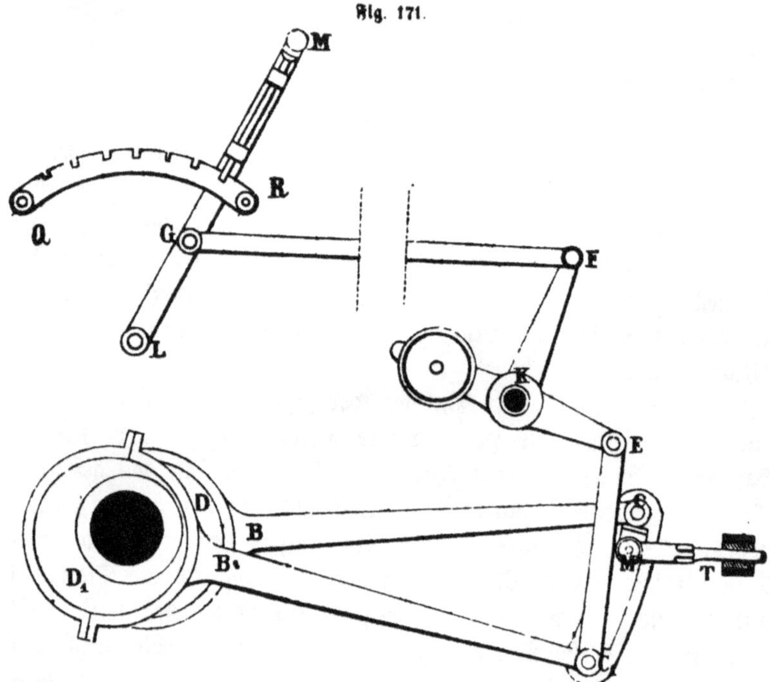

durch ihre Stangen BC und B_1C_1 mit den äußeren Enden des bogenförmig geschlitzten Rahmens CC_1 oder der sog. Coulisse verbunden. In dem Schlitze der Coulisse läßt sich ein Gleitbacken M verschieben, der vermittelst eines Charniers mit der Schieberstange T verbunden ist. Die Coulisse ist vermittelst einer Stange an dem Ende E eines Winkelhebels EKF aufgehängt, an dessen entgegengesetztes Ende F eine Zugstange FG sich anschließt, die die Verbindung mit dem Steuerhebel LM des Maschinisten vermittelt. Der Steuerhebel liegt vor einem mit Kerben versehenen Sector QR, an welchem er vermittelst eines Riegels in irgend einer beliebigen Stellung festgestellt werden kann; um die Bewegung desselben zu erleichtern, ist in der Verlängerung des Hebelarmes KE ein Gegengewicht angebracht.

Durch Drehen des Steuerhebels LM wird die Coulisse CC_1 gehoben oder gesenkt und verschiebt sich dabei so über dem Gleitbacken M der Schieberstange T, die ihre horizontale Lage nicht verlassen kann, daß der Gleitbacken dem einen oder andern Ende der Coulisse näher gebracht werden kann. Je näher er dem Angriffspunkt der einen oder andern Excentricstange kommt, desto mehr folgt er der Bewegung desselben, und da die beiden Excentrics DD_1 um 180° versetzt stehen, die eine Excentricstange also nach vorwärts sich bewegt, wenn die andere rückwärts geht, so nimmt der Schieber nothwendigerweise die entgegengesetzte Bewegung an, wenn man die Coulisse aus der einen äußersten Stellung in die andere bringt. Steht die Coulisse so, daß der Gleitbacken M in ihrer Mitte oder in dem sog. todten Punkt sich befindet, so hebt sich der Einfluß beider Excentricstangen auf und der Schieber würde gar keine Bewegung annehmen, wenn nicht die Coulisse vermöge ihrer Aufhängung eine kleine, auf und nieder gehende Bewegung hätte, die sich in eine ebenfalls kleine, hin und her gehende Bewegung des Schiebers umsetzt, jedoch nicht groß genug ist, um der Maschine Bewegung zu ertheilen. In allen Lagen des Gleitbackens M zwischen dem todten und dem höchsten oder tiefsten Punkte bewegt sich der Schieber nur um einen Theil des Excentrichubes fort und erzeugt dadurch eine Expansionswirkung des Dampfes im Cylinder, die nach der Stellung der Coulisse verschieden ist.

Die Hängestange, welche den Arm EK des Winkelhebels mit der Coulisse verbindet, wird an die letztere entweder im Punkte C_1 oder in der Mitte derselben angeschlossen. Sie ist möglichst lang, am besten gleich der Länge der Excentricstange, zu machen, damit die Coulisse während der Drehung der Triebwelle möglichst wenig in verticaler Richtung sich bewegt. Ist die Coulisse im Punkte C_1 aufgehängt, so muß die Drehaxe K des Winkelhebels FKE so gelegt werden, daß der Arm KE bei der höchsten Stellung der Coulisse die horizontale Lage hat. Ist aber die Coulisse im todten Punkte aufgehängt, so muß die Lage der Axe K so bestimmt werden, daß der Arm KE für die mittlere Coulissenstellung horizontal wird. Der Kreisbogen, nach welchem die Coulisse gekrümmt ist, muß die Länge der Excentricstange zum Radius haben, damit die Lage des Schiebermittels für alle Expansionsgrade dieselbe bleibt.

Es ist eine Eigenthümlichkeit der Stephenson'schen Coulisse, daß das Voreilen des Schiebers um so größer wird und die Eintrittscanäle um so weniger geöffnet werden, je näher der Gleitbacken M dem todten Punkte zu liegen kommt, je stärker man also expandirt. Dem letzteren Uebelstand sucht man dadurch abzuhelfen, daß man die Eintrittsöffnungen der Dampfwege sehr lang macht; dem ersteren aber dadurch, daß man den beiden Excentrics verschiedene Voreilungswinkel giebt. Durch diese Verstellung der Excentrics wird das Voreilen für den Vorwärtsgang fast constant, für den Rückwärtsgang freilich desto veränderlicher. Am wirksamsten vermindert man die Veränderlichkeit des Voreilens durch lange Excentricstangen und kurze Coulissen.

Die Coulisse der Steuerung von Gooch (Fig. 172) kehrt ihre

Fig. 172.

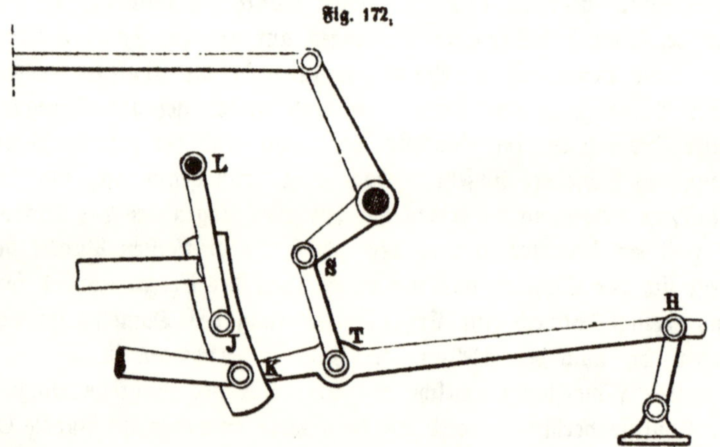

convexe Seite gegen die Triebwelle und kann nicht gehoben und gesenkt werden, sondern ist in ihrem todten Punkte J an einer Hängestange aufgehängt, die um die Axe L drehbar ist. In dem Schlitze der Coulisse ist ein an der Schubstange HK befestigter Gleitbacken K verschiebbar, während das andere Ende H der Schubstange mit der Schieberstange verbunden ist. Zum Heben und Senken der Schubstange HK dient die Hängestange ST, die, wie bei der Stephenson'schen Steuerung, durch Winkelhebel und Zugstange mit dem Steuerhebel des Maschinisten verbunden ist.

Bei dieser Steuerung ist das Voreilen für alle Expansionsgrade constant, und damit auch die Lage des Schiebermittels für alle Expansionsgrade unverändert bleibe, muß der Radius des Kreisbogens, nach dem die Coulisse gekrümmt ist, der Länge der Schubstange gleich sein. Die Gooch'sche Steuerung hat aber gegen die Stephenson-sche den Nachtheil, daß durch die Einschaltung der Schubstange HK der Schieber sehr entfernt von der Axe zu liegen kommt.

Während bei den beschriebenen Steuerungen entweder nur die Coulisse, oder nur die Schubstange vom Maschinisten behufs des Umsteuerns bewegt wird, wird bei der Allan'schen Steuerung, die in Fig. 173 abgebildet ist, die Umsteuerung durch gleichzeitige Bewegung

Fig. 173

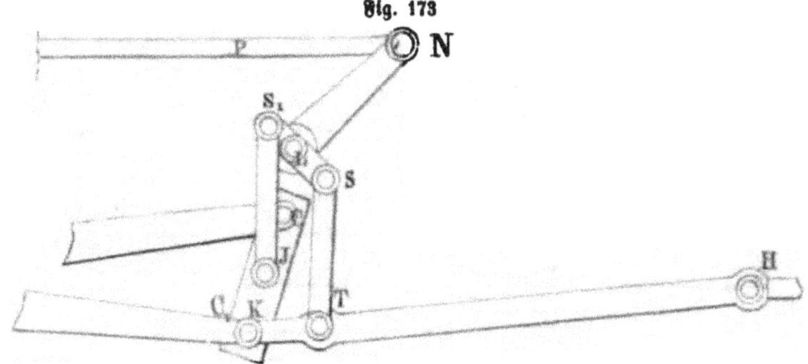

der Coulisse und der Schubstange hervorgebracht. Die Coulisse CC_1 ist hier geradlinig und hat einen ebenfalls geradlinigen Schlitz, in welchem der am Ende der Schubstange HK sitzende Gleitbacken K auf und ab geschoben werden kann. Bei H schließt sich die Schieberstange an die Schubstange an. Die Coulisse ist in ihrem todten Punkte J an der Hängestange S_1J und die Schubstange HK im Punkte T an der Hängestange ST aufgehängt; beide Hängestangen sind an dem zweiarmigen Hebel S_1LS befestigt, der vermittelst des Armes LN und der Zugstange NP mit dem Steuerhebel des Maschinisten in Verbindung steht. Durch die Drehung der Axe L wird also gleichzeitig ein Heben der Coulisse CC_1 und ein Senken der Schubstange HK, oder umgekehrt, hervorgebracht.

So sinnreich die Allan'sche Steuerung ist, so steht sie doch hinter den Steuerungen von Stephenson und Gooch zurück; hinter der von Stephenson durch die Einschaltung der Schubstange, hinter der von Gooch durch die Veränderlichkeit des Voreilens bei verschiedenen Expansionsgraden, obschon die letztere hier in engeren Grenzen liegt, als bei Stephenson.

Die Steuerung von Heusinger v. Waldegg in Fig. 174 hat nur ein einziges Excentric, das dem Kolben um 90° nacheilt und dessen Stange bei C an das untere Ende der Coulisse CC_1 angeschlossen ist. Die kreisbogenförmig gekrümmte Coulisse dreht sich in ihrem todten Punkte um die Axe J und nimmt in ihrem Schlitze den Gleitbacken K auf, der einerseits durch die Hängestange HK,

Fig. 174.

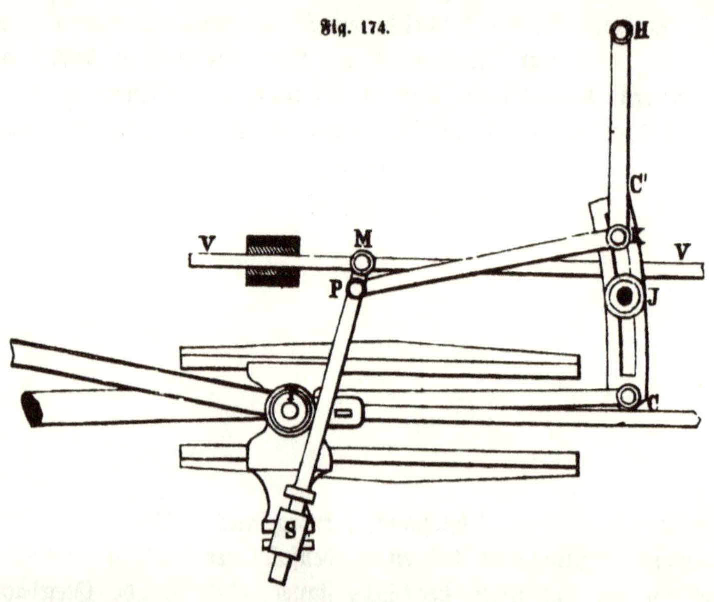

einen Winkelhebel und eine Zugstange mit dem Steuerhebel des Maschinisten verbunden ist und andererseits durch eine Schubstange PK an den Hebel MS sich anschließt. Die Hebel MS umfassen mit ihren oberen Enden M die Schieberstange VV und schließen sich mit ihren unteren Enden an die Büchsen S, welche in einen an dem Querhaupt T der Kolbenstange befestigten Arm eingelassen sind. Auch diese Umsteuerung hat für alle Expansionsgrade ein constantes Voreilen.

Die Steuerung von Fink in Fig. 175 arbeitet ebenfalls nur

Fig. 175.

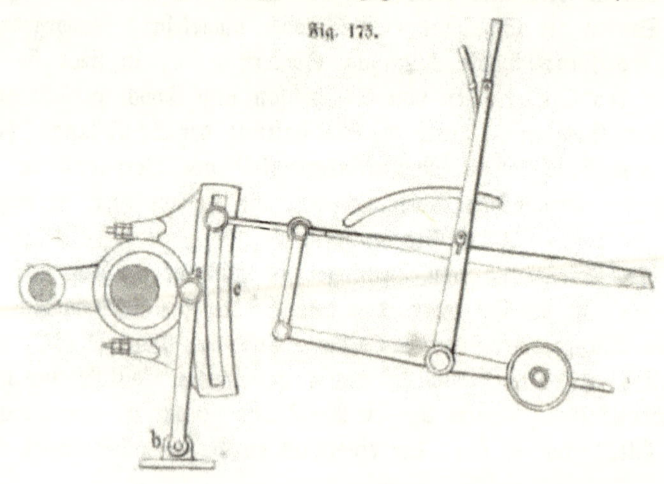

mit einem Excentric, das aber um 180° gegen die Kurbel verstellt ist. Die Coulisse c besteht mit dem Excentricringe aus einem Stücke und ist mit ihrer concaven Krümmung, deren Radius der Länge der Schieberschubstange gleich ist, gegen den Schieber gestellt. Excentricring und Coulisse schwingen um eine Axe a, welche unmittelbar hinter dem todten Punkte der Coulisse liegt und selbst wieder durch eine Lenkerstange ab eine in einem flachen Kreisbogen hin und her schwingende Bewegung erhält. Am Ende der Schieberschubstange befindet sich der Gleitbacken, welcher vermittelst des aus der Zeichnung ersichtlichen Umsteuerungsmechanismus im Schlitze der Coulisse auf und ab geschoben werden kann.

Diese Steuerung giebt für alle Expansionsgrade ein constantes Voreilen und zeichnet sich besonders durch ihre Einfachheit aus. Sie ist aber nur für feststehende Fördermaschinen und gewisse Schiffsmaschinen, nicht aber für Locomotiven anwendbar, weil der Drehungspunkt der Coulisse so nahe an der Axe liegt, daß die Schwingungen und Stöße der Frames der Coulisse sich mittheilen und eine unregelmäßige und fehlerhafte Dampfvertheilung verursachen.

Den Umsteuerungen mit einem Schieber macht man den Vorwurf, daß der Dampf hinter dem Kolben eine Compression erleidet, die um so stärker ist, je stärker man expandirt. Diese Compression verschwindet aber, wenn man noch einen zweiten Schieber anwendet, der nur den Dampf behufs der Expansionswirkung absperrt, während der von der Coulisse bewegte Schieber die Rolle des Vertheilungsschiebers übernimmt. Die Coulisse dient in diesem Falle nur zum Umsteuern, während der Expansionsgrad mittels des Expansionsschiebers verändert wird. Ob es vortheilhafter sei, einen oder zwei Schieber anzuwenden, darüber kann nach den bestehenden Erfahrungen noch kein endgiltiges Urtheil gefällt werden; denn es ist noch nicht festgestellt, ob die Arbeit, welche auf die Compression des Dampfes bei einem Schieber, oder die, welche auf die Bewegung des zweiten Schiebers bei zwei Schiebern verwendet wird, größer ist. Neuere Erfahrungen an Locomotiven scheinen darauf hinzudeuten, daß Coulissensteuerungen mit einem Schieber für Dampfspannungen von weniger als 6 Atmosphären, für höhere Dampfspannungen aber solche mit zwei Schiebern zweckmäßiger sind. Immerhin haftet aber den ersteren noch der Fehler an, daß die Dampfwege für den Eintritt bei höheren Expansionsgraden zu früh und zu wenig geöffnet werden. Bei feststehenden Fördermaschinen kommt die Anwendung eines zweiten Schiebers vorläufig noch gar nicht in Betracht, weil hier der Vortheil einer starken Expansion bei weitem nicht so überwiegend ist, als bei Locomotiven, und in der Regel nur mit schwacher, oft sogar ohne alle Expansion gearbeitet wird.

Die auf S. 275 beschriebene Steuerung von Meyer kann ohne Weiteres in eine Umsteuerung umgewandelt werden, wenn man die Stange des Vertheilungsschiebers nicht direct an ihr Excentric anschließt, sondern durch Vermittelung einer durch den Steuerhebel beweglichen Coulisse, in deren Schlitz ein am Ende der Schieberstange befestigter Gleitbacken sich bewegt. Hieraus folgt, daß die Schwungradwelle drei Excentrics erhalten muß, zwei für den Vertheilungsschieber und eines für den Expansionsschieber.

Polonceau (Civiling. 1860) wendet eine doppelt geschlitzte Coulisse an, die, wie bei Stephenson, von zwei Excentricstangen getrieben wird. Der eine Schlitz der Coulisse enthält den Gleitbacken für die Schubstange des Vertheilungsschiebers, der andere den für die Schubstange des Expansionsschiebers. Das Verstellen der Gleitbacken geschieht durch Heben und Senken der Schubstangen, welch beide durch Winkelhebel und Stangen mit Steuerhebeln in Verbindung gesetzt sind. Die Anordnung der Schieber ist die in Fig. 143 abgebildete.

Fig. 176 zeigt die an den Locomotiven der Schweizerischen Nordostbahn angewendete Steuerung von Volckmar, deren Schieber ebenfalls die Anordnung in Fig. 143 hat. Der Vertheilungsschieber erhält seine Bewegung durch Vermittelung einer Stephenson'schen Coulisse, und der Expansionsschieber wird durch eine zweite Coulisse getrieben, die in einem Schlitze der Expansionsschieberstange um den Zapfen R drehbar ist. An die gekrümmte Coulisse RC^3 des Expansionsschiebers schließt sich unten ein gerader Arm RC^2, dessen unteres Ende durch die Schubstange l^3 mit dem Ring des Rückwärtsexcentrics in Verbindung steht. In der Coulisse RC^1 läßt sich der Gleitbacken K durch Heben oder Senken der Schubstange l^2, die um die Axe Q drehbar ist, auf- oder abwärts schieben. Die Axe Q befindet sich auf einem Arme F, der auf der Stange des Vertheilungsschiebers befestigt ist und zugleich die Stange des Expansionsschiebers als Führung umfaßt, so daß diese den schrägen

Fig. 176.

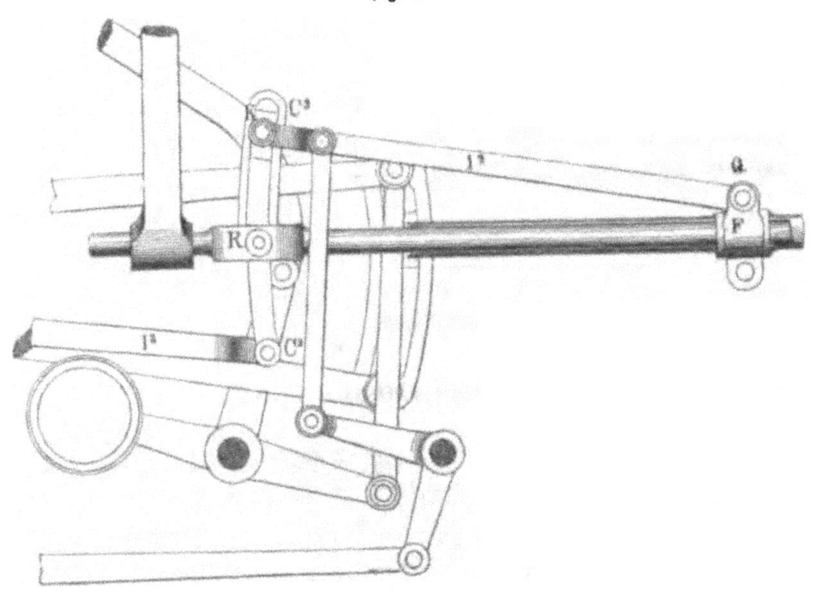

Druck der Schubstange l^2 aufnimmt. Es wird also der Punkt Q durch die Coulisse des Vertheilungsschiebers bewegt und diese Bewegung durch die Schubstange l^2 auf den Gleitbacken K der Coulisse $R C^3$ übertragen.

Denkt man sich nun die Schubstange l^2 so weit gesenkt, daß der Gleitbacken K in die Axe R der Expansionscoulisse zu stehen kommt, so nimmt derselbe und also auch der Expansionsschieber die Bewegung des Vertheilungsschiebers an, und es fällt daher der Widerstand des Expansionsschiebers gänzlich weg. Vermöge der Ausführung der Coulisse kann in Wirklichkeit der Gleitbacken nicht ganz so weit gesenkt werden; immerhin erhellt aber, daß bei gesenkter Schubstange der Widerstand des Expansionsschiebers sehr klein ausfällt. Eine Expansion kann hierbei nicht stattfinden, weil der Expansionsschieber wegen seiner geringen relativen Bewegung die Durchlaßcanäle des Vertheilungsschiebers nicht schließen kann. Hebt man dagegen die Schubstange l^2, so wird die relative Bewegung des Expansionsschiebers gegen den Vertheilungsschieber größer und es tritt eine Absperrung der Durchlaßcanäle im Vertheilungsschieber ein. Der Grad der hierdurch bewirkten Expansion im Cylinder hängt von der Höhe ab, um welche man die Schubstange l^2 gehoben hat,

Für die meisten der vorstehend beschriebenen Umsteuerungen sind die Beziehungen zwischen den -Stellungen der Steuerungsmechanismen und der Dampfvertheilung ausführlich dargelegt in: Zeuner, Schiebersteuerungen, 2. Aufl. 1862; für die Fink'sche Steuerung in der Ztschr. d. österr. Ing.-V. 1862; für die Volckmar'sche Steuerung im Civiling. 1859.

V.

Condensation.

Die Condensirung des Dampfes besteht in einer Erkältung, wodurch der größere Theil desselben in tropfbar flüssiges Wasser und der übrige in Dampf von weit geringerer Dichtigkeit und Elasticität verwandelt wird (S. 60).

Erkältet man 1 Cub.' gesättigten Dampf von 100° C. (in einem Gefäße von gleichem Volum) auf 40°, so wird fast $^{11}/_{12}$ desselben zu tropfbar flüssigem Wasser verdichtet, und der übrig bleibende ist Dampf von fast 12mal so geringer Dichtigkeit und $12^1/_2$mal so geringer Elasticität. Dieser Dampf ist ebenfalls ein gesättigter, hat aber nur die einer Temperatur von 40° zukommende Dichtigkeit und Spannkraft.

Da ferner 1 Kil. jenes Dampfes 640 w enthält, der nach der Verdünnung übrig bleibende aber nur $^1/_{12} \times 640$ oder 54 w, und das entstandene Wasser nur $^{11}/_{12} \times 40$ oder 36 w enthalten kann, so müssen dem ersten durch die Erkältung 640—90 oder 550 w entzogen worden sein. Und würde diese Erkältung von 1 Kil. Dampf bis 40° in einem viel kleinern Raume allmälig veranstaltet, so bliebe nur sehr wenig Dampf von $^1/_{12}$ Druck zurück; fast aller wäre zu Wasser verdichtet, und ihm müßte nahe an 600 w entzogen worden sein.

Bei Dampfmaschinen hat eine solche Condensirung keinen andern Zweck, als die dadurch bewirkte Verminderung der Elasticität. Indem man nämlich den Dampf, der gegen die eine Seite des Kolbens drückt, condensirt, verschafft man dem Dampf, der gegen die andere Seite drückt, ein Uebergewicht oder eine relativ größere

Kraft. Und klar ist, daß, so lange man nur Dampf von einfachem oder wenig stärkerem Druck verwendete, oder bloß atmosphärische und Niederdruckmaschinen kannte, eine Condensirung des gebrauchten Dampfes durchaus nothwendig war, um das Hin- und Hergehen eines Kolbens zu ermöglichen, weil zu diesem Zwecke auf der Rückseite ein ungleich schwächerer Gegendruck statt finden muß.

Wendet man höher drückenden Dampf an, so ist zwar die Condensirung nicht streng nothwendig; denn verschafft man dem gebrauchten Dampfe einen Abzug in die Luft, so vermindert sich seine Spannung sofort bis zu der der Atmosphäre, und es erlangt der jenseits wirkende Dampf bereits ein Uebergewicht; allein auch in diesem Falle wird dessen wirksamer Druck bei statthabender Condensirung noch größer werden.

Man sollte demnach glauben, daß für alle Maschinen eine Condensirung des gebrauchten Dampfes, und zwar eine möglichst vollkommene, wenn nicht unentbehrlich, doch in hohem Grade nützlich sei. Und so verhielte es sich auch, wenn die Condensirung mit keinerlei Aufwand verbunden wäre. Es erfordert diese jedoch nicht nur mancherlei Apparate, welche die Maschine kostspieliger und complicirter machen, sondern überdieß eine beträchtliche Menge Wasser zur Erkältung und eine ansehnliche Kraft, um dieses herbei- und nach seinem Gebrauche wieder wegzuschaffen. Die Vortheile der Condensirung werden daher um Vieles durch diese Umstände vermindert, so daß nicht nur rathsam wird, keine vollständige Condensirung anzustreben, sondern sehr oft, auf eine solche überhaupt zu verzichten.

Die Condensatoren zerfallen in zwei Classen:

a) solche, bei denen das kalte Wasser und der verbrauchte Dampf in einen gemeinschaftlichen Raum eingeführt werden, die sogenannten Einspritzcondensatoren, und

b) solche, bei denen das den verbrauchten Dampf aufnehmende Gefäß vom kalten Wasser umspült wird, die sogenannten Oberflächencondensatoren.

1.

Condensation durch Einspritzen.

Die allgemeine Einrichtung einer Condensirvorrichtung durch Einspritzen zeigt Fig. 177. Ihre wesentlichen Theile sind folgende:

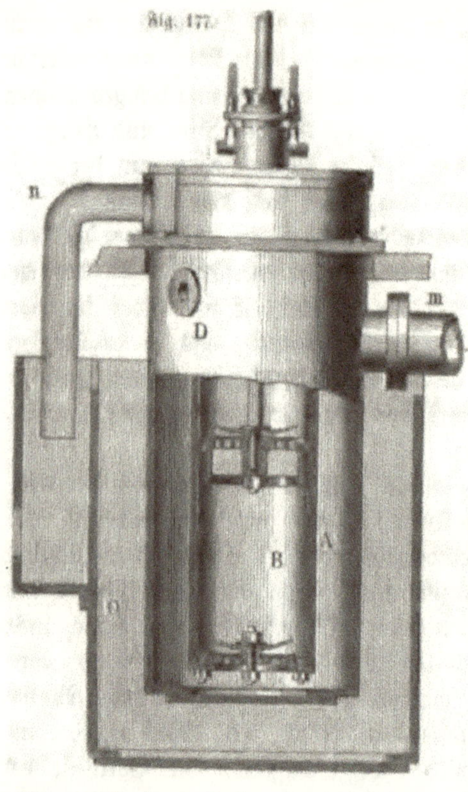

Fig. 177.

1) Der eigentliche Condensator A, ein luftdicht abgeschlossenes Gefäß, in welches sich der Dampf aus dem Cylinder durch die Röhre m ergießt;

2) die Luftpumpe B, welche das durch die Condensation entstehende warme Wasser und die mit dem kalten Wasser zugeführte Luft durch das Rohr n fortschafft;

3) der Kaltwasserbehälter oder die Cisterne C, ein kaltes Wasser enthaltendes Gefäß, in welches der Condensator eingestellt oder eingehängt ist;

4) die Einspritzröhre D (Injectionsröhre) mit einem Hahn, durch welchen die Menge des eingespritzten Wassers regulirt wird (Einspritzhahn, Injectionshahn), und einer Brause, welche das Wasser in feine Strahlen zertheilt;

5) eine Kaltwasserpumpe, die das kalte Wasser liefert und in die Cisterne ergießt.

Die Kolben der beiden Pumpen werden bei Balanciermaschinen durch den Balancier direct, bei Maschinen ohne Balancier entweder von der Dampfkolbenstange aus durch Vermittelung von Traversen oder Winkelhebeln, oder von der Schwungradwelle aus getrieben. Bei großen Dampfmaschinenanlagen stellt man sogar bisweilen zu ihrem Betriebe besondere, von der Hauptmaschine unabhängige Dampfmaschinen auf, in ähnlicher Weise, wie die Speisung der Dampfkessel von besonderen Dampfpumpen (S. 192) besorgt wird.

Um das Condensationsgeschäft richtig zu beurtheilen, haben wir hauptsächlich die Menge des erforderlichen Abkühlungswassers und die Functionen der Luftpumpe näher zu betrachten.

a. Wasserquantum.

Das Wasserquantum hängt einerseits von der Temperatur ab, bis zu welcher der Dampf abgekühlt werden soll, und andererseits von der Menge des zu condensirenden Dampfes, sowie von der Temperatur des kalten Wassers.

Nehmen wir an, daß der Dampf vollständig in Wasser verwandelt werde, so muß, wenn t die Temperatur des kalten Wassers und T die Temperatur, welche das Wasser nach der Condensation haben soll, bezeichnen, 1 Pf. (oder Kil.) Dampf an Wärmeeinheiten 650—T abgeben und jedes Pfund des kalten Wassers T—t aufnehmen; es wird daher jenes Quantum

$$x = \frac{650-T}{T-t} \text{ seyn.}$$

Oder hat das kalte Wasser 12°, und soll das condensirte 40° warm sein, so bedarf man, um 1 Pf Dampf zu verdichten,

$\frac{610}{28}$ oder fast 22 Pf. kaltes Wasser;

setzt man T = 32°, so wäre der Bedarf $\frac{618}{20}$ oder 31 Pf.

und wenn T = 50°, nur $\frac{600}{38}$ oder 15¾ Pf.

Ebenso ist klar, daß, vermischte man 1 Pf. Dampf mit 25 Pf. Wasser von 12°, das hiemit 300 w. enthielte, die Temperatur alles Wassers nach der Condensation $\frac{950}{26} = 36\frac{1}{2}°$ sein wird.[1]

Da nun in der Regel Watt'sche Niederdruckmaschinen in 1 Min. pr. Pfkr. 1 Pf. Dampf verbrauchen, und Woolf'sche etwa ⅔ Pf., so wird eine 20pferd. Maschine nach jenem System in 1 Min. nicht weniger als 22 . 20 oder 440 Pf. und eine solche nach Woolf an 14 . 20 oder 280 Pfd. Wasser zur Condensation erfordern, wenn T nicht über 40° steigen soll (und t wie gewöhnlich etwa 12° beträgt).

Der Bedarf wäre schon fast um die Hälfte größer, wollte man T bis auf 32° erniedrigen.

[1] Man sieht, daß es unthunlich ist, ein Verhältniß des Wasserbedarfs zum Cylinderinhalte festsetzen zu wollen, da dieser Bedarf vom Gewicht, nicht vom Volum des Dampfs bedingt ist; ferner, daß, wenn man z. B. um mehr Leistung zu erhalten, eine Woolfsche Maschine mit Dampf von 4 oder 5, statt von 3 Atm., arbeiten läßt, man weit mehr Wasser und einen größern Condensator anwenden muß.

Umgekehrt läßt sich aus der Menge und der Temperatur des erzeugten Condensationswassers das Quantum des verbrauchten Dampfes, und zuverlässiger vielleicht auch als auf jede andere Weise ermitteln, obschon nicht zu übersehen ist, daß schon im Cylinder etwas Dampf condensirt wird.

Gesetzt nämlich in einer gegebenen Zeit habe der Condensator 13000 Kil. Wasser im Mittel von 38° geliefert, und die Temperatur des frischen sei 13°, so müßten, nennen wir x die Menge des condensirten Dampfes, (13000 — x) Kil. um 25° erwärmt worden sein und vom Dampfe 650 — 38 oder 612 x Wärmetheile erhalten haben, und daraus ergibt sich 325000 = 637 x; x = 510 Kil.

Weit mißlicher ist aus der in gleichen Zeiten verbrannten Menge Kohle zu berechnen, wie viel Dampf 1 Kil. Kohle producirt. Denn wäre auch zuversichtlich ermittelt, daß z. B. 64 Kil. verbraucht worden, so wäre nur dann die Dampfproduction pr. Kil. $\frac{510}{64} = 8$ Kil., wenn Menge und Temperatur des Kesselwassers ganz genau unverändert geblieben. Hätten diese aber um 100 Kil. (von 4000) und um 1° abgenommen, so müßte das Kesselwasser an 14000 w verloren und über 20 Kil. des verbrauchten Dampfes producirt haben. Zudem läßt obige Rechnung nur das Quantum des condensirten Dampfes finden, und nicht aller producirte Dampf gelangt in den Condensator.

b. Kaltwasserpumpe.

Ersehen wir aus dem Ebengesagten, wie bedeutend schon für mäßig große Maschinen der Wasserbedarf ist, so ist einleuchtend, daß die Herbeischaffung desselben Pumpen von ansehnlichen Dimensionen und meist einen nicht geringen Aufwand an Kraft erfordert, und daß man sich vor Aufstellung einer Maschine eines stets zureichenden Wasservorraths versichern muß. Da es überdieß nicht rathsam ist, sich auf den strengnöthigen Bedarf zu beschränken, und Pumpen, zumal schnell gehende, nie ganz den berechneten Effekt leisten, so wird man für Niederdruckmaschinen wenigstens 25 Pf. Wasser pr. Pfkr. zu verlangen und die Pumpe auf 30 Pf. einzurichten haben. Grouvelle schlägt sogar den Wasserbedarf für Woolf'sche Maschinen zu 10 Kil. und für Watt'sche zu 17 Kil. pr. Pfkr. an.

Die Construktion der Pumpe, meist eine Saug- und Druckpumpe, wollen wir nicht näher erläutern. Der Kolben, in der Regel ein Plungerkolben, spielt in einem neben den Steigröhren stehenden Stiefel, und die Stange wird durch den Balancier gezogen, oder von der Dampf- oder Luftpumpenkolbenstange aus getrieben, wenn man nicht vorzieht, eine besondere Maschine hierzu aufzustellen. Beträgt die Tiefe des Wasserstandes nicht über 40′, so ist es rathsam, die Klappen stets in der Mitte der Röhre anzubringen. Es versteht sich, daß man leicht zu diesen muß gelangen können, um sie stets in gutem Stand zu erhalten, daß die untere Oeffnung des Saugrohrs mit einem Seiher zu versehen ist und daß diese Röhren eher zu weit als zu eng sein müssen.

Da der Pumpenkolben gerade so viele Hübe macht als der des Cylinders, die Hubhöhe aber gewöhnlich nur halb so groß ist, so wird, wenn die Pumpe einer 20pferd. Maschine auf 20 × 30 oder 600 Pf. Wasser pr. Min. zu berechnen ist, und 25 Hübe pr. Min. statt finden, jeder Hub 24 Pf. Wasser fördern müssen oder etwa 624 Cub.″ Beträgt also die Hubhöhe 28″, so muß die Kolbenfläche = $22\frac{1}{4}$ □″ seyn und der Durchmesser $5\frac{2}{7}$″. Der Durchmesser des Saugrohrs ist so zu bestimmen, daß die Geschwindigkeit in demselben 3′ nicht übersteigt. Sind daher 10 Pfd. oder 160 Cubikzoll in der Sekunde zu heben, so wird der Querschnitt $\frac{160}{36} = 4\frac{4}{9}$ □″ und der Durchmesser $2\frac{3}{8}$″.

Beträgt ferner die Tiefe des Brunnens 40′, so wäre die Leistung pr. Min. = 40 × 600 oder 24000 Pf. 1′ hoch, oder die Reibung mitgerechnet, beinahe die einer Pferdekraft.

Wäre der Brunnen 60′ tief, und wollte man eine Temperatur von 32⁰ erreichen, so würde wenigstens doppelt so viel Leistung durch die Pumpe allein absorbirt. Da nun die Elasticität des Dampfes, also der Gegendruck gegen den Dampfkolben in diesem Falle kaum um $\frac{1}{30}$ einer Atmosphäre theoretisch, und in der Wirklichkeit noch weniger, vermindert wird, so ist klar, daß eine möglichst vollständige Condensation durchaus nicht vortheilhaft sein kann.

Eben so unvortheilhaft muß es aber sein, sich, um weniger Wasser zu bedürfen, mit einer so schwachen Condensation zu begnügen; denn bei 60⁰ z. B. ist die Spannung des Dampfes schon um mehr als $\frac{1}{8}$ Atmosphäre größer als bei 40⁰ und die erforderliche Kraft zur Bewegung der Pumpe nicht verhältnißmäßig kleiner. [1]

[1] Da das zur Condensirung erforderliche Wasserquantum nach den Umständen bedeutend variiren muß, so wäre zu wünschen, nicht nur die Injection reguliren zu können, sondern die Arbeit der Kaltwasserpumpe selbst — was aber schwer,

Mit Erfolg ist in solchem Falle hingegen öfter schon eine andere Aushilfe angewendet worden. Man läßt nämlich das warme Wasser in große und flache Behälter fließen und darin so lange sich abkühlen, daß es von neuem zur Verdichtung brauchbar wird. Bei dieser Abkühlung muß indessen stets ein Theil des Wassers, wohl $^1/_5$, verloren gehen; und dann ist das Verfahren an sich umständlich, sehr von der Witterung abhängig und kaum in allen Jahreszeiten thunlich.

c. Der Condensator und die Functionen der Luftpumpe.

Damit die Condensation ungehindert vor sich gehe, muß der Inhalt des Condensators die gehörige Geräumigkeit haben und das Rohr m nicht zu eng sein. Der Inhalt des Condensators darf nicht weniger als $^1/_3$ des Dampfcylinder-Inhalts betragen.

Offenbar muß das Injectionswasser beständig wieder aus dem Condensator herausgeschafft werden, und zwar vermittelst einer Pumpe, da er ein luftdicht verschlossenes Gefäß ist. Die zu diesem Behuf vorhandene Pumpe ist die Luftpumpe B. Dieselbe hat aber noch einen andern Zweck. Sie muß fortwährend auch die bei Minderung des Drucks aus dem Wasser entweichende Luft, so wie den noch zurückbleibenden verdünnten Dampf aus dem Condensator auspumpen.

So klein der Luftgehalt des Wassers ist und so sehr die austretende Luft sich ausnehmend verdünnt, so wird doch, indem Luft und Dampf sich durchdringen, die Elasticität und mithin der Gegendruck des verdichteten Dampfes dadurch meist von $^1/_{15}$ auf $^1/_{12}$ oder $^1/_{10}$ Atm. erhöht, und ungleich mehr, wenn durch die Stopfbüchse, Fugen oder feine Risse Luft eindringen sollte.

Bei der in Fig. 177 abgebildeten Condensationsvorrichtung ist die Luftpumpe als einfach wirkend angenommen werden. Der Kolben hat hierbei eine Durchgangsöffnung, welche von einer kreisrunden Kautschukplatte regulirt wird. Beim Aufgang des Kolbens legt sich diese Platte gegen ein Gitterwerk, das ihre Durchbiegung verhindert, und beim Niedergang gegen einen Fangtrichter, der ebenfalls gitterförmige Durchbrechungen hat, um dem Wasser leichteren Abfluß zu gewähren. Versieht man die Platte äußerlich mit schrägen Ein-

und kaum anders als durch eine veränderlich wirkende Hubhöhe zu bewerkstelligen sein dürfte. Man brauchte dann nicht dieser Pumpe für den Normalbedarf übermäßige Dimensionen zu geben.

schnitten, so dreht sie sich jedesmal, wenn sie sich hebt, ein kleinwenig; die Veränderung ihrer Lage auf dem Gitter, die hierdurch hervorgebracht wird, trägt zu ihrer Erhaltung bei. Früher wandte man häufig Klappen aus Rothguß oder Messing an; doch sind dieselben wegen ihres stärkeren Schlages fast vollständig durch die Kautschukklappen verdrängt. Eine ähnliche Klappe, wie die beschriebene, dient als Saugventil am unteren Ende des Luftpumpencylinders.

Betrachten wir die Verrichtungen einer einfach wirkenden Luftpumpe etwas näher, so finden wir, daß sie bei doppelt wirkenden Maschinen zu einem nicht unerheblichen Uebelstand Anlaß geben. Obschon nämlich im eigentlichen Condensator eine beständige Abkühlung und Verdichtung des Dampfes vor sich geht, so wird doch unverkennbar beim Aufwärtsziehen des Luftpumpenkolbens ein vollständigeres Vacuum erzeugt, als während des Herabgehens desselben. Ist die Luftpumpe nun einfach wirkend, so erfährt der Dampfkolben bei der Bewegung nach der einen Richtung einen etwas größern Gegendruck, als bei der Bewegung nach der andern Richtung, während derselbe bei beiden gleich sein sollte. Und daraus ergiebt sich nicht bloß eine nachtheilige Ungleichheit, sondern auch noch der weitere Uebelstand, daß der Expansionsgrad beschränkt wird.

Bei einfach wirkenden Dampfmaschinen, z. B. Cornwallmaschinen, fällt dieser Uebelstand weg. Der Dampf wirkt hier nur auf die eine Kolbenfläche, wobei zugleich die Luftpumpe gehoben wird. Das Vaccuum wird möglichst vollkommen und der Dampf kann mit stärkerer Expansion wirken. Beim Rückgang aber ist der größere Druck nur wünschenswerth, weil er auf das Gegengewicht, welches den Rückgang des Kolbens hervorbringt, unterstützend wirkt.

Um bei doppelt wirkenden Maschinen die bezeichneten Uebelstände zu beseitigen, wendet man häufig doppeltwirkende Luftpumpen an. Eine compendiöse Condensationsvorrichtung dieser Art zeigt Fig. 178. Cisterne C, Condensator A und Luftpumpencylinder B sind aus einem Stücke gegossen, und Böden und Deckel sind aufgeschraubt. Der Dampf tritt in den Condensator A im oberen Theile desselben ein, und in gleicher Höhe wird durch den Einspritzhahn D mit Brause das kalte Wasser eingeführt, welches die Kaltwasserpumpe in die Cisterne C liefert. Ein Wasserüberschuß im Condensator steigt durch ein Rohr E auf und fließt durch ein Ansatzrohr ab. Der Kolben F ist nicht durchbrochen, sondern hat

Fig. 178.

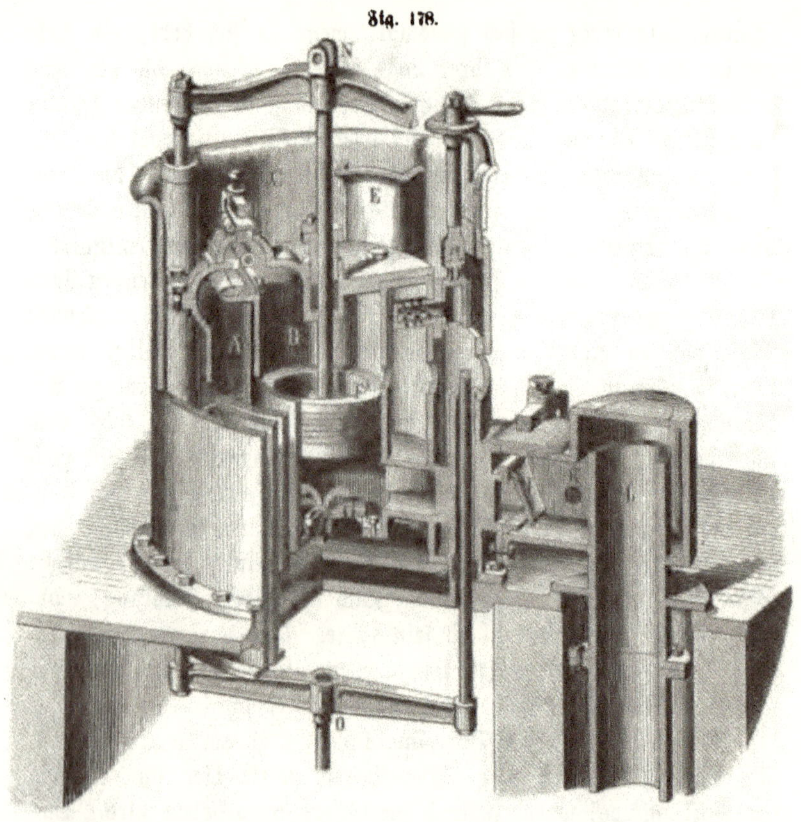

einen massiven Boden. Wenn derselbe aufsteigt, saugt er das warme Wasser und die Luft durch das Fußventil G nach und treibt die oberhalb des Kolbens angesammelte Luft durch das Ventil H aus. Beim Niedergange drückt er Wasser und Luft durch die Klappe J in einen Raum, aus dem die Speisepumpe ihren Bedarf durch das Rohr K entnimmt, während der Ueberschuß durch das Rohr L abfließt. Zu gleicher Zeit öffnet er die Klappe M und saugt aus dem Condensator die Luft nach, die mit dem kalten Wasser eingedrungen war, um sie beim nächsten Aufgange durch die Klappe H wieder auszutreiben. Ihren Betrieb erhält diese Pumpe von der Schwungradwelle aus durch ein Excentric, dessen Stange bei N an den Kreuzkopf der Luftpumpenkolbenstange sich anschließt. Mit dem Kreuzkopf N ist durch zwei verticale Stangen ein zweiter Kreuzkopf O verbunden, der die Bewegung auf die Kaltwasserpumpe überträgt.

Um die Dimensionen der Luftpumpe zu bestimmen, gehen wir

auf die Formel (S. 319) $x = \frac{650-T}{T-t}$ zurück, welche das zur Verdichtung von 1 Pfd. Dampf erforderliche Wassergewicht angiebt. Wir wollen dasselbe in der Folge rund zu 25 Pfund annehmen. Führen wir statt des Gewichtes das Volum ein, so wird dasselbe für hochgespannten Dampf ein ganz anderes, als für niedrig gespannten, weil jener eine viel größere Dichtigkeit besitzt.

Das specifische Dampfvolumen bei $1^1/_4$ Atm., also niedriger Spannung, ist nach S. 56 : 1381. Ist das Volum des Dampfcylinders V, so kommt hiernach auf jeden Hub die Dampfmenge 2 V, die zu ihrer Verdichtung die Wassermenge $\frac{2\,V}{1381} \cdot 25$ oder $\frac{1}{27}$ V braucht. Dieses Wasser muß durch die Luftpumpe fortgeschafft werden, und mit ihm zugleich die Luft und der Dampf, die in ihm enthalten sind. Nimmt man an, daß das Wasser mit $\frac{1}{26}$ seines Volums Luft gemischt sei, die durch die Wirkung des Condensators von $1^1/_4$ Atm. auf 0,081 Atm., d. i. die der Temperatur von 40^0 entsprechende Spannung verdünnt worden ist, so ist obiges Wasservolum noch um $\frac{1}{26} \cdot \frac{1,25}{0,081}$ oder 0,6 ihres Betrags zu vermehren. Da aber die beigemengte Luft auch noch mit dem Wasser von 12^0 bis auf 40^0, also um 28^0, sich erwärmt und dabei um $\frac{28}{272}$ sich ausdehnt, so erhebt sich dadurch das Luftvolum auf $0,6 + \frac{28}{272} \cdot 0,6$ oder 0,655 des Wasservolums. Zu einem gleichen Betrage ist das Volum des eingemischten Dampfes anzunehmen, und es ist daher das während eines Hubes durch die Luftpumpe fortzuschaffende Wasser-, Luft- und Dampfquantum

$$\frac{1}{27}\,V + 2\,.\,0,655\,.\,\frac{1}{27}\,V$$

$$= \frac{1}{12}\,V,$$

wofür man der Sicherheit wegen $^1/_8$ V rechnet.

Bei höherem Druck gestaltet sich die Rechnung ganz anders. Für 4 Atm. z. B. ist das specifische Dampfvolumen 476 und das fortzuschaffende Wasserquantum $\frac{2\ V}{476} \cdot 25 = \frac{1}{9}$ V, das mit seinem Gehalte an Luft und Dampf bis auf

$$\frac{1}{9} V + 2 \cdot 0{,}655 \cdot \frac{1}{9} V$$
$$= \frac{1}{4} V$$

sich erhebt. Für letzteren Betrag ist $^3/_8$ V zu nehmen.

Die gefundenen Werthe von $^1/_8$ V bis $^3/_8$ V stellen den Fassungsraum der Pumpe dar, wenn dieselbe einfachwirkend ist. Treibt sie dagegen auf der einen Seite Wasser, auf der andern Luft und Dampf aus, wie in Fig. 178, so sind diese Werthe mit $\frac{1{,}31}{2{,}31} = 0{,}55$ zu multipliciren. Und endlich mit 0,5 sind sie zu multipliciren, wenn die Pumpe auf beiden Seiten sowohl Wasser, als Luft austreibt. Dividirt man den gefundenen Fassungsraum durch den Hub der Pumpe, so erhält man den Querschnitt, aus welchem auf bekannte Weise der Durchmesser abgeleitet werden kann.

Bei der Berechnung der Betriebskraft kann man annehmen, daß Reibung und Gegendruck sich compensiren, daß der Kolben also beim Ansaugen gerade den Widerstand einer Atmosphäre zu überwinden hat. Der Kolben einer einfachwirkenden Pumpe von 0,1□m Querschnitt hat also 1033 Kil. Druck auszuhalten. Beträgt ferner der Hub 1m und die Spielzahl pro Min. 25, so ist die Betriebskraft $1033 \cdot \frac{25}{60}$ Meterkilogr. pro Sekunde oder $5^3/_4$ Pfdkr. Eine doppelt wirkende Pumpe würde für dieselbe Leistung nur 0,05□m Querschnitt erhalten, aber bei jedem Spiele zweimal arbeiten; die Betriebskraft bleibt also dieselbe.

Hat der Brunnen, der das kalte Wasser liefert, eine geringe Tiefe, höchstens 20′, so ist es möglich, dasselbe durch die Luftpumpe unmittelbar in den Condensator zu fördern, und es wird dann sowohl die Kaltwasserpumpe, als die Cisterne entbehrlich. Da nämlich die Luft einer Wassersäule von 10m oder reichlich 30′ das Gleichgewicht hält, so kann das Wasser durch ein Vacuum von $^1/_8$ Atm. in dem Condensator noch bis zu $^7/_8 \cdot 10^m$ oder circa 28′ gehoben werden. Das Eindringen von Unreinigkeiten ist hierbei noch sorgfältiger zu verhindern und der Wasserzufluß mittelst eines Hahnes regulirbar zu machen.

Es ist indessen nicht zu verkennen, daß dieses Verfahren stets etwas mißlicher ist, so sehr es sich durch seine Einfachheit empfiehlt. Denn wendet man aus Vorsicht dieses Mittel auch nur bei einer mäßigen Tiefe an, so kann doch zuweilen auf einen Augenblick das aufsteigende Wasser nicht die gehörige Höhe erreichen. Die geringste Unterbrechung des Zuflusses führt aber bald zu einer gänzlichen Hemmung desselben, und das Wasser erhitzt sich dann im Condensator bis zum Sieden. Die Betriebskraft wird übrigens dadurch nicht vermindert, weil die Arbeit zur Hebung des Wassers von der Luftpumpe mit verrichtet werden muß.

In **Armengaud, Publ. ind. v. XI**, ist eine doppelt wirkende Luftpumpe ohne Condensator beschrieben, bei welcher das kalte Wasser und der verbrauchte Dampf unmittelbar in den Luftpumpencylinder eingeführt werden.

d. Prüfung der Condensationswirkung.

Obgleich man nach dem Gesagten durchaus auf keine vollständige Condensirung bedacht seyn kann, so bleibt doch sehr wichtig, zumal bei Niederdruckmaschinen, fleißig zu prüfen, bis zu welchem Grade die Spannung des Dampfes im Condensator wirklich vermindert ist, da dieß der erste und wesentliche Zweck dieses Apparats ist. Ueberdieß ist eine mangelhafte Funktion auch darum zu verhüten, weil sie häufig von Fehlern herrührt, die noch andere Nachtheile mit sich bringen.

Es sollte nun dieselbe sehr einfach mittelst eines Thermometers in Erfahrung gebracht werden können, da man die Spannung des bis zu einer gewissen Temperatur abgekühlten Dampfes kennt (S. 60). In der Wirklichkeit ist aber die Spannung stets um $^1/_3$ oder die Hälfte größer, weil alles natürliche Wasser mehr oder weniger (auf 1 Vol. $^1/_{30}$ — $^1/_{15}$) L u f t enthält, welche bei Verdünnung des Dampfes großentheils entweicht und mit dem verdünnten Dampf vermengt den Druck vermehrt.

Gewöhnlich ist man daher zufrieden, wenn man die Pression im Condensator auf $^1/_{10}$ Atm. reducirt, und zu dem Ende eine Temperatur von etwa 38° erreicht, obschon bei dieser (theoretisch) die Pression nur etwa $^1/_{15}$ Atm. sein sollte.

Um nun diese effective Spannung zu jeder Zeit direkt zu erfahren, bedient man sich eines sogenannten Vaccuummanometers, d. h. eines (verkehrten) **B a r o m e t e r s**, dessen oberes Ende nicht wie bei gewöhnlichen geschlossen ist, sondern mit dem Condensator communicirt.

Denn beträgt die normale Barometerhöhe 28″, so würde das Quecksilber, weil die äußere Luft unten auf dasselbe drückt, bis auf 28″ steigen, wenn im Condensator ein vollkommenes Vacuum statt hätte. Erhebt es sich also nur auf 24 oder 25″, so ist daraus ersichtlich, daß der Dampfdruck im Condensator 4″ oder 3″ betragen muß, oder noch $^1/_{28}$ oder $^3/_{28}$ einer Atmosphäre.

Leicht verräth immerhin schon die Temperatur einen namhaften Uebelstand; schwer ist aber oft, hat ein solcher statt, die wahre Ursache desselben zu entdecken und demselben abzuhelfen. Wird das Wasser zu warm, so liegt die Schuld gemeiniglich zwar daran, daß der Zuflußhahn nicht genugsam geöffnet, oder daß er mehr oder weniger verstopft ist. Die Ursache kann aber auch daran liegen, daß die Ventile der Pumpe nicht gehörig schließen, die Kolbenliderung abgenutzt ist, daß durch irgend eine unsichtbare Oeffnung oder die Stopfbüchsen Luft in die große Pumpenröhre oder in den Condensator eindringt, daß sich zwischen dem Condensator und der Luftpumpe Fett oder andere Unreinigkeiten ansammeln, daß die Wasserpumpe zu wenig Wasser liefert, oder auch, daß der Kolben des Dampfcylinders zu undicht ist. Auch dieser Apparat gehört daher zu denen, deren Beschaffenheit stetig und sorgfältig beobachtet werden muß.

e. Entbehrlichkeit eines Condensators.

Bei Anwendung eines hochdrückenden Dampfs ist eine Condensirung desselben, wie schon bemerkt, nicht nothwendig, und auf Dampfwagen ist man gezwungen, auf einen Condensator zu verzichten, weil es unmöglich wäre, die erforderliche Menge kalten Wassers mitzuführen, und überdieß eine möglichst compendiöse Maschine hier besonders wichtig ist. Eben so muß man sich oft aus Mangel an Wasser mit Hochdruckmaschinen ohne Condensator behelfen, obgleich man in diesem Falle Vorrichtungen treffen kann, um das erwärmte Wasser abkühlen zu lassen, so daß dasselbe Wasser stets wieder von neuem dienen kann (S. 322).

Es gibt indessen Fälle, wo es überhaupt vortheilhafter seyn mag, keine Condensation zu veranstalten. Die Umstände, unter denen dieß rathsam seyn kann, dürften namentlich folgende seyn:

1) wenn mit sehr hohem Dampfe gearbeitet wird.[1] Je stärker gespannt der Dampf ist, desto mehr entweicht durch den Kolben. Bei einem Condensator ist dieser Verlust doppelt schädlich, indem auch der entweichende Dampf condensirt werden muß. Es muß dann ungleich mehr Wasser geschöpft und eine weit größere Luftpumpe angewendet werden, und mithin ist wohl möglich, daß die Vortheile, die aus der Verdichtung erwachsen könnten, durch den dadurch erforderlichen Kraftaufwand aufgewogen würden;

2) wenn eine möglichst einfache Construktion und ein sehr schnelles Kolbenspiel zu wünschen ist, wie bei transportabeln Maschinen;

3) wenn der Brennmaterialverbrauch nicht in Frage kommt, wie bei vielen Steinkohlenbergwerken, die unverkäufliche Kohlensorten zur Feuerung verwenden;

4) wenn das kalte Wasser aus sehr großer Tiefe herausgepumpt werden muß oder wenn man kein bedeutendes Quantum Wasser zur Condensirung anwenden kann. Gesetzt nämlich, man hätte nur über ein achtfaches Quantum von 12° zu verfügen, so bliebe nach obiger Formel die Temperatur des Wassers nach der Condensation

$$= \frac{650 + 12 \times 8}{8 + 1} = \frac{746}{9} = 83^0$$

und die Spannung im Condensator über ½ Atmosphäre.

2.

Oberflächencondensation.

Das Meerwasser, welches durch die Condensation mittelst Einspritzung den Schiffskesseln zugeführt wird, concentrirt durch die Verdampfung in den Kesseln seinen Salzgehalt, und das Kesselwasser muß, um wieder auf den Salzgehalt des Meerwassers zurückgeführt zu werden, von Zeit zu Zeit, wenn derselbe auf das Doppelte oder Dreifache gestiegen ist, abgelassen werden. Dadurch entsteht ein beträchtlicher Wärmeverlust.

[1] Setzt man bei Volldruckmaschinen den theoret. Effekt mit Condensation = 1, so ist derselbe ohne Condensation:

bei 3fachem Druck nur	0,706,	bei 4fachem	0,78
„ 5 „ „ „	0,824,	„ 6 „	0,854
„ 7 „ „ „	0,876,	„ 8 „	0,892

der Verlust also bei 3fachem Druck fast $^3/_{10}$; bei 8fachem wenig über $^1/_{10}$.

Nehmen wir an, es werde Dampf von $1^3/_4$ Atm. erzeugt und das Speisewasser nach der Concentration des Salzgehaltes auf das Doppelte des ursprünglichen abgelassen, so ist, den Salzgehalt im Meere $^1/_{32}$ gesetzt, zur Erzeugung von 1 Pfd. Dampf und zum Ausblasen von 1 Pfd. Wasser $2^2/_{32}$ Pfd. Speisewasser nothwendig, wovon nur 1 Pfd. verdampft wird. Dampf von $1^3/_4$ Atm. wird aus reinem Wasser bei 117^0 (S 62), aus Salzwasser etwa bei 118^0 erzeugt; es werden also auf die Erwärmung von $1^1/_{16}$ Pfd. Salzwasser, dessen specifische Wärme 0 975 des reinen Wassers ist, $1^1/_{16} . 118 . 0{,}975 = 122{,}24$ w verwendet. Der ursprüngliche Salzgehalt des Speisewassers war $^1/_{32}$, dem die specifische Wärme 0,9875 entspricht; hatte nun das Speisewasser schon eine Temperatur von 40^0, so wird jener Verlust vermindert um $1^1/_{32} . 0{,}9875 . 40 = 40{,}73$ w. Die nutzlose Erwärmung des Speisewassers kostet also $122{,}24 - 40{,}73 = 81{,}51$ w. Die Erzeugung des Dampfes von 118^0 erfordert (S. 62) 642,49 w und nach Abzug der dem Speisewasser inne wohnenden Wärmemenge $642{,}49 - 40{,}73 = 601{,}76$ w. Es beläuft sich also der Verlust durch das Abblasen auf $\frac{81{,}51}{601{,}76}$ oder $13^1/_2$ Procent.

Hiezu kommt noch, daß man durch das Ausblasen die Kesselsteinbildung nicht einmal vollständig verhindern kann.

Durch die Oberflächencondensation, d. h. dadurch, daß man das Condensationswasser mit dem Dampfe nicht in directe Berührung bringt, sondern durch Vermittelung zwischenliegender Flächen die Abkühlung desselben bewirkt, erhält man aus dem verdichteten Dampfe ein von allen Nebenbestandtheilen freies Speisewasser, das wesentlich zur Erhaltung des Kessels beiträgt. Leider sind die Schwierigkeiten in der praktischen Ausführung so groß, daß die Verbreitung dieses Systems trotz seiner großen Vortheile immer noch eine ziemlich beschränkte ist.

Samuel Hall war der Erste, dem es gelang, einen wirklich brauchbaren Apparat dieser Art herzustellen. Derselbe besteht aus einem Gefäß mit einem System verticaler Röhren, welche ringsum von kaltem Wasser umgeben sind, das durch eine Pumpe in beständiger Circulation erhalten wird. Der Dampf tritt von oben in die Röhren ein, condensirt sich beim Durchgange und das hierbei entstehende Wasser fällt in ein Gefäß nieder, aus dem es in den Kessel gepumpt wird. Das kalte Wasser, welches die Röhren umgiebt, ist Seewasser, das am Boden des Schiffes aufgenommen wird, von unten in den Condensator eintritt und ihn nach seiner

Circulation im Niveau der Wasserlinie des belasteten Schiffs verläßt. Die Circulation des Wassers wird durch eine kräftig wirkende Pumpe hervorgebracht. Die Luftpumpen, welche die Luft aus dem Condensationswasser ausziehen, geben das Wasser in den Kessel ab und dienen daher zugleich als Speisepumpen. Die ausgepumpte Luft entweicht durch ein offenes Standrohr, welches im höchsten Punkte des Speiserohrs aufgestellt und durch den eisernen Mastbaum hindurch bis auf eine hinreichende, der Dampfspannung entsprechende Höhe fortgesetzt ist. Der durch Undichtheiten veranlaßte Verlust von Speisewasser wird durch einen kleinen Hilfskessel ersetzt.

Um den äußeren Druck auf die Röhren, in denen die Condensation vor sich geht, aufzuheben, umgiebt Pirsson (Civ. Eng. 1853) dieselben mit einem Einspritzcondensator, aus dem durch eine zweite Luftpumpe Wasser und Luft weggesaugt werden, so daß außerhalb der Röhren dasselbe Vacuum entsteht, wie innerhalb derselben.

Spencer führt, dem Hall'schen Systeme entgegengesetzt, das kalte Wasser durch die Condensationsröhren und läßt den Dampf an ihren Außenwänden sich condensiren, um den luftdichten Schluß des Röhrensystems im Hall'schen Condensator durch einen wasserdichten zu ersetzen.

Für eine Pferdekraft sind 2½ Quadratfuß Condensationsfläche zu rechnen.

3.

Benutzung des verbrauchten Dampfes bei Hochdruckmaschinen.

Die Maschine consumirt nur die Elasticität des Dampfes, nicht aber seinen Wärmegehalt. Dieser muß also, zufälligen Verlust abgerechnet, noch ganz oder größtentheils in dem aus dem Cylinder austretenden Dampfe vorhanden sein. Erhält die Maschine aus 1 Kil. Steinkohlen 6 Kil. Dampf, so verzehrt sie durch den Verbrauch desselben nahe an 4000 w, aber nur als Elasticität. Der Dampf verliert allerdings diese und wird deßhalb für die Maschine zu aller weitern Verwendung untauglich; dasselbe Quantum Dampf hat aber, wie sehr auch seine Spannkraft sich vermindert, immer den gleichen Gehalt an Wärme, und dieser muß gewiß, wie hoch wir den zufälligen Dampfverlust anschlagen mögen, wenigstens an 3000 w betragen; so daß, würden diese zu irgend einer Erwärmung verwendet, wir nun aus 1 Kil. Steinkohlen nicht bloß 4000, sondern 7000 ·w nutzbar machten.

Gewöhnlich beachtet man nur den evidenten Verlust, der bei Hochdruckmaschinen, wenn der Dampf in die Luft entweicht, stattfindet, und sucht man diesen etwa noch nutzbar zu machen. Bei Condensationsmaschinen ist dieser Verlust aber kaum geringer, und bei allen ungleich größer, als man sich ihn meist denken mag. Bei den letzteren pflegt man wohl einen Theil des Condensationswassers zur Speisung des Kessels zu verwenden. Dieser Theil beträgt aber kaum $^1/_{20}$ der ganzen Wassermasse, die durch die Condensation des Dampfes erwärmt wird. Welch ein Gewinn wäre es also, könnten wir diese ganze Masse zweckmäßig und vortheilhaft verwenden?

Verbraucht eine 10pferdige Maschine täglich 12 Ctr. Steinkohlen und liefert sie damit 8400 Pf. Dampf, so bedarf die Condensation des verbrauchten wenigstens 275000 Pf. kalten Wassers, das auf 36° erwärmt wird und z. B. zur Herstellung vieler hundert Bäder genügte. Es fragt sich also hauptsächlich, wie eine so große Masse nur mäßig erwärmten Wassers, das übrigens mitunter nicht ganz rein ist, mit Vortheil benutzt werden mag. Es läßt sich nun nicht verkennen, daß eine solche Verwendung, besonders bei großen Maschinen, oft schwer zu finden ist, und dieser Umstand vornehmlich einer allgemeinen Beachtung dieses Princips im Wege stehen muß. Ebenso klar ist immerhin, daß, wenn eine solche Verwendung zu irgend einem industriellen Zwecke, zu Färbereien, Bleichereien, Waschanstalten u. dgl. möglich ist, die Kosten der Dampfkraft um den Werth dieses warmen Wassers, und oft also um $^1/_3$ oder $^1/_4$ vermindert würden.

Wie schon bemerkt worden, ist der Wärmegehalt des aus Hochdruckmaschinen entweichenden Dampfes nicht größer und der Verlust also, der aus seiner Nichtbenutzung erwächst, derselbe. Allerdings aber ist eine Benutzung hier leichter, und zwar weil dieser Dampf noch eine beträchtliche Spannung, die der Atmosphäre wenigstens, hat, die ihm nicht zum Behufe der Maschine entzogen werden muß. Bei dieser Spannung, und da er bei Austritt aus dem Cylinder wenigstens 100° heiß ist, eignet er sich vollkommen zur Dampfheizung von Räumen aller Art und zur Heizung von Flüssigkeiten bis nahe an den Siedepunkt. Nur ist zu verhüten, daß der Ausfluß erschwert und irgend ein stärkerer Gegendruck auf den Kolben veranlaßt werde. Er muß also, bei Erwärmung von Färbekufen z. B., nicht in die Flüssigkeit, sondern in Röhren durch dieselbe geführt werden. Wo aber zu solcher Verwendung keine Gelegenheit und man sich doch einer Hochdruckmaschine ohne Condensator und ohne namhafte Expansion bedient, sollte der abziehende Dampf wenigstens zur Heizung des Speisewassers benutzt werden, das dadurch ohne allen Aufwand und durch einfache Vorrichtungen leicht auf 80—90° zu bringen ist (S. 203).

Auch bei Locomotiven verwendet man nach dem Vorgange Kirchweger's den ausblasenden Dampf, um das im Tender befindliche Wasser vorzuwärmen. Unter dem Locomotivkessel läuft ein dünnwandiges Kupferrohr hin, welches sich vorn gabelt und mit beiden Ausblasecanälen in Verbindung steht. Mit diesem Rohre ist durch ein Kugelgelenk ein in den Tender überhängendes Heberrohr verbunden, worin sich eine Drosselklappe befindet. Letztere stellt der Führer so, daß aller Dampf, welcher nicht zur Erzeugung des Zugs im Schornstein erforderlich ist, nach dem Tender strömt, um dort condensirt zu werden und das Speisewasser bis zum Sieden vorzuwärmen.

VI.

Mittel zur Erzielung einer rotirenden Bewegung.

Die bis jetzt angewendeten Dampfmaschinen sind fast ohne Ausnahme Kolbenmaschinen, bei denen der Dampf eine geradlinig hin und her gehende Bewegung hervorbringt. Nur in seltenen Fällen (bei Pumpen, Cylindergebläsen, Hämmern 2c.) kann diese geradlinige Bewegung direct auf die Arbeitsmaschine übertragen werden; bei weitem häufiger wird eine continuirlich drehende Bewegung verlangt, und es muß daher die Dampfmaschine mit einem Mittel versehen sein, durch welches die geradlinig wiederkehrende Bewegung des Kolbens in die continuirlich drehende einer Welle umgesetzt wird. Dieses Mittel ist der K r u m m z a p f e n (K u r b e l).

Der Kurbelarm I (Taf. 2) an der Welle K greift mit seiner Warze an dem einen Ende einer Kurbel- oder Bleuelstange H an, deren entgegengesetztes, mit der Kolbenstange E gelenkig verbundenes

Ende durch eine Geradführung gezwungen wird, bei seiner Bewegung die geradlinige Richtung beizubehalten.

Häufig wird die Kurbelstange nicht direct an die Kolbenstange angeschlossen, sondern durch Vermittelung eines sog. Balanciers (Taf. 1), eines zweiarmigen Hebels, dessen Enden, das eine von der Kurbelstange, das andere von der Kolbenstange, ergriffen werden.

Die Kurbel muß immer außerhalb des Wellenlagers, also am Ende der Welle, angebracht sein. Soll die Welle über den Angriffspunkt der Kraft hinaus fortgesetzt sein, wie bei Locomotiven mit innen liegenden Cylindern oder bei Schiffsmaschinen, so muß eine gekröpfte Welle (Fig. 179) angewendet werden, deren Kröpfung die

Fig. 179.

Stelle der Kurbel vertritt und genau denselben Bewegungsgesetzen folgt, wie die Kurbel.

1.

Veränderlichkeit der Kolbengeschwindigkeit.

Da die Arbeitsmaschinen, welche von einer Dampfmaschine getrieben werden, einen gleichmäßigen Gang haben sollen, so ist es nothwendig, daß die Kurbelwelle, von welcher die Bewegung auf die Arbeitsmaschinen übertragen wird, mit gleichförmiger Geschwindigkeit sich drehe oder ihre Drehungsgeschwindigkeit wenigstens in sehr engen Grenzen schwanke.

Setzen wir vorläufig voraus, die Maschine erfülle diese Bedingung insoweit, daß man die Bewegung der Kurbel als gleichförmig annehmen kann, so muß die Bewegung des Kolbens eine ungleichförmige werden. In den todten Punkten ist seine Geschwindigkeit Null, nach der Mitte zu wächst sie und in der Nähe der Mitte erreicht sie ihre höchste Grenze.

In Fig. 180 sei CO = CB der Kurbelarm, AO = A′B = A″C″ die Kurbelstange. Im todten Punkt O geht die Kurbel-

Fig. 180.

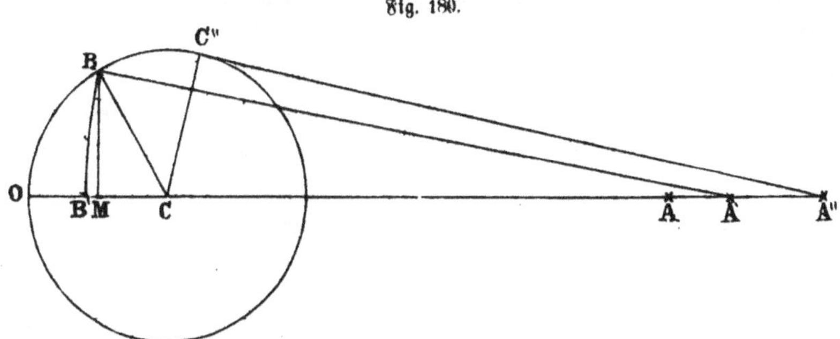

stange durch die Axe C, und A drückt den Anfang der Kolbenbewegung aus. Ist der Kurbelarm in die Lage CB übergegangen, so nimmt die Kurbelstange die Lage A′B an; der Kolbenweg vom todten Punkte an ist AA′ oder, wenn man mit A′B als Halbmesser von A′ aus einen Kreisbogen schlägt, der OA in B′ schneidet, OB′, d. h. die Projection des Bogens OB, vermindert um die Bogenhöhe eines von der Kolbenrichtungslinie geschlagenen Kreises, dessen Halbmesser der Kurbelstangenlänge gleich ist. Will man umgekehrt untersuchen, welche Lage der Kurbelarm für eine gegebene Kolbenstellung, z. B. für denselben Hub, hat, so schneidet man mit der Kurbelstangenlänge von der gegebenen Kolbenstellung A″ aus den Warzenkreis bei C″; die Gerade CC″ bestimmt dann die Lage des Kurbelarms. Wenn die Kurbel im entgegengesetzten todten Punkte ankommt, hat der Kolben seinen ganzen Weg durchlaufen, und es muß daher stets der Kolbenhub der doppelten Länge des Kurbelarms gleich sein.

Aus dieser Betrachtung geht hervor, daß der Kolbenweg nicht genau dem Sinus des Drehungswinkels proportional ist, sondern daß auch die Länge der Kurbelstange einen Einfluß äußert, der um so größer wird, je kürzer die Kurbelstange ist. Es treten dadurch Störungen in der Gesetzmäßigkeit der Kolbenbewegung ein, die es geradezu unmöglich machen, der Kurbelwelle eine nur einigermaßen gleichförmige Bewegung mitzutheilen. Um diese Störungen möglichst zu vermindern, muß man also die Kurbelstange möglichst lang machen. Gewöhnlich findet man, daß sie 4- bis 6mal so lang, als der Kurbelarm ist; eine geringere Länge ist unzulässig.

Je länger die Kurbelstange ist, desto weniger weicht ihre Richtung von der Kolbenrichtung ab. Verbindet man nun eine Stange so mit der Kurbel, daß sie stets in der Kolbenrichtung bleibt, so wird dadurch der Fall einer unendlich langen Kurbelstange repräsentirt. Dieß kommt z. B. bei der Rahmenführung an der in Fig. 70 dargestellten Dampfpumpe vor. Hier ist in der That der Kolbenweg dem Sinus des Kurbeldrehungswinkels proportional. Leider eignet sich aber diese Ausführungsform nur für kleine Maschinen, weil sie zu starke Seitenpressungen giebt.

2.

Geradführung des Querhaupts.

Querhaupt oder Kreuzkopf nennt man das Querstück, durch welches die Kurbelstange mit der Kolbenstange verbunden wird. Die Kurbelstange umfaßt mit einem Auge den mittleren, abgedrehten Theil des Querhaupts, während zu beiden Seiten derselben die Kolbenstange in feste Verbindung mit dem Querhaupt gesetzt ist (Taf. 2). Statt dessen kann man auch die Kolbenstange in der Mitte des Querhaupts befestigen und die Kurbelstange gabeln, so daß sie mit zwei Augen das Querhaupt zu beiden Seiten der Kolbenstange umfaßt.

Da die Kolbenstange eine geradlinige Bewegung erhalten soll, die Kurbelstange aber vermöge ihrer Verbindung mit der Kurbel das Bestreben hat, sie von ihrer Richtung abzulenken, so muß das Querhaupt eine Geradführung erhalten. Hierzu bedient man sich bei weitem in den meisten Fällen fester Führungen zwischen Geleisen; nur selten kommen solche Anordnungen vor, bei welchen die Geradführung durch sog. Lenkerstangen hervorgebracht wird.

Bei der auf Taf. 2 dargestellten festen Geradführung, die man sehr häufig findet, endigt das Querhaupt zu beiden Seiten in vierseitig prismatische Pfannen, welche oben und unten zwischen festen Geleisen sich bewegen. Die Berührungsflächen der Geleise sowohl, als der Pfannen sind gut bearbeitet und werden gut in Schmierung erhalten, damit die Reibung möglichst herabgezogen werde.

Die Reibung und Abnutzung vertheilt sich gleichmäßig auf Ober- und Untergeleise, wenn die Maschine abwechselnd vor- und rückwärts geht, z. B. bei Fördermaschinen. Bei Maschinen aber, die nur nach einer Richtung umgehen, wie bei Fabriksdampfmaschinen, erhält immer nur das eine Geleis den Druck. Denken wir uns z. B., wie Fig. 181 und 182 zeigen, die Maschine so

Fig. 181.

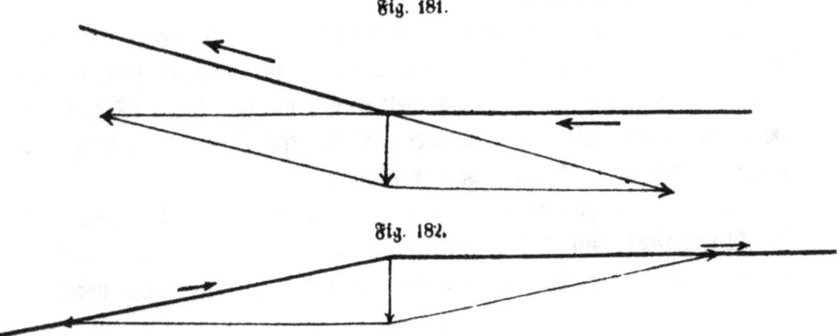

Fig. 182.

umgetrieben, daß die Kurbelstange von der Kolbenstange geschoben wird, wenn die Kurbel den oberen Halbkreis durchläuft, und daß sie dagegen gezogen wird, wenn die Kurbel den unteren Halbkreis durchläuft, so ist nach den eingezeichneten Kräftevereinigungen der Druck immer nach unten gerichtet, während bei umgekehrter Bewegungsrichtung der Druck immer nach oben wirken würde. Man muß daher bei liegenden Maschinen die Rücksicht nehmen, dieselben in der Richtung umgehen zu lassen, daß die Untergeleise den Druck empfangen, damit die Obergeleise nicht unnöthig angestrengt werden.

An Stelle der prismatischen Pfannen wendete man früher häufig cylindrische oder an ihrem Umfang kreisbogenförmig ausgedrehte Frictionsrollen an, um die Reibung herabzuziehen. Dieselben sind aber nicht zu empfehlen, weil sie eine zu kleine Berührungsfläche haben und sich daher stark abnutzen; bei den ausgedrehten Rollen kommt sogar noch hinzu, daß die Abnutzung eine ungleichmäßige ist, weil der Umfang der Breite nach verschiedene Halbmesser und daher auch verschiedene Drehungsgeschwindigkeiten hat.

Bei verticalen Cylindern wird gewöhnlich auf jeder Seite des Querhaupts nur ein Geleis angebracht, gegen welches die äußere Fläche der Pfanne oder Rolle sich anlegt. Dann kann das Querhaupt mit zwei aus der Ebene der Geleise heraustretenden Zapfen versehen werden, an welche die Kurbelstange vermittelst einer langen, die Geleisführungen zwischen sich aufnehmenden Gabel angeschlossen wird, oder die Kurbelstange ist nicht gegabelt und umschließt nur einen aus der Ebene der Geleise heraustretenden Zapfen, oder endlich die Kurbelstange ist vertical über der Kolbenstange mit dem Querhaupt verbunden und die Geleise sind so weit aus einander gelegt, daß die Kurbelstange zwischen ihnen ungehindert ihre Seitenbewegungen annehmen kann.

Wendet man bei liegenden Maschinen nur ein Ober- und ein Untergeleis an, so muß man das Querhaupt vertical stellen und die Geleise entweder hinreichend weit aus einander legen (Fig. 162) oder, wenn sie nahe an einander gestellt sind, mit dem lang gegabelten Ende der Kurbelstange umfassen.

Die Geradführung durch Lenkerstangen hat ebenfalls ein Querhaupt, an dessen mittleren Theil Kolben- und Kurbelstange in bekannter Weise angeschlossen sind. In Fig. 183 bedeutet

Fig. 183.

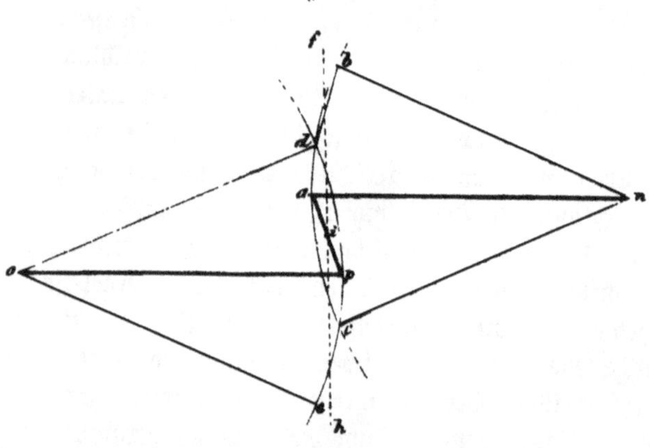

i das Querhaupt, i h die Kolbenstange, i f die Kurbelstange. An beiden Enden des Querhaupts befinden sich Zapfen, um welche sich zwei zweiarmige Hebel a p drehen. Die Enden a werden von zwei um die feste Axe n drehbaren Stangen a n und die Enden p von zwei um die feste Axe o drehbaren Stangen o p ergriffen. Während das Querhaupt i von der Kurbelstange i f auf und nieder geführt wird, beschreiben die Punkte a und p zwei entgegengesetzt gekrümmte Kreisbögen b a c und d p e und erhalten dabei das Querhaupt i und mithin auch die Kolbenstange i h möglichst in ihrer Mitte. Eine genau geradlinige Bewegung ist nicht zu erreichen; damit aber die Seitenabweichungen so klein als möglich ausfallen, stelle man die Lenkerstangen o p und a n so, daß sie beim mittleren Hube eine horizontale Lage haben, und gebe ihnen eine möglichst große Länge.

3.

Balancier und dessen Geradführung.

Bei verticalen Maschinen von großen Dimensionen pflegt man die Verbindung der Kolbenstange mit der Kurbelstange durch einen **Balancier** zu vermitteln. Die Kolbenstange F (Taf. 1) ist gelenkig mit dem einen Ende des Balanciers G verbunden, eines zweiarmigen Hebels, der sich in dem festen Lager H dreht und die von der Kolbenstange ihm mitgetheilte, auf und nieder schwingende Bewegung auf die am entgegengesetzten Ende angeschlossene Kurbelstange N überträgt. Gewöhnlich sind außerdem noch die Pumpenstangen an den Balancier angehängt, jedoch näher der Drehaxe, weil die Pumpen mit einem kleineren Hube arbeiten.

Das Längenprofil des Balanciers besteht in zwei symmetrischen Parabeln, deren Scheitel in den Endpunkten liegen, indem man den Balancier als einen im Querschnitt rechteckigen Balken ansieht, der in der Mitte eine feste Auflagerung hat und an beiden Enden von Kräften ergriffen wird. Diese Auffassungsweise ist insofern nicht ganz richtig, als weder den Betriebskräften der angehängten Pumpen, noch dem Eigengewicht des Balanciers Rechnung getragen ist; deshalb versieht man den Balancier oben, unten und in der Mitte mit seitlich vorspringenden Rippen, die ihm zugleich ein gefälligeres Ansehen geben.

Zum Verzeichnen des Längenprofils kann man sich entweder der Parabel selbst bedienen, oder eine der folgenden Näherungsconstructionen anwenden.

Ist AB (Fig. 184) die halbe Höhe des Balanciers in der

Fig. 184.

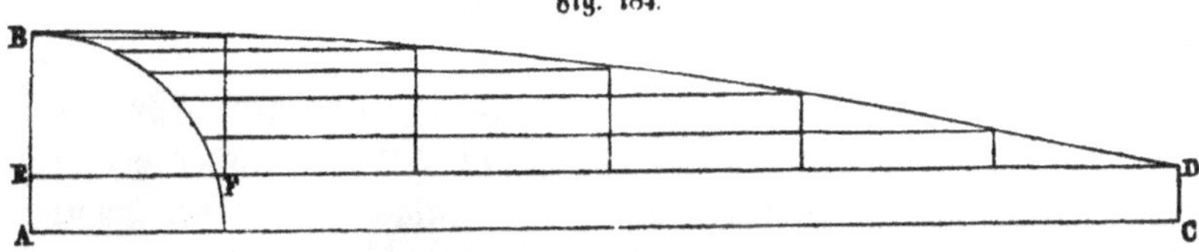

Mitte und CD an den Enden, so schlage man von A als Mittelpunkt mit AB als Halbmesser einen Kreisbogen, der die Horizontale DE in F schneidet, theile das Bogenstück BF in eine Anzahl gleiche Theile und in ebenso viele Theile die halbe Länge des Balanciers, ziehe durch die letzteren Theilpunkte Verticale und durch die ersteren Horizontale und verbinde die Schnittpunkte der einander

entsprechenden Verticalen und Horizontalen durch eine Curve. Diese Curve giebt das gesuchte Längenprofil an.

Man kann auch die Curve über die ganze Länge des Balanciers mit Hilfe eines eigens zu diesem Zwecke gebildeten, sehr dünnen Curvenlineals ziehen. Man bezeichnet nämlich auf dem Reißbret die beiden Endpunkte der Curve, sowie den vertical über der Axe liegenden Punkt, welcher um die Linealdicke unter dem höchsten Punkte der Curve liegt, durch Stifte und legt ein biegsames Lineal so gegen diese Stifte an, daß es die an den Enden mit seiner oberen Kante und den in der Mitte mit seiner unteren Kante berührt. Die an der oberen Linealkante gezogene Curve giebt das Längenprofil.

Zum Verzeichnen im Großen bediene man sich eines gleichschenkligen Dreiecks, dessen Grundlinie der Länge des Balanciers und dessen Höhe der verticalen Erhebung zwischen den Curvenpunkten D und B gleich ist. Schlägt man nun bei E und D (Fig. 185) Stifte in das Modell und bewegt zwischen denselben

Fig. 185.

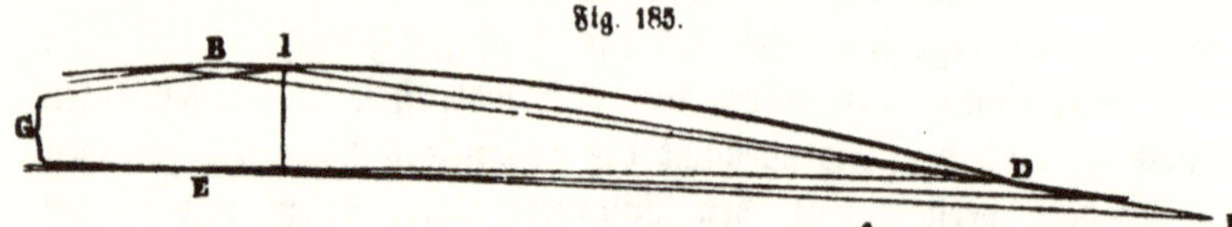

das Dreieck GHI so fort, daß die Kante GH immer am Stifte E und die Kante HI immer am Stifte D anliegt, so beschreibt eine an der Spitze I befestigte Reißnadel das gesuchte Längenprofil.

Das Querprofil eines gußeisernen Balanciers für nicht zu große Kräfte ist in Fig. 186 dargestellt, und zwar in einem Durchschnitt durch die Drehaxe. Fällt die Breite des verticalen Stegs so groß aus, daß möglicherweise im Innern gefährliche Gußblasen vorhanden sein könnten, so theilt man gern den Balancier der Breite nach, so daß der Querschnitt in Fig. 187 entsteht. Soll

Fig. 186. Fig. 187.

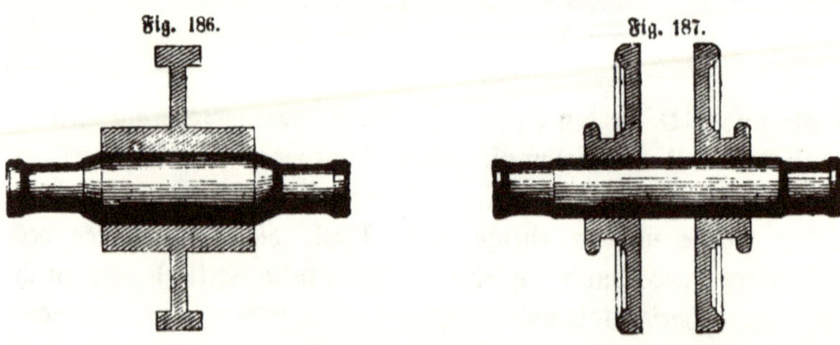

der Balancier bei möglichst großer Festigkeit möglichst wenig Gewicht erhalten, wie bei Schiffsmaschinen und großen Wasserhebungsmaschinen, so stellt man ihn aus Eisenblech her. Er besteht dann aus zwei verticalen Blechplattenverbindungen, die durch an den Zapfenstellen eingeschobene Muffe in einiger Entfernung von einander gehalten werden und bisweilen, namentlich bei sehr großen Ausführungen, oben und unten durch Deckplatten mit einander verbunden sind.

An jedem Ende haben die Balanciers, insofern sie aus einem Stücke gegossen sind, zwei seitlich vorspringende Zapfen. Die Zapfen an dem einen Ende werden von einer Gabel der Kurbelstange umfaßt, die am andern Ende dienen zum Anschluß des Parallelogramms, welches den Balancier mit der Kolbenstange verbindet. Häufig befestigt man diese Zapfen an besondern Köpfen, die man lose auf den Balancier aufschiebt, damit bei etwaigen Senkungen Brüche vermieden werden. Besteht der Balancier der Breite nach aus zwei Theilen, die um eine gewisse Entfernung von einander abstehen, so schließt man Kurbelstange und Parallelogramm besser in der Mitte zwischen den beiden Theilen an.

Die Dimensionen der gußeisernen Balanciers werden nach Redtenbacher aus der Länge A des Kurbelarms und dem Durchmesser d der Kurbelwarze (S. 343) auf folgende Weise bestimmt:

Höhe des Balanciers in der Mitte	A
" " " an den Enden	$\frac{1}{8}$ A
Breite des verticalen Stegs	$b = 2{,}25 \frac{d^2}{A}$
" der Rippen, oben und unten	2 b
Höhe " " " " "	b
Länge der Balanciernabe	0,6 A
Dicke " "	0,7 d
Länge der Drehaxe zwischen den Zapfenmitteln . . .	1,4 A
Durchmesser der Zapfen an der Axe des Balanciers .	1,27 d
" " " " den Enden " " . .	0,7 d
Entfernung der Zapfenmittel von einander an den Enden	4,2 d.

Besteht der gußeiserne Balancier der Breite nach aus zwei Theilen, so kommt das letztgenannte Maß in Wegfall, die Stärke der Endzapfen kann bis auf 0,5 d vermindert werden, und die Länge der Balancieraxe ist um die lichte Entfernung zwischen den beiden Theilen zu vermehren.

Bei schmiedeeisernen Balanciers nehme man die Höhe 0,8 A und die Dicke jeder der beiden verticalen Platten $0,9 \frac{d^2}{A}$.

Da alle Theile des Balanciers beim Auf- und Niederschwingen Kreisbögen beschreiben, die angehängten Kolbenstangen aber, und insbesondere die Dampfkolbenstange, eine geradlinige Bewegung haben müssen, so ist die Verbindung des Balanciers mit der Kolbenstange durch eine gelenkige Verbindung zu vermitteln, welche die Bogenbewegung in eine geradlinige Bewegung umsetzt. Hierzu dient in der Regel das Watt'sche Parallelogramm

In Fig. 188 bezeichnet a n die eine Hälfte eines um n drehbaren Balanciers. Am Ende a des Balanciers, sowie an irgend einer Stelle c zwischen dem Ende und der Mitte sind die Stangen a b und c d aufgehängt, die unter sich gleich lang und parallel sind. Die Stangenenden b und d sind dann wieder durch Stangen verbunden, die selbstverständlich mit a c parallel

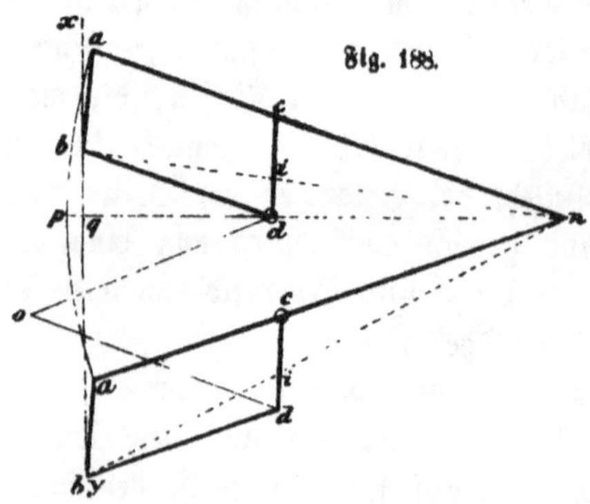

Fig. 188.

und gleich sind. Es entsteht dadurch ein Parallelogramm a b c d, dessen Eckpunkt a mit dem Balancier in einem Kreisbogen a p a bewegt wird. Nun erhält der a entgegengesetzte Eckpunkt d durch einen Lenker o d ebenfalls eine Kreisbogenbewegung; die beiden Kreisbögen, in denen die Punkte a und d schwingen, liegen jedoch so, daß sie einander ihre Concavität zukehren, und es wird daher die im dritten Eckpunkt b aufgehängte Kolbenstange unter dem Einflusse beider Kreisbogenbewegungen eine nahezu geradlinige Bewegung annehmen.

Damit die Seitenabweichungen der Kolbenstange auf beide Seiten möglichst gleichmäßig vertheilt werden, hängt man die Kolbenstange so auf, daß sie der Richtung x q y folgt, welche die Seitenabweichung des Balancierendes a halbirt. Damit aber auch schon an und für sich dieses Ende a möglichst wenig zur Seite abweiche, hat man den Balancier möglichst lang, und zwar mindestens gleich der 6fachen Länge des Kurbelarms zu machen. Der Schwingungsbogen des Balanciers mißt in diesem Falle noch nicht 40", und die Seitenabweichung desselben beträgt ungefähr 4 Proc. des Kolbenhubes. Den Abstand ac macht man gewöhnlich $\frac{1}{2}$ an; dann wird auch od = ac = $\frac{1}{2}$ an. Der Punkt i, den man durch den Schnitt der Linie bn mit der Linie cd erhält, bewegt sich ebenfalls in einer nahezu geraden Linie und eignet sich zur Aufhängung der Luftpumpenkolbenstange.

Giebt man dem oberen Ende der Kolbenstange ein Querhaupt L (Taf. 1) und läßt dasselbe in einer Geleisführung M gehen, so wird das Parallelogramm entbehrlich, und es genügt, das Ende des Balanciers mit dem Querhaupt durch eine gelenkige Hängeschiene zu verbinden. Das Parallelogramm K auf Taf. 1 dient lediglich zum Betriebe der Luftpumpe T.

4.

Kurbel und Kurbelstange.

Die Kurbeln werden entweder aus Gußeisen oder aus Schmiedeeisen hergestellt und bestehen aus drei Theilen: Nabe, Arm und Warze. Ihre Dimensionen hängen einerseits von der Leistung und Geschwindigkeit der Maschine, andererseits von der Länge des Kurbelarms ab.

Die Kurbelwelle erhält die Stärke

$D = 190 \sqrt[3]{\frac{N}{u}}$ Millim., wenn sie aus Gußeisen besteht, und

$D = 150 \sqrt[3]{\frac{N}{u}}$ Millim., wenn sie aus Schmiedeeisen besteht.

N bedeutet die Zahl der Pferdekräfte, u die Zahl der Umdrehungen in der Minute. Nennt man noch A die Länge des Kurbelarms, zwischen den Axenmitteln gemessen, so wird die Stärke der Warze, die stets aus Schmiedeeisen hergestellt wird,

$d = 0{,}877\, D \sqrt{\frac{D}{A}}$, wenn die Welle aus Gußeisen besteht, und

$d = 1{,}2\, D \sqrt{\frac{D}{A}}$, wenn die Welle aus Schmiedeeisen besteht.

Die Länge der Warze nehme man $(1\frac{1}{4} \div 1\frac{1}{2})$ d.

Bisweilen giebt man der Warze eine kugelförmige Gestalt;

dann ist ihr Durchmesser $1\frac{1}{2}$mal so groß zu machen, als der der cylindrischen Warze.

Die Befestigung der Warze am Arm erfolgt entweder durch Schraube und Mutter oder durch einen Keil; schmiedeeiserne Kurbeln werden auch bisweilen ganz aus einem Stücke hergestellt. Die übrigen Dimensionen ergeben sich aus den in Fig. 189 und 190 eingeschriebenen Maßen. Fig. 189 stellt eine gußeiserne und Fig. 190 eine schmiedeeiserne Kurbel dar. In Fig. 189 ist

Fig. 189.

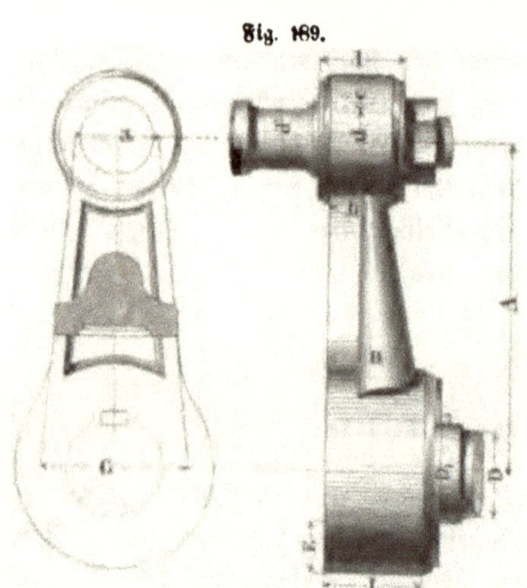

$D' = 1{,}1\,D + 10$ Millim.;
$G = 1{,}55\,D$;
$H = 1{,}02\,D$;
$L = 1{,}2\,D$;
$E = 0{,}6\,D$;
$a = 1{,}5\,d$;
$h = 1{,}1\,d$;
$d' = d$;
$l = 1{,}3\,d$;
$e = 0{,}63\,d$.

Fig. 190.

In Fig. 190 ist
$D' = 1{,}1\,D + 10$ Millim.;
$G = 1{,}3\,D$;
$H = 0{,}8\,D$;
$L = 1{,}2\,D$;
$E = 0{,}6\,D$;
$a = 1{,}3\,d$;
$h = 0{,}68\,d$;
$d' = d$;
$d^2 = 1{,}08\,d$;
$l = 1{,}3\,d$;
$e = 0{,}5\,d$.

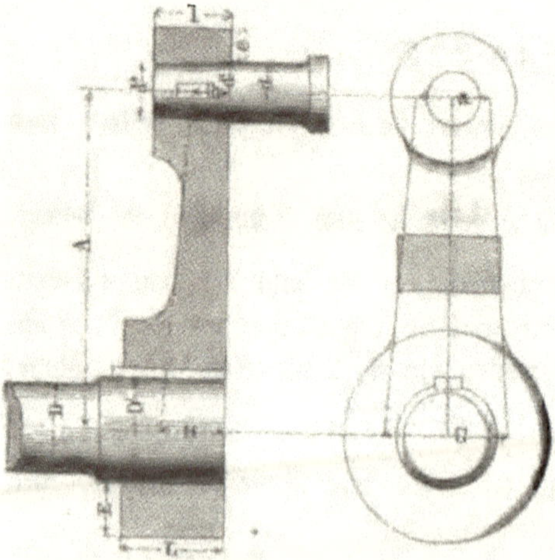

Die Kurbelstangen bestehen entweder aus Schmiedeeisen oder aus Gußeisen und haben immer zweierlei Widerstand auszuüben; nämlich, wenn sie von der Kolbenstange gezogen werden, den Widerstand gegen das Zerreißen, und wenn sie von derselben geschoben werden, den Widerstand gegen das Zerknicken. In Rücksicht auf letzteren Umstand müssen die Kurbelstangen in der Mitte stärker, als den Enden gemacht werden, und ihre Stärke muß um so größer werden, je länger sie sind.

Schmiedeeiserne Kurbelstangen erhalten theils runden, theils viereckigen Querschnitt. Bei rundem Querschnitt ist ihre Dicke in der Mitte

$$d_1 = 0{,}229\, d \sqrt[3]{\frac{l}{d}},$$

wenn d den Durchmesser der Warze und l die Länge der Stange, zwischen den Axenmitteln gemessen, bezeichnet. Für viereckigen Querschnitt ist die kleinere Dimension b, wenn $\frac{b}{a}$ das Verhältniß der kleineren zur größeren Querschnittsdimension bedeutet,

$$b = 0{,}2\, d \sqrt[3]{\frac{l}{d}} \sqrt[4]{\frac{b}{a}}.$$

Der Querschnitt der gußeisernen Kurbelstangen ist kreuzförmig (Fig. 191). In der Mitte erhält er die Höhe $h = \frac{l}{18}$ und die Dicke $b = \frac{h}{7}$.

Fig. 191.

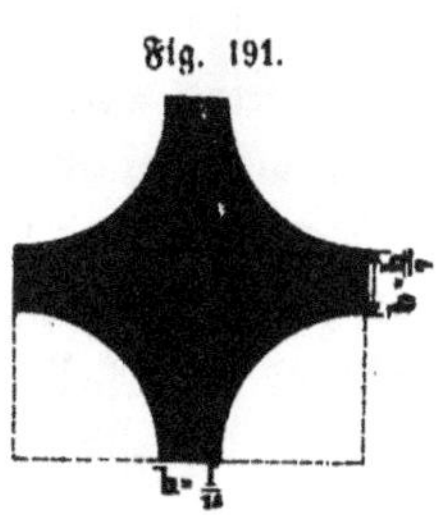

5.

Schwungrad.

Wirkt eine Dampfmaschine ohne Expansion, so erhält der Cylinder bei jedem Kolbenhub einen Cylinder voll Dampf von constanter Spannung, und auf jeden Hub muß die Welle eine halbe Umdrehung machen. Dieß wird möglich, wenn jenes Dampfquantum gerade so viel Arbeit liefert, als die Welle oder Kurbel zu einer halben Umdrehung nöthig hat, z. B. 100 Arbeitseinheiten.

Nun soll sich die Welle mit gleichförmiger Bewegung drehen; es wird daher nicht genügen, daß binnen jeder halben Umdrehung Kraft und Last sich ausgleichen, sondern die Kurbel wird für jeden gleichen, beliebig kleinen Drehungsbogen einen gleichen Arbeitsaufwand erfordern, z. B. für $^1/_{10}$ einer halben Umdrehung oder 18^0, 10 Arbeitseinheiten. Da nun aber nach unsern Betrachtungen auf

S. 335, während die Kurbel den ersten und letzten Bogen von 18° vollzieht, der Kolben nur etwa $^1/_{40}$ seines Hubes zurücklegt, so muß der Dampf, der gleichzeitig in den Cylinder gelangt, auch nur $^1/_{40}$ oder nur $2^1/_2$ Einheiten an Arbeit geben, also $7^1/_2$ Einheiten zu wenig. Umgekehrt wird beim 5. und 6. Stadium, während die Kurbel um 18° fortrückt, der Kolben wenigstens $^3/_{20}$ seines Hubes durchlaufen, also 16 statt 10 Arbeitseinheiten, d. i. die Hälfte zu viel, liefern.

Obschon also durchschnittlich der Dampf bei jedem Hube genau so viel Arbeit liefert, als die Welle braucht, so liefert sie doch dieselbe durchaus nicht gleichmäßig, und es wird hiernach eine Ausgleichung oder gleichförmige Vertheilung der Arbeit nöthig. Diese wird nun durch ein sog. Schwungrad bewirkt, d. h. durch einen schweren Körper, der gleichzeitig mit der Welle sich umdreht und einen Vorrath von lebendiger Kraft in sich enthält, aber keine Widerstände zu überwinden hat und daher ohne neuen Zuschuß von Arbeit seine Bewegung fortsetzt, sobald er einmal das erforderliche Quantum aufgenommen hat. Giebt man z. B. dem Schwungrad so viel Gewicht, daß 1000 Arbeitseinheiten nöthig sind, um es aus der Ruhe in die normale Geschwindigkeit der Welle zu versetzen, während die Welle zu ihrer stetigen Bewegung nur 100 Einheiten braucht, so wird, wenn man die Maschine in Gang setzt, eine Zeit lang der größte Theil der Arbeit an jenes Schwungrad übergehen, bis es endlich jene 1000 Einheiten aufgenommen hat. Hiermit hat zugleich die Welle ihre normale Geschwindigkeit erlangt, und es beginnt nun die nützliche Thätigkeit des Schwungrads, vermöge welcher es einen Theil seiner aufgespeicherten Arbeit an die Welle abgiebt oder neue Arbeit von derselben aufnimmt, je nachdem der Kolben dem todten Punkte näher oder von demselben entfernter sich befindet.

Arbeitet die Maschine mit Expansion, so ist nicht nur die Kolbengeschwindigkeit, sondern auch in Folge der veränderlichen Spannung die Kolbenkraft veränderlich. Hier hat das Schwungrad noch größere Arbeitsquantitäten auszugleichen, und es muß daher um so schwerer gemacht werden, je stärker der Expansionsgrad ist.

Da das Schwungrad die Bestimmung hat, eine Arbeit, also eine bewegte Kraft auszugleichen, so kommt nicht nur sein Gewicht in Betracht, sondern seine Wirkung ist auch noch zweitens von der Geschwindigkeit abhängig, mit welcher sein Gewicht sich dreht. Die lebendige Kraft, welche das Schwungrad beim normalen Gange der Welle in sich enthält, ist $\frac{G}{g} v^2$, wenn G das Schwungradgewicht, g die Beschleunigung der Schwere und v die normale Geschwindigkeit des Schwungradgewichts bezeichnet. Man ersieht hieraus, daß der Vorrath an lebendiger Kraft, welcher die Wirkung des Schwungrads ausdrückt, mit dem Quadrate der Geschwindigkeit proportional wächst, während er dem Gewichte nur einfach proportional ist. Bei doppeltem Gewicht wird die Wirkung des Schwungrads eine doppelte, bei doppelter Geschwindigkeit eine vierfache. Man muß also darauf Bedacht nehmen, dem Schwungrad eine möglichst große Geschwindigkeit zu geben. Da nun das Schwungrad fast immer auf der Kurbelwelle befestigt wird, deren Umdrehungszahl gegeben ist, so muß man die große Geschwindigkeit dadurch zu erreichen suchen, daß man das Gewicht möglichst weit von der Axe entfernt, also das Gewicht des Schwungrads hauptsächlich in den Kranz verlegen und dem Kranz einen großen Halbmesser geben. Dadurch erreicht man zugleich die Vortheile, daß das Schwungrad billiger und die Zapfenreibung in den Lagern seiner Welle kleiner wird.

Mit der vergrößerten Geschwindigkeit wächst aber auch die Centrifugalkraft, welche den Kranz von den Armen abzureißen strebt, und es findet daher die Geschwindigkeit, welche man dem Schwungradkranz geben darf, ihre Grenze in der Festigkeit des Materials. Gewöhnlich beträgt der Halbmesser des Schwungrads die $2 - 2\frac{1}{2}$fache Länge des Kolbenhubes.

Nimmt man selbst eine Kolbengeschwindigkeit von $1^m,2$ an und setzt den Schwungradhalbmesser gleich der $2\frac{1}{2}$fachen Länge des Kolbenhubes, so wird erst die Schwungradgeschwindigkeit $2\frac{1}{2} \cdot 1,2\,\pi = 3\,\pi = 9^m,4$, eine Grenze, welche immer noch große Sicherheit gewährt.

Das Schwungrad ist selbst unter den günstigsten Verhältnissen nicht im Stande, die Unregelmäßigkeiten der Kolbengeschwindigkeit so weit auszugleichen, daß die Kurbelwelle eine genau gleichförmige Bewegung annimmt; sondern man kann es vielmehr nur dahin bringen, daß die Geschwindigkeiten derselben in möglichst engen Grenzen schwanken. Es kommt daher bei der Ermittelung eines

Schwungradgewichts wesentlich auf den Ungleichförmigkeitsgrad an, den die getriebenen Maschinen vertragen, d. h. auf das Verhältniß der Differenzen, um welche die Geschwindigkeiten der Kurbelwelle von einander abweichen können, zur mittleren Geschwindigkeit derselben. Bei Maschinen, welche keinen großen Grad von Gleichförmigkeit erfordern, wie bei Pumpen, Mühlen, Maschinenfabriken ꝛc., kann man denselben $\frac{1}{20}$ — $\frac{1}{30}$ setzen, während er bei andern Etablissements, wie Spinnereien, Webereien, Strumpfwirkereien u. drgl. bis auf $\frac{1}{40}$, selbst $\frac{1}{60}$ zu reduciren ist

Man bestimmt das Schwungradgewicht aus der Formel

$$G = \alpha \cdot \frac{L}{\delta\, u\, c^2},$$

worin G das Gewicht des Schwungrads, L die Leistung der Maschine, δ den Ungleichförmigkeitsgrad, u die Umdrehungszahl der Schwungradwelle, c die Geschwindigkeit des Schwungradkranzes und α einen vom Expansionsgrad der Maschine und der verhältnißmäßigen Länge der Kurbelstange abhängigen Coëfficienten bedeutet. Für L in Pferdekräften, c in Metern und G in Kilogrammen ergiebt sich nach Weisbach α wie folgt:

Volldruck:	$\alpha = 5676$,
Expansionsgrad	$2 : \alpha = 6657$,
"	$3 : \alpha = 7056$,
"	$4 : \alpha = 7293$,
"	$5 : \alpha = 7463$,
"	$6 : \alpha = 7616$.

Hierbei ist das Verhältniß $\frac{l}{r}$ der Kurbelstangenlänge zur Kurbelarmlänge = 5 angenommen worden; für größere Längen sind die Werthe von α etwas zu verkleinern, für kleinere zu vergrößern.

Beispiel. Welches Gewicht hat man dem Schwungrad einer Dampfmaschine für eine Maschinenfabrik zu geben, wenn dieselbe bei 3facher Expansion 25 Pferdekräfte giebt und 35 Umdrehungen in der Minute macht?

Nehmen wir die Kolbengeschwindigkeit zu $1^m,1$ und den Schwungradhalbmesser $2\frac{1}{2}$mal so groß, als den Kolbenhub an, so wird die Umfangsgeschwindigkeit des Schwungrads

$$c = 2\tfrac{1}{2} \cdot 1{,}1\,\pi = 8^m{,}64.$$

Ist ferner $\delta = 1/_{30}$ und $\frac{l}{r} = 5$, so wird

$$G = 7056 \cdot \frac{25}{1/_{30} \cdot 35 \cdot (8,64)^2}$$
$$= 2025 \text{ Kilogr.}$$

Der Halbmesser ergiebt sich aus der Umfangsgeschwindigkeit c und der Umdrehungszahl n zu

$$r = \frac{30\,c}{\pi\,n} = 2^m,35.$$

Für den Halbmesser $r = 2^m$ würde $c = 7^m,33$ und

$$G = 7056 \cdot \frac{25}{1/_{30} \cdot 35 \cdot (7,33)^2}$$
$$= 2811 \text{ Kilogr.}$$

Maschinen, welche veränderlichen Widerständen ausgesetzt sind, wie solche, die zum Betriebe von Hammer-, Walz- und Pochwerken dienen, müssen noch schwerere Schwungräder erhalten. Um etwas an Gewicht zu sparen, befestigt man in solchen Fällen bisweilen das Schwungrad nicht direct auf der Kurbelwelle, sondern auf einer zwischen die Kurbelwelle und die Arbeitswelle eingeschaltete Welle, welche rascher als die Kurbelwelle geht. Wird die Geschwindigkeit der Schwungmasse hierbei sehr groß, so construirt man das Rad aus Blech, statt aus Gußeisen, um ihm größere Festigkeit zu geben.

Nachdem man das Schwungradgewicht berechnet hat, kommt es darauf an, dasselbe angemessen auf die einzelnen Theile des Rades zu vertheilen. Am wirksamsten ist, wie wir gesehen haben, der Kranz; auch die Arme repräsentiren noch eine gewisse, wenn auch kleine Schwungmasse; die Nabe jedoch hat, da sie der Axe zu nahe liegt, fast gar keine Wirkung. Nimmt man an, daß der Kranz mit seinem vollen Gewichte und die Arme mit $1/_3$ ihres Gewichtes zur Wirkung kommen, und nennt die radiale Höhe des Kranzquerschnitts a, seine Breite b, den Querschnitt der Arme $F_1 = \mu a b$, und die Zahl derselben n, so wird, die Dichtigkeit des Gußeisens = 7700 gesetzt,

$$G = \left(2\pi r a b + \frac{1}{3} n F_1 r\right) 7700$$

$$G = 7700\, r a b \left(2\pi + \frac{1}{3} n \mu\right)$$

Setzt man noch $b = \frac{a}{2}$, so wird

$$a = \sqrt{\frac{G}{3850\, r \left(2\pi + \frac{1}{3} n \mu\right)}}.$$

Für μ nimmt man $1/4$ bis $1/2$.

Ist z. B. $G = 2025^{kg}$, $r = 2^m{,}35$, $n = 6$, $\mu = 0{,}3$, so wird

$$a = \sqrt{\frac{2025}{3850 \,.\, 2{,}35\, (2\pi + 1/3 \,.\, 6 \,.\, 0{,}3)}}$$
$$= 0^m{,}180.$$

Treibt man die Kurbelwelle durch zwei Kurbeln, und zwar so, daß die eine die vortheilhafteste Stellung einnimmt, während die andere in der ungünstigsten sich befindet, so kann das Gewicht des Schwungrads bedeutend vermindert, ja unter Umständen das Schwungrad ganz entbehrt werden. Maschinen dieser Art heißen Zwillingsmaschinen und werden in einem besondern Capitel behandelt werden.

6.

Regulator.

Das Schwungrad dient, wie wir gesehen haben, zur Ausgleichung der periodischen Schwankungen in Kraft oder Last; nicht aber, wenn auf eine längere Zeit Kraft oder Widerstand sich ändert. Wird z. B. durch vermehrte Feuerung die Dampfproduction oder durch Ausrücken von Arbeitsmaschinen der Widerstand vermehrt, so wird im ersten Falle bei gleich bleibendem Widerstand die Geschwindigkeit der Maschine vergrößert und im zweiten Falle bei gleich bleibender Dampfkraft verkleinert. Es muß daher jede Dampfmaschine mit einer Vorrichtung versehen werden, welche selbstthätig die Geschwindigkeit constant erhält, wenn auch Kraft oder Widerstand sich ändern. Solche Vorrichtungen heißen Regulatoren.

Watt gab zu diesem Zwecke den Centrifugal- oder Schwungkugelregulator an, der heute noch mit gewissen Modificationen fast allgemein angewendet wird. An dem Bolzen C (Fig. 192) der stehenden Welle A, welche von der Kurbelwelle aus getrieben wird, sind zwei durch Kugeln K belastete Arme B so befestigt, daß sie nicht nur mit der Welle A sich drehen, sondern auch um den Bolzen C frei auf und nieder schwingen können. Die Arme B

Fig 192.

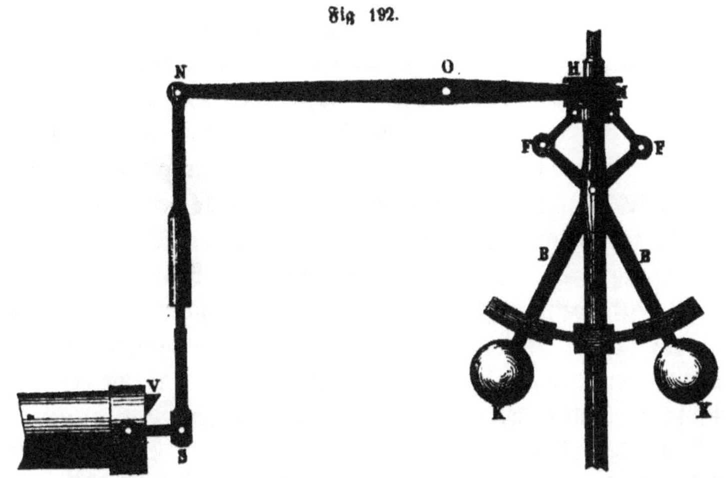

sind nun durch ein Parallelogramm FF derart mit einem lose auf die Welle A aufgesteckten Muff H verbunden, daß derselbe, den Verticalschwingungen der Arme B folgend, in umgekehrter Richtung an der Welle sich auf und ab schiebt. Ein um die Axe O drehbarer Hebel NOM umfaßt bei M mittelst einer Gabel den Muff H und überträgt die Bewegungen desselben durch eine Zugstange NS und einen einarmigen Hebel ST auf die Drosselklappe V, welche demgemäß den Rohrquerschnitt verengt oder erweitert, je nachdem die Kugeln nach oben oder unten ausschwingen.

Bezeichnet a die Länge einer Stange vom Aufhängepunkt bis zum Mittelpunkte der Kugel, g die Beschleunigung der Schwere, w die Winkelgeschwindigkeit der Kugeln und α den Ausschlagswinkel desselben, so muß

$$a = \frac{g}{w^2 \cdot \cos \alpha}$$

gemacht werden, wenn die Kugeln frei schwingen sollen. Die Winkelgeschwindigkeit w läßt sich leicht aus der Umdrehungszahl u der Welle mittelst der Formel

$$w = \frac{\pi u}{30}$$

berechnen, und es wird hiernach

$$a = \frac{30^2 \cdot g}{\pi^2 u^2 \cos \alpha} = \frac{894{,}56}{u^2 \cos \alpha} \text{ Meter.}$$

Umgekehrt ist $u = \frac{29{,}9}{\sqrt{a \cos \alpha}}$.

Macht man z. B. die Stangen 1 Meter lang und läßt sie zwischen den Grenzen $\alpha_0 = 25^0$ und $\alpha_1 = 45^0$ ausschwingen, so reguliren sie die Geschwindigkeiten innerhalb 31,4 und 35,5 Umdrehungen.

Das Gewicht einer Schwungkugel variirt zwischen 10 und 30 Kilogr. und ist um so größer zu nehmen, je größer das Moment des Muffes ist und je rascher die Regulatorwelle geht.

Arbeitet man mit Volldruck, so läßt sich die Dampfkraft nur dadurch reguliren, daß man die Wirkung der Schwungkugeln auf die Drosselklappe überträgt. Bei Expansionsmaschinen hat man aber noch ein zweites Mittel, nämlich das, den Expansionsgrad von der Stellung der Kugeln abhängig zu machen, derart daß die Cylinderfüllung vermindert wird, wenn die Kugeln steigen, und umgekehrt.

Wie bei Maschinen mit Ventilsteuerung der Expansionsgrad selbstthätig regulirt werden kann, ist bereits auf S. 298 (Fig. 164) gezeigt worden. Auch die Daumensteuerung eignet sich sehr gut hierzu, indem man statt der Drosselklappe den zur Verstellung des Expansionsgrades dienenden Daumen von dem Muffe des Regulators aus treibt (Kayser, Ztschr. deutsch. Ing. 1859). Bei der Meyer'schen Steuerung kann durch die Verticalschwingungen der Kugeln eine Drehung der Expansionsschieberstange, welche die Verschiebung der Expansionsplatten zur Folge hat, veranlaßt werden (Grahn, Mitth. d. Gew. V. f. Hannover 1859). Die Maschine von Corliß, bei der ebenfalls der Expansionsgrad nach der Stellung der Regulatorkugeln sich richtet, ist auf S. 294 u. f. (Fig. 162) beschrieben.

Die Verstellung des Expansionsgrades ist der Verstellung der Drosselklappe vorzuziehen. Denken wir uns z. B. die Maschine zu rasch gehend, so wird in dem letzteren Falle der Durchgangsquerschnitt verengt und im ersteren bei unverändertem Durchgangsquerschnitt der Dampfzutritt früher aufgehoben. Mit jeder Querschnittsverengung ist nun ein Spannungsverlust verbunden, der unter Umständen sehr bedeutend werden kann und ohne irgend einen Nutzen für die Maschine lediglich auf die Ueberwindung des Widerstands beim Durchgange durch den verengten Querschnitt verwendet wird. Bei Verstellung des Expansionsgrades fällt die Verengung und also auch dieser Widerstand weg; der Dampf tritt mit seiner vollen Spannung ein, und wenn auch die Spannung am Ende des Hubes wegen der Verminderung der Cylinderfüllung kleiner wird, so ist doch hiermit kein Verlust verbunden, weil die größere Spannungsabnahme auf die Expansionswirkung verwendet worden ist.

In seiner ursprünglichen Construction hat der Watt'sche Regulator den Mangel, daß nach einer Geschwindigkeitsänderung nicht wieder die normale Geschwindigkeit hervorgerufen wird, sondern eine, welche zwischen der normalen Geschwindigkeit und der der geänderten Kraft oder Last entsprechenden liegt. Stellt man sich nämlich vor, bei der Normalgeschwindigkeit der Maschine nehme die Drosselklappe ihre mittlere Stellung ein, so wird, wenn der Normalzustand der Maschine durch Ausrückung von Arbeitsmaschinen gestört wird, die Winkelgeschwindigkeit sich vergrößern, die Kugeln werden sich heben, und die Drosselklappe wird bis auf den Punkt geschlossen werden, bei welchem die zur Erhaltung des Normalgangs erforderliche Dampfmenge einzuströmen vermag. In dieser Stellung müßte nun auch die Drosselklappe bleiben, wenn die Maschine ihre Normalgeschwindigkeit behalten soll; aber dieß würde bedingen, daß auch die Kugeln in ihrer neuen Stellung verharren, was wieder nicht anders erfolgen kann, als wenn die gesteigerte Winkelgeschwindigkeit fortdauernd stattfindet. Da das Letztere nun nicht möglich ist, so wird sich beim Zurückgehen der Kugeln eine solche zwischen beiden Geschwindigkeiten liegende Umdrehungsgeschwindigkeit herstellen, bei welcher ein Gleichgewicht zwischen Bewegkraft und Widerstand eintritt, und welche nothwendigerweise größer als die Normalgeschwindigkeit ist. Die Veränderlichkeit der Winkelgeschwindigkeit geht auch schon aus der oben aufgestellten Formel

$$a = \frac{g}{w^2 \cos \alpha}$$

hervor, in welcher a und g constante Größen sind. Da nun α veränderlich ist, so muß auch w veränderlich sein.

Macht man dagegen $a \cos \alpha$ constant, so wird auch w constant. Dieß geschieht dadurch, daß man den Aufhängepunkt der Stangen verschiebbar macht und die Kugeln zwingt, nach einer Curve sich zu heben und zu senken, für welche die Verticalprojection $a \cos \alpha$ der Stangenlängen constant ist. Diese Curve ist die Parabel. Auf vorstehender Betrachtung beruht der parabolische Regulator von Franke.

Später wurde diesem Regulator der pseudo-parabolische Regulator nachgebildet, welcher auf folgende Weise entsteht.

Man bestimmt den tiefsten, mittleren und höchsten Stand der Kugeln nach der Parabelgleichung $y = \frac{\sqrt{2gx}}{w}$, in welcher x die Abscisse in der Richtung der Regulatorwelle und y die zugehörige rechtwinklige Ordinate bezeichnet, legt durch die gefundenen drei Punkte einen Kreisbogen und benützt den Mittelpunkt desselben als Aufhängepunkt des einen Arms, dem man dann einen zweiten in symmetrischer Lage beifügt. Die Aufhängepunkte fallen hierbei immer jenseits der Welle.

Durch die parabolischen Regulatoren erreicht man nun zwar eine constante Winkelgeschwindigkeit, aber man setzt sich einem andern Uebelstande aus, nämlich daß die Kugeln in jeder Lage sich im labilen Gleichgewicht befinden; Kugeln und Klappe fahren daher immer zwischen ihren äußersten Lagen hin und her und nehmen nie einen Beharrungszustand an. Auch der pseudo-parabolische Regulator ist trotzdem, daß bei ihm $a \cos \alpha$ nicht völlig constant ist, von diesem Fehler nicht frei, weil seiner Construction zu Folge der größte Werth von $a \cos \alpha$ in die mittlere Kugelstellung fällt. Wird u kleiner, so wird daher auch $a \cos \alpha$ kleiner, der Regulator ist nicht mehr im Gleichgewicht, die Kugeln fallen zusammen, und es strömt plötzlich so viel Dampf ein, daß die Kugeln wieder bis in ihre höchste Stellung gehoben werden, aus der sie jedoch bald durch die Hemmung des Dampfzuflusses in die tiefste zurückgeführt werden.

Fig. 193.

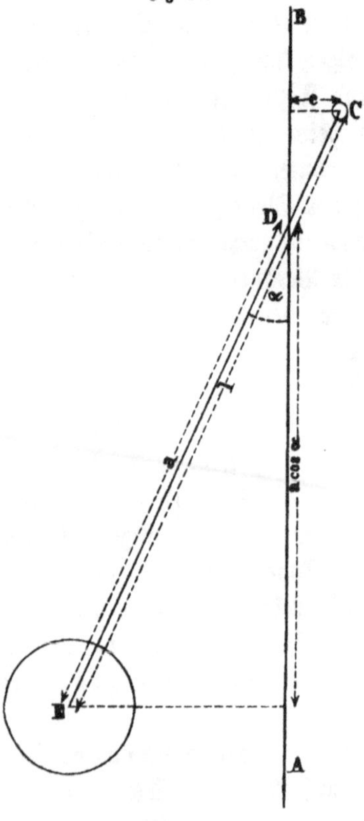

Construirt man dagegen $a \cos \alpha$ so, daß es für den kleinsten Ausschlagwinkel ein Maximum wird, so muß u mit α stetig wachsen und die Kugeln sind bei jeder Stellung in der Gleichgewichtslage. Ist in Fig. 193 C der Aufhängepunkt der Stange, AB die Welle, DE = a die veränderliche Stangenlänge, l die ganze Stangenlänge vom Aufhängepunkt, C bis zum Kugelmittelpunkt, e der Horizontalabstand des Aufhängepunkts von der Welle, so wird

$$a \cos \alpha = l \cos \alpha - e \cot \alpha.$$

Dieser Werth wird ein Maximum für

$$\frac{d\,(l \cos \alpha - e \cot \alpha)}{d \alpha} = 0, \text{ d. i.}$$

$$\sin \alpha = \sqrt[3]{\frac{e}{l}}.$$

Wird der kleinste Ausschlagwinkel zu 25° angenommen, so wird hiernach $\frac{e}{l} = 0{,}075$.

Nach diesem Princip ist der Regulator von Kley (Civiling. 1858) construirt. Der Kugeldurchmesser ist nach Kley zu nehmen

$$K = 0{,}3\,(0{,}1 + D \sqrt{p}) \text{ Meter},$$

wenn D den Cylinderdurchmesser in Metern und p die Kesselspannung in Atmosphären bezeichnet; die Stangenlänge $l = 3{,}3$ K, und der Ausschlagwinkel ist in die Grenzen von 25 bis 45° zu verlegen.

Läßt man den Muff des Regulators unmittelbar auf die Drosselklappe oder auf die Expansionsvorrichtung wirken, so entspricht jeder Kugelstellung eine bestimmte Stellung der Klappe oder der Expansionsvorrichtung. Daher schwankt die Geschwindigkeit der Maschine mit der Veränderung der Kugelstellung und bewegt sich beständig zwischen den Grenzen, welche der Regulator gestattet. Diese Geschwindigkeitsgrenzen werden enger gezogen, wenn man die Bewegung der Drosselklappe oder der Expansionsvorrichtung direct von der Maschine ausgehen läßt und die Verticalbewegungen des Muffs nur dazu benutzt, jene Bewegung hervorzubringen.

Fig. 194.

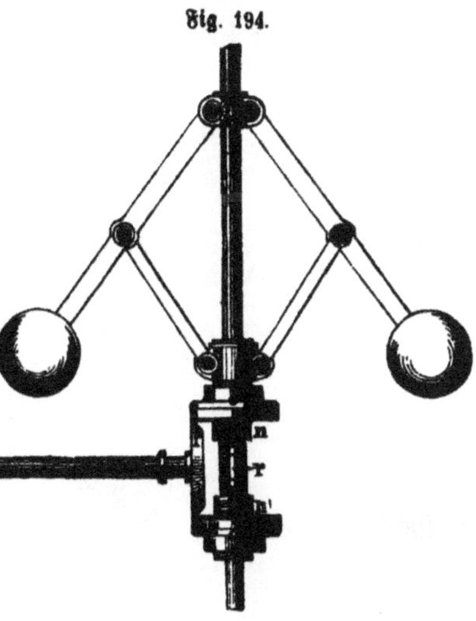

Hierher gehört zunächst der Regulator von Kayser (Fig. 194). Der Muff verlängert sich nach unten und trägt hier zwei schwach ansteigende Schraubengewinde n n', auf welche die Frictionsscheiben o o' aufgeschoben sind. Zwischen beiden Scheiben o o' liegt das Rad p so, daß beim Normalgange keine Berührung stattfindet, bei der geringsten Abweichung aber eine der Scheiben o o' mit dem Rade p in Berührung kommt und eine Drehung desselben veranlaßt. Die Welle k überträgt diese Drehung durch Vermittelung eines Schraubenvorgeleges auf die Expansionsvorrichtung. Zur Verbindung des Muffs mit der Regulatorwelle dient der Keil r in einem langgeschlitzten Keilloch q.

Fig. 195.

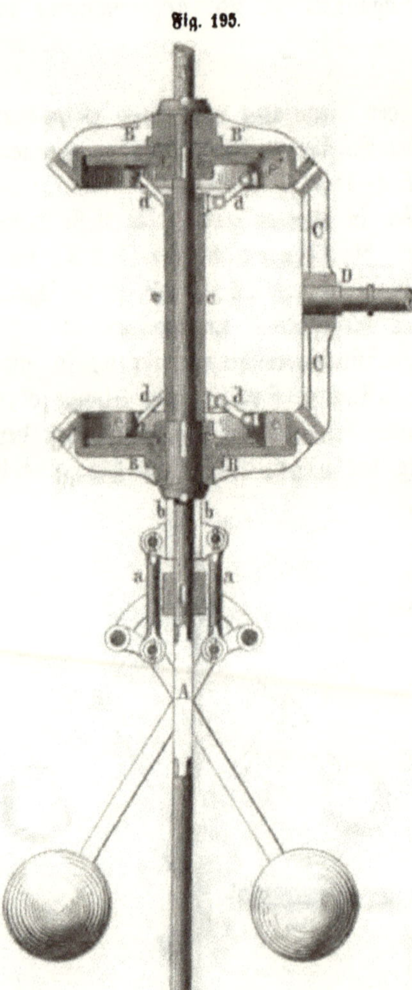

L. Böttcher (Ztschr. d. V. deutsch. Jng. 1859) ersetzt die Frictionsscheiben durch konische Zahnräder und bewirkt den Angriff, statt durch Schrauben, durch Frictionskuppelungen. Sein Regulator ist in Fig. 195 abgebildet. Auf der Regulatorwelle A sitzen lose zwei konische Räder B B', deren Zahnkränze auf den inneren Seiten als Frictionsflächen benutzt werden. Die dicht dabei auf der Welle A durch Feder und Nuth befestigten Scheiben E E' dienen den Reibklötzen e e' als Führung (Fig. 196)

Fig. 196.

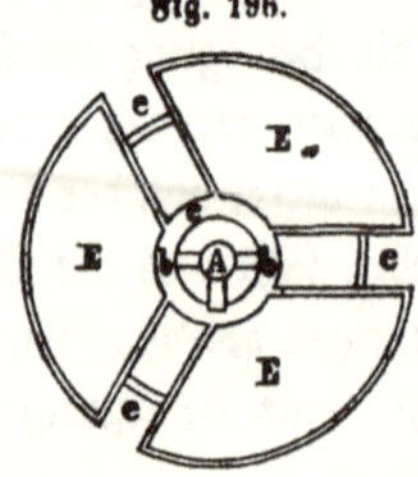

und sind durch die Kniehebel d d' mit dem auf der Welle verschiebbaren Muff c verbunden, welcher durch die Stangenverbindung a b an die Arme der Schwungkugeln sich anschließt. In die Räder B und B′ greift ein drittes C, dessen Welle D die Expansionsvorrichtung regulirt. Bei zu schnellem oder zu langsamem Gange der Hauptwelle werden die Reibklötze gegen den oberen oder unteren Zahnkranz gepreßt, d. h. das Rad B oder das Rad B′ mit der Welle gekuppelt und in Folge dessen das Rad C mit seiner Welle D nach der einen oder andern Richtung gedreht.

Auf gleichem Princip beruhen die Regulatoren von Farcot (Armengaud, Traité des moteurs à vapeur) und von Elwell (Lond. Journ. 1859).

Ferner kann man auch die Bewegung des Regulators einerseits und die der Dampfmaschine andererseits auf zwei Sperrkegel und zwei Sperrräder, deren Verzahnungen einander entgegengesetzt gerichtet sind, wirken lassen. So lange die Maschine ihre Normalgeschwindigkeit hat, findet gar kein Eingriff statt, bei veränderter Geschwindigkeit aber greift der eine oder andere Sperrkegel in sein zugehöriges Rad ein und bewirkt eine theilweise Drehung der Sperradaxe, die durch geeignete Mechanismen auf die Drosselklappe oder den Expansionsschieber übertragen wird. Nach diesem Princip sind ausgeführt die Regulatoren von Biggart und Loudon (Pract. Mech. Journ. 1855), M'Naught (Eng. 1857), Warnéry (Gén. ind. 1858), Bersch (Ztschr. d. V. deutsch. Ing. 1858), Whittles u. Gen. (Lond. Journ. 1859), Hartley (Rep. of Pat. Inv. 1860).

Ramsbottom (Gén. ind. 1860) verbindet mit dem unteren Ende der Expansionsventilstange einen Kataraktkolben und läßt den Muff des Regulators auf das Austrittsventil des Kataraktes wirken. Beim Beginn des Kolbenhubes wird die Expansionsventilstange durch einen Daumen gehoben, und hierbei saugt der Kataraktkolben Wasser an, das dann durch das Austrittsventil um so rascher entweicht, je weiter dasselbe geöffnet ist, und umgekehrt. In dem Maße, als das Wasser austritt, senkt sich der Kataraktkolben mit dem Expansionsventil, bis endlich letzteres seine Eintrittsöffnung völlig geschlossen hat.

Silvers Regulator, in Fig. 197 abgebildet, hat statt der Schwungkugeln ein Schwungrad und ist vorzüglich für Schiffe bestimmt. Auf der von der Maschine getriebenen Welle C sitzen lose an gemeinschaftlicher Nabe das Schwungrad A und das konische Rad B. Auf einem Querhaupt E der Welle C sind die beiden Sectoren D D befestigt, welche mit ihren Verzahnungen, einander

Fig. 197.

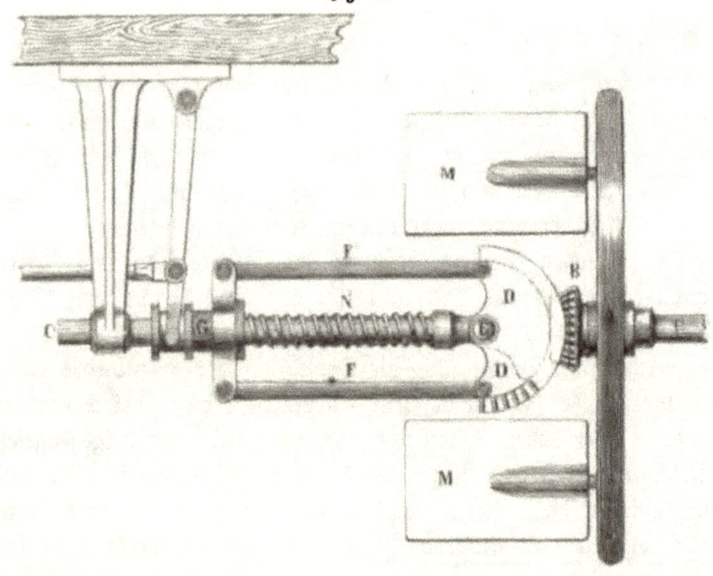

entgegengesetzt, in das Rad B eingreifen und durch die Stangen FF mit dem Muff G des Regulators verbunden sind. Letzterer sitzt lose auf dem über das Querhaupt E hinaus fortgesetzten Ende der Welle C und überträgt durch Hebel und Zugstange seine Bewegung auf die Drosselklappe. Eine Spiralfeder N sucht den Muff G vom Querhaupt E zu entfernen. Wenn die Sectoren D mit dem Querhaupt und der Welle C sich zu drehen anfangen, so nehmen sie vermöge ihres Eingriffs in das Rad B ein Bestreben an, sich um ihre eigenen Axen zu drehen, ziehen dadurch die Stangen F zurück und comprimiren die Feder N, deren Widerstand aber bald so groß wird, daß sie ihre Axendrehung nicht fortsetzen können und daher das Rad B selbst sich in Drehung setzen muß. Das mit dem Rade B verbundene Schwungrad A nimmt allmälig die Normalgeschwindigkeit der Maschine an und hält dabei der Feder N das Gleichgewicht. Aendert sich nun die Normalgeschwindigkeit der Maschine und mit ihr die Drehungsgeschwindigkeit der Sectoren D um die Axe C, so wird die Feder N ausgedehnt oder zusammengedrückt und der Muff G verschoben, während das Schwungrad vermöge seiner Masse seine Geschwindigkeit unverändert beibehält. M sind Windflügel, die auf Axen drehbar am Schwungrad befestigt sind; sie nähern sich der radialen Lage um so mehr, je schneller das Schwungrad umläuft, und setzen daher bei vermehrter Geschwindigkeit einen vermehrten Widerstand entgegen.

Bei dem Pendelregulator werden die Schwungkugeln durch ein schweres Pendel ersetzt, welches vermittelst eines Steigrads und einer Hemmung einem Räderwerke eine gleichförmige Bewegung mittheilt. Diese gleichförmige Bewegung wird mit der veränderlichen Bewegung der Dampfmaschine durch einen Differenzialmechanismus combinirt, welcher die ihm mitgetheilte Bewegung auf die Drosselklappe oder Expansionsvorrichtung fortpflanzt. Regulatoren dieser Art sind construirt von Wiede, Perpigna (Lond. Journ. 1847), Cohen, David und Siama (Bull. de la soc. d'enc. 1851), Moison (Pract. Mech. Journ. 1854), Hamm (Gén. ind. 1861).

Die hydraulischen Regulatoren von Kohn (Notizbl. d. österr. Ing. V. 1851), George (Gén. ind. 1856), Bourdon (Bull. de la soc. ind. de Mulh. 1857) beruhen auf dem Princip, daß von der Dampfmaschine eine Pumpe in Bewegung gesetzt wird, welche um so mehr oder weniger Wasser in ein Reservoir hebt, je rascher oder langsamer die Maschine geht. Dem steigenden oder sinkenden Wasserspiegel folgt ein Schwimmer, dessen Bewegung auf die Drosselklappe übertragen wird. Grosjean's hydrostatisches Rotationspendel (Polyt. Journ. Bd. 165) besteht in einem cylindrischen, mit Wasser gefüllten Gefäß, das von der Dampfmaschine in drehende Bewegung gesetzt wird. Wird das Wasser gezwungen, mit dem Gefässe sich zu drehen, so nimmt der Spiegel desselben die Gestalt eines Paraboloidmantels an, dessen Verticalerhebung mit der Geschwindigkeit sich ändert und durch einen Schwimmer die Stellung der Drosselklappe regulirt.

Bei den pneumatischen Regulatoren wird von der Maschine vermittelst eines Blasebalgs (Molinié, Bull. de la soc. d'enc. 1841) oder eines kleinen Cylindergebläses (Branche und Coste, Pract. Mech. Journ. 1855) Luft comprimirt, die vermöge der ihr ertheilten höheren oder niedrigeren Spannung ein Gewicht hebt und dadurch die Drosselklappe regulirt. Diese Regulatoren haben sich bis jetzt so wenig als die hydraulischen Verbreitung verschaffen können.

Hamilton (Lond. Journ. 1860) verbindet bei Maschinen, deren Widerstand sehr veränderlich ist, den Regulator mit einer Klappe im Ausblaserohr oder mit dem Injectionshahn des Condensators und regulirt dadurch den Gegendruck.

Fünfter Abschnitt.

Stärke oder Nutzeffect der Dampfmaschinen.

Unter der Stärke oder dem Nutzeffect einer Dampfmaschine verstehen wir das Quantum mechanischer Arbeit, welches die Triebwelle derselben in einer gewissen Zeit zur Verfügung stellt. Dieses Quantum bildet einen Theil der theoretischen Arbeit, d. h. derjenigen Arbeit, welche dem frischen, aus dem Kessel kommenden Dampfe inne wohnt, wenn er auf den Kolben wirkt; die Differenz wird auf Ueberwindung der Widerstände in der Maschine selbst verwendet. Die Größe des Nutzeffects findet man entweder durch unmittelbare Messung, oder durch Rechnung.

1.

Arbeitseinheit des Nutzeffects.

Der Umstand, daß viele Dampfmaschinen seit der Einführung derselben in die Gewerbe Pferdedienste ersetzen mußten, gab Veranlassung, ihre Leistungen mit denen der Pferde zu vergleichen und durch *Pferdekräfte* auszudrücken. Eine Maschine, die so viel leistete, als 10 oder 20 Pferde, hieß eine Maschine von 10 oder 20 Pferdekraft oder eine 10- oder 20pferdige Maschine. So allgemein üblich diese Maßeinheit seitdem geworden ist, so hat sie doch aus mehreren Gründen etwas sehr Unbestimmtes.

Fürs Erste nämlich kann ein lebendes Pferd nur eine gewisse Anzahl Stunden des Tages arbeiten, und zwar mehr oder weniger, je nachdem es weniger oder mehr angestrengt ist; die Dampfmaschine hingegen kann fortdauernd und mit voller Kraft wirken. Man muß also, um die Leistungen vergleichen zu können, die Leistung eines gewöhnlichen Pferdes, wenn es z. B. 8 Stunden des Tages zu arbeiten hat, zu Grunde legen. Nennt man also eine 10pferdige Maschine eine solche, die so viel Stärke hat, als 10 zugleich ziehende Pferde, so wird immerhin ihre Leistung weit größer sein, wenn sie länger in Thätigkeit ist. Arbeitet sie 16 Stunden des Tages, so wird sie die Arbeit von 16, und arbeitet sie ununterbrochen, die von 30 Pferden verrichten, trotzdem daß ihr nur die Bezeichnung einer 10pferdigen zukommt.

Fürs Zweite ist die Leistungsfähigkeit der verschiedenen Pferde sehr verschieden. Selbst im Durchschnitt kann dieselbe in einem Lande weit größer sein, als in einem andern. Kommt man also auch dahin überein, eine 10pferdige Maschine eine solche zu nennen, die so viel Stärke hat, als 10 zugleich ziehende Pferde, und könnte man selbst, was freilich nur selten thunlich ist, durch Versuche mit wirklichen Pferden diese mittlere Leistung abschätzen, so bliebe dieselbe immer noch deßhalb unbestimmt, weil stärkere oder schwächere Pferde zu jener Abschätzung angewendet werden können.

Endlich ist drittens die Leistung eines Pferdes nach der Art, wie es benutzt wird, z. B. nach der Anspannungsweise oder nach der Geschwindigkeit, mit welcher es arbeitet 2c., sehr verschieden.

Soll also der Ausdruck Pferdekraft eine bestimmte Größe bezeichnen, so ist immer noch nöthig, daß man sich über die Intensität der Arbeit, welche durch jenen Ausdruck bezeichnet wird, verständigt. Geschieht dieß, so ist es gleichgültig, ob die aufgestellte Einheit wirklich genau der Leistungsfähigkeit eines mittleren Pferdes entspricht.

In den mechanischen Schriften wird jetzt allgemein als Pferdekraft, oder wie man neuerdings häufig findet, Pferdestärke die Leistung von

75 Kilogrammeter in der Sekunde

angenommen. Hiermit stimmen auch die in mehreren Ländern auf dem Verordnungswege festgestellten Einheiten mehr oder weniger überein, z. B.

in Oesterreich	430	Fußpfund	(76$^{Km.}$)	in der Sekunde,
„ Preußen	480	„	(75,3$^{Km.}$)	„ „ „
„ Württemberg	525	„	(75,2$^{Km.}$)	„ „ „

In England unterscheidet man Nominalpferdekraft und Indicator- oder effective Pferdekraft. Nur die letztere dient als ein Maß der Arbeitsintensität, und zwar von 550 Fußpfund ($76^{km.}$) in der Sekunde, während die erstere nur ein von den Cylinderdimensionen und der Kolbengeschwindigkeit abhängiges Maß ausdrückt, welches, da die bestimmende Gewichtseinheit fehlt, mit einer Arbeit oder Arbeitsintensität gar nicht verglichen werden kann. Man nimmt nämlich, um die Leistung einer Dampfmaschine in Nominalpferdekräften zu bestimmen, den Druck des Dampfes zu 7 Pfund auf den Quadratzoll (engl.) an und führt die von Watt vorgeschriebenen Kolbengeschwindigkeiten ein, nämlich

bei	2	Fuß	Kolbenhub	160	Fuß	Geschwindigkeit	in der	Minute,
„	2½	„	„	170	„	„	„ „	„
„	3	„	„	180	„	„	„ „	„
„	3½	„	„	189	„	„	„ „	„
„	4	„	„	200	„	„	„ „	„
„	5	„	„	215	„	„	„ „	„
„	6	„	„	228	„	„	„ „	„
„	7	„	„	245	„	„	„ „	„
„	8	„	„	256	„	„	„ „	„

Da nun diese Geschwindigkeiten der Formel

$$v = 128 \cdot \sqrt{s}$$

entsprechen, worin v die Kolbengeschwindigkeit in der Minute und s den Kolbenhub bezeichnet, und die Leistung einer Dampfmaschine vom Cylinderdurchmesser d bei 7 Pfund wirksamem mittleren Dampfdruck und der Kolbengeschwindigkeit v

$$\frac{d^2\pi}{4} \cdot 7v \text{ Fußpfund in der Minute oder}$$

$$\frac{d^2\pi}{4} \cdot \frac{7v}{550 \cdot 60} \text{ Pferdekräfte}$$

beträgt, so drückt man hiernach die Leistung einer Dampfmaschine durch

$$\frac{d^2\pi}{4} \cdot \frac{7 \cdot 128\sqrt{s}}{550 \cdot 60},$$

$$\text{oder } \frac{d^2\sqrt{s}}{47} \text{ Nominalpferdekräfte}$$

aus. Diese Formel ist die Watt'sche und wird im Süden von England allgemein angewendet. Oder setzt man die Kolbengeschwindigkeit statt des Kolbenhubes ein, so erhält man die sog. Admiralitätsformel

$$\frac{d^2 v}{6000} \text{ Nominalpferdekräfte,}$$

die bei der Marine eingeführt ist. Im Norden von England treibt man die Einfachheit noch weiter, indem man die Zahl der Pferdekräfte lediglich vom Cylinderdurchmesser abhängig macht.

In Manchester z. B. bestimmt man sie

bei Condensationsmaschinen zu $\frac{1}{23} \cdot \frac{d^2\pi}{4}$,

„ nicht condensirenden Maschinen zu $\frac{1}{10} \cdot \frac{d^2\pi}{4}$;

in Leeds

bei Condensationsmaschinen zu $\frac{1}{30} d^2$,

„ nicht condensirenden Maschinen zu $\frac{1}{16} \cdot d^2$.

Wie wenig die nach diesen Formeln bestimmten Werthe unter einander sowohl, als mit der Zahl der effectiven Pferdekräfte übereinstimmen, soll an folgendem Beispiel gezeigt werden. Es ist von einer Condensationsmaschine, die 39 Zoll engl. Cylinderdurchmesser und 72 Zoll Hub hat, mit $2^1/_2$ Atm. Kesselspannung arbeitet und deren Kolbengeschwindigkeit pro Minute 180 Fuß beträgt, bekannt, daß sie 130 Pferdekräfte zu $75^{km.}$ pro Sekunde leistet. An Nominalpferdekräften aber erhält man

nach der Watt'schen Formel: 133,
„ „ Admiralitätsformel: 45,6,
„ „ Manchester-Formel: 52,
„ „ Leeds-Formel: 50,7.

2.

Messung des Nutzeffects; Bremsdynamometer.

Am sichersten findet man den Nutzeffect einer Dampfmaschine, wie überhaupt den einer jeden Betriebsmaschine, durch unmittelbare Abmessung mit Hilfe des Bremsdynamometers oder Prony'schen Bremszaums. Dieses Dynamometer wird an der Hauptwelle der Maschine angebracht und besteht aus einer genau centrisch auf der Welle befestigten Scheibe A, der sog. Bremsscheibe, und zwei harthölzernen Backen a und b (Fig. 198), die der Scheibenkrümmung entsprechend ausgehöhlt sind und durch die Schrauben cc

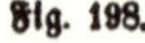
Fig. 198.

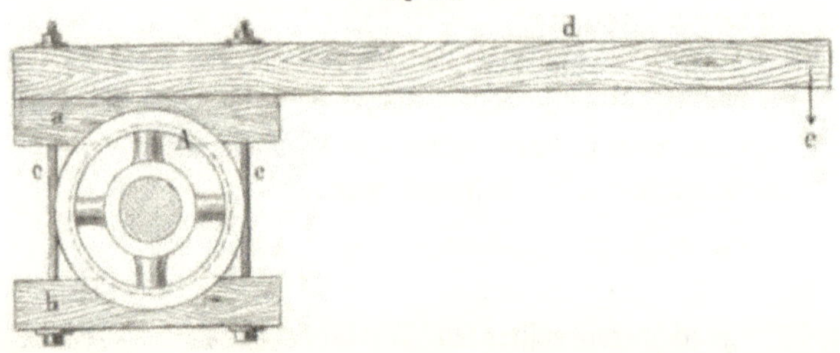

scharf gegen den Umfang der Scheibe angepreßt werden. Zugleich wird durch die Schrauben cc mit dem oberen oder unteren Backen ein Hebel d verbunden, welcher an seinem Ende durch ein Gewicht e so belastet wird, daß das Gewicht der Umdrehungsrichtung der Welle entgegengesetzt auf den Hebel wirkt. Durch die Schrauben cc oder auch nur mit Hilfe einer derselben kann der Zaum, der durch die beiden Backen gebildet wird, beliebig an die mit der Welle fest verbundene Scheibe angedrückt werden. Ist der Zaum nur wenig an die Scheibe angedrückt, so dreht sich dieselbe, ohne den Hebel d zu bewegen. Drückt man ihn aber durch Anziehen der Schraube stärker an, so wird endlich die Scheibe den Zaum und seinen Hebel mit sich herumzuführen streben, aber nur dann ihn wirklich mit sich herumnehmen, wenn die Hebelbelastung zu klein ist, um diesem Bestreben den hinreichenden Widerstand entgegenzusetzen. Man kann daher durch Abändern des Gewichts und allmähliges Anziehen der Schrauben dahin kommen, daß die Hebelbelastung der Reibung, welche die Scheibe auf der Welle unter dem Einflusse des Zaumes erleidet, das Gleichgewicht hält, der Hebel selbst also die horizontale Lage annimmt. Da in diesem Falle die gesammte von der Maschine ausgeübte Arbeit auf die Reibung zwischen dem Zaume und der Scheibe auf der Welle verwendet wird, so braucht man, um diese Arbeit zu messen, nur die Arbeit der Bremsreibung zu berechnen, die man aus der beobachteten Hebelbelastung und der gleichfalls beobachteten Wellengeschwindigkeit auf folgende Weise erhält:

Ist die Belastung P, der Hebelarm derselben a und die Umdrehungszahl der Welle pro Minute u und wird noch vorläufig der Halbmesser der Bremsscheibe r eingeführt, so beträgt die Kraft der Reibung am Umfang der Scheibe

$$P \frac{a}{r}$$

Die Arbeitsintensität dieser Reibung wird aber erhalten, wenn man die Kraft mit der Geschwindigkeit, also mit $\frac{2 r \pi u}{60}$ multiplicirt. Es ist daher die Arbeit der Reibung und somit auch die Arbeit der Maschine pro Sekunde

$$L = P \frac{a}{r} . \frac{2 r \pi u}{60} = \frac{P a \pi u}{30}.$$

Wird P in Kilogrammen und a in Metern ausgedrückt, so erhält man L in Kilogrammmetern; soll die Arbeit in Pferdekräften angegeben werden, so ist das gefundene Maß noch durch 75 zu dividiren. Für preußische Pfunde und Fuße würde man, um die Zahl der Pferdekräfte zu erhalten, durch 480 zu dividiren haben.

Die vorstehende Formel zeigt, daß es bei der Berechnung des Nutzeffects auf die Größe der Bremsscheibe gar nicht ankommt. Bei der Benutzung des Apparates aber übt sie einen erheblichen Einfluß aus; denn je kleiner die Scheibe ist, desto kleiner wird ihre Umfangsgeschwindigkeit, desto größer also bei einem gewissen Nutzeffect die Reibung, die sie gegen den mittels der Schrauben angedrückten Zaum ausübt. Und diese Reibung kann so groß werden, daß ein Mann gar nicht im Stande ist, die Schrauben hinreichend anzuziehen. Umgekehrt wird die Reibung um so kleiner, je größer die Scheibe ist; daher ist es zweckmäßig, der Scheibe einen möglichst großen Durchmesser zu geben. Um das Abrutschen des Zaums von der Scheibe zu verhindern, kann man der letzteren zu beiden Seiten vorspringende Flantschen geben. Die Erhitzung in Folge der Reibung vermindert man dadurch, daß man den reibenden Flächen einen ununterbrochenen Strahl von Seifenwasser oder reinem Wasser zuleitet. Das Spiel des Hebels, d. h. die Abweichung desselben von der horizontalen Richtung begrenzt man dadurch, daß man einige Centimeter oberhalb des Hebelendes einen festen Widerhalt anbringt und zugleich den unteren Backen auf der dem Hebel entgegengesetzten Seite gegen eine Unterlage antreffen läßt.

Die Belastung P besteht: 1) aus dem am Hebelarm a aufgelegtem Gewicht und 2) dem auf dem Hebelarm a reducirten

Gewicht des Bremsapparats. Das letztere findet man dadurch, daß man vor Beginn der Messung oder nach Beendigung derselben den Zaum mit dem Bremshebel und seinen Schrauben vollständig zusammenstellt und den oberen Backen senkrecht über der Stelle, die die geometrische Axe der Welle einnehmen würde, auf eine dreikantige Feile frei auflegt, das entgegengesetzte Ende des Bremshebels aber, das dem Hebelarm a entspricht, unter Bewahrung der horizontalen Lage und ebenfalls mit Vermittelung einer dreikantigen Feile, auf eine Wagschale drücken läßt. Das beobachtete Gewicht giebt dann das auf den Hebelarm a reducirte Bremshebelgewicht unmittelbar an.

Ist man gezwungen, den Bremsapparat an einer stehenden Welle anzubringen, so muß man das Belastungsgewicht an einem Seile aufhängen, das man über eine Leitrolle führt. Das Bremshebelgewicht hat in diesem Falle natürlich keinen Einfluß.

Die landwirthschaftliche Maschinenfabrik von Ransome und Sims in Ipswich gebraucht zur Kraftmessung ihrer Locomobilen ein Bandbremsdynamometer,[1] welches folgende Einrichtung hat. Um den gut abgedrehten Umfang der Bremsscheibe b (Fig. 199)

Fig. 199.

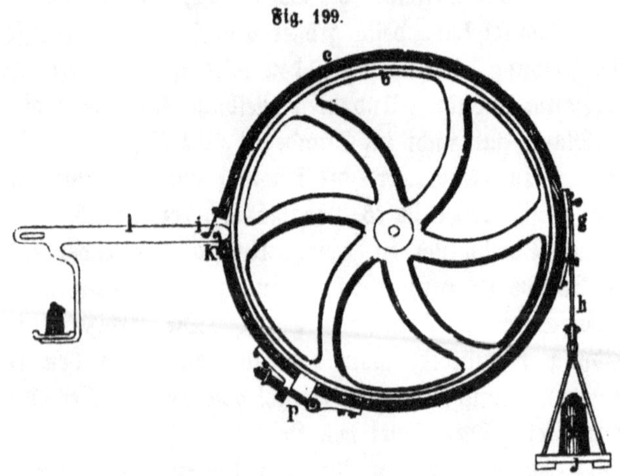

ist ein Bremsband c aus Eisenblech gelegt, an welchem nach innen die Holzbacken d befestigt sind. Das Bremsband c besteht aus zwei Theilen, die durch die Schraube p mit einander verbunden sind;

[1] Mitth. d. hannov. Gewerbvereins 1861.

durch Anziehen oder Lösen der Schraube p wird das Bremsband gegen den Umfang der Bremsscheibe angedrückt oder gelockert. Die beiden Enden des Bremsbandes sind bei den Punkten i und k befestigt, denen diametral gegenüber der Aufhängepunkt g des Gewichtes Q liegt. Die Befestigungspunkte i und k befinden sich an dem durch ein Gewicht q belasteten Compensationshebel l, durch welchen das Gewicht des im Aufhängepunke g befestigten Seils h mit Wagschale j ausgeglichen wird. Die Bremsscheibe b wird nicht unmittelbar an der Hauptwelle der Maschine angebracht, sondern sitzt auf einer besonderen Welle, die durch einen Riemen von der Maschinenwelle getrieben wird. Der Nutzeffect berechnet sich auch hier mittels der Formel

$$L = \frac{P a \pi u}{30}$$

wenn P das auf die Wagschale gelegte Gewicht, a den Halbmesser der Bremsscheibe und u die Umdrehungszahl der Bremsscheibenwelle in der Minute bezeichnet.

8.

Messung der theoretischen Arbeit; Indicator.

Während durch das Bremsdynamometer der Nutzeffect oder die absolute Arbeit der Maschine direct gemessen wird, dient der Indicator zur Messung der theoretischen Arbeit, die man dann noch um die von den Widerständen der Maschine selbst aufgezehrte Arbeit zu vermindern hat, um die absolute Arbeit oder den Nutzeffect zu erhalten. Wegen dieses Umwegs läßt sich mittels des Indicators der Nutzeffect nicht mit derselben Sicherheit bestimmen, wie mittels des Bremsdynamometers. Dagegen hat der Indicator die unbestreitbaren Vorzüge, daß er einfach ist und die Beobachtungen mit demselben in sehr kurzer Zeit und ohne Unterbrechung des regelmäßigen Betriebes angestellt werden können, während die Messungen mit dem Bremsdynamometer nicht unerheblicher Vorbereitungen bedürfen und Stunden selbst Tage, lang fortgesetzt werden müssen, ohne daß die Maschine nützliche Arbeit verrichten kann. Die Bremsversuche geben ferner nur Aufschluß über die Maximalleistung und den Maximalwirkungsgrad, die bei gewissen Geschwindigkeiten und Expansionsgraden der Maschine erzielt werden können; dagegen kann man sich durch die Indicatorversuche nicht nicht nur hiervon unterrichten, sondern auch von den Gesetzen, nach welchen der Zufluß des frischen und der Abfluß des gebrauchten Dampfes in den Cylinder und aus demselben durch die Schieber oder Ventile regulirt wird. Alle diese Umstände machen den Indicator zu einem Gegenstande des täglichen Gebrauchs, mittels dessen man zu jeder Zeit den Zustand einer Dampfmaschine untersuchen und etwaige Mängel auffinden kann.

Der Indicator wurde von Watt erfunden und bestand seiner ursprünglichen Construction nach aus einem auf den Cylinderdeckel aufgeschraubten Cylinder mit einem dicht schließenden Kolben, gegen den von oben eine Schraubenfeder drückte. Der Kolben spielte, der Größe des Dampfdrucks im Cylinder angemessen, im Cylinder auf und nieder und gab hierdurch einem am oberen Ende seiner Stange angebrachten Zeichenstift dieselbe Bewegung längs einer Zeichentafel, die von der Kolbenstange in eine horizontal hin und her gehende Bewegung versetzt wurde. Später ist diese Construction mehrfach vervollkommnet worden, und es haben namentlich die Indicatoren von Mcc Naught in Glasgow und von Clair in Paris Aufnahme gefunden. Der letztere ist in Fig. 200 und 201 abgebildet, und zwar zeigt nebenstehende Fig. 200 den monodimetrischen Aufriß und Fig. 201 einen Horizontaldurchschnitt.

Fig. 201.

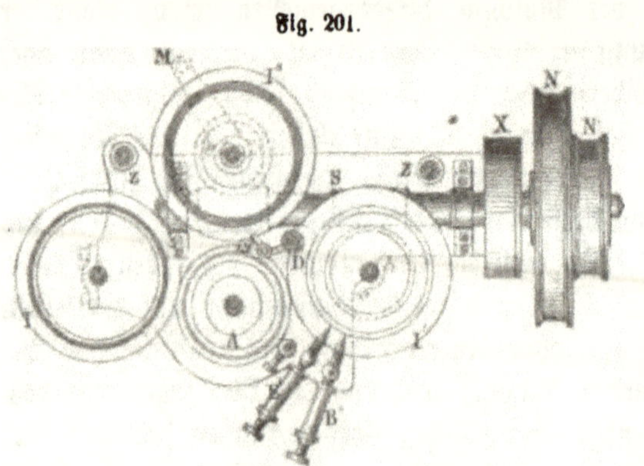

In dem doppelwandigen Indicatorrohr A, das auf den Cylinderdeckel aufgeschraubt wird, bewegt sich der Metallkolben C mit seiner Stange B und der um dieselbe gewundenen Schraubenfeder, die sich oben gegen den Deckel G anlegt. Die drei Cylinder I, I′, I″, um welche sich das Zeichenpapier I wickelt, sind in zwei Platten K und L aufgelagert, von denen die letztere mittels der Säulen Z Z auf der ersteren ruht. Zum vorläufigen Bewickeln des Cylinders I″ dient die Kurbel M.

Fig. 200.

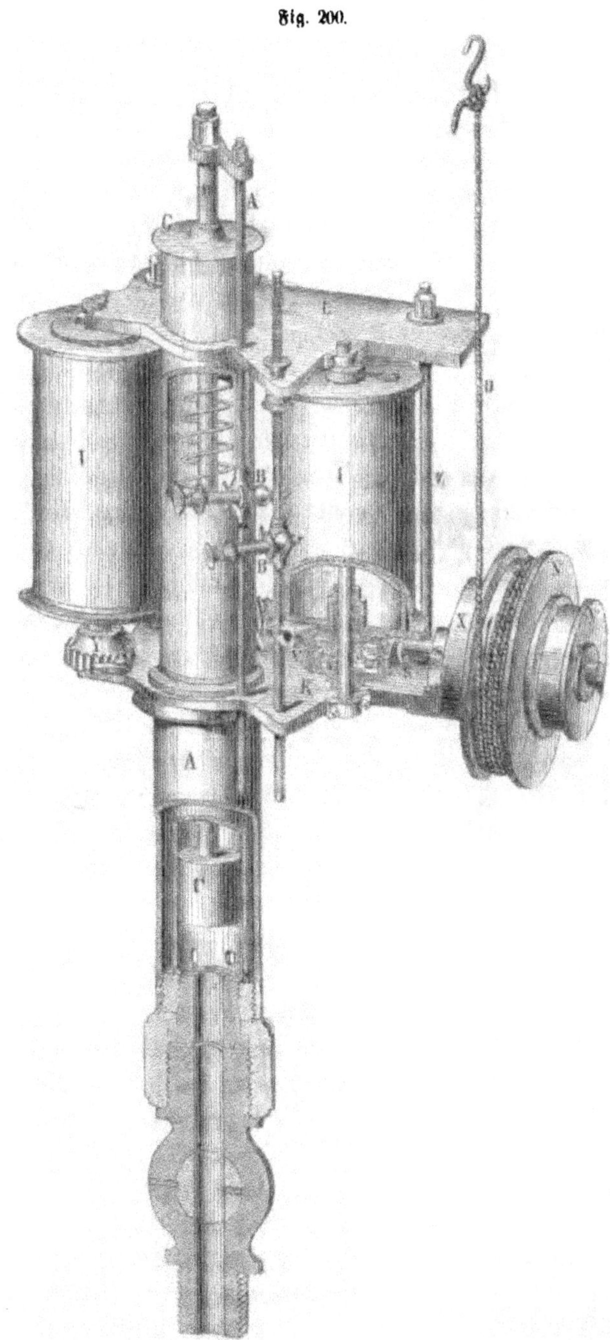

Die Schnurscheiben N und N′, von denen man nach Bedarf die eine oder die andere benutzen kann, dienen zum Auf- und Abwickeln der Schnur O, welche durch einen Haken an die Kolbenstange der Maschine angeschlossen wird. Die Axe der Scheiben N und N′ trägt auf ihrer Verlängerung zwei endlose Schrauben S und T (Fig. 202), von denen die erstere zwei gleich geneigte, aber sich kreuzende Gewinde hat und auf die beiden Räder U und V entgegengesetzt gerichtete Drehbewegungen überträgt. Die Zähne der Räder U und V sind bei dem einen nach rechts und bei dem anderen nach links geneigt, damit sie gleichzeitig in die beiden Schraubengewinde eingreifen können. Beide Räder laufen lose auf der Axe des Cylinders I. Die zweite Schraube T, mit einfachem Gewinde, treibt das Schraubenrad W auf der Axe des Cylinders I″, welches ebenfalls lose geht. X ist ein Federhaus mit einer Spiralfeder, welche die Schnur O beim Niedergange der Kolbenstange gespannt erhält. Ein anderes Federhaus Y, das mit einem Sperrrade versehen ist, sitzt auf der Axe des Cylinders I und kann mit derselben durch eine Druckschraube fest verbunden werden. Mit der Indicatorkolbenstange B ist eine Stange A′ fest verbunden, die einen Schreibstift B′ trägt; ein zweiter Schreibstift B″ sitzt an der Stange C′, die an ihrem oberen Ende ein Schraubengewinde hat und vermittelst Mutter und Gegenmutter eingestellt wird. D ist eine Spannrolle, welche durch eine Feder gegen den Papierstreifen angedrückt wird.

Fig. 202.

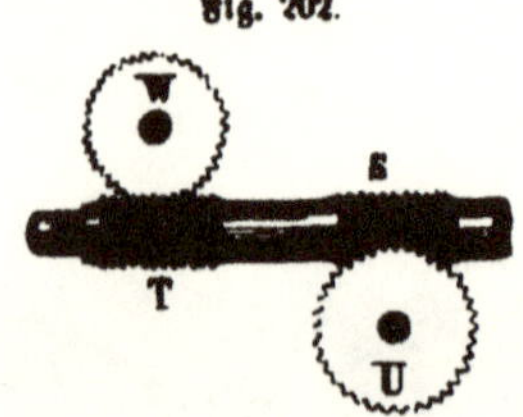

Die Verbindung der Räder U und V mit der Axe des Cylinders I′ ist auf folgende Weise bewirkt. In jeder der beiden Radebenen ist an der Axe ein vierarmiger Stern d befestigt. An die festen Arme der beiden Sterne sind durch Charnierbolzen bewegliche Arme e angeschlossen, deren Enden gegen die inneren cylindrischen Oberflächen der vollständig hohlen Radkränze antreffen. Der innere Halbmesser der Radkränze ist etwas kleiner, als die Summe der Längen eines festen und eines beweglichen Armstücks, so daß diese beiden Armtheile einen stumpfen Winkel mit einander einschließen. Da die Oeffnungen dieser Winkel bei beiden Rädern nach gleicher Richtung hin liegen, so wird die Axe immer durch die Drehung desjenigen Rades mit herumgenommen, welches in Folge der Reibung mit den Enden der beweglichen Arme die Winkel zu vergrößern sucht.

Um den Papierstreifen aufzuziehen, löst man die Druckschraube, welche das Rad W mit der Axe des Cylinders I″ verbindet, klebt das eine Ende des Streifens mit Mundleim auf den Cylinder I″ auf und wickelt dann den Streifen vermittelst der Kurbel M auf. Hierauf faßt man das andere Ende, legt es um den Cylinder I′ und die Spannrolle D und klebt es auf den Cylinder I fest.

Ist der Apparat mit dem Papier bekleidet und auf dem Cylinder festgeschraubt, so befestigt man den Schreibstift B′ auf der Stange A′ in geeigneter Höhe, bei Hochdruckmaschinen näher der unteren Basis der Papiercylinder, als bei Niederdruckmaschinen. Die Stange C′ stellt man so, daß der Schreibstift daran genau in derselben Höhe steht, wie der Schreibstift an der Stange A′, wenn die Fläche des Indicatorkolbens dem atmosphärischen Drucke ausgesetzt ist, dann zieht während der Dauer der Messung der Stift B″ der Stange C′ eine horizontale Linie, welche dem Atmosphärendruck entspricht, und der Stift B′ der mit dem Indicatorkolben verbundenen Stange A′ die Curven der successiven Dampfspannungen.

Die Wirkungsweise dieses Indicators ist nun folgende: Je nachdem sich während eines Spiels des Dampfmaschinenkolbens die Spannung im Cylinder verändert, verändert auch der Kolben C seine Stellung stets in der Weise, daß die Elasticität der Feder in Gemeinschaft mit dem Drucke der Atmosphäre dem auf die untere Fläche des Kolbens C wirkenden Dampfdruck das Gleichgewicht hält. Je größer also die Dampfspannung unter dem Indicatorkolben ist, desto höher wird dieser steigen, und je kleiner sie wird, desto weiter wird er hinabsinken. Da nun der Schreibstift B′ dieser Bewegung folgt, vor dem Beginn der Messung aber in der atmosphärischen Linie eingestellt war, so ist die Höhe, um welche er in verschiedenen Stadien eines Dampfkolbenspiels von der atmosphärischen Linie absteht, proportional dem Dampfdruck im Cylinder.

Verbliebe der Papierstreifen, gegen den der Stift B′ angedrückt wird, in Ruhe, während der Stift auf und nieder spielt, so würde derselbe auf dem Papier nur eine verticale Linie beschreiben, deren oberes und unteres Ende der größten und kleinsten Dampfspannung entspräche. Dieß genügt aber nicht, sondern man will auch wissen, welche Spannung bei irgend einer Stellung des Dampfkolbens im

Cylinder herrscht, und diesen Zweck erreicht man dadurch, daß man den Papierstreifen in eine fortschreitende Bewegung setzt, deren Geschwindigkeit der Geschwindigkeit des Dampfkolbens proportional ist.

Um am Clair'schen Indicator diese Bewegungen zu erhalten, löst man die Druckschraube an der Axe des Cylinders I', sowie den Schnurenwürtel an der Axe des Cylinders I. Dagegen macht man durch Anziehen der Druckschrauben das Rad W fest auf der Axe des Cylinders I'' und das Federhaus Y fest auf der Axe des Cylinders I und spannt mit der Hand die Feder im Federhaus Y an. Ist dieß geschehen und die Schnur O mit der Dampfkolbenstange in Verbindung gesetzt, so ertheilt die einfache Schraube T durch das Rad W den mit dem Papierstreifen bekleideten Cylindern eine wiederkehrend drehende Bewegung. Die doppelte Schraube S bleibt in diesem Falle ohne allen Einfluß.

Auf diese Weise erhält man für ein Spiel des Dampfkolbens eine in sich selbst zurückkehrende oder geschlossene Curve, die bei Maschinen ohne Expansion und Condensation ungefähr das Ansehen von Fig. 203 hat. Hier bezeichnet A B die vom Stifte B'' gezogene atmosphärische Linie. Beim Beginne des Kolbenhubes ist der frische Dampf bereits in voller Thätigkeit und der Stift B' giebt den Punkt C an. Bis D, also bis kurz vor Beendigung des Kolbenhubes bleibt der Stift auf gleicher Höhe, weil die Dampfspannung sich nicht verändert. Da aber der Schieber Deckung und Voreilen hat, so schließt er jetzt den Dampfzutritt ab und es beginnt ein geringer Grad von Expansion, vermöge welcher der Dampfdruck abnimmt und der Stift allmälig sich senkt. Unmittelbar vor Beendigung des Kolbenhubes fängt der Dampf an auszutreten, und der Stift sinkt plötzlich bis beinahe zur atmosphärischen Linie herab, die er nur deßhalb nicht ganz erreicht, weil der ausströmende Dampf, ehe er in die Atmosphäre gelangt, noch Widerstände zu überwinden hat und deßhalb im Cylinder eine etwas höhere, als die atmosphärische Spannung haben muß. Auf dieser Höhe verbleibt der Stift während des ganzen Kolbenrücklaufs von E bis F, wo

Fig. 203.

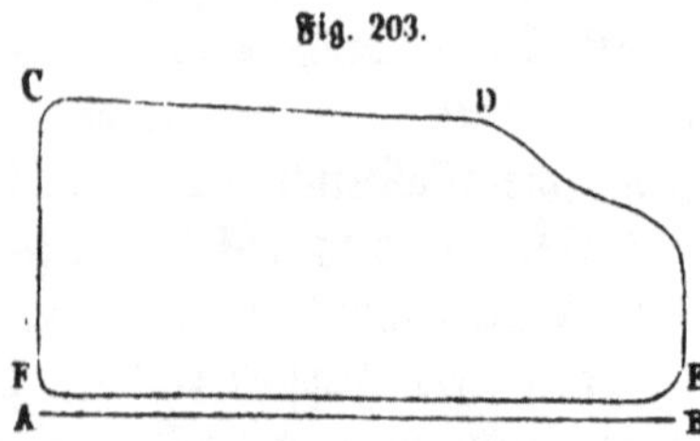

er sich beim Eintreten des frischen Dampfes für ein neues Spiel plötzlich wieder bis C erhebt. Die Abstumpfung an der Ecke E hat ihren Grund darin, daß der Dampf, wenn er mit der Atmosphäre in Verbindung gesetzt wird, eine gewisse Zeit braucht, um mit derselben in das Gleichgewicht zu treten, und die Abstumpfung an der Ecke F kommt von dem Voreilen des Schiebers, vermöge dessen der Dampf noch vor Beendigung des Kolbenrücklaufs bereits wieder einzutreten beginnt.

Das Diagramm in Fig. 204 ist von einer Niederdruckmaschine mit Condensation ohne Expansion abgenommen. Dasselbe zeigt eine Senkung der Dampfspannung vom Anfangspunkte C an und beweist, daß die eintretende Dampfmenge im Anfange des Kolbenhubes am größten ist und dann allmälig sich verringert. Der Schieber hat also im Verhältniß zur Weite der Dampfcanäle zu geringe äußere Deckung und zu großes Voreilen; der letztere Fehler geht auch aus dem Umstande hervor, daß der Punkt F, welcher den Beginn des Dampfeintritts repräsentirt, ziemlich weit gegen den Anfangspunkt A der Curve zurückliegt. Die starke Abstumpfung der Rücklaufscurve BF lehrt, daß der Austritt erschwert ist; es muß also die innere Deckung vermindert werden. Daß hier die Rückgangscurve unter der atmosphärischen Linie liegt, hat seinen Grund in der Thätigkeit der Condensation. Je vollkommener dieselbe ist, desto weiter senkt sich der Stift unter die atmosphärische Linie.

Fig. 204.

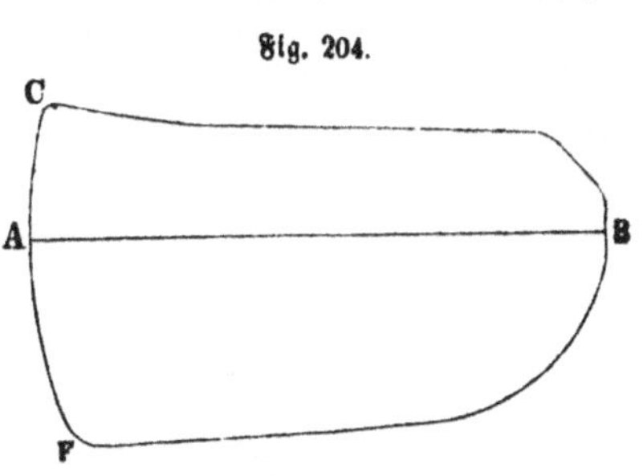

Bei dem Diagramm in Fig. 205 wird der abgehende Dampf in einen Vorwärmer geleitet; dasselbe lehrt, daß schon durch diesen Umstand eine Verdünnung erzeugt und die Rücklaufscurve unter die atmosphärische Linie herabgedrückt werden kann.

Fig. 205.

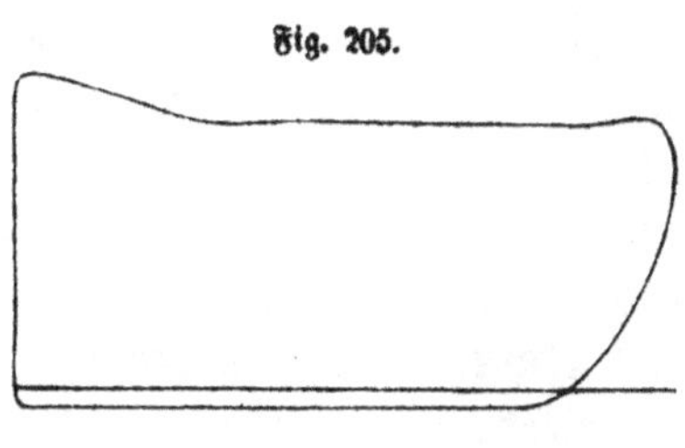

Bei der Maschine, von welcher das Diagramm in Fig. 206 abgenommen ist, erfolgt der Ein- und Austritt des Dampfes zu spät, letzterer in besonders hohem Maße. Wird durch eine angemessene Veränderung des Schieber-

Fig. 206.
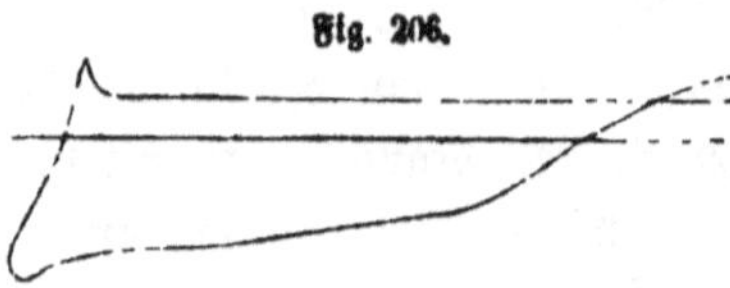

voreilens und der Schieberdeckung der Fehler nicht gehoben, so ist dieß ein Zeichen, daß der Dampfkolben nicht dicht schließt.

Fig. 207.
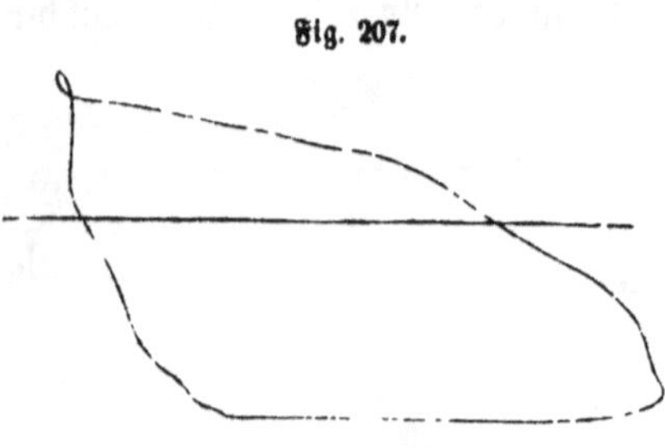

Wie fehlerhaft ein zu großes Voreilen des Schiebers wirken kann, zeigt das Diagramm in Fig. 207.

Bei Maschinen, die mit Expansion arbeiten, bleibt die Curve für den Vorwärtsgang eine Zeit lang auf ihrer ursprünglichen Höhe; mit dem Beginn der Dampfabsperrung aber senkt sie sich und bleibt bis zum Ende des Kolbenhubes in allmäliger Senkung begriffen. Fig. 208 zeigt einige solcher Diagramme einer Condensationsmaschine für verschiedene Füllungsgrade. Arbeitet eine Expansionsmaschine ohne Condensation, so bleibt natürlich die Rücklaufscurve über der atmosphärischen Linie.

Fig. 208.
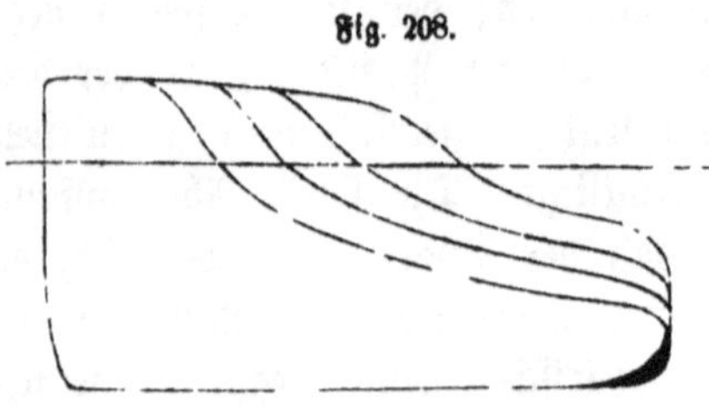

Es genügt nicht, die Versuche nur an dem einen Ende des Cylinders anzustellen, sondern man muß jedem Diagramme, das man auf der einen Seite des Kolbens abgenommen hat, ein zweites beifügen, das man auf der andern Seite abnimmt, da Mängel vorkommen können, welche sich nur auf der einen Seite des Kolbens fühlbar machen. Man entgeht dadurch zugleich der Möglichkeit, die Wirkung des Dampfes auf der einen Seite auf Kosten derjenigen auf der andern Seite zu verbessern. Sind beide Wirkungen in der That gleich, so unterscheiden sich die Diagramme auch nur insofern von einander, als die rechte und linke Seite mit einander vertauscht werden, weil die Richtungen der Kolbenstangenbewegungen bei beiden Versuchen einander entgegengesetzt waren. Es würde daher dem Diagramm in Fig. 203 das Diagramm in Fig. 209 zugehören, das mit jenem vollkommen symmetrisch ist.

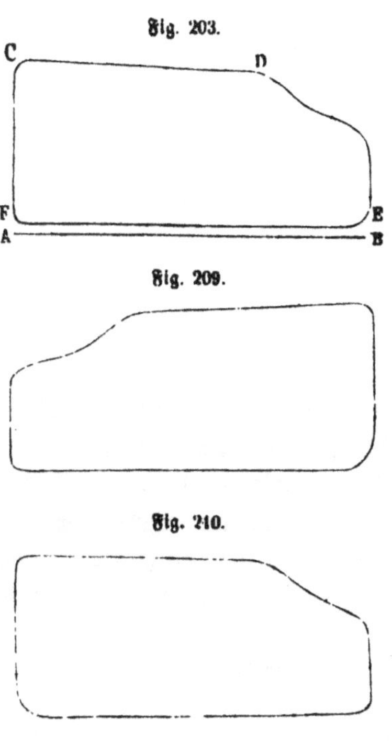

Fig. 203.

Fig. 209.

Fig. 210.

Combinirt man jetzt die beiden Diagramme derart, daß man die Curve für den arbeitenden Dampf aus Fig. 203 und die hier den Gegendampf aus Fig. 209 entnimmt, daß also das Diagramm in Fig. 210 entsteht, so erhält man in demselben ein Mittel, für jede Kolbenstellung den wirksamen Dampfdruck abzulesen. Derselbe wird nämlich durch den verticalen Abstand der zwei der betreffenden Kolbenstellung entsprechenden Curvenpunkte repräsentirt.

Um diesen Dampfdruck unmittelbar in Gewichtseinheiten ablesen zu können, bestimmt man, ehe man das Instrument in Gebrauch nimmt, die Kraft der Feder, welche auf den Indicatorkolben wirkt, und reducirt dieselbe auf den Querschnitt dieses Kolbens. Man belastet nämlich diesen Kolben durch bekannte Gewichte, einestheils indem man seine Feder zusammendrückt, anderntheils indem man sie ausdehnt, und dividirt die aufgelegten Gewichte durch den Inhalt der Indicatorkolbenfläche. Hierdurch ergeben sich die Drücke, welche diese Gewichte auf die Quadrateinheit ausüben. Nun mißt man die Verkürzungen oder Verlängerungen, welche die Feder bei 1, 2, 3… Kilogr. oder 1, 2, 3… Pfunden Druck auf die Quadrateinheit erfährt, und markirt dieselben durch Theilstriche auf der abgeschrägten Kante eines Lineals, das man dann behufs des Ablesens unmittelbar an den Verticalabstand der Curvenpunkte im Diagramm anlegt.

Bestimmt man auf diese Weise für möglichst viele Kolbenstellungen die Dampfdrücke, so kann man hieraus leicht den mittleren

Dampfdruck berechnen, welcher einem Kolbenhube entspricht. Da, wie schon oben angedeutet wurde, die Wirkung des Dampfes nach den beiden Kolbenrichtungen verschieden sein kann, so hat man auch den mittleren Druck für beide aufzusuchen und dem Diagramm in Fig. 210 noch ein zweites in Fig. 211 beizufügen, welches dadurch entsteht, daß man umgekehrt die Curve für den arbeitenden Dampf aus Fig. 209 und die für den Gegendampf aus Fig. 203 entnimmt. Die beiden so erhaltenen mittleren Dampfdrücke sind einander gleich, wenn die Wirkung des Dampfes nach beiden Richtungen gleich war; war sie aber verschieden, so sind auch die mittleren Drücke verschieden, und es muß daher nun wieder aus diesen der Durchschnitt genommen werden, damit man den mittleren Dampfdruck für ein volles Spiel erhält.

Fig. 211.

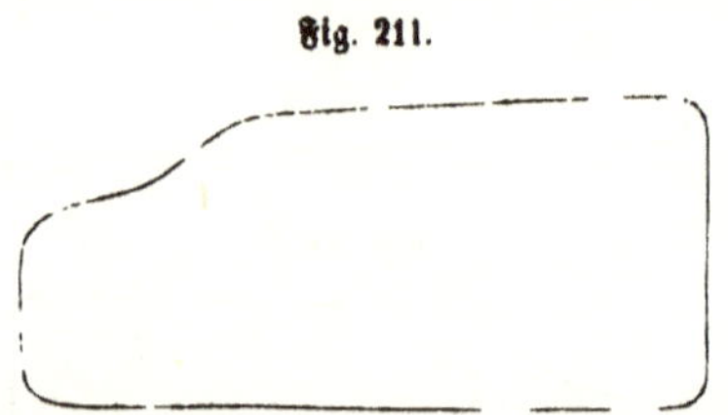

Dieser mittlere Dampfdruck für ein volles Spiel dient dann, wie im Folgenden gezeigt werden wird, zur Berechnung der Leistung. Da es hierbei lediglich auf diesen, nicht aber auf den mittleren Dampfdruck für ein halbes Spiel oder einen Kolbenhub ankommt, so bedarf es für diesen Zweck der oben beschriebenen Vermischung der Diagramme nicht, sondern man benutzt ohne Weiteres die beiden Originaldiagramme in Fig. 203 und 209 zur Bestimmung zweier mittlerer Drücke und nimmt dann aus diesen das Mittel, das mit dem auf jenem Wege gefundenen genau übereinstimmen muß.

Die mittleren Drücke selbst findet man auf folgende Weise. Man theilt das Diagramm der Breite nach in eine möglichst große Anzahl gleicher Theile, z. B. in 20, zieht durch die Theilpunkte Verticallinien und liest an denselben die Dampfdrücke p_0, p_1, p_2, ... p_{20} ab. Das Mittel aus denselben ist dann

$$p = \frac{\frac{1}{2} p_0 + p_1 + p_2 + \dots\dots + p_{18} + p_{19} + \frac{1}{2} p_{20}}{20}$$

oder genauer nach der Simpson'schen Regel

$$p = \frac{p_0 + 4\,(p_1 + p_3 + \cdots p_{19}) + 2\,(p_2 + p_4 + \cdots p_{18}) + p_{20}}{3\,.\,20}.$$

Aus den mittleren Drücken beider Diagramme nimmt man das arithmetische Mittel.

Multiplicirt man nun diesen mittleren Druck mit dem Hub s des Dampfkolbens, so erhält man die vom Dampfe pro Quadrateinheit der Kolbenfläche während eines Hubes verrichtete Leistung ps.

Dieses Product ps ist zugleich der Inhalt des Diagramms oder gewöhnlich ein Vielfaches desselben, weil man den Papiercylinder nicht um den vollen Kolbenhub, sondern nur um einen aliquoten Theil desselben fortrücken läßt. Daher kann man dasselbe auch direct ohne Ermittelung des mitleren Dampfdruckes bestimmen, indem man den Flächeninhalt des Diagramms mittels eines Planimeters ausmißt und mit den Verhältnißzahlen der Dampfdruckscala und des Kolbenhubes multiplicirt. Es eignet sich zu diesem Zwecke vorzüglich das Amsler'sche Polarplanimeter, beschrieben und abgebildet in der Schweiz. Polyt. Ztschr. 1856, S. 31.

Das Product der durch das Diagramm ermittelten Arbeit ps in die Kolbenfläche F giebt die Arbeit Fps, welche die Maschine bei einem Kolbenspiel verrichtet. Man hat daher, um die Arbeit L der Maschine in der Sekunde zu erhalten, diese Arbeit, noch mit $\frac{2u}{60} = \frac{u}{30}$ zu multipliciren, wenn u die Zahl der Doppelhübe oder Spiele der Maschine bedeutet. Hiernach ergiebt sich

$$L = Fps. \frac{u}{30} \text{ Arbeitseinheiten, oder}$$

$$= Fps. \frac{u}{2250} \text{ Pferdekräfte,}$$

wenn p in Kilogr. pro Quadratmeter, F in Quadratmetern und s in Metern ausgedrückt wird.

Diese Leistung ist die theoretische, weil sie die Widerstände der Maschine selbst, wie die Kolbenreibung, die Widerstände des Schwungrads, der Pumpen 2c. in sich begreift. Um nun hieraus die effective Leistung zu erhalten, hat man noch Indicatordiagramme für den Leergang der Maschine zu nehmen und die aus diesen letzteren berechnete Leistung L_1 von der theoretischen Leistung L abzuziehen. Die Widerstände der belasteten Maschine sind aber keineswegs denen der unbelasteten Maschine gleich, sondern sie vermehren sich in dem Maße, als die Belastung zunimmt. Man kann dieses Wachsthum als einen aliquoten Theil k der Nutzleistung N ansehen, also kN setzen, so daß schließlich die Nutzleistung sich ergiebt:

$$N = L - L_1 - kN, \text{ oder}$$

$$N = \frac{L - L_1}{1 + k}.$$

Der Coefficient k kann nur durch vergleichende Bremsversuche ermittelt werden. Leider sind aber hierüber noch nicht genügende Erfahrungen gesammelt; für Woolf'sche Maschinen giebt Völckers k = 0,13 an.[1]

Nach der in England gebräuchlichen Annahme bestimmt man zunächst mittels des Indicators $L - L_1$ und dividirt dann diesen Werth, um die Zahl der Pferdekräfte zu erhalten, durch 35000, statt durch 33000, was eigentlich die Zahl der einer Pferdekraft gleich kommenden Fußpfunde pro Minute ausdrücken würde. Diese Annahme entspricht k = 0,06.

Die Construction des Clair'schen Indicators gestattet auch, statt der geschlossenen Curven, die sich nur auf ein Spiel beziehen, fortlaufende Curven für mehrere hinter einander folgende Spiele abzunehmen. Man löst zu diesem Zwecke das Rad W von der Axe des Cylinders I″, sowie das Federhaus Y von der Axe des Cylinders I; die Druckschraube am Cylinder I′ zieht man an. Dann wird das ganze System der mit dem Papier umkleideten Cylinder durch die doppelte Schraube S, die Räder U und V und den Cylinder I′ getrieben. Damit sich in diesem Falle der Papierstreifen regelmäßig und ohne Falten zu werfen auf den Cylinder I aufwickeln kann, wird dieser letztere durch eine endlose Schnur getrieben, welche um zwei Würtel läuft, von denen der eine auf der Axe des Cylinders I und der andere auf der Axe des Cylinders I″ befestigt ist.

4.

Berechnung der theoretischen Leistung.

Wenn man voraussetzt, daß die Temperatur während der Expansion des Dampfes sich nicht verändert, daß also von außen so viel Wärme zugeführt wird, als der Dampf während der Expansion verlieren muß, um im gesättigten Zustande zu bleiben, und wenn man ferner voraussetzt, daß der Dampf bei seiner Expansion, wie die permanenten Gase, dem Mariotte'schen Gesetz folgt, d. h. daß seine Spannung in demselben Verhältniß abnimmt, in welchem sein Volumen wächst, so erhält man die theoretische Leistung einer Dampfmaschine nach S. 83

[1] Völkers, der Indicator. Berlin 1863.

$$L = Vp\left[1 + \ln\left(\frac{p}{p_1}\right) - \frac{q}{p_1}\right],$$

worin L die Leistung pro Sekunde, V das pro Sekunde einströmende Dampfquantum, p die Spannung des Dampfes vor der Expansion, p_1 die Spannung des Dampfes nach der Expansion und q die Spannung des Dampfes auf der Gegenseite bezeichnet. Nennt man V_1 das auf die Sekunde bezogene Volumen des Dampfes nach der Expansion, so ist nach dem Mariotte'schen Gesetz

$$\frac{p}{p_1} = \frac{V_1}{V},$$

wofür bei gewöhnlichen eincylindrigen Maschinen

$$\frac{p}{p_1} = \frac{s_1}{s}$$

gesetzt werden kann, weil die Volumina sich wie die vom Kolben zurückgelegten Wege s_1 und s verhalten. Es bedeutet also hierbei s_1 den ganzen Kolbenweg bis zur Beendigung des Hubes und s den Kolbenweg bis zum Beginn der Expansion. Das Verhältniß $\frac{s_1}{s}$ nennt man den Expansionsgrad und bezeichnet es gewöhnlich mit ε, während die Reciproke $\frac{s}{s_1}$ als Füllungsgrad oder Cylinderfüllung bezeichnet wird. Es entspricht sonach einem Füllungsgrad $^1/_3$, $^1/_2$ 2c. das Expansionsverhältniß $\varepsilon = 3, 2$ 2c.

Unter Einführung des Expansionsgrades ε geht die Leistungsformel über in

$$L = Vp\left(1 + \ln . \varepsilon - \frac{q}{p}\varepsilon\right).$$

Unter den vorstehenden Voraussetzungen soll die Leistung einer Dampfmaschine von folgenden Dimensionen berechnet werden: Cylinderdurchmesser $D = 0^m{,}52$, Kolbenhub $s_1 = 1^m$, Spielzahl pro Minute $n = 32$, Spannung des frischen Dampfes $p = 5$ Atm., Spannung nach beendigter Expansion $p_1 = 1^3/_4$ Atm., Gegenspannung $q = 1$ Atm.

Da jede Atmosphäre auf 1 Quadratmeter Fläche mit $10334^{kg}{,}5$ drückt, so ist für $p = 5$ Atm. einzuführen $p = 10334{,}5 . 5 = 51672{,}5^{kg}$ und für $q = 1$ Atm., $10334{,}5 . 1 = 10334{,}5^{kg}$. Das Expansionsverhältniß ist $\varepsilon = \frac{p}{p_1} = \frac{5}{1^3/_4} = \frac{20}{7}$. Sonach ist

$$L = 51672{,}5\,V\left(1 + \ln\cdot\frac{20}{7} - \frac{1}{5}\cdot\frac{20}{7}\right)$$
$$= 76392{,}6\,V \text{ Meterkilogramm.}$$

Das pro Sekunde einströmende Dampfvolumen wird auf folgende Weise erhalten: Der Cylinderinhalt ist $\frac{D^2\pi}{4}s_1$, folglich die Cylinderfüllung bei jedem Kolbenhub $\frac{1}{\varepsilon}\cdot\frac{D^2\pi}{4}s_1$ und bei n Spielen, also 2 n Kolbenhüben $\frac{2n}{\varepsilon}\cdot\frac{D^2\pi}{4}s_1$. Da sich n Spiele auf die Minute beziehen, so ergiebt sich hiernach der Dampfzufluß pro Sekunde:

$$V = \frac{1}{60}\cdot\frac{2n}{\varepsilon}\cdot\frac{D^2\pi}{4}\cdot s_1$$
$$= \frac{1}{60}\cdot\frac{2\,.\,32\,.}{\frac{20}{7}}\cdot\frac{0{,}52^2\,.\,22}{4.\;\;7.}\;1$$
$$= 0{,}079317 \text{ Cubikmeter.}$$

Sonach ist die theoretische Leistung

$$L = 76392{,}6.\;0{,}79317$$
$$= 6059 \text{ Meterkilogramm.}$$

Nach der Pambour'schen Theorie bleibt der Dampf während der Expansion im gesättigten Zustande, wenn von außen keine Wärme zugeführt, aber auch durch den Cylinder keine Dampfwärme nach außen abgegeben wird. Da aber gesättigter Dampf von geringerer Spannung eine niedrigere Temperatur hat, als solcher von höherer Spannung, so ist hier eine Gleichung zuzuziehen, welche die Beziehung zwischen den Spannungen und den Temperaturen des gesättigten Dampfes vor und nach der Expansion ausdrückt. Die Temperatur des gesättigten Dampfes ist durch die Spannung desselben bestimmt (S. 51), und sie läßt sich daher durch die Spannung ausdrücken, so daß sie selbst aus der Gleichung herausfällt. Am bequemsten für die Rechnung ist die Navier'sche Gleichung (S. 83)

$$\frac{V_1}{V} = \frac{\beta + p}{\beta + p_1},$$

worin V_1 das Volumen des Dampfes nach der Expansion, V das Volumen desselben vor der Expansion und β eine Constante bezeichnet, die bei Spannungen von mehr als 3 Atm. 3020 und bei niedrigeren Spannungen 1200 zu setzen ist, vorausgesetzt daß die Spannungen p_1 und p in Kilogr. pro Quadratmeter ausgedrückt werden. Legt man der Leistungsberechnung diese Formel zu Grunde, so erhält man nach S. 84:

$$L = V(\beta + p)\left[1 + \ln\left(\frac{\beta + p}{\beta + p_1}\right) - \frac{\beta + q}{\beta + p_1}\right].$$

Hierin ist

$$\frac{\beta + p}{\beta + p_1} = \frac{V_1}{V} = \varepsilon$$

und

$$\frac{\beta + q}{\beta + p_1} = \left(\frac{\beta + q}{\beta + p}\right)\varepsilon; \text{ daher}$$

$$L = V(\beta + p)\left[1 + \ln\varepsilon - \left(\frac{\beta + q}{\beta + p}\right)\varepsilon\right].$$

Für das vorstehende Zahlenbeispiel wird sonach

$$\varepsilon = \frac{\beta + p}{\beta + p_1} = \frac{3020 + 10334{,}5 \,.\, 5}{3020 + 10334{,}5 \,.\, 1^3/_4}$$
$$= 2{,}591$$

und

$$V = \frac{1}{60} \cdot \frac{2 \,.\, 32}{2{,}591} \cdot \frac{0{,}52^2 \,.\, 22}{4 \,.\, 7} \cdot 1$$
$$= 0{,}08746 \text{ Cubikmeter.}$$

Daher wird

$$L = 0{,}08746 \,.\, 54692{,}5\,(1 + 0{,}9520 - 0{,}6328)$$
$$= 6310 \text{ Meterkilogr.},$$

oder allgemein für das Dampfvolumen V:

$$L = 72150\,V \text{ Meterkilogr.}$$

Sowohl auf theoretischem Wege durch Clausius, Zeuner, Rankine u. a., als durch directe Versuche von Hirn ist nachgewiesen, daß die Annahme Pambour's, der Dampf bleibe während der Expansion im gesättigten Zustande, ohne seinen Aggregatzustand zu ändern, unrichtig ist; vielmehr schlägt sich, wenn weder Dampfwärme nach außen abgegeben, noch frische Wärme von außen zugeführt wird, bei der Expansion ein kleiner Theil des Dampfes zu Wasser nieder. Diesem Umstande trägt die mechanische Wärmetheorie Rechnung.

Regnault giebt die Wärmemenge Q, welche eine Gewichtseinheit (1^{kg}) Wasser von 0^0 in sich aufnehmen muß, um in eine Gewichtseinheit (1^{kg}) gesättigten Dampfes von t^0 überzugehen, durch die empirische Formel:

$$Q = 606{,}5 + 0{,}305\,t \quad . \quad . \quad . \quad . \quad . \quad . \quad (1).$$

Diese Gesammtwärme zerfällt in die Wärme W, welche dem Wasser unter constantem Drucke zuzuführen war, bis es die Temperatur t erreichte, und in die (latente) Wärme r, welche dem Wasser von t^0 während der Dampfbildung, ebenfalls bei constantem Drucke, zugeführt wurde. Es ist daher auch

$$Q = W + r = 606{,}5 + 0{,}305\, t \quad . \quad . \quad . \quad (2).$$

Ist c die specifische Wärme des Wassers unter constantem Drucke, so erfordert die Erwärmung des Wassers um dt die Wärmemenge

$$dW = c\,dt \quad . \quad . \quad . \quad . \quad . \quad . \quad . \quad (3).$$

Nun ist nach Regnault

$$c = 1 + 0{,}0004\, t + 0{,}0000009\, t^2;$$

folglich $$W = t + 0{,}0002\, t^2 + 0{,}0000003\, t^3 \quad . \quad . \quad . \quad (4).$$

Hieraus ergiebt sich die latente Wärme, von Clausius Verdampfungswärme bezeichnet,

$$r = Q - W = 606{,}5 - 0{,}695\, t - 0{,}0002\, t^2 - 0{,}0000003\, t^3.$$

Als Näherungswerth hierfür kann benutzt werden:

$$r = 606{,}5 - 0{,}708\, t \quad . \quad . \quad . \quad . \quad . \quad (5).$$

Die Arbeit, welche eine Wärmeeinheit zu verrichten im Stande ist, oder das sog. mechanische Wärmeäquivalent, wird im Folgenden zu 424 Meterkilogramm angenommen und durch $\frac{1}{A}$ bezeichnet werden. Hiernach müssen auf die Arbeit, welche ein Kolben vom Querschnitt F unter dem constanten Drucke p während eines Wegs x verrichtet und die Fpx beträgt,

$$AFpx \text{ Wärmeeinheiten}$$

verwendet werden. Stellen wir uns unter dem Volumen Fx die Differenz zwischen einem Dampfvolumen v und einem Wasservolumen w, beide von gleichem Gewichte = 1 Kilogramm und unter gleichem Drucke p, vor, so ist die bei der Erzeugung von 1 Kilogramm Dampf in Arbeit umgesetzte Wärmemenge

$$Ap\,(v - w)$$

oder, wenn wir $v - w = u$ setzen,

$$Apu.$$

Nun wird aber nicht alle zugeführte Wärme in Arbeit umgesetzt, sondern es bleibt in der Gewichtseinheit Dampf von t^0 ein gewisser Theil Wärme zurück; bezeichnen wir denselben, die sog. innere Wärme, mit J, so wird

$$Q = J + Apu \quad . \quad . \quad . \quad . \quad . \quad . \quad (6).$$

Durch Verbindung der Gleichungen (2) und (6) erhält man

$$W + r = J + Apu \text{ oder}$$

$$J - W = r - Apu \quad \ldots \ldots \quad (7).$$

Der Ausdruck $J - W$ bedeutet mithin die Verdampfungswärme, vermindert um die in Arbeit umgesetzte Wärme, d. h. die Wärmemenge, welche allein dazu verwendet wird, bei der Temperatur t und der Spannung p Wasser in Dampf umzuwandeln. Sie wird innere latente Wärme genannt und durch ϱ bezeichnet; daher

$$\varrho = J - W = r - Apu \quad \ldots \ldots \quad (8).$$

Auf Grund der Regnault'schen Versuche findet Zeuner für die im Dampfe enthaltene innere Wärme

$$J = 573{,}34 + 0{,}2342\, t \quad \ldots \ldots \quad (9).$$

Hiernach ist

$$Q = J + Apu = 573{,}34 + 0{,}2342\, t + Apu.$$

Die Gleichung (4)

$$W = t + 0{,}0002\, t^2 + 0{,}0000003\, t^3$$

läßt sich nach Zeuner durch folgende ersetzen:

$$W = 30{,}59 + 1{,}1\, t - 30{,}456 \ln . \left(\frac{273 + t}{100}\right) . \quad (10),$$

in welcher das letzte Glied die bei der Verdampfung unter der Temperatur t in Arbeit verwandelte Wärme repräsentirt, so daß

$$30{,}456 \ln . \left(\frac{273 + t}{100}\right) = Apu \quad \ldots \quad (11)$$

und daher

$$r = Q - W = J + Apu - W$$

$$= 542{,}75 - 0{,}8658\, t + 2\, Apu$$

wird.

Für die bei Dampfmaschinen in der Regel vorkommenden Dampfspannungen kann man statt

$$Apu = 30{,}456 \ln \left(\frac{273 + t}{100}\right)$$

einfacher setzen:

$$Apu = 32{,}28 + 0{,}0776\, t \quad \ldots \ldots \quad (12),$$

daher

$$r = 607{,}31 - 0{,}7106\, t \quad \ldots \ldots \quad (13)$$

und

$$\varrho = 575{,}03 - 0{,}7882\, t \quad \ldots \ldots \quad (14).$$

Wir denken uns jetzt einen Cylinder mit einer Mischung von Wasser und Dampf von t^0 gefüllt; das Gewicht des Dampfes sei m, das des Wassers M — m, also das beider zusammen M. Beide haben die Temperatur t, und der Dampf, der im gesättigten Zustande sich befindet, hat die von t abhängige Spannung p. Dann ist die im Wasser enthaltene Wärme

$$(M - m) W$$

und die im Dampfe enthaltene Wärme

$$m J.$$

Sonach ist die gesammte in der Masse enthaltene Wärme

$$MW + m(J - W),$$

die sich mit Beziehung auf (8) ausdrücken läßt durch

$$MW + m\varrho.$$

Wird durch die Expansion der Masse ein Kolben fortgeschoben, ohne daß neue Wärme zugeführt wird, so ändert sich der Wärmezustand der Masse, indem ihre Wärme aus dem anfänglichen Betrag $MW_1 + m_1\varrho_1$ schließlich nach Vollendung der Expansion in $MW_2 + m_2\varrho_2$ übergeht. Für irgend einen beliebigen Augenblick im Laufe der Expansion läßt sich die Wärmezunahme ausdrücken durch

$$dU = d(MW) + d(m\varrho) \quad . \quad . \quad . \quad . \quad (15),$$

und da nach (3) $dW = cdt$ ist,

$$dU = Mcdt + d(m\varrho) \quad . \quad . \quad . \quad . \quad . \quad (16).$$

Hieraus ist die ganze Wärmezunahme bei der Expansion, während welcher die Temperatur t_1 in t_2 und die innere latente Wärme ϱ_1 in ϱ_2 übergeht, zunächst unter der Voraussetzung, daß der Dampf im gesättigten Zustande bleibt, also weder Dampf niedergeschlagen, noch Wasser verdampft wird (m_1 constant),

$$U = M\int_{t_2}^{t_2} cdt + m_1\int_{\varrho_1}^{\varrho_2} d\varrho \quad . \quad . \quad . \quad . \quad (17).$$

Nach Zeuner ist die specifische Wärme c des warmen Wassers bei den in Dampfmaschinen vorkommenden mittleren Temperaturen constant anzunehmen und zwar 1,0224 zu setzen; daher wird

$$U = 1{,}0224\, M(t_2 - t_1) + m_1(\varrho_2 - \varrho_1) \quad . \quad . \quad (18).$$

Nach (14) ist

$$\varrho_2 - \varrho_1 = 0{,}7882\,(t_1 - t_2);$$

daher wird

$$U = (0{,}7882\, m_1 - 1{,}0224\, M)(t_1 - t_2) \quad . \quad . \quad (19).$$

Die Dampfmenge m_1 bildet nur einen Theil der ganzen Masse oder kann höchstens, wenn gar kein Wasser beigemischt ist, der Masse

M gleich sein; die Gleichung (19) giebt daher für alle Fälle einen negativen Werth; d. h. wenn während der Expansion die Temperatur t_1 bis zu t_2 sinkt, so findet stets eine Abnahme der inneren Wärme statt. In der Regel wird mit dem gesättigten Dampf kein Wasser in den Cylinder eingeführt; in diesem Falle beträgt die Wärmeabnahme

$$- U = 0{,}2342\, M (t_1 - t_2).$$

Insofern die Abnahme der inneren Wärme nicht durch von außen zugeführte Wärme compensirt wird, so schlägt sich ein Theil des Dampfes zu Wasser nieder, und es kann daher der Voraussetzung, daß m_1 constant bleiben soll, nur dadurch genügt werden, daß von außen eine Wärmemenge Q zugeführt wird, welche neben ihrer Arbeitsverrichtung die Abnahme der inneren Wärme ausgleicht. Nennen wir die in Arbeit umgewandelte Wärmemenge N, so ist hiernach

$$Q = N + U.$$

Unter der fortgesetzten Voraussetzung, daß m_1 constant bleiben solle, berechnen wir jetzt N.

Die in äußere Arbeit umgewandelte Wärmemenge ist, wie wir oben gesehen haben, für ein Volumen u, Apu, also für ein Gewicht $m_1\, du$

$$dN = A m_1\, p\, du,$$

oder da

$$p\, du = d(pu) - u\, dp,$$

$$dN = A m_1\, d(pu) - A m_1\, u\, dp \quad . \quad . \quad . \quad (20).$$

Nach (11) ist

$$Apu = 30{,}456 \ln \left(\frac{273 + t}{100}\right),$$

daher

$$A d(pu) = \frac{30{,}456\, dt}{273 + t} \quad . \quad . \quad . \quad . \quad . \quad (21)$$

und um das letzte Glied $- A m_1\, u\, dp$ zu bestimmen, machen wir von der von Clapeyron und Clausius aufgestellten, für alle Dämpfe gültigen Gleichung

$$r = A u (273 + t) \frac{dp}{dt}$$

Gebrauch, aus welcher sich ergiebt:

$$A u\, dp = \frac{r\, dt}{273 + t} \quad . \quad . \quad . \quad . \quad . \quad (22).$$

Setzt man die in (21) und (22) gefundenen Werthe in (23) ein, so ergiebt sich

$$dN = \frac{m_1 \, dt}{273 + t} (30{,}456 - r) \quad . \quad . \quad . \quad (23)$$

und durch Integration

$$N = m_1 \int_{t_1}^{t_2} \left(\frac{30{,}456 - r}{273 + t} \right) dt.$$

Nach (13) ist $r = 607{,}31 - 0{,}7106\,t$; daher

$$N = m_1 \int_{t_1}^{t_2} \left(\frac{0{,}7106\,t - 576{,}856}{273 + t} \right) dt,$$

$$N = m_1 \left[770{,}85 \ln \left(\frac{273 + t_1}{273 + t_2} \right) - 0{,}7106\,(t_1 - t_2) \right] \quad (24).$$

Für die bei Dampfmaschinen vorkommenden mittleren Temperaturen kann man setzen:

$$\ln (273 + t) = 5{,}665 + 0{,}00255\,t \quad . \quad . \quad (25),$$

daher

$$\ln \left(\frac{273 + t_1}{273 + t_2} \right) = 0{,}00255\,(t_1 - t_2)$$

und

$$N = m_1 (770{,}85 \,.\, 0{,}00255 - 0{,}7106)(t_1 - t_2)$$
$$= 1{,}255\, m_1 (t_1 - t_2) \quad . \quad . \quad . \quad . \quad . \quad . \quad . \quad . \quad . \quad (26).$$

War kein Wasser im Cylinder vorhanden, so geht m_1 in M über, und es wird

$$N = 1{,}255\, M\, (t_1 - t_2).$$

Hierbei werde wiederholt, daß diese Wärmemenge N nur dann in Arbeit umgesetzt werden kann, wenn von außen

$$Q = N + U$$
$$= (1{,}255 - 0{,}234)\, M\, (t_1 - t_2)$$
$$= 1{,}021\, M\, (t_1 - t_2) \text{ Wärmeeinheiten}$$

zugeführt werden. Die den N Wärmeeinheiten entsprechende Arbeit ist unter dieser Voraussetzung

$$\frac{N}{A} = 424 \,.\, 1{,}255\, M\, (t_1 - t_2)$$

$$= 532{,}12\, M\, (t_1 - t_2) \text{ Meterkilogr.}$$

Ganz anders gestaltet sich die Lösung der Aufgabe, wenn von außen keine Wärme zugeführt wird. In diesem Falle ist $Q = o$; also

$$dQ = dN + dU = o,$$

oder $$dN = - dU,$$

und unter Beziehung auf (16)

$$dN = - M c\, dt - d(m\varrho) \quad . \quad . \quad . \quad . \quad (27).$$

Die Dampfmenge m_1 ist nun nicht mehr constant, sondern sie geht während der Expansion über in m_2; zugleich ändern sich die innere latente Wärme ϱ_1 und die Temperatur t_1, indem sie in ϱ_2 und beziehentlich t_2 übergehen. Unter dieser neuen Voraussetzung wird

$$N = -Mc\int_{t_1}^{t_2} dt - \int_{m_1\varrho_1}^{m_2\varrho_2} d(m\varrho),$$

$$N = Mc(t_1 - t_2) + m_1\varrho_1 - m_2\varrho_2 \quad . \quad . \quad (28).$$

Um diese Gleichung aufzulösen, hat man zunächst die Dampfmenge m_2 zu Ende der Expansion zu bestimmen. Nach (8) ist $\varrho = r - Apu$, daher

$$d(m\varrho) = d(mr) - Ad(mpu) \quad . \quad . \quad . \quad (29).$$

Nun ist

$$Ad(mpu) = Apd(mu) + Amudp.$$

Das Glied $Apd(mu)$ drückt die in Arbeit umgesetzte Wärmemenge aus; es kann also gesetzt werden

$$Apd(mu) = dN,$$

und mit Beziehung auf (27)

$$Ad(mpu) = -Mcdt - d(m\varrho) + Amudp,$$

sowie mit Beziehung auf (29)

$$Mcdt + d(mr) - Amudp = o \quad . \quad . \quad . \quad (30).$$

Nach (22) ist

$$Amudp = \frac{mrdt}{273 + t};$$

daher

$$Mcdt + d(mr) - \frac{mrdt}{273 + t} = o.$$

Wird diese Gleichung durch $273 + t$ dividirt, so ist

$$\frac{Mcdt}{273 + t} + \frac{(273 + t)\,d(mr) - mrdt}{(273 + t)^2} = o, \text{ oder}$$

$$\frac{Mcdt}{273 + t} + d\left(\frac{mr}{273 + t}\right) = o.$$

Die Integration ergiebt

$$Mc\ln\left(\frac{273 + t_1}{273 + t_2}\right) = \frac{m_2 r_2}{273 + t_2} - \frac{m_1 r_1}{273 + t_1}$$

und hieraus ist

$$m_2 = \left(\frac{273 + t_2}{r_2}\right)\left[\frac{m_1 r_1}{273 + t_1} + Mc\ln\left(\frac{273 + t_1}{273 + t_2}\right)\right] \quad (31).$$

Einfacher setzt Zeuner für die Differenz $m_2 - m_1$, welche natürlich negativ ausfällt, wenn sich während der Expansion Dampf niederschlägt, und dagegen nur dann positiv wird, wenn Wasser verdampft, also bei der Compression,

$$m_2 - m_1 = (M - 2m_1)\frac{\rho_2 - \rho_1}{\rho_2} \quad . \; . \; (32).$$

Daher wird $m_1\rho_1 - m_2\rho_2 = -(M - m_1)(\rho_2 - \rho_1)$ und somit die in Arbeit umgesetzte Wärme, wenn weder von außen Wärme zugeführt, noch durch die Cylinderwand Wärme verloren wird, nach (28)

$$N = Mc(t_1 - t_2) - (M - m_1)(\rho_2 - \rho_1) \quad . \; (33).$$

Aus (14) ergiebt sich

$$\rho_2 - \rho_1 = 0{,}7882\,(t_1 - t_2),$$

folglich

$$N = [Mc - 0{,}7882\,(M - m_1)]\,(t_1 - t_2) \quad . \; (34),$$

und die entsprechende Leistung

$$\frac{N}{A} = 424\,[Mc - 0{,}7882\,(M - m_1)]\,(t_1 - t_2).$$

War zu Anfang der Expansion kein Wasser im Cylinder vorhanden, so ist $M = m_1$ und

$$N = Mc(t_1 - t_2).$$

Die Menge des sich niederschlagenden Dampfes beträgt in diesem Falle

$$M - m_2 = M\left(\frac{\rho_2 - \rho_1}{\rho_2}\right).$$

Zur Erleichterung der Zahlenrechnung sind in der folgenden Tabelle die wichtigsten, bei der Berechnung der Dampfmaschinen nach der mechanischen Wärmetheorie vorkommenden Werthe zusammengestellt.

Spannung des Dampfes p Atmosph.	Temperatur des Dampfes t Grad C	Im Dampfe enthaltene Wärme $J = 573,34 + 0,3342\,t$ Calorien	Wärmemenge, die bei der Verdampfung in Arbeit verwandelt wird, $A\,p\,u = 30,456 \ln\left(\frac{a+t}{100}\right)$ Calorien	Innere latente Dampfwärme $\rho = 573,03 - 0,7882\,t$ Calorien	Volumen eines Kilogr. Dampf (p in Atm.) $v = 0,04103\,\frac{(A\,p\,u)}{p} + 0,001$ Cubikm.	Gewicht eines Cubikmeters Dampf $\gamma = \frac{1}{v}$ Kilogr.
0,1	46,21	584,16	35,349	538,61	14,5044	0,069
0,2	60,45	587,50	36,679	527,38	7,5256	0,133
0,3	69,49	589,61	37,493	520,26	5,1288	0,195
0,4	76,25	591,20	38,089	514,93	3,9079	0,256
0,5	81,71	592,48	38,562	510,63	3,1654	0,316
0,6	86,32	593,56	38,954	506,99	2,6648	0,375
0,7	90,32	594,49	39,292	503 84	2,3040	0,434
0,8	93,88	595,33	39,589	501,03	2,0314	0,492
0,9	97,08	596,08	39,853	498,51	1,8178	0,550
1,0	100,00	596,76	40,092	496,21	1,6460	0,607
1,25	106,35	598,25	40,606	491,20	1,3339	0,750
1,5	111,74	599,50	41,033	486,99	1,1235	0,890
1,75	116,43	600,61	41,405	483,26	0,9719	1,029
2,0	120,60	601,58	41,729	479,97	0,8571	1,167
2,25	124,36	602,46	42,019	477,01	0,7672	1,303
2,5	127,80	603,27	42,282	474,30	0,6949	1,439
2,75	130,97	604,01	42,522	471,80	0,6354	1,574
3,0	133,91	604,70	42,742	469,48	0,5856	1,708
3,25	136,66	605,34	42,947	467,32	0,5432	1,841
3,5	139,24	605,95	43,139	465,28	0,5067	1,973
3,75	141,68	606,52	43,319	463,36	0,4749	2,106
4,0	144,00	607,06	43,489	461,53	0,4471	2,237
4,5	148,29	608,07	43,800	458,15	0,4003	2,498
5,0	152,22	608,99	44,083	455,05	0,3627	2,757
5,5	155,85	609,84	44,342	452,19	0,3318	3,014
6,0	159,22	610,63	44,580	449,53	0,3058	3,270
6,5	162,37	611,37	44,801	447,05	0,2838	3,523
7,0	165,34	612,06	45,008	444,71	0,2648	3,776
7,5	168,15	612,72	45,203	442,49	0,2483	4,027
8,0	170,81	613,34	45,386	440,40	0,2338	4,277
9,0	175,77	614,50	45,725	436,49	0,2094	4,775
10,0	180,31	615,57	46,031	432,91	0,1899	5,266

Wir berechnen die Leistung der Dampfmaschine, deren Dimensionen und Verhältnisse in den beiden vorhergehenden Aufgaben gegeben sind, unter den Voraussetzungen, daß dem Betriebsdampfe kein Wasser beigemischt ist und daß weder von außen, noch nach außen Wärme abgegeben wird.

Die Arbeit von M Kilogr. frischen Dampfes, die in der Sekunde zugeführt werden, ist

$$L_1 = M v p,$$

worin $M v$ das pro Sekunde zugeführte Dampfvolumen und p die Spannung des frischen Dampfes bezeichnet.

Die Arbeit während der Expansion ist nach (34) und mit Rücksicht darauf, daß $m_1 = M$ ist,

$$L_2 = 424\, M c\, (t_1 - t_2),$$

worin c die specifische Wärme des Wassers, t_1 und t_2 die den Anfangs- und Endspannungen p und p_1 entsprechenden Temperaturen des gesättigten Dampfes bezeichnen.

Um die Arbeit der Gegenspannung zu bestimmen, haben wir zunächst das Gewicht des Wassers zu bestimmen, welches bei der vorhergehenden Expansion durch Condensation entsteht. Ist das Dampfgewicht zu Ende der Expansion m_2, während es zu Anfang derselben M war, so beträgt nach (32) das Gewicht des in Wasser umgewandelten Dampfes

$$M - m_2 = M \left(\frac{\varrho_2 - \varrho_1}{\varrho_2}\right)$$

und daher die übrig bleibende Dampfmenge

$$m_2 = M \frac{\varrho_1}{\varrho_2}.$$

Das Volumen eines Kilogr. Dampf von der Temperatur t_2 sei v_2, und das eines Kilogr. Wasser kann 0,001 Cubikmeter gesetzt werden; somit beträgt das Gesammtvolumen auf der Gegenseite

$$\left(\frac{M(\varrho_2 - \varrho_1)}{\varrho_2}\right) 0{,}001 + M \frac{\varrho_1}{\varrho_2} \cdot v_2$$

$$= \frac{M}{\varrho_2}\Big[0{,}001\,(\varrho_2 - \varrho_1) + \varrho_1 v_2\Big]$$

und daher die Gegenleistung, wenn q wieder die Gegenspannung bezeichnet,

$$L_3 = \frac{M q}{\varrho_2}\Big[0{,}001\,(\varrho_2 - \varrho_1) + \varrho_1 v_2\Big].$$

Sonach ist die Gesammtleistung der Maschine:

$$L = L_1 + L_2 - L_3$$

$$= M \left\{ p v + 424\, c\, (t_1 - t_2) - \frac{q}{\varrho_2}\Big[0{,}001\,(\varrho_2 - \varrho_1) + \varrho_1 v_2\Big]\right\}.$$

Im vorliegenden Beispiel ist

$p = 10334{,}5 \,.\, 5 = 51672{,}5$ aus der Aufgabe,
$v = 0{,}3627$ nach der Tabelle,
$c = 1{,}0224$,
$t_1 = 152{,}22$ nach der Tabelle,
$t_2 = 116{,}43$ aus der Aufgabe und nach der Tabelle,
$q = 10334{,}5$ aus der Aufgabe,
$\varrho_2 = 483{,}26$ nach der Tabelle,
$\varrho_1 = 455{,}05$ nach der Tabelle,
$v_2 = 0{,}9719$ nach der Tabelle.

Hiernach ist

$$L = M\,(18741{,}6 + 15514{,}9 - 9456{,}3) = 23800{,}2\ M.$$

Um das Gewicht M des eingeführten Dampfes zu bestimmen, haben wir zunächst das Expansionsverhältniß zu ermitteln. Das eingeführte Dampfvolumen ist

$$M v = 0{,}3627\ M.$$

Das Dampfvolumen zu Ende der Expansion ist aber

$$m_2 v_2 = 0{,}9719 \frac{\varrho_1}{\varrho_2} M = 0{,}9719 \frac{455{,}05}{483{,}26} M;$$

daher der Expansionsgrad

$$\varepsilon = \frac{m_2 v_2}{M v} = \frac{0{,}9719 \,.\, 455{,}05}{0{,}3627 \,.\, 483{,}26} = 2{,}525$$

und der Füllungsgrad

$$\frac{M v}{m_2 v_2} = \frac{0{,}3627 \,.\, 483{,}26}{0{,}9719 \,.\, 455{,}05} = 0{,}396.$$

Hieraus ergiebt sich das pro Sekunde zuzuführende Dampfquantum

$$V = 0{,}396 \,.\, \frac{1}{60} \,.\, 2 \,.\, 32 \,.\, \frac{0{,}52^2 \,.\, 22}{4. \quad 7.}\, 1 = 0{,}08974 \text{ Cubikmeter.}$$

Das Gewicht eines Cubikmeters Dampf von 5 Atm. ist nach der Tabelle 2,757 Kilogr.; daher

$$M = 0{,}08974 \,.\, 2{,}757 = 0{,}2474 \text{ Kilogr.}$$

und

$$L = 5888 \text{ Meterkilogr.}$$

oder allgemein für das Dampfvolumen V:

$$L = 65502\ V \text{ Meterkilogr.}$$

Das Gewicht des während der Expansion in Wasser umgewandelten Dampfes beträgt

$$M - m_2 = M\left(\frac{\varrho_2 - \varrho_1}{\varrho_2}\right)$$

$$= \left(\frac{483{,}26 - 455{,}05}{483{,}26}\right) M;$$

d. i. 5,84 Procent des zugeführten Dampfgewichts.

Arbeitet dieselbe Maschine mit Condensation, so kann ein weit höherer Expansionsgrad angenommen werden. Setzen wir z. B. $q = 0{,}2$ Atm. und $p_1 = 1$ Atm., was $t_2 = 100^0$ entspricht, so gestaltet sich unter übrigens gleichen Verhältnissen die Rechnung folgendermaßen.

Es wird

$$t_2 = 100{,}00$$

$$q = 10334{,}5 \,.\, 0{,}2 = 2066{,}9$$

$$\varrho_2 = 496{,}21$$

$$v_2 = 1{,}646.$$

Alle übrigen Bestimmungswerthe bleiben dieselben. Somit ist

$$L = M\,(18741{,}6 + 22637{,}2 - 3120{,}1)$$

$$= 38258{,}7\ M.$$

Das Dampfvolumen zu Anfang der Expansion ist wieder

$$M v = 0{,}3627\ M;$$

dagegen wird das Dampfvolumen zu Ende der Expansion

$$m_2 v_2 = 1{,}646 \cdot \frac{455{,}05}{496{,}21}\ M;$$

daher der Expansionsgrad

$$\frac{m_2 v_2}{M v} = \frac{1{,}646 \,.\, 455{,}05}{0{,}3627 \,.\, 496{,}21} = 4{,}1617$$

und der Füllungsgrad

$$\frac{M v}{m_2 v_2} = \frac{1}{4{,}1617} = 0{,}24028.$$

Hieraus ergiebt sich das pro Sekunde zuzuführende Dampfquantum

$$V = 0{,}24028 \,.\, \frac{1}{60} \,.\, 2 \,.\, 32 \,.\, \frac{0{,}52^2 \,.\, 22}{4 \,.\, 7} \,.\, 1$$

$$= 0{,}05445 \text{ Cubikmeter,}$$

mit dem Gewichte

$$M = 0,05445 \,.\, 2,757$$
$$= 0,1501 \text{ Kilogr.}$$

Daher wird die Leistung

$$L = 0,1501 \,.\, 38258,7$$
$$= 5743 \text{ Meterkilogr.}$$

oder allgemein für das Dampfvolumen V:

$$L = 105479 \, V \text{ Meterkilogr.}$$

Das Gewicht des während der Expansion in Wasser umgewandelten Dampfes beträgt

$$M - m_2 = \left(\frac{496,21 - 455,05}{483,26}\right) M;$$

d. i. 8,52 Procent des zugeführten Dampfgewichts.

Nach Pambour würde sich für diese Condensationsmaschine ergeben haben:

$$\varepsilon = \frac{\beta + p}{\beta + p_1} = \frac{3020 + 10334,5 \,.\, 5}{3020 + 10334,5}$$
$$= 4,0954;$$

hieraus

$$V = \frac{1}{60} \cdot \frac{2 \,.\, 32 \,.}{4,0954} \cdot \frac{0,52^2 \,.\, 22}{4 \,.\, 7} \cdot 1$$
$$= 0,055335 \text{ Cubikmeter}$$

und

$$L = 0,055335 \,.\, 54692,5 \,(1 + 1,4122 - 0,3626)$$
$$= 6192 \text{ Meterkilogr.}$$

oder allgemein für V Cubikmeter:

$$L = 112098 \, V \text{ Meterkilogramm.}$$

Mit Zugrundelegung des Mariotte'schen Gesetzes erhält man:

$$\varepsilon = \frac{p}{p_1} = 5;$$

hieraus

$$V = \frac{1}{60} \cdot \frac{2 \,.\, 32}{5} \cdot \frac{0,52^2 \,.\, 22}{4 \,.\, 7.} \cdot 1$$
$$= 0,045324 \text{ Cubikmeter}$$

und

$$L = 0,045324 \,.\, 51672,5 \,(1 + 1,6094 - 0,4000)$$
$$= 5174 \text{ Meterkilogramm}$$

oder allgemein für V Cubikmeter

$$L = 114165 \, V \text{ Meterkilogramm.}$$

5.

Die Spannungsverluste und Widerstände in der Maschine.

Um aus der berechneten theoretischen Leistung einer Dampfmaschine die effective Leistung derselben zu finden, hat man nun noch die Widerstände in der Maschine und die Spannungsverluste, welche aus denselben erwachsen, zu berücksichtigen. Die Verluste durch Abkühlung und Bewegungshindernisse in der Dampfleitung zwischen dem Kessel und der Maschine kommen hierbei nicht in Betracht, da wir unter p in den Formeln für die theoretische Leistung die durchschnittliche Spannung des frischen Dampfes im Cylinder verstanden haben.

Diese durchschnittliche Spannung p läßt sich aus der Kesselspannung p_k nur unter der Voraussetzung ableiten, daß sowohl das Absperrventil, als die Drosselklappe vollständig geöffnet sind, und daß die Länge der Dampfleitung und die Anordnung derselben in den gewöhnlichen Grenzen sich befindet. Unter diesen Voraussetzungen ist nach Völckers:

$$p_k - p = 0{,}025 \frac{O}{w} . v,$$

wenn $\frac{O}{w}$ das Verhältniß der wirksamen Kolbenfläche zum Querschnitt der Dampfwege, v die Geschwindigkeit des Kolbens in preußischen Fußen pro Sekunde und p_k und p die bezüglichen Spannungen in Pfunden pro Quadratzoll preuß. bezeichnen. Wird v in Metern und $p_k - p$ in Kilogr. pro Quadratmeter ausgedrückt, so wird:

$$p_k - p = 60 \frac{O}{w} . v;$$

daher

$$p = p_k - 60 \frac{O}{w} . v.$$

Für die Mittelwerthe $\frac{O}{w} = 20$ und $v = 1$ ist hiernach der Spannungsverlust beim Uebergang des Dampfes aus dem Kessel in den Cylinder

$p_k - p = 1200$ Kilogr. pro Quadratmeter.

Die Ursachen, welche den der durchschnittlichen Spannung p entsprechenden theoretischen Effect vermindern, sind folgende:

a. Die Reibung des Kolbens.

Damit der Kolben dampfdicht an die Cylinderwand anschließe, muß seine Liderung gegen dieselbe ebenso viel Druck ausüben, als die Spannungsdifferenz auf den beiden Kolbenseiten beträgt. Nennen wir zum Unterschiede von der durchschnittlichen Spannung p des frischen Dampfes vor der Expansion die größte Spannung desselben während derselben Periode p_0 und setzen wir dieselbe der Kesselspannung p_k gleich, was bei günstigen Querschnitts- und Geschwindigkeitsverhältnissen fast genau richtig ist, so muß hiernach der Druck der Liderung gegen die Wand proportional $p_k - q$ sein und somit für den Durchmesser D des Kolbens und die Breite b der Liderung

$$D \pi b \, (p_k - q)$$

betragen. Die Kolbenreibung selbst wird erhalten, wenn man diesen Werth mit dem Reibungscoëfficienten φ multiplicirt, der nach Tredgold für Metallliderung 0,08 und für Hanfliderung 0,15 zu setzen ist. Nimmt man nun noch nach Redtenbacher für Metallliderung $b = 0{,}04\,(1 + D)$, so wird die Reibung

$$\varphi D \pi b \, (p_k - q) = 0{,}0032\,(1 + D)\, D \pi\, (p_k - q)$$

und der Spannungsverlust durch die Kolbenreibung

$$r_1 = 0{,}0128\,(p_k - q) \left(\frac{1}{D} + 1\right).$$

Für $D = 0{,}52$ Meter und $p_k = p + 1200$ Kilogr. pro Quadratmeter ist somit

$$r_1 = 44{,}88 + 0{,}0374\,(p - q) \text{ Kilogr. pro Quadratmeter;}$$

z. B. für $p = 5$ und $q = 1$ Atm.

$$r_1 = 44{,}88 + 0{,}0374 \,.\, 10{,}334{,}5 \,.\, 4$$
$$= 1591 \text{ Kilogr. pro Quadratmeter.}$$

Die Kolbenreibung hängt, wie man sieht, von der anfänglichen Dampfspannung ab, weil die Liderung durch Federn bewirkt wird, die auch dem stärksten Dampfdruck widerstehen müssen, und bleibt dann während des ganzen Kolbenhubes constant, wenn auch die Spannung des Dampfes selbst durch Expansion herabgezogen wird. Da nun bei Expansionsmaschinen gegen das Ende eines Kolbenhubes hin ein weit geringerer Druck der Liderung gegen die Cylinderwand genügen würde, so geht hieraus hervor, daß Expansionsmaschinen bezüglich der Kolbenreibung in um so ungünstigerer

Lage sich befinden, je schwächer die Cylinderfüllung ist. Einigermaßen wird allerdings dieser Nachtheil dadurch ausgeglichen, daß bei größeren Cylinderdurchmessern, wie sie durch die Expansionsmaschinen bedingt werden, die Kolbenreibung verhältnißmäßig kleiner ausfällt.

Das Gewicht des Kolbens kann bei der Berechnung der Reibung ausgeschlossen bleiben; es ist bei Maschinen mit verticalen Cylindern ohne allen Einfluß, weil es auf den Niedergang in demselben Grade befördernd, als auf den Aufgang erschwerend wirkt, und bei solchen mit horizontalen Cylindern von nur geringem Einfluß, der, wie bereits S. 241 erwähnt wurde, vernachläſſigt werden kann.

Dagegen ist die Reibung an der Stopfbüchse noch zu berücksichtigen. Nennt man den Durchmesser der Kolbenstange d und die Breite der Liderung b, so wird dieser Widerstand

$$\varphi \pi d b_1 (p_k - 10334,5),$$

oder für $b_1 = 0,08 (1 + d)$, wie Redtenbacher vorschreibt, und $\varphi = 0,15$,

$$0,012 (1 + d) \cdot d \pi (p_k - 10334,5).$$

Nun ist nach S. 256

$$d = 0,08 D (\sqrt{p} - 0,25),$$

wenn p den Ueberdruck in Atmosphären bezeichnet, also z. B. für $D = 0,52$ Meter und $p = 4$ Atm.

$$d = 0,094 \text{ Meter},$$

und die Reibung in jeder Stopfbüchse

$$0,012 \,.\, 1,094 \,.\, 0,094 \pi \,.\, 41338 \text{ Kilogr.}$$

oder der Spannungsverlust hierdurch, auf die Flächeneinheit des Kolbens bezogen,

$$\frac{0,012 \,.\, 1,094 \,.\, 0,094 \pi \,.\, 41338}{\frac{1}{4} \,.\, 0,52^2 \,.\, \pi}$$

$$= 755 \text{ Kilogr. pro Quadratmeter.}$$

b. Der schädliche Raum.

Am Ende des Kolbenwegs bleibt zwischen dem Kolben und dem Cylinderdeckel, sowie im Dampfwege bis an den Schieber ein freier Raum übrig, den man den **schädlichen Raum** nennt, weil er nach dem Umsteuern erst mit Dampf erfüllt werden muß, ehe die Wirkung auf den Kolben beginnen kann. Bei Volldruckmaschinen bleibt der Dampf im schädlichen Raume ohne alle Wirkung und geht daher vollständig verloren; bei Expansionsmaschinen dagegen wird er nur zum Theil verloren, weil er während der Expansionsperiode an der Wirkung des übrigen Dampfes Theil nimmt.

Um den Verlust durch den schädlichen Raum zu vermindern, muß man den Raum zwischen dem Cylinderdeckel und dem äußersten Stande des Kolbens möglichst klein machen. Was den Querschnitt der Dampfwege betrifft, so ist derselbe in Rücksicht auf den schädlichen Raum zwar ebenfalls klein anzunehmen; allein man darf nicht übersehen, daß die Dampfwege vor allem zur Zu- und Abführung des Dampfes dienen und daher andrerseits zur Vermeidung zu großer Schwankungen in der Dampfgeschwindigkeit auch nicht zu eng gemacht werden dürfen. Gewöhnlich findet man den Querschnitt der Dampfwege $^1/_{25}$ bis $^1/_{15}$ des Kolbenquerschnitts und den schädlichen Raum 0,03 bis 0,05 des Cylinderinhalts.

Bei Volldruckmaschinen müssen sonach wegen des schädlichen Raumes 3 bis 5 Procent mehr Dampf eingeführt werden, als die Rechnung für eine gewisse Leistung ergiebt.

Bei Expansionsmaschinen dagegen gestaltet sich das Verhältniß etwas günstiger. Führen wir z. B. in der Aufgabe auf S. 381 einen schädlichen Raum von 5 Procent des Cylinderinhalts ein, so geht V_1 aus 0,08746 . 2,591 in
$V_1 = 0{,}08746 \cdot 2{,}591 \cdot 1{,}05 = 0{,}23794$ über und V aus 0,08746 in $0{,}08746 + 0{,}08746 \cdot 2{,}591 \cdot 0{,}05 = 0{,}09879$; daher wird
$\varepsilon = \frac{V_1}{V} = 2{,}408$, und die Leistung

$$L = 0{,}09879 \cdot 54692{,}5\ (1 + 0{,}8788 - 0{,}5881)$$
$$= 6974 \text{ Meterkilogr.}$$

oder allgemein für das Dampfvolumen V:

$$L = 70591\ V \text{ Meterkilogr.}$$

Es ist sonach hier die Leistung für ein gegebenes Dampfquantum in Folge des schädlichen Raumes nur um

$$\frac{72150 - 70591}{72150} = 0{,}02$$

oder 2 Procent herabgezogen worden, während bei der Volldruckmaschine die Verminderung der Leistung 5 Procent betragen haben würde.

c. Die Dampfverluste durch Undichtheit des Kolbens und Schiebers, Ueberreißen von Wasser ꝛc.

Völlig dicht schließt kein Kolben, wie man sich überzeugen kann, wenn man einen verticalen Cylinder unten luftdicht verschließt und oben den Kolben einsetzt. In jedem Falle sinkt derselbe allmälig durch sein Gewicht nieder, muß also den Umständen nach die unten eingeschlossene Luft durch seine eigenen Undichtheiten austreten lassen. Die Größe des hierdurch entstehenden Dampfverlustes ist natürlich nach dem Zustande des Kolbens verschieden, kann aber, wenn derselbe öfter untersucht wird, auf einen sehr geringen Betrag herabgezogen werden. Ein dicht schließender Kolben arbeitet die Cylinderwand blank; schwarze matte Stellen deuten auf Undichtheiten. Haben sich Längenfurchen im Cylinder gebildet, so ist derselbe nachzubohren.

Die Undichtheit des Schiebers wirkt dadurch nachtheilig, daß ein Theil des frischen Dampfes unmittelbar in den Ausblasecanal entweicht und ein anderer Theil während der Expansionsperiode gegen die Arbeitsseite des Kolbens nachströmt, und zwar der letztere in um so größerem Maß, je weiter die Expansion vorgeschritten ist. Andere Verluste entstehen durch Ueberreißen von Wasser mit dem Dampfe aus dem Kessel, sowie durch die Abkühlung in den Leitungen, in der Schieberkammer und im Cylinder. Alle diese Verluste entziehen sich der genauen Rechnung und können nur durch möglichst sorgfältige Beaufsichtigung verhindert oder wenigstens auf einen möglichst geringen Betrag zurückgeführt werden.

Völckers empfiehlt als eine praktisch brauchbare Formel für den gesammten Dampfverlust, der aus den angegebenen Ursachen erwächst,

$$S = \zeta D \sqrt{p_m - p_v},$$

worin

S den Dampfverlust pro Sekunde in Pfunden,

ζ einen vom Zustande der Maschine abhängigen Coëfficienten, der bei neun Versuchen zwischen 0,0135 und 0,03 schwankte und durchschnittlich 0,00227 zu setzen ist,

D den Cylinderdurchmesser in preuß. Fußen,

p_m die durchschnittliche Spannung des arbeitenden Dampfes,

$p_v = q$ die durchschnittliche Spannung des Gegendampfes, letztere beide in Pfunden pro Quadratzoll preuß. ausgedrückt,

bezeichnet.

Der Werth $p_m - p_v = p_m - q$ wird erhalten aus

$$p_m - q = \frac{L}{V_s}.$$

Für S in Kilogr., D in Metern und p_m und q in Kilogr. pro Quadratmeter wird durchschnittlich

$$S = 0{,}00133\ D \sqrt{p_m - q}.$$

In unserm Beispiel ist D = 0,52 und

$$p_m - q = \frac{6974}{0{,}09879\ .\ 2{,}408} = 29692 \text{ Kilogr. pro Quadratm.;}$$

daher

$$S = 0{,}00133\ .\ 0{,}52 \sqrt{29692}$$
$$= 0{,}1192 \text{ Kilogr.}$$

Der nutzbare Dampfverbrauch pro Sekunde war 0,09879 Cubikmeter bei 5 Atmosphären, also im Gewichte von 0,09879 . 2,757 = 0,2379 Kilogr. Rechnet man hierzu den Verlust an 0,1192 Kilogr., so ist in diesem Falle eine Speisewassermenge im Betrage von 0,2379 + 0,1192 = 0,3571 Kilogr. pro Sekunde nothwendig.

d. Der Kraftbedarf der Steuerung.

Bei Schiebersteuerung ist es die Reibung der Schieber auf ihren Gleitflächen, welche Arbeit absorbirt, bei Ventilsteuerung die Ueberwindung des Dampfdrucks.

Die Reibung des Schiebers besteht aus dem Producte des Dampfdrucks in den Reibungscoëfficienten. Letzteren vermindert man durch sorgfältige Beaufsichtigung, ersteren durch Entlastung (S. 288). Die Arbeit zur Ueberwindung dieser Reibung erhält man durch Multiplication jenes Betrags mit der Geschwindigkeit des Schiebers, die sonach möglichst klein sein muß. Da der Schieber gewöhnlich mit dem Kolben gleiche Spielzahl hat, so ist hiernach der Schieberhub möglichst klein zu machen.

Die Arbeit zur Ueberwindung des Dampfdrucks auf Ventile wird durch Anwendung zweckmäßig construirter Doppelsitzventile (S. 300) vermindert. Letztere ist im Allgemeinen kleiner als die Arbeit zur Ueberwindung der Reibung bei Schiebern (S. 302).

e. Der Kraftbedarf der Pumpen.

Der Kraftbedarf der Speisepumpe hängt von dem Durchmesser und der Geschwindigkeit des Pumpenkolbens, der Hubhöhe bis zum

Kessel und der Dampfspannung in letzterem ab. Der zu überwindende Widerstand ist nach S. 194

$$P = 1000\ F\ (h_2 + (p_k - 1)\ 10{,}334),$$

wenn F den Querschnitt der Pumpe, h_2 die Hubhöhe und p_k die Dampfspannung im Kessel, in Atmosphären ausgedrückt, bezeichnet. Ist noch v die Geschwindigkeit des Pumpenkolbens und wird der Wirkungsgrad zu 0,75 angenommen, so ist der Kraftbedarf $\frac{P\,v}{0{,}75}$.

Ist die Speisewassermenge pro Sekunde 0,3571 Kilogr., also pro Minute 21,426 Kilogr. oder 0,021426 Cubikmeter, die Spielzahl 32, der Hub 0,5 Meter, so ist für eine einfach wirkende Speisepumpe nach S. 194 der Cylinderdurchmesser

$$d = 3{,}4 \sqrt{\frac{0{,}021426}{32\ .\ 0{,}5}} = 0{,}125 \text{ Meter}$$

und der Querschnitt

$$F = 0{,}012277 \text{ Quadratmeter.}$$

Die Geschwindigkeit ist

$$v = \frac{32\ .\ 0{,}5}{60} = \frac{4}{15} \text{ Meter.}$$

Nimmt man noch $h_2 = 2$ Meter und $p_k = 5{,}12$ Atmosphären, so ist

$$P = 1000\ .\ 0{,}012277\ (2 + 4{,}12\ .\ 10{,}334)$$
$$= 522{,}7 \text{ Kilogr.}$$

und

$$\frac{P\,v}{0{,}75} = \frac{522{,}7\ .\ \frac{4}{15}}{0{,}75} = 186 \text{ Meterkilogr.}$$

Hierbei ist allerdings zu berücksichtigen, daß diese Pumpe den sechsfachen Betrag an Speisewasser zu liefern im Stande ist; dadurch reducirt sich der durchschnittliche Kraftaufwand auf

$$\frac{186}{6} = 31 \text{ Meterkilogr.}$$

Wie man die Betriebskraft der Luftpumpen berechnet, ist auf S. 326 gezeigt worden.

f. Die Reibung der Schwungradwelle.

Ist G das Gewicht der belasteten Schwungradwelle, d der Zapfendurchmesser, n die Umdrehungszahl in der Minute, φ der

Reibungscoëfficient, so ist der Arbeitsverlust durch die Reibung der Schwungradwelle

$$\varphi G \frac{d \pi n}{60},$$

worin $\varphi = 0{,}09$ zu setzen ist.

Für $G = 3600$ Kilogr., $d = 0{,}120$ Meter und $n = 32$ wird z. B. dieser Arbeitsverlust

$$0{,}09 \,.\, 3600 \,.\, \frac{0{,}12 \,.\, 22 \,.\, 32}{7 \,.\, 60}$$

$= 65$ Meterkilogr. pro Sekunde

$= 0{,}87$ Pferdekräfte.

6.

Ermittelung der effectiven Leistung mit Hilfe von Coëfficienten.

Nach Poncelet und Morin lassen sich die effectiven Leistungen der Dampfmaschinen unter Zugrundelegung des Mariotte'schen Gesetzes mit Benutzung von Erfahrungscoëfficienten berechnen, die bei Maschinen von verschiedenen Größen und verschiedenen Systemen verschieden sind. Dabei führt man in die Formel für die theoretische Leistung, welche sich nach dem Mariotte'schen Gesetz ergiebt (S. 83 und 379), die Kesselspannung p_k als Spannung des arbeitenden Dampfes und die Spannung q_o im Condensator oder in der freien Luft (im letzteren Falle = 1 Atm.) als Spannung des Gegendampfes ein und multiplicirt diese Leistung mit dem aus der folgenden Tabelle sich ergebenden Coëfficienten η, der den Verhältnissen der zu berechnenden Dampfmaschine entspricht. Hiernach ist die effective Leistung

$$N = \eta V p_k \left(1 + \ln \varepsilon - \frac{q_o}{p_k} \,.\, \varepsilon\right).$$

Bei Maschinen ohne Expansion geht diese Formel über in:

$$N = \eta V (p_k - q_o).$$

Der Wirkungsgrad η ergiebt sich aus folgender Tabelle:

Stärke der Maschine in Pferdekräften.	Volldruckmaschinen		Expansions-maschinen.
	mit Niederdruck.	mit Hochdruck.	
4—8	0,42—0,50	0,40—0,50	0,30—0,33
10—20	0,47—0,56	0,44—0,55	0,35—0,42
20—30	0,50—0,58	0,48—0,60	0,38—0,47
30—50	0,54—0,60	0,54—0,67	0,39—0,57
50—70	0,54—0,60	—	0,50—0,62
70—100	0,54—0,60	—	0,61—0,76

Die Wirkungsgrade schwanken, wie man sieht, oft zwischen ziemlich weiten Grenzen, was theils in der Verschiedenheit der Sorgfalt, welche auf die Unterhaltung verwendet wird, theils aber auch in der Unzuverlässigkeit der Theorie selbst seinen Grund hat. Trotzdem kann diese Berechnungsweise da, wo es sich nicht um strenge Ermittelungen, sondern vielmehr nur um Schätzungen handelt, ihrer Bequemlichkeit wegen häufig mit Nutzen angewendet werden.

Für das auf S. 379 und 380 berechnete Beispiel wurde die theoretische Leistung zu 6059 Meterkilogr. pro Sekunde gefunden, vorausgesetzt, daß unter der in die Formel eingeführten Spannung die Kesselspannung verstanden wird. Setzt man nun noch $\eta = 0{,}50$, so läßt sich hiernach die effective Leistung zu $0{,}50 \,.\, 6059 = 3030$ Meterkilogr. pro Sekunde oder 75 Pferdekräfte schätzen.

Sechster Abschnitt.

Eigenthümlichkeiten verschiedener Gattungen von Dampfmaschinen.

Daß eine Maschine, wie die Dampfmaschine, deren Vervollkommnung seit geraumer Zeit viele der ausgezeichnetsten Mechaniker beschäftigt hat und noch beschäftigt, allmälig zahllose Abänderungen erleiden mußte, versteht sich von selbst; befremden dürfte es aber, daß noch immer, und jetzt vielleicht mehr als je, diese Maschinen nach sehr verschiedenen Principien oder Systemen construirt werden, da man annehmen sollte, daß jede entschiedene Verbesserung eine früher mangelhafte Einrichtung verdrängen müßte. Die fortbestehende große Mannichfaltigkeit der Constructionsarten, mag sie auch mitunter der Unkenntniß der neuesten und besten, oder Vorurtheilen, oder Vorliebe für lange Gewohntes zuzuschreiben sein, rührt ohne Zweifel daher, daß allen Verbesserungen auch gewisse Nachtheile zur Seite stehen, die nach den Umständen und der Bestimmung einer Maschine sehr oft überwiegend sein können.

Wir werden nun in diesem Abschnitte die wichtigsten Gattungen von Dampfmaschinensystemen behandeln und hierbei specielle Rücksicht auf die Zwecke, für welche die eine und die andere sich eignet, nehmen.

Zunächst haben wir diejenigen Dampfmaschinen, bei denen der Kolben in eine geradlinig wiederkehrende Bewegung versetzt wird, die sog. Cylindermaschinen, und diejenigen, bei denen ein Kolben in rotirende Bewegung versetzt wird, oder rotirende Maschinen, zu unterscheiden. Die Letzteren sind bereits in den verschiedensten Anordnungen versuchsweise ausgeführt worden, und doch haben sie bisher in der Praxis sich nicht einbürgern können. Die im regelmäßigen Gebrauche stehenden Dampfmaschinen sind durchgängig Cylindermaschinen.

Je nachdem man den Dampf während eines vollen Kolbenhubes unausgesetzt mit seiner ursprünglichen Spannung wirken läßt, oder die Wirkung des frischen Dampfes nur auf einen Theil des Cylinderinhalts beschränkt, während im andern Theile des Cylinderinhalts der vorhandene frische Dampf durch seine Expansion Arbeit verrichtet, unterscheidet man Volldruck- und Expansionsmaschinen. Die Expansionsarbeit wird entweder in demselben Cylinder verrichtet, in welchen der frische Dampf einströmt (eincylindrige Expansionsmaschinen), oder es sind zwei Cylinder vorhanden, der eine für die Wirkung des frischen Dampfes ohne alle Expansion oder mit einem geringen Expansionsgrade, und der andere lediglich für die Wirkung des sich expandirenden Dampfes (Woolf'sche Maschinen). Von den Letzteren wird unter 1. gehandelt werden.

Eine andere Classe von zweicylindrigen Maschinen bilden die sog. Zwillingsmaschinen mit rechtwinklig verstellten Kurbeln, die man lediglich deßhalb anwendet, um mit einem möglichst geringen Schwungradgewicht oder selbst ohne jedes Schwungrad einen regelmäßigen Gang zu erzielen. Sie bilden den Gegenstand von 2.

Erfordert die Arbeitsmaschine nur eine geradlinig hin und her gehende Bewegung, so kann man die Kolbenstange der Arbeitsmaschine direct oder durch Vermittelung eines Balanciers mit der Kolbenstange der Dampfmaschine in Verbindung setzen, indem man jede rotirende Bewegung umgeht oder dieselbe nur zu dem Zwecke einschaltet, um ein Schwungrad in Betrieb zu setzen. Wir haben einen solchen Fall schon bei den Dampfpumpen (S. 192) kennen gelernt. In weit größerem Maßstabe findet man aber dieses Princip bei den sog. Cornwallmaschinen, die zur Hebung von großen Wassermengen bestimmt sind, ausgebeutet. Diese werden unter 3. besprochen werden.

In ähnlicher Weise können auch Cylindergebläse unmittelbar betrieben werden, sog. Dampfgebläse (4), und hieran schließen sich Dampfhämmer (5) und Dampframmen (6).

Maschinen zum Transportiren und Heben von Lasten dagegen müssen stets auf eine Welle rotirende Bewegung übertragen, und zwar so, daß die Möglichkeit vorhanden ist, die Welle sowohl nach der einen, als nach der andern Richtung umzutreiben. Maschinen dieser Art sind Schiffsmaschinen (7), Locomotiven (8), Fördermaschinen (9) und Dampfkrahne (10).

Ferner bilden die Locomobilen (11) oder transportabeln Dampfmaschinen eine besondere Gattung. Sie sind so construirt, daß sie leicht versetzbar sind, und ruhen zur beliebigen Ortsveränderung durch eine äußere Kraft (Menschen- oder Thierkraft) auf beweglichen Gestellen auf.

In 12. endlich wird von den rotirenden Dampfmaschinen die Rede sein.

1.

Woolf'sche Maschinen.

Die Woolf'sche Maschine hat zwei Cylinder, einen kleineren und einen größeren, deren Kolben die ihnen ertheilte Bewegung auf eine gemeinschaftliche Welle übertragen. Beide Cylinder sind in geeigneter Weise durch Dampfwege, die vermittelst der Steuerung nach Bedürfniß geöffnet und geschlossen werden, unter einander verbunden. Der frische Kesseldampf tritt zunächst in den kleinen Cylinder, wirkt hier durch Volldruck oder mit einem geringen Expansionsgrade und strömt dann in den großen Cylinder über, in welchem er sich ausdehnt und durch Expansion arbeitet. Nach seiner Wirkung geht der Dampf aus dem großen Cylinder in den Condensator über, der einen wesentlichen Bestandtheil der Woolf'schen Maschine bildet.

Fig. 212.

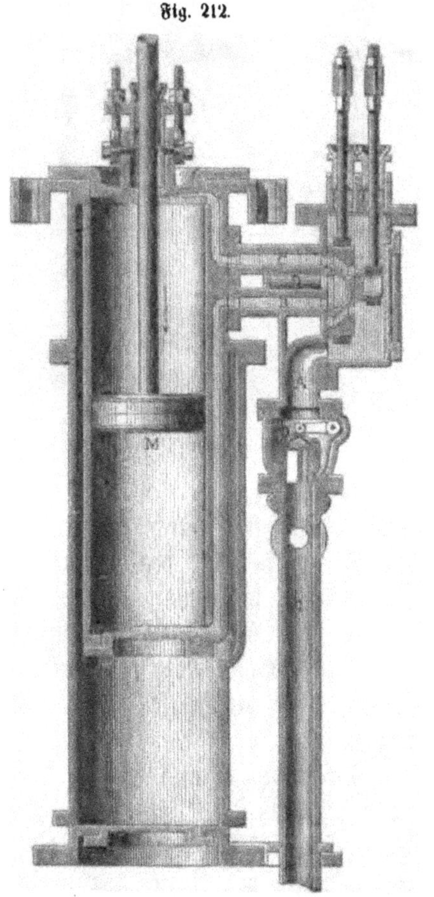

In Fig. 212 und 213 sind die beiden Cylinder M und N einer Woolf'schen Maschine mit ihren Steuerungen

Fig. 213.

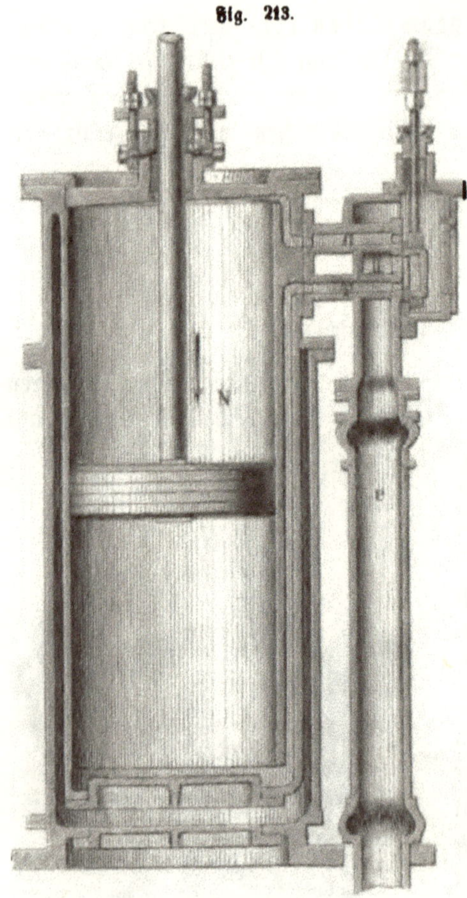

dargestellt. Der frische Dampf gelangt durch das Dampfrohr c und den Canal A in die Schieberkammer des kleinen Cylinders, in welcher sich, wie bei einer gewöhnlichen eincylindrigen Maschine, ein Vertheilungsschieber und ein Expansionsschieber befinden. Bei der in der Zeichnung angenommenen Stellung strömt der Dampf durch die obere Oeffnung des Vertheilungsschiebers, die im Augenblicke durch den Expansionsschieber noch offen erhalten wird, in den Dampfweg C über und schiebt den Kolben des kleinen Cylinders nach unten. Der unterhalb dieses Kolbens befindliche Dampf entweicht durch den Dampfweg B und die Muschel des Vertheilungsschiebers in den Dampfweg D und geht aus diesem durch ein möglichst kurzes Verbindungsrohr in die Schieberkammer des großen Cylinders über. Hier ist nur ein Schieber und zwar ein gewöhnlicher Vertheilungsschieber vorhanden, der bei seinem gegenwärtigen Stande den Dampf durch den Dampfweg G über den Kolben des großen Cylinders N führt, während der unterhalb dieses Kolbens befindliche Dampf durch den Dampfweg F und die Muschel des Vertheilungsschiebers in den Dampfweg H und aus diesem durch das Verbindungsrohr e in den Condensator übergeht. Bei der umgekehrten Bewegungsrichtung der beiden Kolben geht der frische Dampf durch den Dampfweg B unter den kleinen Kolben, der oberhalb des kleinen Kolbens befindliche Dampf durch die Dampfwege C und D nach der Schieberkammer des großen Cylinders und aus dieser durch den Dampfweg F unter den großen Kolben, der Dampf oberhalb des großen Kolbens endlich durch den Dampfweg G und die Muschel des Vertheilungsschiebers nach dem Dampfweg H und dem Rohr e, das ihn wieder nach dem Condensator abführt.

Beide Cylinder sind mit gußeisernen Dampfmänteln umgeben, die, wie der Horizontaldurchschnitt in Fig. 214 zeigt, mit einander in Verbindung stehen und mit frischem Dampf unmittelbar vom Kessel aus gefüllt werden. Der in Fig. 212 sichtbare Rohrstutz am Dampfrohr c stellt außerdem noch eine Verbindung mit dem Schieberkasten des großen Cylinders her und hat den Zweck, beim Anlassen der Maschine frischen Dampf nach dem Schieberkasten des großen Cylinders und dann durch diesen in den Condensator zu führen, um sowohl den Cylinder anzuwärmen, als auch die Luft aus demselben, sowie aus dem Condensator auszutreiben und in letzterem ein Vacuum zu erzielen. b ist ein Drosselventil, das wie gewöhnlich vom Regulator in Thätigkeit gesetzt wird. Die Stangen der beiden Kolben sind an einen Balancier angeschlossen, jedoch in verschiedenen Entfernungen von der Drehaxe desselben, weil sie verschiedenen Hub haben.

Fig. 214.

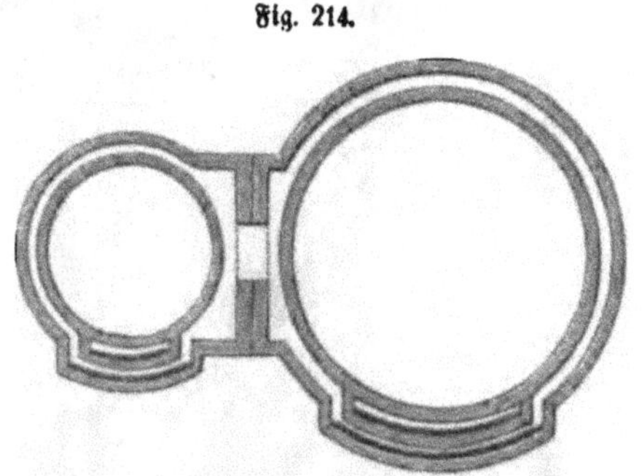

Eine andere Anordnung der Steuerung besteht darin, daß die Dampfwege des kleinen Cylinders, der durch einen oder zwei Schieber gesteuert wird, in zwei Ventilkammern einmünden, von denen die eine am oberen und die andere am unteren Ende des großen Cylinders liegt. Jede Kammer enthält in getrennten Räumen zwei Ventile, ein Eintritts- und ein Austrittsventil, von denen je zwei eine gemeinschaftliche Bewegung haben. Beim Niedergang des Kolbens sind das obere Eintritts- und das untere Austrittsventil, beim Aufgang das untere Eintritts- und das obere Austrittsventil geöffnet.

Fig. 215.

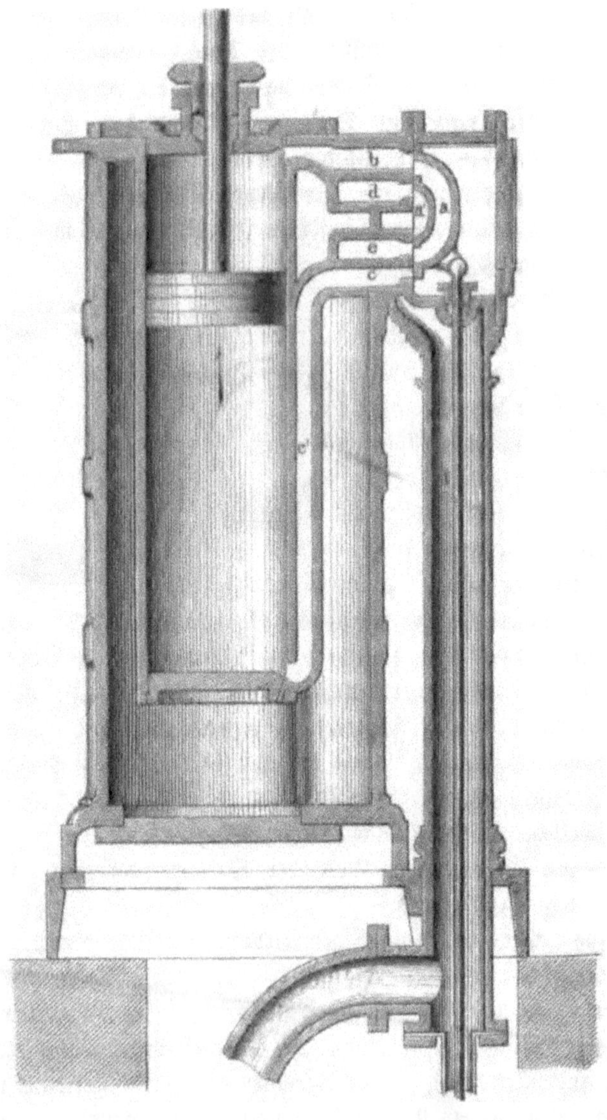

Fig. 215 zeigt eine Steuerung mit einem einzigen Schieber, der die Dampfvertheilung für beide Cylinder gemeinschaftlich bewirkt. Der hierbei benutzte Schieber ist ein sog. Canalschieber. In der Zeichnung ist angenommen, der Kolben im kleinen Cylinder sei so weit vorgeschritten, daß der Dampf bereits durch Expansion wirkt, nachdem er vor der Absperrung durch den Dampfweg c c′ eingetreten war. Der aus dem kleinen Cylinder entweichende Dampf gelangt durch den Dampfweg b und den Canal a des Schiebers in den Dampfweg e, der nach dem unteren Ende des großen Cylinders führt. Der aus dem großen Cylinder entweichende Dampf tritt durch den Dampfweg d in die Muschel a′ des Schiebers und von da durch den Ausblasecanal f in den Condensator. Beim Rückgang der Kolben tritt der Dampf durch b in den kleinen Cylinder, durch c, a, d aus dem kleinen in den großen Cylinder und durch e, a′, f aus dem großen Cylinder in den Condensator.

Eine andere Steuerung mit einem einzigen Schieber für beide Cylinder ist in Fig. 216 dargestellt. Aus der Schieberkammer D tritt der frische Kesseldampf durch den Canal b über den Kolben, während der Dampf vom vorigen Spiele aus dem kleinen Cylinder durch den Dampfweg c und den Canal a im Schieber B in den Dampfweg d des großen Cylinders eintritt, wo er oberhalb des Kolbens durch Expansion wirkt. Der verbrauchte Dampf des großen Cylinders geht durch den Dampfweg e und die Muschel a² in den Ausblasecanal f, der nach dem Condensator führt. Bei der umgekehrten Kolbenbewegung tritt der frische Dampf durch den Dampfweg c in den kleinen Cylinder ein, der expandirende Dampf verläßt den kleinen Cylinder durch den Dampfweg b, der durch den Schiebercanal mit dem Dampfweg e des großen Cylinders verbunden ist, und der verbrauchte Dampf des großen Cylinders entweicht durch den Dampfweg d in die Muschel a² und von da in den Condensator. Hier liegt der Steuerungsmechanismus unmittelbar zwischen beiden Cylindern, wodurch der doppelte Vortheil gewonnen wird, daß die Dampfleitung zwischen dem großen und kleinen Cylinder kurz ausfällt und daß sie innerhalb des Schieberkastens liegt, also der umgebende Dampf dem durchgeleiteten noch Wärme zuführt, statt daß in der Regel der Dampf bei seinem Uebergange aus dem kleinen in den großen Cylinder Wärme verliert.

Fig. 216.

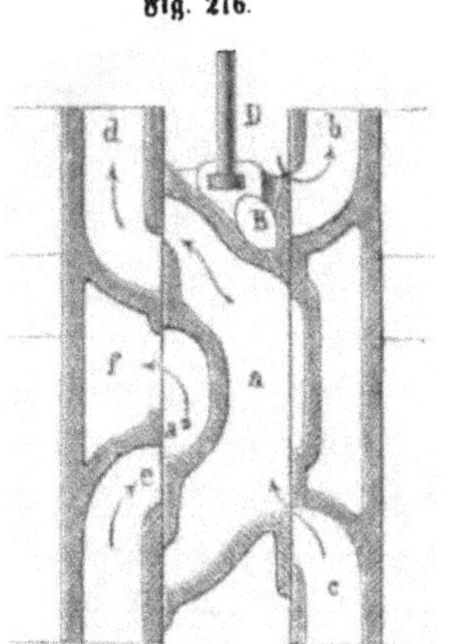

Fig. 217 zeigt die Steuerung einer Woolf'schen Maschine mit horizontal liegenden Cylindern und rechtwinklig verstellten Kurbeln.

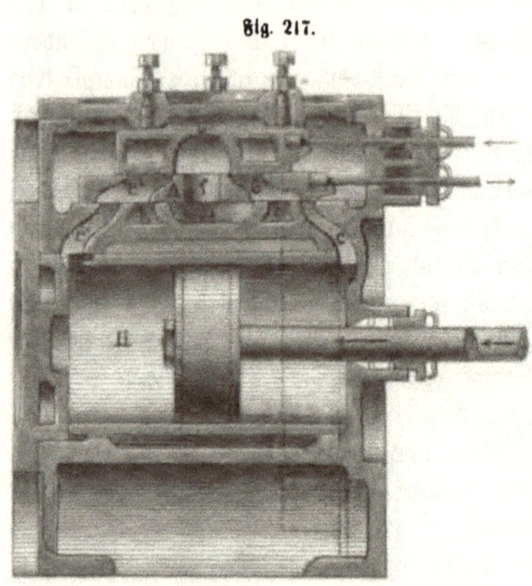

Fig. 217.

Der Schieberspiegel hat fünf Dampfwege, von denen zwei, c und c', nach dem kleinen Cylinder H und zwei, k und k', nach dem großen Cylinder führen; der fünfte Dampfweg m dient für den Austritt. Ueber diesen fünf Dampfwegen bewegt sich eine Schieberplatte A mit drei Durchgangscanälen e, e' und f, von denen e und e' die Dampfwege c und k und beziehentlich c' und k' mit einander verbinden und f in den Austrittsdampfweg m einmündet. Ueber dem Rücken der Schieberplatte A bewegt sich ein gewöhnlicher Muschelschieber B. Bei den der Zeichnung zu Grunde gelegten Stellungen der Schieber ist die Voraussetzung gemacht worden, daß die Expansion im kleinen Cylinder mit dem halben Hube seines Kolbens beginnt. Von da bis zur Beendigung des Kolbenhubes wirkt der Dampf in beiden Cylindern durch Expansion. Der Gegendruck im kleinen Cylinder ist während der beiden Hälften des Kolbenhubes verschieden; während der ersten Hälfte wirkt der expandirende Dampf entgegen, dessen Spannung jedoch schon im Anfang niedrig ist und in Folge der Expansion nach und nach immer niedriger wird, und während der zweiten Hälfte stehen die Gegenflächen beider Kolben mit dem Condensator in Verbindung. Man kann überdieß die Schieber auch so anordnen, daß der Gegendruck auf den Kolben des kleinen Cylinders während eines noch größeren Theils des Kolbenhubes wegfällt; freilich ist dieß stets mit einem Dampfverlust verbunden.

Die Sims'sche Maschine hat zwei in gemeinschaftlicher Axe

liegende, unmittelbar an einander stoßende Cylinder von verschiedener Größe ohne trennende Scheidewand. Der frische Dampf tritt zunächst in den kleinen Cylinder ein und wirkt hier auf die ganze Länge des Kolbenhubes durch Volldruck, während die Rückenfläche des Kolbens im großen Cylinder mit dem Condensator in Verbindung steht. Beim Rückgang geht der Dampf, welcher vorher im kleinen Cylinder wirkte, in den großen Cylinder über und arbeitet während des ganzen Rückgangs durch Expansion gegen die Rückenfläche des großen Kolbens, wobei freilich die Expansionsleistung gegen die Vorderfläche des kleinen Kolbens entgegenwirkt. Der Raum zwischen den beiden Kolben steht unausgesetzt mit dem Condensator in Verbindung. Es ist sonach die Sims'sche Maschine insofern mit der Woolf'schen verwandt, als die Expansion des Dampfes ebenfalls in einem zweiten Cylinder vor sich geht; aber darin liegt ein Unterschied, daß bei der Woolf'schen Maschine nach beiden Bewegungsrichtungen hin sowohl die Hochdruck- als die Expansionswirkung stattfindet, bei der Sims'schen Maschine dagegen der Dampf nach der einen Richtung nur mit Hochdruck und nach der andern nur durch Expansion arbeitet. Die Sims'sche Maschine ist mithin als eine Woolf'sche Maschine mit einseitiger Wirkung zu betrachten.

Fügt man aber an das äußere Ende des großen Cylinders noch einen zweiten kleinen Cylinder und läßt den frischen Dampf abwechselnd in den beiden kleinen Cylindern wirken, den expandirenden Dampf dagegen sowohl beim Vor- als beim Rückgang im großen Cylinder arbeiten, und setzt endlich die Gegenflächen aller Kolben mit dem Condensator in Verbindung, so erhält man dieselbe Wirkung, wie in einer Woolf'schen Maschine, freilich mit einem Mehraufwande von einem Cylinder.

Die theoretische Leistung der Woolf'schen Maschine besteht aus vier Theilen:

1) der Leistung des frischen Dampfes, L_1,
2) der Leistung des expandirenden Dampfes vor der Communication mit dem großen Cylinder, L_2,
3) der Leistung des expandirenden Dampfes während der Communication mit dem großen Cylinder, L_3,
4) der entgegenwirkenden Leistung des Gegendampfes, L_4,

und bestimmt sich mit Zugrundelegung der Pambour'schen Theorie folgendermaßen.

Für ein Dampfvolumen V pro Sekunde ist

$$L_1 = V p.$$

Die Leistung des expandirenden Dampfes im kleinen Cylinder vor der Communication mit dem großen ist nach S. 85

$$L_2 = V(\beta + p)\ln\left(\frac{\beta + p}{\beta + p_1}\right) - \beta V\left(\frac{\beta + p}{\beta + p_1}\right) + \beta V,$$

oder wird das Expansionsverhältniß im kleinen Cylinder

$$\frac{\beta + p}{\beta + p_1} = \varepsilon_1 \text{ gesetzt,}$$

$$L_2 = V(\beta + p)\ln\varepsilon_1 + \beta V(1 - \varepsilon_1).$$

Die Leistung L_3 besteht aus der wirksamen Leistung des expandirenden Dampfes, die er durch seinen Druck gegen den großen Kolben von der Fläche F_1 verrichtet, vermindert um die Leistung, die er durch den Gegendruck auf den kleinen Kolben von der Fläche F ausübt. Ist der Hub des kleinen Kolbens s, der des großen s_1, so geht während jedes Hubes das Volumen Fs von der Spannung p_1 in das Volumen $F_1 s_1$ von der endlichen Spannung p_2 über, so daß das Expansionsverhältniß im großen Cylinder

$$\varepsilon_2 = \frac{F_1 s_1}{F s} = \frac{\beta + p_1}{\beta + p_2}$$

gesetzt werden kann. Daher wird für n Spiele in der Minute, analog der Gleichung für L_2:

$$L_3 = F s \frac{n}{30} \cdot (\beta + p_1)\ln\varepsilon_2 + \beta F s \frac{n}{30}(1 - \varepsilon_2).$$

Nun ist aber $F s \frac{n}{30} = V \varepsilon_1$ und $\beta + p_1 = \frac{\beta + p}{\varepsilon_1}$; sonach

$$L_3 = V(\beta + p)\ln\varepsilon_2 + \beta V \varepsilon_1 (1 - \varepsilon_2).$$

Endlich ist

$$L_4 = F_1 s_1 \cdot \frac{n}{30} q,$$

oder da $F_1 s_1 \frac{n}{30} = F s \frac{n}{30} \varepsilon_2$ und $F s \frac{n}{30} = V \varepsilon_1$ ist,

$$L_4 = V \varepsilon_1 \varepsilon_2 q.$$

Hiernach wird

$$\begin{aligned} L &= L_1 + L_2 + L_3 - L_4 \\ &= V[p + (\beta + p)\ln\varepsilon_1 + \beta(1 - \varepsilon_1) + (\beta + p)\ln\varepsilon_2 \\ &\qquad + \beta\varepsilon_1(1 - \varepsilon_2) - \varepsilon_1\varepsilon_2 q] \\ &= V(\beta + p)\left[1 + \ln\varepsilon_1\varepsilon_2 - \frac{(\beta + q)}{\beta + p}\varepsilon_1\varepsilon_2\right] \end{aligned}$$

Nun ist aber $\varepsilon_1 \varepsilon_2$ nichts Anderes, als der gesammte Expansionsgrad des zur Wirkung gelangenden Dampfes, und es wird somit, wenn man $\varepsilon_1 \varepsilon_2 = \varepsilon$ setzt,

$$L = V\,(\beta + p)\left[1 + \ln\varepsilon - \frac{(\beta + q)\,\varepsilon}{\beta + p}\right],$$

die theoretische Leistung also nicht größer als bei der eincylindrigen Maschine (S. 381).

Wenn dennoch und trotz des höheren Preises, der durch Hinzufügung eines zweiten und größeren Cylinders, sowie durch die Anlage der Condensationsvorrichtungen bedingt wird, den Woolf'schen Maschinen bei Fabriketablissements häufig der Vorzug vor eincylindrigen Maschinen gegeben wird, so hat dieß in folgenden Umständen seine Begründung.

Die Woolf'sche Maschine gehört schon deßhalb zu den besten der bekannten Dampfmaschinengattungen, weil sie mit Condensation arbeitet, also eine gegebene Leistung mit möglichst geringem Dampfaufwand verrichtet, der durch die Möglichkeit eines hohen Expansionsgrades noch weiter vermindert wird. Die Leistung eines gegebenen Dampfvolumens wird nämlich für alle Dampfmaschinen ein Maximum, wenn

$$\frac{dL}{d\varepsilon} = 0$$

gesetzt wird, also

$$0 = \frac{d\left[\ln\varepsilon - \frac{\beta + q}{\beta + p}\,.\,\varepsilon\right]}{d\varepsilon},$$

d. h. für

$$\varepsilon = \frac{\beta + p}{\beta + q}$$

Da nun q bei Condensationsmaschinen weit kleiner ausfällt, als bei Maschinen ohne Condensation (sog. Hochdruckmaschinen), so kann der Expansionsgrad bei jenen weit höher geführt werden, als bei diesen.

Spricht dieser Umstand zu Gunsten der Condensationsmaschinen überhaupt, so kommt den Woolf'schen Maschinen gegenüber den eincylindrigen noch der Vortheil zu Gute, daß sie mit einem geringeren Dampfverbrauche arbeiten, weil die Spannungsdifferenzen zu den beiden Seiten der Kolben unter übrigens gleichen Umständen viel kleiner sind, als bei den eincylindrigen Maschinen, und der durch die Undichtheiten des kleinen Kolbens dringende Dampf im großen Cylinder, wenigstens theilweise, noch zur Wirkung gelangt, während der durch den Kolben einer eincylindrigen Maschine entweichende Dampf ganz verloren ist.

Wir wollen im Folgenden die theoretische Leistung einer Woolf'schen Maschine für folgende Dimensionen und Verhältnisse berechnen:

Durchmesser des kleinen Cylinders $D = 0{,}50$ Meter,
" " großen " $D_1 = 0{,}95$ "
Hub des kleinen Kolbens $s = 1{,}00$ Meter,
" " großen " $s_1 = 1{,}25$ "
Spielzahl in der Minute $n = 30$,
Expansionsgrad im kleinen Cylinder $\varepsilon_1 = 1{,}6$,
" " großen " $\varepsilon_2 = \frac{D_1^2 s_1}{D^2 s}$

$$= \frac{0{,}95^2 \,.\, 1{,}25}{0{,}5^2 \,.\, 1} . = 4{,}5,$$

Spannung des frischen Dampfes $p = 4$ Atm.,
" im Condensator $q = 0{,}15$ "

Zunächst ist $V = \frac{n}{30} \,.\, \frac{D^2 \pi}{4} \frac{s}{\varepsilon_1} = \frac{0{,}5^2 \,.\, \pi}{4 \,.\, 1{,}6} = 0{,}1228$ Cubikmeter und $\varepsilon = \varepsilon_1 \varepsilon_2 = 1{,}6 \,.\, 4{,}5 = 7{,}2$; daher

$$L = 0{,}1228\,(3020 + 10334{,}5 \,.\, 4) \left[1 + 1{,}9741 - \left(\frac{3020 + 0{,}15 \,.\, 10334{,}5}{3020 + 4 \,.\, 10334{,}5}\right) 7{,}2\right]$$

= 12154 Meterkilogr. pro Sekunde,

oder auf die Volumeinheit Dampf bezogen,

$$L = 99020\ V \text{ Meterkilogr.}$$

Der Dampfverbrauch sowohl, als auch die Leistung verändern sich noch etwas wegen der schädlichen Räume. Nehmen wir an, der schädliche Raum betrage in jedem Cylinder 5 Proc. des Inhalts, so geht $D_1^2 \frac{\pi}{4} \,.\, s_1$ in $1{,}05 \frac{D_1^2 \pi}{4} s_1$, $D^2 \frac{\pi}{4} s$ in $D^2 \frac{\pi}{4} s + 0{,}05\, D_1^2 \frac{\pi}{4} s_1$ und daher ε_2 in $\frac{1{,}05\, D_1^2 s_1}{D^2 s + 0{,}05\, D_1^2 s_1} = 3{,}8656$ über und ε_1 wird $\frac{1{,}6 + 0{,}05 \,.\, 1{,}6}{1 + 0{,}05 \,.\, 1{,}6} = 1{,}55$; daher $\varepsilon = \varepsilon_1 \varepsilon_2 = 6{,}013$. Das verbrauchte Dampfvolumen wird $0{,}1228 + 0{,}1228 \,.\, 1{,}6 \,.\, 0{,}05$

$= 1{,}08 \,.\, 0{,}1228 = 0{,}1326$ Cubikmeter. Sonach wird die theoretische Leistung mit Rücksicht auf die schädlichen Räume

$$L = 0{,}1326\,(3020 + 10334{,}5\,.\,4)\left[1 + 1{,}7939 - \left(\frac{3020 + 0{,}15\,.\,10334{,}5}{3020 + 4\,.\,10334{,}5}\right) 6{,}013\right]$$

$= 12792$ Meterkilogr. pro Sekunde,

oder auf die Volumeinheit Dampf bezogen,

$$L = 96452\ V \text{ Meterkilogr.}$$

Der Dampfverlust durch Undichtheit des Kolbens und der Schieber, durch Ueberreißen von Wasser ꝛc., ist nach S. 399

$$S = 0{,}00133\ D \sqrt{p_m - q}$$

$$= 0{,}00133\ D \sqrt{\frac{L}{V\varepsilon}} \text{ Kilogr.}$$

und zwar ist, wie Völckers angiebt, unter D der Durchmesser des kleinen Cylinders zu verstehen. Daher wird hier

$$S = 0{,}00133\,.\,0{,}5 \sqrt{\frac{96452}{6{,}013}}$$

$= 0{,}0842$ Kilogr.

Das für die nützliche Leistung verbrauchte Dampfquantum von 0,1326 Cubikmeter wiegt $0{,}1326\,.\,2{,}237 = 0{,}2966$ Kilogr.; daher ist der gesammte Dampfverbrauch $0{,}2966 + 0{,}0842 = 0{,}3808$ Kil., und es werden daher in dieser Maschine mit 1 Kilogr. Dampf $\frac{12792}{0{,}3808} = 33593$ Meterkilogr. nützliche Arbeit verrichtet.

Für eine eincylindrige Maschine, die bei gleicher Spielzahl und dem Expansionsgrade 7,2 (ohne Rücksicht auf den schädlichen Raum) 0,1228 Cubikmeter Dampf verbraucht, ist

$$V = \frac{n}{30}\,.\,\frac{Fs}{\varepsilon},$$

oder, da $n = 30$ ist,

$$Fs = V\varepsilon = 0{,}1220\,.\,7{,}2 = 0{,}8842 \text{ Cubikmeter.}$$

Nehmen wir an, daß der Kolbenhub doppelt so groß als der Cylinderdurchmesser ist, so wird, da $F = \frac{D^2\pi}{4}$ ist,

$$\frac{D^2\pi}{4}\,.\,2D = 0{,}8842,$$

daher $D = 0{,}826$ Meter und $s = 1{,}652$ Meter.

Mit Rücksicht auf den schädlichen Raum geht V aus 0,1228 in V = 0,1228 + 0,05 . 0,8842 und V_1 aus 0,8842 in V_1 = 0,8842 . 1,05, also V in 0,1670 und V_1 in 0,9284 über; daher wird $\varepsilon = \frac{0,9284}{0,1670} = 5,5$.

Die Leistung wird hiernach

$$L = 0,1670\ (3020 + 10334,5 \cdot 4) \left[1 + 1,7047 - \left(\frac{3020 + 0,15 \cdot 10334,5}{3020 + 4 \cdot 10334,5}\right)^{5,5}\right]$$

= 15838 Meterkilogr. pro Sekunde,

oder auf die Volumeinheit Dampf bezogen

L = 94842 V Meterkilogr.

Das für die nützliche Leistung verbrauchte Dampfquantum von 0,1670 Cubikmeter wiegt 0,1670 . 2,237 = 0,3736 Kilogr. Hierzu kommt noch der Verlust durch Undichtheiten 2c.

$$S = 0,00133 \cdot 0,826 \sqrt{\frac{94842}{5,5}}$$

= 0,1442 Kilogr.,

wodurch der gesammte Dampfverbrauch sich erhebt auf 0,3736 + 0,1442 = 0,5178 Kilogr., mit denen 15838 Meterkilogr. geleistet werden. Die Leistung von 1 Kilogr. Dampf ist sonach $\frac{15838}{0,5178} = 30587$ Meterkilogr., während sie bei der Woolf'schen Maschine unter gleichen Umständen 33593 Meterkilogr. betrug.

Ein anderer Vortheil der Woolf'schen Maschine ist der, daß sie einen gleichmäßigeren Gang hat als die eincylindrige Maschine, weil bei jener der durchschnittliche Dampfdruck weit weniger von dem anfänglichen Druck abweicht, als bei dieser. Ist F_1 der Querschnitt des großen Cylinders, F der Querschnitt des kleinen Cylinders, s_1 der Hub des großen Kolbens, s der Hub des kleinen Kolbens, ε_1 der Expansionsgrad im kleinen Cylinder, ε_2 der Expansionsgrad im großen Cylinder, $\varepsilon = \varepsilon_1 \varepsilon_2$ der gesammte Expansionsgrad, p die Spannung des frischen Dampfes, q die Gegenspannung, so ist für irgend eine Hublänge x des kleinen Kolbens während der Einströmung des frischen Dampfes der Druck auf beide Kolben zusammen

$$y = F p + (F_1 - F) \frac{F(\beta + p)}{\varepsilon_1 \left[F + \left(\frac{F_1 s_1}{s} - F\right)\frac{x}{s}\right]} - (F_1 - F)\beta - F_1 q.$$

Unter Vernachlässigung des Gegendrucks q wird hiernach der anfängliche Druck auf beide Kolben, also für $x = 0$,

$$y = F p + \frac{(F_1 - F)(\beta + p)}{\varepsilon_1} - (F_1 - F)\beta.$$

Der durchschnittliche Druck ist aber $\frac{F(\beta + p)}{\varepsilon_1}(1 + \ln \varepsilon)$; daher das Verhältniß des anfänglichen Drucks zum durchschnittlichen

$$z = \left[\frac{F p + \frac{1}{\varepsilon_1}(F_1 - F)(\beta + p) - (F_1 - F)\beta}{F(\beta + p)}\right]\left(\frac{\varepsilon_1}{1 + \ln \varepsilon}\right).$$

Bei den eincylindrigen Maschinen ist dieses Verhältniß

$$\left(\frac{p}{\beta + p}\right)\left(\frac{\varepsilon}{1 + \ln \varepsilon}\right),$$

also unter allen Umständen größer, da nur im äußersten Falle, nämlich für $\varepsilon_1 = 1$, für Woolf'sche Maschinen

$$z = \left(\frac{p}{\beta + p}\right)\left(\frac{\varepsilon}{1 + \ln \varepsilon}\right) \text{ wird.}$$

Den für den regelmäßigen Gang günstigsten Expansionsgrad ε_1 im kleinen Cylinder erhält man für

$$\frac{dz}{d\varepsilon_1} = 0; \text{ also } \frac{d\left[p\varepsilon_1 + \left(\frac{F_1}{F} - 1\right)(\beta + p - \beta\varepsilon_1)\right]}{d\varepsilon_1} = 0.$$

Führt man noch für $\frac{F_1 s_1}{F s} = \varepsilon_2 = \frac{\varepsilon}{\varepsilon_1}$ ein, so ist $\frac{F}{F_1} = \frac{s_1}{s} \cdot \frac{\varepsilon_1}{\varepsilon}$

und $\frac{d\left[\varepsilon_1 + \frac{s}{s_1} \cdot \frac{\varepsilon}{\varepsilon_1}\right]}{d\varepsilon_1} = 0$; daher $\frac{1}{\varepsilon_1^2} = \frac{s_1}{s\varepsilon}$, oder $\varepsilon_1 = \sqrt{\frac{s}{s_1} \cdot \varepsilon}$.

Ist z. B. $\varepsilon = 6{,}013$ und $\frac{s_1}{s} = \frac{1}{1{,}25}$, so wird die größtmögliche Regelmäßigkeit erhalten für

$$\varepsilon_1 = \sqrt{\frac{6{,}013}{1{,}25}} = 2{,}19$$

$$\text{und } \frac{F_1}{F} = \frac{s}{s_1} \cdot \frac{\varepsilon}{\varepsilon_1} = \sqrt{\frac{s}{s_1} \cdot \varepsilon} = \varepsilon_1 = 2{,}19.$$

Hierbei wird für $\beta = 0$,

$$z = \frac{2\,\varepsilon_1 - 1}{1 + \ln \varepsilon} = \frac{3{,}381}{2{,}7939} = 1{,}21.$$

Bei einer eincylindrigen Maschine mit dem Expansionsgrad $\varepsilon = 6{,}013$ dagegen ist

$$z = \frac{\varepsilon}{1 + \ln \varepsilon} = \frac{6{,}013}{2{,}7939} = 2{,}116.$$

2.

Zwillingsmaschinen.

Zwillingsmaschinen besitzen zwei Cylinder, deren Kolben, und zwar vermittelst verschränkt stehender Kurbeln, gemeinschaftlich eine Treibwelle in Bewegung setzen. Bei der auch mit zwei Cylindern versehenen Woolf'schen Balanciermaschine arbeiten beide Kolben und Kurbelstangen homolog, d. h. wenn einer derselben in der Mitte oder am Ende des Laufes ist, befindet sich der andre auch auf derselben Stelle des Hubes, während bei zweicylindrigen Zwillingsmaschinen vermöge der um 90 Grad versetzten Kurbeln in gleichen Zeiten der eine Kolben in der Mitte und der andre am Ende des Hubes sich befindet.

Wie schon Seite 350 erwähnt, ist der Zweck dieser Anordnung, die Ungleichförmigkeit, welche der Kurbelbewegung an sich anhaftet, durch die entgegengesetzte Ungleichförmigkeit eines zweiten Kolbens auszugleichen und es zu ermöglichen, daß man entweder nur ein leichteres Schwungrad anwenden, oder nach Befinden ein solches ganz entbehren kann. Dieser letztere Fall stellt sich zunächst bei Locomotiven, Dampfschiffen und Fördermaschinen heraus, welche man auf jedem beliebigen Punkte des Hubes muß anhalten können, um entweder still zu halten oder die Umdrehungsrichtung zu ändern; der erstere Fall kommt aber auch bei feststehenden Dampfmaschinen, namentlich größeren Expansionsmaschinen vor, bei welchen man eine besonders gleichförmige Bewegung herstellen will. Es erspart diese Einrichtung nicht nur Raum und Kosten bei der Anlage, sondern auch die bei einem schweren Schwungrade nöthige größere Kraft zur Ueberwindung der Reibung.

In welchem Grade zwei gleiche, aber an um 90 Grad versetzten Kurbeln arbeitende Kolben den Effekt ausgleichen, geht aus

Folgendem hervor: Ist der mittlere Effekt = 1, so ist für einen einzigen Cylinder und Kolben der Effekt bei der günstigsten Stellung der Kurbel = 1,57, bei der ungünstigsten = 0; variirt also zwischen 0 und 1,57. Bei zwei Cylindern hingegen wird (wenn der mittlere Effekt ebenfalls = 1) der Maximaleffekt bei der günstigsten Stellung beider = 1,11; der Minimaleffekt bei der ungünstigsten = 0,785, und die Extreme sind also nur um 0,325 verschieden.

Fig. 218.

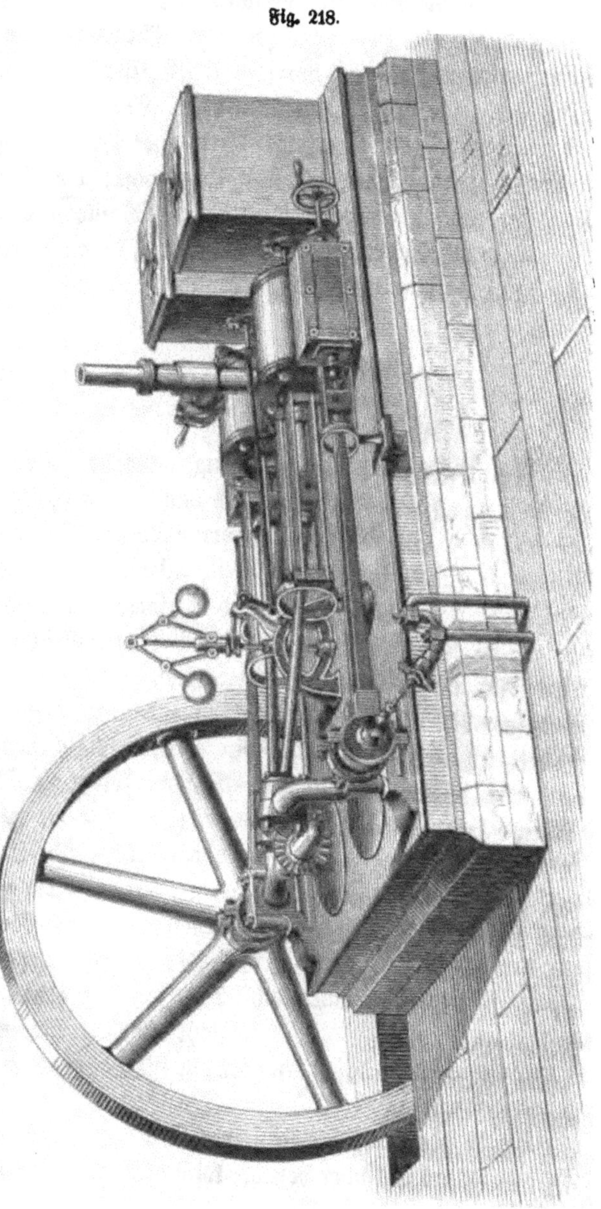

Man hat auch selbst drei Cylinder auf diese Art mittelst um 120 Grad versetzter Kurbeln an eine Welle gekuppelt, doch werden hierbei die erzielten Vortheile wohl wieder durch andre Hindernisse aufgehoben. Bezüglich des Systems der Maschinen ist es gleichgültig, ob man Balanciermaschinen oder direkt wirkende als Zwillingsmaschinen einrichtet; man kann selbst ungleich große Cylinder auf eine Welle wirken lassen; eben so kann man, anstatt mehrere Kurbeln anzuwenden, die Axenrichtung der Cylinder so gegen einander stellen, daß dadurch die Wirkung verschränkter Kurbeln erreicht wird.

Vorstehende Fig. 218 zeigt die Anordnung einer Zwillingsdampfmaschine mit zwei horizontalen Cylindern; dieselbe arbeitet mit Expansion durch zwei Schieber und mit Condensation; die Bewegung der Luftpumpenkolben erfolgt durch ihre Verbindung mit der nach rückwärts verlängerten Dampfkolbenstange; die Speisepumpe wird durch ein Excentric von der Schwungradwelle aus getrieben.

Weitere Beispiele von Zwillingsmaschinen werden sich zur Genüge in den späteren Kapiteln finden.

3.

Cornwaller Maschinen.

Wie schon in der Einleitung erwähnt, wurden die Dampfmaschinen zuerst für den Bergbau von großer Wichtigkeit; besonders gilt dies von den Werken in Cornwallis und Devonshire, wo die Gruben eine sehr bedeutende Tiefe haben. Da an diesen Orten sich keine Kohlen finden, letztere sich vielmehr durch hohe Frachtspesen sehr theuer stellen, so war man daselbst zumeist bemüht, die Dampfmaschinen, welche speziell für die Hebung der Grubenwässer dienen, auf einen hohen Grad der Vollkommenheit zu bringen, und es entwickelte sich nach und nach ein eigenes Maschinensystem, welches man das Cornwaller nennt, obschon solche Maschinen auch an andern Orten vielfach verwendet werden. Da es für die genannten Zwecke nur erforderlich ist, eine geradlinig wiederkehrende Bewegung für die Pumpengestänge herzustellen, so genügte auch die Anwendung der bereits Seite 33 erwähnten, von Watt erfundenen, einfach wirkenden Dampfmaschine. Die daran vorgenommenen Veränderungen bestehen hauptsächlich darin, daß man sie mit viel höher gespannten Dämpfen und mit sehr starker (bis zu 8—10facher) Expansion arbeiten läßt; in den meisten Fällen sind sie mit Condensation versehen.

Wegen der ziemlich weit getriebenen Expansionswirkung erhalten diese Maschinen Cylinder von oft kolossalen Dimensionen; man findet solche von $2^m,60$ Durchmesser und bis zu $3^m,66$ Hubhöhe, eben so ist auch die Kesselanlage aus ökonomischen Gründen viel größer, als sie sonst bei Maschinen von gleicher Leistung gewählt wird, d. h. man erzeugt in derselben Zeit pro Quadratmeter Heizfläche ungleich weniger Dampf und verbrennt auf ein Quadratmeter Rostfläche weniger Kohlen. Die in Cornwall zumeist gebräuchlichen Kessel sind cylindrische von $1^m,8$ bis $2^m,2$ Weite, bei 9^m Länge mit einem excentrisch darin liegenden Feuerrohr von 1^m bis $1^m,25$ Durchmesser (Seite 179), in dessen vorderem Ende der Rost liegt, dem man als Breite die Weite des Rauchrohres giebt und den man nicht gern über $1^m,80$ lang macht, weil außerdem seine Bedienung zu schwierig wird. Bei manchen Kesseln ist auch, ähnlich wie bei den Locomotivkesseln, noch eine besondere Feuerkammer vor dem Kessel angebracht, oder es geht noch ein etwa $0^m,45$ weites Siederohr durch die Rauchröhre, wodurch Heizfläche und Wasserinhalt bedeutend vergrößert werden. Die Flamme und die Verbrennungsgase ziehen vom hintern Ende des Kessels durch einen Kanal unterhalb desselben hin nach vorn und dann durch zwei Seitenzüge (welche sich hinter dem Kessel vereinigen) wieder nach hinten, um in den Schornstein zu entweichen.

Der Querschnitt der Seitenzüge wird gleich dem des Flammenrohres gemacht und der Schornstein erhält eine verhältnißmäßig geringe Höhe; in Folge dessen brennt das Feuer sehr ruhig und das Brennmaterial wird sehr gut ausgenutzt.

Bei der Construction und Ausführung dieser Maschinen wird Alles vermieden, was Dampfverlust und unnöthige Abkühlung verursachen kann. Man umgiebt den Cylinder mit einem besonderen Mantel und läßt in den so gebildeten Zwischenraum Dampf eintreten, um den Cylinder selbst gehörig warm zu erhalten, wobei die Einrichtung so getroffen wird, daß vermöge der höheren Aufstellung des Cylinders gegen die Kessel alles im Mantel condensirte Wasser von selbst wieder in den Kessel zurückläuft. Dieser Mantel wird außerdem, so wie auch die Dampfrohre, Ventilgehäuse und überhaupt alle Dampf enthaltenden Theile durch mit Sand, Asche oder Sägespänen ausgekleidete Gehäuse eingeschlossen oder mit Filz u. s. w. umgeben. Alle schädlichen Räume der Maschine werden möglichst klein gemacht, um nicht unnöthig Dampf zu verwenden, und die Geschwindigkeit des Kolbens ist so gering, daß der Dampf gehörig Zeit hat, seine volle Wirksamkeit zu äußern.

Man läßt die Maschinen nur 6—10 Spiele in der Minute machen, was bei 3^{m},66 Hubhöhe einer Geschwindigkeit von 0^{m},36 bis 0^{m},6 in der Sekunde entspricht. Da dieselben sehr häufig mit Balanciers versehen sind und hierbei oft die Dampfkolbenstange an einem längeren Hebel wirkt, als die getriebene Pumpenkolbenstange, so hat das Pumpenwerk in solchem Falle eine noch geringere Geschwindigkeit, wodurch der ganzen Maschinenanlage ein äußerst ruhiger Gang verliehen wird.

Die nebenstehende Fig. 219 giebt ein Bild von einer solchen Cornwaller Dampfmaschine in ihrer Anwendung beim Bergbau und zwar von einer sogenannten direkt wirkenden. Der mit einem Dampfmantel versehene Cylinder ist auf zwei starken quer über den Schacht gelegten Balken aufgestellt; die nach unten gerichtete Kolbenstange ist unmittelbar mit dem Pumpengestänge verbunden, dessen Last durch einen auf einer Mauer aufgelagerten Balancier mit Gegengewicht (letzteres befindet sich am andern Ende des Balanciers und konnte wegen Mangel an Raum nicht mit angezeichnet werden) zum großen Theil ausgeglichen wird. Dieser aus zwei parallel zu einander liegenden Hälften bestehende Balancier dient außerdem noch dazu, die Luftpumpe des Condensators und die Speisepumpe, so wie einen zweiten kleineren Hülfsbalancier nebst den daran hängenden Steuerbäumen in Bewegung zu setzen.

Die Steuerung dieser Maschine wird durch die Seite 302 beschriebene Ventilsteuerung bewirkt und die Zahl der Spiele durch zwei von dem eben genannten kleinen Hülfsbalancier in Thätigkeit gesetzte Katarakte (Seite 304) regulirt.

Diesem Maschinensystem, bei welchem Dampf- und Pumpenkolbenstange in einer gemeinschaftlichen Axe liegen — direkt wirkende Cornwallmaschinen — steht die Anordnung von Cornwallmaschinen gegenüber, bei welcher die Dampfkolbenstange nach oben geführt und an einen Balancier gehängt ist, von dessen anderem Ende das zu treibende Pumpengestänge getragen wird. In allen Fällen vollzieht die Dampfkraft blos das Heben des Gestänges, dessen Gewicht dann die Pumpenkolben herabdrückt und zugleich den Rückgang des Dampfkolbens bewirkt, indem während desselben ein gleicher Dampfdruck über und unter dem Kolben hergestellt wird. Ist die Last des Gestänges, welches beim Niedergang das Wasser mittelst Druckpumpen heben soll, größer oder geringer, als das

Fig. 219.

Gewicht der zu hebenden Wassersäule, so wird das Gestänggewicht im ersteren Falle, der bei tiefen Gruben sehr häufig vorkommt und auch der in Fig. 219 angenommene ist, durch ein Gegengewicht zum Theil ausgeglichen; im letzteren Falle aber, welcher in der Regel bei Wasserwerken eintritt, wo das Wasser aus geringer Tiefe zu heben und nach einem hoch gelegenen Punkte zu drücken ist, noch durch besonders aufgelegte Gewichte vermehrt, so daß der Dampf selbst eine möglichst geringe Wirkung auszuüben hat.

Die Bedienung dieser Maschinen wird in Cornwall meist sehr sorgfältig überwacht und hierdurch wird dann eine sehr hohe Leistung erzielt. Man drückt die Größe dieser Leistung gewöhnlich nicht durch die Anzahl der Pferdekräfte aus, sondern durch Angabe der Wassermenge, welche durch den mittelst einer Gewichtseinheit Steinkohle, die man hier nur von bester Qualität verwendet, erzeugten Dampf aus der Grube auf eine gewisse Höhe gehoben wird. Es variiren die hierauf bezüglichen, von Zeit zu Zeit veröffentlichten Angaben sehr bedeutend; als Mittel darf man wohl nach den neueren Versuchen annehmen, daß im Maximum der durch ein Kilogramm Kohle erzeugte Dampf 184,800 Kilogramm Wasser ein Meter hoch heben kann. Da nun eine Pferdekraft pro Stunde $75 \times 60 \times 60 = 270{,}000$ Meterkilogrammen entspricht, so ergiebt sich der Brennstoffaufwand pro Stunde und Pferdekraft zu $\frac{270{,}000}{184{,}800}$ oder zu 1,46 Kilogramm.

4.

Dampfgebläse.

In analoger Weise, wie man durch Dampfmaschinen ohne einen zwischenliegenden Kurbel- und Rädermechanismus ganz direkt Wasserpumpen treibt, kann man sie auch verwenden, um Gebläse, namentlich die sogenannten Cylindergebläse in Bewegung zu setzen. Es lassen sich die hier zu treffenden Anordnungen sehr verschiedenartig einrichten, man kann beide Cylinder aufrecht stellen oder horizontal legen; Dampf- und Gebläsecylinder können in beiden Fällen so verbunden werden, daß die Richtung ihrer beiden Achsen in eine gerade Linie fällt, oder man kann auch, was meist nur im ersteren Falle geschieht, beide Cylinder parallel zu einander aufstellen und ihre Kolbenstangen durch einen Balancier verbinden; ein dritter Fall, daß ein Cylinder vertikal steht, der andre horizontal gelegt ist und beide durch einen Winkelhebel verbunden werden, kommt nur selten vor.

Stellt man beide Cylinder aufrecht und verbindet ihre Kolbenstangen mit den beiden Armen eines Balanciers, so hat dies den Vortheil, daß sich die Gewichte der zwei Kolben sammt Zubehör ausgleichen, während, wenn beide Cylinder über einander angebracht werden, das vereinte Gewicht der Kolben durch ein Gegengewicht oder auf eine andre Weise, z. B. durch einen von unten wirkenden größeren Dampfdruck, ausgeglichen werden muß.

Sehr häufig bringt man bei diesen Maschinen eine Kurbelwelle mit Schwungrad an und erhält so einen genau begrenzten Hub, kann dann auch zugleich die Einrichtung treffen, daß die Luft-Ein- und Ausströmungsklappen oder Vertheilungsschieber des Gebläsecylinders von dieser Welle aus durch Excentrics sehr sicher bewegt werden; bei sehr großen Maschinen läßt man aber auch die Rotation ganz weg und regulirt ihren Hub und die Anzahl der zu machenden Spiele durch einen Katarakt, so daß eine solche Maschine einer Cornwaller sehr ähnlich wird, aber nicht wie diese einfach wirkend, sondern doppelt wirkend eingerichtet sein muß.

Soll eine Balanciermaschine mit Rotation versehen werden, so wird die Kurbelstange entweder zwischen dem Drehungspunkte des Balanciers und dem Aufhängungspunkte einer Kolbenstange angebracht, oder der Balancier erhält über letzteren Punkt hinaus noch eine Verlängerung zur Aufnahme der Kurbelstange.

Das in Fig. 220 im Durchschnitt, in Fig. 221 im Aufriß dargestellte Dampfgebläse ist dazu bestimmt, in der Minute 300—480 Cubikmeter Luft von 0,25 bis 0,30 Kilogramm Ueberdruck pro Quadratcentimeter zu liefern und soll für gewöhnlich zwei Hohöfen bedienen. Die wirkende Dampfmaschine ist eine Woolf'sche mit Cylindern von $1^{m},17$ und beziehentlich $0^{m},55$ Durchmesser und $2^{m},8$ Hubhöhe. Beide Cylinder stehen unmittelbar neben einander auf einem tischartigen Untersatz und ihre Kolbenstangen sind beide an ein Querhaupt gehängt, von dessen Endpunkten aus zwei Lenkstangen nach den Kurbeln (die hier gleich an den Armen der beiden Schwungräder angebracht sind) der unter den Cylindern aufgelagerten Schwungradwelle gehen. Zwischen beiden Dampfkolbenstangen, etwas näher der des

Fig. 220.

größern Cylinders, ist die nach unten geführte Kolbenstange des Gebläsecylinders eingehängt. Letzterer hat einen mit Leinwand gedichteten Kolben von $2^{m},6$ Durchmesser und ruht auf einem Gerüst von vier hohlen Säulen, welche zugleich als Windleitung dienen und zu diesem Zweck als Bekränzung in den oberen Etagen des Gebäudes die zwei in Form eines Zwölfecks angeordneten Ventilgehäuse für die zwölf Saug- und Druckventile von je $0^{m},1$ Höhe und $0^{m},63$ Länge tragen.

Fig. 221.

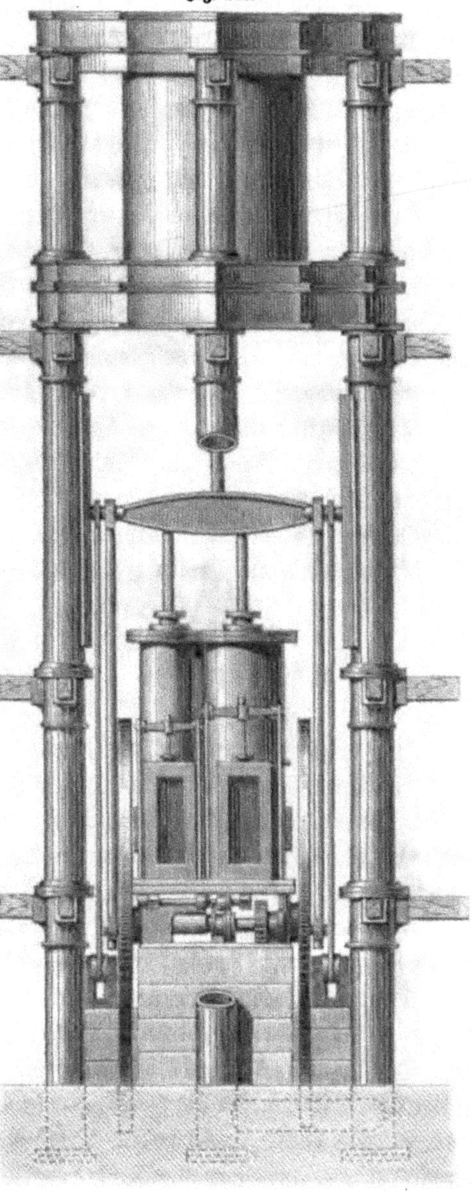

Die Steuerung der Dampfcylinder erfolgt durch die Seite 410 beschriebene Schieberanordnung, und deren Bewegung von einer darunter liegenden kleinen Welle aus, welche durch zwei Stirnräder und Transporteur mit der Schwungradwelle verbunden ist. Es wird der Vertheilungsschieber unmittelbar von dieser Steuerwelle aus durch zwei kleine Kurbeln und Lenkstangen, der Expansionsschieber durch ein Excentric mittels eines zwischenliegenden Hebels bewegt; letzterer hat einen Schlitz, in welchem sich der Angriffspunkt der Excentricstange verstellen und so die Hubhöhe des Schiebers verändern läßt.

Das Querhaupt der Kolbenstangen führt sich in zwei Gleisen, die an zwei einander diametral gegenüberstehenden Säulen angeschraubt sind; von seinen Endpunkten aus gehen noch zwei

Zugstangen nach den Enden zweier unten liegender Balanciers, welche am andern Arme ein Gegengewicht tragen und die Bewegung der Dampfkolben auf die Luftpumpe und die (in der Zeichnung nicht sichtbare) Kaltwasserpumpe fortpflanzen.

Um den Gang der Maschine zu reguliren und mit der gewünschten Windmenge und Pressung in Einklang zu bringen, ist mit der Windleitung ein kleiner Cylinder in Verbindung gesetzt, dessen Kolben durch Gewichte der Windpressung entsprechend beschwert ist und dessen Kolbenstange mit der Drosselklappe der Dampfleitung zusammenhängt, so daß die letztere geöffnet oder geschlossen, somit der Gang der Maschine beschleunigt oder verzögert wird, wenn die erzeugte Windpressung geringer oder stärker wird, als man wünscht.

Selbstverständlich können alle ähnlichen Constructionen sowohl für Gebläsemaschinen, als auch für solche Einrichtungen benutzt werden, wo man Luft aussaugen will, wie bei atmosphärischen Eisenbahnen, Eiserzeugungsapparaten, oder bei dem abgesonderten Betriebe von Luftpumpen an größeren Condensationsdampfmaschinen.

5.

Dampfhämmer.

Wie bei den in den zwei vorigen Kapiteln abgehandelten Pumpen und Gebläsemaschinen die geradlinig wiederkehrende Bewegung eines Dampfkolbens unmittelbar ohne vorherige Umwandlung in eine rotirende zur Verrichtung einer bestimmten Arbeit benutzt wurde, hat man in neuerer Zeit dieses Princip für mancherlei Zwecke anzuwenden gewußt und nach demselben namentlich Dampfhämmer und Dampframmen (siehe das folgende Kapitel) von ausgezeichneter Wirkung hergestellt.

Der für die jetzt gelieferten, so kolossalen Schmiedestücke und überhaupt für die Bedürfnisse des Maschinenbaus so unentbehrlich gewordene Dampfhammer wurde vor etwa 25 Jahren fast gleichzeitig von Nasmyth in Patricroft bei Manchester und von Schneider (Bourdon) in Creusot erfunden und besteht der Hauptsache nach darin, daß ein Dampfcylinder auf ein entsprechendes Gestell gesetzt wird; die nach unten gerichtete Kolbenstange ist mit dem schweren Hammerklotz verbunden, welcher sich in dem Gestell führt, und unmittelbar darunter befindet sich der Ambos. Durch eine Oeffnung nahe am Boden des Cylinders läßt man vermittelst einer geeigneten Schieber-, Hahn- oder Ventilsteuerung Dampf ein-, bezüglich wieder austreten, treibt so den Kolben sammt Hammer in die Höhe und läßt ihn frei wieder herabfallen.

Die Vortheile einer solchen Einrichtung gegenüber den gewöhnlichen Hammerwerken sind unschwer zu erkennen, denn sie nimmt weniger Raum ein, versperrt denselben nicht wie die bisherigen Stirn- und Aufwerfhämmer, erfordert ein einfacheres Gerüst und eine beschränktere Fundamentirung; sie gestattet ferner eine viel bedeutendere, gleichwohl ganz nach Belieben zu regulirende und zu verändernde Hubhöhe bei einer genau vertikalen Schlagrichtung, und endlich fallen die durch die Daumenwelle, so wie überhaupt durch die Umwandlung der rotirenden Bewegung in eine geradlinig wiederkehrende verursachten Kraftverluste weg.

Ein und derselbe Hammer kann zu den verschiedenartigsten Arbeiten dienen, und können Dampfhämmer von ungleich größerer Mächtigkeit als alle früheren Hammerwerke construirt werden, was sie jetzt in Eisen- und Stahlwerken oft unersetzlich macht.

Wendet man Dampf von 5 Kilogr. Pressung pro Quadratcentimeter an und läßt ihn auf einen Kolben von 40 Centimeter Durchmesser, also 1257 Quadratcentimeter Fläche wirken, so wird er einen Hammerblock von 2500 Kilogr. heben können, und dieser, nur 1,5 Meter hoch herabfallend, eine Leistung ausüben, die kaum ein andrer Hammer von 15000 Kilogr. Gewicht bei nur 0,3 Meter Fall besäße.[1]

Die Steuerung solcher Dampfhämmer wird in der Regel durch die Hand regiert, sie kann aber auch durch das Spiel des Hammers selbst bewirkt werden. Sehr häufig trifft man auch die Einrichtung so, daß der Hammer nicht blos frei herabfällt, sondern seine Wirkung noch dadurch verstärkt wird, daß man Dampf auf die Oberseite des Kolbens wirken läßt, sei dies nun frischer oder bereits zum Heben des Hammers gebrauchter, also nur durch Expansion wirkender Dampf.

Der Ambos und die Chabotte müssen stets eine sehr bedeutende Masse erhalten; sie hängen entweder mit der Sohlplatte, auf welcher das Gestell ruht, zusammen oder gehen durch dieselbe hindurch und bestehen für sich allein; in allen Fällen ist es aber nöthig, einen Dampfhammer vorzüglich zu fundamentiren. Seine Sohlplatten werden mit einer verhältnißmäßig großen Masse (aus kreuzweise über einander gelegten Balken, die auf Mauerwerk ruhen, bestehend)

[1] Man baut jetzt oft Hämmer von 25 Tonnen oder 25,000 Kilogr. Gewicht.

verschraubt und das Ganze ruht auf Beton und Steinschotter. Wegen der variirenden Stärke der Schmiedestücke hat man auch den Ambos insofern verstellbar eingerichtet, als man ihn zuweilen auf einen hydraulischen Preßkolben setzt, der sich durch mehr oder minder zugeführtes Wasser heben und senken läßt.

Von den vielerlei verbesserten Constructionen der Dampfhämmer wollen wir nur die folgenden als Haupttypen der verschiedenen Systeme näher hervorheben. Sie sind sämmtlich lediglich für die bloße Schmiedearbeit bestimmt, man hat aber auch ähnliche Einrichtungen für ganz spezielle Zwecke, z. B. zum Nieten von Dampfkesseln construirt.

Naylor's Hammer, Fig. 222, ist in der allgemeinen Disposition dem vorhin erläuterten von Nasmyth sehr ähnlich. a ist das Gerüst, b der Ambos mit einer schwalbenschwanzförmigen Nuth, um seine stählerne Bahn leicht auswechseln zu können, c der Dampfcylinder, d die Kolbenstange, e der Hammerklotz. An diesem ist eine doppelte Rolle f angebracht, und am Gestell neben der Geradführung des Hammers befinden sich zwei durch Handhebel g je nach der gewünschten Hubhöhe vom Arbeiter beliebig hoch oder tief zu stellende schräge Flächen h, deren Führungsstangen an den correspondirenden Armen zweier Winkelhebel hängen und, wenn sie beim Heben oder Fallen des Hammers von der Rolle f zurückgedrängt werden, diese Winkelhebel drehen. Die Achsen dieser Winkelhebel sind mit den Dampf-Ein- und Austrittsventilen in Verbindung und diese werden daher entsprechend geöffnet oder geschlossen, und zwar ist diese selbstwirkende Steuerung so eingerichtet, daß der Dampf sowohl zum Heben des Hammerklotzes unter den Kolben, als auch, um dessen Herabgehen zu beschleunigen und den Schlag zu verstärken, über den Kolben treten kann.

Diese Anordnung hat den Nachtheil, daß sie im Ganzen der Höhe nach viel Raum beansprucht und die Verbindung des Hammers mit dem Kolben sich leicht lockert, welche Uebelstände man auf verschiedene Weise zu beseitigen suchte. Daelen construirte deshalb einen Hammer, bei welchem der Bär mit dem Kolben und dessen sehr starker (also auch sehr schwerer, das Hammergewicht vermehrender) Stange aus einem Stück angefertigt ist. Daelen's Steuerung, welche blos dann selbstwirkend ist, wenn man den Hammer seinen höchsten Hub erreichen läßt, ist mit einem besonderen kleinen Hülfsdampfcylinder ausgerüstet; dieser wird durch einen Vierweghahn

Fig. 222.

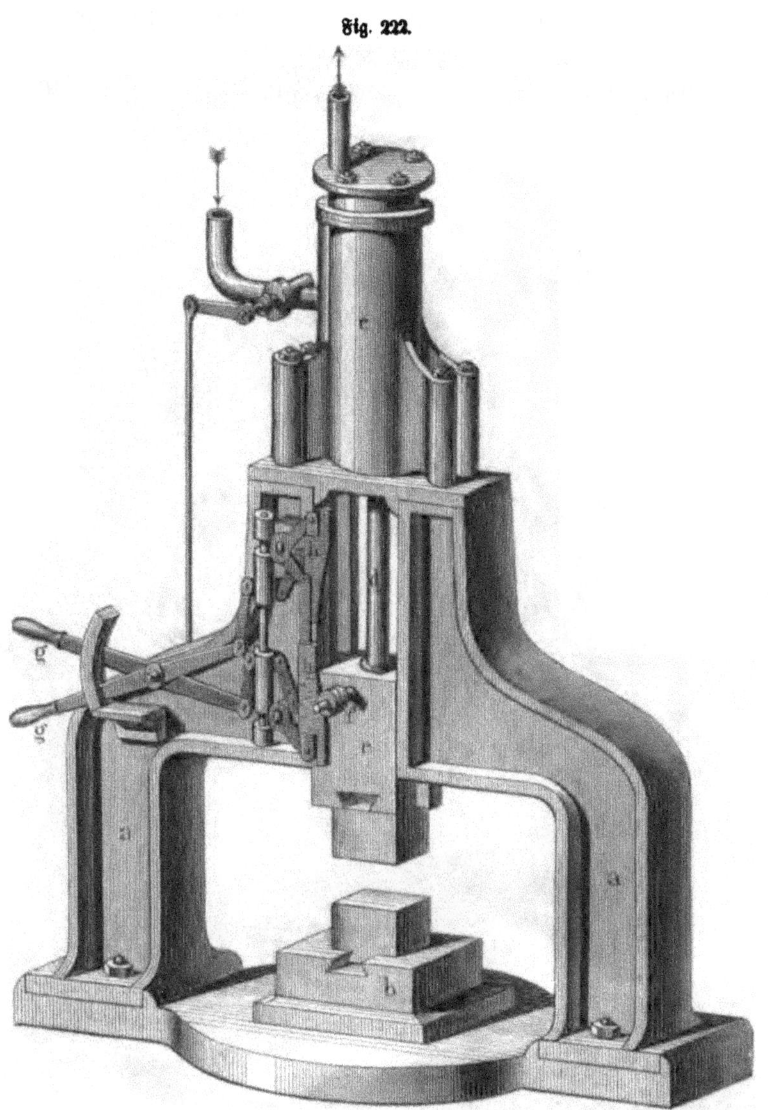

gesteuert und seine Stange bewegt den Steuerschieber des Hauptcylinders derart, daß beim Heben des Hammers Dampf unter den Kolben tritt, und hierauf die Kommunikation des Raumes unter und über dem Kolben hergestellt wird. Da nun wegen der sehr starken Kolbenstange die obere Seite des Kolbens eine viel größere Druckfläche als die untere darbietet, so wird der Hammer durch die expansionsweise Wirkung des Dampfes mit Kraft nach unten getrieben, es wird demnach bei dieser Construction gegenüber der Naylor'schen an Dampf gespart.

Bei dem Condie'schen Hammer, Fig. 223, wird die Absicht,

Fig. 223.

ein möglichst niedriges Gerüst zu erhalten und das Ganze somit stabiler zu machen, dadurch erreicht, daß der Dampfcylinder selbst den Hammerklotz bildet und sich auf und nieder bewegt, während der Kolben mit seiner Stange am Gestell fest hängt. Die letztere ist hohl und dient zugleich zur Dampfzuführung, weshalb sie unmittelbar über dem Kolben seitliche Oeffnungen hat, um hier den Betriebsdampf ein- und ausströmen zu lassen. Auf dem die oberen Gerüsttheile zusammenhaltenden Mittelstück a sind zwei Dampf-Ein- und Austrittsventile b und c befindlich, die mit der hohlen Kolbenstange d in Zusammenhang stehen. Die Stangen beider Ventile hängen an den Enden eines kleinen Balanciers e und dieser ist durch Hebel und Zugstange mit der vertikalen Steuerwelle f verbunden; eine Feder an der Zugstange hält das Eintrittsventil stets offen, das Austrittsventil stets geschlossen. Der Dampfcylinder g mit der unten besonders eingeschobenen Hammerbahn gleitet in Führungsleisten h und besitzt eine schräge Fläche i, welche bei der gewünschten Hubhöhe an einen auf der Steuerwelle verstellbaren Hebel k drückt, ihn zurückdrängt und so den Dampfeintritt schließt, den Ausgang öffnet und demnach den Hammer zum Fallen bringt. Da aber, sobald letzteres eintritt, sich die Fläche i wieder vom Hebel k entfernt und durch die Kraft der erst erwähnten Feder das Dampfeintrittsventil sich sofort wieder öffnen würde, so ist am untern Ende der Steuerwelle f noch ein Hebel l angebracht, der sich gegen einen Sperrdaumen m an einer zweiten Welle n stützen kann und so die Wirkung der Feder auf die Drehung der Welle f auffängt, bis der Hammer niederfällt und durch sein Wirken auf die Welle n mittels des Hebels o oder auch durch Drehen des Handhebels p die Welle f wieder ausgelöst wird.

Aus Fig. 224, welche Morrison's Hammer darstellt, geht hervor, daß dieser Constructeur ebenfalls eine sehr starke und schwere Kolbenstange anwendet, wie Daelen; dieselbe ist aber auch durch den Deckel des Dampfcylinders hindurch verlängert und an diesem oberen Ende mit einer angehobelten Fläche versehen, die auf einer correspondirenden Fläche der oberen Stopfbüchse gleitet, wodurch das Drehen des Kolbens und Hammers, die auch aus einem einzigen Stück geschmiedet sind, verhindert wird, da hier der Hammer selbst weiter keine Führung besitzt. Der Dampfcylinder ist an die Vorderfläche des Gestellbocks angeschraubt (bei schwereren Hämmern

Fig. 224.

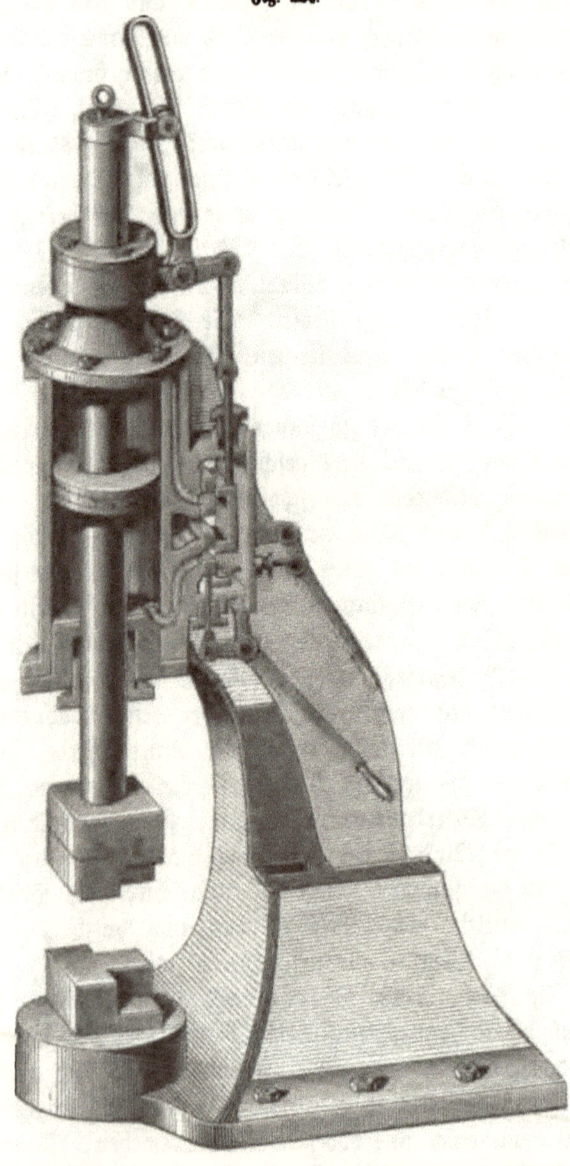

wendet Morrison auch ein zweitheiliges Gestell, ähnlich dem Naylor'schen an) und dieser letztere theilweise hohl, um zur Zuführung und Ableitung des Dampfes zu dienen. Das obere Ende der Kolbenstange trägt eine Rolle, welche in dem Schlitz des einen Armes eines Winkelhebels arbeitet, dessen andrer Schenkel mit dem

Steuerschieber verbunden ist, so daß letzterer beim Auf- und Niedergehen des Hammers vermöge der Form des geschlitzten Winkelhebelarms die entsprechende Bewegung erhält. Unter diesem Vertheilungsschieber liegt noch ein besonderer, durch einen Handhebel zu verstellender Grundschieber, welcher in Folge der ihm gegebenen höheren oder tieferen Stellung nicht allein die Hubhöhe, sondern auch die Höhe des Hammers über dem Ambos regulirt, je nachdem man stärkere oder schwächere Stücke schmiedet.

Vermöge einer vierten Constructionsart, von Voisin, sollte eine größere Stabilität der ganzen Anordnung dadurch erzielt werden, daß der Hammerklotz neben dem Cylinder auf und ab geführt wird, wobei sich allerdings die Anwendung zweier Dampfcylinder nöthig macht. Dieselben sind nur wenig höher als der Ambos selbst angebracht, ihre nach oben spielenden Kolbenstangen mit den Enden eines Querstücks verbunden, in dessen Mitte der Hammerbär hängt, der sich zwischen den einander gegenüberstehenden Seitenwänden der beiden Cylinder führt. Die Anordnung der Steuerung ist der beim Condie'schen Hammer ähnlich, doch braucht man hier natürlich keine hohlen Kolbenstangen, sondern verbindet das Dampf-Ein- und Ausströmungsventil mit den Cylindern selbst. Für sehr schwere Hämmer ist diese Einrichtung jedenfalls höchst empfehlenswerth.

6.

Dampframmen.

Der Erfindung des Dampfhammers mußte die einer Dampframme nahe liegen. Es zeigen sich indeß hier insofern Schwierigkeiten, als der einzurammende Pfahl immer tiefer sinkt, also auch der Rammklotz immer tiefer herabfallen und der Dampfcylinder demnach selbst nachrücken muß.

Nasmyth war einer der ersten, welcher die Schwierigkeiten überwand. Seine Einrichtung besteht aus einer großen Plattform, die, auf niedrigen Rädern ruhend, nach Bedarf längs der zu errichtenden Pfahlreihe weiter gerückt werden kann. Am vordern Ende ist das Rammgerüst aufgerichtet und zwar für zwei Rammapparate, so daß zwei Pfähle nach einander eingeschlagen werden können. Am hintern Ende der Plattform befindet sich ein ganz nach Art der Locomotivkessel erbauter Dampferzeuger und eine besondere kleine Dampfmaschine, welche sowohl das Seil zum Aufziehen der Pfähle und zum Wiederaufziehen des Rammapparats, als auch die Sägen zum Abschneiden der Pfähle in Bewegung setzt. Vom Kessel aus ist dann eine biegsame Röhre nach den eigentlichen Rammapparaten geführt; diese letzteren sind ganz wie Dampfhämmer eingerichtet, und zwar kann jede der im vorigen Kapitel beschriebenen Hauptanordnungen benutzt werden, d. h. man kann entweder den Rammklotz an das nach unten gerichtete Ende einer Kolbenstange anhängen, oder es kann auch der Dampfcylinder selbst als Rammbär dienen, wie bei Condie's Hammer.

In Fig. 225 ist ein nach dem letzteren Princip von Riggenbach für die Bauten der Schweizer Centralbahn construirter Rammapparat im Aufriß, in Fig. 226 im Grundriß, Fig. 227 im aufrechten Durchschnitt nach der Linie AB und in Fig. 228 im Horizontaldurchschnitt nach Linie CD dargestellt.

Die ganze Vorrichtung ist mittelst Seil und Rolle c am höchsten Punkt des Rammgerüstes aufgehängt; letzteres besteht wie gewöhnlich aus zwei hölzernen Langsäulen a, die dem Rammapparat und dem Pfahl b als Führung dienen. Da hier der Cylinder als Rammbär dient, so muß die Kolbenstange am Pfahl selbst unverrückbar befestigt sein. Der Kopf des letzteren wird in einen Ring d gesteckt, welcher mit vier durch Stellschrauben e nachzustellenden Backen ausgerüstet ist. Dadurch wird eine Art Schraubstock gebildet, auf welchem vier aufrechte Leitschienen f angebolzt sind, die sowohl dem Cylinder g als Führung dienen, als auch am obern Ende mittelst eines Ringes die Kolbenstange h festhalten, und gleichzeitig mittelst der an zwei solchen einander diametral gegenüberstehenden Schienen angeschraubten Winkelplatten i die Langsäulen a umfassen. Die Schraubenmuttern dieser Führungsschienen sind (wie auch fast alle andern Schraubenmuttern am Cylinder) mit Kautschukunterlegscheiben versehen, damit die Erschütterung des Pfahls im Moment des Schlages sich nicht zu hart auf die übrigen Theile des Mechanismus fortpflanzt.

Die Kolbenstange ist hohl und der Dampf strömt durch dieselbe in den Cylinder, aber stets nur über den Kolben, da er blos den Cylinder heben soll, welcher dann von selbst herabfällt und lediglich durch den Stoß wirkt. Während der Cylinder aufsteigt, ist der ganze Raum über dem Kolben mit Dampf von der Spannung im Kessel erfüllt, und zwar bis zu dem Augenblicke, in welchem mehrere

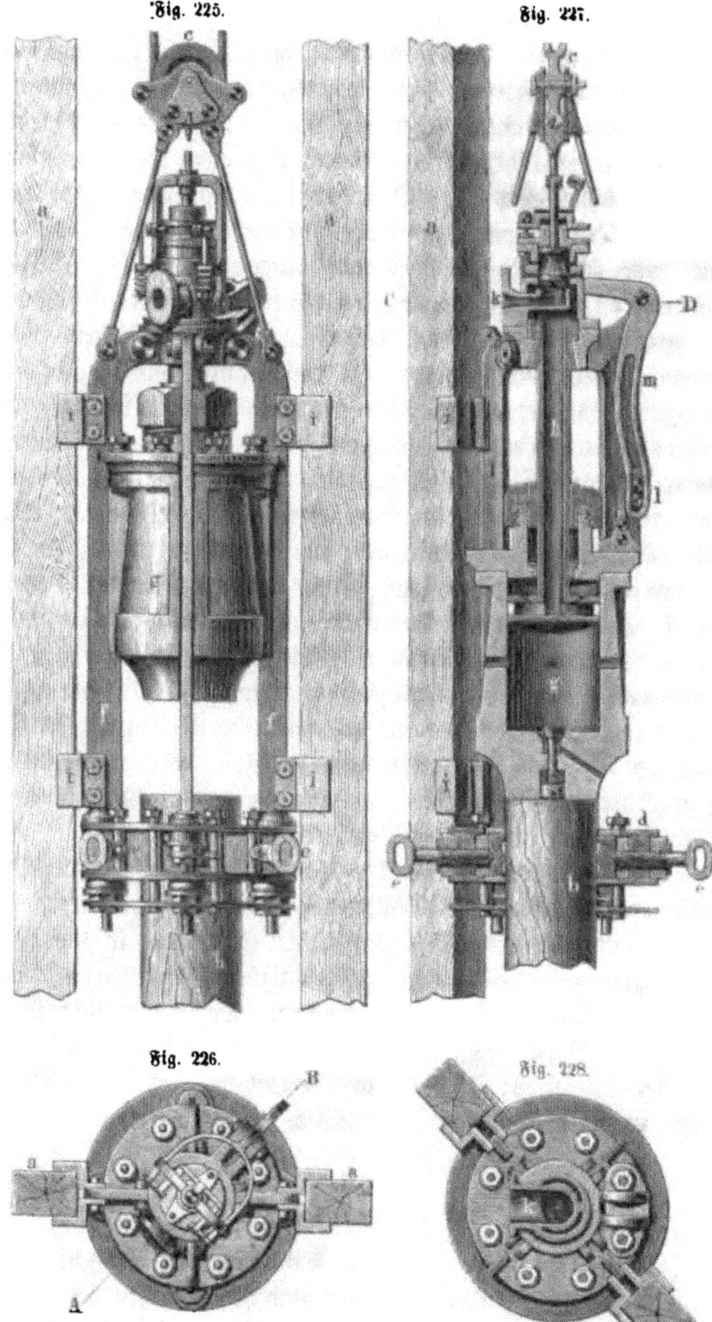

Fig. 225.

Fig. 227.

Fig. 226.

Fig. 228.

ungefähr in der halben Höhe der Cylinderwandung befindliche Oeffnungen frei werden; dann entweicht der Dampf allerdings in die Luft, aber der Cylinder steigt vermöge der bereits erlangten Geschwindigkeit noch ein Stück weiter auf, es preßt sich dabei die unter dem Kolben befindliche Luft zusammen und dient als Feder, um die Anfangsgeschwindigkeit des Cylinders beim Fallen zu vermehren.

Der Dampf wird durch ein biegsames Rohr aus dem Kessel nach einer über der Kolbenstange aufgesetzten Büchse k geleitet, welche oben zeitweilig durch einen Steuerkolben bedeckt wird, so daß hierdurch der nach der hohlen Kolbenstange führende Kanal geschlossen oder geöffnet wird. Ist der Cylinder ganz herabgefallen, so befindet sich der Kolben nahe am Cylinderdeckel und jetzt öffnet sich durch den Druck des Dampfes selbst der Steuerkolben, der Dampf strömt in den Cylinder ein und hebt ihn. Dabei gleitet aber auch der Bolzen l in dem eigenthümlich geformten Schlitze einer Coulisse m, und dreht diese um ihre Achse, so daß am Ende des Hubes ein mit ihr aus einem Stück bestehender Hebelarm mittelst eines Bügels den Steuerkolben wieder niederdrückt und den Zutritt des Dampfes abschneidet. Gleichzeitig legt sich eine mit dem Coulissenhebel und seinem Bügel verbundene Falle ein und hält die Stange des Steuerkolbens fest; erst wenn der Schlag auf den Pfahl vollbracht ist, löst sich diese Falle in Folge der eigenthümlichen Gestalt der Coulisse wieder aus und der Steuerkolben kann sich erheben, um ein neues Spiel einzuleiten.

Die Dimensionen dieses Apparats anlangend, so ist der Durchmesser des Cylinders 24 Centimeter, seine Fallhöhe beträgt eben so viel, und das Gewicht 350 Kilogr. Es können in der Minute 200 Schläge geschehen und so mit Leichtigkeit Pfähle von $3^{m},3$ Länge und $0^{m},24$ Stärke eingerammt werden. Die meiste Zeit ist zum Richten des Apparates erforderlich, und gehören immer 15 Minuten zu einer Operation; seit die ganze Vorrichtung thätig ist, hat man damit im mittlern Durchschnitt täglich 40 Pfähle eingeschlagen.

7.

Schiffsmaschinen.

Wenn auch schon kurz nach Erfindung der Dampfmaschinen Versuche gemacht wurden, dieselben zum Fortbewegen von Schiffen anzuwenden, so gelang es doch erst zu Anfang dieses Jahrhunderts einem gewissen Fulton, ein brauchbares Dampfboot zu Stande zu bringen.

Die in der ersten Zeit der Entwickelung der Dampfschifffahrt erbauten Dampfboote wurden durch Ruderräder bewegt, erst später (von 1839 an) verwendete man dazu auch die Schraube; andre Methoden, die Dampfkraft zu diesem Zwecke zu benutzen, vielleicht mit Ausnahme des Seydell'schen Turbinendampfboots, sind lediglich als erfolglos gebliebene Versuche zu betrachten. Das Verdienst, die Schraube zuerst zum Betriebe von Schiffen angewendet zu haben, gebührt Joseph Ressel, der im Jahr 1829 die erste gelungene Seefahrt mit derselben angestellt hat, während F. P. Smith, dem von Seiten der Engländer die Priorität zugeschrieben wird, erst im Jahr 1836 seine erste Fahrt unternahm. Man sehe hierüber Biografia di Giuseppe Ressel, Trieste 1858, sowie Gutachten über die Priorität Joseph Ressel's, Triest 1862.

Bei den Ruderradschiffen liegt die vom Dampf zu treibende Welle in der Breitenrichtung des Schiffs und trägt an jedem Ende ein Ruderrad; die Höhe ihrer Lage im Schiff über dem Wasserspiegel muß daher weniger betragen als der Halbmesser eines Rades. Die Welle einer Schraube liegt parallel zur Länge des Schiffes vor dem Steuerruder und wenigstens um den Schraubenhalbmesser unter dem Wasserspiegel. In beiden Fällen ist also der für die Aufstellung einer Dampfmaschine zu wählende Raum sehr verschieden, immerhin aber sehr beschränkt, so daß die gewöhnlichen Formen der Landdampfmaschinen nicht gut ohne Nachtheil angewandt werden können, um so mehr als Raum- und Gewichtsersparniß besonders berücksichtigt werden müssen.

Die Schiffsmaschinen sind beinahe immer Zwillingsmaschinen, da ein Schwungrad nur sehr unvortheilhaft anzubringen wäre und sie sich mit Leichtigkeit zum Vor- und Rückwärtsgang müssen umsteuern lassen, was bei einem einzigen Dampfcylinder immer unbequem ist. Da man auf Schiffen stets Wasser genug zur Verfügung hat, so erbaut man auch fast nur Condensationsmaschinen, weil die Ersparniß an Brennmaterial hier doppelt in das Gewicht fällt. Die Einrichtung der Maschinen für Räderschiffe und für Schraubenschiffe weicht aber auch wesentlich von einander ab, weil ihre Geschwindigkeiten sehr verschieden sein müssen, indem die verhältnißmäßig kleine Schraube viel rascher umlaufen muß, als die großen Ruderräder. Da die von Schiffsmaschinen zu entwickelnde Kraft bei großen Dampfbooten sehr bedeutend ist (die größten bis jetzt erbauten Dampfmaschinen überhaupt sind Schiffsmaschinen), so trug man früher Bedenken, die Schraubenwelle unmittelbar durch die Maschinen zu treiben, was bei Räderschiffen stets geschieht, sondern stellte deren größere Umdrehungszahl durch eine Räderübersetzung her; die Erfahrung hat jedoch gelehrt, daß dies nicht nöthig ist, und so wendet man Zahnräderwerk nur noch selten an, hat auch Mittel gefunden, das heftige Schlagen der Ventile der Luftpumpen bei diesen schnell gehenden Maschinen unschädlich zu machen. Die oben erwähnten beschränkten Raumverhältnisse bedingen es meist, daß die Schiffsmaschinen Cylinder von sehr großem Durchmesser, aber verhältnißmäßig kurzem Hub (oft geringer als der Durchmesser) erhalten. Ihre Stärke giebt man gewöhnlich nach nominellen Pferdekräften an (siehe Seite 363), die wirklich ausgeübte Kraft ist meist viel größer, da man jetzt großentheils Dampf von mehreren Atmosphären Spannung anwendet.

Die Einrichtung der Kessel für Schiffsmaschinen ist Seite 184 bereits beschrieben worden; für höher gespannte Dämpfe wendet man aber auch vielfach Röhrenkessel ähnlich den Locomotivkesseln (Seite 182) an, die jedoch der räumlichen Verhältnisse und der Schwankungen des Schiffs halber eine mehr hohe als lange Form erhalten und bei starken Maschinen in ziemlich großer Anzahl vorhanden sein müssen.

Die Schiffsmaschinen selbst anlangend, so giebt es eine sehr große Anzahl verschiedener Constructionsarten, von denen wir hier nur einige beschreiben können; sie zerfallen wie schon bemerkt in zwei Hauptklassen: in Räderschiffsmaschinen und Schraubenschiffsmaschinen, und bei jeder dieser beiden Klassen unterscheidet man direkt und indirekt wirkende. Bei den Räderschiffsmaschinen nennt man direkt wirkende alle diejenigen, bei denen keine Balanciers angewendet werden; bei den Schraubenmaschinen versteht man unter direkt wirkenden allemal solche, welche die Schraubenwelle unmittelbar ohne dazwischen liegendes Räderwerk umtreiben.

Betrachten wir zuerst die Maschinen für Räderschiffe. Nebenstehende Fig. 229 zeigt uns einen Durchschnitt und Fig. 230 eine Stirnansicht einer indirekt wirkenden oder Balanciermaschine, wie sich dergleichen auf den großen Dampfern der Cunardslinie finden.

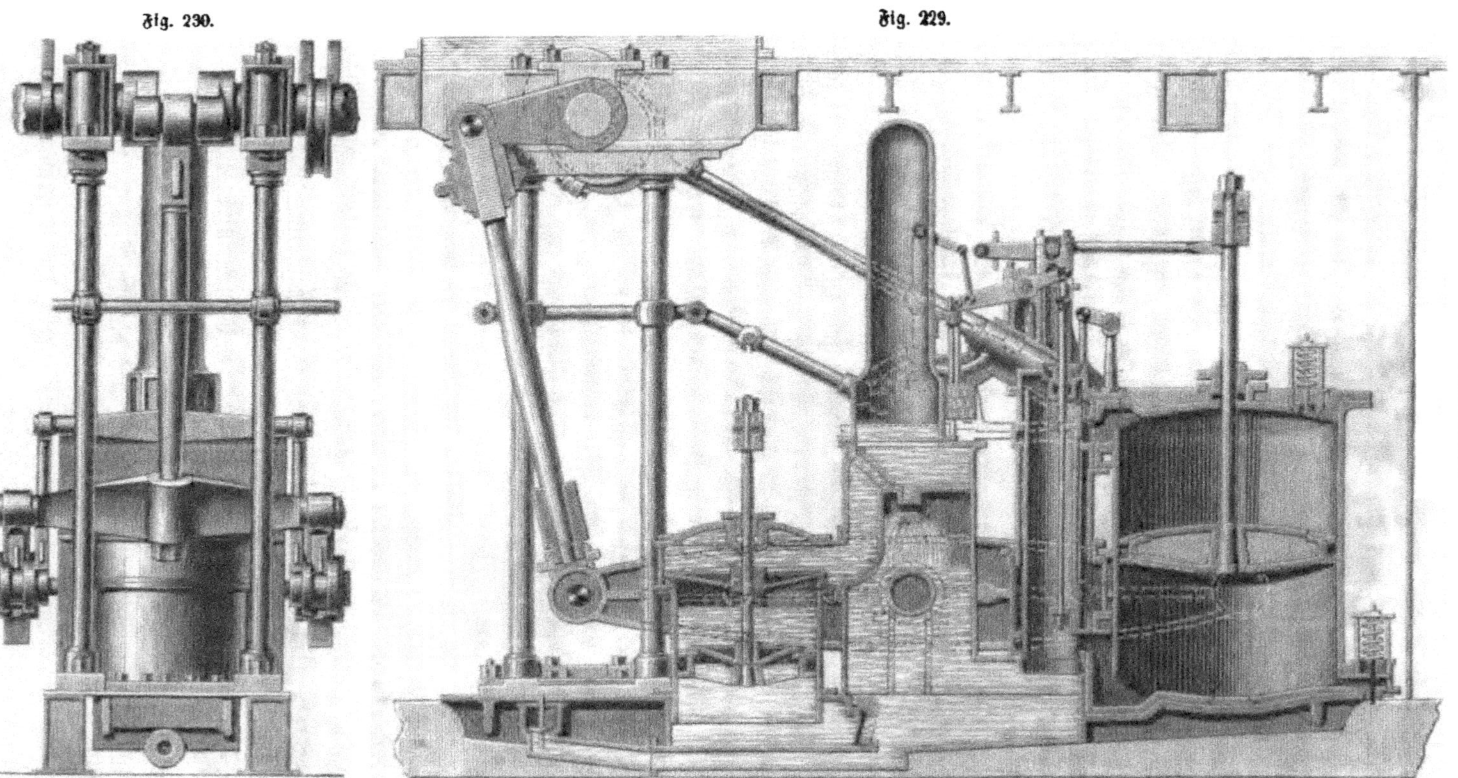

Fig. 230.

Fig. 229.

Sämmtliche Theile der Maschine ruhen auf einer gußeisernen Bodenplatte, welche auf zwei hohlen schmiedeisernen, das Schiff entlang oder mit dem Kiel parallel laufenden Balken liegt. Die Verbindung dieser Bodenplatte mit den ziemlich hoch liegenden Ruderradwellenlagern erfolgt durch ein Gerüst von schmiedeisernen Säulen, und diese sind noch durch Querstangen unter sich und durch Diagonalstangen gegen den Cylinder und Condensator abgesteift. Das Querhaupt der Dampfkolbenstange ist durch Zugstangen, welche mit einer Gegenlenkergeradführung versehen sind, mit den zu beiden Seiten des Cylinders auf die Bodenplatte aufgelagerten zwei Balanciers verbunden, deren andre Enden die ebenfalls mit einem Querhaupt ausgerüstete Kurbelstange erfassen.

Die Steuerung besteht aus einem sogenannten langen D Schieber, dessen halbzirkelförmige Vorderfläche durch stopfbüchsenartige Verpackungen gegenüber den Eintrittskanälen abgeschlossen ist, und der deshalb zu den entlasteten Schiebern (Seite 288) zu rechnen ist; seine Bewegung erfolgt durch ein einziges Excentric, welches sich daher beim Umsteuern (Seite 306) auf der Welle drehen muß. Die Luftpumpe wird durch zwei Zugstangen von den Balanciers aus mit Hülfe eines Querhaupts auf ihrer Kolbenstange in Bewegung gesetzt.

Auf den europäischen Dampfbooten bringt man stets die Balanciers paarweise und zu beiden Seiten der Maschine möglichst tief an, auf amerikanischen Schiffen verwendet man aber meist nur einen einzigen, wie bei Landmaschinen über dem Cylinder liegenden Balancier, so wie auch überhaupt die Schiffsmaschinen der Amerikaner in vielen Stücken von den in Europa erbauten abweichen.

Bei den direkt wirkenden Maschinen für Räderschiffe kann man unterscheiden: 1) solche, bei denen sich die Kurbelstange zwischen Kolbenstange und Kurbel befindet; 2) solche, bei denen die Kurbelstange jenseits der Kurbel angebracht ist; 3) Maschinen mit doppelten Querhäuptern; 4) Maschinen mit doppelten Cylindern (von denen also im Ganzen vier vorhanden sind), und 5) oscillirende Maschinen.

1) Die erste Art von Maschinen mit zwischen Cylinder und Kurbel liegender Kurbelstange, die man in England Gorgonmaschinen nennt, weil sie zuerst für die Fregatte Gorgon erbaut wurden, hat den Uebelstand, daß man, weil die Radwelle nie sehr hoch liegt, genöthigt ist, einen sehr kurzen Hub anzuwenden, und

Fig. 231

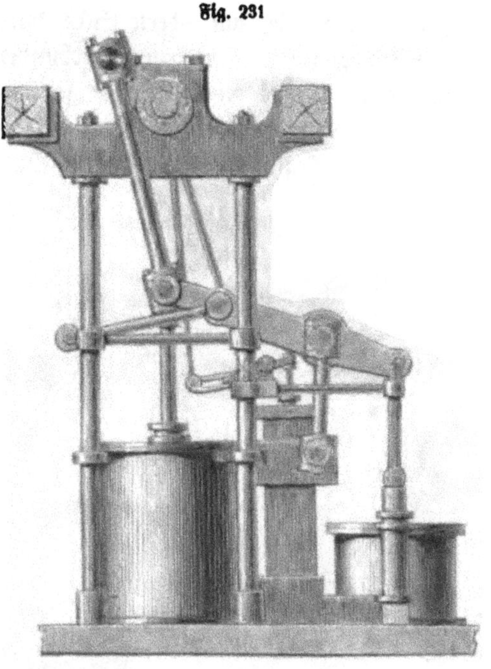

dennoch eine verhältnißmäßig kurze Kurbelstange erhält, wodurch nicht allein eine etwas vermehrte Reibung entsteht, sondern dieselbe sich auch in gewissen Punkten mehr concentrirt, so daß sehr leicht ein Warmlaufen der Wellenzapfen eintritt.

Fig. 231 giebt eine Ansicht einer solchen Maschine. Die Geradführung der Kolbenstange erfolgt hier durch das sogenannte Evans'sche Parallelogramm; der kleine Hülfsbalancier (welcher auch zugleich die Luft- und Speisepumpen bewegt) ruht hier nicht auf einem festen Lager, sondern auf einem säulenförmigen, selbst um eine Achse schwingenden Träger, und durch einen Gegenlenker wird die Senkrechtführung der Kolbenstange hergestellt.

Fig. 232.

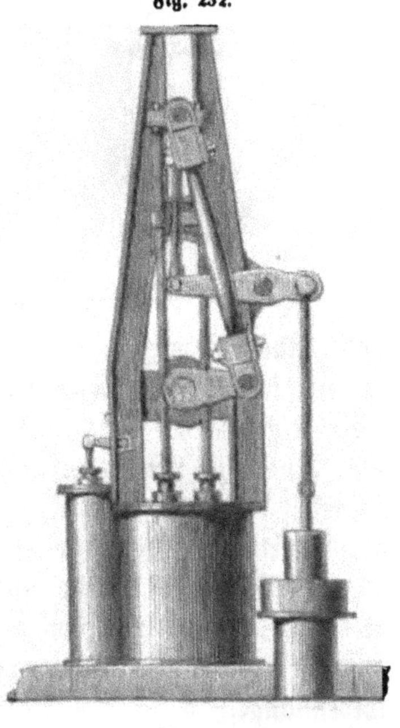

2) Die Maschinen, bei welchen die Bleuelstange über oder jenseit der Kurbel angebracht ist, machen es allerdings möglich, längeren Hub und längere Kurbelstangen anzuwenden, doch ragt alsdann ein ziemlich bedeutender Theil des Mechanismus über das Verdeck des Schiffs hinaus, was man gern vermeidet. Bei der in Fig. 232 skizzirten Maschine sind vier Kolbenstangen

angewendet, welche am obern Ende durch das in einer Führung am Gestell gleitende Querhaupt verbunden sind. Diese Maschinen ermöglichen es, die Radwelle weniger hoch zu legen und kleinere Ruderräder anzuwenden und eignen sich gut für Flußschiffe.

3) Eine Maschine mit doppelten Querhäuptern zeigt Fig. 233.

Fig. 233

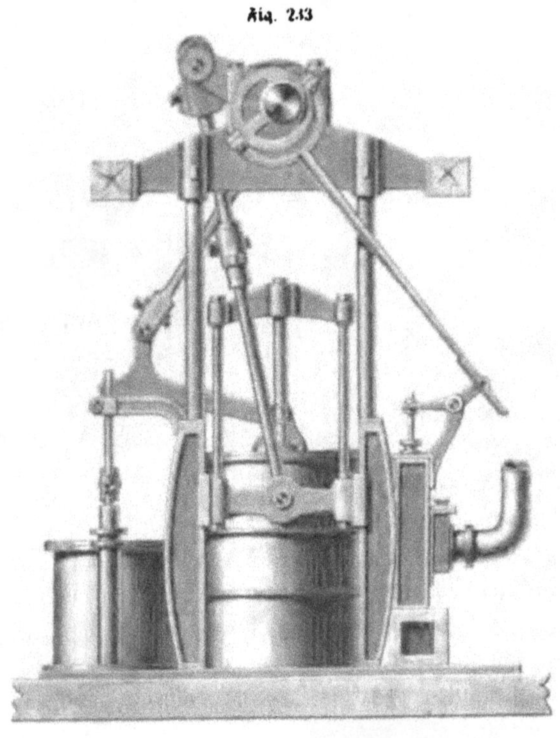

Das Querhaupt der Kolbenstange hat hier vier Arme, von denen aus Stangen nach zwei in Führungen an den Gestellsäulen zu beiden Seiten des Cylinders gleitenden Stücken herabgehen, in deren Mitte dann die an das untere Ende der Kurbelstange mittelst eines zweiten Querhauptes angeschlossenen Gabelarme angreifen. Die Pumpenbewegung erfolgt hierbei durch eine besondere Kurbel an dem zwischen beiden Dampfmaschinen gelegenen Theile der Ruderradwelle und durch Winkelhebel; es bilden dabei die zur Seite der Luftpumpe befindlichen Speise- und Salzwasserpumpen zugleich die Führung für das Querhaupt der Luftpumpenkolbenstange.

4) Maudslay's Maschine mit Doppelcylindern, Fig. 234, dürfte sich am zweckmäßigsten für sehr große Schiffe bewähren, da

Fig. 234.

es hier vortheilhaft sein kann, zwei kleinere Cylinder anstatt eines sehr großen anzubringen. Immerhin ist diese Maschine auch sehr complicirt und beansprucht viel Raum. Die Stangen der beiden homolog arbeitenden Kolben sind an die horizontalen Arme eines T förmigen Stückes angeschlossen, dessen unteres Ende in einer Führung geht und die Kurbelstange erfaßt, auch mittelst schwächerer Zugstangen auf einen Hülfsbalancier zum Betrieb der Pumpen wirkt.

5) Sehr häufige Anwendung wegen ihres geringen Gewichtes und des von ihnen eingenommenen kleinen Raumes haben die oscillirenden Maschinen gefunden, von denen Fig. 235 einen Aufriß, Fig. 236 einen Durchschnitt (durch die eine Luftpumpe angenommen) giebt. Hier ist gar keine Kurbelstange vorhanden, sondern der Kolbenstangenkopf unmittelbar an die Kurbelwarze angeschlossen und die Möglichkeit, der Bewegung der Kurbel zu folgen, dadurch gegeben, daß der Cylinder um eine Achse schwingt oder oscillirt. Es sind zu beiden Seiten der Cylinder in deren halber Höhe Zapfen angegossen, welche in Lagern auf der Fundamentplatte ruhen und hohl sind, so daß durch den einen der Kesseldampf eintreten, durch

Fig. 235.

den andern der verbrauchte in den Condensator gelangen kann. Die Stopfbüchsen auf den Cylinderdeckeln werden sehr hoch gemacht und dienen als alleinige Führung der Kolbenstange. Die Luftpumpen sind in geneigter Lage einander ziemlich genau gegenüber zwischen beiden Cylindern angebracht; ihre Ventile bestehen aus

Fig. 236.

einer Anzahl kleiner Kautschukklappen und ihre Bewegung erfolgt von einer einzigen Kurbel aus, die durch eine Verkröpfung der Radwelle zwischen den beiden Hauptkurbeln gebildet ist. Auf die Luftpumpenkolben ist ein Rohr aufgesetzt, welches durch die Stopfbüchse im Deckel geht und den Zapfen für das untere Ende der Kurbelstange enthält.

Den Schieberkasten legte man früher auf einer Seite des Cylinders parallel zu des letztern Achse an und glich seine Last durch ein Gegengewicht aus; neuerdings bringt man lieber zwei kleinere Schieberkästen zu beiden Seiten des für den Dampfaustritt bestimmten Cylinderzapfens an und stellt sie unter einem Winkel gegen die Achse, wie aus dem Grundriß eines Cylinders

(Fig. 237) zu ersehen ist. Die Schieberbewegung, d. h. die Stangen- und Hebelverbindung zwischen Excentric und Dampfschieber, bei

Fig. 237.

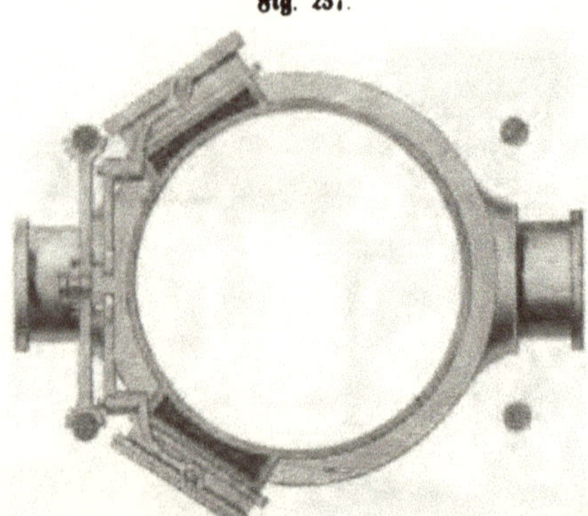

einer solchen oscillirenden Maschine muß natürlich so eingerichtet sein, daß sie den Schwingungen des Cylinders entsprechend nachgiebt. Es ist deshalb für jede Schieberstange ein doppelarmiger Hebel vorhanden, dessen Drehpunkt am Cylinder befindlich und dessen einer Arm an der Schieberstange angreift, während der andre mit seinem Zapfen in einem kreisförmig geschlitzten Gleitstück arbeitet (Fig. 238). Dieser letztere bewegt sich zwischen den ihm als Führung dienenden Gestellsäulen auf und nieder und besitzt eine Warze als Angriffspunkt für die Excentricstange; soll die Maschine umgesteuert werden, so wird diese Excentricstange ausgehoben, durch eine Welle mit Handrädern von Seiten des Maschinisten das kreisförmig geschlitzte Gleitstück entsprechend gehoben oder gesenkt, und die Maschine bewegt sich in entgegengesetzter Richtung, indem sich das Excentric nach Seite 306 auf der Welle dreht. Vielfach wird auch hier die Stephenson'sche Coulissenumsteuerung (Seite 308) angebracht, und läßt man alsdann diese Coulisse unmittelbar an der Warze des kreisförmig geschlitzten Gleitstückes angreifen.

Fig. 238.

Solche oscillirende Maschinen befinden sich (in ähnlicher Ausführung wie auf unsern Abbildungen) z. B. auf dem Dampfer Leinster, der, beiläufig bemerkt, dasjenige Schiff ist, welches bis jetzt die größte Geschwindigkeit (21 Knoten oder Seemeilen in der Stunde) erreichte; dieselben haben hier Cylinder von $2^m,4$ Durchmesser und $1^m,95$ Hub und machen in der Minute 27 Umgänge.

Auf dem größten bis jetzt erbauten Dampfboot „Great Eastern" sind zum Betrieb der Ruderräder gleichfalls oscillirende Maschinen aufgestellt; sie haben vier Cylinder von $1^m,8$ Durchmesser und $4^m,2$ Hub; die Zapfen der letztern liegen hier nicht gerade unter der Schaufelradwelle, sondern von zwei Cylindern etwas nach dem Vordertheil und von den beiden andern nach dem Hintertheil des Schiffes zu. In Folge dessen nehmen die Cylinder in ihrer mittleren Stellung (auf dem einem jeden Cylinder entsprechenden todten Punkte der Kurbel) eine geneigte Stellung an, und da immer je zwei einander gegenüberliegende Cylinder an einer Kurbel angreifen, so ist der Angriffspunkt der Kraft sehr gleichförmig auf vier Punkte im Kreise vertheilt.

Für sehr niedrige, flachgehende Flußdampfer kann man diese Maschinen weniger gut verwenden, da hier die Schaufelradwelle immer tiefer liegen muß; man benutzt da unter andern z. B. auf den Rheindampfbooten Maschinen, deren Cylinder zu beiden Seiten der Welle geneigt liegen und an einer Kurbel angreifen, ähnlich wie die oscillirenden Maschinen des „Great-Eastern."

Die Maschinen zur Bewegung der Schraubenschiffe müssen wieder ganz andre Formen erhalten, da hier die parallel zum Schiffskiel gelagerte Welle sehr tief liegt, so daß man genöthigt ist, die wirkenden Theile entweder ungefähr in gleicher Höhe mit der Welle oder über derselben anzuordnen. Man wählt hierzu (namentlich für direkt wirkende Maschinen ohne ein zwischenliegendes Zahnrädervorgelege) häufig horizontale, hat aber auch geneigte und verticale, nach unten arbeitende Cylinder angewandt.

Wir sehen in Fig. 239 eine solche horizontale Maschine im

Fig. 239.

Aufriß, Fig. 240 im Grundriß. Die auf einer Seite der Welle liegenden Cylinder haben einen sehr kurzen Hub, ihre Kolbenstangenköpfe werden durch eine Art Schlitten geführt und die Kurbelstangen

Fig. 240.

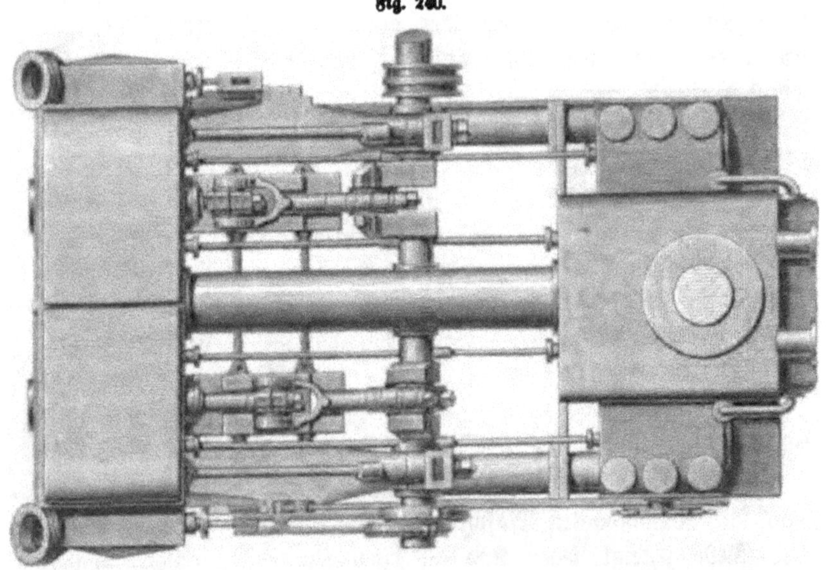

sind hier auch verhältnißmäßig sehr kurz. Die Steuerung erfolgt durch zwei Excentrics und eine Stephenson'sche Coulisse. Auf der andern Seite der Welle liegen die Condensatoren mit den darin eingeschlossenen Pumpen, deren Stangen unmittelbar mit den Dampfkolben zusammenhängen und deshalb durch besondere Stopfbüchsen in den Cylinderdeckeln geführt sind.

Man führt bei solchen horizontalen Maschinen auch oft die Kolbenstangen, deren man dann zwei in jedem Cylinder, eine über der Welle und eine unter der Welle liegend, anbringen muß, über die Welle hinaus und läßt die Kurbelstange nach rückwärts auf die Kurbel wirken, wie bei der Räderschiffsmaschine Fig. 232; dadurch wird die ganze Maschine bei gleichem Hub und längerer Kurbelstange noch etwas kürzer.

Um die Bleuelstange länger machen zu können, brachte Penn auf beiden Seiten des Kolbens statt der Stange röhrenförmige Verlängerungen an, welche durch Stopfbüchsen im Cylinderdeckel und Boden hindurch geführt sind, und befestigte dann das Ende der Bleuelstange im Kolben selbst innerhalb dieser Röhren; dies sind die sogenannten Trunkmaschinen, welche Fig. 241 im verticalen Durchschnitt, Fig. 242 im Grundriß und theilweise durchschnitten zeigt. Die Bewegung der verschiedenen Pumpenkolben erfolgt auch

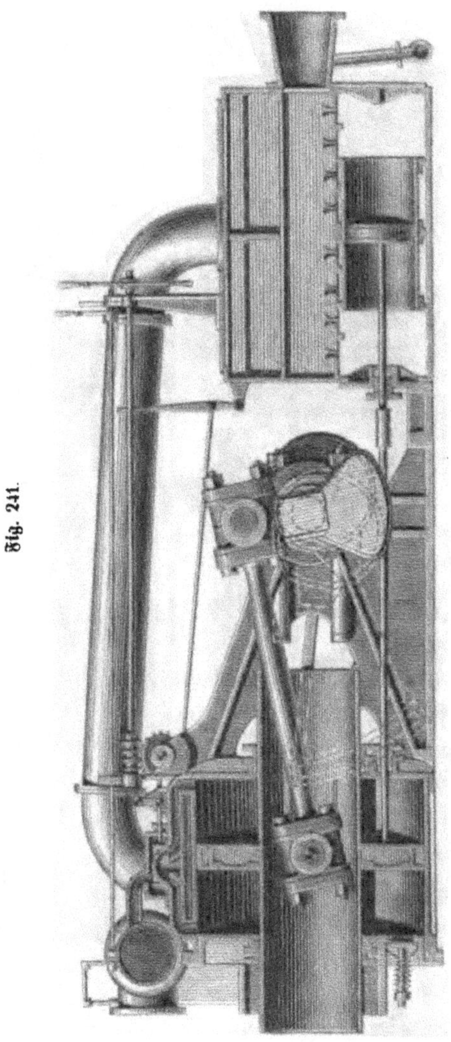

Fig. 241.

hier durch directes Anschließen ihrer Stangen an den Dampfkolben. Man sieht an dieser Maschine übrigens außer dem zur Seite des Cylinders liegenden, durch zwei Excentrics und eine Coulisse bewegten, nach der Seite 288 angegebenen Art entlasteten Hauptdampfschieber noch einen zweiten kleineren, durch einen Handhebel regierten Schieber oben auf dem Cylinder angebracht, welcher zum allmäligen Anwärmen und Anlassen der Maschine dient. Das

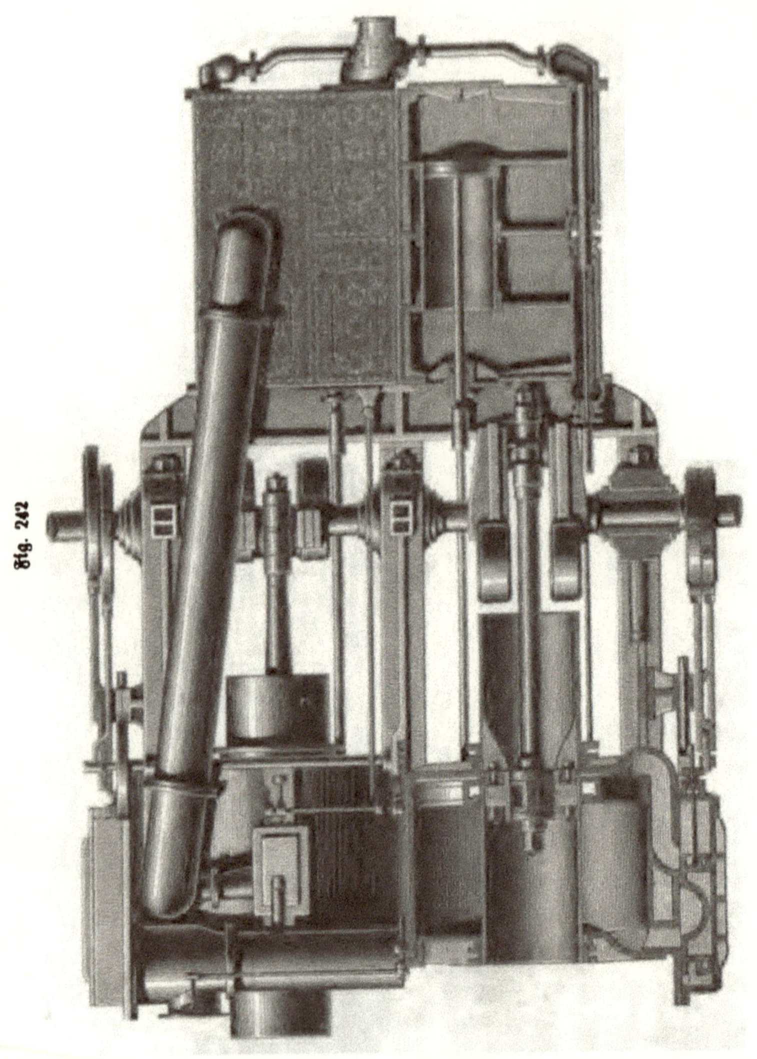

Fig. 242

Heben und Senken der Steuercoulisse erfolgt durch eine Welle mit Krummzapfen, welche mittelst Schraube ohne Ende durch ein Steuerrad gedreht wird.

Stehende Maschinen für Schraubenschiffe sind meist so gebaut, daß der Cylinder über der Kurbelwelle auf einem Gerüst aufgestellt ist und seine Kolbenstange nach unten arbeitend mittelst einer kurzen Bleuelstange die Kurbel umdreht; sie sehen somit einem Dampfhammer sehr ähnlich und werden auch hiernach benannt. Es eignet sich diese Form aber weniger für Kriegsschiffe, weil die hauptsächlichen Mechanismen zu hoch über die Wasserlinie hinaufragen. Deshalb erfand Maudslay die ringförmige Cylindermaschine, deren Verticalansichten in Fig. 243 und theilweise durchschnitten in

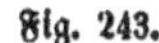
Fig. 243.

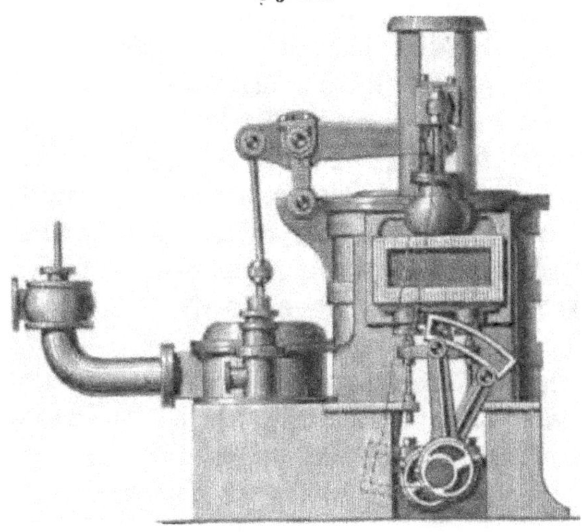

Fig. 244 dargestellt sind. Bei diesen Maschinen befindet sich im Cylinder ein vom Boden zum Deckel reichendes, an beiden Enden

Fig. 244.

offenes Rohr, der Kolben erhält in dessen Folge die Form eines Ringes und steht durch zwei nach oben gerichtete Kolbenstangen mit einem Querhaupt in Verbindung, von dessen Mitte aus die Kurbelstange durch das Cylinderrohr nach dem Krummzapfen geführt ist. Zwei anderweite kleinere Zugstangen gehen vom Querhaupt nach einem Hilfsbalancier für den Betrieb der Pumpen.

Wie für Räderschiffsmaschinen zu beiden Seiten der Welle nach oben arbeitende geneigte Cylinder angewendet werden, so baut man für den Schraubentrieb umgekehrt Maschinen mit nach unten zu arbeitenden geneigten Cylindern, wendet übrigens auch für horizontale, geneigte oder verticale Schraubenbootmaschinen oscillirende Cylinder an. Die indirekt, d. h. durch Einschaltung eines Zahnradvorgeleges wirkenden Maschinen gestatten natürlich auch sehr verschiedenartige Formen und können einen etwas längern Hub erhalten, da sie nicht so viele Umgänge zu machen brauchen, als die direkt wirkenden.

Besondere Erwähnung verdienen noch die Lager einer Schiffsschraubenwelle, welche so eingerichtet sein müssen, daß sie den von der Schraube ausgeübten Druck in der Achsenrichtung auffangen müssen. Fig. 245 zeigt das Lager der Schraubenwelle vom „Great Eastern" nach Wegnahme des Deckels. Die eigentliche Lagerfläche ist nicht glatt cylindrisch, sondern mit einer Anzahl ringförmiger Nuthen versehen, in welche eben so viele ringförmige Erhöhungen des Wellenzapfens genau passen.

Fig. 245.

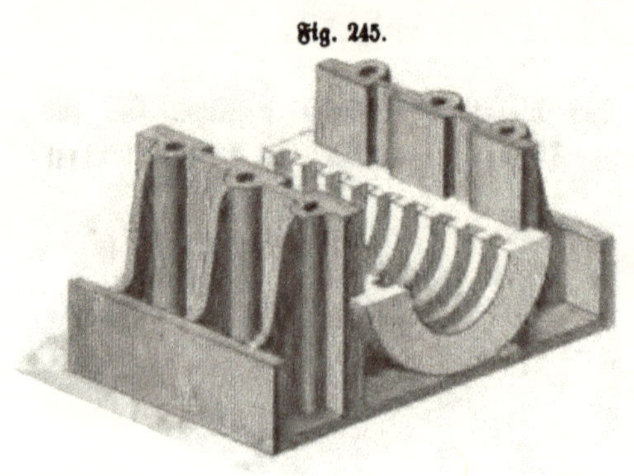

8.

Locomotiven.

Unter einer Locomotive versteht man eine Dampfmaschine, welche im Stande ist, nicht nur sich selbst, sondern auch eine daran gehängte Last auf einem Wege fortzuziehen, sei dieser letztere nun eine gewöhnliche Straße oder ein besonders dazu durch aufgelegte Schienen geeignet gemachter Weg, eine Eisenbahn; zu diesem Zwecke stellt man die Maschine stets auf einen Wagen, dessen Räder von ihr bewegt werden. Schiffsmaschinen haben zwar auch sich selbst zu transportiren und Lasten fortzuschaffen, aber ihre Fahrstraße, das Wasser, ist stets horizontal, während Straßen und Eisenbahnen außer wagerechten Strecken auch solche besitzen, die mehr oder weniger ansteigen, so daß die fortgeschaffte Last theilweise gehoben werden und die locomotive Dampfmaschine zeitweilig eine beträchtlich größere Arbeit verrichten muß.

Die Fortbewegung einer Locomotive wird lediglich dadurch bewirkt, daß ihre von der Dampfmaschine in Rotation versetzten Räder auf dem Wege vermöge ihrer Adhäsion dahin rollen. Es hat sich dies als genügend herausgestellt; früher glaubte man, namentlich bei Eisenbahnen wegen der hier vorhandenen geringern Reibung noch andere Mittel, z. B. verzahnte Räder und Schienen, anwenden zu müssen, doch hat die Erfahrung solche längst bei Seite treten lassen.

Die von einer Locomotive zu entwickelnde Zugkraft ist je nach Beschaffenheit der Bahn und nach den etwa zu überwindenden Steigungen sehr veränderlich. Auf einer guten gewöhnlichen chaussirten Straße, die ganz horizontal liegt, ist die nöthige Zugkraft zu etwa ein Sechsunddreißigtheil der Last anzunehmen, welche Kraft hauptsächlich durch die Reibung der Räder und ihrer Achsen, so wie durch den Widerstand der Luft bedingt wird. Auf einer Eisenbahn beträgt bei horizontalem Weg und mäßiger Geschwindigkeit diese Zugkraft nur ein Dreihunderttheil der Last, nach neuern Versuchen vermöge der jetzt viel zweckmäßiger construirten Achsen und ihrer Lager auch noch bedeutend weniger. Der Widerstand der Luft wächst aber bei den oft vorkommenden größeren Geschwindigkeiten sehr bedeutend, so daß dadurch also auch eine vermehrte Zugkraft nöthig wird. Eine weitere Vergrößerung der Zugkraft macht sich wie schon bemerkt nöthig, wenn eine Steigung auf der Fahrbahn vorkommt; ist dieselbe z. B. 1 : 100, so wird auch die vorhin erwähnte Zugkraft um $^1/_{100}$ der Last zunehmen müssen. Ein vierter Widerstand findet sich beim Durchlaufen von Krümmungen oder Curven; man hat denselben durch Versuche mittelst eines Dynamometers zu messen gesucht und gefunden, daß zum Durchlaufen einer Curve von 200^m Halbmesser eine vermehrte Zugkraft erforderlich ist, die einer Steigung von 1 : 350 entspricht, oder bei einer dergleichen von 400^m Radius einer Steigung von 1 : 700.

Eine Locomotive, bewege sie sich nun auf einer gewöhnlichen Straße oder auf einer Schienenbahn, wird demnach folgenden Erfordernissen im Wesentlichen genügen müssen: der Kessel muß ein bedeutendes Verdampfungsvermögen besitzen, ohne zu voluminös und zu schwer zu sein und ohne einen hohen Schornstein zu erfordern; die Maschine muß auf einen möglichst kleinen Raum zusammengedrängt werden, woraus sich von selbst die Anwendung von Hochdruckdampfmaschinen ergibt; sie muß möglichst leicht und doch stark genug gebaut sein, um eine große Kraft äußern und eine große Geschwindigkeit entwickeln zu können und ohne durch die vorkommenden Erschütterungen Schaden zu leiden. Außerdem müssen alle Theile leicht zugänglich und regierbar, und die Gewichte und Massen so vertheilt sein, daß namentlich bei sehr schneller Bewegung keine schädlichen Einwirkungen entstehen. Das Erforderniß einer leicht zu bewirkenden Umsteuerung, so wie die Unthunlichkeit, ein Schwungrad anzubringen, bedingen ferner noch die Anwendung von Zwillingsmaschinen.

Betrachten wir nun zuerst, um zu sehen, wie diesen Forderungen entsprochen wird, die Locomotiven auf Eisenbahnen. Es treten hier folgende Fälle ein: 1) die Locomotive soll mit verhältnißmäßig geringer Last sich sehr schnell bewegen, d. h. 45 bis 65 Kilometer in der Stunde zurücklegen; 2) sie soll mit größerer Last etwas langsamer laufen, etwa 35—40 Kilometer per Stunde; oder 3) eine verhältnißmäßig starke Steigung überwinden, in welchem Falle die Geschwindigkeit dann meist auf etwa 20—25 Kilometer stündlich verringert wird. Im ersten Falle hat man es mit Eilzugslocomotiven, im zweiten mit Personen- und Güterzugslocomotiven und im dritten mit sogenannten Berglocomotiven zu thun.

Die durch eine Locomotivmaschine zu erzeugende Kraft wird theilweise durch den Raum bedingt, den sie der Breite und Länge nach einnehmen kann, denn die meisten Bahnen haben nur eine Weite zwischen den Schienen von 1^{m},435, und die Gesammtbreite des ganzen Wagens darf daher ein gewisses dem entsprechendes Maß nicht überschreiten, namentlich muß der Kessel einen geringeren Durchmesser haben, um zwischen die Räder hineinzugehen. Die Länge einer Locomotive erhält wieder dadurch eine Beschränkung, daß auf den Bahnen vielfach Krümmungen vorkommen. Da nun die Achsen der Räder meist parallel und fest im Gestell liegen (nur selten wendet man bewegliche oder getrennte Gestelle an), so bedingt sich durch solche Bahncurven auch eine Maximalentfernung der ersten und letzten Achse, der sogenannte Radstand, und diese begrenzt wieder die Größe der Räder, namentlich wenn man mehrere auf einander folgende Räder kuppeln will, sie also gleich groß machen muß. Außerdem wird der Raddurchmesser noch dadurch beschränkt, daß man die Achsen gern unter den Kessel legt und den Schwerpunkt der ganzen Maschine nicht zu hoch legen darf, wobei noch der Umstand bestimmend einwirkt, daß der die Heizkammer enthaltende Theil unter dem Hauptkessel vorragt.

Die Anzahl der Räderpaare und Achsen wird der Stabilität wegen und für den möglichen Fall, daß eine der letzteren brechen kann, jetzt nicht gern geringer als drei angenommen; man wendet aber auch häufig, namentlich bei Berglocomotiven, noch mehr an, da man die Locomotiven jetzt weit schwerer und stärker baut als früher und die einzelnen Räder der Schienen wegen nicht zu stark belasten darf.

Da die von einer Locomotive fortzubewegende Last von der Adhäsion der Räder an den Schienen abhängt, so ist man genöthigt, um größere Lasten ziehen zu können, die Adhäsion mehrerer Räderpaare zu benutzen, und zu diesem Zwecke kuppelt man mehrere derselben und ihre Achsen an die von der Maschine direkt getriebenen, was meist durch Kurbeln und Bleuelstangen, seltener durch Zahnräder geschieht. Dabei ist wohl zu berücksichtigen, daß das Gesammtgewicht der Locomotive sich passend auf die einzelnen Achsen vertheilt, da der auf den leer laufenden, d. h. den nicht getriebenen oder nicht mit den getriebenen verkuppelten Rädern ruhende Theil der Gesammtlast der Locomotive nicht mit zur Fortbewegung beiträgt.

Diese Umstände sind es im Wesentlichen, welche die Verschiedenheiten der Locomotiven für die vorhin genannten drei Fälle bedingen. Bei den Eilzugslocomotiven stellt es sich als nöthig heraus, bei verhältnißmäßig geringer fortzuschaffender Last eine große Geschwindigkeit zu entwickeln; deßhalb macht man hier die Triebräder, d. h. die von der Maschine in Umdrehung gesetzten Räder, so groß als möglich, gewöhnlich bis zu 2^m Durchmesser, in manchen Fällen auch noch größer, namentlich auf den wenigen Eisenbahnen, die eine etwas größere als die oben erwähnte Schienenweite besitzen. Die übrigen Räder der Maschine dienen bloß zur Unterstützung und erhalten einen geringeren Durchmesser von etwa ein Meter.

Die Form einer Locomotive für Eilzüge gibt die Durchschnittszeichnung Fig. 246, worin nur die nöthigsten Theile angegeben sind.

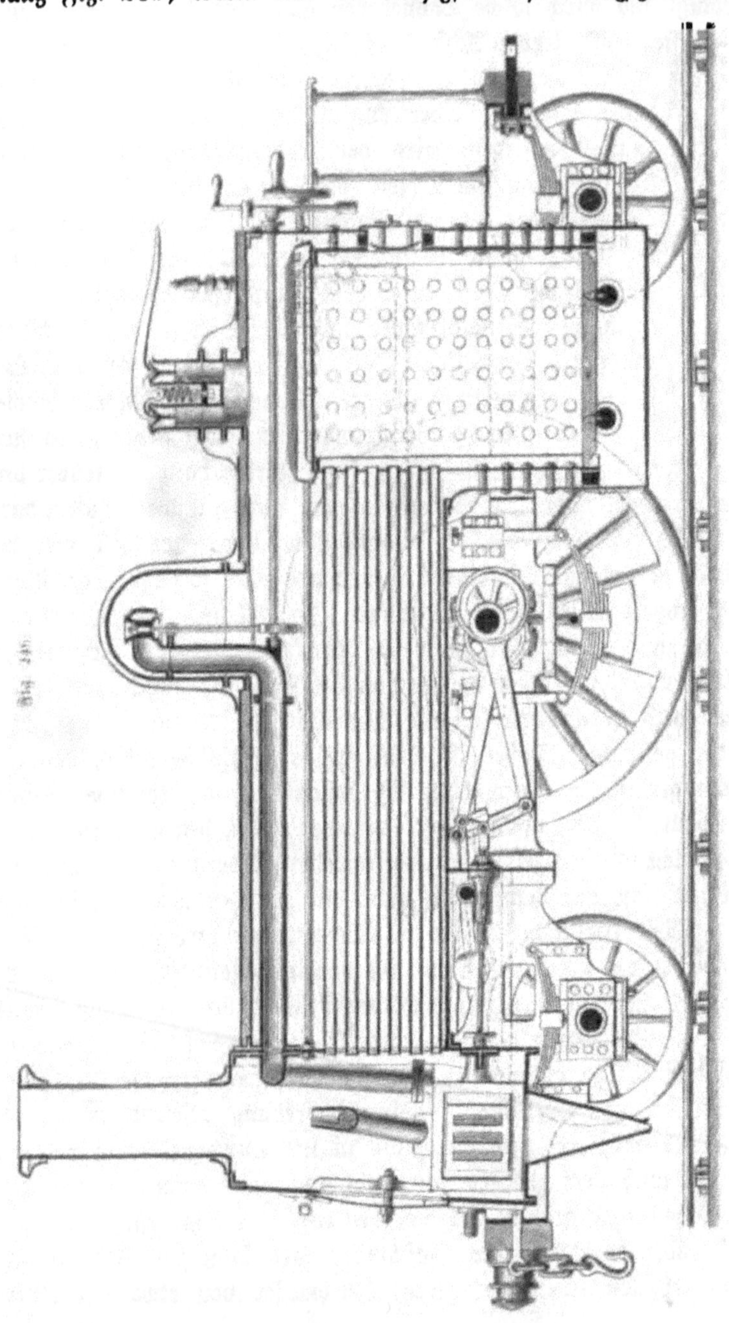
Fig. 246.

Maschinen, welche bestimmt sind, auf Bahnen mit nur mäßig starken Steigungen bis höchstens 1 : 100 verhältnißmäßig schwere Personen- oder Güterzüge mit einer etwas geringeren Geschwindigkeit zu ziehen, erhalten auch etwas kleinere Treibräder als Eilzugslocomotiven, also etwa von $1^m,5$ bis $1^m,75$ Durchmesser, und diese werden dann mit einem oder zwei andern Räderpaaren verkuppelt. Fig. 247 zeigt eine solche Personenzugslocomotive mit zwei,

Fig. 247.

Fig. 248 eine Güterzugslocomotive mit drei gekuppelten Räderpaaren.

Fig. 248.

Bei diesen drei abgebildeten Arten von Locomotiven sind die Triebräder unter dem Hauptkessel und vor der Heizkammer befindlich, ihr Halbmesser ist also von der Höhe des Kessels über der Schienenbahn abhängig. Diese Einrichtung ist die gewöhnliche.

Um einen größern Raddurchmesser zu ermöglichen und doch den Kessel nicht zu hoch zu placiren, was bei Eilzugslocomotiven wegen ihrer großen Geschwindigkeit nicht rathsam ist, bringt Crampton die Treibradachse hinter der Feuerkammer an; hieraus entspringt freilich der Nachtheil, daß nur ein kleiner Theil des gesammten Wagengewichtes auf diese Räder zur Hervorbringung der nöthigen Adhäsion an den Schienen wirksam ist.

Sind auf der Bahn sehr starke Steigungen zu überwinden, so ist man wegen der hierzu erforderlichen bedeutend größeren Zugkraft genöthigt, sich auf eine minder große Geschwindigkeit zu beschränken, und wendet deßhalb noch kleinere Räder als in den vorhergehenden Fällen an; man gibt ihnen nur etwa ein Meter Durchmesser und kuppelt deren noch mehrere Paare an einander. Ein Beispiel einer solchen Berglocomotive zeigt die auf Fig. 249 skizzirte

Fig. 249.

Locomotive der Sömmeringbahn. Hier sind zunächst die drei ersten Räderpaare mit einander durch Kurbeln verkuppelt; von den Krummzapfen des dritten Räderpaares gehen Zugstangen nach einer etwas höher liegenden Blindachse, welche keine Räder besitzt, sondern durch anderweite Zugstangen ihre Bewegung auf das vierte und fünfte Räderpaar fortpflanzt. Diese Locomotive hat eine bedeutende Länge, die Entfernung zwischen der ersten und letzten Achse fällt deßhalb ziemlich groß aus; es würden sich also für das Durchlaufen von Curven, die gerade bei stark ansteigenden Bahnen weit häufiger und von kleinerem Krümmungsradius vorkommen, Schwierigkeiten ergeben, welche man bei diesen Locomotiven dadurch hebt, daß man das Gestell bei der erwähnten Blindachse getheilt und um ein Charnier oder einen Drehbolzen beweglich gemacht hat, so daß die auf einander folgenden Räder sich den Bahnkrümmungen besser anschmiegen können. Die erwähnte Blindachse ist nur deßhalb eingeschaltet, weil beim Durchfahren von Bahncurven die dritte und vierte Achse nicht mehr parallel zu einander liegen und also die gewöhnliche Kurbelkuppelung nicht mehr passen würde. Früher übertrug man auch die Bewegung von der dritten auf die vierte Achse durch Zahnräder. Bei dieser Berglocomotive befinden sich übrigens zur Seite des Kessels und auf dem hintern Gestelltheile die Behälter für das Speisewasser und die Kohlen, so daß deren Gewicht das Gesammtgewicht der Maschine und somit die Adhäsion der Räder vermehrt.

Ein anderes Mittel, die Locomotiven zum Durchlaufen von Curven geschickter zu machen, besteht darin, daß man, wie in Fig. 247, die vordern Räder, deren hier vier vorhanden sind, an einem besondern kleineren Gestell anbringt, welches um einen unter der Schornsteinkammer angebrachten Bolzen sich drehen kann, wie dieß an fast allen amerikanischen Locomotiven, deren Typus eben von Fig. 247 repräsentirt wird, der Fall ist, und welche Einrichtung der an jedem gewöhnlichen Fuhrwerke ähnlich ist. Eine verbesserte Art dieser Vorrichtung läuft darauf hinaus, daß man wie Fig. 250 im Grundriß, Fig. 251 im aufrechten Querdurchschnitt

Fig. 250.

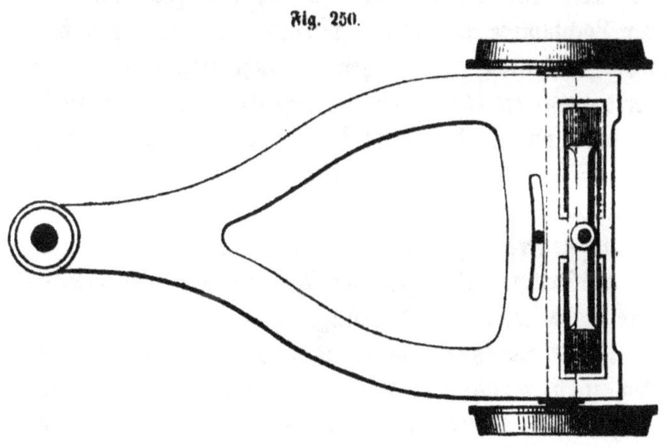

zeigt, bloß zwei Vorderräder, also bloß eine Achse anbringt und den Drehbolzen in einiger Entfernung davon unter dem Kessel befestigt. Das alsdann nöthige Vordergestell hat die Form eines gleichschenklichen Dreiecks, in dessen Spitze der Drehbolzen liegt,

Fig. 251.

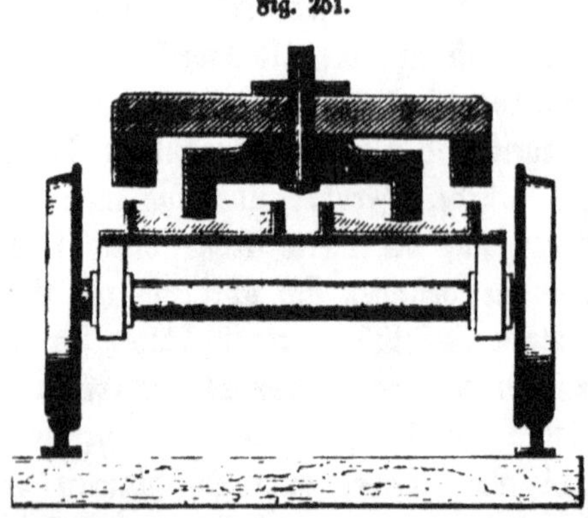

und auf dessen Grundlinie die Radachse eingelagert ist, so wie letztere auch oben zwei Platten trägt, deren Oberflächen aus je zwei schwach gegen einander geneigten schiefen Ebenen besteht, wie aus Fig. 250 ersichtlich. Das Hauptgestell der Maschine trägt mittelst eines Querriegels zwei Backen, welche auf diesen schiefen Ebenen aufruhen; hat dann in Folge einer Bahnkrümmung das vordere Räderpaar das Hilfsgestell etwas gedreht, so sucht das Gewicht der Maschine von selbst wieder mittelst dieser schiefen Ebenen den Parallelismus der Achsen herzustellen, sobald die Locomotive die Krümmung überschritten hat.

Gewöhnlich wird an die Locomotive ein Wagen, der Tender, angehängt, auf welchem sich das nöthige Brennmaterial und der Wasservorrath befinden; wie schon bei der Berglocomotive erwähnt, können aber auch die Behälter für diese Gegenstände unmittelbar an der Locomotive angebracht werden, um ihr Gewicht für eine vermehrte Adhäsion zu benutzen. Solche Locomotiven nennt man Tenderlocomotiven (englisch tank engines); man wendet sie vielfach auf Bahnen mit theilweise starken Steigungen oder zum Hilfsdienst auf Bahnhöfen und Bergwerkseisenbahnen an.

Die Räder einer Locomotive werden aus Gußeisen, Schmiedeeisen, in neuerer Zeit auch häufig, wenigstens theilweise, aus Stahl angefertigt. Man gießt die schmiedeeisernen-Speichen entweder in eine Nabe ein, oder vereinigt ihre Enden an der Stelle der Nabe durch Schweißung zu einem Stück, welches durch aufgelegte Platten noch verstärkt wird. Oder man stellt die Räder ganz aus Schmiedeeisen durch einen eigenthümlichen Walzproceß dar, in welchem Fall sie dann eine volle Scheibe bilden und keine Speichen haben. Der Kranz derselben wird abgedreht und darauf der Radreifen oder Tyre gezogen. Letzterer wird aus Schmiedeeisen oder Stahl durch Walzen hergestellt und kann, nachdem er sich durch den Gebrauch abgelaufen hat, nachgedreht oder nach Befinden durch einen neuen ersetzt werden. Bei ganz gußeisernen Rädern wird wohl auch der äußere Radumfang in einer Schale hart gegossen. Die äußere Mantelfläche der Radreifen oder Bandagen ist nicht cylindrisch, sondern zunächst mit einem nach der Mitte der Bahn zu vorstehenden ringförmigen Vorsprung, dem Spurkranz, versehen, damit die Räder nicht von den Schienen abgleiten können; außerdem ist sie konisch gedreht (mit einer Neigung von 1 : 8), so daß der Durchmesser zunächst dem Spurkranz am größten ist. Da die Räder jedesmal zu Paaren auf einer Achse festgekeilt sind und es beim Durchlaufen von Krümmungen nöthig ist, daß das außen laufende Rad eine größere Umfangsgeschwindigkeit habe, als das innen laufende, so kann alsdann, weil die Weite der Spurkränze etwas geringer als die Spurweite der Schienen gemacht wird, der ganze Wagen etwas nach außen rücken, und das auf der äußeren Schiene rollende Rad läuft vermöge seiner Konicität mit einem größeren Durchmesser auf den Schienen, als das auf der innern Schiene rollende. Ueberdieß wird durch diese konische Form des Radumfangs die ganze Locomotive auf geraden Bahnstrecken immer auf der Mitte erhalten.

Aus dem Durchmesser der Räder und der gewünschten Geschwindigkeit ergibt sich sehr einfach die Zahl der Kolbenspiele; so müssen z. B. für eine Geschwindigkeit von 60 Kilometern in der Stunde bei Rädern von 2^{m} Durchmesser in der Minute ungefähr 160 Radumgänge, demnach 320 einfache Kolbenhübe stattfinden, daraus folgt von selbst die Nothwendigkeit, einen kurzen Hub anzuwenden, den man von $0^{m},45$ bis $0^{m},65$ wählt. Zu den Achsen der Räder nimmt man das beste Material von Schmiedeeisen oder Stahl und läßt dieselben in Lagern von harter Bronze laufen, die sich vertical in Schlitzen am Gestellrahmen verschieben können. Diese Gestellrahmen, auf denen der Kessel und die ganze Maschine ruht, sind entweder ganz aus Schmiedeeisenplatten hergestellt, oder theilweise aus Holz und mit starken Eisenplatten belegt, und enthalten nach hinten zu eine Plattform als Platz für den Führer, so wie sowohl hinten als vorn Vorrichtungen zum Anhängen der Wagenzüge. Am Rahmen aufgehängte starke Federn, entweder wie gewöhnliche Wagenfedern aus auf einander liegenden gekrümmten Stahlblättern, oder aus Kautschukblöcken bestehend, drücken auf die Achsenlager und fangen alle Stöße auf, die durch Unebenheiten der Bahn u. s. w.

hervorgebracht werden, damit sie sich nicht auf die Maschine fortpflanzen.

Auf den Gestellrahmen ist zunächst als Haupttheil der ganzen Locomotive der Kessel aufgesetzt. Die Einrichtung desselben ist der Hauptsache nach bereits Seite 182 abgebildet und beschrieben. Der Durchmesser desselben ist durch die Gleisweite der Bahn begrenzt, die Länge des cylindrischen Theils variirt dagegen nach der verlangten Verdampfungskraft von 3^m bis 5^m. Die Anzahl der Röhren ist gleichfalls sehr verschieden; man hat für gewöhnlich bis zu 160 Stück, bei sehr starken Berglocomotiven auch bis zu 200 Stück in einem Kessel angebracht, doch ist hierbei zu bemerken, daß dieselben nicht zu eng beisammen stehen dürfen, weil sonst die Circulation des Wassers zu sehr erschwert wird, der Dampf nicht leicht genug aufsteigen kann und die Röhren zu leicht durchbrennen.

Dagegen ist die Größe der Feuerkammer von bedeutender Wichtigkeit, denn es hat sich herausgestellt, daß ein Quadratmeter Heizfläche der Feuerkammer so viel Verdampfungskraft besitzt als drei Quadratmeter der Rauchrohrfläche. Man kann ihr und dem sie umgebenden Theile des Kessels eine runde oder viereckige Form geben, für die gewöhnliche Spurweite der Bahnen von $1^m,435$ ist indeß die viereckige Form die zweckmäßigere, da sie mehr Heizfläche gewährt; letztere beträgt bei den gewöhnlichen Constructionen bis zu 11 Quadratmeter, doch findet man sie bei neueren Locomotiven in Folge besonderer Einrichtungen auch noch größer. So wie die Seitenwände des Feuerkastens mit den darum befindlichen Kesselwänden durch Stehbolzen (ungefähr einen auf jeden Quadratdecimeter) verankert sind, ist auch die flache Decke der Feuerbüchse durch darauf befestigte starke Schienen versteift, oder auch durch besonders angesetzte Zellenwände verstärkt und hierdurch nebenbei eine größere Heizfläche erzielt. Das Material für den Kessel selbst ist Schmiedeeisen, neuerdings wird auch Gußstahlblech wegen seines geringeren Gewichts bei gleicher Widerstandsfähigkeit vorgeschlagen; für die Feuerbüchse wählt man häufig Kupfer. Die Endplatten des Kessels und der Feuerkammer, in welche die Röhren eingesetzt sind, müssen etwas stärker sein, als die übrigen, weil sie vielfach durchlöchert sind und den Röhren genügenden Anhalt geben müssen.

Die Befestigung der Röhren selbst erfolgt ganz einfach dadurch, daß die sie aufnehmenden Löcher nach außen zu etwas konisch gestaltet sind; die Rohrenden werden dann scharf an dieselben angetrieben und entweder ihr Stirnende etwas umgebördelt oder ein konischer Stahlring fest eingepreßt; der im Innern des Kessels wirkende Dampfdruck strebt die Stirnplatten des Kessels und der Feuerkammer fortzuschieben und treibt dieselben dann nur noch fester auf die in einen Konus verwandelten Röhrenenden auf. Es bilden so die Röhren gewissermaßen eine Verankerung der Kesselstirnwände, welche oberhalb der Röhren durch besondere Ankerstangen bewirkt wird.

Das vordere Ende der Rauchröhren mündet in die Rauchkammer ein, die vorn mit einer Reinigungsthüre, unten zuweilen, wie in Fig. 246 zu sehen, mit einem Trichter zur Ableitung der mit fortgerissenen und sich hier ablagernden Kohlenstückchen versehen ist und auf welcher oben der Schornstein steht, der verhältnißmäßig sehr niedrig ist, da die oft vorkommenden Bahnüberbauungen selten mehr als $4^{m},3$ Gesammthöhe der ganzen Locomotive gestatten. Um den gehörigen Zug hervorzubringen, läßt man den in den Cylindern verbrauchten Dampf in diesen Schornstein treten, der dann saugend wirkt und die Verbrennungsgase mit großer Kraft durch den Schornstein treibt. Das Dampfaustrittsrohr ist zur Erzeugung eines recht kräftigen Zuges mit einer konischen Ausmündung versehen, hat etwa $^{1}/_{22}$ des Cylinderquerschnitts an Oeffnungsquerschnitt und wird auch häufig mit einem Regulator versehen, der vom Maschinisten beliebig verstellt werden kann, um einen stärkeren oder schwächeren Zug und beziehentlich größere oder geringere Dampferzeugung zu erzielen.

Da durch den heftigen Zug häufig Asche und glühende Kohlenstücke mit fortgerissen werden, die zu Feuersgefahr Anlaß geben können, so versieht man das obere Ende des Schornsteins auch (namentlich wo mit Holz gefeuert wird) mit einem Funkenfänger. Ein solcher besteht, wie Fig. 247 zeigt, aus einem aufgesetzten Schirm mit Leitcurven, welche der austretenden heißen Luft eine wirbelnde Bewegung ertheilen und veranlassen, daß die in ihr enthaltenen schwereren Theilchen in eine trichterförmige Umhüllung des Schornsteins fallen.

Die an einem Kessel noch nöthigen Apparate sind die Wasserstandszeiger, wozu man theils Probirhähne, theils Wasserstandsgläser benutzt; die Manometer, die man wegen der Bewegung und

Erschütterung des Ganzen so wählt, wie sie Seite 225 angegeben sind, die Signalpfeife und endlich die Sicherheitsventile, die nach Art der Seite 236 beschriebenen mit Federdruck versehen sind.

Bei der in Fig. 246 abgebildeten Locomotive ist ein Ramsbottom'sches doppeltes Sicherheitsventil angebracht. Beide Ventile werden hier durch eine einzige dazwischen liegende Feder gedrückt; der Maschinist kann in Folge dessen das Ventil nicht stärker als gestattet ist, beschweren, wohl aber durch Druck auf den Hebel, an dem die Feder hängt und der auf beide Ventile wirkt, eins der Ventile etwas lüften.

Um zu verhüten, daß durch das Abströmen des Dampfes viel Wasser mit fortgerissen wird, setzt man entweder einen besonderen Dampfsammler in Gestalt eines Domes auf den Kessel, oder erhöht auch den die Feuerkammer umschließenden Theil des Kessels selbst und läßt von dem so geschaffenen höchsten Punkte aus den Dampf in das Leitungsrohr nach den Cylindern zu strömen. Oder man legt das Dampfrohr in den höchsten Theil des Kessels und versieht es oben mit einem engen langen Spalt, durch den der Dampf erst in das Rohr treten kann.

Die Cylinder der Maschine befinden sich am vordern Ende des Rahmens und zwar sind sie entweder, wie aus dem Fig. 252 dargestellten Grundriß der Eilzugslocomotive und aus den Figuren 247 und 249 ersichtlich, außen an selbigem befestigt, oder innerhalb desselben in die Rauchkammer gelegt. Bei ersterer Art der Ausführung kann die Triebachse gerade sein, und es werden an deren Enden oder auch in den Naben der Triebräder (je nachdem der Gestellrahmen außerhalb oder innerhalb der Räder liegt) die Kurbelzapfen angebracht; bei innen liegenden Cylindern sind dieselben zwar durch ihre Stellung in der Rauchkammer sehr vor Abkühlung geschützt, man ist aber dann genöthigt, eine doppelt gekröpfte Triebachse zu verwenden, und ein großer Theil des Mechanismus erhält eine weniger leicht zugängliche Lage unter dem Kessel.

Man schreibt dieser letztern Einrichtung indeß noch den Vortheil zu, daß vermöge der geringeren Entfernung der beiden Kurbelebenen, die bei der Vereinigung der Wirkung zweier Dampfkolben und bei der Umwandlung in eine Kreisbewegung mittelst zweier um neunzig Grad versetzten Kurbeln sich ergebende Veränderlichkeit und excentrisches Angreifen der Zugkraft geringern Einfluß auf gewisse einer sich fortbewegenden Locomotive eigene Bewegungen (hier das sogenannte Schlängeln, bei welchem sich der Wagen um eine verticale Achse durch den Schwerpunkt bald nach rechts, bald nach links zu drehen sucht) ausüben, als dieß bei Außencylindern der Fall ist, da bei letztern die Kräfte äußernden Theile weiter auseinander liegen und also an größeren Hebelarmen wirken.

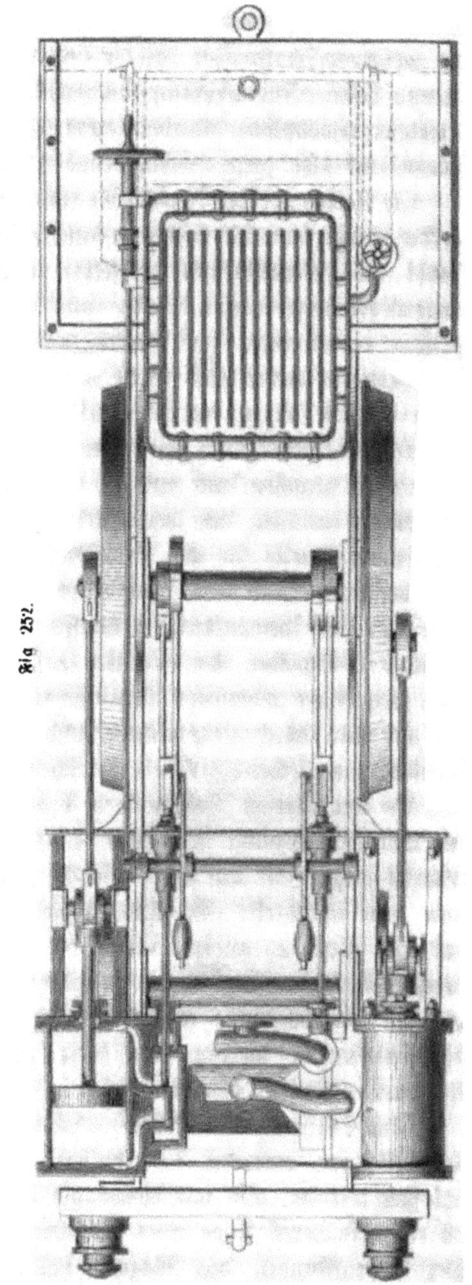
Fig. 252.

Sonst ist die Stellung der Cylinder horizontal oder wenig geneigt, was namentlich bei Innencylindern von der Größe der Vorderräder abhängt. Meist wendet man zwei Cylinder an; für sehr starke Berglocomotiven hat man auch vorgeschlagen, vier Cylinder zu benutzen, die entweder paarweis übereinander (in diesem Falle etwas gegen einander geneigt, damit die Richtung beider nach der Triebachse zeigt) liegen und auf eine einzige Triebachse wirken; oder an jedem Ende des Gestells ein Paar, jedes auf eine besondere Triebachse wirkend. Endlich wurde auch von Stephenson ein dritter Cylinder von größerem Durchmesser als die beiden andern zwischen denselben liegend, dessen Kurbelrichtung auch zwischen den beiden um 90 Grad versetzten gewöhnlichen Kurbeln liegen sollte, vorgeschlagen, es sollte hieraus eine sehr große Gleichförmigkeit der Bewegung hervorgehen.

Die Kolben, deren Durchmesser von $0^m,3$ bis $0^m,45$ vorkommen, werden häufig aus Schmiedeeisen angefertigt, und ihre Stangen aus Stahl; die Geradführung derselben erfolgt mittelst am Kolbenstangenkopfe angebrachter Backen aus Gußeisen oder Bronze, welche zwischen einem oder zwei Paaren von Stahlschienen gleiten. Die Kurbelstangen haben meist einen rechteckigen Querschnitt, und ihre Länge verhält sich zu der der Kurbel in der Regel wie 1 : 5.

Die Cylinder sind mit dem Schiebergehäuse möglichst aus einem Stück gegossen und nur die nöthigen leicht zu verschließenden Oeffnungen gelassen, um das Einbringen und Nachsehen der darin arbeitenden Theile, so wie das Nacharbeiten der sich abnutzenden Schieberflächen und das Nachbohren der Cylinder zu gestatten, ohne selbe erst demontiren zu müssen. Der Schieber ist meist ein einfacher D Schieber, der zuweilen entlastet wird. Seltener wendet man noch einen besonderen Expansionsschieber an, sondern begnügt sich mit der durch Ueberdeckung und durch Anwendung der Coulissenbewegung (Seite 307) zu erreichenden Expansion.

An den ältesten Locomotiven brachte man bloß ein Excentric zur Schieberbewegung für jeden Cylinder an, welches des Umsteuerns wegen lose auf der Treibachse stecken mußte; später benutzte man zwei Excentrics für jeden Schieber und brachte abwechselnd das eine oder das andere behufs des Vor- oder Rückwärtsganges durch Heben oder Senken der gabelförmigen Enden seiner Stangen mit der Schieberstange in Verbindung. Seit Erfindung der Coulissensteuerungen werden aber diese jetzt wohl ausschließlich als Umsteuerungsmittel benutzt.

Die Speisung des Kessels erfolgt durch zwei Pumpen, deren Kolbenstangen entweder unmittelbar an den Dampfkolben angeschlossen werden, also mit diesem gleichen Hub haben, oder welche an ein besonderes Auge eines Schieberexcentrics angehängt werden. Der Schwankungen des Wagens halber sind für diese Pumpen Kugelventile am zweckentsprechendsten. Die Saugrohre werden unterhalb des Rahmens nach dem Tender zu geleitet und müssen durch

Stopfbüchsen und Kugelgelenke etwas beweglich und leicht vom Tender ablösbar gemacht werden. Auf unserer Eilzugslocomotivdarstellung ist statt der Pumpen ein Giffardscher Injector neben der Feuerkammer angebracht; man findet denselben jetzt häufig an Locomotiven, namentlich statt der sonst üblichen Handpumpe zum Speisen während eines Stillstandes der Maschine.

Von sonstigen einer Locomotive speziell zukommenden Einrichtungen ist noch die Sandbüchse zu erwähnen, die bei Fig. 247 mitten auf dem Kessel, in Fig. 248 vor die Rauchkammer gestellt ist und durch ein von ihr ausgehendes Rohr etwas Sand auf die Schienen ausfließen läßt, was bei schlüpfrigem Zustand der Schienen, Glatteis u. s. f. nöthig wird.

Eine wirkliche Condensation kann man natürlich auf Locomotiven nicht anwenden, da es unthunlich wäre, das hierzu erforderliche Wasser mitzuführen. Wesentliche Ersparnisse an Brennmaterial haben sich indeß durch Anwendung des sogenannten Kirchweger'schen Condensationsapparates herausgestellt. Derselbe besteht im Wesentlichen aus einem dünnwandigen, unter dem Locomotivkessel hinlaufenden Kupferrohre, welches sich vorn gabelt und mit den beiden Ausblasekanälen in Verbindung steht. Unter dem Führerstand ist mit jenem Rohr durch ein Kugelgelenk ein in den Tender überhängendes Heberrohr verbunden, worin sich eine Drosselklappe befindet; letztere stellt der Führer so, daß aller Dampf, welcher nicht zur Erzeugung des Zuges im Schornstein erforderlich ist, nach dem Wasserbehälter im Tender strömt, um dort condensirt zu werden und das Speisewasser bis zum Sieden vorzuwärmen.

Der Dampfdruck wird gewöhnlich ziemlich hoch angenommen, bis zu 10 Atmosphären Spannung, und dadurch wird es möglich, Cylinder von ziemlich kleinen Dimensionen zu verwenden und doch bedeutende Kraft zu entwickeln. Was die Locomotiven besonders auszeichnet, ist die große Verdampfungskraft der Kessel, die dadurch bewirkt wird, daß die strahlende Wärme der Feuerkammer gut ausgenutzt wird und die vielen engen Röhren dem Wasser sehr viele Berührungspunkte darbieten, so wie daß durch das Blasrohr ein äußerst kräftiger Zug erreicht wird, der in der Rauchkammer bis zu $0^{m},3$ Wassersäule entspricht, während er in der Feuerkammer allerdings nicht ganz halb so groß wird. Erst durch die Anwendung des Blasrohres wurden die Locomotiven wirklich praktisch nutzbar.

Als Brennmaterial benutzt man in manchen Gegenden Holz oder Torf, sonst heizt man meistens mit Coaks, hat aber in den letzten Jahren sich bemüht, auch Steinkohlen zu verwenden, und damit sehr gute Resultate erzielt. Für letzteren Zweck hat man namentlich etwas engere Roste, Feuerbrücken und dergleichen angebracht.

Nachstehend geben wir noch eine Uebersicht der Dimensionen einiger neuerer Locomotiven:

	Eilzugslocomotive.	Personenzugslocomotive.	Amerikanische Personenzugslocomotive.	Güterlocomotive.	Berglocomotive.
Cylinder, Durchmesser in Metern . .	0,40	0,39	0,38	0,40	0,46
Hublänge in Metern	0,61	0,56	0,56	0,61	0,63
Kesseldurchmesser in Metern . . .	1,21	1,24	1,13	1,30	1,22
Länge der Rauchröhren in Metern .	3,33	3,35	3,45	3,62	4,47
Weite " " " "	0,047	0,056	0,05	0,05	0,053
Anzahl " " " "	192	161	136	180	158
Heizfläche der Rauchröhren in Quad.-Metern	99,2	102,2	78,9	—	121,9
Heizfläche der Feuerkammer in Quad.-Metern	8,33	10	6,61	—	76,9
Totale Heizfläche in Quad.-Metern .	107,5	112,2	85,5	113,7	198,8
Rostfläche in Quad.-Metern . . .	1,46	—	1,42	1,42	1,48
Anzahl der gekuppelten Räder . . .	—	4	4	6	10
Gesammtgewicht in Tonnen . . .	26,7	30	—	31,5	46

Alles, was von Eisenbahnlocomotiven gesagt wurde, gilt im Wesentlichen auch von Locomotiven für gewöhnliche Straßen, nur sind hier die Schwierigkeiten viel größer, da die erforderliche Zugkraft auf einer im besten Zustande befindlichen Chaussee allein schon 10mal so groß ist, als auf einer Eisenbahn. Man hat sich daher darauf beschränken müssen, diese Straßenlocomotiven nur zu benutzen, um größere Lasten mit geringerer Geschwindigkeit zu transportiren, und reducirt deßhalb die Umgänge der wirkenden Dampfmaschine durch Rädervorgelege, so daß die Triebräder einer solchen Maschine, die wegen der Nachgiebigkeit des Bodens ziemlich groß und breit sein müssen, nur wenige Umgänge machen.

Die Fig. 253 gibt einen Ueberblick über eine solche Straßenlocomotive für schweren Zug. Der Kessel ist wie ein gewöhnlicher

Fig. 253

Locomotivkessel construirt, nur bedeutend kleiner. Auf seinem Rücken ist der Dampfcylinder aufgeschraubt, der von einem Mantel umgeben ist, welcher durch einige Oeffnungen unmittelbar mit dem Dampfraum in Verbindung steht und so sowohl als Umhüllung des Cylinders, wie als Dampfsammler und Zuleitungsrohr dient und natürlich mit einer besondern vom Maschinisten zu erreichenden Absperrungsvorrichtung nach dem Schieberkasten zu versehen ist. Die Schwungradwelle liegt in zwei auf dem Kessel befestigten Lagern und treibt mittelst eines Zahnrädervorgeleges ein kleineres Kettenrad um, von welchem aus eine Triebkette nach einem größeren Kettenrad auf der Achse der beiden Triebräder des Wagens geführt ist. Diese letzteren sind nicht auf der Achse festgekeilt, sondern werden mittelst eines durch ihre Nabe und eine entsprechende Scheibe auf der Welle gesteckten Bolzens mitgenommen; es wird dann beim Durchfahren sehr scharfer Biegungen des Wegs ein Rad durch Ausziehen dieses Bolzens ausgelöst. Das Lenken einer solchen Locomotive erfolgt durch einen an dem um einen Reitnagel drehbaren Schemel der Vorderräder angebrachten, ein Dreieck bildenden Rahmen, dessen Spitze ein fünftes Rad mit sehr schmalem Kranze, das Leitrad, trägt, welches in einer Gabel eines drehbaren Bolzens läuft. Auf Wegekrümmungen dreht nun der Wagenlenker mittelst eines Hebels diesen vertikalen Bolzen mit dem Leitrade, in Folge dessen dreht sich dem entsprechend auch der Vorderschemel und der ganze Wagen wendet sich nach der Seite. Kohlen und Wasser werden in hinten angebrachten Behältern mitgeführt.

Bei einer andern Art Straßenlocomotiven, die sich besonders auf rauhem, nachgiebigem Boden (Ackerland, um darauf Pflüge zu ziehen) bewegen soll, laufen die Triebräder auf einer gleichsam endlosen Eisenbahn, die auf Schuhen angebracht ist, welche an den Triebrädern drehbar befestigt sind und stets mit im Kreise herumgeführt werden.

Zufolge gesetzlicher Bestimmungen sollen in England Straßenlocomotiven auf freien Straßen nicht schneller als mit einer Geschwindigkeit von zehn, in Dörfern bloß von fünf englischen Meilen in der Stunde fahren.

Immerhin ist die Anwendung solcher Straßendampfwagen bis jetzt noch eine sehr beschränkte geblieben.

9.

Fördermaschinen.

Die Aufgabe der Fördermaschinen ist es, Lasten auf größere Höhen zu heben, und zwar geschieht dieß durch Aufwickelung von Seilen, an deren Enden die Last hängt, auf eine Trommel, den sogenannten Seilkorb. Dabei ist das die Last enthaltende Gefäß an das Ende des einen Seils gehängt, und das Ende des andern Seiles ist mit einem leeren Gefäß verbunden, so daß beim Drehen der Seiltrommel nach einer Richtung durch Aufwickeln des Seils das gefüllte Gefäß gehoben wird, während das leere sich durch Abwickeln des in entgegengesetzter Richtung auf die Trommel aufgezogenen Seils sich senkt und dem Füllort nähert. Es macht hierbei keinen Unterschied, ob die zu hebende Last in einer senkrechten oder bloß geneigten Bahn zu bewegen ist, immerhin handelt es sich darum, die Dampfmaschine so einzurichten, daß sie die Seiltrommel so lange nach einer Richtung in Umdrehung setzt, bis das gefüllte Fördergefäß am Entladungsort und das leere am Füllort ankommt, dann die Bewegung zu unterbrechen und nach geschehenem Füllen und Entladen beider Gefässe die Seiltrommel wieder in entgegengesetzter Richtung zu drehen, um das Seilende, welches erst niedergelassen wurde, wieder zu heben, dagegen das früher gehobene wieder abzuwinden. Speziell nennt man die auf den Bergwerken gebräuchlichen Maschineneinrichtungen zum Aufziehen der Gefässe mit den gewonnenen Gesteinen Fördermaschinen; die ganz gleiche Aufgabe stellt sich aber noch bei andern Gelegenheiten, z. B. bei Eisenbahnen mit sehr starken Steigungen (sogenannten schiefen Ebenen) heraus, und beide Fälle unterscheiden sich bloß durch die Verschiedenheit der Größe der Last und der ihr zu ertheilenden Geschwindigkeit.

Im Wesentlichen handelt es sich darum, die Maschine so einzurichten, daß sie dem Seil die erforderliche Geschwindigkeit ertheilt, sich schnell zu dem gewünschten Zeitpunkt anhalten und dann leicht in umgekehrter Richtung wieder in Gang setzen läßt.

Es ergibt sich aus der Forderung des schnellen Anhaltens und Ingangsetzens, daß man Hochdruckmaschinen ohne Condensation wählt, bloß für obengenannte Eisenbahnzwecke verwendet man auch Condensationsmaschinen; auf die Bauart kommt es hier weniger an, und es kann jede der früher erwähnten Formen von Dampfmaschinen mit Rotationsbewegung angewendet werden; des leichten Ingangsetzens wegen wird man aber vorzugsweise Zwillingsmaschinen wählen, da bei eincylindrigen Maschinen immer noch eine Vorrichtung nothwendig sein würde, um die in der Nähe des todten Punktes der Kurbel zum Stillstand gekommene Maschine über diesen hinaus zu bewegen, um sie wieder anzulassen.

Für die Umsteuerung der Fördermaschinen ist eine Coulissensteuerung sehr zweckmäßig zu benutzen; bei eincylindrigen Maschinen muß noch eine Vorrichtung vorhanden sein, um die Verbindung der Coulisse mit dem Schieber aufzuheben und den Schieber mit der Hand zu bewegen.

Eine andere Art der Umsteuerung für Zwillingsmaschinen ist die Fig. 254 und 255 abgebildete.

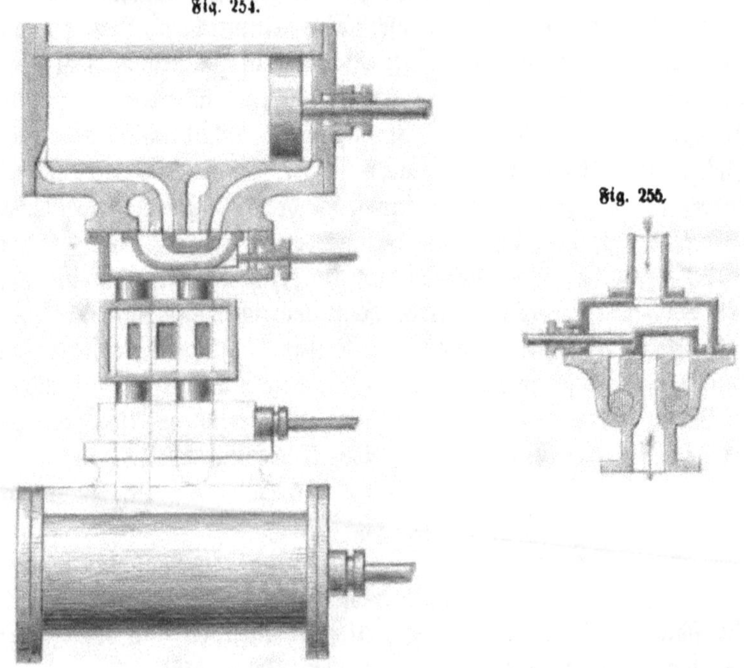
Fig. 254.

Fig. 255.

Der Schieberspiegel jedes Cylinders hat vier Oeffnungen, von denen zwei die gewöhnlichen für den Zutritt des Dampfes vor und hinter den Kolben bilden; die andern zwei aber mit einander wechselnd die Dampfzuleitung und Ableitung vermitteln. Die letztern beiden stehen mit dem Fig. 255 dargestellten Umsteuerungsapparat in Verbindung. Dieser besteht aus einem Gehäuse, in welches der frische Dampf eintritt und welches einen Schieber besitzt; die Schieberfläche hat drei Oeffnungen, deren mittlere für den Dampfabzug dient, während die beiden andern mit den vorgenannten zwei Kanälen zusammenhängen. Je nachdem der Schieber gestellt ist, wird nun einer dieser Kanäle dem Zugang, der andere dem Ausgang des Dampfes eröffnet.

Die Geschwindigkeit einer Fördermaschine anlangend, so ist es meist nicht passend, die Seiltrommel unmittelbar auf der Schwungradwelle anzubringen; da man, um das Seil nicht zu scharf zu biegen, Fördertrommeln nicht gern weniger als zwei Meter Durchmesser gibt, so erhält man bei der dem Förderseil zu ertheilenden Geschwindigkeit von 2—7 Metern in der Sekunde (in deutschen Bergwerken meist 3—4 Meter) nicht leicht die für die Dampfmaschine günstigste Kolbengeschwindigkeit und man ist deßhalb veranlaßt, ein Rädervorgelege zwischen Schwungradwelle und Fördertrommelwelle einzuschalten, wodurch sich für beide die geeignetste Geschwindigkeit erzielen läßt.

Um die Maschine schnell auf dem gewünschten Punkte anhalten zu können, wird entweder am Schwungrad, oder an einer auf dessen Welle oder der Fördertrommelwelle angesteckten besondern Scheibe ein Brems angebracht, der sich durch Hebel oder Schrauben anspannen läßt. Das Anziehen desselben kann aber auch durch Dampfkraft geschehen, wie Fig. 256 zeigt. Hier ist am Ende der

Fig. 256.

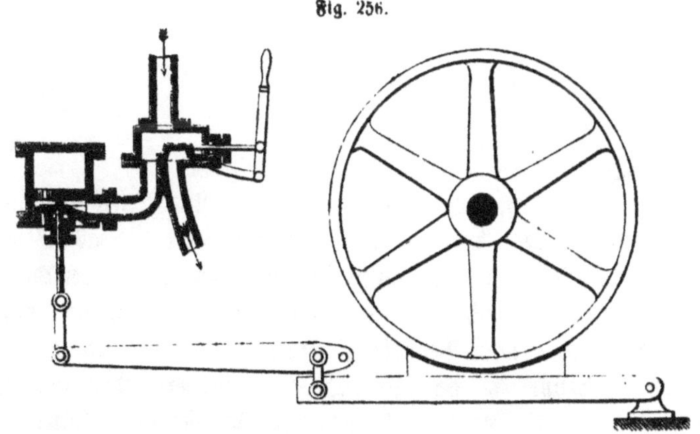

Bremshebel die Kolbenstange eines kleinen Dampfcylinders angeschlossen, und durch eine seitlich an diesem angebrachte Schiebereinrichtung kann Dampf unter den Kolben gelassen werden, um die Bremshebel zu heben und an die Scheibe anzudrücken; beim Austretenlassen des Dampfes hört natürlich der Druck auf den Brems auch sofort auf zu wirken.

Man wirft diesem Brems vor, daß der Maschinist nicht im Stande sei, denselben nach Belieben stärker oder schwächer wirken zu lassen, deßwegen ist die Fig. 257 gezeichnete Bremseinrichtung

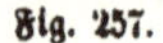
Fig. 257.

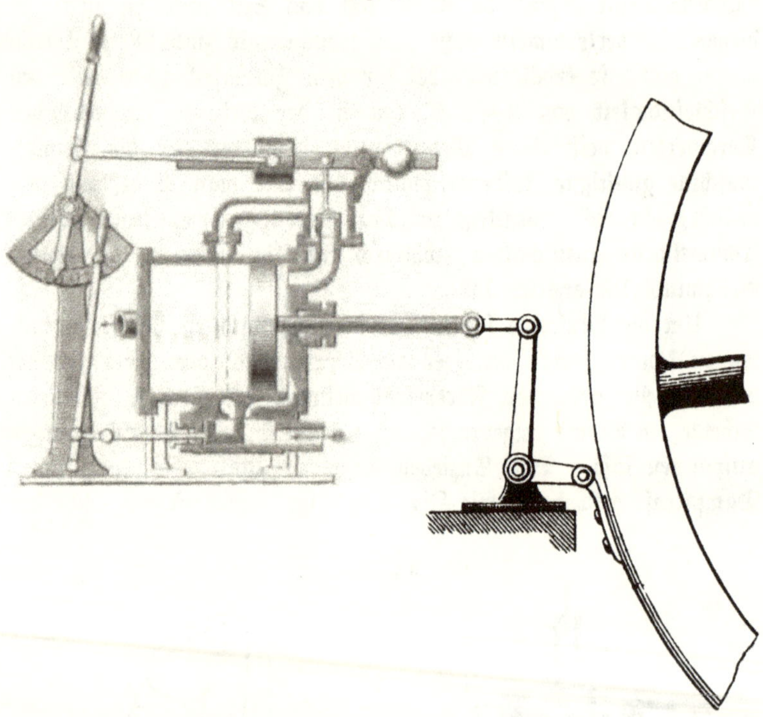

vorgeschlagen worden. Hier ist am Cylinder ein Ventil befindlich, welches durch Hebel und Gewicht belastet wird. Das Gewicht ist indeß nicht fest, sondern läßt sich auf dem Hebel verschieben, indem man einen durch eine Zugstange damit verbundenen Handhebel bewegt und nach Bedürfniß einstellt. Je nachdem das Gewicht dem Drehpunkte des Ventilhebels genähert oder von ihm entfernt wird, wird das Ventil schwächer oder stärker belastet, das

Ventil hebt sich alsdann mehr oder weniger und es strömt etwas Dampf aus dem Cylinder aus, so daß sich in selbigem gerade der Dampfdruck herstellt, den man für ein schwächeres oder stärkeres Bremsen wünscht.

10.

Dampfkrahne.

Unter die Einrichtungen, bei denen man es für zweckmäßig befunden hat, Dampfkraft anzuwenden, gehören auch Dampfkrahne, und zwar kann man hier wieder zweierlei Anordnungen

Fig. 262.

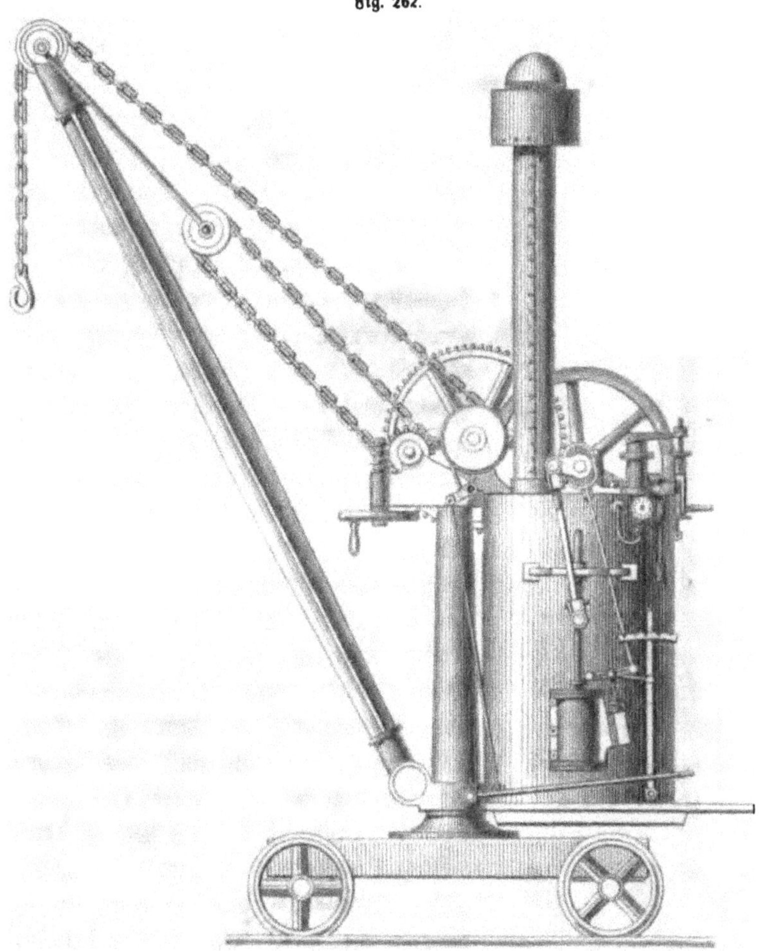

unterscheiden, nämlich solche, bei denen eine rotirende Bewegung vorkommt, und solche, bei denen dieß nicht der Fall ist. Die letzteren können sehr zweckmäßig an Orten verwendet werden, wo man Dampf bereit, aber wegen mangelnder Transmission nicht gerade Gelegenheit hat, eine gewöhnliche Aufziehmaschine anzubringen, und wo die Last lediglich zu heben ist, z. B. in Gießereien, wo man Kohlen und Roheisen nach den Gichtöffnungen der Kupolöfen zu bringen hat.

Eine der einfachsten Einrichtungen für letzteren Zweck besteht aus einem aufrechten Dampfcylinder, der die gewünschte Hubhöhe gewährt und auf dessen Kolbenstangenkopf man eine Plattform anbringt, die in einer geeigneten Führung geht. Durch eine Steuereinrichtung, ähnlich der eines Dampfhammers, läßt man Dampf unter den Kolben treten und hebt so die Plattform mit der darauf liegenden zu fördernden Last.

Fig. 263.

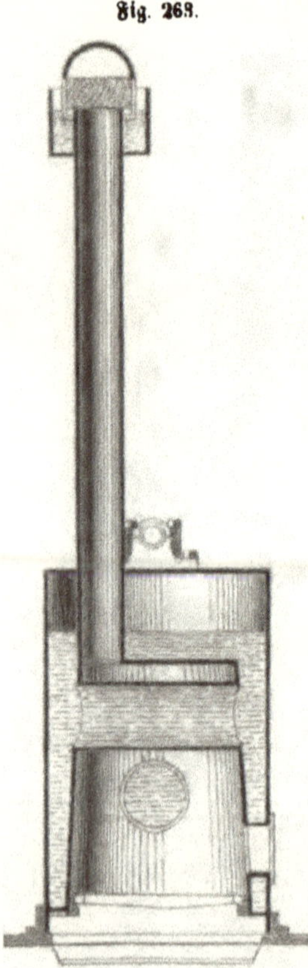

Handelt es sich aber darum, eine Last nicht bloß zu heben, sondern auch weiter zu transportiren, wie dieß auf Bahnhöfen, Ladeplätzen u. a. O. vorkommt, so muß man durch Dampf eine rotirende Bewegung erzeugen und dieselbe zweckmäßig umgestalten. Die vorstehende Fig. 262 zeigt einen solchen Dampfkrahn. Auf einem Wagen oder einer Plattform, die mittelst Rädern auf Schienen laufen kann, ist eine feste Krahnsäule angebracht; um diese kann sich wie gewöhnlich der Schnabel oder Ausleger in horizontaler Richtung umdrehen, und statt des sonst ihm gegenüber auf der andern Seite der Säule angebrachten Gegengewichts ist hier eine kleine Dampfmaschine mit Kessel angebracht, deren Schwungradwelle durch ein Rädervorgelege die Kettentrommel des Krahns zum Aufwinden der Last treibt.

Der Kessel ist in Fig. 263 in aufrechtem Durchschnitt dargestellt; er besteht aus einem bloßen aufrechten Cylinder, in welchem ein etwas kleinerer und kürzerer als Feuerkammer angebracht ist. Zur Vermehrung der Heizfläche sind durch die Feuerkammer zwei sich kreuzende Rohre gelegt, die in den Wasserraum des Kessels ausmünden. Der Schornstein steht unmittelbar auf der Feuerkammer und ist oben mit einem Schirm überdeckt, der unten in ein Drahtsiebgewebe endet, so daß etwa mit fortgerissene Funken oder Kohlentheilchen in ein den Schornsteinkopf umgebendes Wassergefäß geleitet werden.

Die Maschine muß natürlich mit Umsteuerung versehen sein, die hier durch zwei Excentrics und eine Coulisse bewirkt wird.

Natürlicherweise gestattet eine derartige Vorrichtung noch mancherlei Modifikationen.

11.

Locomobilen.

Locomobilen sind Dampfmaschinen, welche ohne eine besondere Einmauerung des Kessels oder gemauerte Schornsteine und Fundamente zu bedürfen, sich leicht von einem Ort zum andern transportiren lassen; zu letzterem Zwecke stellt man sie auch auf einen Wagen, so daß sie leicht fortgezogen werden können, in welcher Ausführung sie in der Landwirthschaft, wo es gilt, bald da, bald dort Maschinen zu treiben oder Pflüge zu ziehen, so wie überhaupt für nur zeitweilig zu verrichtende Arbeiten sehr in Aufnahme gekommen sind. Fügt man noch die Bedingung hinzu, daß die Maschine ihren Transport selbst bewerkstelligt, so geht sie in die schon im achten Kapitel beschriebene Straßenlocomotive über, bei welcher man bloß das Rädervorgelege auszurücken braucht, um sie mittelst eines auf den Schwungradkranz gelegten Riemens zum Treiben anderer Maschinen geschickt zu machen.

Es ergibt sich von selbst, daß man bloß Hochdruckmaschinen anwendet, und daß vieles von dem, was man bei Locomotiven fordert, auch hier verlangt wird, nämlich Zusammendrängen der Maschine auf einen kleinen Raum, Sicherheit, Dauerhaftigkeit und leichte Behandlung.

Alle Locomobilen bestehen der Hauptsache nach aus einem Kessel, der eine innere Feuerung mit direct darauf sitzendem Schornstein besitzt und welcher gleichzeitig als Fundament für die daran zu schraubende Dampfmaschine dient. Die Form des Kessels ist die eines liegenden oder stehenden Cylinders; im ersteren Falle ist dieselbe einem Locomotivkessel sehr ähnlich, nur wendet man meist etwas weitere Röhren an. Die Fig. 258 zeigt eine solche

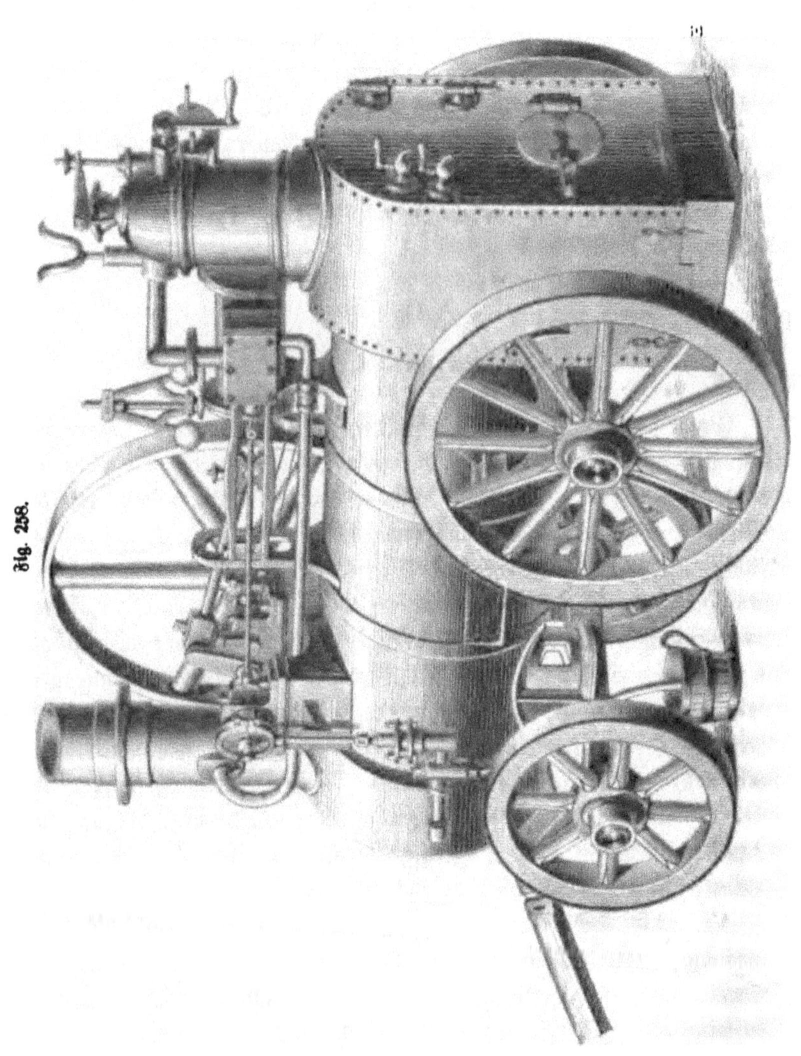

Fig. 258.

Locomobile; der Kessel ruht hier auf vier Rädern, von denen die vorderen kleineren wie bei einem gewöhnlichen Fuhrwerk des Umlenkens halber an einem drehbaren Vordergestell angebracht sind. Auf dem Theil des Kessels, welcher die Feuerkammer enthält, ist hier noch ein besonderer kuppelförmiger Dampfsammler angebracht, den man aber häufig auch wegläßt, und unmittelbar daneben liegt der Dampfcylinder, überhaupt eine ganze liegende Dampfmaschine nach der einfachsten Einrichtung. Um die Bewegung auf die zu treibenden Maschinen zu übertragen, wird auf die Schwungradwelle eine Riemenscheibe aufgekeilt, oder das Schwungrad selbst als eine solche construirt und benutzt. Bei der in neuerer Zeit aufgekommenen Anwendung der Locomobilen zur Bewegung von Ackerpflügen wird entweder neben der Maschine eine Winde

Fig. 259. Fig. 260.

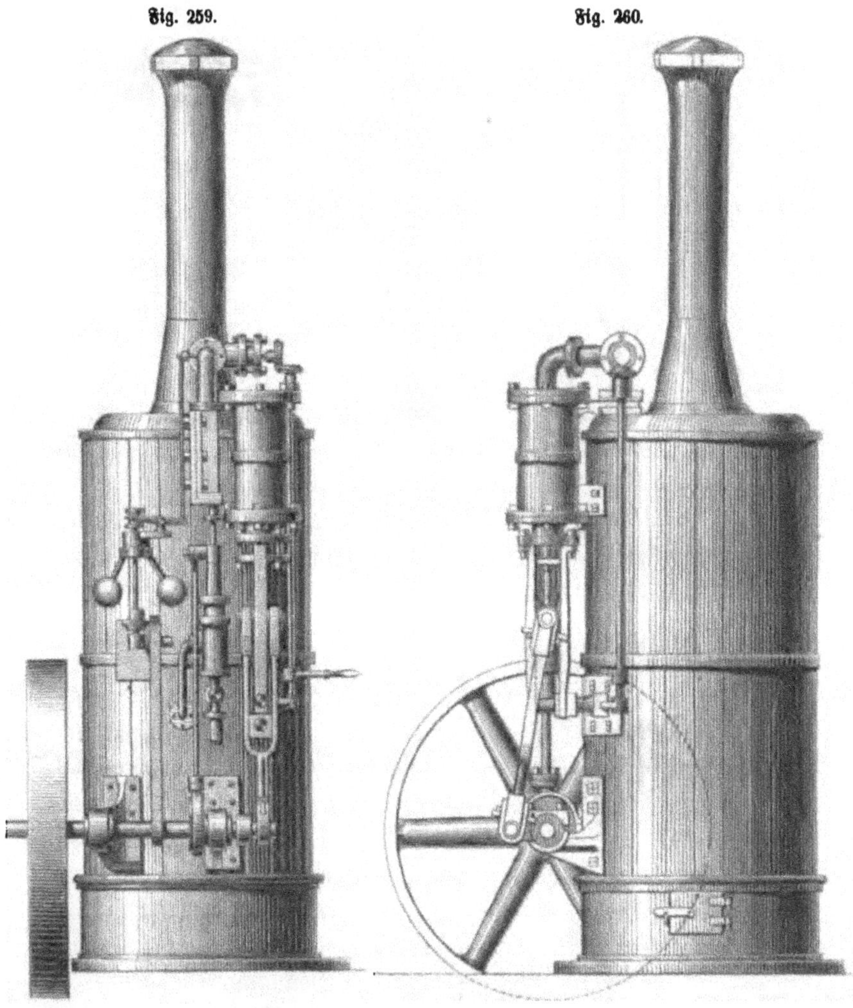

aufgestellt, welche das Seil mit dem daran hängenden Pfluge aufwindet, und selbige durch einen Riemen betrieben, oder man bringt unter dem Kessel selbst eine horizontale Windetrommel mit verticaler Welle an, welche von der Schwungradwelle aus durch stehende Wellen und konische Räder bewegt wird; in letzterem Falle ist die Dampfmaschine auch mit einer Umsteuerung zu versehen.

Eine Locomobile mit vertical stehendem Kessel ist in den vorstehenden Figuren 259 und 260 in zwei verschiedenen Ansichten dargestellt. Die Maschine hängt an der Seite des Kessels, die Kolbenstange arbeitet nach unten zu und die Schwungradwelle liegt nahe am Fußboden. Der Betrieb der Speisepumpe und des Dampfschiebers erfolgt hier durch ein einziges Excentric. Die Fig. 261 zeigt den Kessel im Durchschnitt. Ein blecherner Cylinder, der Abkühlung halber mit einem Holzmantel umkleidet, steht hier auf einem gußeisernen Sockel, welcher den Rost enthält. Die einen Konus bildende Feuerkammer ragt etwas im Cylinder empor und läuft in eine Anzahl senkrechter Röhren aus, die dann in eine trichterförmige Rauchkammer münden, auf welcher der Schornstein steht. Da die von der Feuerluft berührten Theile dieses Kessels nicht allenthalben mit Wasser umgeben sind, so ist diese Art Kessel in einigen Ländern Deutschlands noch nicht gesetzlich zugelassen.

Fig. 261.

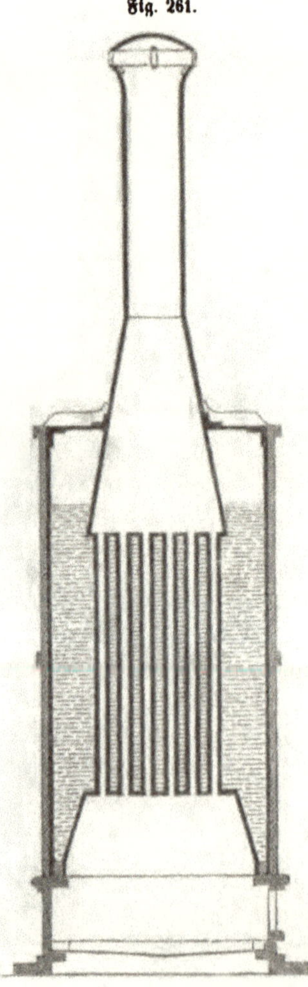

Man baut Locomobilen von 1—20 Pferdekräften, zuweilen wohl auch noch größer, und bringt nur bei den stärkeren manchmal zwei Dampfcylinder an, sonst arbeitet man mit Dampf von 4—5 Atmosphären Spannung und läßt die Schwungradwelle 70—150 Umgänge in der Minute machen. Der

Zug im Schornstein (welcher meist zum Umlegen eingerichtet ist) wird auch hier durch ein Blasrohr mittelst des verbrauchten Dampfes erzeugt und so eine verhältnißmäßig sehr gute und ökonomische Verbrennung erzielt.

12.

Rotirende Maschinen.

Da die meisten Dampfmaschinen eine kreisfömige oder drehende Bewegung hervorbringen müssen, so hat man sich schon längst bemüht, eine solche unmittelbar zu erlangen und nicht erst durch Cylinder und Kolben eine geradlinig wiederkehrende zu erzeugen und diese dann durch Kurbeln in eine Drehbewegung umzuwandeln.

Wie Seite 32 bereits erwähnt, versuchte schon Watt eine dergleichen rotirende Maschine herzustellen und seit dieser Zeit sind eine sehr bedeutende Anzahl der verschiedenartigsten Constructionen für diesen Zweck erfunden und versucht worden; so einfach aber auch das gestellte Problem auf den ersten Blick erscheint, so hat doch bis jetzt von allen diesen vorgeschlagenen Einrichtungen noch keine sich eines besondern Erfolgs zu erfreuen gehabt. So wenig man indeß behaupten kann, daß auch alle künftigen Bemühungen nach dieser Richtung hin vergeblich sein werden, so ist doch unverkennbar, daß es weit schwieriger ist, auf diesem Wege die Dampfkraft eben so vortheilhaft zu benutzen und Dampfverluste zu verhüten, als bei gewöhnlichen Cylindermaschinen, und daß überhaupt die Kraftverminderung, die aus der Kurbelbewegung hervorgehen soll, ein großentheils nur imaginärer Nachtheil der Cylindermaschinen ist.

Sehen wir zunächst von denjenigen Einrichtungen ab, bei welchen man den Dampf nur ähnlich wie bei einem Segner'schen Wasserrade tangentiell aus den Enden von auf einer drehbaren Welle angebrachten Armen ausströmen und lediglich durch Reaction gegen diese Arme eine drehende Bewegung hervorbringen läßt; oder von den Constructionen, wo der Dampf durch Stoß gegen Schaufeln ähnlich wie bei einem Wasserrad oder einer Stoßturbine wirken soll, durch welche Mittel man jedenfalls nur einen sehr geringen Wirkungsgrad erreichen kann, so liegt den meisten bisher angegebenen rotirenden Maschinen die Idee zum Grunde, den Dampf auf einen in einer ringförmigen Höhlung dicht anliegenden und um eine Achse rotirenden Kolben oder Flügel wirken zu lassen. Da aber der Dampf nur dann wirken kann, wenn er bloß auf eine Seite dieses Kolbens drückt, so muß nothwendig die andere Seite desselben auf eine passende Art der Einwirkung des Dampfdrucks entzogen werden, man muß also hinter dem Kolben eine Absperrung anbringen. Um aber eine vollkommene Umdrehung des Kolbens um seine Achse zu ermöglichen, muß er entweder selbst ausweichen, wenn er bei der Absperrungsvorrichtung ankommt, oder diese letztere muß zurückweichen, bis der Kolben bei ihr vorbeigegangen ist. Der letztere Fall findet z. B. bei der Seite 32 gezeichneten Maschine statt.

Man hat auch Maschinen gebaut, bei denen sich die Welle mit dem Kolben nicht vollständig im Kreise dreht, sondern bloß vorwärts und rückwärts schwingt, bis der Kolben jedesmal an der Absperrung antrifft; es ergibt sich dann aber immer wieder die Nothwendigkeit, eine Kurbel und ein Schwungrad behufs der Herstellung der vollkommenen Kreisbewegung anzubringen, und der Vortheil einer rotirenden Maschine geht verloren. Derartige Maschinen kann man auch bloß als halbrotirende bezeichnen.

Die Hauptschwierigkeit liegt nun darin, die Flügel oder Kolben und die Absperrvorrichtung so einzurichten, daß sie stets dampfdicht an der Gehäusewandung, beziehentlich an der Welle, anschließen und daß dieser dichte Schluß auch durch die Abnutzung nicht leidet. Es ist diesen Bedingungen allenfalls bei einer neuen Maschine zu entsprechen möglich, aber da die Geschwindigkeiten an den verschiedenen Dichtungs- und Reibungsstellen verschieden groß sind, so entsteht auch bald eine ungleiche Abnutzung, in Folge deren sich Undichtheiten einstellen und den Nutzeffekt verringern. Zum Theil hat man diese Uebelstände dadurch zu beseitigen gesucht, daß man dem Gehäuse eine konische oder kugelförmige Gestalt gab, oder auch den Flügel ganz kreisrund oder halbkreisförmig herstellte; es wird dadurch allerdings die Möglichkeit gegeben, daß sich die abgenutzten Theile von selbst durch einzulegende Dichtungsringe oder Schienen nachstellen können, doch hat auch dieß derartigen Maschinen keinen erfolgreichen Eingang zu verschaffen vermocht.

Es ist keine Frage, daß eine solche Maschinenconstruction sich vorzüglich für Schiffe oder Locomotiven eignen würde, weil sie sehr wenig Raum einnehmen und auch durch ihr geringeres Gewicht sich sehr empfehlen dürfte.

Von den vielerlei versuchten Anordnungen können wir hier nur einige erwähnen.

Bei der in Fig. 264 im Durchschnitt dargestellten Maschine bewegt sich innerhalb eines ausgebohrten cylindrischen Gehäuses ein zweiter Cylinder von kleinerem Durchmesser, welcher aber derart excentrisch gegen das Gehäuse gestellt ist, daß ein Punkt seines Umfanges an der Gehäusewand anliegt und daselbst durch eine in einer Nuth liegende, durch eine Feder angepreßte Schiene angedichtet ist. Durch eine rechtwinklige Oeffnung im obern Theil der Gehäusewand ragt eine mittelst zweier Arme an einer Welle drehbar aufgehängte Falle herab und legt sich mittelst einer eingelegten halbkreisförmigen Dichtungsschiene genau schließend auf den kleinen Cylinder auf. Vor dieser Falle befindet sich an der Stirnfläche des Gehäuses eine Oeffnung für den Dampfeintritt, hinter der Falle in der Mantelfläche des Gehäuses eine Oeffnung für den Dampfausgang.

Fig. 264.

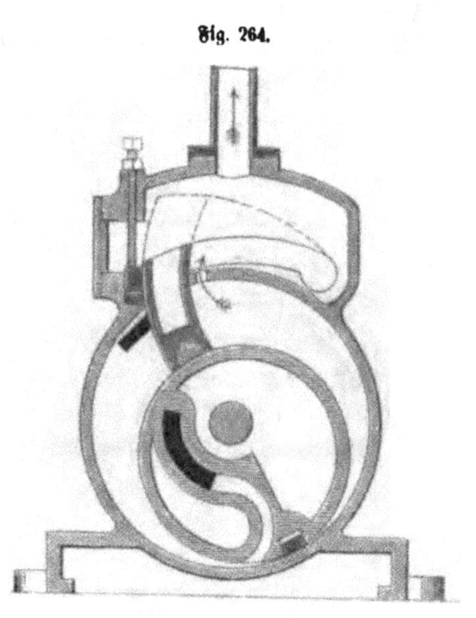

Da die Falle durch ihr Gewicht stets auf dem innern Cylinder aufruht, so bildet sie die vorhin erwähnte Absperrung; der Dampf wird stets den innern Cylinder vor sich her treiben, aber nicht mit gleich bleibender Kraft, da die Größe der gedrückten Fläche stets wechselt, weßhalb auch hier ein Schwungrad angewendet werden muß. Diese Maschine kann man auch für Expansion einrichten; es wird dann die nahe am Gehäuseumfang befindliche Dampfeinströmungsöffnung verschlossen und eine solche nahe an der Achse angebracht, der innere Cylinder erhält dann an seiner

Stirnfläche eine damit correspondirende Oeffnung, die durch einen Kanal mit dem höchsten Punkt seines Umfangs verbunden wird. Je nach der Ausdehnung dieser beiden Oeffnungen an der Gehäusewand und am innern Cylinder wird bei jeder Umdrehung des letztern früher oder später der Dampf abgesperrt und kann also durch Expansion wirken.

Die Fig. 265 ebenfalls im Durchschnitt dargestellte Maschine kann mit Leichtigkeit umgesteuert werden, also vorwärts oder rückwärts gehen. Das Gehäuse ist hier konisch hergestellt, damit sich bei erfolgter Abnutzung Alles leicht wieder dicht anschließend nachstellen läßt. Innerhalb des Gehäuses befindet sich hier ein zweiter drehbarer Konus, der am Umfang sechs nach seiner Länge hin laufende Nuthen hat, in denen Schienen liegen, die durch Federn stets nach außen gedrückt werden. Einander diametral gegenüber sind im äußeren Konus zwei Unterbrechungen, in denen ebenfalls Schienen liegen, die durch Stellschrauben dicht an die Außenfläche des innern Konus angestellt werden können; dieselben bilden zwei der früher erwähnten Absperrungen, während die Schienen am innern Konus die vom Dampf gedrückten Flügel oder Kolben darstellen. Damit letztere beim Rotiren des innern Konus an den Absperrungen vorbeigehen können, sind an diesen je zwei gekrümmte Leitschienen angebracht, welche die sich ihnen nähernden Flügel in ihre Nuthen zurückdrängen, beziehentlich sie wieder langsam austreten lassen. Oben auf dem Gehäuse sieht man einen Dampfschieberkasten, dessen Spiegel drei Oeffnungen besitzt, von denen die mittlere zum Dampfausgang dient; der Dampfschieber bezweckt lediglich das Umsteuern und bedeckt stets die mittlere und eine der beiden Seitenöffnungen. Auf unserer Abbildung ist angenommen, daß links

Fig. 265.

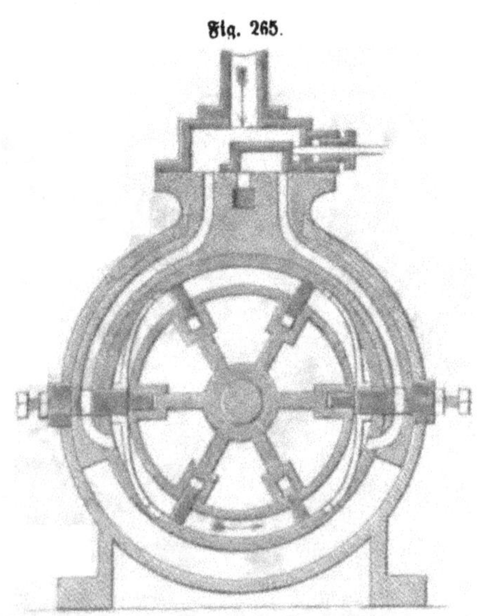

frischer Dampf eintritt und den innern Konus in der Pfeilrichtung vor sich hertreibt, der verbrauchte Dampf tritt dann nach seiner Wirkung durch die Oeffnung rechts und unter dem Schieber weg ins Freie oder in den Condensator.

Die Seite 32 abgebildete Maschine wird auch so ausgeführt, daß der absperrende Theil feststeht und der vom Dampf getriebene Flügel sich umlegt, man bringt dann mehrere der letzteren an und verbindet sie so unter einander, daß, wenn der eine bei der Absperrung ankommt und von ihr niedergelegt wird, er den gegenüberstehenden aufhebt und der Wirkung des Dampfes aussetzt.

Eine ganz abweichende Construction rotirender Dampfmaschinen besteht darin, daß man einen gewöhnlichen festliegenden Dampfcylinder mit hin und her gehendem Kolben anwendet; letzterer greift mittelst eines Stiftes in eine nach rechts und links gerichtete steile Schraubenwindung der Kolbenstange, die alsdann die treibende Welle ist und sich drehen kann, während der Kolben verhindert werden muß, an dieser Drehung Theil zu nehmen. Oder man hat auch drei Dampfcylinder um eine Welle herum mit ihren Achsenrichtungen parallel zu letzterer gruppirt und läßt ihre Kolbenstangenenden gegen eine Scheibe wirken, deren Achsenrichtung mit der ersten Welle einen Winkel einschließt; beim Herausgehen der Kolben suchen sie nun wegen dieses schrägen Hindernisses, welches die Scheibe darbietet, die Welle zu drehen, und es erzeugt sich so eine Rotationsbewegung.

www.ingramcontent.com/pod-product-compliance
Lightning Source LLC
Chambersburg PA
CBHW020857210326
41598CB00018B/1696

* 9 7 8 3 9 5 4 2 7 0 1 8 7 *